KB154855

Earth and Environmental Sciences

지구환경과학

한 욱 · 김두일 · 정상조
조원희 · 최형진 · 전창헌 지음

청문각

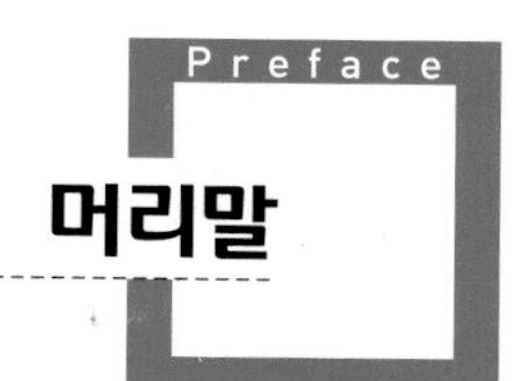

머리말

지구는 인간생활의 터전이자 영원한 동반자이다. 인간은 땅에 발을 디디며 살고, 여름철 더위에 적응하기 위해 땀을 흘리고, 겨울철 추위를 피하기 위해서 두꺼운 옷을 입는다. 지구환경의 기상과 지형은 인간생활에 영향을 미칠 뿐만 아니라 그 한계를 극복해야 하는 군사작전에서는 중요한 고려요소가 된다. 이 책은 이러한 점을 염두에 두고 기상과 지형에 대한 자연과학적 이해와 군사적 응용의 안목을 기르도록 집필하였다. 내용의 수준이 깊어지고 범위가 넓어지는 것은 집필진의 열정과 욕심 때문이기도 하지만 이 두 관점의 적절한 조화가 쉽지 않기 때문이다.

이 책은 기상과 지형 두 편으로 나누어져 있다. 기상편에서는 기상현상의 원인과 과정을 분석하고 기상관측과 악천후기상을 응용으로 다루었으며, 지형편에서는 지형을 형성영역별로 구분하여 정리하였고, 지구의 구성물질, 북한지형 그리고 측지와 지형분석기법을 넣어서 기초와 응용부분을 망라하였다. 특히 응용부분에서는 현상의 원리이해와 현실응용에 도움이 되도록 여러 사례를 소개하였다.

이 책이 출판되기까지 여러분의 도움이 있었다. 우선 책의 집필에 격려와 지원을 아끼지 않으신 육군사관학교장님과 교수부장님께 감사드린다. 또 어려운 여건에서 특수분야의 출판을 흔쾌히 맡아주신 청문각 사장님과 편집과 교정에 정성을 다해주신 편집부 여러분, 그리고 지도를 제작해준 김항덕 선생님의 노고로 이처럼 아름다운 책이 되었음에 감사한다. 하지만 이 책의 첫 장을 여는 독자 여러분이야말로 필자들이 책을 쓰게 만드는 고마운 분들임을 잊지 않는다.

책을 집필함에 있어서 많은 분들의 도움이 있었지만 아직도 아쉬운 부분이 있으며, 그 모든 허물은 한여름 더위에 지친 필자들의 몫으로 고스란히 남아 있다.

2015년 1월

저자일동

Contents

차 례

Chapter 01 기상 · 지형과 군사활동

1. 기상 · 지형과 군사작전 14
   (1) 자연환경과 인간활동 14
   (2) 기상 · 지형의 중요성 15
   (3) 기상 · 지형의 이용 16
2. 기상 및 지형정보분석 17
   (1) 전장정보분석 17
   (2) 기상분석 18
   (3) 지형분석 19

Chapter 02 대기의 에너지

1. 대기의 열수지 24
   (1) 대기의 조성과 수직구조 24
   (2) 지구복사와 태양복사 30
2. 단열변화 36
   (1) 대기 중의 물 36
   (2) 단열과정 37
   (3) 기온감률 41
   (4) 단열도 43
   (5) 대기의 안정도 46

Chapter 03 기상의 변화

1. 구름과 강수 54
   (1) 응결과정 54
   (2) 강수과정 56
   (3) 인공강우 60
2. 구름과 안개 63
   (1) 구름의 생성 63
   (2) 구름의 종류 67
   (3) 안 개 68

3. 기단과 전선 72
(1) 기 단 72
(2) 전 선 75

4. 저기압과 고기압 78
(1) 저기압 78
(2) 고기압 79

5. 국지기상 81
(1) 태 풍 81
(2) 토네이도 84

Chapter 04 대기의 운동

1. 바 람 86
(1) 바람에 작용하는 힘 86
(2) 바람의 형태 89

2. 국지풍 93
(1) 육풍과 해풍 93
(2) 산풍과 곡풍 94
(3) 푄과 높새바람 94

3. 대기의 순환 96
(1) 대기의 대순환 96
(2) 대규모 바람 103

4. 엘니뇨와 라니냐 108
(1) 개 요 108
(2) 적도 태평양에서 바람과 해류의 순환 108
(3) 엘니뇨 109
(4) 라니냐(La Nina) 110
(5) ENSO 112

5. 기후변화 113
(1) 개 요 113
(2) 최근 기온상승의 원인 114
(3) 기후변화의 영향 114

Chapter 05 기상관측과 예보

1. 관측설비 및 절차 116
(1) 관측설비 116
(2) 관측절차 117

2. 기상요소 관측 119
(1) 기압관측 119
(2) 기온관측 121
(3) 습도관측 123
(4) 강수량관측 125
(5) 바람관측 126
(6) 기타 기상요소의 관측 129

3. 우리나라의 계절별 일기도 132
(1) 일기도의 기호 132
(2) 계절별 일기도 133

4. 수치예보 136
(1) 개 요 136
(2) 원 리 136
(3) 과 정 137
(4) 우리나라의 수치예보 137

Chapter 06 악천후기상

1. 산악기상 140
(1) 산지대기의 구분 140
(2) 산악기상요소 141
(3) 소백산의 산악기상 146
(4) 산간곡지의 기상특성 150

2. 악천후기상과 군사작전 154
(1) 기온이 인체에 미치는 영향 154
(2) 장진호전투와 산악기상 160

Chapter 07 지구의 구성물질과 변화

1. 지구의 구성물질 164
(1) 지질시대의 구분 164
(2) 광 물 166
(3) 암 석 171

2. 판구조론 177
(1) 대륙표이설 177
(2) 해저확장설 179
(3) 판구조론 180
(4) 지진과 화산 183

3. 지질구조 191
(1) 단층과 단층선 191
(2) 습곡과 절리 192

4. 토 양 196
(1) 정의 및 생성인자 196
(2) 토양단면 198
(3) 토양의 특성 198

Chapter 08 한반도의 산지지형

1. 한반도의 지질과 조산운동 204
(1) 지 질 204
(2) 조산운동 207

2. 한국지형의 특색 209
(1) 경동지괴의 지형 209
(2) 탁월한 침식지형 209
(3) 화강암지형 212
(4) 추가령곡을 중심으로 대비되는 지형·지질형태 214
(5) 지질구조선과 산맥의 방향성 214

3. 산지지형과 군사문제 217
(1) 산사태 217
(2) 산지지형이 군사작전에 미치는 영향 223

4. 화산지형 226
(1) 한라산 226
(2) 울릉도와 독도 227

Chapter 09 하천지형

1. 하천의 형태와 작용 232
(1) 하천의 형태 232
(2) 하천의 작용 235

2. 주요 하천지형 244
(1) 하천 퇴적지형 244
(2) 평야지형 249

3. 하천지형과 군사작전 252
(1) 하천정보 252
(2) 하천지형과 군사작전 258

Chapter 10 해안지형

1. 해안지형의 형태와 형성작용 262
(1) 해안지형의 형태 262
(2) 해안지형의 형성작용 263

2. 해안지형의 종류 266
(1) 해안침식지형 266
(2) 해안퇴적지형 269

3. 주요 해안지형 274
(1) 우리나라 해안의 일반적인 특징 274
(2) 파식대 276
(3) 서해안의 간석지 277

4. 조석과 그의 이용 278
(1) 조석에 의한 해수면변화 278
(2) 기조력 284

Chapter 11 북한지형

1. 영역과 행정 288
(1) 위치와 영역 288
(2) 행정구역 289
(3) 지역구분 291
(4) 지체구조 292

2. 산지·평야지형 293
(1) 산지지형 293
(2) 평야지형 303

3. 북한의 하천 및 해안지형 305
(1) 하천지형 305
(2) 해안지형 306

4. 북한지형과 군사작전 308
(1) 확대된 동·서 정면과 지형적 분리 308
(2) 험준한 산지지형과 혹한의 기상 309
(3) 중요한 평지·해안지형 310

Chapter 12 중력과 측지

1. 회전타원체 312
(1) 지구의 크기와 형상 312
(2) 타원체 313
(3) 표준타원체 314

2. 중 력 315
(1) 중 력 315
(2) 표준중력 316
(3) 중력의 측정 317
(4) 중력보정 317
(5) 지각평형설 319

3. 중력퍼텐셜과 지오이드 322
(1) 중력퍼텐셜 322
(2) 지오이드 323

4. WGS84 측지체계 324
(1) Bessel 타원체와 GRS 타원체 325
(2) WGS84 타원체 325
(3) WGS84 중력모델 327
(4) WGS84 지오이드 328
(5) WGS84의 좌표변환법 330

Chapter 13 지형분석기법

1. 지 도 334
(1) 투영법 335
(2) 좌표체계 338

2. 항공사진 343
(1) 카메라와 필름 343
(2) 항공사진의 특성 344
(3) 항공사진판독 346

3. 원격탐사 350
(1) 원격탐사의 개념과 원리 350
(2) 위성영상의 처리와 보정 358
(3) 영상의 종류와 정보 361
(4) 원격탐사기술과 그 활용 370

4. GPS와 GIS 375
(1) GPS 375
(2) 지리정보체계(GIS) 379

Reference 참고문헌 387

Index 찾아보기 393

Chapter

01

기상·지형과 군사활동

1. 기상·지형과 군사작전
2. 기상 및 지형정보분석

Earth and Environmental Science

1 기상·지형과 군사작전

① 자연환경과 인간활동

인간활동은 자연환경의 영향을 받는다. 험한 산은 돌아서 가야 되고 넓은 바다는 배를 타야 건널 수 있다. 북풍의 찬바람을 피하기 위해서 남향으로 집을 짓고, 한여름의 더위를 피하기 위해 에어컨을 틀고 삼베옷을 입는다. 자연을 잘 이용하고 자연에 잘 적응하는 자만이 살아남는다. 적자생존의 법칙은 동물의 세계뿐만 아니라 인간세계에도 그대로 적용된다. 자연환경이 인간활동에 미치는 영향을 의식주를 통하여 가장 확연하게 고찰할 수 있다.

의복의 1차적인 기능은 인간의 신체를 보호하는 것이다. 물론 오늘날은 자신의 특징을 드러내기 위한 패션으로서 옷을 입는 경우가 많지만, 역시 중요한 것은 신체의 보호이다. 이러한 기능이 가장 쉽게 드러나는 것은 계절에 따라서 옷의 형태와 재질이 달라지는 것이다. 여름에는 통풍이 잘 되고 시원하게 하기 위해서 삼베와 같은 것을 선호하고, 겨울에는 추위를 막기 위해서 모직과 같은 것을 좋아하게 된다. 비가 올 때는 방수처리된 옷이면 더욱 좋다. 이러한 1차적 기능이 충족된 후에 2차적으로 패션에 신경을 쓰게 된다.

지형에 따라서도 옷이 달라질 수 있다. 가장 대표적인 것은 위장복이다. 사막에서는 모래와 유사한 색깔일 때 관측에 노출될 확률이 적고, 우리나라의 한여름에는 초록색이 되어야 쉽게 눈에 띄지 않는다. 겨울에 눈이 많이 오는 경우에는 눈과 같은 흰색이어야 노출되지 않는다. 그래서 군용복장도 겨울에 착용할 것을 고려하여 방한 파카의 안감을 흰색으로 처리한다.

음식도 자연환경의 영향을 받는다. 음식의 재료는 일차적으로 자연으로부터 온다. 신토불이(身土不二)란 그 지방에 사는 사람은 그곳에서 생산된 음식을 먹어야 좋다는 것이다. 그것은 사람과 자연이 일체가 되는 것이 가장 좋다는 것을 나타내는 것이다. 추운 곳에서는 김치를 맵게 담그고 더운 곳에서는 싱겁게 담근다. 열량의 소모가 심한 혹한에서 견디기 위해서는 열량을 보충해야 하며, 따라서 독한 술이나 당분을 많이 섭취하게 된다. 6·25 전쟁 시 혹한에서 전투를 벌인 장진호전투에서 미군들이 가장 필요로 하였던 것은 탄약보다도 초콜릿이었다는 것은 단순히 웃고만 넘길 사항은 아니다.

주거형태도 자연환경의 영향을 직접적으로 받는다. 북반구에 위치한 우리나라는 추운 겨울에 일조량을 많이 받기 위해서 남향집을 지어야 한다. 북풍의 찬바람을 막기 위해서는 뒤에 산을 두어야 하며, 그래서 '배산임수(背山臨水)'라는 집과 마을의 입지조건이 생겨난 것이다. 군에서의 숙영지도 기후와 기상, 지형을 고려해야 한다. 우선 활동할 만한 공간이 있어야 하고, 장마 시에 홍수나 사태가 나지 않을 곳을 선택해야 한다. 숙영지의 선택에는 전술적인 고려뿐만 아니라 기상과 지형에 대한 것도 반드시 고려해야 한다.

자연환경은 군사작전에 깊은 영향을 미친다. 자연환경을 잘 이용하고 자연환경에 잘 적응하는 군사작전은 성공하고 그렇지 못한 작전은 실패하거나 그 대가를 많이 치르게 된다. 자연환경인 기상과 지형은 전투에 있어서 단일요소로서는 무기, 장비 또는 보급품 등의 그 어떤 물리적 요소보다 더 큰 영향을 미친다. 넘기 힘든 산, 건너기 힘든 계곡, 찌는 듯한 더위, 살을 에는 추위, 거대한 산맥과 강들은 정보화와 기술전쟁의 시대에도 전투에서 인간이 극복해야 할 중요한 과제이다.

현대의 첨단무기를 이용한 전자전시대, 항공전력의 시대에서 지형과 기상은 여전히 중요한 군사적 고려대상이 된다. 현대 첨단무기체계는 지형의 장애를 극복하면서 동시에 지형의 난점을 적극적·긍정적으로 이용하는 형태의 무기체계가 되고 있다. 지형의 일정한 고도를 따라 비행하는 크루즈 미사일은 지형효과로 인하여 적의 레이더에 포착되기 어렵기 때문에 안전하게, 그리고 지형정보를 이용하기 때문에 정확하게 목표물에 명중할 수 있다. 이처럼 지형정보를 이용하는 첨단무기체계가 기술의 개발에 따라서 더욱 증가하고 있다. 한 보고서에 의하면 미군에서는 크루즈 미사일이나 패트리어트(PATRIOT) 미사일과 같은 미사일 체계를 비롯하여 B-52 폭격기의 모의훈련체계, 무선조종차량에 이르기까지 약 60여 종의 각종 시스템이 수치지형자료(digital terrain data)를 필요로 한다는 것이다(Larson and Pelletiere, 1989). 모든 "지상전투에서의 승리"가 임무인 육군의 군사작전을 위해서는 지형과 기상에 대한 안목과 분석능력을 길러야 한다.

❷ 기상·지형의 중요성

지형과 기상은 군사작전에 중요한 영향을 미치기 때문에 작전에서의 주요 고려요소 중 하나이다. 따라서 이러한 고려요소가 어떤 것이 있는가를 살펴보는 것은 지형과 기상의 중요성을 이해하는 첩경이다. 군사작전에서 차지하는 지형과 기상의 중요성은 다음 세 가지로 알 수 있다.

첫째, 기상과 지형은 작전계획수립 시 6개 고려요소의 하나이다(육군대학, 1994). 통상 METT-TC로 약칭되는 이들 6개 요소는 임무(Mission) 적(Enemy), 지형과 기상(Terrain and weather), 가용부대(Troops available), 가용시간(Time available) 그리고 민간요소(Civilian consideration)이다. METT+TC는 그 성격상 해당부대의 지휘관이 통제할 수 없는 주어진 요소이다. 이러한 주어진 요소의 한계와 가능성을 알고 이를 잘 이용하는 지휘관이 전투에서 승리할 수 있다. 지형과 기상은 지휘관이 마음대로 할 수 없는 주어진 요소이지만 중요한 영향을 미치기 때문에 반드시 고려해야 하며, 이를 잘 이용하는 지휘관이 승리할 수 있다. 과거에 성을 공격하기 위해서 반대편에 성을 내려다볼 수 있는 토산(土山)을 쌓았던 전례도 있고, 오늘날 인공강우 실험이 성공하고 있기는 하지만 지형과 기상은 아직도 우리의 통제범위 밖에 있는 요소이다.

둘째, 오늘날 최고의 병서로 언급되는 손자병법에서 지형은 전쟁이나 전투에서 고려되는 가장 중요한 고려요소의 하나라는 점이다. 손자병법의 제1시계(始計)편에는 전쟁계획(兵) 시의 고려요소가 5가지로 언급되었는데(五事: 道, 天, 地, 將, 法), 그중 하나가 地로서 지리와 지형을 가리킨

다. 또한 제10지형편(地形篇)에서는 승리를 보전하기 위해서 알아야 할 4가지 요소를 언급하였는데 그것은 바로 적(彼)과 자신(己), 시간과 기상(天) 그리고 지형(地)이다("知彼知己 勝乃不殆 知天知地 勝乃可全").

셋째, 지형이 작전의 목표가 된다는 점이다. 소규모 부대에서의 작전에서는 목표가 고지의 점령으로 주어지는 경우가 많다. 지형의 확보가 작전의 목표가 되는 것은 하급제대로 갈수록 많아진다. 6·25 전쟁 막바지에 철원평야 북쪽에 있는 백마고지를 확보하기 위한 백마고지 전투는 지형 확보를 위한 작전의 대표적인 예이다. 백마고지는 크게는 중부전선의 전선의 형태에 그리고 작게는 철원평야의 확보에 결정적 영향을 미치는 "중요 지형지물"이었다.

3 기상·지형의 이용

기상과 지형의 적절한 이용은 인간활동이나 군사작전 모두에 막대한 영향을 미친다. 이들을 잘 이용하면 어느 정도의 이익을 가져오는가를 직접적으로 계산하기란 쉽지 않다. 그러나 지형이나 기상을 잘못 이용하여서 실패하거나 피해를 본 것은 직접 확인할 수 있기 때문에 좋은 비교의 대상이 되고 지형과 기상의 적절한 이용이 어느 정도의 이점을 주는가에 대한 좋은 예가 될 수 있다.

우리나라에서 역사적으로 기상이나 지형을 적절히 이용한 가장 우수한 예는 이순신 장군의 명량해전을 들 수 있다. 명량해전은 임진왜란 때인 1597년 9월 16일(음력) 해남과 진도 사이에 있는 울돌목[鳴粱海峽]에서, 이순신 장군의 수군(水軍)이 지형과 조수의 흐름을 적절히 이용하여 13척의 함선을 지휘하여 10배가 넘는 왜의 함선을 맞아서 31척을 격파시킨 전투이다. 해협과 같은 좁은 지형에서 종대로 해협을 통과하는 경우에는 적의 선두만 전투에 참여하게 된다는 지형의 특성을 정확히 이해하고 전투에 응용한 것이다.

두 번째 예는 기상과 지형이 결합되면서 나타난 폭우와 산사태의 피해이다. 1996년 7월 26일부터 28일까지 3일간 휴전선을 중심으로 한 중부지방에는 최대 530 mm의 폭우가 내렸다. 측후소가 있거나 AWS(Automatic Weather System)가 설치된 곳이 이 정도였으므로 아마도 높은 고지에는 그보다 훨씬 많은 비가 내렸을 것이다. 이 기간의 폭우로 인하여 부대 막사 주변과 교통호가 이어진 각종 산사태가 일어나고 계곡과 하천이 범람하였다. 이로 인하여 육군에서는 사망 54명, 실종 3명, 부상 37명이라는 인명피해가 발생하였으며, 1,163여 억 원의 재산이 상실되는 엄청난 피해를 당하였다. 1996년 9월 18일부터 11월 7일까지 51일 동안의 강릉무장공비 소탕작전에서 24명의 공비를 소탕하고 1명을 생포한 대간첩작전에서 아군이 불과 10명이 전사한 것에 비하면, 폭우와 산사태에 의한 피해가 얼마나 심각한 것인가를 쉽게 알 수 있다. 지형과 기상에 의한 자연의 힘이란 이렇게 거대하고 불가항력적이다. 손자병법의 제8구변(九變)편에는, 사태가 날 만한 곳에는 막사를 짓지 말라(圮地無舍)는 구절이 있는데 바로 이런 경우를 두고 한 말인 것이다.

2 기상 및 지형정보분석

❶ 전장정보분석

지형과 기상이 군사작전에 미치는 영향은 대단히 중요하며, 작전계획 수립단계에서 이러한 영향을 분석하고 평가해야 한다. 지형과 기상에 대한 평가의 단계와 과정을 표준화하고 체계화한 것이 전장정보분석이다. 전장정보분석(戰場情報分析, Intelligence Preparation of the Battlefield; IPB)은 예상되는 전장지역에서의 적, 기상 및 지형에 대한 광범위한 데이터베이스를 구축한 후 이를 종합하고 분석하여 작전에 미치는 영향을 체계적으로 판단하는 일련의 과정을 말한다. 전장정보분석은 지형 및 기상에 대한 정보 외에도 적에 대한 정보도 포함하고 있지만, 여기서는 기상과 지형을 중심으로 분석하였다.

전장정보분석의 대상이 되는 적, 지형 및 기상의 3개 요소는 군사작전에서 해당지휘관이 의도대로 통제할 수 없는 요소이다. 특히 지형과 기상은 자연에 의해 부여된 환경이기 때문에 잘 이용하거나 적응해야 할 뿐 원하는 대로 바꿀 수 없는 요소이다.

전장정보분석은 작전계획 준비단계에서 지휘관이나 참모가 적용하기 용이하도록 일련의 단계로 표준화되어 있다. 이러한 단계는 전장지역평가, 지형분석, 기상분석, 위협평가 그리고 위협종합의 순서이며, 이중 지형과 기상의 분석에 관련된 구체적 단계를 정리하면 그림 1.1과 같다.

전장지역의 결정은 통상적으로 상급부대에 의해 주어지므로 자체적으로 결정할 사항은 아니다. 그러나 IPB를 위한 전장지역은 작전지역과 관심지역으로 구분할 수 있는데, 작전지역(area of operation)이란 군사작전을 실시하기 위해 지휘관이 통제할 수 있도록 책임과 권한이 부여된 지역이며, 관심지역이란 해당 작전기간 동안 작전에 영향을 미칠 수 있는 모든 상황이 발생할

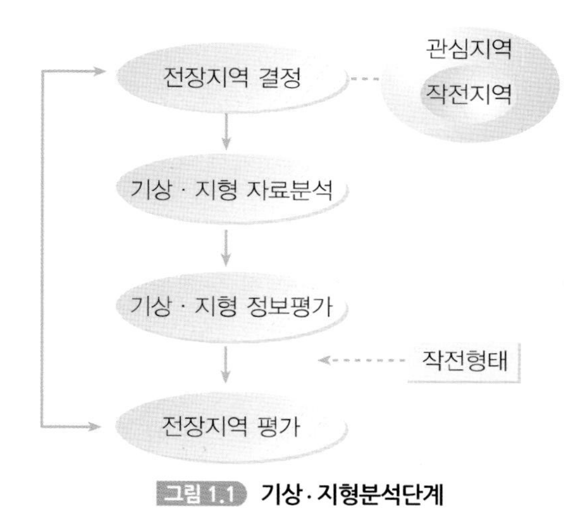

그림 1.1 기상·지형분석단계

수 있는 지역을 말한다. 상급부대에 의해 주어지는 전장지역은 작전지역이며, 관심지역은 작전의 형태에 따라서도 달라지므로 그 범위는 일정하지 않다. 예를 들면 작전기간 내에 태풍이 통과할 가능성이 있다면 관심지역의 범위는 태풍이 접근하는 경로상에 있는 지역까지로 확대될 수 있다.

전장지역이 결정되면 해당지역의 기상 및 지형자료를 수집해야 한다. 분석의 정확성이나 평가의 적합성은 적합한 자료의 양에 따라 달라지므로 자료수집단계는 매우 중요하다.

2 기상분석

1. 기상분석내용

기상은 지형과 마찬가지로 인간이 임의로 통제할 수 없는 자연현상의 하나로서 군사작전의 수행에 중요한 영향을 미친다. 따라서 기상이 미치는 영향을 정확하게 분석하고 대책을 수립해야 기상이 미치는 부정적 영향을 최소화할 수 있다. 기상은 아군뿐만 아니라 적군에게도 동일하게 영향을 미치기 때문에 기상분석은 피·아 간 모두에 대하여 분석하는 것이 필요하다.

기상분석의 방법은 크게 2가지 형태로 이루어질 수 있다. 첫째는 개별 기상요소를 선정하여 그것이 군사작전에 미치는 영향을 분석하는 방법이고, 둘째는 군사작전의 형태를 선정하고 그에 영향을 미치는 개별 기상요소의 영향을 분석하는 방법이다. 전자가 기상업무를 다루는 정보관계자의 주요 분석방법이라면 후자는 작전관계자의 주요 분석방법이라고 할 수 있다.

기상분석의 내용은 분석방법에 따라 어느 정도 영향을 받지만, 정보관계자의 분석에서는 모든 기상요소에 대해서 그 영향을 분석하고 평가하여 관련 당사자 및 부서에 제공해야 한다. 여기에는 기본적으로 기온, 습도, 바람(풍향과 풍속), 구름과 안개, 강수(강수의 형태, 강도, 지속시간), 광명(일출, 일몰, BMNT, EENT) 등이 포함되어야 한다. 기상자료는 상급부대, 기상청, 공군기상대에서 제공되는 기상자료와 함께 부대 자체에서의 야외관측 등과 같은 방법에 의해 수집할 수 있다.

기상분석 또는 예보의 기간은 장기 또는 단기로 구분할 수 있는데, 작전부대에서 특히 중요한 것은 예상되는 작전기간 내의 기상을 정확하게 예측하고 그 영향을 분석하는 것이다. 기상예보의 기간이 길어지면 예보의 정확도가 낮아지기 때문에 이 점을 고려하는 한편 가능한 한 짧은 주기로 기상정보를 새로이 획득하여 갱신해야 한다. 48시간 이상 수일 간에 걸친 기상예보에서는 기단의 이동속도와 방향, 고기압과 저기압의 배치, 계절 등에 의해 예보의 적중률이 달라지기 때문에 기상정보 관계자는 기단과 전선, 고기압과 저기압 그리고 일기도의 작성과 분석에 대하여 어느 정도의 지식을 갖추어야 한다. 대기의 기상현상에 대한 원리를 이해해야 수치로 예보되는 일기예보의 숫자 뒤에 내포되어 있는 의미를 이해하고 숫자를 올바르게 해석할 수 있다.

2. 기상분석과정

지휘관은 전장정보분석 과정 중 기상분석과정을 통하여 기상이 아군 및 적군의 이동, 사격 그리고 통신에 미치는 영향을 분석할 수 있다. 기상분석과정은 지형분석과정과 유사하며 지형과 기상에 대한 분석이 동시에 이루어지기도 한다. 기상에 대한 분석은 기상자료수집, 기상분석 그리고 기상평가로 이루어진다.

기상분석은 주로 정보참모에 의해 이루어진다. 작전지역의 계절적인 기상특성을 도출하기 위해서는 최소한 과거 5년 이상의 기상자료를 수집 및 분석해야 한다. 수집된 자료는 군사작전에 직접 영향을 미치는 온도, 적설 및 결빙, 강수, 바람, 안개, 구름, 광명 등의 개별 기상요소에 대하여 기상분석도표, 기상분석도 작성을 통하여 시간적·공간적으로 분석되고, 종합 기상분석도에 통합된다. 종합 기상분석도는 1 : 10만 또는 1 : 25만 군사지도에 강수량, 안개일수, 광명제원 등을 표시하고 온도, 가시도 등의 기상요소에 대한 제원을 수록하여 작전에 사용될 수 있도록 만든 투명도이다.

기상에 대한 평가는 종합 기상분석도를 바탕으로 기상조건이 작전에 미칠 영향을 이해하며, 궁극적으로는 지휘관의 작전개념에 부합되는 최상의 기상조건을 판단하는 것을 의미한다. 종합 기상분석도는 장애물 종합분석도와 함께 작전지역의 지형과 기상조건이 작전에 미치는 영향을 분석하는 데 기본이 된다.

기상자료의 수집과 분석이 완료되면 이를 지도에 표시하여 공간적으로 분석하고 기상분석도를 작성해야 한다. 군사작전은 산지지형에서 수행되는 경우가 많기 때문에 기상은 지형의 영향을 받아서 매우 복잡하게 나타나는 경우가 많다. 따라서 지형에 따른 공간적 기상패턴을 정확하게 분석한 기상분석도의 작성은 매우 중요하다.

3 지형분석

1. 개 념

지형분석이란 전장의 지표를 구성하고 있는 지형요소를 정확히 이해하기 위하여 지형의 여러 특성을 측정, 분석 및 평가하는 과정이다. 군사적 관점에서 지형분석은 전략적 차원과 전술적 차원에서 이루어지며, 전술적 차원에서는 주로 지형평가 5개 요소를 중심으로 이루어진다. 지형분석과 평가결과는 여러 종류의 지형분석도로 나타내진다. 이러한 분석도는 지형분석용 소프트웨어를 사용하는 컴퓨터를 이용하여 보다 효과적으로 나타낼 수 있다.

지형분석과정은 목적에 따라 약간씩 달라질 수 있으나 대체로 자료수집, 자료분석, 정보평가의 단계를 거친다(권영식 외, 1990). 작전의 임무와 지형기복의 정도에 따라서는 지형분석과정이 생략될 수도 있다.

2. 지형자료수집

지형자료수집은 지형분석과정의 실질적인 첫 단계로서, 전장지역 내의 지형요소에 대한 자료를 수집하고 이를 지형요소별 또는 지역별로 분류하는 단계이다. 지형자료의 수집원으로는 군사지도 및 지형분석지도, 항공사진 및 원격탐사 영상, 책이나 연구보고서 같은 학술 서적, 현지 정찰, 상급부대 정보 등이 있다.

지형자료는 종류와 양이 대단히 많고 복잡하기 때문에 간접적인 자료에 의한 준비로는 부족한 경우가 많다. 따라서 군사작전을 위해서는 직접적인 방법으로 현지정찰을 실시하고, 특히 도로망, 토양, 식생, 하천 등에 관한 자세한 자료를 수집해야 한다. 지형자료가 수집되면 이들을 체계적으로 분류해야 한다. 체계적으로 분류되지 않은 자료는 자료로서의 가치가 없는 것이나 마찬가지이다. 지형자료가 여러 곳으로부터 획득되었기 때문에 출처의 신뢰도나 포함요소, 포함지역 범위 등이 서로 다르거나 상치되는 경우가 있을 수 있다. 또한 우리나라와 같은 지역에서 지형이란 매우 복잡하며 그 종류도 다양하다. 따라서 지형요소나 전장지역에 따라 체계적으로 분류하고 정리하여 일관성 있는 자료를 만드는 것이 중요하다.

현재 지형분석과정에서 가장 필요한 것은 지형자료의 효과적인 수집방법과 수단이다. 현재 대부분의 자료는 종이지도와 같이 아날로그(analogue) 형태로 되어 있는 반면, 컴퓨터를 이용한 분석과정에서는 디지털(digital) 형태의 자료를 필요로 한다. 따라서 아날로그 형태의 자료를 디지털 형태로 전환해야 하나 이러한 전환과정에는 많은 시간과 인력이 필요하다.

3. 지형자료분석

지형자료분석이란 수집된 자료를 지형요소별로 분석하는 단계이다. 지형분석에 주로 사용되는 지형요소는 고도, 경사, 지질, 토양, 식생, 수계, 도로망 등이다. 지형분석의 결과는 각종 지형분석도로서 표시된다.

고도분석도에는 지표의 해발고도가 일정한 단위로 표시된다. 1 : 25,000 내지 1 : 50,000 축척의 일반 군사지도에는 등고선이 20 m 간격으로 표시되지만 고도분석도에서는 원하는 간격으로 표시할 수 있다. 고도는 경사산출의 기본이기 때문에 고도가 분석되면 경사는 쉽게 계산될 수 있다.

경사도분석도는 지표의 경사를 일정한 경사도로 구분하여 표시한 지형분석도이다. 경사도는 각도(degree)나 백분율(%)로 표시된다. 예를 들면, 기계화부대 기동여부를 판단하기 위해 경사도를 분석한다면 경사도 30%(14°) 이하는 기동가능, 경사도 30∼45%(14°∼21°)는 기동제한, 경사도 45%(21°) 이상은 기동불가로 구분하여 경사도분석도를 만들 수 있다. 컴퓨터를 이용하여 이러한 경사분석도를 제작할 경우 여러 목적에 이용할 수 있게 하기 위하여 통상 매우 자세한 간격으로 분석도를 제작한다.

지질분석도는 암석의 종류와 지질구조를 조사·분석하여 표시한 지형분석도이다. 암석은 화강암, 현무암, 사암 등의 여러 종류로 구분된다. 이들 암석은 토양의 판단, 축성자료획득 등에 이용될 수 있다. 토양분석도는 토양의 종류를 조사 분석한 지형분석도이다. 토양은 입자에 따라 구분하거나 조직구성에 따라서 또는 공학적 특성에 따라 구분할 수 있다. 토양분석도는 야지기동속도, 진지 및 장애물 구축 소요시간 판단 등에 이용될 수 있다.

식생분석도는 지표식물의 상태를 분석한 지형분석도이다. 여기에는 식생의 종류, 높이, 직경, 밀도 등이 포함된다. 식생은 은폐와 엄폐, 관측과 사계, 부대의 기동 등에 영향을 미친다. 수계분석도는 하천, 호수, 늪지 등의 상태를 분석한 지형분석도이다. 하천은 폭, 유속, 수심, 하상상태 등의 자료가 포함된다. 도로망분석도는 교통로의 종류, 통과능력, 기상에 따른 능력 등에 관한 자료를 분석한 지도이다. 장애물분석도란 각종 장애물의 위치와 종류를 분석한 분석도이다. 장애물에는 종류, 크기, 통과 여부, 우회로의 유무 여부 등이 분석된다.

4. 지형정보평가

지형정보평가란 분석된 지형을 작전목적에 따라 전략적 또는 전술적 차원에서 판단하는 것이다. 이러한 지형정보평가에는 가시선분석도, 사계분석도, 은폐와 엄폐도분석도, 야지기동도, 접근로분석도 등을 들 수 있다. 야지기동도는 전차, 수송차량 등 각종 기동 및 이동 물체의 이동속도를 판단하는 것이다. 고려되는 요소는 이동 대상에 따라서 매우 다양하며, 이동속도 역시 달라지게 된다. 야지기동도를 작성하기 위해서는 고도, 경사, 도로망, 식생, 토양, 장애물분석도 등이 사용된다.

가시선분석도란 지표 또는 공중의 어느 한 지점에서 관측될 수 있는 범위를 표현한 지도이다. 이러한 가시선분석도는 관련자료가 있을 경우 컴퓨터 프로그램에 의하여 비교적 용이하게 제작할 수 있다. 가시선분석도는 좁게는 직사화기의 운용으로부터 크게는 무선통신소 또는 레이더 기지의 위치선정에 이르기까지 매우 다양하게 이용된다. 가시선분석을 위해서는 고도, 식생, 건물 등의 높이를 고려해야 한다.

사계분석도란 어떠한 화기의 효과적인 사격구역을 평가한 지도이다. 따라서 사계의 사각지대가 있을 경우 새로운 화기를 추가로 배치하거나 장애물을 설치할 수 있다.

은폐와 엄폐도분석도는 은폐나 엄폐의 정도를 평가한 지도이다. 이것은 아군이나 적군 모두에게 대해서 적용할 수 있으며, 지상 또는 관측이나 사격의 효율성을 판단하는 데 이용된다. 은폐와 엄폐도는 가시선분석도를 이용하여 제작할 수 있다.

접근로분석도란 접근로의 제한사항이나 우선순위를 평가한 것이다 접근로는 작전계획 수립의 기초가 되기 때문에 지형분석 및 평가의 과정에서 매우 중요한 단계이다. 육군에서 개발하였던 ATTAS 프로그램이나 우수한 ATT(Army Training Test) 연습 프로그램은 서로 다른 몇 개의

접근로를 선정한 경우 여러 가지 요소를 고려하여 각 접근로의 우선순위를 판단할 수 있는 능력을 갖추고 있다.

두 개 이상의 분석도 간의 관계를 분석하기 위해서는 분석도를 중첩시켜서 고찰할 수 있다. 이러한 중첩과 관계의 분석은 GIS(Geographic Information System) 기법을 이용하여 간편하고 세밀한 방법으로 수행할 수 있다. 현재의 기상 및 지형분석에서는 GIS 기법에 기초한 여러 가지 컴퓨터 소프트웨어나 컴퓨터시스템이 사용되고 있다.

Chapter

02

대기의 에너지

1. 대기의 열수지
2. 단열변화

1 대기의 열수지

❶ 대기의 조성과 수직구조

1. 대기의 조성

대기는 여러 가지 가스의 혼합물이며, 화학적인 화합물은 아니다. 자연상태의 대기는 고체와 액체를 포함하고 있는데, 일반적으로 순수한 공기란 단지 가스만으로 구성된 것을 말한다. 건조공기는 수증기를 제외한 가스체를 말하며, 구성성분은 장소에 따라 다르나 고도 20 km 이하에서는 거의 일정하다. 부피로 본 구성성분은 그림 2.1과 같다.

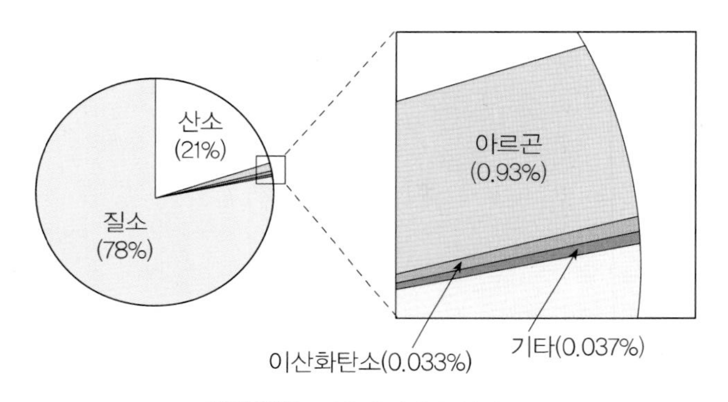

그림 2.1 하층대기의 구성성분

공기의 수증기함량은 지역에 따라 다른데, 아주 건조하고 한랭한 극지방에서는 거의 0%이고 아주 습윤한 열대지방에서는 약 4%에 달한다. 오존(ozone, O_3)은 그 양이 매우 적으나 대기에서는 아주 중요한 성분이다. 대류권의 오존은 눈과 목을 자극하는 광화학 스모그(photochemical smog)의 주성분이지만, 대기 중 오존의 대부분(약 97%)은 성층권에 존재하여 우리 인간에 해로운 자외선을 흡수한다.

성층권 오존의 생성은 UV광의 강도와 O_2 분자농도에 비례한다. 성층권의 상부에서는 UV의 강도는 높으나, 공기가 희박하여 산소원자가 산소분자와 반응하기보다 산소원자끼리 반응하는 확률이 높아 오존생성량이 상대적으로 적다. 성층권의 중부에서는 UV(Ultraviolet)가 상부의 산소에 의해 약간 걸러지지만 공기밀도가 높기 때문에 UV 강도와 O_2 농도의 곱이 최대가 되어 오존밀도가 높다. 성층권의 하부에서는 상부에 비해 공기밀도가 높아 O_2가 풍부하지만 UV가 하부에 도달하기 전에 걸러지므로 오존생성량이 적다. 따라서 오존의 대부분은 오존층으로 알려진 성층권 중간과 하단 약 15～35 km에 존재하며, 대기 중 함량은 0.1～0.2 ppm 정도이다. 오존의 생성과 붕괴과정은 다음과 같다.

생성과정 : 1) O_2 + (UV) → 2O [UV < 0.24 μm]
2) O + O_2 + (M) → O_3 + (M)

붕괴과정 : 3) O_3 + (light) → O_2 + O [UV < 0.32 μm]
4) O_3 + O → $2O_2$

대기의 총 질량은 약 5.6×10^{15} ton으로서 지구전체의 질량에 비하면 매우 작다. 이 대기의 무게를 물의 무게로 환산하면 전체 대기는 10 m 두께로 지구를 둘러싼 물의 무게와 같다. 대기의 밀도는 지표면에 가까울수록 높고 고도가 높아질수록 낮아진다. 고도가 높아짐에 따른 기압의 감소 형태가 그림 2.2에 잘 나타나 있다.

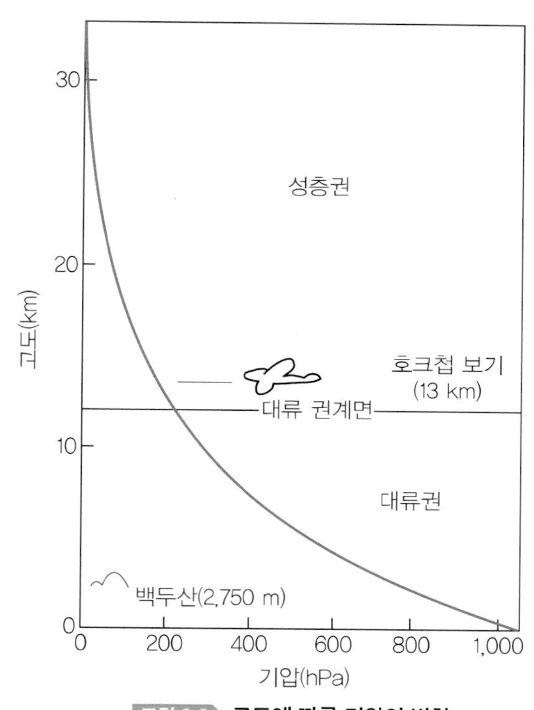

그림 2.2 고도에 따른 기압의 변화

이와 같이 전체 대기는 가스의 기계적인 혼합이며 하부층의 대기는 밀도가 매우 높다. 예를 들면 평균밀도가 지표면에서는 1.2 kg/m^3이고 약 5 km의 고도에서는 0.7 kg/m^3로 감소한다. 그리고 질소, 산소, 아르곤, 이산화탄소, 수증기의 다섯 가지가 고도 90 km 이하에서는 부피로 전체 대기의 99.9%를 이룬다. 로켓 관측에 의하면, 적어도 고도 80 km까지는 일정한 비율로 가스가 혼합되어 있음을 보여준다. 이러한 대기를 일반화하려면 우선 고도, 위도와 시간에 따른 변화를 고찰해야 한다.

(1) 고도에 따른 변화

수소, 헬륨 등 가벼운 가스들은 상층대기에 보다 많이 존재하며, 대기의 난류혼합이 지상 수십 km 고도에서는 확산·분리작용을 어렵게 만든다. 고도에 따른 대기의 변화는 두 가지 가스, 즉 수증기와 오존의 생성위치 및 분포와 밀접한 관련이 있다. 두 가스가 태양복사와 지구복사에너지를 흡수하므로 열수지와 수직적 온도는 상당한 영향을 받는다.

수증기는 지표부근에서 부피로는 전체 대기의 4%, 질량으로는 전체 대기의 3%에 달한다. 그러나 고도 10~12 km 이상에서는 존재하지 않는다. 이는 지표수의 증발 혹은 식물의 증발작용에 의해 공급된 수증기가 대기의 난류작용으로 상층부로 이동되는데 난류가 주로 10 km 이하에서 영향을 주기 때문이다.

오존의 대부분은 그림 2.3과 같이 오존층으로 알려진 성층권 중간과 하단 15~35 km 사이에 집중분포하며, 대기의 상부인 고도 약 80~100 km 사이에 존재하는 산소분자들은 태양에서 오는 자외선을 차단하는 역할을 한다. 오존의 밀도는 UV 강도와 O_2 농도의 곱이 최대가 될 때 약 25 km 부근에서 최대밀도가 나타난다. 오존밀도가 최대인 지역은 오존농도가 최대인 지역(약 35 km 고도)보다 아래에 위치한다. 왜냐하면 더 높은 고도에서는 농도가 높더라도 공기가 매우 희박하여 단위체적당 오존분자의 절대수는 낮은 고도보다 훨씬 감소하며, 낮은 고도에서는 단위체적당 더 많은 오존이 존재하지만 공기 중 다른 분자들의 수가 많아 오존농도가 낮아지기 때문이다.

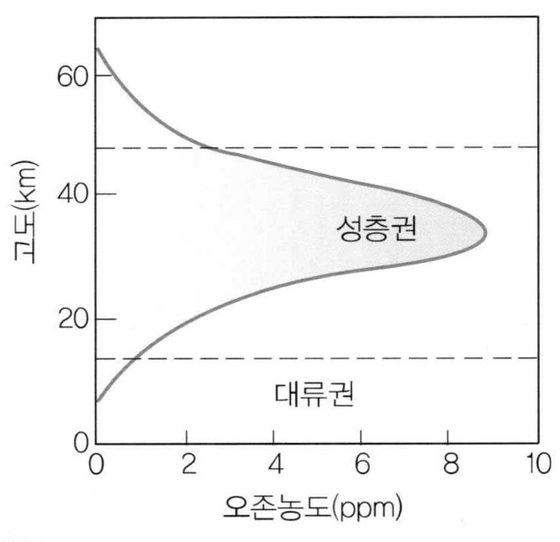

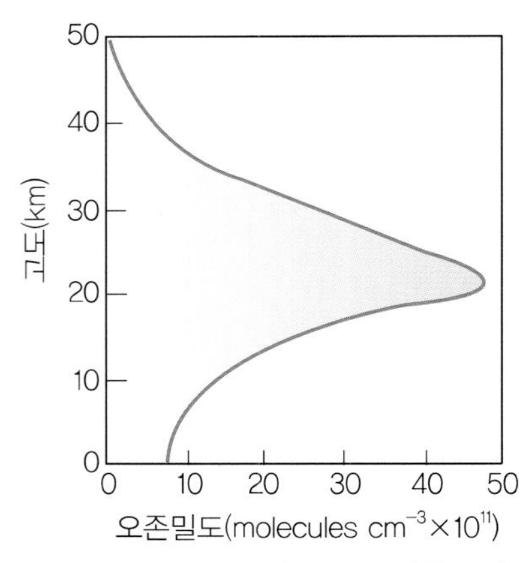

그림 2.3 오존농도와 오존밀도의 고도별 변화(The State of Canada's Environment, 1991; 이동근 외, 1998)

(2) 위도에 따른 변화

위도와 계절에 따른 대기조성의 변화는 특히 수증기와 오존의 경우에 중요하다. 오존의 분포가 단지 광화학작용의 결과라면 최댓값은 적도지방에서는 발생할 것이다. 그러나 실제 오존의 양은 적도지방에서는 적고, 위도 50°N 이상에서 많이 나타나는데(그림 2.4), 이러한 이상적인 현상은

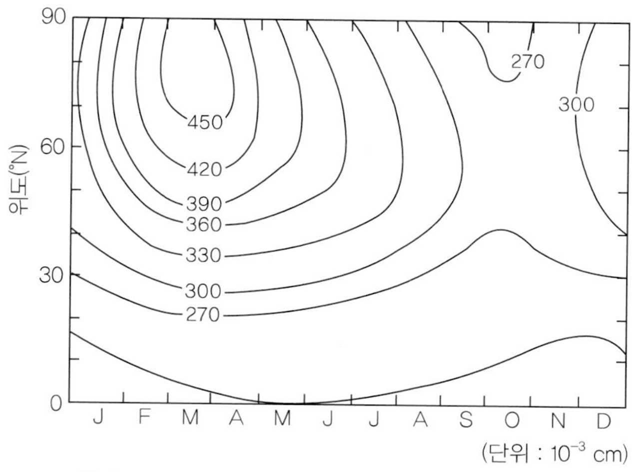

그림 2.4 북반구에서 위도에 따른 오존 총량의 월변화

오존이 극지방으로 운반되기 때문이다. 이 운반작용은 겨울철에 저위도에서는 높은 고도인 30~40 km에서, 고위도에서는 낮은 고도인 20~25 km에서 일어나는데 운반작용의 순환형태는 아직 확실히 알려져 있지 않다. 남반구에서는 북반구와 비슷한 분포를 보이는데 다른 점은 55°S로부터 남극 쪽으로 오존의 값이 최대가 되고, 북반구의 최댓값보다 작은 것으로 알려져 있다.

대기 중의 수증기량은 기온과 밀접한 관계를 가지고 있으며, 하절기에 저위도지방에서 최대가 된다. 이산화탄소(CO_2)는 대기 중에 평균 315 ppm이 있으며, 북반구 특히 고위도지방에서 계절적인 변화가 크다. 예를 들면 50°N에서 여름철에는 310 ppm, 봄철에는 318 ppm의 이산화탄소가 분포한다. 이러한 여름철의 CO_2 함량은 그 원인이 한랭한 극풍에 의한 CO_2의 동화작용과 관련이 있는 것으로 알려져 있다. 오랜 기간에 걸쳐 저위도지방에서 고위도지방으로 CO_2가 소규모로 이동하는 것은 전체 대기 중의 CO_2량이 평형에 달하기 위한 운동이다.

(3) 시간에 따른 변화

대기 중의 오존과 CO_2의 양은 오랜 기간에 걸쳐 서서히 변하며, 지구의 열복사수지에는 이 두 가지 양이 매우 중요한 영향을 준다. CO_2는 주로 해양이나 육지에 살고 있는 유기체에 의해 대기 중으로 유입되며, 토양 속에서 유기물질이 부패하거나 석유를 포함한 천연연료가 연소할 때 생성되어 대기 중으로 공급되기도 한다. 지구 상에서 CO_2의 평형은 탄소동화작용으로 연간 전 지구 CO_2량의 약 3%를 소모함으로써 일차적으로 평형이 이루어진다.

해양에서 CO_2는 궁극적으로 탄산칼슘($CaCO_3$)으로 만들어지며, 부분적으로는 조개껍질과 해양생물체의 골격을 이루게 된다. 육지에서는 동식물의 유해가 화석연료를 형성하게 된다. 1900년과 1935년 사이에 대기 중의 CO_2량이 약 9% 증가하였는데 이는 석유와 천연가스의 연소량이 급격히 증가했기 때문이다. 선진공업국을 기준으로 한 계산상의 예측치는 이 양의 2배 정도였는데, 실제 증가치가 예측치보다 낮았던 이유는 자료의 신뢰성 문제도 있지만 CO_2의 최대저장고라

볼 수 있는 해양이 대기 중 CO_2의 약 1/2을 흡수하여 완충작용을 하고 있기 때문이다. CO_2는 우주공간으로 방출되는 지구열복사의 상당한 부분을 흡수하는 역할도 하고 있기 때문에 CO_2의 지나친 증가는 지구복사를 차단하여 지구의 온도를 높이는 온실효과를 유발한다.

2. 수직구조

대기를 특성에 따라 몇 개의 권(圈, sphere)으로 구분하면 그림 2.5와 같이 대류권, 성층권, 중간권 그리고 열권으로 나타낼 수 있다.

기상학에서 주요관심을 가지는 층은 대류권(troposphere)과 성층권(stratosphere)이며 고도에 따른 관측은 각각 다른 기구에 의해 실시된다. 30~40 km까지는 기구나 radiosonde를 이용하며, 80~150 km까지는 위성과 로켓으로, 150 km 이상은 인공위성으로 관측한다. 그 외에 열권(thermosphere)은 대기의 전기적 성질, 이온권(ionosphere)은 전파에 대한 영향, 외권은 반 알렌대(Van Allen belt) 및 자장(magnetic field) 때문에 관심을 가지는 층이다.

고도 80 km까지의 대기조성은 대류운동에 의하여 거의 동일하며, 이 고도 이상에서는 무거운 가스들은 급격히 감소하는 대기조성에 변화를 보인다. 예를 들면 약 500 km까지는 산소가, 1,000 km에서는 헬륨이, 그리고 이보다 더 높은 곳에서는 성간(星間)물질인 수소 등이 존재한다.

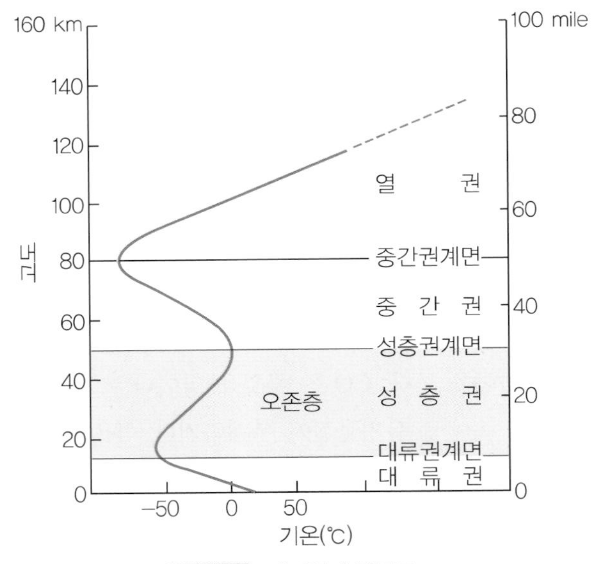

그림 2.5 대기의 수직구조

(1) 대류권

대기권 중에서 가장 아래쪽에 있는 층을 대류권(troposphere)이라 하며 여기서 모든 기상변화에 영향을 주는 일이 일어난다. 대류권은 전 대기질량의 75%를 차지하는 대기층이며, 수직으로 고도가 높아짐에 따른 평균기온감률은 6.5℃/km이고, 대부분의 경우 기온역전층이 바로 위에 분포한다. 대체로 이 대기층은 밀폐된 것처럼 생각되는데, 그 이유는 기온역전층이 대류층에서 발생하는 대류현상의 최상한점이며 역전층이 밀폐된 항아리의 뚜껑과 같은 작용을 하기 때문이다. 그러므로 역전층은 대류권계면(tropopause)이라고 불린다.

이 면의 고도는 시간과 공간상으로 항상 일정한 것이 아니며 위도와 계절과 상호관련성을 갖는다. 태양으로부터 열을 많이 받아 심한 대기의 난류 및 대류현상이 일어나는 적도지방에서는 그 높이가 17 km, 극지방에서는 8 km에 불과하다. 대류권과 대류권계면의 여름철과 겨울철 자오면(子午面)에서의 온도경사는 거의 평행하며, 중위도 저고도에서의 온도경사는 매우 크다. 이를 대류권계면 단절(tropopause break)현상이라 한다.

오존층에서 주요한 대기의 상호 교환작용은 대류권과 성층권 사이에서 일어난다. 대기 중의 수증기는 이런 작용으로 인하여 성층권 내부로 들어가게 된다. 반면에 건조하고 오존을 많이 포함한 공기는 중위도 대류권에서 하강한다.

(2) 성층권

성층권(stratosphere)은 대류권계면으로부터 상부 50 km 정도의 고도를 갖는 대기층이다. 성층권은 대기 중의 오존 가운데 대부분을 가지고 있고 오존이 태양 자외선 복사를 흡수함으로써 생기는 최대온도는 성층권계면에서 생긴다. 적도 대류권계면의 온도는 하절기에는 고도에 따라 온도가 증가하는 현상을 나타내며, 겨울철에는 평균 −80℃ 정도로 온도가 낮아진다. 이렇게 낮은 온도는 고위도의 중간 성층권에서 나타나며, 50∼60°N에서는 약 −45℃에서 −50℃의 등온층이 나타나는데, 이 지역은 비교적 주위보다 온도가 높다.

계절에 따른 현저한 온도차이가 성층권에 영향을 미친다. 한랭한 극지방이나 겨울철 밤에 성층권의 온도가 갑자기 상승하며, 늦은 겨울이나 이른 봄에 고도 약 25 km에서 온도가 −80℃에서 −40℃로 급격한 상승현상이 2일 동안 지속되기도 하는데, 이는 대기순환의 변화로 인한 대기의 침강현상 때문이다. 가을철에 온도가 하강하는 것은 보다 점진적으로 이루어진다.

(3) 중간권

중간권(mesosphere) 이상의 고도를 갖는 대기층을 상층대기라 한다. 성층권계면 이상에서 온도는 최저 −90℃까지 하강하며, 고도 80 km 이상에서는 고도에 따라 온도가 다시 상승하기 시작하는데 이 역전층을 중간권계면이라 한다. 여름철 고위도지방에서 관측되는 야광운이 여기서 일어난다.

야광운은 중간권에서의 대류현상으로, 수증기가 상승할 때 빙정의 핵으로 이용되는 대기 중의 먼지나 티끌 때문이다. 기압은 중간권에서 매우 낮은데, 50 km 고도에서 1 hPa의 기압이 80 km에서는 0.01 hPa로 떨어진다.

(4) 열 권

중간권계면(mesopause) 이상에서는 대기의 밀도가 아주 낮다. 열권(thermosphere)의 하부는 주로 질소와 산소분자로 구성되며 200 km 이상에서는 산소원자가 현저하다.

산소원자에 의한 자외선 복사의 흡수 때문에 고도에 따라 온도가 상승하며, 350 km에서 1,200 K가 될 것으로 추측된다. 태양으로부터 오는 자외선과 외부세계로부터의 높은 에너지를 가진 입자(우주선)들은 빠른 속도로 약 100 km 고도에서 대기로 들어와 산소원자와 질소분자로부터 (−)전자로 이온화 현상이 발생한다. 극광(aurora)은 지자기의 극으로부터 약 20∼25° 이내 지역, 고도 약 80∼300 km 대기층을 통과하는 이온화 입자들에 의해 생기는데 가끔 약 1,000 km 고도에서도 극광을 볼 수 있다. 고도 80 km 이상을 보통 이온권이라 부르기도 한다.

❷ 지구복사와 태양복사

1. 태양복사

빛은 전자파복사(electromagnetic wave radiation)이며 복사의 성질은 파장에 의하여 정해진다. 태양복사(solar radiation) 스펙트럼의 범위는 매우 넓어서 아주 짧은 감마선(10^{-3} μm)에서 긴 라디오파까지 포함된다. 태양의 복사에너지는 대기의 최상부에서 입사광선에 대하여 수직

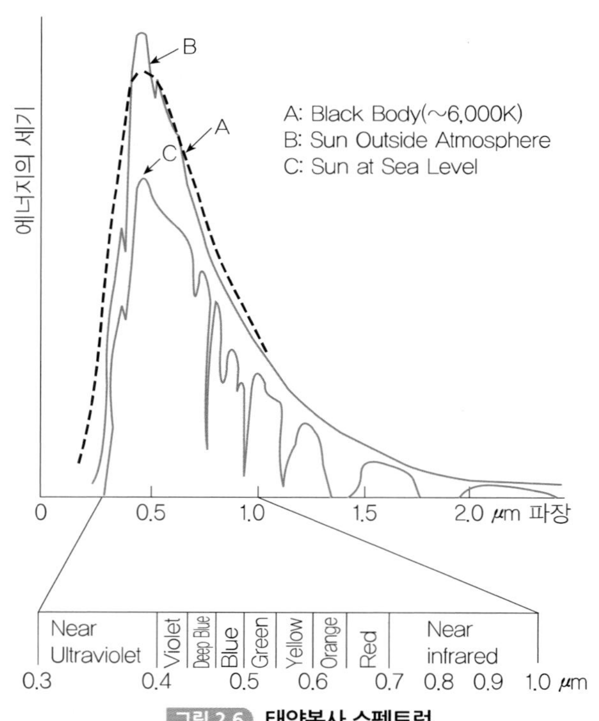

그림 2.6 태양복사 스펙트럼

단위면적당(m^2), 단위시간당(sec) 받는 에너지(joule)로서 $J/m^2 \cdot sec$로 표시된다. 태양표면의 온도는 6,000 K이며 흑체(black body)복사를 한다는 가정에서 계산된 값이다. 가시광선의 범위는 파장이 0.4~0.7 μm 사이의 좁은 간격의 복사이며, 이 좁은 부분의 에너지는 대략 총 복사에너지량의 50% 이상이고 나머지는 자외선과 적외선에 해당된다.

태양복사는 두 가지 관점에서 관심을 가지게 되는데, 기상학에서 주관심은 대기의 열평균이나 전 지구적인 대순환, 일기, 물의 순환, 세계의 기후형태 등을 유지시키는 에너지에 집중되어 있다. 따라서 에너지가 집중되어 있는 가시광선이나 인접부분(그림 2.6)에서 지구로부터 나가는 복사와 상층대기층에서 흡수되는 에너지가 적은 파장(자외선, X선 등)에 관심을 가져야 한다. 이 흡수에 관한 지식은 대류권 위에 온난층과 한랭층이 존재할 수 있음을 설명하게 될 것이다. 파장에 따른 복사에 추가해서 앞 절에서 언급한 각 대기권의 구조에 미치는 복사의 영향도 중요하다.

(1) 복사의 법칙

모든 물체는 그 물체의 온도가 절대온도(0 K)가 아닌 한 끊임없이 전자파를 복사하고 있다. 물체표면에서 단위시간에 복사로 방출되는 에너지의 양은 그 물체의 성질과 온도에 따라 좌우된다. 또한 키르히호프의 법칙(Kirchhoff's law)에 의하면 동일파장에서 복사에너지를 잘 흡수하는 물체는 복사에너지를 잘 방출한다. 그래서 어떤 파장의 전자파라도 입사된 에너지를 완전히 흡수하는 가상의 물체를 생각하면 그 물체는 주어진 온도에서 이론상 최대에너지를 복사하는 물체이다. 이와 같은 가상적인 물체를 흑체(black body)라고 하며, 근사적으로 태양을 비롯한 천체는 흑체로 생각할 수 있다.

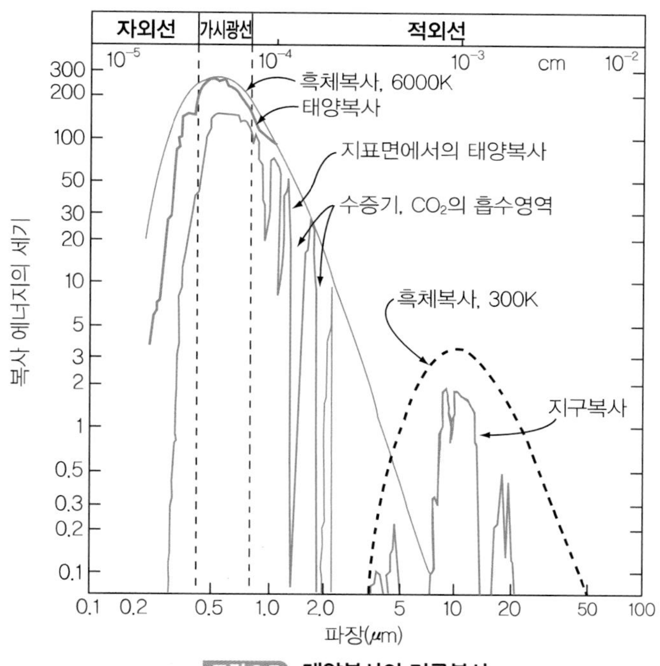

그림 2.7 태양복사와 지구복사

흑체로부터 나오는 복사에너지를 기술하는 가장 기본적인 법칙이 플랑크 법칙(Plank's law)이다. 이 법칙은 흑체의 온도에 따라서 복사에너지가 어떤 양상을 띠는가를 설명한다(그림 2.7). 이 그림에서 그래프에 나타난 각각의 곡선은 각 온도에 따른 흑체를 나타낸 것으로, 표면온도가 약 6,000 K인 태양과 300 K인 지구를 비롯해 우리 주위에서 쉽게 볼 수 있는 물체들이 나타나 있다. 태양의 경우에는 복사에너지의 세기가 짧은 파장에서 증가하여 가시광선 영역에서 최고조에 달했다가 적외선으로 갈수록 다시 감소하는 경향을 보인다. 온도가 다른 물체의 경우도 에너지의 세기와 곡선의 최고치가 나타나는 파장이 다를 뿐 유사한 형태를 보인다.

위 사실로부터 흑체복사에 대한 두 가지 중요한 관계를 얻을 수 있다. 첫째로 그림의 곡선과 X축으로 둘러싸인 면적이 그 흑체가 방출하는 총 에너지이며, 이는 물체의 온도가 높을수록 증가한다는 사실이다. 즉, 흑체가 방사하는 총 에너지 E와 그 물체의 온도 T 사이에는 다음과 같은 관계가 성립한다.

$$E = \sigma T^4 \tag{2.1}$$

이 관계를 슈테판 – 볼츠만의 법칙(Stefan – Boltzmann's law)이라 한다. 여기서 비례상수 σ를 슈테판 – 볼츠만의 상수라고 하며, 그 값은 5.67×10^{-8} $\mathrm{Wm^{-2}\,K^{-4}}$이다. 그림 2.7에서 얻어지는 두 번째 중요한 관계는 흑체의 복사에너지가 최대가 되는 파장 λ_{max}가 그 물체의 온도가 높아질수록 짧아진다는 것이다. 이것을 식으로 나타내면,

$$\lambda_{max} = \frac{k}{T} \tag{2.2}$$

여기서 k는 빈 상수이며, 2,898 μm · K이다. 이 관계를 빈의 변위법칙(Wien's displacement law)이라 한다.

(2) 태양상수

지구대기에 의한 영향을 고려하지 않았을 때 지구 상에서 태양광선에 수직인 1 $\mathrm{cm^2}$의 면적이 1분 동안 받는 태양에너지의 양은 약 1,400 $\mathrm{W/m^2}$이며, 이 값을 태양상수(solar constant)라고 한다. 태양을 중심으로 지구까지의 거리를 반지름으로 한 구를 생각해 본다면, 이때 표면적은 $4\pi \times (1.5 \times 10^{13})^2$ $\mathrm{cm^2}$, 즉 2.8×10^{27} $\mathrm{cm^2}$이므로 태양이 매분마다 주위의 공간으로 방출하고 있는 에너지의 총량은 3.9×10^{26} W라는 막대한 양이 된다.

지구가 받는 태양복사의 총량은 지구의 반지름을 r이라 하면 지구의 단면적에 해당되는 πr^2에 태양상수를 곱한 값이다. 그런데 지구는 축을 중심으로 자전하기 때문에 복사량이 퍼지는 지구의 표면적은 $4\pi r^2$이며, 지표면의 단위면적에 대한 에너지는 태양상수의 25%가 된다. 태양상수를 1,400 $\mathrm{W/m^2}$라고 하면 지표면의 단위면적당 평균에너지는 350 $\mathrm{W/m^2}$가 된다.

(3) 반사율

어떤 물체에 입사하는 빛에 대한 반사의 정도를 반사율(albedo)이라고 한다. 지구의 albedo를 A라고 한다면 태양광선의 $(1 - A)$만이 대기나 지표면에 흡수되고 이것이 지구 상에서 일어나는 기상현상의 에너지가 된다. 따라서 유효일사량은 A의 크기에 따라 영향을 받는다. 지구전체의 albedo는 대기의 albedo와 지표면의 albedo와의 합산치이다.

대기의 albedo는 순수 건조공기, 수증기 및 먼지 등에서 생겨난다. 이것들을 모두 합하면 약 8~13% 정도가 될 것으로 추정되고 있다. 구름의 albedo는 구름의 두께 종류에 따라 달라 여러 가지 수치로 계산되고 있지만 Bullrich(1948)는 이것들을 종합하여 구름이 두꺼울 때 층적운은 78%, 층운은 74%, 고층운은 46%로 하고 있다. 지표면의 albedo는 표면상태에 따라서 현저하게 다르다(표 2.1).

표 2.1 지구표면의 albedo

표면의 종류	albedo(%)	해수면의 태양고도(°)	albedo(%)
사 막	24~28	0	100.0
평 원	3~25	5	58.4
삼 림	3~10	10	34.8
초 목	14~37	20	13.4
나 지	7~20	30	6.0
진 흙	8~14	40	3.4
마른 모래	18	50	2.5
젖은 모래	9	70	2.1
눈, 얼음	46~86	90	2.0

지구전체의 albedo는 계산한 사람에 따라 다소 차이를 보이지만 평균적으로는 약 0.31(31%)로 알려져 있다. Albedo에 해당하는 부분은 지구대기를 통해 우주공간으로 상실되며, 나머지 69%인 241.5 W/m^2($0.69 \times 350 = 241.5$)가 실제로 지구의 대기나 지표면에 흡수되어 이용될 수 있는 에너지이다.

2. 지구복사

대기현상의 근원이 되는 에너지원은 태양이며, 이는 열과 지구복사(terrestrial radiation)의 상태에 의해 설명이 된다. 태양복사는 여러 가지 파장으로 구성되어 있으며 1.5억 km 떨어져 있는 지구가 받고 있는 복사에너지는 태양 전체복사량의 20억 분의 1에 지나지 않는다. 태양복사 중 산란이나 확산하지 않고 바로 지표면에 이르는 것을 직접복사(directed radiation)라 하고, 산란이나 확산이 되어서 지표면에 이르는 것을 천공복사(sky radiation)라고 한다.

한편 더워진 지면은 반대로 외부로 향해 열을 복사하게 되는데 이것을 지구복사(terrestrial radiation)라 하며, 이때 지표에서 방사되는 에너지의 파장은 태양복사파장의 약 25배에 달하는

장파장이다(그림 2.7). 이때문에 태양복사를 단파복사(short wave radiation)라 하고 지구복사를 장파복사(long wave radiation)라고도 한다.

대기 중 기체의 복사에너지 흡수정도(흡수계수)는 파장에 따라 다르며 일반적으로 단파에 대해서는 투명하면서도 장파에 대해서는 불투명하다. 수증기, CO_2, O_3는 특히 장파에 대해서 불투명하다. 따라서 태양광선은 그대로 통과시키더라도 지면에서 올라오는 장파는 흡수한다. 즉, 전리층에서는 0.1 μm 이하의 파장역이 흡수되고 오존층에서는 0.13~0.3 μm의 파장역이 흡수된다. 그러나 이와 같은 흡수량은 일사량 전체에 비하면 극히 적은 양이다. 오존층의 흡수는 2% 이하일 것으로 생각되며 오존층 이하에 있어서의 흡수는 수증기, CO_2, 구름 등에 의한 것이다. 이중에서도 수증기에 의한 흡수는 비교적 많아 대류권에서의 열평형 문제에 있어서 중요한 역할을 한다. 한편 산란에 의한 감소로서는 공기분자, 수증기분자 및 먼지에 의한 산란을 들 수 있다.

대기의 열수지에 관한 계산은 1928년에 Simpson이 최초로 하였고, 그 후 Baur(1935), Phillips(1936), Albrecht(1949), Raethjen(1950), Houghton(1952), London(1952) 등 여러 사람에 의해서 이루어졌다. 그림 2.8은 지표와 대기에서 태양복사와 지구복사의 에너지량을 보여준다.

지표, 대기 및 외계에서의 에너지분포는 다음과 같다. 외계에서 지구(지표, 대기)로 유입되는 태양에너지를 100이라고 가정하면 30은 지표와 대기 중의 구름이나 먼지 등에 의하여 외계로 반사되고, 나머지 70은 대기에 19, 지표에 51이 흡수됨을 알 수 있다. 지표복사에너지가 대기를 통과하여 외계로 나오는 양이 6이고, 구름에 의한 외계로의 복사량이 64이므로 지구와 외계는 열평형을 이룬다. 지표는 대기로부터 96, 외계로부터 51의 에너지를 흡수하고, 같은 양을 대기와

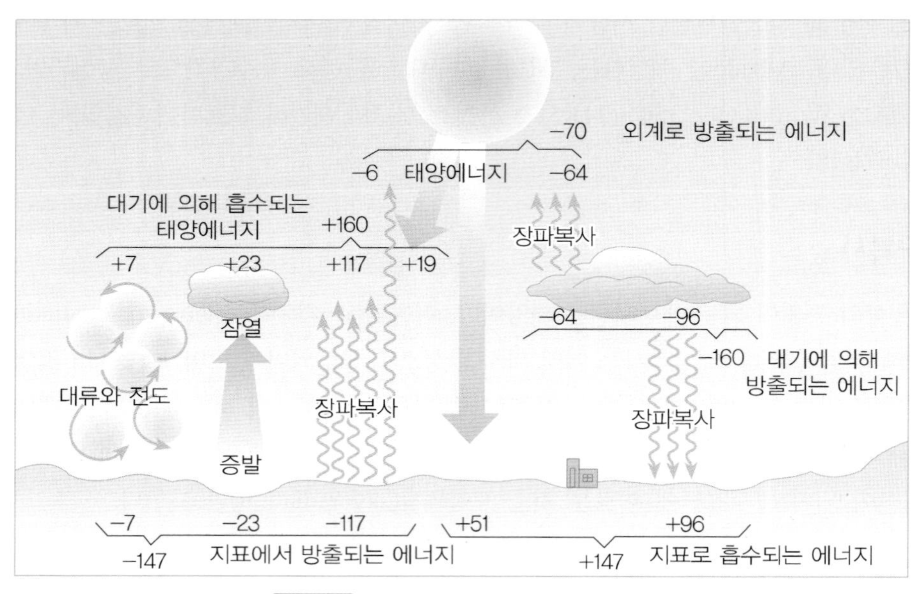

그림 2.8 지구의 열수지(Ahrens, 1994)

외계로 방출한다. 대기도 지표와 외계에 대한 흡수량과 방출량의 총합은 같다. 이처럼 외계와 대기, 지표는 각각 열평형을 이루고 있다.

여기서 주의해야 할 점은 대기와 지표의 복사이다. 지표 복사에너지는 일부만이 대기를 통과하여 외계로 나가고 대부분은 대기로 흡수된다. 대기에 흡수된 복사에너지는 외계와 지표로 재복사되고, 지표에서는 다시 대기로 복사에너지를 방출한다. 이러한 일련의 과정이 끊임없이 반복됨에 따라 대기와 지표복사량은 그림과 같이 큰 값을 보이게 된다.

2 단열변화

❶ 대기 중의 물

물은 육상에서 증발에 의하여 수분이 공기 속으로 들어가는 순환을 계속하는데, 대기 속에 남아 있는 수증기의 총량은 우량으로는 26 mm나 된다. 물의 고체상태, 즉 얼음은 여러 가지 다른 결정형으로 존재할 수가 있는데 이중 얼음이라 부르는 것만 정상적인 대기조건에서 존재할 수가 있기 때문에 다른 것들은 무시된다. 0℃에서 얼음의 비적은 1.091 cm^3/g이며 동일한 온도에서 물의 비적보다 약간 크다. 고체상태의 물질이 액체상태의 물질보다 밀도가 적다면 이는 비정상적이며, 이러한 것이 물의 특성이다. 얼음의 비적은 온도에 따라 서서히 변화하는데, 여기서는 일정하다고 본다. 물은 0℃에서 8℃까지는 비적이 1,000 cm^3/g이며 40℃에서는 이 값의 0.8% 이내로 변화하므로 온도에 따른 변화량은 무시할 수 있다. 또한 15℃에서 물의 비열용량은 1 cal/g · ℃이며, 온도에 따른 비열용량의 변화량은 극히 적어서 역시 무시할 수 있다. 따라서 수증기의 열특성을 연구하는 데 있어서 수증기가 상태방정식을 만족한다는 가정을 세울 수 있다.

물의 수증기압이 임의의 온도에서 가능한 최고수증기압이며, 압력의 변화로 이상가스 성질로부터 점점 멀어지기 때문에 표 2.2에서처럼 온도의 함수로 포화수증기압(E)을 표시하기 위해 이상가스의 비적(v_V, ideal)과 측정한 비적(v_V)의 비를 계산할 수 있다.

표 2.2 이상적인 조건에서의 수증기

Temperature (℃)	E (hPa)	(v_V, ideal)/v_V
−10	2.86	1.0003
0	6.11	1.0005
10	12.27	1.0008
20	23.37	1.0012
30	42.43	1.0018
40	73.78	1.0027

분명한 사실은 수증기가 일반 기상조건에서는 1%의 범위 내에서 만족된다는 사실이며 증기압이 낮을 때 수증기의 비열용량은

$$C_{VV} = 3R_V = 0.331\,\text{cal/g·℃} \tag{2.3}$$

$$C_{PV} = 4R_V = 0.441\,\text{cal/g·℃} \tag{2.4}$$

여기서 R은 기체상수, V는 수증기를 나타낸다. 이들 특성은 온도에 따라 상당히 변화하기 때문에 수증기는 이상가스 조건을 만족시킬 수 없다. 그러나 수증기는 공기 중에서 따로 존재하는

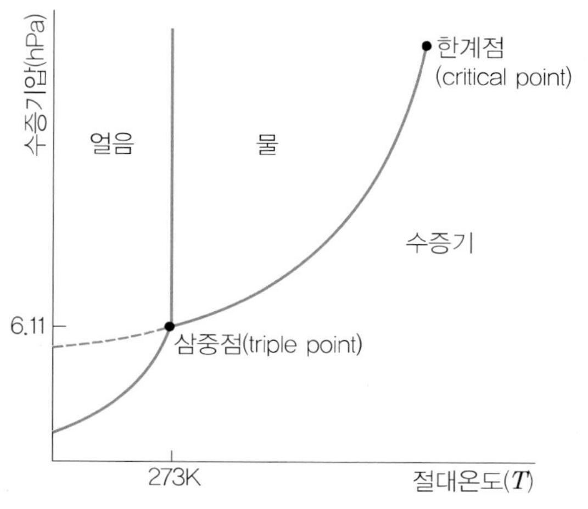

그림 2.9 온도와 압력에 따른 물의 상평형

것이 아니며 공기와의 혼합물로 존재하고, 혼합물의 비열용량은 증기의 성질이 변화함에 따라 크게 좌우되지 않는다. 그림 2.9는 T와 e를 축으로 한 일종의 상평형 그림(phase diagram)이다.

그림 2.9에서 3개의 상이 공존할 수 있는 점에서 증발곡선이 시작되어 우상부로 뻗어나가는데, 이 곡선 상에서 물과 증기가 균형상태에 있고 이 곡선 좌측에는 단지 물만 존재하고, 우측에는 증기만이 존재할 수 있다. 증발곡선은 한계점(critical point)에서 끝나며 여기서는 액체와 기체 사이의 차이점이 없어진다. 끓는점은 증기압이 전체 대기압과 동일할 때 얻을 수 있다.

대기 중에 수분이 어느 정도 있는지는 보통 습도로 나타낸다. 절대습도(absolute humidity)는 단위체적의 공기 중에 포함되어 있는 수증기의 질량으로 표시되며, 단위는 g/m^3이다. 일반적으로 습도라고 하면 대부분 상대습도(relative humidity)를 의미한다. 상대습도란 현재 기온에서 수증기가 포함할 수 있는 포화수증기량에 대한 현재 대기 중에 있는 수증기량의 비이며, 백분율(%)로 나타낸다.

$$\text{상대습도}(\%) = \frac{e}{E} \times 100 \tag{2.5}$$

여기서 e는 현재 수증기압(hPa), E는 현재 기온에 대한 포화수증기압(hPa)이다. 상대습도는 수증기량과 기온에 따라 변한다.

② 단열과정

기체의 상태를 기술하는 데 필요한 변수들은 압력(P), 온도(T), 부피(V), 밀도(ρ) 등이고 기체의 상태를 나타내는 방정식은 주로 보일(Boyle)의 법칙과 샤를(Charles)의 법칙이 사용된다. 보일의 법칙은 온도가 일정하면 압력과 부피의 곱이 일정하다는 것이고, 샤를의 법칙은 압력이

일정할 때 온도와 부피는 비례한다는 것이다. 또한 R을 기체상수, n을 기체의 몰(mole) 수라 하면 상태방정식은

$$PV = nRT \tag{2.6}$$

로 나타난다. 그리고 어떤 공기덩어리에 열량 ΔQ를 가했다고 하면 이 열량 중 일부는 공기덩어리가 하는 일에 사용되고, 나머지는 내부에너지를 변화시키는 데 사용된다. 공기덩어리가 한 일을 ΔW, 내부에너지의 변화량을 ΔU로 표현한다면

$$\Delta Q = \Delta U + \Delta W \tag{2.7}$$

로 나타내며 이 방정식이 열역학 제1법칙이다. 식 (2.7)을 공기덩어리의 질량으로 나누어 단위질량당 변화량으로 표시하기도 한다.

$$\Delta q = \Delta u + \Delta w \tag{2.8}$$

먼저 내부에너지를 보면 같은 종류의 두 기체가 같은 온도를 가질 때, 그 기체의 질량이나 부피에 관계없이 내부에너지는 서로 같게 된다. 내부에너지가 온도만의 함수로 표현될 수 있으므로

$$\Delta u = c_v \Delta T \tag{2.9}$$

로 나타내고, c_v는 정적비열, ΔT는 온도의 변화량이다.

다음으로 공기덩어리가 한 일을 보면 일은 어떤 물체에 작용하는 힘과 그 물체가 힘의 방향으로 움직인 거리의 곱으로 나타낸다. 공기덩어리의 압력을 P, 부피증가량을 ΔV라고 한다면 $\Delta W = P\Delta V$이다. ΔV는 공기덩어리의 부피증가량인데 단위질량의 공기덩어리를 생각하면 Δv로 표현할 수 있고, v는 단위질량당 부피인 비적이다. 그러므로 단위질량의 공기덩어리가 한 일은

$$\Delta w = P\Delta v \tag{2.10}$$

로 표현된다. 식 (2.9)와 (2.10)을 식 (2.8)에 대입하면

$$\Delta q = c_v \Delta T + P\Delta v \tag{2.11}$$

로 나타나고, 이 식이 공기에 적용할 수 있는 열역학 제1법칙의 구체적 형태이다.

만약 공기덩어리의 압력이 P에서 $P+\Delta P$, 비적이 v에서 $v+\Delta v$, 온도가 T에서 $T+\Delta T$로 변했을 때 상태방정식을 적용하면

$$(P+\Delta P)(v+\Delta v) = R(T+\Delta T) \text{ 또는}$$

$$Pv\left(1+\frac{\Delta P}{P}+\frac{\Delta v}{v}+\frac{\Delta P\Delta v}{Pv}\right) = RT\left(1+\frac{\Delta T}{T}\right) \tag{2.12}$$

로 나타낼 수 있다. 위 식에서 $Pv = RT$를 대입하고 $\frac{\Delta P \Delta v}{Pv}$가 매우 작아서 무시하여 근사식으로 표현하면

$$\frac{\Delta T}{T} = \frac{\Delta P}{P} + \frac{\Delta v}{v} \qquad (2.13)$$

로 나타낼 수 있다. 위 식의 양변에 Pv를 곱하면

$$R\Delta T = v\Delta P + P\Delta v \qquad (2.14)$$

로 표현되고, $P\Delta v = R\Delta T - v\Delta P$로 정리하여 식 (2.11)에 대입하면

$$\Delta q = (c_v + R)\Delta T - v\Delta P \qquad (2.15)$$

로 나타낼 수 있다.

만약 등압과정(ΔP=0)을 고려하면

$$c_p = \left(\frac{\Delta q}{\Delta T}\right)_p = c_v + R \qquad (2.16)$$

의 관계를 알 수 있다. 첨자 p는 압력이 일정한 상태를 말하며, c_p는 정압비열이라고 한다. 그러므로 식 (2.15)는

$$\Delta q = c_p \Delta T - v\Delta P \qquad (2.17)$$

로 나타내고, 이 식은 열역학 제1법칙의 또 다른 형태이다.

유체정역학 방정식은 대기가 중력의 영향으로 인해 아랫방향으로는 가속되지 않는다는 가정하에 만들어진다. 만약 연직 공기기둥이 존재한다고 가정하여 공기기둥 내에 길이 ΔH의 작은 연직거리를 고려하면 기둥의 하부에서 상부까지의 작은 압력의 하강인 ΔP(－값)가 존재하게 된다. 이 압력 차이로 인해 위로 작용하는 힘을 가지게 된다. 높이에 따른 압력의 변화율 또는 연직 압력경도는 $\frac{\Delta P}{\Delta H}$이다. 압력은 단위면적당 힘이므로 $\frac{\Delta P}{\Delta H}$는 단위체적당 힘이며, 단위질량당 힘으로 변환하기 위해서는 공기의 비적을 곱한다. 그러므로 $v\frac{\Delta P}{\Delta H}$는 높이에 따른 압력의 정상적인 감소 때문에 위쪽으로 나타나는 힘의 크기이며, 이 힘은 중력과 평형을 이루며 나타난다. 이들 두 힘의 평형을 고려하면

$$-v\frac{\Delta P}{\Delta H} = g \quad \text{또는} \quad \frac{\Delta P}{\Delta H} = -\rho g \qquad (2.18)$$

식을 구할 수 있으며, 위 식을 정역학방정식이라고 부른다.

단열과정(adiabatic process)이란 위에서 언급한 열역학 제1법칙에서 $\Delta q = 0$인 상태, 즉 기체에 외부로부터 열에너지의 증가나 내부에너지의 감소가 일어나지 않는 상태이다. 이 단열과정에 반대되는 것을 비단열과정(diabatic, non-adiabatic process)이라고 한다.

또한 정의로부터 단열과정은 $c_p \Delta T - v \Delta P = 0$이다. 이 단열과정은 건조단열과정과 습윤단열과정으로 대별된다. 건조단열과정이란 H_2O의 상의 변화가 전혀 없을 경우, 즉 외부적인 열과 잠열(latent heat)의 변화가 없을 때를 말하며, 습윤단열과정은 H_2O가 기체나 액체로 상의 변화를 가져올 경우를 말하며 외부적인 열의 변화는 없지만 잠열의 변화는 있다.

1. 단열적 온도변화

공기덩어리가 팽창하면 일(work)을 하게 되고 에너지소모가 일어난다. 어떤 공기덩어리가 다른 기압을 갖는 곳으로 이동하는 경우 주위공기와 열의 교환이 없다면 공기덩어리에 체적과 온도의 변화를 가져온다. 이러한 온도변화, 즉 열의 가감이 없을 경우가 단열(adiabatic)이며 공기덩어리의 수직적 이동은 이러한 단열적 온도변화를 주는 가장 주요한 원인이다.

지표에서 일어나는 온도변화는 대부분 비단열적인데 이것은 대기의 수평이동, 난류현상 등으로 공기가 혼합되어 그 공기의 특성이 변질되기 때문이다. 공기덩어리가 수직적으로 이동할 때 공기덩어리는 근본적으로는 양호한 열전도체가 아니며 대체로 주위의 공기덩어리와 구별되는 열특성을 가지고 있기 때문에 단열적 모형을 따라 변화한다. 공기덩어리가 상승하고 기압이 감소함에 따라 체적의 증가와 온도의 하강이 발생한다. 상승에 따른 온도가 내려가는 비율을 단열감률(adiabatic lapse rate)이라 하며, 공기덩어리의 상승이 응결현상을 수반하지 않는다면 공기덩어리의 팽창으로 소모된 에너지가 그 공기덩어리의 온도를 낮춘다. 그런데 온도의 하강으로 응결이 일어나면 잠열이 발생하여 불포화 공기덩어리보다 천천히 냉각된다.

건조단열감률과 습윤단열감률의 차이점은 다음과 같다. 건조단열감률은 거의 일정하며 습윤단열감률은 온도변화에 따라 변화한다. 즉 높은 온도에서 기단은 더욱 많은 습기를 가질 수 있고 보다 많은 잠열을 방출하여 습윤단열감률은 4℃/km 이하 정도가 되고, 온도가 낮은 기단에서는 냉각률은 증가하여 -40℃에서는 9℃/km 정도가 된다. 지표면에서 수직온도경사는 가끔 건조단열감률보다 훨씬 커서 초단열적이라 하며, 특히 사막지역의 여름철에 흔히 있는 일이다.

2. 퍼텐셜 온도

퍼텐셜 온도(potential temperature)란 공기덩어리를 단열과정으로 기준기압인 1,000 hPa에 해당하는 고도로 옮겼을 때, 그 공기덩어리가 가지는 온도를 말한다. 우선 열역학 제1법칙의 식(2.17)에서

$$\Delta q = c_p \Delta T - v \Delta P$$

이며 단열과정에서는 다음과 같다.

$$0 = c_p \Delta T - v \Delta P \qquad (2.19)$$

이상기체 상태방정식에서 $v = \frac{RT}{P}$ 이므로 대입하여 정리하면 다음과 같다.

$$0 = \frac{dT}{T} - \frac{R}{c_p}\frac{dP}{P} \qquad (2.20)$$

이를 적분하여 $\frac{R}{c_p}$ 을 K로 놓으면

$$T = const \cdot P^K \qquad (2.21)$$

가 된다. 이 식은 푸아송(Poisson) 방정식이라 하며 쉽게 v와 P, 혹은 v와 T 관계식으로 쓸 수 있다. 상수 K는 단열과정을 따르는 가스의 초기압력과 온도에 따라 다른 값을 가질 수 있다. 만약 초기압력이 1,000 hPa이고 초기온도가 θ의 값을 갖는다면 푸아송 방정식은

$$\frac{T}{\theta} = \left(\frac{P}{1,000}\right)^K \qquad (2.22)$$

가 되며, 온도 θ를 퍼텐셜 온도라 한다. 이는 주어진 상태 P, T에서 P가 1,000 hPa로 압축 혹은 팽창하였을 때 어떤 가스가 갖는 온도로 간주할 수 있으며, 분명히 θ는 단열과정 동안에 불변하는 공기덩어리의 특성이다. 즉, 퍼텐셜 온도는 단열과정에 의해 변하지 않는 불변량이므로 퍼텐셜 온도의 값이 동일한 기단은 같은 기단이며 그 값이 현저하게 다르면 다른 기단이라고 추정할 수 있다. 또한 수증기의 공급이 없는 경우에는 혼합비나 비습도 보존성을 갖는 특성으로서 이와 동일한 특성들을 검토해 보면 그 기단의 발원지(source region)를 알 수 있다. 건조공기의 K는 0.286값을 가지므로

$$\theta = T\left(\frac{1,000}{P}\right)^{0.286} \qquad (2.23)$$

으로 표시된다.

③ 기온감률

기온감률(lapse rate, γ)은 고도의 변화(ΔH)에 따른 온도의 변화(ΔT)를 의미한다. 보통 사용하는 단위는 ℃/100 m이다.

$$\gamma = -\frac{\Delta T}{\Delta H} \qquad (2.24)$$

예를 들면 고도 1,000 m에서의 온도는 +10℃, 고도 2,000 m에서는 +2℃일 때, 1,000 m 고도 차이에 따라 온도의 감소는 8℃이므로

$$\gamma = -\left(\frac{-8}{1,000}\right) = +0.8℃/100\text{m}$$

가 된다. 여기서 온도가 고도의 변화에 따라 감소하면 기온감률(γ)은 (+)부호이며, 이때는 대류권에서 정상적인 상태라고 본다. 또 다른 예로 고도 1,000 m에서 온도는 +10℃이고, 고도 2,000 m에서는 온도가 +12℃일 때 $\gamma = -0.2$ ℃/100m이다.

단열과정에서는 이론적으로 열역학 제1법칙으로부터 공기덩어리가 상승하거나 하강할 때 온도의 변화는 얼마인가를 계산할 수 있고 압력변화 역시 알 수 있다. 건조단열과정은

$$c_p \Delta T = v \Delta P \qquad (2.25)$$

로 정의되고, 유체정역학 방정식

$$\Delta P = -g\rho \Delta H \qquad (2.26)$$

와 비적 $v = \frac{1}{\rho}$에서

$$\Delta T = \left(\frac{1}{\rho c_p}\right) \times (-g\rho \Delta H) = -\frac{g}{c_p}\Delta H \quad \text{또는}$$

$$-\left(\frac{\Delta T}{\Delta H}\right) = \gamma_d = \frac{g}{c_p} = 0.98℃/100\text{m} \fallingdotseq 1℃/100\text{m} \qquad (2.27)$$

로 계산된다.

습윤단열과정은 응결잠열이 방출되나 손실은 일어나지 않는다. 고도의 변화에 따른 온도의 하강은 건조단열과정에서의 변화보다 적다. 습윤단열감률(γ_m)과 건조단열감률(γ_d)의 차이는 변화과정 동안 응결하는 H_2O의 양에 좌우된다. H_2O는 응결할 때 약 590 cal의 열을 방출한다. 온난공기는 더 많은 물을 가질 수 있기 때문에 한랭한 공기보다 건조단열감률과 습윤단열감률의 차($\gamma_d - \gamma_m$)가 크다.

습윤단열감률은 0.4~0.98℃/100 m의 값을 가진다. 매우 온난다습한 공기가 지면 근처에서 상승하는 경우에는 약 0.4℃/100 m이고, 대류권중층에서 전형적인 값은 약 0.6~0.7℃/100 m이며 대류권계면 근처에서는 온도가 낮고 수증기량이 매우 적어 건조단열감률과 거의 비슷하다. 공기가 가지는 수증기의 양이 적을수록 습윤단열감률이 건조단열감률에 가까워지며, 대기 가운데 지표면 가까운 곳, 즉 보통 온도가 약 10℃에서의 습윤단열감률(γ_m)은 약 0.6~0.7℃/100 m이다.

공기덩어리의 냉각은 대개 수직운동과 관계가 있다. 수직운동에는 두 가지 종류가 있는데 실제 대기에서 난류(turbulence), 대류(convection)와 같이 공기덩어리가 초당 수 m의 속도로 빨리

운동하는 것이고 다른 하나는 초당 수~수십 cm의 매우 느리게 움직이는 대규모 대기층의 상승과 하강을 들 수 있다. 예를 들면 수직으로 발달하는 구름(cumulus)과 태양에 의해 더워진 모래 표면에 국부적으로 생긴 기포 그리고 가벼운 온난기단이 무거운 한랭기단 위로의 이동과 대규모의 상층기단이 하강 혹은 침강하는 경우를 생각할 수 있다. 특히 운동의 속도가 빠르고 보다 국지적일 경우는 거의 단열과정이 일어난다. 그리고 모든 공기덩어리가 함께 상승 혹은 하강해서 열이 완전히 발산될 수 없는 경우에도 거의 단열과정으로 취급할 수 있다.

단열과정은 운동하는 공기의 열역학적 성질을 이해하는 데 아주 중요하여 자주 사용된다. 그러나 기상학자들은 매번 필요한 수치들을 계산하기보다는 오히려 여러 가지 다른 종류의 차트(chart)와 모노그램(monogram)을 이용하여 문제를 해결하기 위한 여러 가지 방법을 고안하였다.

4 단열도

단열과정을 연구하는 데 단열도를 이용하는 방법(그림 2.10)은 일정한 지역에서 주어진 시간에 측정한 대기의 실제조건(압력, 온도, 상대습도)을 그래프에 표시하여 가능한 기상예보를 추론하는 것이다. 이러한 예보를 하기 위해서는 두 가지 방법을 이용한다.

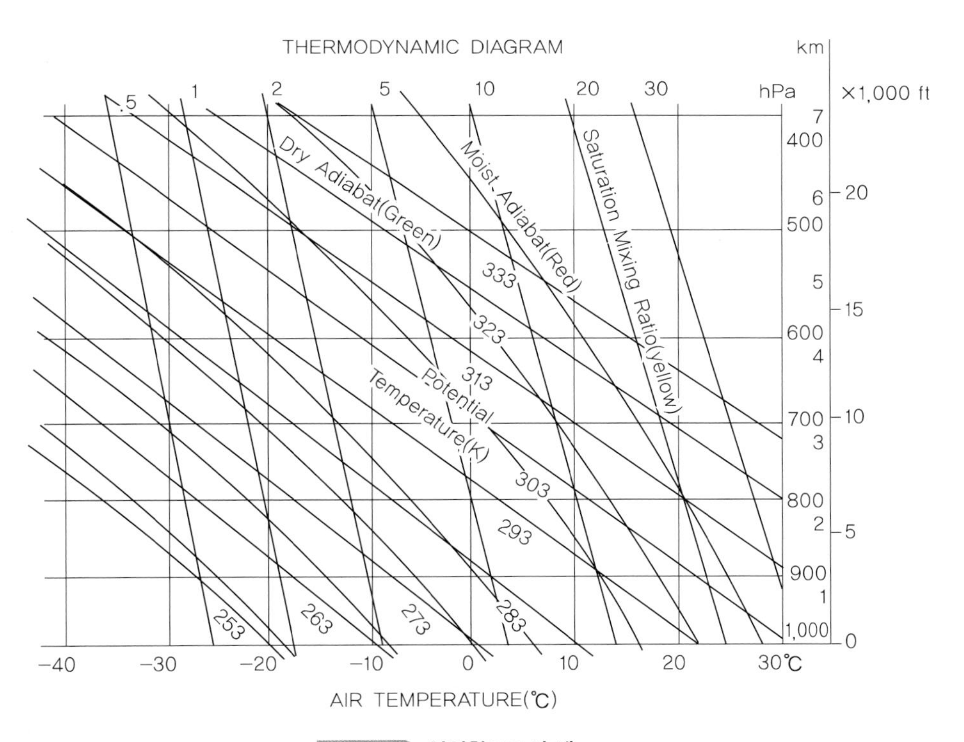

그림 2.10 열역학도표의 예

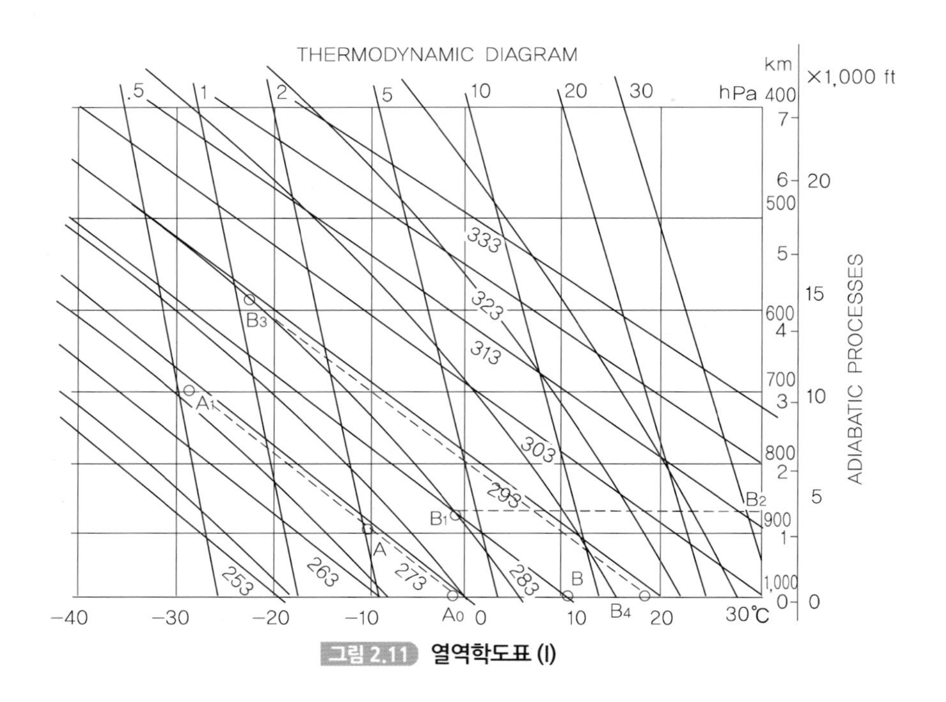

그림 2.11 열역학도표 (I)

첫째는 대기 중에서 단열과정을 그래프로 알아보는 것이다. 그림 2.11에서 건조단열과정은 점 A(P=900 hPa, T= −10℃)로부터 건조공기가 점 A_1(P=700 hPa)으로 이동되어 있으며 건조단열선을 따라서 내려가면 T= −29℃를 나타낸다. 점 A_1에서 포화수증기압(E)이 0.5이므로 이때 공기는 수증기를 0.5 g/kg 이상 포함할 수가 없다. 습윤단열과정을 보면 점 B_1(P=880 hPa, T= −1℃)으로부터 포화된 공기가 습윤단열선을 따라 점 B_3(P=590hPa, hPa, T= −22℃)로 이동한다. 만약 공기가 건조하다면 이 과정은 건조단열선을 따라 이동할 것이고 점 B_3는 P=590 hPa, T= −30℃가 될 것이다. 이렇게 동일한 점 B_3의 포화공기에서 8℃ 온도가 높은 것은 잠열(latent heat)이 방출되기 때문이다. 즉 습윤단열과정은 단지 포화공기에만 적용되는 것이다.

건조단열과정과 습윤단열과정으로부터 최초의 공기가 점 B(1,000 hPa, +10℃)에 있었으나, 포화상태에 있지는 않으며 여기서 상대습도가 50%이므로 힘이 가해지면 건조단열선을 따라 움직인다. 점 B에서 E=8 g/kg임을 알 수 있고 상대습도가 50%이므로 실제 혼합비(w)는 8×0.5 =4 g/kg이다. 공기가 포화상태에 도달하지 않는 한 건조단열과정을 따를 것이며, w가 E보다는 작은 값을 가진다. 즉, 온도(T)가 감소함에 따라 E 또한 감소한다. 그림 2.11에서 임의의 점(T, P)의 집합, 즉 건조단열선 상 특수한 위치에 있는 점들은 동일한 T_p를 가진다. 이와 같이 T_p라는 값을 가지고 건조단열선 상에서 나타낼 수 있다. 그림에서 1,000 hPa, 0℃를 갖는 점을 통과하는 선은 T_p = 273 K이다.

둘째는 그림 2.11에서처럼 대기에서부터 받는 실제 대기의 상태를 기재한다. Radiosonde로부

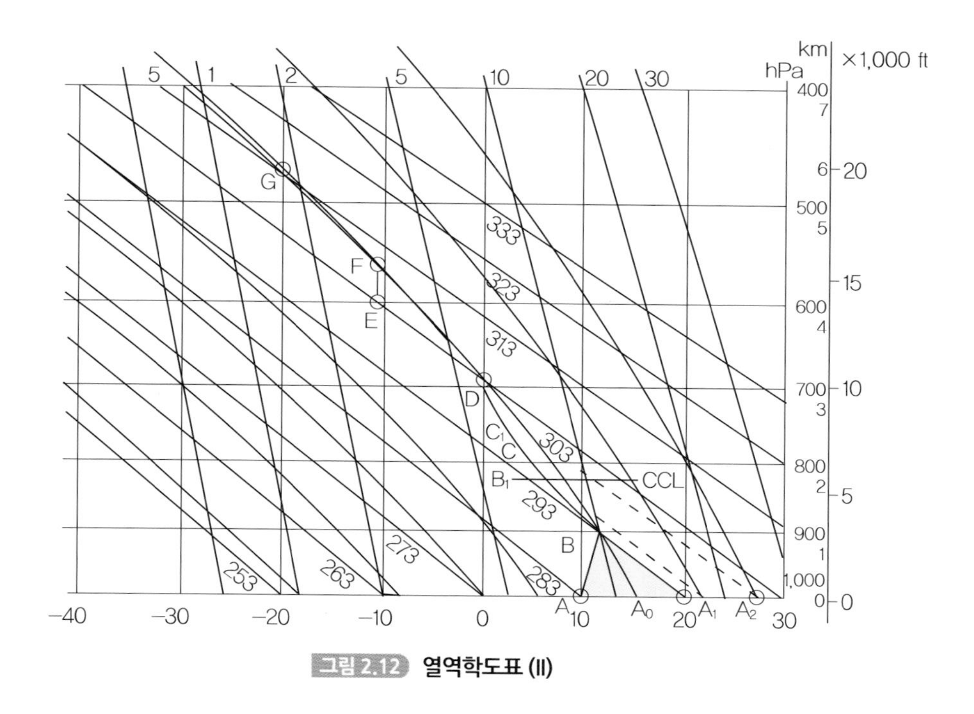

그림 2.12 **열역학도표 (II)**

터 압력, 온도, 상대습도를 알 수 있고 고도는 레이더 거리와 각도로부터 확인되며, 풍속은 풍선으로 측정할 수 있다. 이러한 실제 대기의 상태를 기재하는 일을 sounding이라 한다. 그리고 임의의 값 P에서 만들어지는 점들을 「SIGNIFICANT POINTS」라고 한다. 온도(T)가 항상 같은 선을 등온선(isotherm)이라 하며, 온도(T)가 고도의 상승에 따라 증가하는 것을 역전이라 한다.

실제 대기에서는 상기한 두 가지 방법을 이용하여 예보할 수 있다. 그림 2.12의 점 A에서 상대습도가 100%라고 하자. 그러면 점 A에서 상승하는 공기는 즉시 응결상태가 되고 아마 지표면에는 이미 안개가 끼어 있을 것이다. 그러나 이와 같이 주어진 sounding은 이른 아침의 sounding이며 태양이 떠올랐을 때는 지표면 가까이에 있는 대기층은 전도에 의해 가열되고 온도는 상승할 것이다. 이때 고도 A에서의 상대습도는 감소할 것이다. 예를 들면 온도(T)가 +13℃로 상승하고, 그때 E=10 g/kg이라면 w는 그 전과 동일한 상태에 있을 것이다. 다시 말하면 w = 8 g/kg일 때 상대습도는 80%가 된다. 이 온도에서 공기는 주위에 있는 공기보다 온도가 높기 때문에 계속 상승할 수 있다. 여기서 공기는 $w < E$ 관계를 유지하고, 온도(T)가 sounding에 의해 주어진 주위공기의 온도와 같아질 때까지 건조단열적으로 상승할 것이다.

온도(T) 13℃, 기압(P) 1,000 hPa에서부터 선이 위쪽으로 그어져 있으며, 이 선이 sounding을 만족시킬 때 E는 항상 실제 w보다 큰 값을 가지며, 이때까지는 응결이 전혀 일어나지 않는다. 계속 가열되면 동일한 과정이 계속된다. 점 A_0(T=20℃)에서 공기는 점 B까지 상승할 수 있다. 공기덩어리는 sounding에서 멈추는데, 만약 공기덩어리가 계속 상승한다면 주위의 공기덩어리보다 냉각되어 밀도가 커지고 밀도가 같은 점으로 되돌아오게 되기 때문이다. 지표면에서 가열되어

점 A_1(−22℃)에 도달하면 공기덩어리는 점 B_1 고도에 있는 sounding으로 상승할 것이다. 여기에 도달하면 이 점에서 공기덩어리의 w(= 8 g/kg)가 E(= 8 g/kg)와 같은 값을 갖게 된다. 이와 같이 상대습도가 100%인 공기는 포화되어 있고 습윤단열과정을 따라야 한다. 그러므로 점 B_1에서 응결이 일어나며 이 응결고도(condensation level)를 CCL(Convective Condensation Level)이라 부른다. 점 B_1(~820 hPa)이 CCL 고도이며, 대류구름, 즉 cumulus의 하강고도가 되는 것이다.

지금 하부로부터 점 B_1에 도달한 공기덩어리는 습윤단열선을 따라 상승한다. 상승하는 동안 그 공기덩어리의 온도(T)가 주위공기의 온도보다 높기 때문에 공기덩어리는 계속 상승할 수 있고 마침내 점 C_1(~730 hPa)에서 주위공기의 온도와 같아진다. 상승하는 동안 공기덩어리는 포화된 상태로 남으며 일부 수증기는 구름으로 응결한다. 점 C_1에서 E = 6.5 g/kg의 값을 읽을 수 있으며, 이와 같이 점 C_1에 도달한 공기덩어리는 역시 w = 6.5 g/kg이다. CCL과 점 C1(cloud top level) 사이에 형성된 구름에서 이와 같이 상승하는 공기덩어리는 수증기 1.5 g/kg을 잃게 된다. 이러한 과정이 계속됨에 따라 주위공기가 변하지 않고는 존재할 수 없다. 즉 지표면이 가열됨에 따라 주위공기가 변질된다. 그래서 최종적으로 구름이 형성되었을 때 sounding은 $A_1 - B_1 - C_1 - D$로 주어질 것이다.

낮 동안은 지표면으로부터의 대류 때문에 표면역전(surface inversion, A − B)이 일어난다. 이런 현상은 기단 내에서 어떠한 변화도 없이 이루어지는 sounding에서는 가끔 있는 일이다. 그리고 밤에 지표면이 냉각되었을 때는 새로운 표면역전이 국지적으로 형성된다.

5 대기의 안정도

1. 안정과 불안정

실제 대기 중에 존재하는 공기덩어리는 같은 기압과 온도를 가진다. 그러나 갑자기 힘이 가해져 상하방향으로 교란이 일어난 상태를 가정해 보자. 이런 결과 생긴 돌풍의 가속도가 없을 때, 즉 돌풍에 의해 생긴 소규모의 이동이 계속되고 이 운동이 더 이상 가속되지 않는다면 불안정(unstable)한 상태가 된다. 반대로 만약 운동이 정지되고 공기덩어리가 원래의 위치로 복귀하려고 한다면 안정(stable)한 상태인 것이다.

그러면 어떠한 기압(P)을 갖는 고도까지 상승한 뒤에 공기덩어리가 갖는 온도를 T_1이라 하고, 이 기압(P)을 갖는 고도에서 주위공기가 갖는 온도를 T_2라 하자. 만약 T_1의 온도가 T_2보다 크다면 이때 공기덩어리는 주위공기보다 점점 더워지고 밀도가 낮다. 그러므로, 이 공기덩어리는 가벼워서 풍선처럼 위로 솟아오르게 된다. 이는 마치 가속도를 유발하는 힘처럼 작용하며, 공기덩어리는 계속 상승하고 점점 빠른 속도로 가속이 생긴다. 이러한 상태, 즉 T_1의 온도가 T_2보다 클 경우는 분명히 불안정이다. 그러나 만약 온도 T_1이 T_2보다 작다면, 공기덩어리는 주위의 공

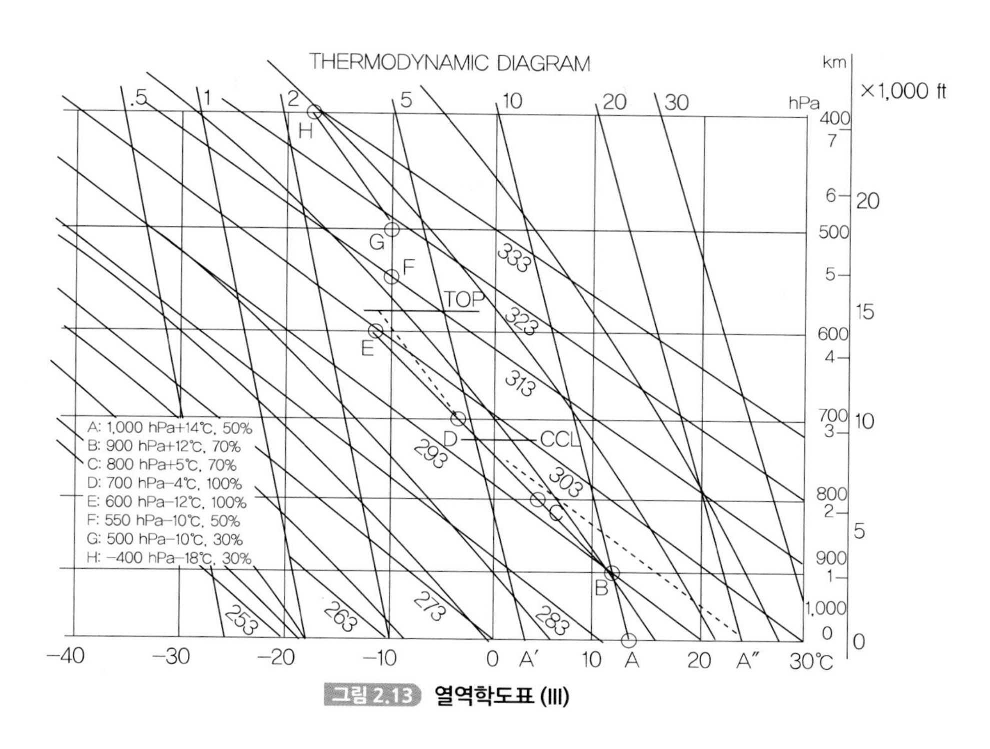

그림 2.13 열역학도표 (III)

기보다 밀도가 커질 것이고 무거운 추가 달린 풍선처럼 가라앉을 것이다. 상승작용을 하는 데 필요한 힘이 제거되었을 때는 공기덩어리는 최초의 위치로 되돌아올 것이다. 이러한 상태가 안정(stable)이다.

그리고 만약 온도 T_1과 T_2가 같다면 주위의 공기와 같은 밀도를 가질 것이다. 뉴턴의 법칙에 의하면 이러한 돌풍을 일으키는 힘이 제거되었을 경우는 어떠한 힘도 작용하지 않는다. 이 공기덩어리는 마찰력에 의해 정지할 때까지는 계속 이동할 것이다. 이런 상태가 급속히 일어나므로 이런 경우를 안정이라 하며, 온도 T_1이 T_2보다 작거나 같은 모든 경우에 안정이라고 한다.

그림 2.13에서 sounding의 대기층 BC를 보자. 주위공기에서 온도는 점 B와 점 C 사이에 거의 선형적으로 변화한다. 만약 점 B에 있는 공기덩어리를 교란시키면 그 공기덩어리의 안정도는 점 B를 통과하는 건조 단열선 혹은 습윤단열선에 의해 주어지는 단열감률을 갖는 sounding을 비교함으로써 결정된다. 이와 같이 점 B와 점 C 사이의 임의의 점에서 같은 결과를 찾아낼 수 있다. 대기층 BC 내에서 공기의 안정도를 판단하려면 오로지 그 층의 하부에 명확한 기준을 적용해야만 한다. 그러므로 대기의 안정도는 하나의 단순한 점이 아니고 대기의 층에 적용시켜서 알아보는 것이다.

가장 손쉽게 대기의 안정도를 알아보는 방법은 점 B와 점 C 사이의 주위공기에 의해 주어지는 실제 냉각률(γ)을 건조단열감률(γ_d) 및 습윤단열감률(γ_m)과 비교하는 것이다. 고려하고 있는 대기층의 냉각률은 건조단열선과 습윤단열선이 그려진 그래프에서 찾아낼 수 있다. 그러면 세

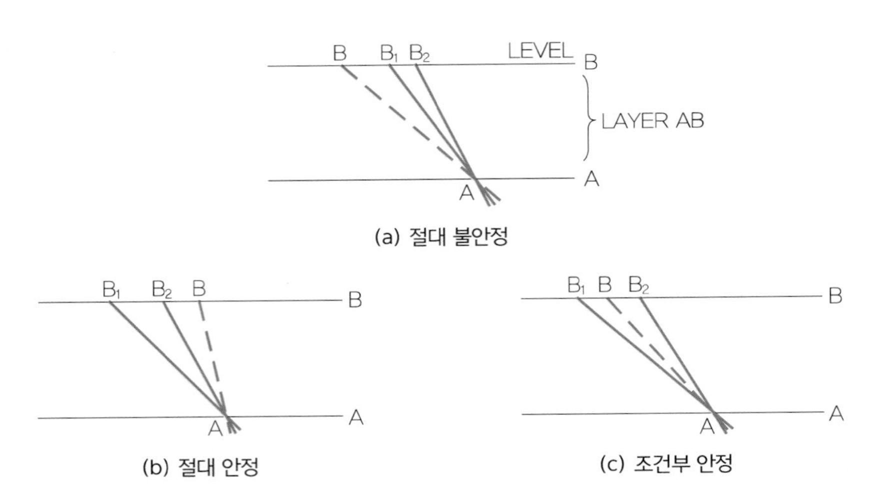

그림 2.14 **대기의 안정도(AB : 기온감률, AB_1 : 건조단열감률, AB_2 : 습윤단열감률)**

가지의 경우로 나누어서 살펴보기로 하자. 첫째 경우는 그림 2.14 (a)로부터 알 수 있듯이 점 A에서의 공기덩어리가 상승되었으나 AB_1, AB_2를 따라 움직이는 모든 경우에 주위공기의 온도보다 따뜻해서 상승운동이 계속될 것이므로 불안정상태가 된다. 이처럼 대기층(A－B)에서 대기의 조건이 항상 불안정이면 이때를 절대불안정(absolute unstable)이라고 한다. 이러한 상태는 보통의 경우 자연 대기에서는 일어나지 않는다. 단지 아주 특수한 경우, 즉 비단열과정의 지표부근에서 계속적인 가열이 일어날 경우에만 가능하다.

둘째의 경우는[그림 2.14 (b)] 점 B가 점 B_1과 점 B_2의 오른쪽에 있을 때 공기덩어리는 주위공기보다 항상 냉각되어 있으므로(온도가 낮으므로) 언제든지 안정상태이다. 이를 절대안정(absolute stable)이라고 한다. 역전층은 항상 안정이며 고도가 높아질수록 온도가 증가하거나 일정하기 때문에 냉각률(γ)이 0과 같거나 0보다 작다.

셋째의 경우는[그림 2.14 (c)] 점 B가 점 B_1과 점 B_2 사이에 있을 때 건조한 공기덩어리는 점 B_1에서 주위공기보다 냉각되어 있어서 안정(stable)이다. 그러나 습윤한 공기덩어리는 점 B_2가 주위의 공기보다 따뜻하므로 불안정하다. 이렇게 공기의 건조 또는 습윤 상태에 따라 안정 또는 불안정으로 바뀔 때 이를 조건부안정(conditionally stable)이라고 한다.

복사와 비단열과정으로 대기층의 상·하부를 냉각 혹은 가열할 때 그리고 대규모로 수직운동할 때 대기의 안정도가 변하기 마련이다. 첫째, 대기층의 상부가 냉각되거나 대기층의 상부가 가열될 때는 이 대기층의 안정도가 증가한다. 둘째, 대규모의 대기층 전체가 상승하면 이 대기층의 안정도는 감소할 것이고, 대기층 전체가 하강한다면 대기층의 안정도는 증가한다. 결과적으로 구름의 상부는 열을 방출하여 냉각되고 있으며, 이런 현상이 계속된다면 이 구름을 포함하고 있는 대기층은 점점 불안정하게 되어 응결과 성장속도가 빨라질 것이다.

대규모의 공기덩어리가 하강하면 점점 안정하게 되고 정상적인 냉각률로부터 역전상태로 변화한다. 대기 중에서 관측되는 역전들은 침강운동 때문이다. 그러나 지표에서 냉각현상, 즉 지표면역전은 예외이다.

2. 열전달과정

열을 주거나 받아서 온도가 변화할 때 이를 현열(顯熱, sensible heat)이라 하며, 물이 끓을 때처럼 온도변화 없이 상변화(狀變化)에 그 열이 소요될 때는 잠열(潛熱, latent heat)이라 한다. 이러한 잠열은 증기가 응결할 때 현열로 환원이 가능하다. 대기의 조건은 지표면과 대기가 열과 습기를 교환함으로써 대기에 대한 열평형을 이루며, 이를 고찰하기 위하여 첫째로 지구와 대기를 함께 보는 관점, 둘째는 대기만을 보는 관점이 있다. 후자는 전자에 속하는 모든 과정에 추가해서 지구와 대기 사이의 교환과정을 포함한다. 장기간을 두고 볼 때는 지구대기계는 에너지의 평형상태를 유지해야만 한다.

지구전체에 대한 대표적인 온도는 두 가지 법칙을 가지고 설명이 가능한데, 첫째는 Stefan의 법칙으로 흑체는 그 표면으로부터 절대온도의 4제곱에 비례하여 열을 방출한다. 사실 지표와 대기 중의 구름 등은 거의 흑체 복사방출을 하고 있다. 다음으로 키르히호프의 법칙(Kirchhoff's law)은 좋은 흡수체가 좋은 방사체라는 것이다. 지구대기 전체를 보면 외계로 방출되는 평균복사에너지는 약 210 W/m^{2}이다. 그리고 지구표면이 평탄하고 대기조성이 균일하다면 장기간에 걸쳐 본 평균온도는 위도에 따라 균일할 것이며 경도에는 별로 영향이 없을 것이다.

그러나 실제로 관측해 보면 동일한 위도에서도 경도에 따라 기온변화는 다양하며 이는 지형과 해양의 분포로 인한 영향을 받는다. 기온의 변화는 지면과 수면의 열용량 차이로 생각해 왔으나, 이는 충분한 설득력을 갖고 있지 못하다. 따라서 기온차가 생기는 것을 알려면 열전달과정을 연구해야 한다.

그림 2.15에서 긴 막대 AB가 최초에 균일한 온도를 갖고 있다고 가정하고, 왼쪽 끝 A에서 열을 일정하게 가하면 그 열은 막대 오른쪽 끝 B로 전도될 것이다. 시간이 지난 후에 A의 온도는 ΔT만큼 증가했으나, A에서 거리가 멀어질수록 온도 상승폭은 감소하며, C에서 0.5 ΔT, D에서는 0.1 ΔT가 된다. 실제적으로 어떤 시간 t 동안 침투거리(distance of penetration)는 온도 상승이 A의 1/20이 되는 지점 P라고 정의한다. 이와 같이 침투율은 A점에서 P로 이동해

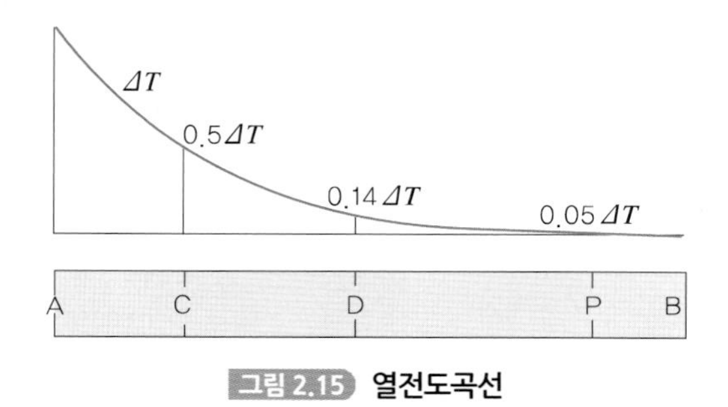

그림 2.15 열전도곡선

가는 속도라 할 수 있으며, 최초시간 t 에서 침투율은 빠르나 막대기의 온도경사가 감소되면 완만해진다. 열전도이론에 의하면 어떤 시간 t 에서 침투거리는 $\sqrt{t}$ 에 비례한다.

그러나 침투율은 물질의 열전도도(thermal conductivity) 또는 열확산도(thermal diffusivity)와 같은 그 물질의 특성에 따라 결정된다. 열전도도(K)는 $m^2 s^{-1}$ 단위로 표시하며, 전도에 관한 이론으로부터 시간 t 후의 침투거리는 $\sqrt{K}$ 에 비례함을 알 수 있다. 만약 A가 지속적으로 가열되지 않으며, 매일 혹은 매년 주기적으로 가열과 냉각의 변화가 일어나면 그 결과 생긴 온도차는 A로부터 거리가 멀어질수록 점차 감소하며, 나중에 가서는 온도변화가 너무 작아져서 침투효과가 거의 없는 상태에 이르게 된다. A에서 주기가 일단위로 빠르다면 가열되는 단계 역시 짧아져서 냉각되는 단계가 시작되기 전에 짧은 침투거리를 가지게 되고, 가열단계가 그만큼 길다면 침투거리 역시 더욱 깊어질 것이다.

단위체적당 열용량이 ρC 인 단위체적의 온도를 ΔT 만큼 상승시키기 위해서는 열량 $\rho C \Delta T$ 를 가해 주어야 한다. 즉, 침투거리는 $\sqrt{K}$ 에 비례하므로 침투효과의 영향을 받는 체적도 $\sqrt{K}$ 에 비례할 것이다. 그래서 가열되는 비율 역시 $\rho C \sqrt{K} \Delta T$ 의 비를 가진다. 바꾸어 말하면 온도의 상승효과는 $\rho C \sqrt{K}$ 에 반비례한다. 이것은 온도의 상승을 결정하는 어떤 물리적 성질이 존재함을 의미하며, Priestley에 의해 $\rho C \sqrt{K}$ 는 전도용량(conductive capacity)이라 불린다.

전도용량이 커지면 물체 가열을 멀리까지 전도할 수 있는 능력 또한 커진다. 편의상 전도용량을 C_c라는 기호를 사용하면 지금까지의 결과를 요약할 수가 있다. 전도용량 C_c는 온도의 변화량을 결정하며, 열전도도는 K의 침투깊이를 결정한다. 고체나 잔잔한 물과 공기에 있어서 K는 분자의 운동과정을 말하나 운동 중의 물과 공기에서 K가 와동에 의해 이루어진다. 그리고 서로 다른 물리적 성질을 가진 두 매질 사이의 경계면에 가열해 보면 가열된 열은 두 매질의 전도용량에 따라 분배될 것이며, 각 매질에 침투되는 침투거리는 $\sqrt{K}$ 에 비례할 것이다. 또한 경계면에서 온도변화의 한계는 두 매질에 대해 동일해야 하기 때문에, 온도변화량은 근사적으로 계산할 때 두 전도용량의 합으로 결정된다. 그리고 태양복사는 지구와 대기가 흡수하며, 여러 물질의 열전도특성은 표 2.3에 나타나 있다.

표 2.3 여러 가지 물질의 열전도특성

물 질	Heat Capacity (cal/cm^3/℃)	Thermal Conductivity (cm^2/sec)	Conductivity Capacity	Penetration (m)	
				Diurnal	Annual
Ice	0.45	0.012	0.05	0.6	10
Dry Sand	0.3	0.0013	0.011	0.2	4
Wet Soil	0.4	0.01	0.04	0.5	9
Still Water	1.0	0.0015	0.0015	0.2	4
Stirred Water	1.0	50	7	40	
Still Air	0.0003	0.2	0.00013		
Stirred Air	0.0003	100,000	0.1	1,500	

잔잔한 물에서 열전도는 분자운동에 의해 일어나며, 전도용량, 침투깊이 등은 보통 존재하는 물질과 큰 차이가 없다. 그러므로 해양이 잔잔할 때는 해양과 대륙의 열전도특성의 차이가 거의 없을 것이다. 그러나 해양이 바람의 작용으로 요동이 생길 때는 느린 분자운동에 의해서보다는 대규모의 물의 운동과 혼합에 의해서 연직방향으로 전달되고 있다. 결과적으로 요동하고 있는 물의 전도도와 전도용량은 잔잔한 물보다 훨씬 크다고 볼 수 있다. 위에 제시한 표 2.3은 지표 상의 상당한 거리의 평균값이다.

지표면 부근에서 공기의 연직방향으로의 가동성(可動性)은 적고 그 전도도의 대표값은 500～5,000이다. 공기의 가동성은 냉각률과 밀접한 관계에 있으며, 냉각률이 증가하면 가동성 역시 비례하여 증가한다. 그러므로 냉각률이 큰 시간과 장소에서는 공기층의 두께가 두꺼운 대기층이 열교환에 참여하여 온도의 변화량은 크지 않다. 역으로 냉각률이 작을 때는 가동성이 감소되어 대기층이 얇으며 얇은 대기층이 열교환에 의한 영향을 받게 마련이다. 육지 상의 물질은 대부분 열전도도가 균일하다고 보며, 얼음과 습윤한 지면 사이에는 큰 차이가 없으나, 건조한 모래는 조금 적은 전도도를 가진다. 요동하고 있는 물과 비교해 보면 육지를 이루고 있는 물질은 약한 전도체인 동시에 물은 공기에 비해서 전도도가 떨어진다. 이러한 차이점은 결과적으로 주기적인 가열과 냉각으로 침투거리는 육지에서 짧고 해양에서는 어느 정도의 깊이를 가지며, 대기 중에서는 상당히 크다.

실제로 온도변화량을 보면 지표면에서는 큰데, 이 변화량은 공기와 접하고 있는 지표면의 전도용량의 합에 반비례한다. 이 합은 공기와 해양이 접한 곳은 약 7, 공기와 육지가 접한 곳은 약 0.14이므로, 온도의 변화량은 해양에서보다 육지에서는 약 50배나 된다. 그리고 열은 두 매질의 전도용량에 비례하여 두 매체에 분배되므로, 육지와 접하고 있는 공기는 필요한 열량의 반 이상을 얻는 반면에, 해양과 접해 있는 공기는 무시할 수 있을 정도로 적은 양을 얻는다.

앞에서 검토한 표 2.3에서 육지와 해양에서 현저한 전도용량의 차이는 열용량에 의한 영향보다는 물의 가동성에 좌우되는 열전도도(K)의 차이에 따른 것으로 보인다. 이러한 차이를 해면에서 환산해 보면 일교차는 약 0.2～0.5℃이며, 육지는 약 50배나 큰 10～25℃의 값을 갖는다. 이 값은 관측한 것보다 약간 큰 값이나, 그 차이는 지면부근의 찬 공기로부터 따뜻한 곳으로 순환시켜 주는 수평적인 열교환에 의한 것이며, 나머지는 일사가 계속되는 동안 지표면의 증발로 인한 열손실로 보고 있다. 복사와 전도만으로 실제의 과정을 설명한다면 온도의 연교차는 관측한 값보다 훨씬 크다. 그러나 이 값을 줄이는 데 영향을 주는 요소는 수평적인 열의 이동과 공기의 혼합작용으로 온난한 계절에는 거대한 기단이 해양으로부터 대륙으로 이동하며, 한랭한 겨울철에는 반대현상이 우세하게 나타난다. 이러한 해양과 대륙 사이의 열교환은 기온의 연교차를 줄이는 중요한 역할을 한다.

열의 수평적인 교환은 지구와 대기 전체를 볼 때보다는 국지적으로 중요한 역할을 하고 있으며, 지구나 대기 사이의 열교환을 이해하는 데 중요하다. 예를 들면 겨울철에 공기가 캐나다로부

터 걸프만 쪽으로 남진할 때 해면과 공기와의 온도차이로 인해 열이 해양으로부터 공기 중으로 유입하게 된다. 결과적으로 기온감률은 증가하고 연직방향의 가동성과 공기의 열전도도가 증가하므로 흡수된 열은 높은 고도로 침투할 수 있다. 그러나 해양의 전도용량은 크기 때문에 해면온도의 변화는 거의 무시된다. 대체로 공기가 해양으로 이동하면 기온은 해면온도에 접근하는 경향이 있으나, 해면온도는 거의 변하지 않는다. 반면에 동일한 조건에서 육지에서 더욱 심한 온도변화가 생긴다. 지구와 대기는 열을 흡수함과 동시에 열을 방출하며, 저위도지방에서는 열의 과잉현상이, 고위도지방은 열의 부족현상이 나타난다. 평균온도가 적도에서 극지방으로 갈수록 감소하는 원인은 복사에 의한 것이며, 기온의 연변화가 적도로부터 극지방으로 갈수록 일반적으로 증가한다. 반대로 일변화는 극지방에서 적도지방으로 갈수록 증가하는데, 주원인은 역시 복사이며, 열의 수평교환은 복사로 인한 온도차이를 감소시킨다.

Chapter

03

기상의 변화

1. 구름과 강수
2. 구름과 안개
3. 기단과 전선
4. 저기압과 고기압
5. 국지기상

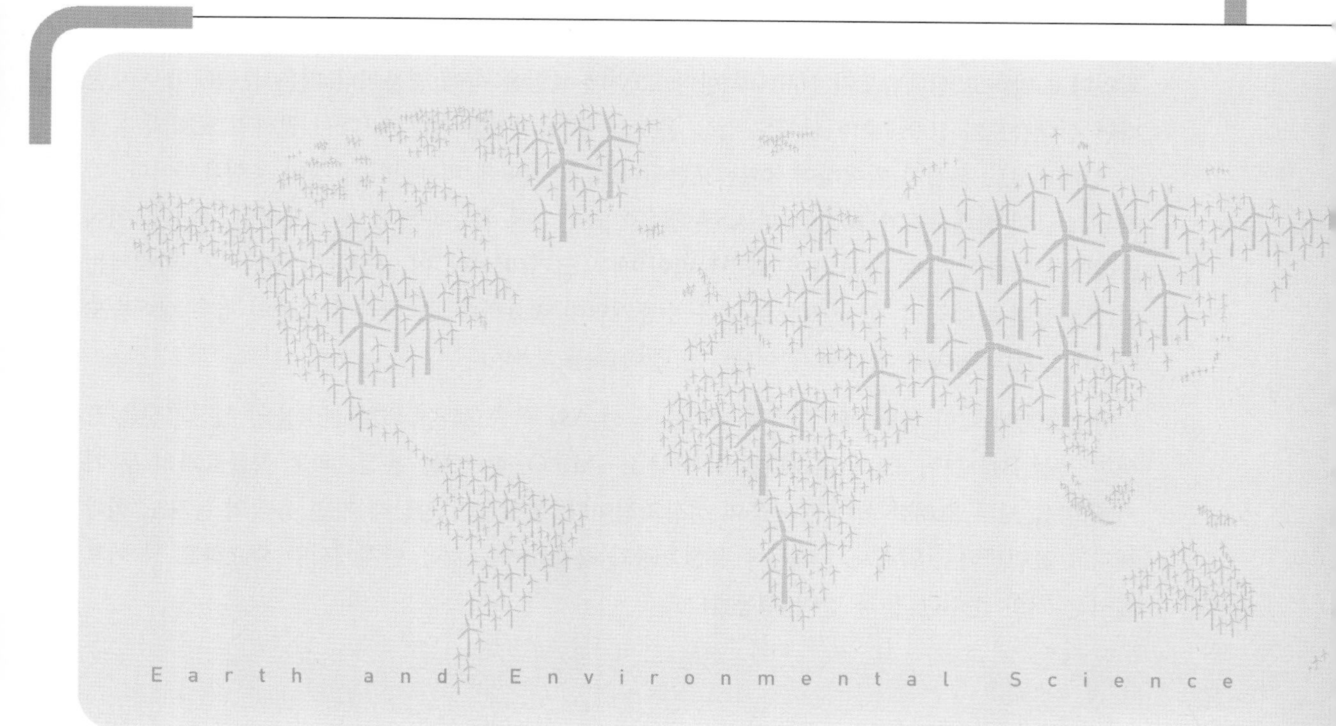

1 구름과 강수

구름이란 대기 속에 있는 눈에 보이는 작은 물방울이나 얼음의 집합체를 말하며, 충분한 수증기를 가진 공기덩어리가 여러 가지 요인에 의해 상승하는 단열팽창과정을 거쳐 냉각되어 생성된다. 하지만 충분한 수증기를 가진 공기가 냉각되어 상대습도가 포화에 이르더라도 바로 응결하여 구름이 생성되지는 않는다. 왜냐하면 적당한 핵이 없이는 수증기 분자가 물방울로 뭉치는 능력이 없기 때문이다. 이러한 핵을 응결핵이라 한다. 이 장에서는 먼저 수증기입자에서 구름이 형성되는 응결과정을 살펴보고, 구름입자가 모여 비가 내리는 강수과정과 인공강우에 대해서 설명하겠다.

❶ 응결과정

응결핵(凝結核, condensation nuclei)이란 수증기에 대해 친화력이 큰 입자를 말하며 흡습성이 강하거나 다공질인 입자들이다. 좋은 응결핵으로는 해염(海鹽)이나 연소생성물인 질소산화물, 화산재 등이 있다. 응결핵의 크기는 0.1~1 μm 정도이며 큰 것은 5~6 μm에 달한다. 공기 중에 포함된 응결핵의 수는 해상에서는 1 cm^3에 1,000~5,000개 정도이며 도시에서는 4~5만 개 정도이다.

응결과정(condensation process)에 관계되는 두 가지 효과는 용질효과(solute effect)와 곡률효과(curvature effect)이다. 습윤공기가 그 공기와 온도가 같은 물과 평형상태에 있을 때를 포화되었다고 말하고 상대습도가 100%라 한다. 그런데 물방울 속에 염분이나 다른 응결핵이 존재한다면 상대습도가 100%보다 낮아도 같은 온도의 물과 평형을 이룬다. 다시 말하면 포화되지 않은 상태에서도 응결이 일어나며, 이는 포함된 용질의 농도에 비례한다는 것이 용질효과이다. 가정용 소금이 상대습도가 100%보다 낮은 경우에도 습기를 흡수하는 것은 대표적인 예이다. 이에 반하여 물방울이 아주 작은 경우 표면장력이 매우 크기 때문에 이 물방울이 성장하기 위해서는 이 표면장력을 이길 수 있을 정도로 높은 수증기압이 필요하다. 즉 작은 물방울의 경우 상대습도가 100%보다 높아야 응결이 일어난다는 것이 곡률효과이다.

용질효과에 의한 물방울의 성장을 나타낸 곡선 A와 곡률효과에 의한 물방울의 성장과정을 표시한 곡선 B를 그림 3.1에 나타내었다. 곡선 L－M－O－P－Q는 용질효과와 곡률효과의 두 가지 영향을 모두 고려한 실제 물방울의 성장과정이다. 물방울이 성장해 가면 용질의 농도도 희박해지고 표면장력도 약해지기 때문에 용질효과와 곡률효과는 처음 단계에서만 중요하고 그 이후에서는 거의 순수한 물과 같이 행동한다.

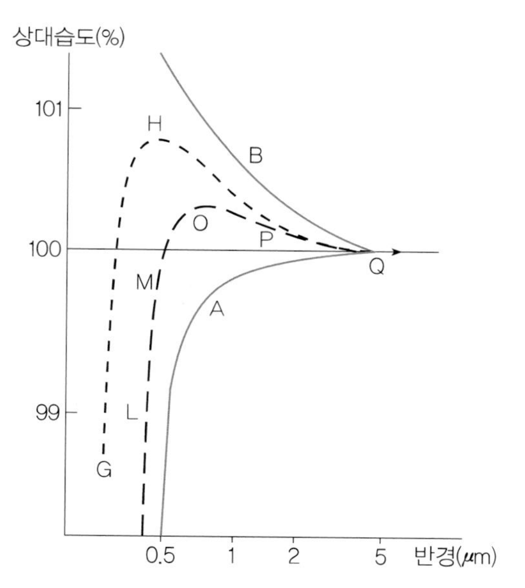

그림 3.1 용질효과 및 곡률효과와 물방울의 성장

구간 M－O에서는 각 크기에 대응하는 실제 포화상태가 필요하고, 구간 O－P－Q에서는 곡률효과가 감소하여 작은 물방울의 크기는 점점 증가한다. 점 Q를 지난 구간에서는 물방울의 성장이 상대습도가 약 100%에서 일어난다. 그리고 아주 작은 물방울은 성장곡선 G－H로 나타나며, 보통 이러한 작은 물방울은 이미 크게 성장한 물방울 부근에 존재하기 때문에 성장하지 않을 것이다. 즉 부근에 존재하는 큰 물방울은 상대습도가 낮은 상태에서도 성장이 가능하고 더구나 주위의 작은 물방울로부터 물분자를 빼앗아간다.

응결과정을 살펴보면 온도가 0℃보다 높은 경우에도 응결이 일어나며, 0℃보다 낮은 온도에서도 발생한다. 그러나 응결핵의 효과는 낮은 온도에서는 감소할 것이며 온도가 －25℃ 혹은 －30℃로 매우 낮은 경우에는 수증기가 응결작용을 하지 않고 승화하여 빙정을 형성한다. 빙정을 형성하는 데 먼지나 광물의 결정 그리고 박테리아 등이 빙정핵의 역할을 한다. 눈(雪)이 결정까지 성장하는 데는 이들 결정부근의 온도와 과포화상태에 의해 좌우된다. 계절과 위도에 따라 다르기는 하지만 대기 중 고도 5 km 내지 10 km에서 이렇게 낮은 온도를 얻을 수 있고, 이런 고도에서 조건이 좋다면 보통 빙정으로만 형성된 구름인 권운(券雲, cirrus)이 나타난다.

여러 가지 강수현상의 직접적인 원인이 되는 응결은 공기덩어리의 체적, 온도, 압력 그리고 습도 등의 함수와 관계되는 제반 기상조건이 변함으로써 일어난다. 즉 체적이 단열적으로 증가할 때는 공기덩어리의 온도가 감소하여 응결이 일어난다. 응결이 일어나는 최적의 환경은 이른바 접촉냉각(contact cooling)으로 한랭한 지표면 상을 통과하는 온난하고 습윤한 공기의 경우나 청명한 겨울밤에 방출되는 많은 복사량이 지표면을 매우 빨리 냉각시키는 경우이다. 지표면의 냉각현상은 대기 중의 습도, 한랭한 기층의 두께 및 노점에 따라 이슬, 안개, 서릿발 등의 여러 가지

형태로 응결이 일어날 수 있다.

물방울은 응결핵에서 크기 10 μm까지 성장하는 데 약 1초가 걸리고 여기서 100 μm까지는 1~5분, 1,000 μm(=1 mm) 크기가 되기에는 3시간 이상이 걸리며, 응결만으로 큰 빗방울이 형성되려면 며칠이 걸린다. 응결과정으로 구름입자가 형성되는 것을 설명할 수 있지만 이들이 모여서 빗방울이 되기에는 시간도 많이 걸리고 응결과정에 대한 설명만으로는 불충분하다. 그러므로 구름입자들이 결합해 빗방울을 형성하는 데는 또 다른 설명이 필요하며, 구름입자를 결합해서 빗방울을 형성하는 어떠한 메커니즘(mechanism)이 있어야만 한다.

2 강수과정

앞에서 우리는 수증기가 모여 구름입자를 형성하는 응결과정을 살펴보았다. 그런데 앞에서 말한 바와 같이 구름입자가 모여 빗방울이 되기에 이러한 응결과정만으로는 설명이 힘들다. 그래서 구름입자에서 빗방울까지의 성장을 설명하는 또 다른 이론이 필요한데 이를 강수과정이라 한다.

작은 구름입자들이 결합하여 구름에서 강수로 낙하할 수 있을 정도로 큰 입자로 성장하는 데는 세 가지 형성과정을 들고 있다. 첫째는 얼음에 대한 포화증기압이 물에 대한 것보다 낮다는 사실을 바탕으로 한 강수기구로 얼음알갱이가 물을 흡수해서 커져서 구름을 뚫고 낙하하는 것으로 요약할 수 있다. 그런 구름에서 낙하하는 비를 지면에 도달했을 때의 온도에 관계없이 찬비(cold rain)라 한다. 둘째로 얼음알갱이를 갖지 않는 구름에서도 비가 오는데 이는 해염과 같은 큰 응결핵에 의해 생성되며, 그런 핵은 5 μm 이상이기 때문에 보통 구름입자보다 빨리 낙하할 수 있는 큰 구름입자를 생성한다. 이러한 비를 따뜻한 비(warm rain)라 한다. 끝으로 일단 물방울이 커져서 낙하하기 시작하면 물방울은 상호충돌과 주위의 작은 물방울을 포착하여 계속 성장한다. 실제로는 보통 이 세 가지 과정이 서로 복합적인 효과를 가질 때가 많다.

1. Bergeron – Findeisen 과정

일반적으로 구름입자는 0℃보다 낮은 온도에서도 잘 얼지 않는다. 특히 순수한 물인 경우 –10℃ 부근에서는 약 100만 개 중에서 1개, –30℃ 정도에서는 1,000개 중 1개의 비율로 얼며, –40℃까지도 거의 결빙하지 않는 것으로 알려져 있는데 이러한 상태에 있는 물방울을 과냉각물방울이라 한다. 그러나 불순물을 포함하고 있는 경우에는 쉽게 결빙될 수 있고, 공기 중에 과냉각물방울과 빙정이 동시에 존재할 수 있다.

이러한 상태의 과냉각물방울과 빙정의 포화수증기압을 생각해 보자. 각 온도에 대한 과냉각물방울의 포화수증기압(E_w)과 빙정의 포화수증기압(E_i)의 차이를 나타낸 그림 3.2에서 과냉각물방울의 포화수증기압이 빙정에 대한 것보다 높다. 구름입자의 크기를 약 10 μm라 가정하고 기

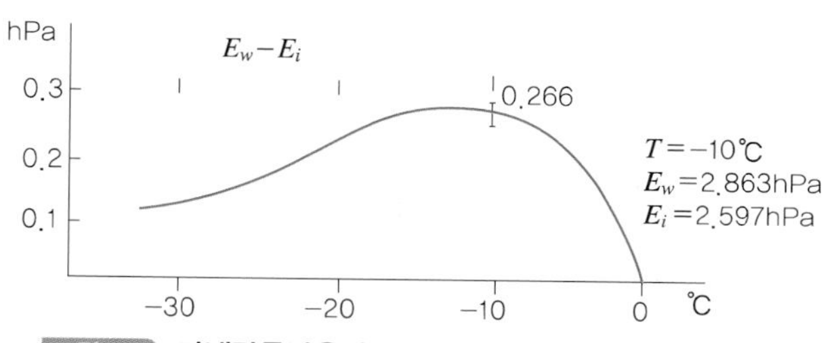

그림 3.2 과냉각물방울과 빙정에 대한 포화수증기압의 차이

온이 −10℃ 부근이라면, $E_w = 2.863$ hPa, $E_i = 2.597$ hPa이며 실제 공기의 수증기압 $E = 2.8$ hPa이 되어, 실제 공기는 과냉각물방울에 대해서 불포화이면서 빙정에 대해서는 포화인 상태가 된다. 다시 말하면 공기가 냉각되어 수증기압이 증가되면 빙정에 대한 포화수증기압이 물방울보다 낮기 때문에 빙정이 먼저 포화에 도달하며, 이때 과냉각물방울에 대해서는 불포화상태이다. 따라서 수증기는 승화하여 빙정에 포획되어 결빙될 것이며, 물방울은 불포화상태이므로 계속 수증기를 발산하게 된다. 이러한 사실은 1928년 Bergeron에 의하여 발견되었기 때문에 Bergeron 과정이라 하며, 이렇게 빙정이 성장해서 비를 내리는 강수기구를 흔히 빙정설(氷晶說, ice crystal theory)이라고 한다(그림 3.3).

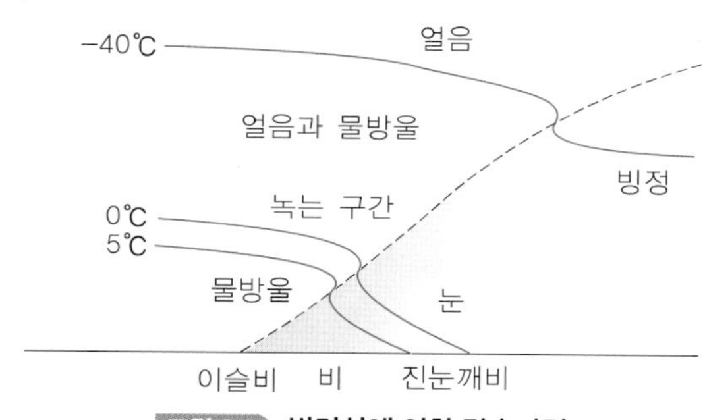

그림 3.3 빙정설에 의한 강수과정

빙정의 크기가 점점 성장함에 따라 그 낙하속도는 증가한다. 그래서 구름을 뚫고 낙하하게 되고 점점 많은 구름입자들과 충돌하게 된다. 또한 빙정은 다른 빙정들과도 충돌하여 서로 부딪친 결과 눈사람 커지듯 커진다. 이런 빙정은 눈이 오는 것처럼 지상으로 낙하하고 온도가 0℃보다 높은 곳에서는 큰 빗방울의 형태로 녹아서 떨어진다.

여기서 간략하게 설명한 이러한 과정은 빗방울이 구름입자로부터 성장하는 모든 경우에 설득력을 가지고 설명할 수 있다. 응결이 어떠한 핵에서 시작하듯이 과냉각구름 속에서 결빙은 결빙핵에서 비롯되며 이것은 과냉각구름 속의 액체상태의 물에서 빙정을 생성시킨다. 작은 얼음입자도 훌륭한 결빙핵이며 다른 여러 가지 자연 및 인공적인 입자도 이런 역할을 한다. 응결핵은 무수하게 존재하나 결빙핵은 드물다. 그러므로 과냉각구름 속에 결빙핵을 주입시키면 강수과정이 시작된다.

2. 기타 과정

열대지방에서는 따뜻한 구름, 즉 빙정을 포함하지 않는 구름에서 빗방울이 성장한다. 이런 지역에서 구름입자들은 주변에 있는 구름입자들을 포획, 결합하여 성장하게 된다. 구름입자가 성장하여 낙하하기 시작하면 충돌에 의하여 점점 더 커지게 된다. 그림 3.4를 보면 큰 물방울 L은 연직낙하의 축으로부터 D만큼 거리에 있는 작은 물방울 S에 대해 상대적으로 낙하한다. S보다 더 가까이 있는 작은 물방울은 속도가 빠른 물방울에 충돌되고 S보다 더 멀리 떨어져 있는 물방울은 충돌되지 않을 것이다.

그림 3.4 충돌효과

그러나 D의 거리에 있는 물방울 S는 기류의 흐름에 의해 L을 스치면서 충돌할 것이다. 그러므로 실제로 빠른 속도로 낙하하는 물방울과 충돌하는 면적은 πD^2이며, 충돌이 가능한 최대면적은 $\pi(R+r)^2$이다. 여기서 R과 r은 각각 L과 S의 반경이다. 그러므로 면적비(W)는

$$W = \frac{D^2}{(R+r)^2} \tag{3.1}$$

이고 이를 충돌률(collision efficiency)이라 부르며, 0에서 1 사이의 값을 가진다. 만일 L과 충돌한 모든 작은 물방울이 L에 포획(병합)되면 병합률(coalescence efficiency)은 1이 되고 포획률은 충돌률과 같다.

두 개의 서로 충돌하는 물방울이 한 개의 큰 물방울이 되기보다는 작은 여러 개의 물방울로 쪼개어진다는 사실 때문에 이러한 과정은 강수과정을 설명하는 데 효과적이지 않다. 그래서 오늘날은 낙하하는 물방울에서 발생하는 정전기력이 포획과정에서 일정한 역할을 한다는 견해도 있다. 작은 물방울의 표면장력은 충돌하는 물방울을 다시 튕겨내는 정도로 강할 수 있으며, 순전하(net electric charge)를 가졌거나 전장에서 편극화된 물방울은 크기와 충돌속도가 같은 중성의 물방울보다는 쉽게 병합된다. 그래서 결과적으로 병합률이 1보다 약간 작지만 충돌하는 대부분의 물방울은 병합된다. 천둥과 번개를 보면 알 수 있듯이 구름 속에도 전기가 발생하기 때문에 전하나 전장의 효과가 나타날 수 있다.

포획결합(捕獲結合)과정에 의한 성장에는 직접포획(直接捕獲)과 후류포획(後流捕獲) 두 가지 종류가 있으며, 그림 3.5에 나타나 있다. 일반적으로 속도가 큰 물방울은 전진하는 방향에 있는 작은 많은 물방울을 포획하므로 포획률과 충돌률은 거의 동일하며, 이를 직접포획(direct capture)이라 한다.

한편 물방울이 낙하할 때 전진하는 방향에서 물방울의 전면은 빨리 발산하고 후면은 천천히 수렴한다(그림 3.6). 물방울의 후류(wake)에서는 공기의 저항이 감소되기 때문에 낙하하는 물방

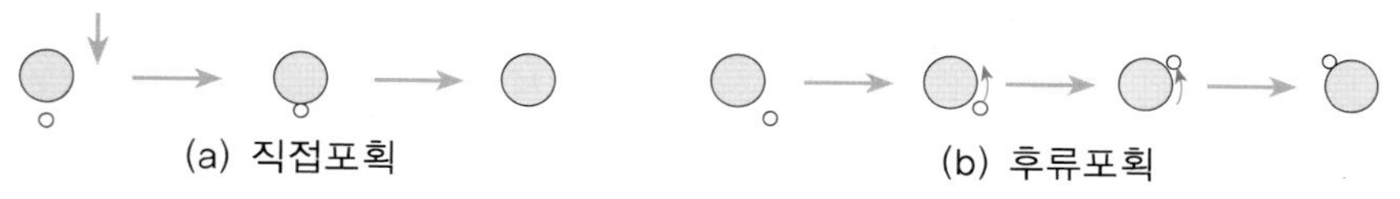

그림 3.5 포획과정

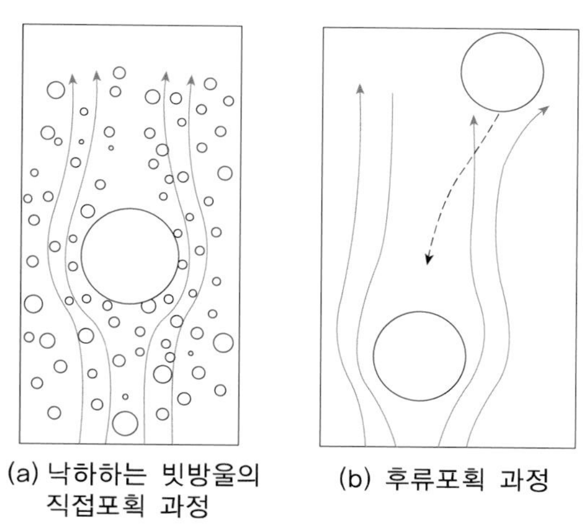

그림 3.6 포획의 종류

울보다 작은 크기의 것들은 후류 속으로 빨려들어가 전진하는 물방울에 포획되는데, 이를 후류포획(wake capture)이라 한다. 이 경우 효율의 값이 1보다 작을 필요는 없다. 후류포획은 산발적으로 발생하기 때문에 포획의 주성장은 직접포획에 있다고 보는 것이 일반적이다.

위와 같은 과정에 의해서 비가 내리게 되는 과정을 병합설(倂合說)이라고 한다. 중·고위도지방에서는 결빙고도가 낮기 때문에 구름은 대부분 빙점 이하로 내려가서 강수현상을 초래하는 초기단계에서는 Bergeron 과정이중요한 역할을 하며 그 다음에는 포획과정이 활발하다. 저위도지방에서는 상층의 일부 구름만이 빙점 이하의 온도를 갖는다.

그러므로 이러한 구름에서는 어떤 구름입자가 다른 것보다 특히 크기 때문에 강수현상이 시작된다. 구름입자가 충분한 크기의 빗방울로 성장하기 위해서는 구름의 층이 두꺼워야 한다. 관측결과에 의하면 약 2 km 이하의 두께를 가진 열대구름은 비를 내리지 못한다. 구름의 두께가 두꺼울수록 비가 내릴 수 있는 확률은 높고 층의 두께가 4 km 이상인 구름은 대부분 비를 동반한다.

뇌운에서는 상승기류가 강해서 구름 속에서 물방울을 위로 운반하며 다시 아래로 낙하할 때 충돌에 의해 커진다. 물방울의 크기가 한계에 도달하면 연쇄반응으로 더 작은 물방울로 쪼개지며, 이렇게 쪼개진 물방울은 다시 상승기류에 의해 위로 운반된다.

이와 같이 성장하는 물방울과 작은 물방울로 쪼개지는 일을 되풀이하면서 많은 빗방울을 생성하게 되는데, 상승기류가 약해지거나 하강기류로 바뀌는 순간 폭우가 되어 쏟아진다. 반대로 수

평규모가 크고 넓게 퍼진 구름은 연직속도가 5~10 cm/s로 매우 느리며, 일반적으로 빗방울의 크기가 작고 수도 매우 적다.

③ 인공강우

1. 개 요

인공강우(人工降雨, artificial rainfall)는 대기 중에 응결핵 혹은 빙정핵의 부족으로 구름층은 있으나 구름방울이 빗방울로 성장하지 못할 때, 인위적으로 구름층에 "구름 씨뿌리기(cloud seeding)"를 통해 자연적인 강수량에 비해 더 많은 강수를 유발하는 인공적인 방법이다. 인공강우는 안개소산, 우박억제, 태풍세력약화, 낙뢰억제 등과 함께 기상조절(weather modification)의 한 가지 방법이다.

인공강우는 크게 한랭구름과 온난구름에서의 인공강우 방법으로 나누어 볼 수 있다. 한랭구름에서의 인공강우는 빙정설의 원리를 적용한 것으로 주로 드라이아이스와 요오드화은(AgI)을 사용한다. 그리고 온난구름에서의 인공강우는 병합설(倂合說)의 원리를 응용한 것으로 흡습성이 큰 NaCl이나 $CaCl_2$, 물을 사용한다. 인공강우를 위한 구름 씨뿌리기 방법은 항공기를 이용한 구름 상부, 중간, 하단에서의 살포, 지상연소에 의한 살포, 지상 로켓 및 대공포를 이용한 살포 등이 있다. 이들 각각의 방법은 구름과 대기상태에 따라 달라진다.

2. 인공강우 방법

(1) 드라이아이스 사용

드라이아이스(dry ice) 조각을 과냉각된 구름 속에 넣으면 구름입자는 냉각되어 자연적으로 빙정이 생길 것이며, 떨어지면서 발생하는 난류는 빙정을 분산시켜 구름 속에서 넓게 확산시키는 작용을 한다. 이는 드라이아이스가 1기압의 탄산가스 공존 하에서 승화점이 −78.2℃이고 대기에서 낙하할 때는 그 온도가 더 내려가기 때문이다. 드라이아이스에 의한 빙정형성은 드라이아이스의 직경이나 한랭구름의 온도와는 거의 관계가 없으며 대체로 드라이아이스 1 g당 10^{13}개 정도의 빙정이 형성된다. 또한 빙정형성은 짧은 시간에 이루어지는 특징을 가지고 있기 때문에 비교적 작은 규모의 공간에서 빙정형성을 유도하는 데 사용된다. 살포방법은 주로 항공기를 이용하여 구름상부에서의 뿌리기 방법이 사용된다.

(2) 요오드화은 사용

요오드화은(AgI)의 결정구조는 얼음의 결정구조와 비슷하며, 비교적 낮은 과냉각상태인 −6℃에서 빙정을 형성한다. 또한 요오드화은은 물에 용해되지 않으므로 빙정핵과 매우 유사한 물리적 특성을 가진다. 이러한 특성으로 미국, 캐나다, 호주 등 여러 나라에서 실시된 최초의 현대적

그림 3.7 구름씨 살포방법(Workmen, 1962)

실험에는 드라이아이스가 사용되었으나 현재는 한랭구름의 경우 요오드화은이 가장 선호되고 있다.

요오드화은을 사용하는 인공강우 실험에는 그림 3.7에서와 같이 항공기를 이용한 구름 상부, 중간, 하단에서의 살포 및 지상연소, 지상 로켓 및 대공포를 이용한 살포 등 다양하다. A는 항공기를 이용한 구름 상부에서의 살포방법으로 구름에 직접적으로 살포하는 방법이다. 요오드화은이 장착된 연소탄을 구름 속에 떨어뜨려 요오드화은 입자를 확산시켜 구름을 과냉각시키는 방법이다.

B는 구름 중간에서의 투하방법으로 구름온도가 −5℃ 정도의 구름을 통과하면서 연소시켜 살포하는 방법으로, 구름의 하단에서 상승류를 이용하는 방법과 비슷하다. C는 구름 하단 살포방법으로 대류운 아래의 상승류지역을 비행하면서 요오드화은을 연소시켜 상승기류에 의해 구름 내부로 유입되도록 하는 방법으로, 이것은 요오드화은이 활성화되는 온도인 −5℃ 고도에 도달하기 전에 충분히 확산될 시간이 있는가 하는 것이 문제이다.

D는 지상연소에 의한 방법으로, 풍상 측의 산 밑에서 연소시켜 산사면을 따라 올라가는 기류에 편승하여 요오드화은이 구름에 도달하도록 하는 방법으로, 연소기는 목표지역에서 15~60분 떨어져 위치시키는 것이 가장 좋다. E는 지상 로켓 및 대공포를 이용한 방법으로 구름에 직접 살포하는 방법이다. 이 방법은 지상에 있는 사람 및 항공기에 위협을 줄 수 있기 때문에 많은 지역에서 사용이 금지되고 있다.

위의 세 가지 방법은 각 장·단점이 있다. 우선 항공기살포는 요오드화은과 드라이아이스 등을 확실히 구름 속에 투입할 수 있는 장점이 있지만 비용이 많이 든다. 지상살포는 넓은 지역에 살포할 수 있지만 요오드화은이 많이 들고 확산경로가 불확실하다는 단점이 있다. 로켓에 의한 살포방법은 경제적이면서 구조가 간단하나 요오드화은을 구름 내부에 골고루 퍼뜨릴 수 없어 부분적으로 과다하게 투여될 가능성이 있다. 요오드화은의 과다살포는 작은 빙정이 과다형성되어 구름을 소산시킬 수 있다(Workmen, 1962).

(3) NaCl, $CaCl_2$ 사용

구름온도가 0℃ 이상인 구름에서는 구름 전체가 물방울로 이루어져 있어 병합설에서의 충돌과 병합이 주요한 강수발달과정이다. 온난구름에 거대 응결핵인 NaCl이나 $CaCl_2$ 등의 친수성 물질을 뿌려 처음부터 비교적 큰 물방울이 생기게 하거나, 처음부터 빗방울에 버금가는 물방울을 뿌림으로써 많은 강수가 유발되도록 하는 것이다.

3. 인공강우 역사

세계적으로 최초의 인공강우는 1946년 미국 General Electric(GE) 연구소의 I. Langmuir와 V.J. Schaefer가 처음으로 항공기를 이용하여 구름 속으로 드라이아이스를 살포하여 인공강우 실험에 성공하였다. 또한 1947년 Benard Vonnegut는 요오드화은이 얼음결정과 비슷한 결정구조를 가지고 있는 데 착안하여 요오드화은 연소기를 최초로 개발하여 인공강우 항공실험에 성공하였고, 이를 계기로 1950년과 1960년대에 세계 곳곳에서 인공강우 실험이 진행되었다. 현재 미국, 중국 등 10여 개국에서 상용화되었으며, 중국의 경우 1995년 5월 12일 중국 북경시 근교에서 요오드화은 살포탄 176개를 공중 투하하여 최고 46.6 mm 강우를 내리는 데 성공하였다.

우리나라에서는 요오드화은 및 드라이아이스를 이용한 인공강우 실험이 기상연구소에 의해 수차례 실시되었다. 1995년 5월 소백산 이화령에서 요오드화은 발연기를 이용하여 첫 지상실험을 실시했으나 비가 내리지 않았으며, 1996년 2월까지 지상실험과 항공실험을 각각 3회씩을 실시해 4회 정도가 성공적이라는 결과를 얻었다.

1995년 12월에 백담사 입구에서 요오드화은 연소기 3대를 이용하여 지상실험을 실시했는데, 북서풍을 타고 미시령, 한계령, 설악산 등에 강설이 관측되었다고 보고되었다. 1996년 1월에는 광주 서쪽 상공에서 항공기로 드라이아이스 150 kg을 살포하여 목포지역에 약간의 비가 내렸다. 강원도 인제의 지상실험에서는 남서풍의 영향으로 20 km 정도 떨어진 서화리와 천도리에 눈이 내렸다고 보고되었다. 그러나 2001년 12월과 2002년 3월 각각 전남 나주-목포와 경남 합천지역에서의 실험에서는 비가 내리지 않았다. 아직까지 실험횟수가 적기 때문에 기술적·경제적인 성공여부를 판단하기 어렵다.

2 구름과 안개

❶ 구름의 생성

구름의 생성과 소멸은 대기의 운동과 밀접한 연관성이 있는데, 특히 수직적인 운동이중요하다. 저기압에서는 상승기류가 발생하며, 상승되는 공기는 팽창에 의해 냉각되어 포화상태에 도달하거나 과포화상태가 되기도 한다. 이와 반대로 하강하는 기류는 압축에 의해 열을 얻게 되므로 응결된 물은 증발하게 된다. 구름은 공기가 수직 상승운동을 함에 따라 생성된다.

관측결과에 의하면 공기의 수직운동은 공간적인 규모와 수명에 따라 다음 세 가지로 분류하고 있다.

첫째, 난류(亂流, turbulent eddy)는 수평적으로 수 m~수십 m 규모이고 수명은 수 분 정도이다. 규모가 작고 수명도 짧아서 구름과 같이 눈에 보이지는 않으나 열 및 습기를 운반하는 데 매우 중요한 역할을 한다.

둘째, 대류(對流, convection)는 연직방향으로 운동하는 대기의 전도현상(傳導現像)을 말한다. 대류권계면 이하에서는 대류의 영향을 받으며, 수평적으로 수백 m에서 수 km에 이르며 수명은 1시간 이상이다. 지나치게 공기가 건조한 때를 제외하고는 상승부분에서 응결이 관측된다.

셋째, 대규모 순환(large-scale circulation)은 주요한 기상현상인 전선이나 저기압과 관련하여 발생하며, 수평적인 범위는 수백에서 수천 km나 되며 수명은 며칠 혹은 1주일 이상이다. 이러한 대순환 역시 상승부분에서는 냉각이 광범위하게 나타난다. 위의 세 가지 구분은 스펙트럼 분석에 의해서 뚜렷하게 차이를 보여 준다. 대규모 순환에서는 연직속도가 초당 수 cm인 반면에 대류의 경우에는 100~300배나 큰 값을 가진다. 난류는 급격한 돌풍(突風, gust)을 동반하나 수명이 매우 짧다.

1. 대류운

대류는 지표면 부근의 공기가 가열되어 부력(浮力, buoyance)을 얻어 발생하며, 이때 생성되는 구름을 대류운(對流雲)이라 한다. 가열되는 열의 원천은 직접적으로 받는 태양열과 한랭한 공기가 온난한 지면 위로 통과할 때 얻는 열이다. 이러한 열에 의해 가열된 공기덩어리는 지면으로부터 상승하게 되고, 상승한 공기는 팽창에 의해 냉각되어 어떤 고도에서는 포화가 된다. 이러한 고도를 응결고도(凝結高度)라 하며, 응결고도 이상에서 생기는 구름이 적운(積雲, cumulus)이다(그림 3.8).

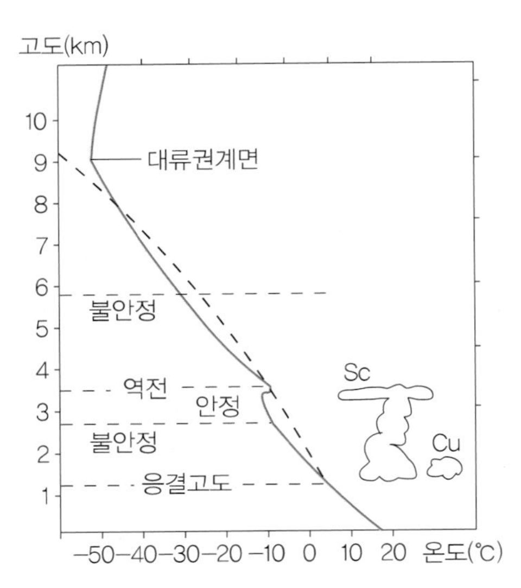

그림 3.8 실제적인 구름의 발달(실선은 기온감률, Cu : 적운, Sc : 층적운)

육상에서는 낮에는 구름이 성장하고 저녁에는 소멸하는 경향이 있으며, 해상에서는 구름의 일변화가 거의 없는데 이는 육상에서는 낮에 상승기류가 응결고도까지 상승한다는 것을 나타낸다.

응결고도 이하에 있는 맑은 대기의 기온감률은 보통의 경우 구름 속에서의 기온감률보다 큰 값을 가지며 상승하는 공기는 주위의 공기보다 온도가 높아서 부력을 갖게 된다. 구름의 상부로 갈수록 온도냉각률은 보통 구름 내부의 냉각률보다 작다. 그러므로 구름 내부의 온도 역시 상부로 감에 따라 감소하며, 일정한 고도 이상에서는 부력이 없어져서 구름의 운저에서 부력이 없는 고도까지 여러 가지 종류의 적운이 발달한다. 적운 상부의 공기는 그 구름 위에 존재하는 공기덩어리에 운동을 일으키는데 상승하는 구름 위에 습윤한 기층이 존재하면 모자구름(pileus)이 생성된다. 적운이 계속 성장하여 이 모자구름과 접촉하거나 통과하는 경우에 생기는 구름을 일반적으로 목도리구름(scarf cloud)이라 부른다.

적운형의 구름은 보통 높은 고도까지 도달하는데 내부구조와 외부 모양은 부력, 기온, 풍향, 풍속 등의 변화에 많은 영향을 받는다. 가끔 부력이 없는 안정된 공기층이 얇게 대류권 가운데에 존재하며, 심한 경우 기온역전층이 존재하기도 한다. 이러한 대기의 안정층은 아래로부터 상승하는 대류현상을 둔화시켜 준다. 이 경우 탑 모양의 적운이 발달하지 못하고 그림 3.9에서처럼 운정(雲頂, cloud top)이 둥그런 널판지 모양으로 수평으로 퍼져나간다.

대류권을 통한 일반적인 기온의 냉각현상은 매우 중요하며 관측결과에 의하면 구름 속의 작은 물방울은 온도가 0℃보다 훨씬 낮은 온도까지 하강해야 결빙된다. 일반적으로 순수한 물은 온도가 −40℃까지 내려가야 물방울이 어는데, 이보다 높은 온도인 −10℃ 근처에서는 물방울에 대한 빙정의 수는 약 백만 분의 일밖에 안 된다. 편평운(扁平雲, humilis), 중간운(中間雲, mediocris), 그리고 웅대운(雄大雲, congestus) 같은 적운이 전형적인 수적운(水滴雲, water cloud)인 반면에,

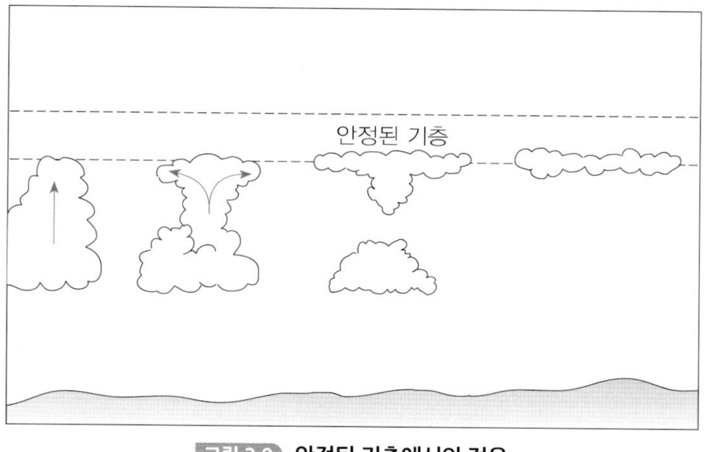

그림 3.9 안정된 기층에서의 적운

적란운의 상부에 위치하는 쇠모루구름(incus), 다모운(多毛雲, capillatus) 같은 구름은 빙정운(氷晶雲, ice cloud)이다.

무모운(無毛雲, calvus)은 과도기적인 구름으로 그의 상부에 전형적인 다모운 또는 쇠모루구름의 얼음으로 된 머리장식이나 봉우리구름에서 볼 수 있는 양배추 모양의 구조가 없다. 적란운(積亂雲, cumulonimbus)과 관련된 빙정운은 농밀운(濃密雲, spissatus)이며 보통의 권운(卷雲)보다 더욱 짙으므로 허위권운(false cirrus) 또는 모루권운(anvil cirrus)이라 부른다. 이러한 권운은 상층대기 중에서 수적운 부분이 소멸된 후 오랫동안 지속되는 경우가 있다.

적운형의 구름은 가끔 대류권상층의 강풍속대에 도달하기도 하며, 그 구조는 바람 전단력의 큰 영향을 받는다(그림 3.10). 구름의 상부가 편평한 면이 되는 이유는 상승운동을 저지하는 안정된 기층이 존재하기 때문이며, 구름 속에서 생성되는 많은 빙정은 안정된 기층 하부에 있는 강풍이 전진하는 방향으로 운반되고 나머지 빙정은 바람이 약한 하부 기층으로 낙하한다. 빙정은 점차 증발하여 구름은 거대한 모루(anvil) 모양을 이룬다.

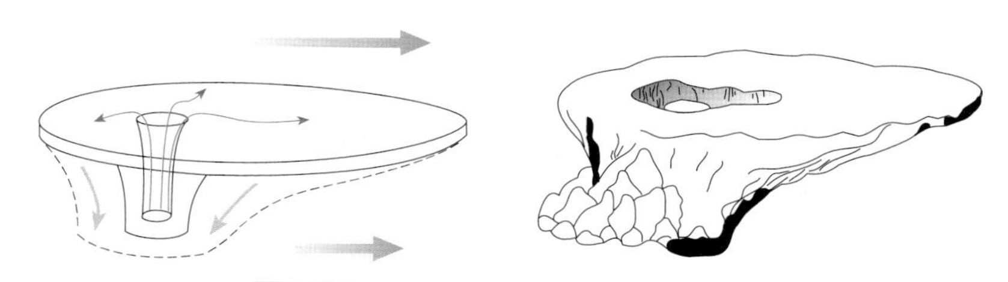

그림 3.10 모루(anvil)구름의 생성과정

2. 대규모 상승에 의한 구름

대규모의 이동성 기상현상인 저기압성 폭풍우는 대류권의 상층까지 도달할 수 있는 느린 상승

운동을 동반하며, 여기에 관련이 있는 층운(層雲)형은 권층운(卷層雲, cirrostratus), 고층운(高層雲, altostratus), 난층운(亂層雲, nimbostratus) 등이다. 상승운동은 보통의 경우 온난기단(溫暖氣團, warm air mass)과 한랭기단(寒冷氣團, cold air mass) 사이의 전이대(轉移帶)에서 발생하며 그 규모는 폭이 수백 km, 길이가 수천 km이다. 두 기단은 온도차가 커야 하는데 겨울철 고위도 지방에서 이런 현상이 잘 생긴다. 바다에서 불어오는 다습하고 상승하는 따뜻한 공기에 의해서는 밀집된 구름을 만들거나 몇 개의 구름층을 형성한다. 고층운은 때때로 그 하부에 난층운을 그 상부에 권운을 대동하며, 지상에서 보면 대부분의 하늘은 불규칙한 층적운, 층운 그리고 여러 가지 다른 종류의 조각구름에 의해 흐리게 보인다. 더욱이 대류운은 이러한 불규칙적인 기단 가운데 존재한다.

대규모의 상승운동이 있을 때 하늘의 상태는 아주 복잡해서 다양한 구름을 보고 분류하기란 쉬운 일이 아니다. 적운과 연관된 변질 역시 그 규모가 크면 매우 복잡하다. 상승속도가 매우 느릴 때는 빙정이 생성되는 부분에 운립의 공급 또한 느리다. 반대로 하강운동이 매우 느릴 때는 권운 중에서 빙정의 증발이 느리다. 결과적으로 대규모의 상승운동 때에 형성되는 권운은 적란운의 전형적인 형태인 모루권운보다 진하지 않다. 대규모의 상승운동 시에 생긴 권운은 상층의 강한 바람을 따라 흘러가기 때문에 원래의 구름으로부터 상당한 거리에서 나타난다. 밀도가 낮은 부분은 증발을 통해서 소멸되기 때문에 주운계(主雲界) 전조로서 낚시구름(uncinus) 혹은 직유운(織維雲, fibratus)형의 권운이 줄무늬로 나타나며 이들은 악천후의 조짐을 보여 주기도 한다.

하늘에 보이는 권층운은 너무 얇아서 분간하기 어려우며 야간에는 이런 권층운을 통해서 별빛도 볼 수 있다. 낮에 권운이 존재하면 파란색 하늘이 우윳빛으로 보인다. 해무리와 달무리가 나타나면 빙정으로 된 얇은 구름층이 존재함을 말하며, 전형적인 것은 안개권층운(cirrostratus nebulous)이고 보통의 권층운(cirrostratus)으로 두꺼워진다. 그러나 이 권운은 아무리 짙어도 농밀운(spissatus)보다는 얇다. 고도의 변화에 따른 바람의 전단력은 구름층이 얇을 때도 역시 중요하며, 구름의 물결 혹은 두루마리는 바람의 전단력이 강하면 전단력의 방향을 가로질러 발달한다. 전단력이 약하면 구름의 물결방향은 구름의 위치에 따라 달라지며 전단력이 없을 때는 다소 균일하고 바둑무늬 모양의 구름이 발달한다.

3. 산 위에서 형성되는 구름

언덕이나 산을 넘어가는 기류는 그림 3.11과 같이 강제적인 상승과 하강을 하기 때문에 공기가 충분히 습윤할 때는 상승기류 내에서 응결이 일어나고 하강기류에서는 물방울의 증발이 일어난다.

기류가 응결고도 이상으로 상승하게 되면 구름이 생기며, 기류는 계속 유동하고 있지만 구름은 정체상태에 있게 된다. 이렇게 형성된 구름은 렌즈형이며, 권적운(卷積雲, cirrocumulus), 고적운(高積雲, altocumulus) 및 층적운(層積雲, stratocumulus)으로 불린다.

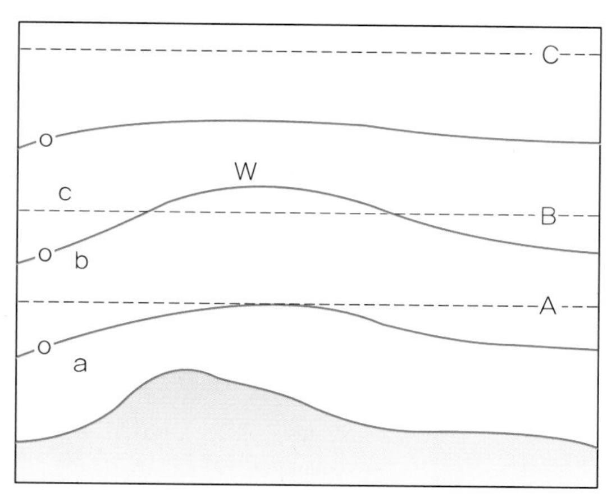

그림 3.11 언덕 위에 형성되는 파동운
(A, B, C는 a, b, c로부터 상승할 때의 응결고도로 이 이상에서 구름이 형성된다.)

기류가 언덕이나 산을 넘어갈 때 파동이 생기며 일종의 두루마리구름(roll cloud)이 그림 3.12와 같이 광범위하게 발달하기도 한다. 이러한 진동은 최초 발생한 곳으로부터 상당히 멀리 퍼져나간다. 최근 연구 결과에 의하면 산파(mountain wave)는 고도에 따라 증폭되기도 하며 습도의 분포가 적당하면 구름은 몇 개의 층으로 존재할 수 있다.

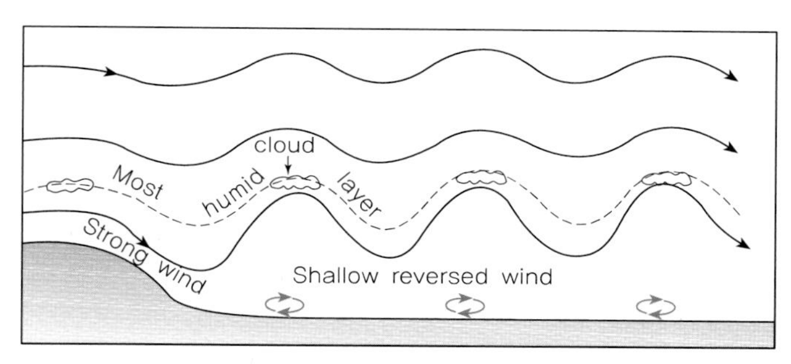

그림 3.12 두루마리구름

❷ 구름의 종류

구름은 크게 두 가지 방법으로 분류하는데, 첫째는 물리적인 방법으로서 물방울과 빙정에 의한 구름으로 분류하는 것이며, 둘째는 기하학적인 방법으로 구름의 발달과 고도에 의한 분류이다. 물리적 방법에 의할 경우 빙정만으로 구성된 구름(cirrus)과 물방울로 된 구름(cumulonimbus, anvil, virga) 사이에는 뚜렷한 차이가 있다.

기하학적 방법에서 발달과정에 따라서는 권운(卷雲, cirrus), 층운(層雲, stratus), 적운(積雲, cumulus)으로 크게 분류한다. 고도에 따라서는 6 km 이상은 고-, 혹은 권-으로, 2~6 km에서는 중(alto)-으로, 2 km 이하는 저-로 세분하며 수직적으로 발달하는 경우에는 적(cumulo)으

표 3.1 구름의 종류

Family	Type	Abbreviation
I. High (h > 6 km, ice)	Cirrus Cirrostratus Cirrocumulus	Ci Cs Cc
II. Middle (2 < h < 6 km, water)	Altostratus Altocumulus	As Ac
III. Low (h < 2 km, water)	Stratus Stratocumulus Nimbostratus	St Sc Ns
IV. Vertical Developing	Cumulus Cumulonimbus	Cu Cb

로 분류한다. 고-와 중- 사이의 차이는 온도와 위도에 따라 다르며, 고-는 항상 빙정을 가지고 있는 구름이고, 중- 이하는 부분적이나마 항상 물방울을 포함한다.

국제운급지(International Cloud Atlas)는 구름의 10가지 유형을 인정하며 온대지역에서는 전형적인 구름의 고도가 표 3.1에 나타낸 바와 같다. 그러나 열대지역에서는 18 km까지 도달할 수가 있고, 한대지역에서는 8 km 이상의 고도까지 도달하기 어렵기 때문에 고도를 일괄적으로 정하기는 어렵다.

③ 안 개

안개(fog)는 대부분 지표면상태에 따라 변하는 공기의 냉각에 의하여 생성되며, 가끔 안개의 하부에 있는 지표면에 의하여 더워진 공기 속으로 물이 증발하여 형성되기도 한다. 안개는 냉각에 의한 안개와 증발에 의한 안개로 분류할 수 있는데 냉각 및 증발과정의 특수성에 따라 다시 세분할 수 있다. 공기로부터 열을 빼앗아가는 과정은 두 가지가 있는데, 첫째로는 평온하고 맑은 야간에 지면이 장파복사로 인해 열을 잃게 되어 지면에 접하고 있는 공기가 냉각되는 경우이다. 이때 공기가 충분한 습기를 가지고 있으면 냉각으로 인하여 포화점에 도달하여 안개가 생기는데, 이를 복사무(輻射霧, radiation fog)라 한다. 둘째로는 따뜻한 공기가 한랭한 지역으로 이동해 가면 공기는 한랭한 지면에 열을 빼앗기며 냉각되어 안개가 생기는 경우로 이류무(移流霧, advection fog)라고 한다.

해면에서는 기온의 일변화가 약 0.2~0.5℃ 정도로 대단히 작기 때문에 복사무는 생기지 않으며, 이류무인 해무(海霧, sea fog)는 공기가 난류에서 한류로 이동하는 지역에서 흔히 생긴다.

그러나 육지에서는 복사무와 이류무가 둘 다 생기며, 육무(陸霧, land fog)는 대부분 온난 다습한 공기의 이류와 야간의 복사냉각에 의하여 생긴다. 공기덩어리가 산이나 언덕을 따라 상승하면 공기의 팽창에 의하여 냉각되며 여기서 생긴 안개를 활승무(滑昇霧, upslope fog) 혹은 산무(山霧, mountain fog)라고 한다.

1. 복사무

복사무는 육상에서 풍속이 비교적 약할 때 비나 증발에 의하여 이미 습윤해진 공기가 야간에 냉각되어 생긴다. 방출하는 에너지가 입사량을 초과하면 지표의 온도는 떨어지고 지표면과 접하고 있는 공기의 기온도 하강한다. 풍속이 매우 약하면 상층의 공기로부터 오는 열량이 정상적인 감률을 유지할 수 없어서 지면부근에 기온의 역전층이 생긴다. 이렇게 냉각이 계속되면 온도는 계속 떨어져 역전의 정도가 심해진다. 동시에 이슬이 지면에 맺히게 되므로 공기 중의 습도가 떨어진다. 그러나 온도의 하강 정도가 손실되는 수증기량보다 더 크기 때문에 상대습도는 증가된다. 일정한 상대습도에 도달하면 지면에 박무가 생기고 점점 발달하여 안개가 된다.

복사무(radiation fog)가 생기는 동안에 지상에 기온의 역전층이 형성되어 있으므로 기온은 위로 올라갈수록 증가한다. 이슬이 지면에 생기므로 수증기의 밀도는 안개의 저변에서 가장 낮고 상대습도는 지면에서 가장 높다. 냉각이 진행되면 기온의 역전은 더욱 증가한다. 초기에는 지면에 접하고 있는 공기의 냉각률이 가장 크고 안개가 발달하면 최대의 냉각층은 상승하여 항상 안개의 상층부를 이룬다. 안개 내부에서는 온도가 거의 일정한 반면에 상층부에서는 고도에 따라 온도가 급격히 증가한다. 해가 뜨면 공기를 가열시켜 안개는 점차 사라진다.

2. 이류무

습윤한 공기가 온난한 지역에서 한랭한 지역으로 이동하여 발생하는 안개를 이류무(advection fog)라 하며 해상에서는 빈번히 나타난다. 물의 열전도는 매우 좋아서 수면과 접하고 있는 공기의 온도는 수면온도의 영향을 많이 받지만 물은 비열이 크기 때문에 수면온도에는 변화가 거의 없다. 그러나 육지에서는 공기와 지면의 토양이 열을 나누어 가지기 때문에 양자의 온도의 차이가 적어서 이류무의 발생횟수는 해상에서보다 훨씬 적다. 이러한 이류무가 쉽게 발생되는 지역은 한류와 난류가 서로 교차하는 해역으로, Gulf Stream이 Labrador 한류와 교차하는 Grand Bank가 대표적인 예이다.

3. 증발무

그림 3.13에서처럼 물의 온도를 T_w, 이 온도의 포화수증기압을 E_w, 그리고 물 위에 있는 공기의 온도를 T, 이 온도의 포화증기압을 E라 하자. 만약 공기가 포화되어 있지 않으면 공기의

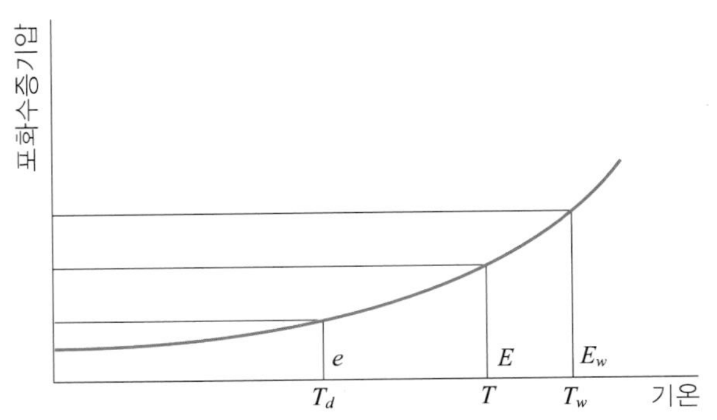

그림 3.13 한랭한 기류가 온난한 수면 위를 통과할 때의 증기압

실제증기압 e는 포화증기압 E보다 작을 것이다. 그러나 물의 온도가 공기의 온도보다 높다면 E_w는 E와 e보다 커서 $E_w > E > e$의 관계가 성립된다.

그러면 공기 중으로 증발하는 물의 증발량은 $E_w - e$에 비례하며 증발은 이 차이가 없어질 때까지 계속된다. 결국 $e = E_w > E$의 관계를 이루며, 이때 공기의 실제증기압이 포화증기압보다 더 크므로 공기는 과포화상태이다. 그래서 충분한 응결핵이 존재하면 응결이 일어날 것이다. 온난한 해수가 한랭한 공기 중으로 증발하면 안개가 생긴다. 이러한 안개는 발생규모가 작아서 추운 날 목욕탕의 따뜻한 수면 위에 생기는 안개, 비가 오기 시작할 때 가열된 지면으로부터 상승하는 수증기, 그리고 추운 겨울날 사람이나 동물의 호흡이 뿌옇게 나타나는 것 등과 같은 현상이다. 에스키모인, 중앙 시베리아의 몽고인들은 −40℃ 이하에서 짐승떼의 호흡과 땀으로 말미암아 생기는 순록안개(reindeer fog)를 자주 관측한다. 겨울철에 북극 해안을 따라 짙은 증발무(evaporation fog)가 자주 발생하는데 이는 대서양의 난류와 북스칸디나비아 반도로부터 불어오는 한랭한 공기가 북부 노르웨이 협만에서 만나 이 지역에 발생하는 북극해 스모그 때문이다.

상층부의 따뜻한 공기로부터 내리는 비가 지상의 한랭한 공기층을 통과할 때 나타나는 안개를 비안개(rain fog) 혹은 전선무(frontal fog)라 하는데, 이는 전선과 관련하여 안개가 발생하기 쉽다는 의미를 내포하고 있다. 이러한 안개의 발생근원은 냉각과 증발과정의 혼합으로서 온난한 공기가 한랭한 지면 상으로 이동하기 때문에 생기는 냉각현상이 주원인이고 증발은 보조적인 원인이 되고 있다.

앞에서 기술한 바와 같이 육지안개는 이류, 복사, 활승 그리고 비로 인하여 발생하며 대양에서 이동해 온 습윤한 공기가 육지에서 냉각될 때 쉽게 안개가 생성된다. 여름보다 겨울이 더욱 광범위하게 안개가 발생하는 이유는 겨울철에 육지의 냉각 정도가 심하고 밤이 길기 때문이다. 그리고 복사무는 풍속에 민감한데 보통의 풍속을 가질 때는 혼합이 잘 일어나 안개보다는 층운이 발생하는 경향이 있다. 이류무는 풍속에 거의 영향을 받지 않는데 그 이유는 매우 빨리 냉각되어 혼합효과를 나타낼 수 없기 때문이다. 대체로 복사무는 풍속이 약할 때 발생하며, 이류무는 Beaufort의 풍력계급 4~5 정도의 바람에서도 생길 수 있다.

지면에 눈이 덮여 있는 지역은 온도가 거의 빙점에 가까운 곳에서 안개가 잘 발생하는데, 눈이 녹고 있을 때 눈 위의 기온은 빙점보다 약간 높으나 눈과 접촉하고 있는 공기는 0℃로서 지표면에 기온의 역전이 존재한다. 그래서 열의 전도가 눈이 덮인 지면에서 일어나며 이 열량은 지면에 영향을 주기보다는 단지 눈을 녹이는 데 소모된다. 눈이 녹을 때 열과 수분은 눈이 덮여 있는 지면으로 이동되어 공기를 건조시키므로 기온이 빙점보다 훨씬 높게 되면 안개는 녹는 눈 위에서 쉽게 생기지 않는다. 반대로 눈의 온도가 빙점보다 훨씬 낮을 때도 생기기 어려운데 그 까닭은 찬 눈 위에서 포화증기압은 물 위에서보다 낮아서 공기가 포화되기 전에 눈 위에서 먼저 응결이 일어나기 때문이다.

3 기단과 전선

❶ 기 단

1. 개 념

공기는 열전도도가 작지만 공기덩어리는 지표면의 영향을 받아서 규모가 크고 성질이 비슷한 공기의 덩어리가 되는데, 이것을 기단(氣團, air mass)이라 하며 기단이 생기는 지역을 기단의 발원지(source region)라 한다. 기단이 발원지를 떠나면 변화하게 되는데 이러한 변화는 기온, 수증기의 양, 대기의 안정도를 변화시킨다. 예를 들면, 기단이 온난한 지표면상을 통과할 때 지표면으로부터 열을 흡수하여 대기는 불안정하게 되며 결과적으로 구름이 생성된다. 반면 한랭한 지표면을 통과하는 기단은 열을 방출하여 대기는 안정하게 된다. 일반적으로 하나의 기단 내에서 구름과 일기의 변화는 주로 기단의 일생에 좌우된다.

기단의 일생은 기본적인 특성을 가진 발원지로부터 통과하는 지표면의 성질에 영향을 받으며 이동하는 데 소요된 시간으로 이루어진다. 기단이 변질되는 정도는 지표면과 접촉하고 있는 시간에 따라 다르다. 기류는 고기압지역으로부터 발산하고 저기압지역에서 수렴하려는 경향이 있다. 고기압지역에서 공기는 균일화하려는 경향이 있고, 저기압지역에서는 기단의 차이가 그대로 지속되므로 고기압지역을 기단의 주발원지로 보아야 할 것이다. 일반적으로 그림 3.14에서 보인 것처럼 북반구는 9개 지역으로 나눈다.

2. 발원지

대륙성 한대기단은 지표가 대개 눈으로 덮여 있는 지역에서 발원한다. 대체로 대륙성 한대기단과 북극기단은 안정도가 높고 저층의 냉각률은 건조단열 냉각률보다 적으며 여러 가지 층상의 구름이 현저하다.

해양성 열대기단은 보존성이 아주 강하여 온도의 변화가 작다. 공기는 지표 가까이에서는 균일하고 대양으로부터 흡수한 습기는 접지층에만 한정되어 존재한다. 상부 역전층에는 상대습도가 매우 낮아서 20~30% 정도이다.

아열대고기압의 서쪽 지역은 완만한 상승운동이 있으며 기온의 냉각률은 급격히 변하고 수직적인 공기의 변화도 크다. 결과적으로 대양으로부터 흡수한 습기는 상당한 고도에까지 침투하며 이러한 아열대성 고기압의 동서는 강수량에서 뚜렷한 차이를 보여 준다. 중위도에 도달하는 열대기단은 동에서 서로 갈수록 수증기량이 증가한다. 이렇게 하여 아열대지역의 고온다습한 공기는 한랭한 북극의 건조지역으로 운반된다.

그림 3.14 동계기단의 발원지

그림 3.14에서 4, 5의 지역은 전형적인 변질지역으로서, 5의 지역은 대륙성 한대기류가 해면상으로 남하하여 온난 습윤한 기단으로 변한다. 4의 지역은 저온의 건조한 대륙성 한대 및 북극기류가 한랭한 해면 위로 움직이다가 나중에 온난한 해면 위로 이동한다. 이 지역은 기단의 전환지대로서 온도와 습도가 매우 증가된다. 하층으로부터의 가열현상이 냉각률을 크게 하여 공기의 수직적인 운동에 자극을 준다. 따라서 열량과 습기가 상당한 고도까지 운반되어 이 지역은 빈번한 폭풍우를 수반한다.

여름에는 고위도와 저위도 그리고 해양과 대륙 간의 차이가 겨울철보다 크지 않으며, 따라서 기단 사이의 변화도 겨울철보다 차이가 작다. 지구전체를 보면 해수면의 온도분포는 동계와 하계에 거의 같으나 대륙에서 동계와 하계의 온도차는 대단히 크다. 연평균 최고기온을 보면 내륙에 존재하는 기단들은 상호 차이가 작으며 비교적 완만한 변화를 한다. 주된 변화는 북극의 가장자리와 중위도의 서해안을 따라서 나타난다. 북극기단의 발원지는 북극지방의 빙설원 및 융빙지역으로서 지표면 온도는 0℃ 이하이고 온난한 공기로 둘러싸여 있으며, 특히 대륙 쪽에서는 더욱 그러하다. 기단은 정체성을 띠며 상대습도가 높고 운형은 안개와 낮은 층운으로 되어 있다.

대륙성 열대기단은 그림 3.15에서 4의 지역으로 비교적 바람이 약한 것이 특징이며, 유라시아 쪽의 여러 곳에 큰 수원(水源)을 가지고 있으나 고기압대 침강기류에 의해 덮여 있다. 공기는 대체로 건조하며 강수량이 적다. 북쪽 경계면에서는 다소 습윤하며 여름에 소나기를 동반한다. 해양성 열대기단 발원지는 그림 3.15에서 5의 지역으로 아열대고기압대에 위치하며 기단의 온도도 동계에서보다 다소 높다.

그림 3.15 하계기단의 발원지

한대기단은 지역이 비교적 좁으며 열대지역과 뚜렷이 구별되고 있다. 2의 지역은 한대 대륙기단이 고기압대에 존재하여 발생하며, 가끔 이 지역의 공기는 남쪽으로 확장되어 3의 지역에 위치하는 해양성 한대기단과 접촉하고 있다. 하계에 적도수렴대는 북으로 편향되고 여기서 일반적인 상승운동이 일어나며 상당한 고도까지 습기는 상승하고 많은 구름과 강수량을 가져온다.

3. 기단의 분류

수평적으로 균일한 성질을 갖는 거대한 공기덩어리인 기단은 주어진 고도와 기압에서 일정한 기온, 수증기량, 냉각률의 변화가 거의 없다. 기단의 특성은 기단의 하부에 있는 지면에 의해 좌우되는데, 그 이유는 태양으로부터 많은 열을 받으면 그 열이 맨 먼저 지표면으로 가고 그 다음에 대기 중으로 다시 복사되기 때문이다. 기단은 발원지에 따라 표 3.2와 같이 분류하며 때로는 한랭기단과 온난기단으로 나눌 수도 있다.

표 3.2 발원지에 의한 기단분류

기 호	기 단	동계 발원지	하계 발원지	비 고
A(Arctic)	극기단	1	1	사계절
Pc(Polar continental)	대륙성 한대기단	2	2	겨울
Pm(Polar maritime)	해양성 한대기단	3	3	사계절
Tc(Tropical continental)	대륙성 열대기단	6	4	여름
Tm(Tropical maritime)	해양성 열대기단	7	5	사계절
E(Equatorial)	적도기단	8	6	사계절
M(Monsoon)	몬순기단	9	7	겨울(건조), 여름(습윤)

한랭기단은 하부에 있는 지표면의 온도보다 기단이 한랭한 경우를 말한다. 이런 기단은 하부로부터 열과 습기를 흡수하여 냉각률이 커지며, 흡수된 열과 습기가 상당한 고도까지 전달된다. 이 한랭한 기단과 관련된 전형적인 일기는 적운형의 구름에 뇌우를 동반한 폭우이다. 이와 반대로 지표면 온도보다 높은 온도를 가진 기단을 온난기단이라 한다. 이 경우 열이 지표로 방출되고 하부기층은 안정하여 층상형의 구름이 생기며 안개가 많이 끼고 이슬비가 내린다. 한랭기단은 K, 온난기단은 W로 표시한다.

예를 들면 TmW는 해양성 열대 온난기단으로 해양성 열대기단(Tm)이 보다 한랭한 지표면으로 이동하고 있음을 의미한다. 또한 PcK는 대륙성 한대 한랭기단으로 보다 온난한 지표면으로 이동함을 나타낸다. 기단의 발원지를 참고로 하여 이동경로를 추적해 보면 구름과 일기에 대한 대체적인 예상을 할 수 있다.

❷ 전 선

1. 형성과정

특성이 다른 두 기단 사이의 경계면에서 발생하는 일기변화를 생각해 보자. 열대기단이 한대기단과 접하고 있으면 더운 열대기단은 밀도가 작고 찬 한대기단은 밀도가 커서 두 기단은 평행하게 존재하지 못하고, 찬 기단이 더운 기단 하부로 쐐기모양으로 파고 들어가 안정한 상태로 되려고 한다. 이러한 안정된 상태가 위치에너지를 최소화하므로 안정된 상태에서 위치에너지의 차이가 운동에너지로 변화하여 바람을 일으킨다. 더운 기단은 찬 기단에 의해 상승하게 되고 단열냉각률에 의해 수증기의 응결현상이 생긴다. 수증기는 응결에 의하여 잠열을 방출하고 더운 기단의 상승운동은 계속된다. 이렇게 하여 두 기단의 경계면에는 비가 내리거나 바람이 일어난다. 기상요소, 즉 기온과 습도 등이 어떤 경계면을 기준으로 하여 급격히 변화고 있을 때 이 불연속적인 면을 전선면(frontal surface)이라 하며, 이 전선면과 지표면이 만나는 선을 전선(前線, front)이라고 한다. 이 전선은 기단의 속도를 기준으로 4가지로 나눌 수 있다.

2. 종 류

(1) 한랭전선

한랭전선(寒冷前線, cold front)은 그림 3.16의 왼쪽과 같이 전선의 진행방향을 따라 찬 공기덩어리의 속도가 빨라서 더운 공기덩어리 아래로 파고들어갈 때 생긴다. 이 경우 찬 공기덩어리가 더운 공기덩어리를 강제적인 운동으로 상승시키므로 전선면의 경사도는 온난전선보다 급하며, 평균적으로 볼 때 1/75 정도이다. 이러한 급경사를 이루는 이유는 마찰의 영향으로 지표면에서는 진행속도가 빠르지 않기 때문이다. 한랭전선이 접근해 옴에 따라 기압은 일반적으로 하강하

며, 통과 후에는 빨리 상승하게 된다. 그래서 서풍이나 북서풍이 불고 기온의 급강하현상이 생긴다. 전선면 상부에 존재하는 더운 공기덩어리는 하부의 찬 공기덩어리보다 빠른 속도를 가지므로 전선면 상부의 공기덩어리는 전선면을 따라 하강한다. 이 공기덩어리는 단열적으로 온도가 상승해 건조해지므로 구름이 발생하지 못한다. 반면에 찬 공기덩어리에 의해 밀려올라 간 더운 공기는 단열적으로 냉각되어 구름이 발생된다. 이 경우에 온난전선보다 구름이 생성되는 범위가 좁으나 상승하는 속도가 빨라 적운이 형성되어 소나기를 동반한다.

(2) 온난전선

전선이 진행하는 방향을 따라서 온난한 공기덩어리가 한랭한 공기덩어리 위로 올라갈 때 생성되는 전선이 온난전선(溫暖前線, warm front)이다(그림 3.16). 온난한 공기덩어리는 전선면을 따라 한랭한 공기덩어리 위로 상승하게 되므로 단열적으로 냉각되어 구름이 생성되고 비를 동반한다. 전선면의 경사는 1/100~1/300까지 다양하나 평균 1/250 정도이다. 전선면이 도달할 수 있는 고도는 한랭기단과 온난기단의 고도에 의해서 결정되며, 고위도지방으로 갈수록 그 고도가 낮아진다. 6 km 고도까지는 식별이 가능하며, 폭이 수백 km이고 길이는 수천 km까지도 된다. 전선을 통하여 상승하는 온난한 공기덩어리는 전향력 때문에 우편하는 경향이 있으며, 이러한 온난전선이 접근해 오면 기압은 떨어지고 풍향은 동풍 내지 남동풍이 불고 통과한 뒤에는 거의 일정한 상태가 된다.

이때 구름은 전선이 1,000 km 거리에 오면 제일 먼저 권운(cirrus)이 형성된다. 전선면의 고도는 권운이 생기는 기층까지 도달하지 못하므로 권운은 보다 높은 고도에서 발생한다. 전선이 더욱 접근하면 권운은 권층운으로 바뀌며, 다시 고층운이 되고 맨 나중에는 강수를 동반하는 난층운이 된다. 고도 3,000 m의 구름에서 내리는 비는 낙하하는 도중에 증발하지 않으며, 1/100의 전선면 경사를 생각하면 약 300 km 앞에서부터 비가 내리기 시작한다. 만약 눈이 내릴 경우는 비보다 훨씬 먼 거리에서부터 눈이 내리게 되는데, 이는 비의 경우보다 증발이 어렵기 때문이다.

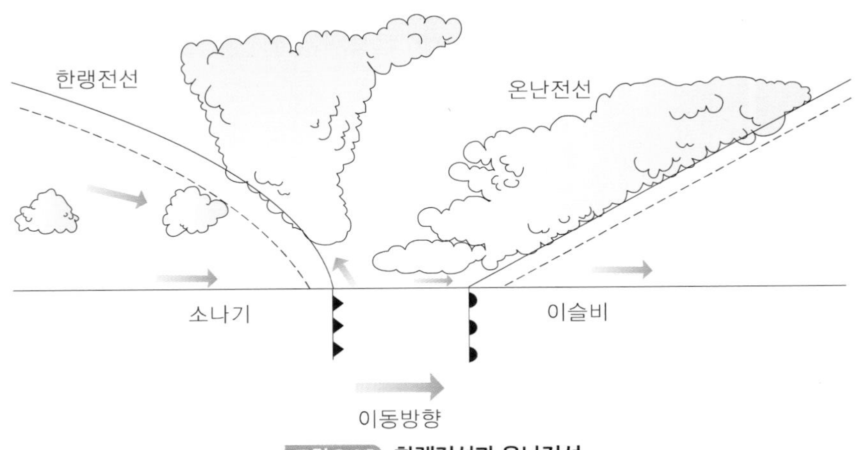

그림 3.16 한랭전선과 온난전선

비가 하강 도중에 증발하여 안개를 형성할 때 그 안개를 전선무(frontal fog)라고 한다. 이 온난전선에서 내리는 비는 그 성질이 지속적이며 강우량의 변화가 없이 일정하다. 그리고 온난한 공기덩어리는 온난전선의 전선면에서는 한랭한 공기덩어리보다 신속하게 이동하지만 상승운동과 구름의 생성속도는 한랭전선보다 느리다.

(3) 폐색전선

저기압의 전후에 있는 공기덩어리의 이동속도 차이로 발달하는 두 가지 전선이 바로 한랭전선과 온난전선인데, 보통 한랭전선은 온난전선보다 빠른 이동속도를 가지므로 온난전선을 뒤쫓아가서 두 개의 전선이 겹쳐지는 폐색전선(閉塞前線, occluded front)을 이룬다(그림 3.17). 온난전선과 한랭전선 사이에 존재하는 온난한 공기덩어리는 폐색전선이 생성됨으로 인하여 공중으로 떠밀려 올라간다. 전선의 진행방향에 대하여 전방에 존재하는 한랭한 공기덩어리보다 뒤쫓는 공기덩어리의 온도가 높을 때 온난형 폐색전선이 생성되며[그림 3.17 (a)], 반대의 경우에는 한랭형 폐색전선이 생긴다[그림 3.17 (b)].

이러한 폐색전선으로 생기는 구름과 강수는 온난전선의 경우와 한랭전선의 경우가 종합된 형태를 나타낸다. 한랭전선이 온난전선보다 이동속도가 빨라서 저기압이 발달하여 한랭전선과 온난전선이 겹치게 되는 현상은 보통 저기압이 발생한 뒤 12~24시간 사이에 일어난다. 이때 저기압의 중심과 한랭, 온난전선의 교점은 분리되어 별개의 운동을 하는데, 이러한 상태를 폐색된 저기압이라 하고 폐색의 결과로 한랭전선과 온난전선이 합쳐진 전선을 폐색전선이라 한다. 전선의 형태에 따라 강수양상, 강수분포 등이 복잡하게 나타나며 두 종류의 폐색이 발생하는 것은 두 기단의 발원지가 다르거나 변질된 정도의 차이때문이다. 대륙의 동쪽에서 폐색이 될 경우는 지면의 한랭한 기류가 해양성인 데 반해서 후면에는 대륙으로부터 신선한 한랭한 기류가 흘러오기 때문에 한랭형 폐색전선이 되기 쉽다.

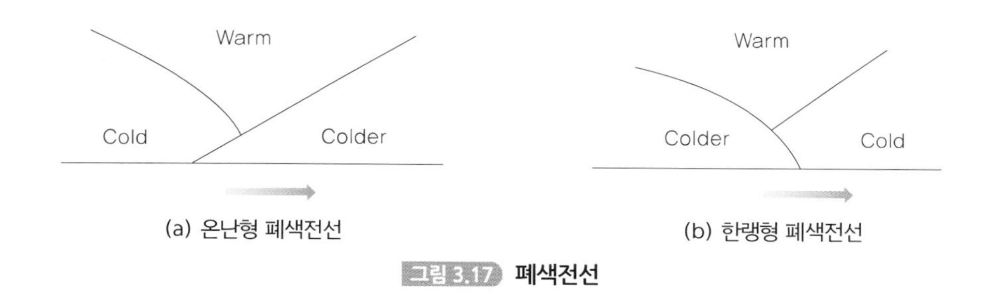

그림 3.17 폐색전선

(4) 정체전선

정체전선(停滯前線, stationary front)의 구조 및 구름과 강수의 특성은 온난전선의 경우와 일반적으로 동일하다고 본다. 우리나라에서는 주로 6월 말에서 7월 중순에 걸쳐 북태평양 열대기단과 오호츠크 기단의 경계선에서 생성되어 많은 강우량을 동반하고 본격적인 장마철을 맞게 된다.

4 저기압과 고기압

❶ 저기압

저기압(低氣壓, cyclone)이란 주위보다 기압이 낮은 곳을 말한다. 북반구에서는 바람이 저기압의 중심을 향해서 반시계방향으로 불어 들어가서 공기가 수렴하기 때문에 저기압의 중심부에서는 상승기류가 발생한다. 상승기류는 구름이나 여러 가지 기상현상을 유발하여 기상을 악화시킨다. 저기압은 발달하면서 여러 단계를 거쳐 생애를 마치게 되는데, 그 에너지원은 온난한 공기가 상승기류로 되어 위치에너지가 증가되고, 그 증가된 에너지가 한랭한 공기의 감소된 위치에너지보다 더욱 커서 이 차이가 운동에너지로 전환되어 생긴다. 저기압은 대개 전선을 동반하는데, 저기압과 저기압이 동반하는 전선은 뚜렷하게 수명이 있다는 사실이 발견되었다.

저기압의 생애에서 중요한 단계는 그림 3.18에 나타나 있다. 그림의 좌측 상단에는 온난기단과 한랭기단이 정체전선에 의하여 분리되어 서로 인접하고 있으며, 흐름의 방향은 동일하거나 혹은 반대방향이거나 관계가 없다. 다음 단계에서는 우측 상단의 그림과 같이 전선에 파(wave)가 형성되고 이 파의 정점에 저기압의 중심이 형성된다. 이를 발생초기의 저기압(nascent cyclone)이라 하며, 이러한 발생과정을 저기압발생(cyclogenesis)이라고 한다. 이 단계에는 전면에는 온난전선, 후면에는 한랭전선이 형성된다. 여기서 더욱 발달한 저기압은 좌측 하단에 있으며, 그 후 더욱 발달하여 한랭선전이 온난전선을 추월하여 폐색전선을 만들게 된다. 이러한 폐색과정이 진행됨에 따라 온난한 공기가 위로 밀려올라가면서 보다 밀도가 큰 찬 공기가 하부를

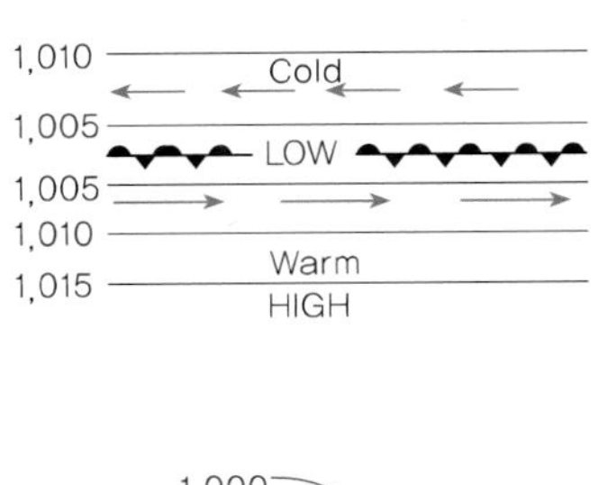

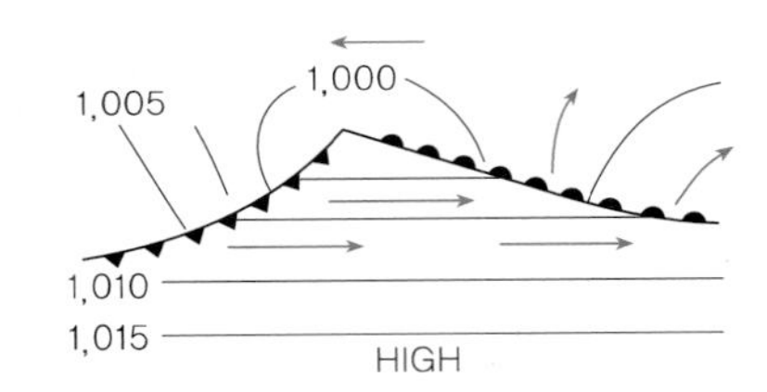

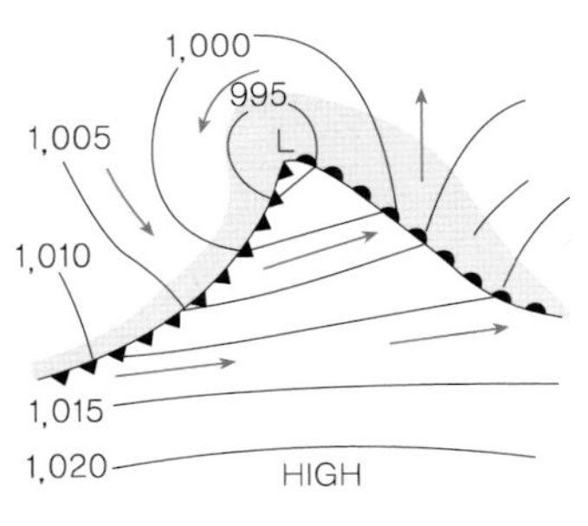

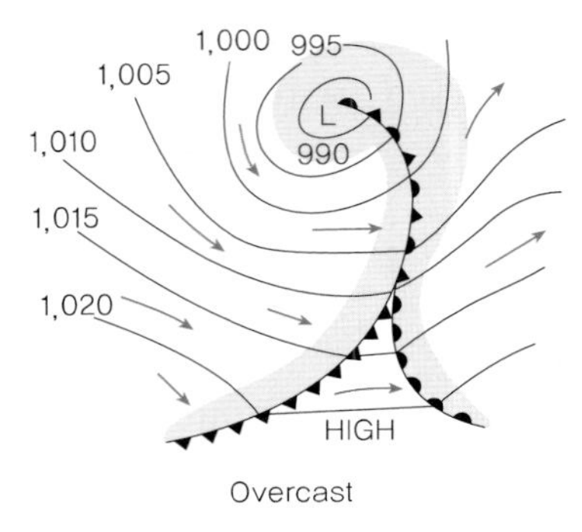

그림 3.18 온대저기압의 생애

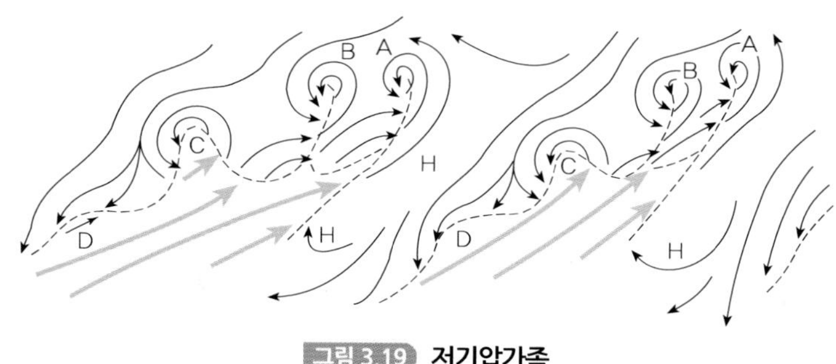

그림 3.19 저기압가족

채우게 된다. 폐색전선 하부의 찬 두 공기덩어리는 성질이 서로 비슷해지면서 폐색전선은 소멸되고 따라서 저기압도 소멸되게 된다.

저기압은 일반적으로 발원지에 따라서 구분한다. 발원지가 열대지방이면 열대저기압(tropical cyclone)이고, 그 이외 지방에서 발원한 것은 온대저기압(extratropical cyclone)이라 한다. 일반적으로 저기압이라고 부르는 경우는 온대저기압을 말한다. 태풍은 열대성저기압이 발달한 것이다. 하나의 저기압은 뚜렷한 생애주기를 갖고 발달하지만, 이러한 발달과정에서 한랭전선의 마지막 부분에 다시 새로운 저기압이 발생하고 이것이 발달하면 그한랭전선의 마지막 부분에 다시 또 하나의 저기압이 발생한다. 이처럼 여러 개의 저기압이 마치 열을 지어 생성된 것을 저기압가족(cyclone family)이라고 한다(그림 3.19). 이러한 저기압가족이 어떠한 지점을 통과해 가고 다음 저기압가족이 다시 통과하는 데 걸리는 주기는 평균 5~6일이다.

② 고기압

고기압(高氣壓, anticyclone)이란 주위보다 기압이 높은 곳을 말한다. 고기압 내에서는 하강기류가 있어서 발산이 일어나며 북반구에서는 시계방향으로 회전하면서 바람이 불어나간다. 일반적으로 좋은 날씨를 보이고 바람은 약하게 분다. 하강기류는 기압의 증가에 의해 온도를 높이고 이는 포화수증기압을 높여서 상대습도를 낮춘다. 상대습도가 낮아짐에 따라 구름이나 안개가 소멸되고 날씨가 맑게 되는 것이다. 저기압은 생성과 성장 그리고 소멸과정이 상당히 규칙적인 형태를 나타내고 있으나, 고기압은 저기압보다 훨씬 불규칙적이다. 대체로 고기압은 아주 활동적인 저기압들 사이의 공간을 메우며 느리게 움직이고 수동적으로 나타난다. 그러나 때때로 고기압은 뚜렷한 발달을 하여 강도가 커지는데 이는 항상 인접한 지역에 저기압을 동반한다. 여러 가지 풍계를 관찰해 보면 고기압은 최성기의 저기압에 비해서는 강도가 크지 않다. 고기압은 구조와 운동 그리고 일반적인 상태에 따라 다음의 네 가지로 분류할 수 있다.

1. 아열대고기압

아열대고기압은 수평적으로는 넓고 수직적으로는 성층권까지 길게 뻗친 키다리 고기압으로, 아

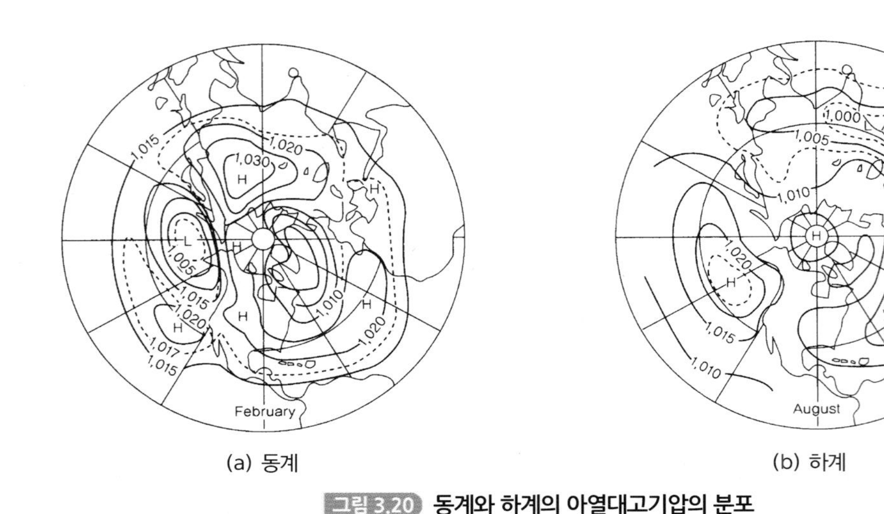

(a) 동계　　　(b) 하계

그림 3.20 동계와 하계의 아열대고기압의 분포

열대지방에 위치한다. 지속성이 커서 연중 어느 계절이나 어느 달의 평균기압분포에도 현저하게 나타나서 어떠한 일기도에서도 거의 대부분 찾을 수 있다. 일반적인 구조가 그림 3.20에 나타나 있다.

2. 대륙성 한대고기압

동계에 고위도지방의 대륙에서 주로 발달하고 복사냉각에 의하여 하층공기의 냉각침강으로 생기는 난쟁이 고기압으로, 고도 3,000 m 이상에서는 이 고기압의 성질이 없어진다. 전형적인 예는 시베리아 고기압으로 동서 10,000 km, 남북 5,000 km의 규모에 중심기압이 1,060 hPa 이상으로 겨울철에 한반도의 일기를 지배하며, 여름에는 이러한 고기압이 생성되지 못한다. 북미에서 이 고 기압의 최초발원지는 알래스카와 서부 캐나다로부터 로키산맥의 동부에 이르는 지역으로, 대체로 남동쪽으로 이동한 뒤에 대서양연안을 따라 동진한다. 고기압이 대서양의 온난한 해수면 위로 진출하게 되면 본래의 특성을 잃어버리고 아열대고기압으로 흡수되어 버린다.

3. 저기압 내의 고기압

수평적으로 규모가 작은 고기압들이 가끔 저기압가족의 저기압 사이에 나타나는데, 이들 고기압은 보다 강한 아열대고기압의 주위로 미끄러져 들어가는 국지적 고기압이다. 저기압 사이에 쐐기모양의 고기압으로 가끔 폐등압선으로 그려지는 독립된 고기압으로 발달하지만 크게 성장하지 못하고 전후방의 저기압과 함께 신속히 이동한다.

4. 한대기단의 침입에 의한 고기압

저기압가족의 마지막 저기압이나 아주 발달한 저기압의 경우에는 저기압 후면에 많은 한랭한 공기를 저위도지방까지 유도해 낸다. 한랭한 공기가 남쪽으로 침입하면 전선은 없어지며 한랭한 공기는 온난한 해수면으로부터 많은 열을 흡수하여 2~3일 뒤에는 아열대고기압으로 변질된다.

5 국지기상

❶ 태 풍

태풍(颱風, typhoon)은 열대성저기압의 일종으로서 이 저기압이 발달하여 중심풍속이 32 m/s 이상이 될 때를 태풍이라 한다. 열대성저기압의 풍속이 17~32 m/s일 때는 열대성폭풍, 17 m/s 이하는 그냥 열대성저기압이라고 부르며 우리나라와 일본에서는 열대성폭풍 이상을 태풍이라 부른다.

태풍과 같은 형태의 열대성저기압은 세계 여러 곳에서 발생하여 지역에 따라 다른 이름이 붙여졌다. 서태평양에서 발생하는 것 중 극동에서는 typhoon, 필리핀에서는 baguio라 하며, 멕

표 3.3 국가별 태풍이름 목록

국가명	1조	2조	3조	4조	5조
캄보디아	담레이(Damrey)	콩레이(Kong－rey)	나크리(Nakri)	크로반(Krovanh)	사리카(Sarika)
중 국	하이쿠이(Haikui)	위투(Yutu)	펑션(Fengshen)	두쥐안(Dujuan)	하이마(Haima)
북 한	기러기(Kirogi)	도라지(Toraji)	갈매기(Kalmaegi)	무지개(Mujigae)	메아리(Meari)
홍 콩	카이탁(Kai-tak)	마니(Man－yi)	퐁웡(Fung-wong)	초이완(Choi-wan)	망온(Ma－on)
일 본	덴빈(Tembin)	우사기(Usagi)	간무리(Kammuri)	곳푸(Koppu)	도카게(Tokage)
라 오 스	볼라벤(Bolaven)	파북(Pabuk)	판폰(Phanfone)	참피(Champi)	녹텐(Nock－ten)
마 카 오	산바(Sanba)	우딥(Wutip)	봉퐁(Vongfong)	인파(In-fa)	무이파(Muifa)
말레이시아	즐라왓(Jelawat)	스팟(Sepat)	누리(Nuri)	멜로르(Melor)	므르복(Merbok)
미크로네시아	에위니아(Ewiniar)	피토(Fitow)	실라코(Sinlaku)	네파탁(Nepartak)	난마돌(Nanmadol)
필 리 핀	말릭시(Maliksi)	다나스(Danas)	하구핏(Hagupit)	루핏(Lupit)	탈라스(Talas)
한 국	개미(Gaemi)	나리(Nari)	장미(Changmi)	미리내(Mirinae)	노루(Noru)
태 국	쁘라삐룬(Prapiroon)	위파(Wipha)	메칼라(Megkhla)	니다(Nida)	꿀랍(Kulap)
미 국	마리아(Maria)	프란시스코(Francisco)	히고스(Higos)	오마이스(Omais)	로키(Roke)
베 트 남	손띤(Son-Tinh)	레기마(Lekima)	바비(Bavi)	꼰선(Conson)	선까(Sonca)
캄보디아	암필(Ampil)	크로사(Krosa)	마이삭(Maysak)	찬투(Chanthu)	네삿(Nesat)
중 국	우쿵(Wukong)	하이옌(Haiyan)	하이선(Haishen)	뎬무(Dianmu)	하이탕(Haitang)
북 한	소나무(Sonamu)	버들(Podul)	노을(Noul)	민들레(Mindulle)	날개(Nalgae)
홍 콩	산산(Shanshan)	링링(Lingling)	돌핀(Dolphin)	라이언록(Lionrock)	바냔(Banyan)
일 본	야기(Yagi)	가지키(Kajiki)	구지라(Kujira)	곤파스(Kompasu)	하토(Hato)
라 오 스	리피(Leepi)	파사이(Faxai)	찬홈(Chan－hom)	남테운(Namtheun)	파카르(Pakhar)
마 카 오	버빙카(Bebinca)	페이파(Peipah)	린파(Linfa)	말로(Malou)	상우(Sanvu)
말레이시아	룸비아(Rumbia)	타파(Tapah)	낭카(Nangka)	므란티(Meranti)	마와르(Mawar)
미크로네시아	솔릭(Soulik)	미탁(Mitag)	사우델로르(Soudelor)	라이(Rai)	구촐(Guchol)
필 리 핀	시마론(Cimaron)	하기비스(Hagibis)	몰라베(Molave)	말라카스(Malakas)	탈림(Talim)
한 국	제비(Jebi)	너구리(Noguri)	고니(Koni)	메기(Megi)	독수리(Doksuri)
태 국	망쿳(Mangkhut)	람마순(Ramasoon)	앗사니(Atsani)	차바(Chaba)	카눈(Khanun)
미 국	우토르(Utor)	마트모(Matmo)	아타우(Etau)	에어리(Aere)	비센티(Vicente)
베 트 남	짜미(Trami)	할롱(Halong)	밤코(Vamco)	송다(Songda)	사올라(Saola)

시코만 연안에서 발생하는 것은 hurricane, 호주 연안에서 발생하는 것은 willy-willy, 인도양 연안에서 발생하는 것은 cyclone이라고 한다.

최근 태풍위원회는 아시아 각 나라 국민들의 태풍에 대한 관심을 높이고, 태풍경계를 강화하기 위하여 서양식의 태풍이름에서 아시아(14개국)의 고유이름(표 3.3)으로 변경하여 2000년부터 사용하고 있다.

태풍이름 및 4자리 숫자로 된 인식번호는 열대폭풍(TS) 이상의 열대저기압에 대해 일본 동경 태풍센터에서 부여하는데 인식번호는 태풍이름 다음에 ( )로 표시한다. 태풍이름 목록은 각 국가별로 10개씩 제출한 총 140개가 각 조 28개씩 5개조로 구성되고, 1조부터 5조까지 순환하면서 사용하며, 태풍이름 순서는 제출국가의 알파벳 순서이다. 태풍에 의해 심각한 피해를 입은 국가가 태풍위원회에 이름의 변경을 요청하면 태풍위원회는 총회에서 이를 검토하여 승인할 수 있으며, 우리나라는 2002년 큰 피해를 주었던 태풍 '루사'의 변경을 요청한 바 있다. 이와 같이 회원국의 요청에 의해 태풍이름이 바뀐 것은 '루사'를 포함 4개이며, 개정된 태풍이름은 '루사', '차타안', '와메이', '임부도'가 '누리', '마트모', '페이파', '몰라베'로 바뀌었다.

태풍의 발생지역과 이동경로는 비교적 일정한 편이다. 태풍의 발원지는 북태평양 남부로서 북위 5°~25°에 이르는 지역이다. 해수의 온도가 27℃ 이상으로서 대기가 불안정하고 수증기를 많이 포함하는 대기에서 잘 발생한다. 태풍은 점차 성장하면서 서진 또는 북서진하는데, 이러한 경로는 계절과 기압배치에 따라 약간씩 달라진다. 가을로 오면서 서북서진하는 경우가 많고 북위 30° 정도에 이르러 편서풍대에 들게 되면 포물선을 그리며 동북쪽으로 이동방향을 선회한다. 이렇게 방향을 바꾸는 점을 전향점이라 한다. 그림 3.21은 2000년 9월 13일에서 16일까지 우리나라에 영향을 주었던 태풍 사오마이의 이동경로이다. 일반적인 태풍의 경로와는 달리 오키나와 근처에서 갑자기 방향을 바꾸어 우리나라의 경상도 일대를 통과하였다.

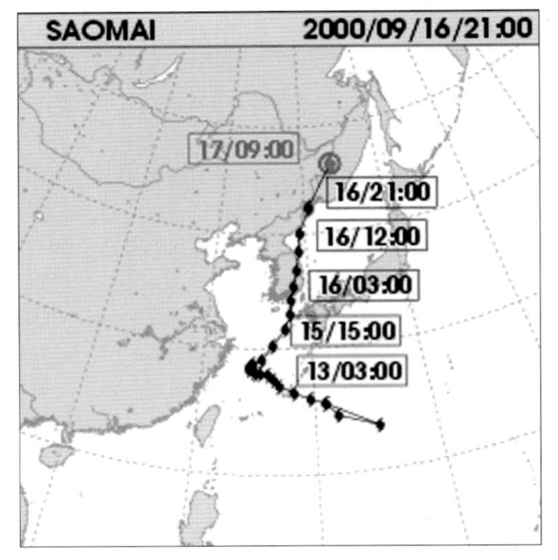

그림 3.21 태풍 사오마이의 이동경로

전향점에 도달하기 전에는 속도가 느리던 태풍이 전향점을 지난 후 속도가 빨라져 때로는 이동속도가 60 km/h에 도달하기도 한다. 이는 편서풍의 방향과 태풍의 이동방향이 일치하기 때문이다. 마찬가지 원리로, 원운동을 하면서 중심으로 바람이 불어들어가는 태풍의 세력권에서 진행방향의 오른쪽 부분은 바람의 방향과 태풍의 이동방향이 일치하여 바람의 속도가 강해지고 왼쪽 부분은 반대여서 바람의 속도가 약해진다. 따라서 오른쪽을 위험반원, 왼쪽을 가항(可航)반원이라고 하기도 한다. 태풍은 중심에 발달한 저기압의 중심이 있고 등압선의 형태는 거의 동심원이어서 경도풍에 가까운 바람이 분다. 따라서 주위에서는 풍속이 강하지만 원운동을 하면서 중심부로는 불어들어가지 못한다. 따라서 중심부는 바람이 5 m/s 이하이고 때로는 구름이 거의 없는 평온한 상태가 되기도 한다. 태풍이 우리나라에 상륙하게 되면 대개는 세력이 약화되기 시작하여 동해상을 지날 때에는 열대성폭풍으로 변하는 경우가 많다. 이는 육지에서는 해양과 같이 충분한 열과 수증기가 공급되지 못하여 태풍에너지의 원천인 응결열의 방출이 줄어들고 지면과의 마찰로 바람의 속도가 감소하기 때문이다. 태풍의 피해는 엄청나며 우리나라에서도 매년 2~3개의 태풍이 내습하여 많은 피해를 주고 있다.

그림 3.22의 (a)는 9월 13일 09시 태풍 사오마이의 적외선영상이다. 제주도 서귀포 남쪽 약 650 km 부근 해상에 자리잡은 태풍의 중심과 중심을 향해 불어들어가는 바람에 의해 형성된 패턴을 선명히 볼 수 있다. 우리나라에도 북동-남서방향의 구름이 형성되어 있다. 이때의 중심기압은 945 hPa, 중심풍속은 39 m/s이었다. 그림 3.22의 (b)는 9월 16일 09시에 태풍이 우리나라에 상륙한 후 통과하고 있는 상태이다. 구름층이 얇아졌으며, 이때의 중심기압은 975 hPa, 중심풍속은 26 m/s로서 태풍의 중심이 선명하게 나타나지 않는다.

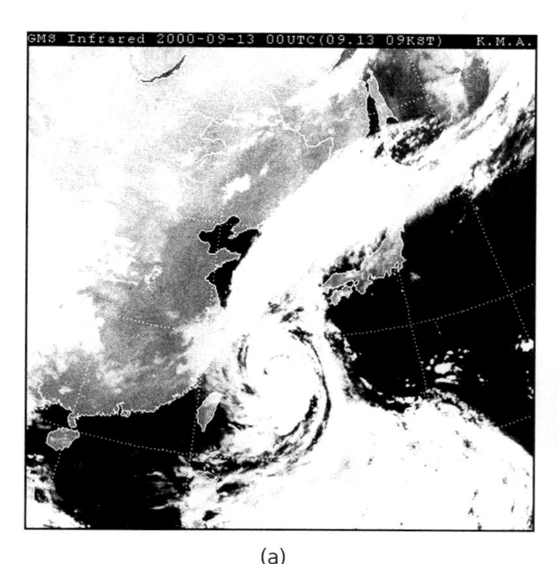

(a)

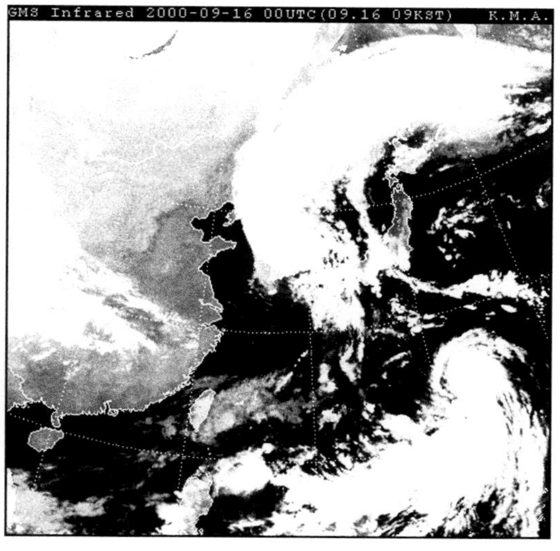

(b)

그림 3.22 태풍 사오마이의 적외선영상

14일 21시경에 태풍 사오마이가 우리나라로 다가올 때까지만 해도 중심풍속이 36 m/s로 대단히 위력적인 태풍이었다. 그러나 상륙 직전인 16일 06시경에 중심풍속이 28 m/s로 낮아지면서 위력이 약해졌고, 18일 03시경에는 풍속이 17 m/s 이하로 낮아져서 열대성저기압으로 변하여 태풍의 일생을 마치게 되었다. 한반도 상륙 시 위력이 약해졌기 때문에 사망·실종 6명, 농경지 침수 4,984 ha로 피해는 비교적 크지 않았다.

② 토네이도

토네이도(tornado)는 뇌운(雷雲)으로부터 아래쪽으로 수평적인 범위가 작고 강한 소용돌이를 말하며, 보통 적란운으로부터 아래로 지상까지 좁은 튜브(tube)형으로 연장된 깔때기 모양의 구름을 이룬다. 토네이도의 하부는 먼지, 쓰레기를 가진 공기 기둥으로 둘러싸이며, 먼지와 쓰레기는 지면으로부터 흡수되어 소용돌이 속의 원심력에 의하여 밖으로 나가게 되는데, 처음 시작할 때 깔때기는 어느 정도 수직이지만, 모운이 움직이므로 소용돌이의 상부는 기울어지고 가끔 떨어져나간다. 토네이도의 크기는 직경이 수 m에서 수백 m에 달하지만, 보통 250 m 정도로서 풍속은 깔때기구름의 외부에서도 강하며, 진로는 폭의 크기에 따라 파괴력이 결정된다.

토네이도가 통과하면 보통의 경우 25 hPa 정도의 기압이 떨어지며, 가끔 더 큰 기압의 변화도 관측된다. 가장자리에서 중심으로 들어갈수록 기압이 낮아지는 것이 큰 건물을 들어올릴 만큼 무서운 힘을 나타낸다. 건물 위를 통과할 때 건물 외부의 압력이 갑자기 떨어지므로, 건물 내부의 압력이 이에 따라가지 못한다. 이 토네이도로 인한 피해는 대부분 건물의 벽과 지붕 안팎의 기압차로 인하여 건물의 지붕이 날아가거나 폭발하는 경우가 있다. 주위의 바람은 항상 반시계방향이며, 중심근처의 풍속은 크게 변화하고, 토네이도가 강할 때는 통과하는 지역에 설치된 풍속계가 거의 다 파손되므로 풍속은 100 m/s 이상으로 추정되며, 풍압은 극단적인 경우 6,304 Pa이나 되어 여기에 견딜 수 있는 건물은 거의 없다.

토네이도의 수명은 일정하지 않으며, 평균이동거리는 5～10 km이나, 가끔 300 km나 되는 경우도 있다. 미국에서 발생하는 대부분의 토네이도는 스콜선(squall line)이나 한랭전선과 관련되어 발생한다. 어떤 경우에는 산발적이나 강한 뇌우를 동반할 때 수명이 짧고 불규칙한 진로를 가진다. 한대와 동계에 추운 북부대륙을 제외하고, 지구 상 어디에서나 발생하며 로키산맥 동부와 안데스산맥 동부, 그리고 동부인도에서 자주 생성된다. 이와 같이 산맥의 기류, 기온, 습도의 수직적인 분포에 큰 영향을 준다. 토네이도를 일으키는 체계에 대해서는 정확히 규명되어 있지 않으며, 미국에서 약 95%가 남과 북서방향 사이에서 이동해오며, 북서방향에서 오는 경향이 크다. 이러한 경우는 지면 가까이에 고온다습한 기층이 있고, 그 위에 건조한 기층이 있을 때 스콜선이 한랭전선과 연결되어 발생한다.

Chapter

04

대기의 운동

1. 바 람
2. 국지풍
3. 대기의 순환
4. 엘니뇨와 라니냐
5. 기후변화

1 바 람

❶ 바람에 작용하는 힘

바람이란 공기의 지표면에 대한 수평방향의 상대적 운동을 말한다. 예를 들면 북서풍이란 지구의 속력보다 빠르게 동쪽으로 이동하는 공기이며, 동풍이란 지구보다 느리게 동쪽으로 이동하는 공기인 것이다. 정온(靜穩, calm)이란 지구와 같은 속력으로 이동하는 공기를 말하며, 양극지방을 제외하고 바람(상대속도)은 절대속도의 일부분에 지나지 않는다. 수평방향의 운동과는 다른 연직방향의 공기운동을 기류(氣流, air current)라고 한다. 그렇다면 수평방향의 공기의 흐름은 어떤 힘에 의해 움직이게 되는 것일까?

바람은 수평적인 기압차이, 즉 공기의 밀도차이에 의해 기압이 높은 지역으로부터 낮은 지역으로 움직이는 공기의 흐름이다. 일반적으로 지표면은 지표상태에 따라 같은 태양복사에너지를 받더라도 온도가 다르게 나타나며, 그에 따라 공기의 밀도도 달라진다. 바람은 결국 대기의 균형을 이루기 위하여 밀도가 높은 곳에서 낮은 곳으로 흐르는 공기의 움직임을 말하며, 그 밀도차가 클수록 바람의 세기도 강해진다. 기온과 기압의 차이가 생기는 곳이면 바람은 어디에서나 불고, 바람의 속도는 공기의 온도차가 클수록, 기압의 차가 클수록 빠르고 강하다. 만약 지구가 회전하지 않거나 마찰이 없다면 공기는 높은 기압으로부터 낮은 기압으로 직선운동만을 할 것이다. 그러나 관측되는 바람은 이와 다르다. 왜냐하면 기압차에 의한 기압경도력(氣壓傾度力, pressure gradient force)에 의해 수평운동을 하는 공기가 겉보기힘인 전향력(轉向力, Coriolis force)과 원심력(遠心力, centrifugal force), 마찰력(摩擦力, frictional force), 중력(重力, gravity) 등에 의해 영향을 받기 때문이다.

1. 기압경도력

해면보정을 한 기압을 바탕으로 얻어진 등압선에서 일반적으로 4 hPa 차로 등압선을 그으면 기압의 고저가 나타나게 된다. 이때 일정한 수평거리에서의 기압차를 기압경도라고 한다. 기압경도를 $\vec{P}$로 정의할 때 그림 4.1에서 기압차를 ΔP, 그 사이의 수평거리를 Δn, 단면적을 A라고 하면, $\vec{P} = \Delta P / \Delta n$로 표시된다.

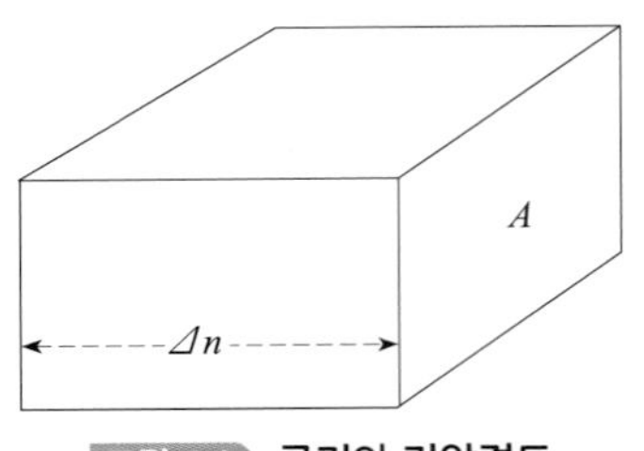

그림 4.1 공기와 기압경도

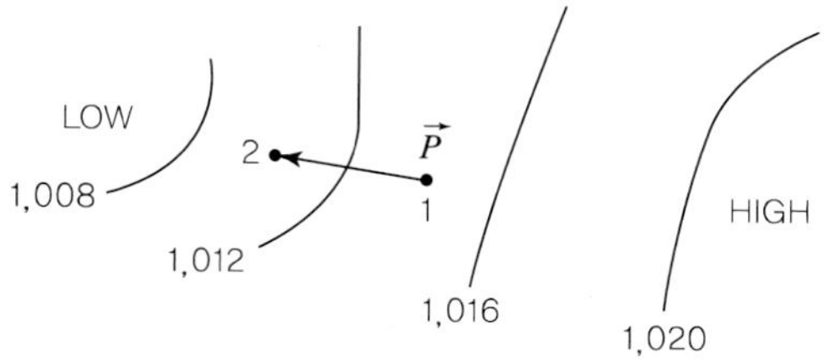

그림 4.2 등압선과 기압경도

이처럼 기압경도가 있으면 고기압에서 저기압으로 기체의 흐름이 일어나며, 이 흐름은 등압선에 직각으로 가속도와 함께 풍속은 계속 증가할 것이다. 그러나 실제에 있어서는 지구자전의 영향으로 풍향이 변화하고 풍속은 지표와의 마찰로 인하여 크게 증가하지는 않는다.

그림 4.2에서 보는 바와 같이 두 개의 등압선 사이에 있는 질량 m인 공기가 가속도 a로 1에서 2로 흐르고 있다고 가정했을 때 공기에 미치는 힘을 F라고 한다면, $F = ma$가 된다. 또한 공기가 1과 2면에 접하고 있는 단면적을 A라고 하고, 기압을 각각 P_1, P_2라고 한다면, 힘 $F = A(P_1 - P_2)$가 된다. 1, 2 사이의 거리를 Δn, 공기의 밀도를 ρ라고 한다면, $m = \rho A \Delta n$이므로 $ma = \rho A \Delta n a = A(P_1 - P_2)$가 되고, 압력차를 $(P_2 - P_1) = \Delta P$라고 하면

$$\rho A \Delta n a = -A \Delta P$$

$$a = -\frac{1}{\rho}\frac{\Delta P}{\Delta n}$$

여기서 $\frac{\Delta P}{\Delta n} = \vec{P}$ 이므로,

$$a = -\frac{\vec{P}}{\rho} \qquad (4.1)$$

이다.

이상의 식에서 기압경도가 클수록, 그리고 공기의 밀도가 작을수록 가해지는 가속도는 크고 풍속도 커지는 것을 알 수 있다. 여기에서 질량 m의 공기에 미치는 기압경도력, $\vec{F_p} = -m\frac{\vec{P}}{\rho}$이다.

2. 전향력

회전축을 중심으로 회전하고 있는 구 위에서 물체가 운동할 때 나타나는 겉보기힘을 전향력(轉向力, Coriolis force)이라고 한다. 1828년 프랑스의 코리올리(Gustave Gasparde Coriolis)가 이론적으로 유도하여 코리올리힘이라고도 부르며, 크기는 운동하는 물체의 속력에 비례하고 운동방향에 수직으로 작용한다.

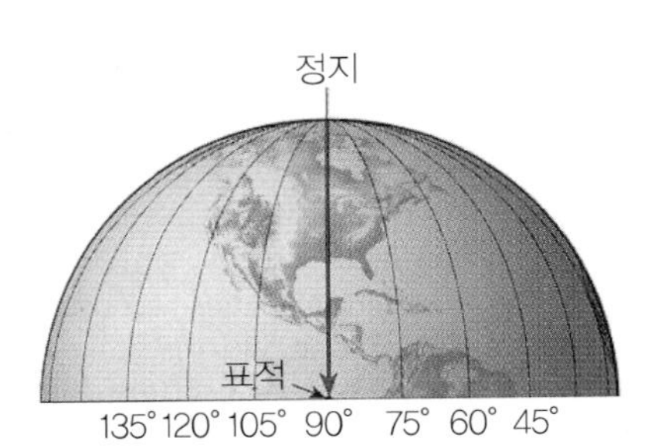

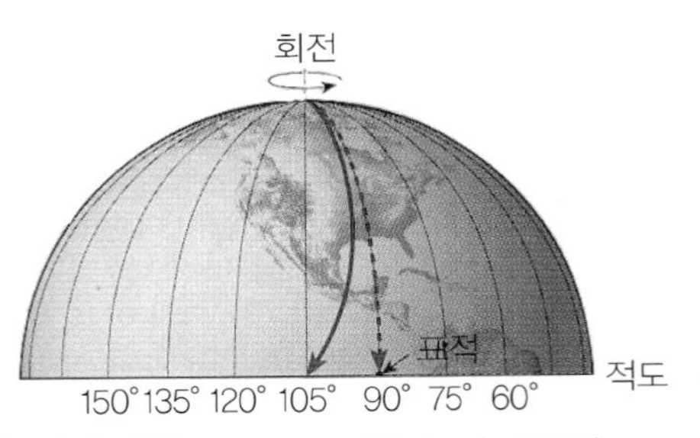

그림 4.3 **북극에서 적도로 한 시간 동안 이동하는 탄의 궤적(Lutgens and Tarbuck, 1998)**

바람을 포함한 모든 움직이는 물체는 북반구에서는 바람방향의 오른쪽에 직각으로, 남반구에서는 바람방향의 왼쪽에 직각으로 작용하는 힘으로 나타난다. 이는 지구가 자전하기 때문에 나타나는 현상으로, 그림 4.3에서 보는 바와 같이 북극에서 대포를 쏘았을 때 한 시간 후 적도의 표적에 도달한다면 그 사이 지구는 15° 회전할 것이다. 만약 지구에서 탄의 이동경로를 본다면 마치 탄은 휘어져서 적도표적의 15° 서쪽지점에 맞는 것처럼 보일 것이다. 그러나 우주에서 탄의 이동경로를 보면 실제 탄의 이동경로가 직선임을 확인할 것이다. 이처럼 탄이 한 시간 동안 직선으로 이동할 때 그 아래에서 지구가 반시계방향으로 이동하기 때문에 지구에서 탄의 이동경로를 보면 마치 휘어지는 것처럼 보인다(Lutgens and Tarbuck, 1998).

남북으로 움직이는 물체뿐 아니라 동서로 움직이는 같은 위도의 물체도 전향력의 영향을 받는다. 그림 4.4에서 각각 다른 위도(0°, 20°, 40°, 60°)에서 4시간, 8시간 후의 서풍의 이동경로를 보면 같은 위도에서의 전향력의 영향을 알 수 있다. 처음에는 모두 각각의 위도에 평행하게 바람이 분다. 그러나 4시간 후 바람은 20° 위도에서 조금, 40°, 60° 위도에서는 더욱 오른쪽으로 휘어져 부는 것처럼 보이고, 8시간 후엔 더욱 휘어져 보인다. 실제 우주에서 바라본 바람은 같은 방향을 유지하고 있으나 지구가 축을 따라 회전하면서 바람의 목표물 방향이 변하기 때문에 지구에서 바람을 관측할 때 휘어져 보이는 것이다(Lutgens and Tarbuck, 1998).

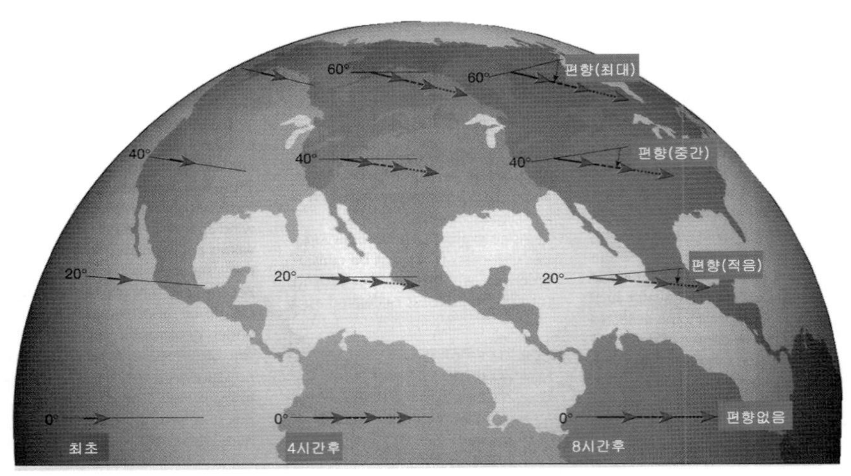

그림 4.4 **서로 다른 위도에서의 서풍에 대한 전향력의 영향(Lutgens and Tarbuck, 1998)**

지구의 자전각속도는 7.29×10^{-5} rad/s로 ω로 표시할 때 위도 ϕ의 지표에 서 있는 사람은 그곳에서 극의 주위를 $\omega\sin\phi$의 각속도로 돌고 있다. 그러므로 위도 ϕ의 지표 위를 수평속도 v로 운동하는 질량 m의 물체에 작용하는 전향력($\overrightarrow{F_{co}}$)은

$$\overrightarrow{F}_{co} = 2mv\omega\sin\varphi \tag{4.2}$$

이다.

그림 4.3과 그림 4.4를 통해 전향력의 특징을 보면, 북반구에서는 항상 오른쪽으로 작용하고, 위도 0°에서는 작용하지 않으며, 고위도로 갈수록 점점 커진다. 끝으로 전향력은 바람의 방향에만 영향을 미치며, 그 속도에는 영향을 미치지는 않으나 물체의 속도가 빠를수록 커진다.

Chapter
04

② 바람의 형태

1. 지균풍

사실상 바람에 작용하는 순힘은

$$\overrightarrow{F}_{net} = \overrightarrow{F}_g + \overrightarrow{F}_p + \overrightarrow{F}_m + \overrightarrow{F}_{co} \tag{4.3}$$

이다. 그러나 분자규모의 중력($\overrightarrow{F}_g$)은 너무 작기 때문에 무시될 수 있으며, 마찰력($\overrightarrow{F}_m$)은 고도 1 km 이상에서는 무시하게 되어,

$$\overrightarrow{F}_{net} = \overrightarrow{F}_p + \overrightarrow{F}_{co}$$

이다.

그림 4.5에서처럼 전향력($\overrightarrow{F_{co}}$)과 기압경도력($\overrightarrow{F_p}$)이 완전하게 평형을 이룰 때, 이 점에서의 순수한 힘은 0이므로,

$$\overrightarrow{F}_{co} = -\overrightarrow{F_p} \tag{4.4}$$

관계를 이룬다. 이때 부는 바람을 지균풍(地均風, geostrophic wind)이라고 한다. 두 힘이 평형을 이룰 때 가속도가 0이므로 풍속이 일정하게 된다. 비록 이 평형은 거의 완전하게 이루어지는 실례는 없지만, 대규모의 바람에서는 평형에 가까워져서 지균풍의 속도(v_g)는 실제의 풍속(v)에 대단히 가까운 값이라고 생각할 수 있다. 지균풍에 상당하는 전향력은 $2mv_g\omega\sin\phi$이므로, 여기서 $f=2\omega\sin\phi$라고 하면 전향력이 기압경도력과 평형을 이루게 될 때,

$$mv_gf = -\frac{m}{\rho}\frac{\Delta P}{\Delta n} \tag{4.5}$$

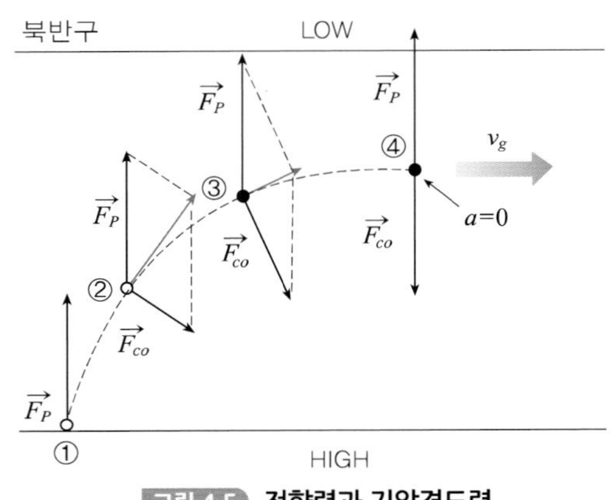

그림 4.5 전향력과 기압경도력

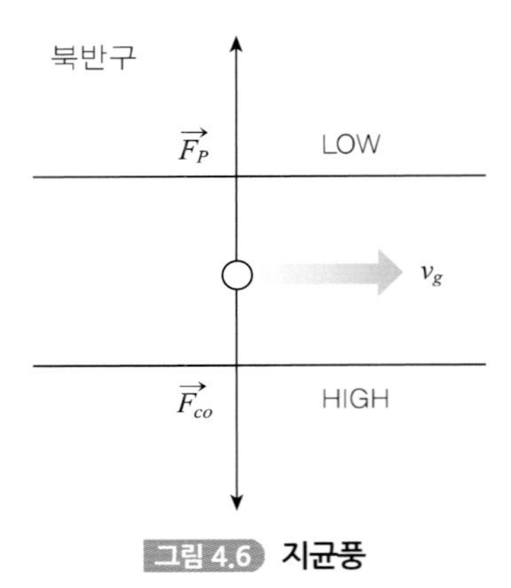

그림 4.6 지균풍

이고, 지균풍의 속도는 다음과 같이 표시된다.

$$v_g = \frac{-1}{\rho f} \frac{\Delta P}{\Delta n} \tag{4.6}$$

여기서, (−)부호는 ΔP가 고압부에서 저압부로 계산됨을 의미하고 있다.

기압경도력, 지균풍, 전향력 사이의 정확한 관계는 그림 4.6에 나타나 있다. 통계적으로 보면 지균풍의 속력은 실제풍보다 통상 크게 나타난다. 공기밀도의 수평적인 변화는 일반적으로 작아서 각 지점의 밀도를 대신하는 표준값을 사용해도 충분하다. 등압선을 표준간격(4 hPa)으로 하면 기압차도 역시 일정하게 된다. 그러면, 지균풍의 속력은 등압선 사이의 수직거리인 Δn에 반비례한다. 풍속과 등압선의 간격 사이의 관계는 위도에 따라 변하며, sin 90° = 1, sin 30° = 0.5이므로, 똑같은 등압선 간격이라도 위도 30°에서의 지균풍속은 극에서보다 2배나 강해진다. 적도에 접근하면 sin 0° = 0이 되어 식 (4.6)은 의미가 없다. 지균풍에 관한 여러 가지 가정은 적도부근인 남북위 5~10° 사이의 지역에서는 잘 들어맞지 않는다.

이상과 같이 지균풍은 등압선을 횡단하여 저압부로 치우친 경우를 제외하고는 바람의 특성 전부를 가지고 있다. 그러나 근사치로서 지균풍을 사용하고 있으며, 제한된 조건들을 잘 기억해 두어야 한다. 식 (4.5)는 가속도가 작으며, 마찰을 무시한다는 가정 하에 유도되었다. 추가해서 기압경도력은 약하지 않다는 가정을 포함하고 있다. 첫 번째 가정에서는 심한 곡선을 이루는 운동, 즉 태풍에 대해서는 유효하지 않다. 왜냐하면, 비록 진로를 따라 가속도는 작을지라도 진로를 횡단하는 전향가속도는 크므로, 원심가속도가 포함되어야 한다. 두 번째 가정에서는 일반적으로 지상에서 약 1 km 이상의 고도에서 유효하다. 육지에서 풍속계에 의해 관측된 바람은 지균풍의 약 50% 이하이고, 해양에서는 일반적으로 약 70% 정도이다.

2. 경도풍

등압선은 직선이 아니고 원형으로 되어 있어 바람이 등압선에 따라 원주 위를 불 때 이것을

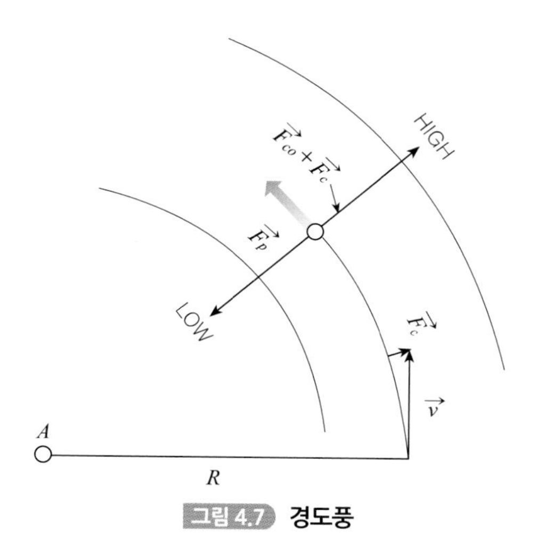

그림 4.7 경도풍

경도풍(傾度風, gradient wind)이라고 한다. 중심부가 저기압일 때 바람에 직각으로 작용하여 중심부로 향하려는 기압경도력은 이와는 반대방향에서 직각으로 작용하는 전향력과 원심력의 합과 같다(그림 4.7). 중심이 저기압인 경우 바람의 방향은 북반구에서는 반시계방향으로, 남반구에서는 시계방향이 된다.

이때 힘의 균형을 나타내는 식, 여기서 $f = 2\omega \sin\phi$, v는 경도풍속, v_g는 지균풍속이다.

$$\frac{\rho v^2}{R} + \rho f v = \rho f v_g \text{에서, } \frac{v^2}{R} + fv = fv_g \tag{4.7}$$

로 표시되며, 속도(v)가 반경(R)에 비해서 대단히 클 때, 즉 태풍과 같은 경우에는 식

$$v = \frac{v_g}{\frac{1}{2} + \sqrt{\frac{1}{4} + \frac{v_g}{Rf}}} \tag{4.8}$$

에서 선형풍(旋衡風, cyclostrophic wind)을 계산할 수 있다.

식 (4.8)에서 (+)부호만을 택한 이유는 곡률반경이 증가하면 v는 v_g에 접근해야 하기 때문이다. 진로의 곡률을 저기압성 운동에서는 (+)로, 고기압성 운동에서는 (−)로 생각한다. 한편, 중심이 고기압일 때에는 중심으로 향하는 힘은 전향력뿐이고 밖으로 향해서 원심력과 기압경도력이 함께 작용한다. 풍향은 북반구에서는 시계방향으로, 남반구에서는 반시계방향이 된다.

지구 상의 저기압이나 고기압의 주위에서는 이 경도풍에 가까운 바람이 불고 있지만, 바람은 언제나 동일 원주 상에서 맴돌고 있는 것이 아니라, 마찰의 영향으로 저기압일 때에는 중심으로 불어 들어가고, 고기압일 때는 불어 나가는 것처럼 분다.

3. 지상풍

지표면부터 1 km 정도까지의 높이에서는 공기와 지표면과의 사이의 마찰 때문에 바람은 등압

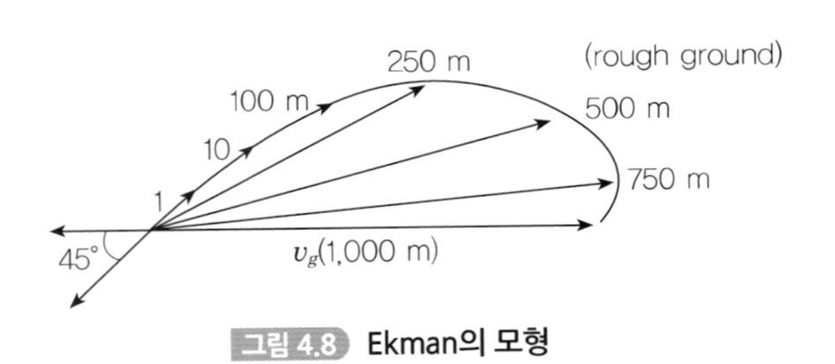

그림 4.8 Ekman의 모형

선에 평행하게 불지 않는다. 평행에서 어긋나는 정도는 지표면의 요철에 의한 마찰의 정도에 비례한다. 대체로 육지에서는 등압선에 대하여 풍향이 20~30° 기울어지고, 해상에서는 10~20° 기울어져 있다. 따라서 북반구에서는 바람이 저기압의 중심을 향해서 반시계방향으로 돌아 들어간다. 불어 들어간 공기는 상승하고, 이것이 구름이 되어 일기가 나빠진다. 반대로 북반구에서는 고기압으로부터 바람이 시계방향으로 돌면서 불어 나간다. 이것을 채워 주기 위해서 하강기류가 생기고, 이때문에 날씨가 좋아진다. Ekman은 원래 바람에 의해 일어나는 해류가 수심과 더불어 변하는 것을 연구하였으나, 이것이 대기에도 적용되므로 이것을 Ekman spiral이라고 부른다(그림 4.8). 마찰의 영향에 대한 최초의 이론은 Ekman(1874~1954)에 의하여 발전되었다.

지표면의 마찰로 인한 영향을 설명하기 위하여 그림 4.9를 고찰하면 실제로 관측되는 바람을 v, 전향력을 $\vec{F}_{co}$, 그리고 지표면에서의 마찰력을 $\vec{F}_m$으로 표시한다. 마찰력은 바람의 반대방향으로 작용하며, 합력 $\vec{F}_{co} + \vec{F}_m$은 기압경도력 $\vec{F}_p$와 평형을 이룬다. 그러면, 바람과 기압경도력 사이의 각도는 90° 미만임을 알 수 있다. 다시 말하면 마찰효과 중의 하나는 고압부에서 저압부로 등압선을 횡단하는 공기운동을 일으킨다. 또 다른 마찰효과는 지균풍과 비교할 때 풍속을 감속시키는 작용인데, 앞의 그림에서 기압경도력의 한 부분은 마찰력과 평형을 이루고, 나머지 부분은 전향력과 평형을 이룬다. 더욱이 전향력은 풍속에 비례하므로, 어떤 주어진 기압경도력에 대하여 마찰이 없을 때보다 있을 때 더욱 약해진다.

마찰효과는 지면의 거친 정도에 따라 변하며, 평활한 초원에서는 바람이 등압선에 대해서 20~25° 각도로 불며, 풍속은 지균풍의 약 60~70%이다. 그러나 매우 거친 육지에서는 편차가 더욱 커서 45°까지 되며, 풍속도 지균풍의 40%까지 감소된다.

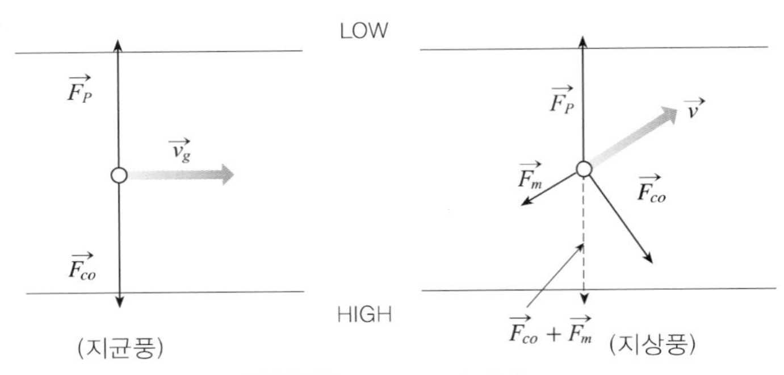

그림 4.9 마찰효과와 바람

2 국지풍

바람은 풍향과 풍속에 의하여 정하여지는데, Adria 해의 bora나 스위스의 Föhn은 해당지역에만 부는 국지풍(local wind)으로, 기상학적으로는 특이한 의미를 가진다. 그 외에도 해륙 간의 열적 차이, 산의 경사로 인한 냉각과 가열, 산맥을 횡단하는 기류의 변질로 인한 국지풍계가 있다.

❶ 육풍과 해풍

소규모의 풍계로서 낮에는 바다에서 육지로, 밤에는 육지에서 바다로 부는 소규모적인 바람을 의미하며, 산림에 불이 났을 때도 가끔 볼 수 있다.

해륙풍의 일반적인 모양은 그림 4.10과 같으며, 해륙 간의 온도차가 작은 아침에 일반풍이 없는 경우 등압선은 수평으로 될 것이나, 태양의 고도가 높아질수록 육지가 해양보다 빨리 가열되어 등압선의 두께가 육지에서 증가하며, 상층기압면은 육지에서 바다로 경사를 이룬다. 이것이 공기덩어리를 육지에서 바다로 이동시키는 수평 기압경도력을 유발한다.

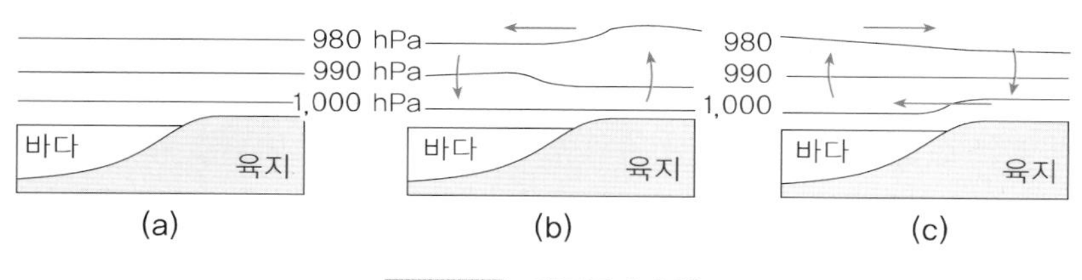

그림 4.10 해륙풍의 순환

이러한 공기는 해안에서 멀리 떨어진 곳에서의 해면기압을 증가시키며 육지에서는 감소한다. 결과적으로 해면에서의 기압은 공기를 바다로부터 육지로의 이동을 촉진시킨다. 해풍은 처음에는 등압선을 가로질러 불지만 시간이 지남에 따라 풍속이 증가하면 전향력의 영향을 받게 되며, 바람은 등압선을 따라 결국은 해안선과 평행하게 된다.

북반구에서 성숙한 단계의 해풍은 진행방향의 좌측에 육지를 끼고 불며, 남반구에서는 진행방향의 우측에 육지를 두고 분다. 지면이 냉각되어 기온차이가 나타나기 시작하는 저녁에 해풍은 소멸된다. 육지가 해양보다 더 냉각되는 밤중에는 낮과 반대로 육지에서 바다로 바람이 부는데, 이를 육풍이라고 하며, 대부분의 경우 일반풍의 영향으로 인하여 순수한 해륙풍은 드물다.

❷ 산풍과 곡풍

태양이 비치고 있는 동안 산 경사면 상부의 공기덩어리는 경사면 아래 지역보다 더욱 빨리 가열되며 그에 따라 환류가 생기는데, 이는 해풍의 경우와 비슷하다. 낮에 공기덩어리는 산의 경사면을 따라 위로 불어 올라가며, 밤에는 이와 반대로 하부로 불어 내려간다(그림 4.11).

여러 개의 계곡으로 된 지형에서는 냉각된 공기는 계곡 하부로 수렴할 것이며, 이러한 곳에서 밤에 부는 바람은 낮에 부는 바람보다 더욱 강할 것이다. 일반 풍계의 영향으로 바람이 없는 날이라도 산꼭대기에 낮에는 적운형의 구름이 형성되었다가 밤에는 소멸되는데, 이것을 보면 산곡풍의 존재를 알 수 있다.

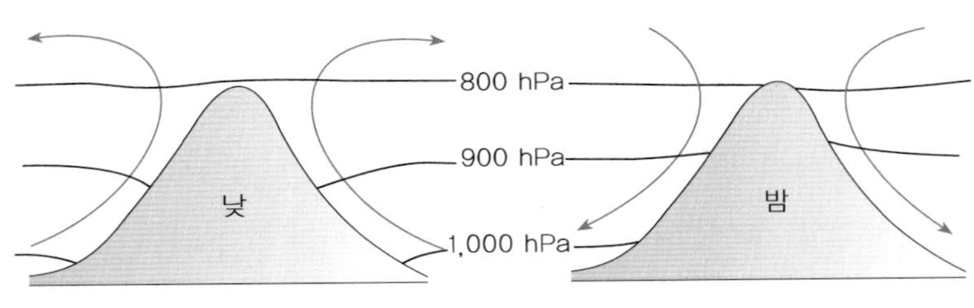

그림 4.11 산·곡풍

❸ 푄과 높새바람

공기덩어리가 큰 산을 넘어갈 때 풍상 쪽의 산허리에 수증기를 대부분 비로 내린 후 풍하 쪽으로 불어 내리는 고온건조한 바람을 푄(Föhn)이라고 한다. 이는 알프스의 북쪽 경사면에서 자주 발생하며, 푄과 비슷하게 미국 로키산맥의 동부, 즉 Wyoming과 Montana 주에서 자주 관측되는 바람은 치누크(Chinook)라 한다. 그리고 한국의 늦봄에 동풍이 태백산맥을 불어 넘어갈 때 생기는 고온건조한 바람을 높새바람이라 한다(그림 4.12).

공기가 풍상(風上) 쪽의 A에서 B까지 상승하는 동안에는 건조단열감률에 의해 10℃ /km로 냉각되며, B에서 C까지 상응하는 동안에는 습윤단열감률에 의해 약 6℃/km로 냉각된다. 반면 풍하 쪽 C에서 D까지 하강할 때는 건조단열감률에 의해 10℃/km로 가열된다. 풍상 쪽에서는

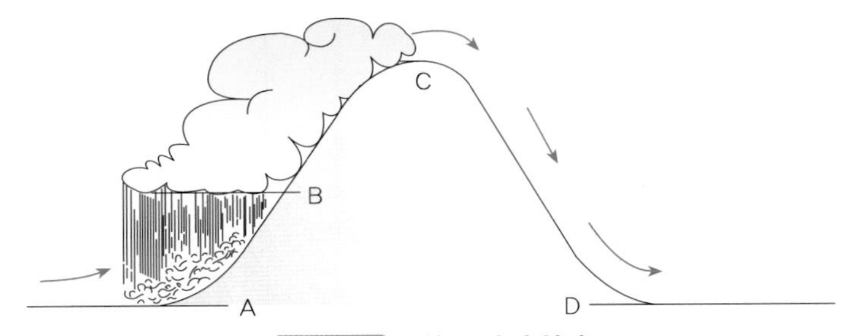

그림 4.12 푄(Föhn)의 원리

공기온도의 하강으로 응결이 일어나며 잠열의 방출이 있으나, 풍하 쪽에서는 풍상 쪽과 같은 잠열의 방출이 없다. 푄이나 치누크가 나타나면 기온은 상승하고 습도는 낮아져서 겨울철에는 한랭 건조한 공기가 풍하 쪽 사면에서는 더 건조하고 온난한 공기로 변한다. 만약 지상에 눈이 와 있다면 곧 녹아 없어지며 적설량이 적으면 지면은 건조할 것이나, 적설량이 아주 많으면 눈이 녹아서 홍수를 일으키기도 한다.

3 대기의 순환

❶ 대기의 대순환

이미 살펴본 바에 의하면, 대기권을 구성하고 있는 공기의 이동은 여러 가지 물리적 현상들의 작용에 따라 영향을 받고 있음을 알 수 있으며, 이들 여러 현상은 복합적으로 관계됨에 따라 대기의 대순환(general circulation)을 한마디로 표현하기에 곤란함을 알 수 있다. 따라서 지표 위에서 움직이는 대기의 순환과정을 쉽게 이해하기 위해서는 지표의 구성물질이 균질이며 지구 자체가 자전을 하지 않아서 전향력을 고려하지 않는다고 가정한다. 이때, 공기의 이동은 단순히 기압경도력(pressure gradient force)에 의해서만 일어나며, 그 결과 그림 4.13에서 나타난 바와

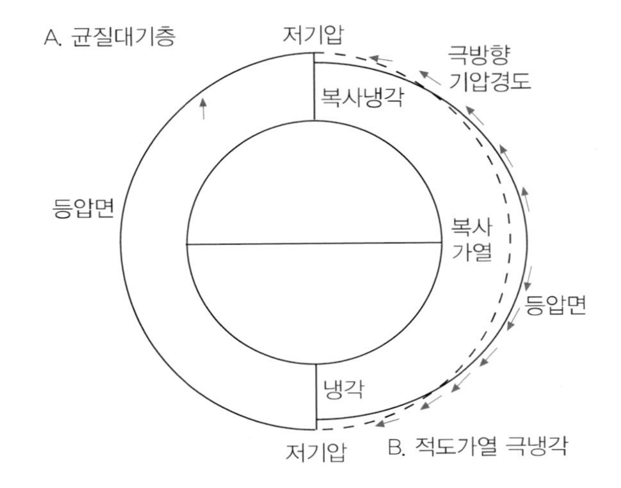

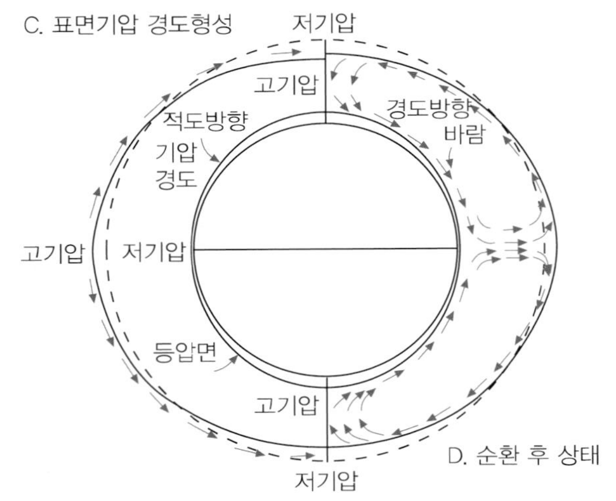

그림 4.13 비회전 지구에서의 공기 이동

같이 비회전 지구에서의 단순한 풍계(wind system)를 모식적으로 표현할 수 있다. 좌측 A 부분은 대기의 최초상태에서 전체가 균일한 상태에 놓여 있음을 보여 주고 있으며, B 상태에서는 적도지역이 태양열을 받아 가열되고, 극지역은 상대적으로 저온상태에 놓여 있게 되어, 적도지역의 대기층은 지면의 가열현상에 따라 두께가 증가하면서 기온이 낮은 극지역으로 이동하게 됨을 나타내고 있다.

이렇게 하여, 양 극지역의 지상기압은 적도지역으로부터의 계속적인 공기의 이동과 침강현상에 의해서 증가할 것이며, 공기의 상승지역인 적도지역의 지상기압은 낮아지게 되어 지표에서는 극지역에서 적도를 향해 공기가 이동함을 알 수 있으며, 이와 같은 과정을 C와 D에서 볼 수 있다. 이 경우 지구 상에서의 대규모 공기순환은 적도지역의 고열원과 극지역의 저열원 사이의 대류작용에 의해서 이루어진다고 생각할 수 있다. 그러나, 실제의 풍계는 이와 같이 공기의 자오선상 이동처럼 단순한 것이 아니고, 지구자전의 영향과 해륙의 분포 등에 따라 다르게 된다.

1. 수직 및 수평면에서의 환류

세 개의 수직환류는 그림 4.14를 통해 지표에서 가열된 공기의 상승과 침강으로 대기 중의 열에너지가 자오선방향의 수직면에서 어떻게 운반되고 있는가를 보여 준다. 저위도지역에 형성된 환류를 Hadley cell이라 하는데, 적도부근으로부터 남북위 약 30° 근처까지의 부분에 걸쳐서 대규모의 환류가 북반구에 형성되며, 가열된 공기의 상승으로 인한 것이기 때문에 열에 의한 직접적인 환류라고도 한다. 적도부근의 가열된 공기의 상승은 지표부근의 하층공기가 적도를 향해 주위로부터 몰려들게 하며, 지구자전의 결과로 인한 전향력이 영향을 미쳐 북반구에서는 북동풍, 남반구에서는 남동풍이 불게 되는데 각각 북동무역풍, 남동무역풍이라고 한다. 이들 풍계의 상층에는 반대방향의 바람이 불게 되며 반대무역풍이라고 한다.

한편, 찬 공기의 침강지역인 극지방에는 영구적인 극고기압이 형성되고, 여기에서 지표를 따라 저위도를 향해 남하하는 공기는 편동풍이 되며, 극동풍(polar easteries)이라고 한다. 이 바람은

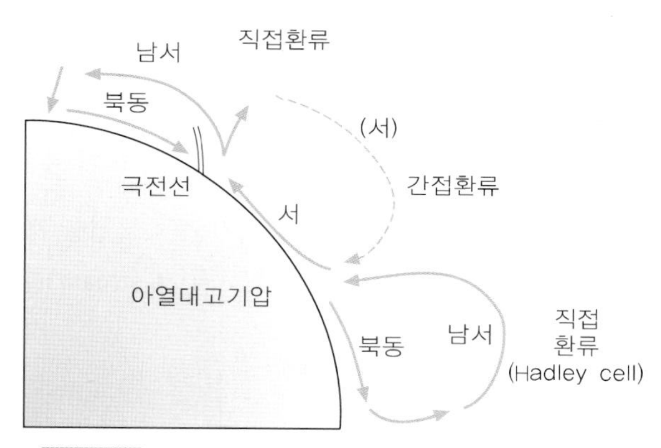

그림 4.14 북반구 자오선 상 대기환류

위도 60° 부근 내지는 그 이하의 저위도지역까지 남하하여 중위도고압대로부터 불어 나오는 편서풍과 만나 극전선(polar front)을 만들게 된다.

중위도 고압대와 극전선 사이에 발달한 중위도 환류는 온도차에 의한 수직적인 환류가 아니라 적도지역과 극지역에 형성되는 열적 환류의 간접적인 상호작용의 결과로 이루어진 것이라고 볼 수 있다.

이상에서 언급한 세 개의 대규모 공기환류는 전적으로 적도와 극과의 기온차이때문에 발생하는 대류현상에 기인하는 것이므로 이 이론을 대류설이라고 한다. 대류설은 지구전체 차원의 대규모 순환과정을 말한 것이기 때문에 단지 지구자오선 방향의 수직적인 순환현상만 고려된 이론이라고 할 수 있다. 따라서 일기도상에 매일 나타나는 고기압이나 저기압의 영향은 지구전체의 입장에서 볼 때 대기 중의 열 및 운동량 전달수단으로서의 효과가 서로 상쇄되어 무시될 수 있다는 전제 하에 정립된 순환체계인 것이다.

그러나 1926년 Jeffreys가 중위도로부터 고위도로 여러 물리량, 예를 들면 대기 중의 열, 운동량, 수증기 등을 운반하는 부가적인 수단으로서 수평적인 혼합을 제안한 이래, 고기압 및 저기압의 운반역할이 중위도와 고위도 간의 대기 중에서 상당한 비중을 갖는다고 많은 학자들이 생각하게 되었다. 그중에서 특히 매사추세츠 공과대학(Massachusetts Institute of Technology)의 Starr 및 White 교수는 북반구에서 일어나고 있는 대기 중에서의 물리량 운반현상은 중위도에서 극지역에 이르기까지의 구간에 관한 한 중위도지역의 수평환류가 상당한 비중을 갖고 있음을 수치적으로 입증하였다. 이와 같은 현상은 준정체성 고기압 및 이동성 고·저기압들이 지표 근처에 발달하면서 생겨나는 기류들과의 상호 연관적인 역학관계 밑에서 수평혼합이 이루어진다고 하였다.

이렇게 하여 대기의 순환체계에서의 바람의 이동에너지는 열대류에 의한 자오선 상의 환류에 기인하기보다는 이동성기류에 의해서 얻어지며, 그 결과 3개의 주요 풍계가 형성된다는 이론이 근래의 대기대순환 개념이다. 그러나 적도지방의 경우에는 이와 같은 개념이 에너지평형을 이루기 위한 순환과정에서 전체적인 운반량의 설명에 미흡하여 현재도 Hadley cell을 인정하고 있기는 하지만, 실제로 저위도지역의 환류는 이처럼 단순하지 않고 복잡할 것이라고 생각된다. 어쨌든 중위도지역과 고위도지역에서는 대기의 수평 혼합작용이 에너지 이동수단으로서 가장 현저한 인자로 고려되고 있으며, 애초의 열적 환류규모는 축소되어 수정이 이루어졌다.

Palmèn은 그림 4.15에 나타난 바와 같이 대기순환 모형을 제시하였다. 이것은 위에서 설명된 수평혼합과 저위도상층의 강한 서풍이 제트류(jet stream)를 감안한 대기의 대순환체계인 것이다.

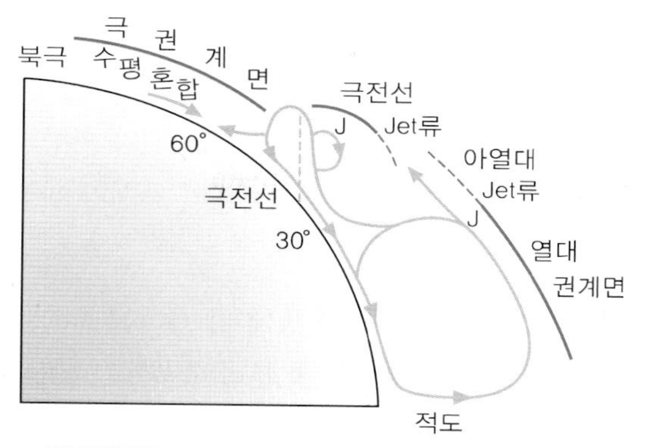

그림 4.15 Palmèn의 대기환류 모형

2. 북반구의 대기순환과 변화

1년을 통해서 북반구에서의 상층기압 및 등압선 배치관계를 자세히 검토하여 보면, 겨울철에 나타나는 순환체계 내에서의 순환상태에 뚜렷한 변화가 발생함을 볼 수 있다. 이와 같은 현상은 대략 3주에서 8주 동안에 걸쳐 불규칙한 형태로 발생하나 특히 대기의 순환현상이 강하게 나타나는 겨울에 뚜렷이 형성된다. 그림 4.16에 이와 같은 변화의 발전단계가 표시되어 있다.

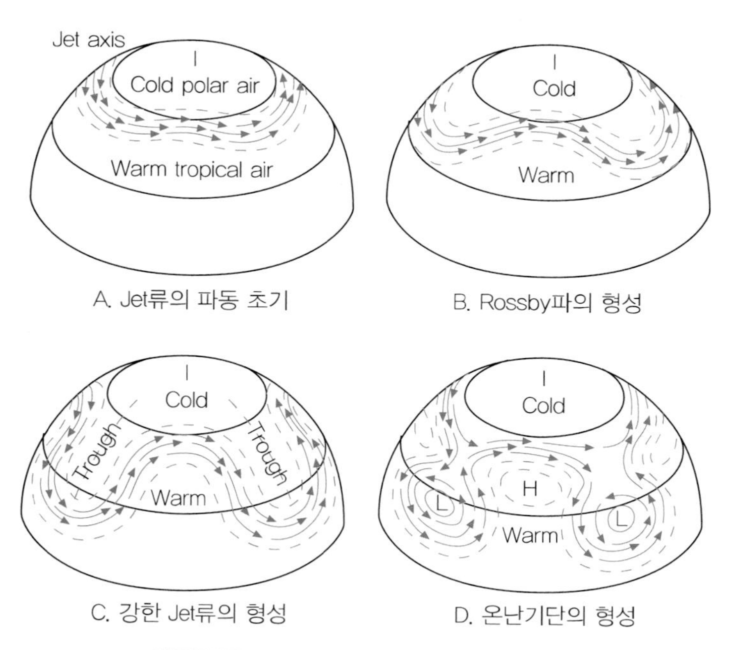

그림 4.16 북반구에서의 상층기류변화 4단계

그림 4.16 A에서는 제트류와 편서풍이 평균위치보다 약간 북쪽에 자리잡고 있으며, 편서풍이 강하게 불어 동서향의 기압배치가 뚜렷한 반면 남북 간의 공기이동은 거의 일어날 수 없음을 보여 준다. B와 C에서는 제트류의 풍속이 증가하고 범위가 확장되면서 큰 진폭의 만곡부 형성과정이 나타나 있고, 마지막 단계인 D에는 편서풍대의 풍계가 완전히 단절되면서 분리된 상태가 나타나 있다.

위도 35°와 55° 사이의 편서풍의 세기를 풍대지표(zonal index)로 표현하면 강한 바람의 편서풍대는 높은 지표를 반영하고, D에서와 같이 분리된 풍계는 낮은 지표 하에서 형성된다. 비교적 낮은 지표는 편서풍이 본래 위도에서 상당히 남하하였을 경우에도 나타난다.

3. 지상에서의 풍계

지상에서의 기압배치와 바람의 성질 및 풍향, 풍속에 대해서는 오래전부터 무역선의 항해사들에 의해서 관측되었거나 실제 경험을 통해서 비교적 상세히 알려져 있다. 일반적으로 적도지역이란 적도를 중심으로 남·북위 15°에 걸친 지역을 말하며, 열대지역은 위도 15°에서 30°에 이르는 대상지역으로서 남·북회귀선이 지나고 있다. 또한 아열대지역은 대략 30°에서 35° 사이의 지역을 일컫는데, 지구 상에 나타나는 기압배치도에서 알 수 있는 뚜렷한 현상은 대부분의 고기압들이 이 지역에 거의 영구적으로 몰려 있다는 사실이다. 이와 같은 고기압의 밀집현상에 따라 이 지역을 아열대고기압대라고 하는데, 육지의 분포가 적은 남반구에 더욱 뚜렷이 나타난다. 이들 고기압의 중심으로부터 북반구에서는 시계방향으로 바람이 불어 나오고, 남반구에서는 이와 반대로 됨을 그림 4.17에서 보여 주고 있다.

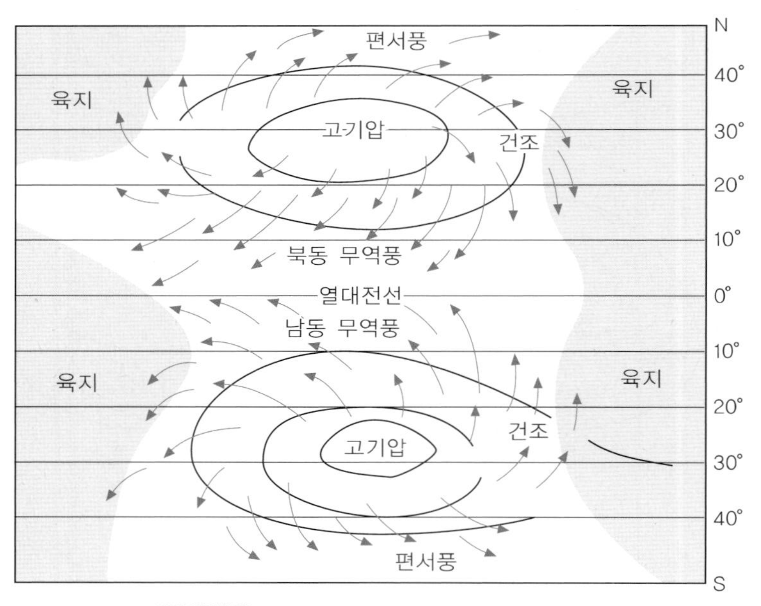

그림 4.17 아열대고기압으로부터의 지상풍

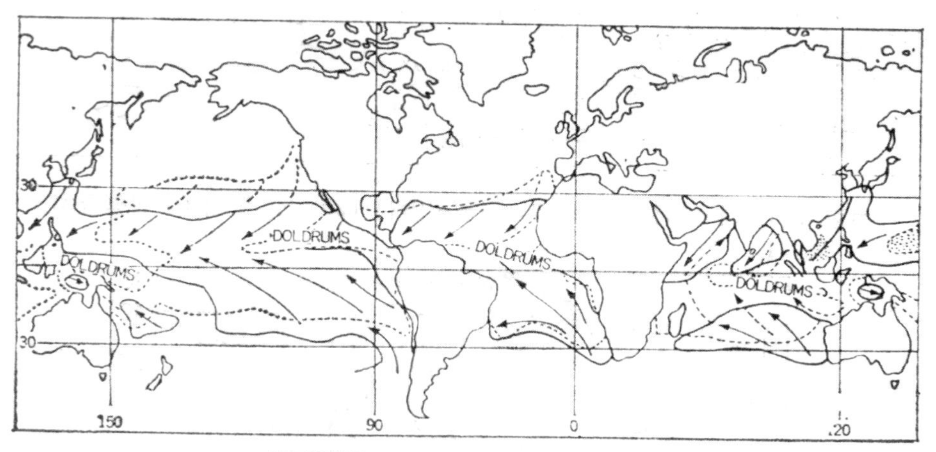

그림 4.18 해양의 무역풍대 및 적도무풍대

아열대고기압대로부터 적도를 향한 지역 내에는 항상 편동풍이 불고 있는데 이들 바람을 무역풍(trade winds)이라고 하며, 북반구에서는 북동무역풍, 남반구에서는 남동무역풍이라고 한다. 태평양과 대서양의 해상에서는 무역풍의 발달이 완연하게 이루어지고 있다. 이들 무역풍이 수렴하는 적도지역은 평균해수면에서의 기압이 표준기압인 1,013 hPa에 약간 못 미치기 때문에 적도저기압골(equatorial trough)이라고 하는 낮은 기압경도력 지역이 된다. 지역에 따라서는 오랜 기간 바람이 거의 없는 경우가 발생하게 되어 그림 4.18에서 볼 수 있는 바와 같은 적도무풍대(doldrums)를 형성하게 되는데, 전형적인 무풍대지역은 중앙아메리카와 서아프리카의 서해안 지역 해상으로 적도에서 약간 북쪽에 위치하고 있다.

편서풍대는 아열대고기압대에서 극지방으로 향하여 형성되고 있는데, 육지의 분포가 많은 북반구에 비해 남반구의 40°에서 60°에 걸친 해상에서 뚜렷한 풍계가 이루어지고 있다. 그러나 이와 같은 편서풍대 내에서의 풍향과 풍속도 이 지역 내에서 빈번하게 발생하는 저기압과 고기압의 영향을 받아 다양하게 변화한다. 이러한 편서풍이 계속 극지역으로 이동하여 북위 65°(또는 남위 65°) 근방에 도달하게 되면 극지방의 한랭고기압지역으로부터 불어나오는 바람인 편동풍과 만난다. 통상 이 지역의 기압은 989 hPa에서 996 hPa의 저기압이어서 빈번한 저기압성 폭풍이 발생한다.

이와 같은 풍계와 기압분포의 위도별 대상구분 현상이 남반구지역에서는 비교적 뚜렷하게 나타나는 데 반하여, 북반구에서는 북미대륙과 유라시아대륙이 북대서양 및 북태평양 사이에 놓여 있는 까닭에, 대략 그림 4.19와 같이 고·저기압구역이 나타나고 뚜렷한 대상구분이 남반구에서와 같이 발생하지 않는다. 여기서 두 개의 고기압지역은 시베리아와 캐나다의 육지 상에 위치하고 있으며, 저기압은 알류샨(Aleutian) 및 아이슬란드(Iceland)의 해상지역에 자리잡고 있다. 따라서 일반적으로 볼 때 육지와 해양에 있어서의 가열 및 냉각현상의 차이는 대상 기압분포보다는 오히려 지표의 구성물질에 따른 지역적 분포상태를 유발한다고 보는 것이 타당하리라고 생각된다.

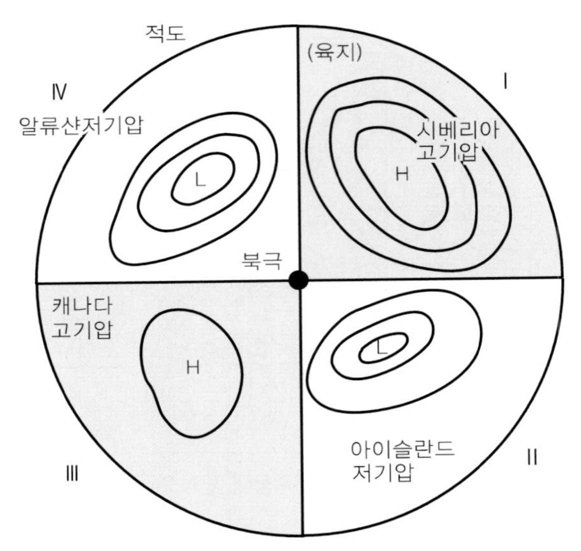

그림 4.19 겨울철 북반구에서 나타나는 고기압과 저기압발생지역

겨울철과 반대로 여름철에는 육지부분이 쉽게 가열되어 저기압이 자리잡게 되며, 해양에 위치하고 있던 아열대고기압 세력이 확장되면서 북쪽으로 이동함으로써 북태평양 고기압이 아시아의 여름철 기후를 결정짓게 된다. 이상에서 언급된 여러 가지 요인을 생략하고 지구대기의 일반적인 대규모 순환과정을 요약하면 그림 4.20과 같다.

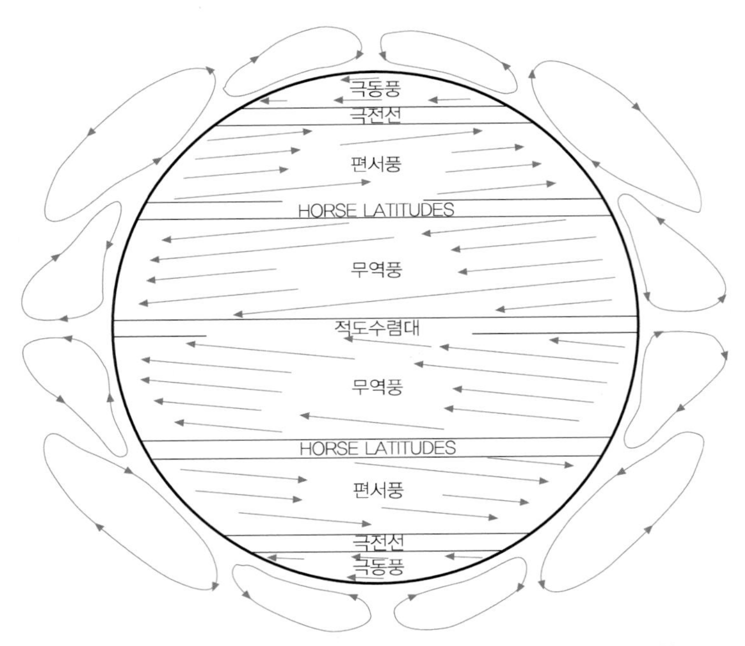

그림 4.20 Bergeron과 Rossby의 풍계에 수정이 가미된 순환모형

❷ 대규모 바람

1. 편서풍

(1) 적도편서풍

적도를 중심으로 불어오는 무역풍대 내에 규모가 작기는 하지만 일종의 편서풍(westerlies)이 여름철의 육지지역에서 형성된다. 이것은 여름철에 육지가 상당한 양의 가열을 받음으로써 적도지역의 저기압골의 위치가 약간 북상하게 되기 때문에 발생하는 바람이라고 해석되며, 북반구의 아프리카대륙 및 동남아시아지역에 잘 발달한다(그림 4.21).

일반적으로 아프리카 상공 2~3 km에까지 편서풍의 영향이 미친다고 알려져 있는 반면, 인도양지역에서는 5~6 km에 달하고 있다. 인도양 북부지역의 이 바람을 인도계절풍(Indian monsoon)이라고 부르기도 하나, 현재까지 알려진 바로는 이 계절풍은 어디까지나 지구전체의 대기 순환과정 및 지역적인 열순환현상 등의 복합적인 원인에 의해서 생겨나는 바람이라는 것이 지배적이다.

태평양 및 대서양지역에서는 적도수렴대의 위치이동이 편서풍을 형성할 만큼 크지 않기 때문에 육지에서와 같은 편서풍계가 나타나지 않는다.

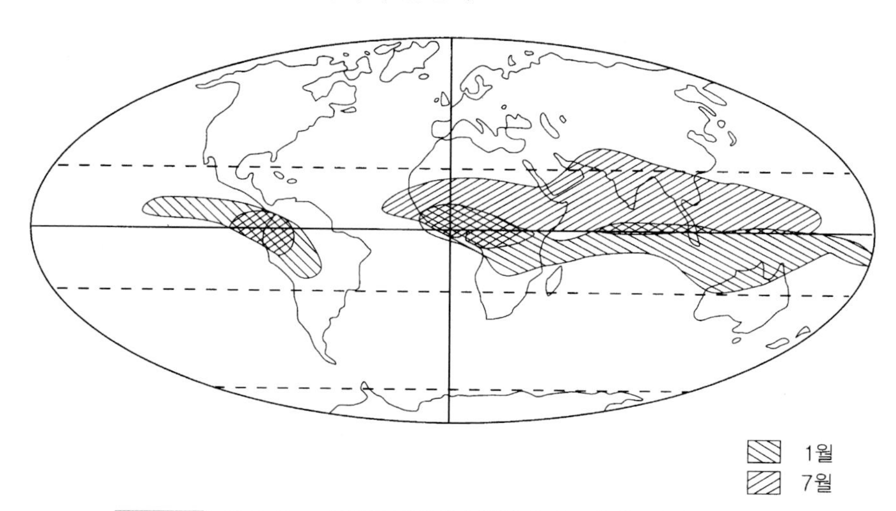

그림 4.21 지상 3 km 이하의 대기권에 형성된 적도편서풍의 지역적 분포

(2) 중위도편서풍

아열대고기압대로부터 극지역을 향해 불어 나가는 중위도지역의 바람은 지구자전 효과로 나타나는 전향력의 작용으로 인하여 편서풍이 된다. 이것은 무역풍에 비해서 풍향이나 바람의 세기에 상당한 불규칙성을 나타내는데, 그 이유는 중위도지역에서의 바람은 수없이 형성되는 저기압과 고기압들이 대체로 동쪽방향으로 이동하면서 미치는 영향과 북반구의 경우에는 육지의 지형기복에 변화가 많고, 기압배치의 계절적인 변화 등이 발생하기 때문이다.

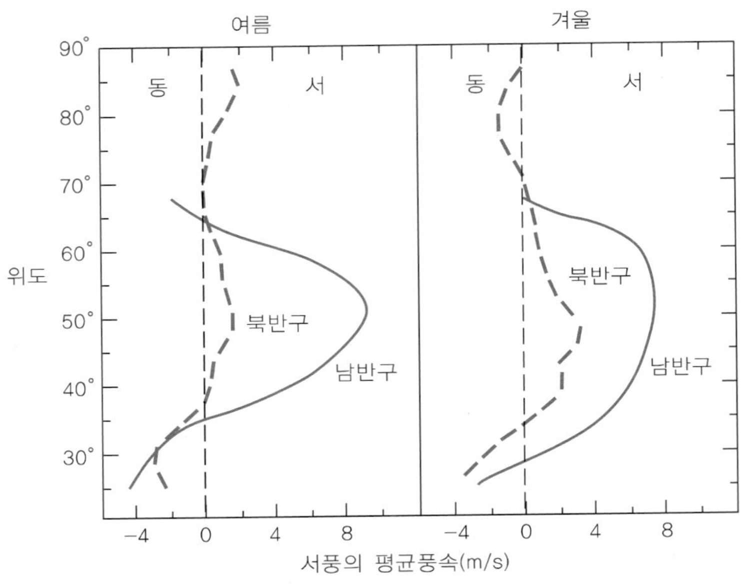

그림 4.22 양반구에서의 서풍의 평균풍속비교

남반구에서의 편서풍은 북반구의 편서풍에 비해 바람의 세기가 강하며, 풍향이 더욱 안정되어 있는데, 그 이유는 남반구의 광대한 해양지역에 정체성 기압분포가 형성되기 때문이다. 다시 말해서 남반구에는 기압분포에 변화를 가져오게 하는 지형기복이라든가, 수륙분포의 복잡성이 거의 없어 비교적 안정된 기압배치가 형성된다고 볼 수 있다.

북반구와 남반구의 편서풍대 내에서 여름과 겨울에 부는 서풍의 평균풍속을 비교하여 나타내면 그림 4.22와 같다. 여기에서 점선으로 나타낸 것이 북반구의 풍속이며, 실선으로 표시한 것은 남반구의 풍속이다. 또한 x축의 +, −값은 동서방향을 나타내는 값으로 +값은 서풍을, −값은 동풍을 의미한다. 그림에서 두 계절을 보면 남반구의 풍속이 훨씬 강하다는 것을 쉽게 알 수 있다. 남위 49°, 동경 70°에 위치한 Kerguelen 섬을 예로 들 경우, 연중 부는 바람의 평균풍향의 81%가 남서풍과 북서풍의 풍역에 들어 있다.

2. 무역풍

무역풍(貿易風, trade winds, 열대편동풍)은 그 영향 범위가 대단히 넓어, 지표의 거의 절반 정도가 이에 포함되고 있으며, 수직영향권은 적도상공에서 6~10 km 정도에 이른다. 무역풍은 아열대 고기압 주위로부터 발원하며, 연중 풍속과 풍향이 거의 일정함이 특징이다(그림 4.18 참조).

남·북반구의 무역풍은 적도지역의 저기압을 향해 수렴되는데, 이 지역을 열대수렴대(Inter-Tropical Convergence Zone; ITCZ)라고 하며, 태평양의 중부해상에 아주 잘 나타나는 데 비해서 기타 지역에서는 그 범위나 시기가 일률적이라고 단정하기 어렵다. 또한 기압경도력이 약한 지역인 관계로 일부지역에서는 상당한 기간 동안 바람이 아주 없거나 약한 상태가 발생되는데, 이를 적도무풍대라고 하며, 전형적인 발달지역은 중앙아메리카 서부해상 및 아프리카 서부의 대서양인데, 적도에서 약간 북쪽에 형성된다(그림 4.18 참조).

그러나 이와 같이 적도무풍대의 주요 분포지역은 인도양으로부터 동인도제도를 거쳐 태평양의 중앙에까지 이르는 적도지역이다. 이들 무풍대가 차지하는 범위는 계절에 따라 뚜렷하게 달라지는데, 예를 들면 중앙아메리카 서부해상에 발달하는 무풍대는 7월에서 9월까지의 기간에는 서쪽으로 그 범위가 더욱 확장되어 태평양의 중앙해역에까지 이르고, 아프리카 서부해상의 무풍대는 남미 브라질 연안에까지 확장된다. 또한 인도양과 서태평양지역의 무풍대는 3월에서 4월까지의 기간 동안 아프리카 동부에서 동경 180° 지역까지 16,000 km나 길게 확장되며, 10월에서 12월 사이에 또다시 봄철의 규모로 커진다고 알려져 있다.

이제까지의 모든 자료를 종합해 보면 열적도(계절적으로 최고온지역)의 위치는 태양으로부터 입사되는 열량과 직접적인 관계에 있으며, 열적도와 적도저기압과의 위치관계는 상호 밀접한 연관성을 갖고 있다고 볼 수 있는 데 반해서, 열대수렴대는 저위도지역에서의 공기의 순환이라는 동적 현상과 결부되어 열적 대류현상과는 거의 무관하게 형성된다고 보고 있다. 이것은 최대수렴 및 상승현상이 일반적으로 적도저기압으로부터 약간 남쪽부분에서 일어나고 있다는 사실이 증명해 주고 있다.

3. 극동풍

극고압지역과 중위도저기압대 사이에서 형성되는 바람을 극동풍(極東風, polar easterlies) 또는 편동풍이라고 한다. 대체로 극지역은 냉각된 공기의 침강으로 인한 고기압의 형성지역이며, 여기에서부터 편동풍이 연유된다. 다시 말해서 극지역의 고압대로부터 저위도로 부는 바람은 대개 편동풍의 성격을 나타내며, 이것이 위도 60°를 넘어올 때 중위도고압대의 편서풍과 조우하여 한랭전선을 형성한다.

한편 남반구의 고위도지역은 남극대륙의 존재로 인하여 좀 더 복잡성을 나타내고 있지만, 대체로 고기압지역이 남극대륙의 동부 고원지역에 형성되고 있기 때문에, 이 곳으로부터 편동풍이 불어 나와 남극대륙의 인도양 연안지역에까지 미친다. 남극지역 탐사선 Gauss 호가 남위 66°, 동경 90° 지역에서 1902년부터 1903년까지 실시한 관측결과에 의하면, 이 기간 동안의 풍향 중 70%가 북동풍과 남동풍 사이의 풍역에 들어 있었다는 사실로도 이를 뒷받침하기에 충분하다.

4. 제트기류

대륙권상층에 강한 바람이 불고 있다는 사실은 오래전부터 알려져 왔던 사실이나, 남·북반구의 중위도상층에 강한 바람 줄기가 지구 주위를 둘러싸고 있음에 관심을 가지고 연구하기 시작

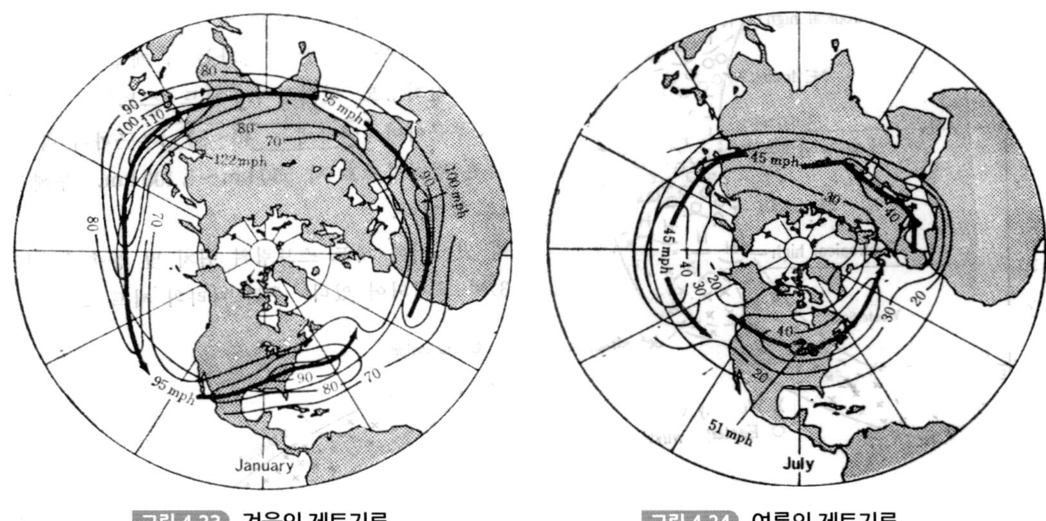

그림 4.23 겨울의 제트기류

그림 4.24 여름의 제트기류

한 것은 1942년경부터이다. 더욱이 제2차 세계대전 중에 일본 폭격의 임무를 부여받고 비행 중이던 B-29 폭격기 조종사들이 고도 10 km 부근의 상공에서 때때로 100 m/sec의 풍속을 갖고 있는 강한 서풍의 존재를 보고하였다. 조사결과에 의하면, 마치 소방호스의 물줄기처럼 강력한 힘의 서풍역이 대상(帶狀)으로 중위도상공에서 지구둘레를 돌고 있음을 발견하였고, 이를 제트기류(jet stream)라고 하였다. 제트기류의 방향은 대략 서풍이고, 그 모양은 일종의 곡류형의 파형을 이루면서 불어 나가는데, 계절에 따라서 그 위치가 달라지면서 풍역이 변화함도 알려졌다. 제트기류의 평균위치는 겨울에는 북위 25~30°부근이며, 여름에는 40~50° 부근까지 북상하나 풍속은 약화된다. 그 폭은 평면적으로 약 550~1,100 km, 두께는 수천~10,000 m에 이르고 있다.

겨울과 여름에 있어서의 제트기류의 위치 및 평균풍속이 그림 4.23과 그림 4.24에 표시되어 있다. 우리나라 부근에서 제트기류의 평균속도는 약 185 km/h인데, 겨울철 제트 코어(jet core)의 평균최대풍속은 약 300 km/h이고, 여름의 평균최대풍속은 약 87 km/h로 약해진다.

그림에 나타난 바에 의하면, 겨울에 아시아대륙 동해부근에서 풍속이 가장 크고, 태평양 동부지역과 대서양지역에서는 아주 약하게 되고 있다. 또한 여름에 있어서는 캐나다 변경지역에 가장 강한 풍역이 발생하고 있는데, 이것은 미국 동부지역의 온난하고 다습한 공기층과 Hudson 만 주위의 한랭공기와의 기온차이에 연유된다고 보고 있으며, 지중해지역의 강풍역도 Sahara 사막지역의 고온과 유럽지역의 저온공기와의 기온차이에 의해서 형성된다고 알려져 있다.

이와 같은 제트기류는 남반구에서 대류권상층에 존재하고 있으나, 북반구에 비해서 남반구의 고위도지역에는 육지의 분포가 거의 없어 극 주위의 대기온도 경사가 균등하여 전체적으로 완전한 대칭적 온도분포를 이루고 있기 때문에, 아주 균일한 상태의 기류가 흐르고 있음이 알려져 있다.

그림 4.25는 양극 사이의 대류권 내에 존재하고 있는 각종 풍계와 그들의 상호관계 및 위도 분포를 나타내는 수직단면도로, 지구 상의 대기순환체계를 쉽게 파악할 수 있도록 하였다.

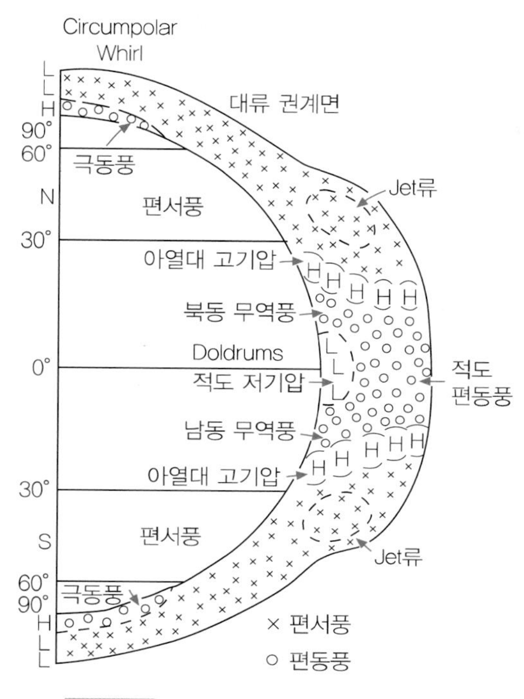

그림 4.25 대류권 내 순환단면도

4 엘니뇨와 라니냐

❶ 개 요

대기와 해양은 해면을 경계로 접하여 서로 영향을 미친다. 대기는 해면으로부터 에너지를 공급받고, 해양도 대기로부터 에너지공급이 이루어진다. 해양의 온도분포는 대기를 차등 가열시켜 대기순환을 일으키게 하고, 대기순환이 동반하는 해상풍은 해양의 온도분포를 변화시킨다. 대기와 해양은 서로 영향을 끼침으로써 끊임없이 변화하게 되는데, 이러한 관계를 대기와 해양의 상호작용이라고 한다. 그 대표적인 예로 엘니뇨와 라니냐, 그리고 ENSO 현상을 들 수 있다.

엘니뇨(El Niňo)는 스페인어로 '남자아이' 또는 '아기예수'를 의미하며, 태평양 적도부근에서 남미로부터 날짜변경선 부근에 걸친 넓은 범위에서 해면 수온이 평년보다 2~3℃ 높게 반 년에서 1년 이상 정도 지속되는 현상을 말한다. 2~6년마다 한 번씩 불규칙하게 발생하며, 주로 9월에서 다음해 3월 사이에 나타난다. 라니냐(La Niňa)는 '여자아이'라는 의미이며, 적도 동태평양에서 해수면의 온도가 평년보다 낮아지는 현상을 가리킨다.

❷ 적도 태평양에서 바람과 해류의 순환

엘니뇨와 라니냐를 이해하기 위해서는 적도 태평양일대에서 대기와 해양이 어떻게 상호작용하고 순환하는가를 이해해야 한다. 적도 태평양지역에서는 북동무역풍(NE trade winds)과 남동무역풍(SE trade winds)이 연중 적도를 향해서 불고 있다(그림 4.26). 해면 위에서 부는 바람은 바람과 해수 사이의 마찰력에 의하여 해류를 유발한다. 에크만(Ekman) 운동에 따르면 표면해수가 흐르는 방향은 바람의 방향을 기준으로 북반구에서는 시계방향으로 남반구에서는 반시계방향으로 편향된다. 따라서 적도부근에서 열대태평양의 해류는 북반구와 남반구에서 공통으로 동에서 서로 이동하며, 이들을 각각 북적도해류(north equatorial current)와 남적도해류(south equatorial current)라고 한다.

북동무역풍과 남동무역풍이 적도부근에서 부딪쳐 약화됨에 따라 이 지역은 약한 동풍이 불거나 바람이 거의 불지 않는 무풍지대가 된다. 해양에서는 오히려 약한 적도반류(equatorial countercurrent)가 서에서 동으로 흐른다. 무역풍에 의해 해수가 서쪽으로 흐르기 때문에 해면수위는 동쪽보다 서쪽에서 40 cm 가량 높아지며(그림 4.26), 이것이 적도반류의 한 원인이기도 하다.

서쪽으로 운반되는 해수는 이동 중 태양복사에 의하여 데워져서 인도네시아 앞바다는 28℃ 이상을 유지한다. 일반적으로 해수면의 수온이 높은 지역에서는 공기의 온도도 높아져서 상승기

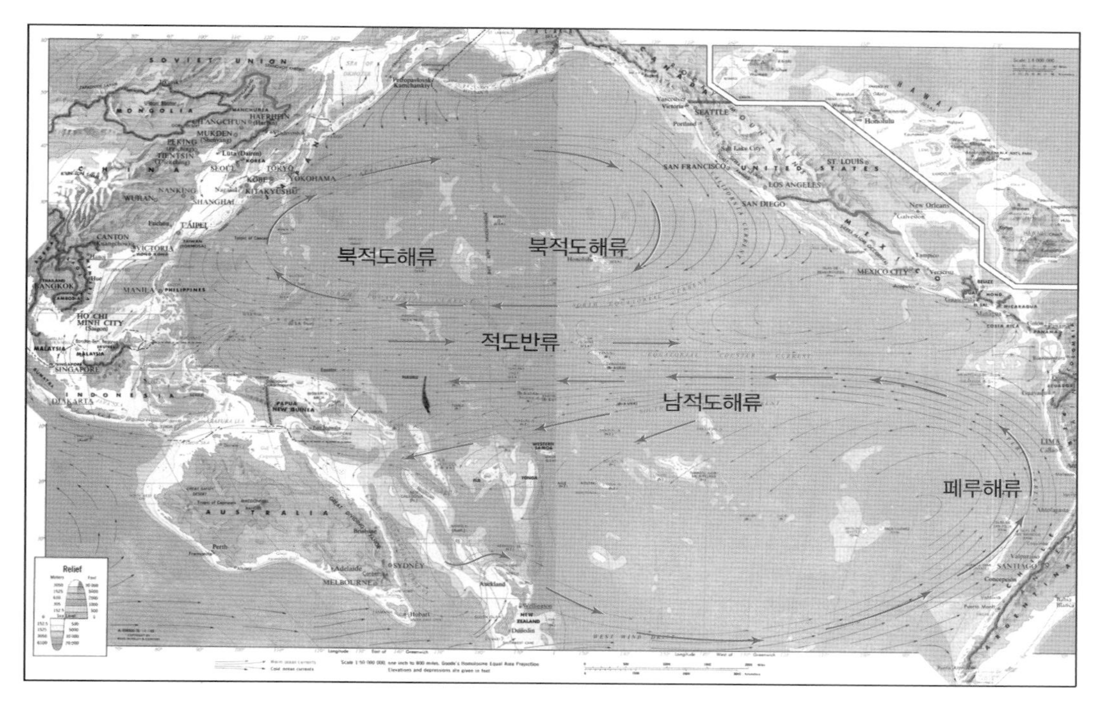

그림 4.26 적도태평양의 해류

류가 형성되는 저기압상태가 된다. 저기압 상태의 대기는 단열 압축과정을 통하여 응결하여 많은 구름을 형성하고 비를 내리게 한다. 따라서 열대 서태평양지역은 동태평양에 비하여 상대적으로 고온 다습한 기후를 보인다.

한편, 동태평양지역에는 동쪽의 해수가 무역풍에 의해 서쪽으로 이동하기 때문에 심해의 차가운 해수가 용승하여 비교적 낮은 온도(일반적으로 25℃ 이하)를 유지한다. 또한, 해수의 용승은 심해의 유기염류를 표층으로 가져와서 좋은 어장을 형성한다. 해수면의 온도가 낮기 때문에 대기는 하강기류를 형성하여 고기압이 되고 건조한 기후를 나타낸다.

위의 과정을 통해 형성된 지상기압의 동서경사에 의하여 대기의 하층에는 동풍이 존재하고, 상층에서는 반대로 서풍이어서 전체적으로 태평양의 적도 상에 큰 동서순환이 형성되며, 동쪽인 남미의 페루연안에서는 고기압에 의해 맑고 건조한 기후대가, 서쪽인 인도네시아에서는 저기압에 의해 비가 많이 오는 기후대가 되는 것이다.

3 엘니뇨

통상적으로는 열대 태평양의 해수면 온도분포는 보통 서태평양이 고온이고, 동태평양 남미연안이 저온이다. 그러나 무역풍이 약해지면 그림 4.27에서처럼 바람에 의한 해수의 서쪽 이동이

약해지고, 이로 인해 동태평양 남미연안에서는 용승현상이 약화된다. 용승현상의 약화는 표층으로 올라오는 찬 심해수의 양을 감소시키기 때문에 이 지역의 수온이 4℃ 가량 증가한다. 이러한 현상이 지속되면 동태평양에서는 하강기류가 약해지며, 기압이 낮아지고 상승기류가 형성된다. 상승기류에 의해 비가 내리게 되어 평년보다 습한 기후를 갖게 된다. 반면에 서태평양은 고기압에 의한 하강기류가 형성되어 평년보다 건조해진다.

엘리뇨현상의 영향은 기상, 기후, 농업, 수산업, 경제 등의 여러 면에서 나타나고 있다. 먼저, 기상에서의 영향을 살펴보면, 엘니뇨현상이 발생하면 홍수, 한발 등의 재해를 동반한 이상기상의 발생건수가 세계적으로 증가하는 경향이 있다. 엘니뇨현상의 발생에 의해 적도 해역의 해수면 수온분포가 변하면 대류활동의 강도가 변한다.

이것은 대기에 에너지를 공급하는 열원의 이동 및 공급에너지의 증감을 의미하고, 이것에 의해 지구전체의 대기흐름도 변하며, 세계의 기상이 영향을 받음을 보여준다. 또한, 열대지역의 강수량도 큰 변화를 나타내는데, 그 원인은 적도 상에서 발생하는 대기의 동·서 순환에서 상승기류지역과 하강기류지역의 이동으로 생기는 것이다. 기온의 변화도 적도뿐 아니라 중위도지역에서도 나타난다.

엘니뇨현상은 농업 및 수산업에도 큰 영향을 끼친다. 1982~1983년 사이 엘니뇨 시기에 인도네시아, 남아프리카, 오스트레일리아 지역에 가뭄이 나타났고, 농산물의 생산량이 예년에 비해 절반으로 감소하였다. 페루연안에서도 수산업의 주 어획물인 '안초비(anchovy)'라는 정어리의 어획량이 현저히 감소하였다. '안초비'는 가축의 사료로 수출되었는데 어획량의 감소로 대체품인 콩의 가격이 급등하고, 우리나라, 일본 등지에서는 두부의 값이 폭등하기도 했다.

엘니뇨현상의 발생은 세계경제에도 영향을 준다. 세계적 규모의 이상기상현상은 농산물의 공급불안을 가져와 가격변동을 심화시킨다. 농산물의 가격변동은 엘니뇨보다 약간 늦은 시기에 일어나지만 같은 주기를 가진다.

4 라니냐(La Nina)

라니냐(La Niňa)현상은 엘리뇨현상과 반대이다. 적도부근 무역풍이 강해지면 해수의 서쪽 흐름이 강화된다. 이로 인해 서쪽의 난수층은 정상 상태보다 두꺼워지고 동쪽의 난수층은 비정상적으로 얇아진다. 따라서 서태평양 지역은 상승기류가 강해지고 많은 비를 내리며 이상적으로 고온다습한 기후를 보인다.

반면 동태평양의 페루서안에서는 연안용승이 활발해져서 해면 수온이 낮아지고, 이로 인해 하강기류가 강해지면서 저온건조한 기후를 형성한다. 또한 심층수는 풍부한 영양염류를 포함하고 있기 때문에 한류에 서식하는 어족이 풍부해진다.

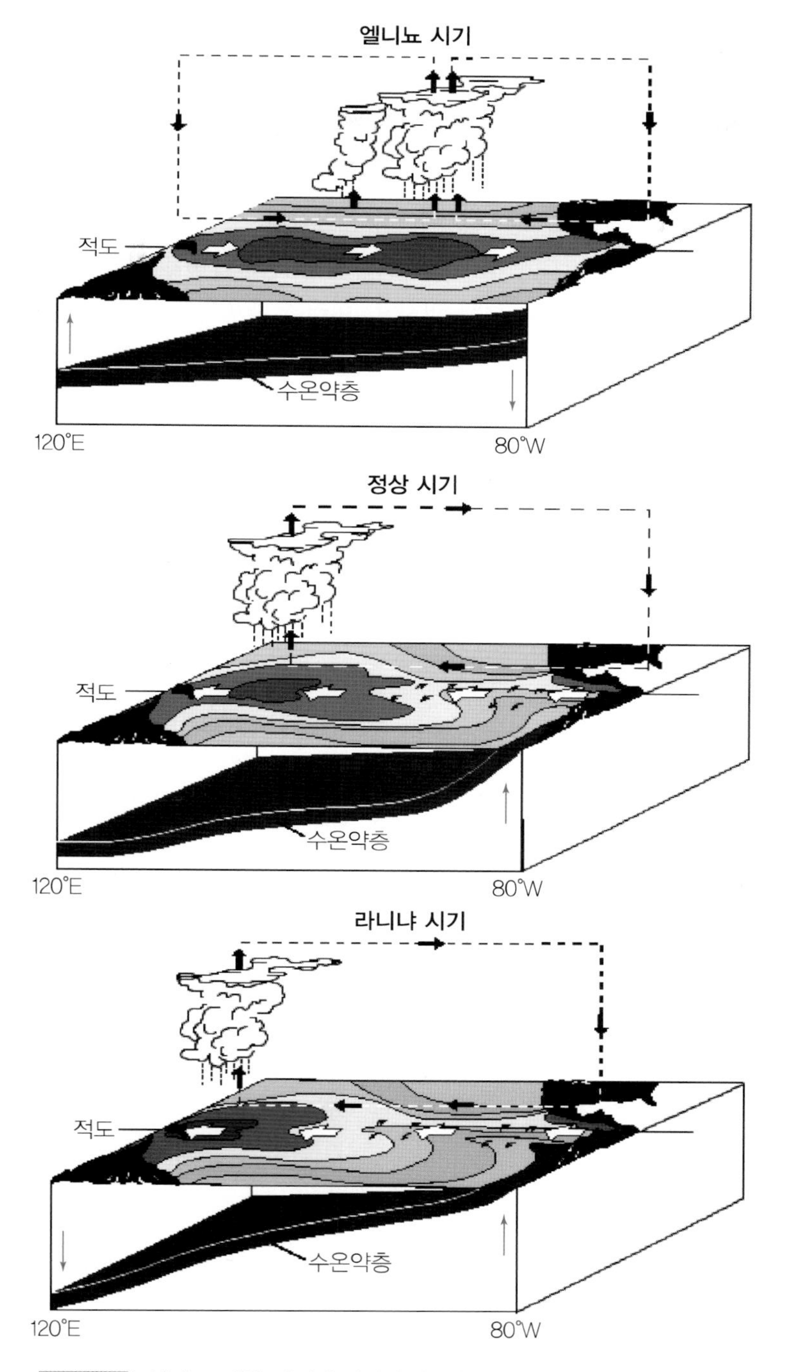

그림 4.27 엘니뇨, 정상, 라니냐 시기의 해류와 대기상태(NOAA, 2005)

❺ ENSO

적도지역에서 서부인 인도네시아 부근과 동부지역 사이에는 기압의 시소현상이 일어난다. 한 쪽의 평년기압이 높으면 다른 쪽 평년기압이 낮아지고 그 반대의 현상 또한 일어난다. 이러한 현상으로 편동풍인 무역풍이 지배적이던 지역에서 서풍이 강해지고 인도네시아 부근으로부터 남아메리카 서안지역인 페루나 에콰도르로 해수가 이동한다. 이동 중인 해수는 태양에너지에 의하여 데워지고 페루 앞바다에 난수가 몰리게 되어 해수면온도가 6℃ 가량 상승하게 된다. 난수는 해안을 따라 북아메리카 지역까지 넓게 퍼지고, 이러한 광범위한 난수지역은 기상에도 영향을 주게 된다. 해수에서 많은 양의 수증기가 공급되고 해수로부터 에너지를 공급받은 대기는 상승하면서 단열압축과정을 거쳐 많은 양의 비가 내리게 된다.

반면에 다른 지역에서는 상대적으로 적은 양의 비가 내려 가뭄을 격게 된다. 이러한 양상을 남방진동(southern oscillation)이라고 하는데, El Niňo와 비슷한 시기에 나타나며 양상도 유사하다. 따라서 엘니뇨(El Niňo)와 남방진동(southern oscillation)을 결합한 용어로 ENSO(El Niňo ~Southern Oscillation)라는 현상으로 나타낸다. 비록 두 현상이 매우 유사하지만 강도면에서는 명확한 차이를 보인다(Ahrens, 1994).

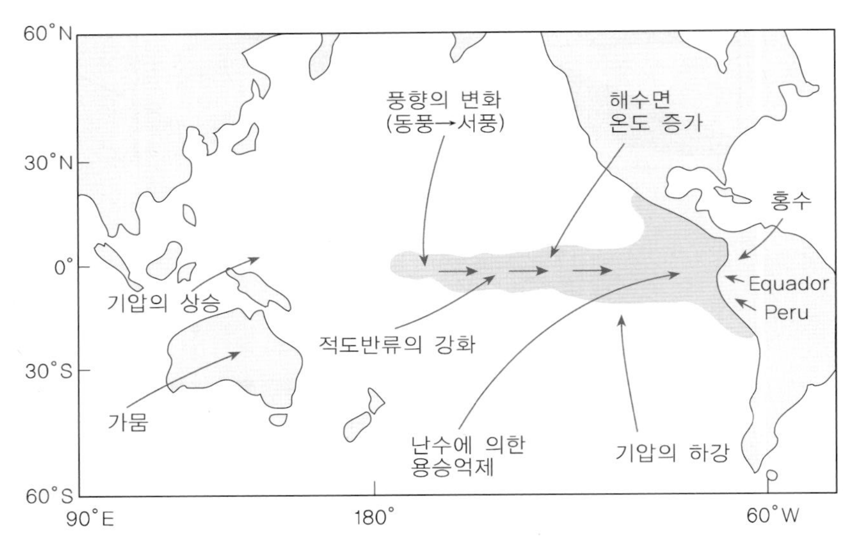

그림 4.28 1982~1983년에 ENSO 현상 발생으로 인한 해류와 대기의 변화양상

5 기후변화

❶ 개 요

기후(climate)란 어떤 지역에서 규칙적으로 되풀이되는 일정기간의 평균기상상황으로, 세계기상기구(World Meteorological Organization, WMO)에서는 30년 동안 매일매일 나타나는 날씨의 평균값을 기준으로 삼고 있다.

기후시스템(system) 속에는 대기권, 수권, 빙권, 생권 및 지권의 각종 역학적, 물리적, 화학적 과정들이 복잡하게 얽혀 있고, 각 과정들 간의 반응속도가 크게 다르기 때문에 외부의 특별한 변화요인이 없어도 기후는 계속적으로 변하고 있다. 그림 4.29에서 보는 바와 같이 지질학적 고기후 연구를 통하여 우리는 과거 수십 만 년 동안 지구에서 여러 차례의 빙하기와 간빙기가 연속되어 왔음을 알고 있다(Imbrie and Imbrie, 1979). 빙하기에는 빙하와 눈이 지구의 많은 부분을 차지하였고, 간빙기에는 열대우림이 지금보다 상당히 광범위하게 고위도까지 존재했었다(MacCracken and Kutzbach, 1991). 이러한 자연적 기후변동은 인위적 요인들에 의해 반응하는 속도가 변화하기도 한다.

따라서 기후변화의 원인은 크게 외적인 요인과 내적인 요인으로 구분할 수 있다. 외적인 요인으로는 태양복사량의 변화, 지구내부의 다양한 원인에 의한 변화, 알베도의 변화, 그리고 해양저의 형상과 염분의 변화 등이다. 내적인 변화로는 대기와 해양 상호작용에 의해 나타나는 반복적 현상으로, 엘니뇨와 라니냐와 같이 해수면 온도변화에 따른 대기 중에서의 이상 기상현상의 반복이 나타난다.

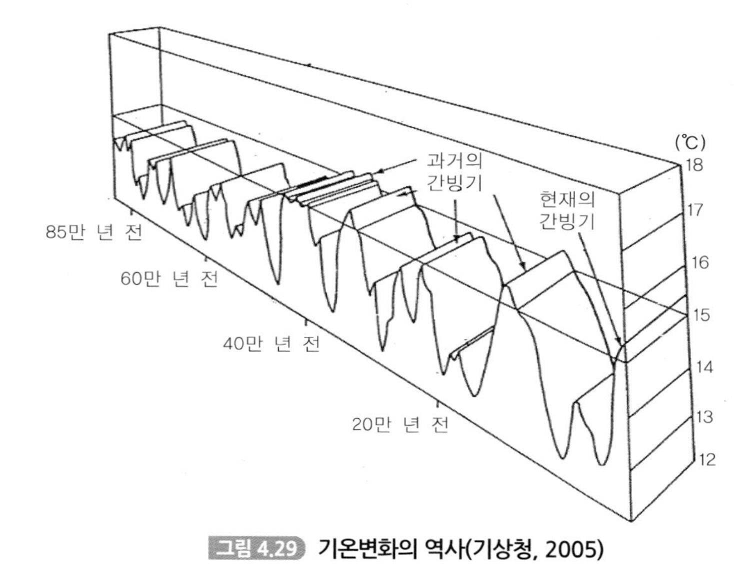

그림 4.29 기온변화의 역사(기상청, 2005)

② 최근 기온상승의 원인

온실기체 증가에 의한 지구온난화가 수천~수만 년의 기간에 걸쳐서 진행되는 변화가 아니며, 그 진행속도가 과거의 대기 중 온실기체 변화보다 상당히 빠르다는 점 등이 최근 들어 지구온난화(溫暖化)가 관심을 끄는 이유이다(Trend, 1991).

지구온난화의 주요원인은 CO_2의 증가이다. 이 기체는 대기의 구성성분 중 0.03%에 불과하지만 다른 어느 기체보다 지구복사에너지를 많이 흡수한다. 이러한 CO_2가 1800년경에 280 ppm이었던 것이 1990년에는 358 ppm을 나타내고 있으며, 이는 이 기간 중 전세계 기온이 0.6℃ 상승한 것과 일치한다. 또한 이러한 CO_2가 현재와 같은 속도로 증가할 때 기온은 2025년에는 현재보다 약 1℃ 상승하고, 금세기 말에는 약 3℃ 상승할 것으로 예상된다(민경덕, 2000).

온실효과(溫室效果)를 유발하여 지표온도를 상승시킬 수 있는 온실기체 중에는 CO_2 이 외에도 CH_4, N_2O, CFCs 등의 대기 미량기체들(atmospheric trace gases)을 꼽을 수 있다. 이들 대기 미량기체들에 의한 지구온난화는 CO_2에 의한 온난화보다 아직은 심각하지 않다. 대기 중 이 기체의 함유량 증가속도를 볼 때, 이 대기 미량기체들에 의한 온난화는 가까운 장래에 CO_2에 의한 온난화를 능가할 것으로 보고되고 있다(Ramanathan et al., 1987).

③ 기후변화의 영향

급격한 기후변화는 우리가 지금까지 경험하지 못한 이상고온 또는 이상다우현상을 유발할 것으로 예상된다. 현재 지구 상의 온대와 한대의 일부를 아열대화 또는 아한대화시키고, 열대의 면적이 넓어질 것이다. 또 남북극의 해빙과 고산지대의 빙설을 녹이고, 해수의 온도를 높일 것이다. 빙하가 녹으면 해수면의 온도가 올라갈 것인데, 이는 금세기 말까지 매년 0.6 cm, 2030년에는 약 20 cm, 21세기 말에는 65 cm가 상승할 것으로 전망된다. 이에 따라 육지면적은 감소하고 생태계의 변화가 나타날 것이며 사막화 현상은 더욱 심각해질 것이다(민경덕, 2000).

Chapter

05

기상관측과 예보

1. 관측설비 및 절차
2. 기상요소 관측
3. 우리나라의 계절별 일기도
4. 수치예보

Earth and Environmental Science

기상현상의 정확한 실체를 파악하기 위한 첫 단계는 기상관측이다. 정확하고 자세한 관측자료가 있어야만 기상의 분석과 예보가 올바르게 된다. 기상관측의 내용과 정확도는 비용, 관측자의 여건, 기술의 난이도 그리고 이용목적에 따라 달라진다. 기상관측은 평온한 날씨에서뿐만 아니라 태풍이나 폭우, 폭설의 경우에도 정확한 관측을 실시해야 한다. 악천후를 대비하여 풍향계, 풍속계, 백엽상 등과 같은 기상관측장비들이 바람에 날리지 않도록 단단히 고정시키고, 우량계의 용량을 고려하는 등 보다 정확한 관측을 위한 기술상의 여러 가지를 준비해야 한다.

1 관측설비 및 절차

❶ 관측설비

각 지역에 분산배치된 각종 기능의 기상관측소나 측후소에서 관측된 기상자료는 목적에 따라서 타 지역의 관측값과 비교되어야 할 필요가 있고, 또 같은 지점에서의 관측값도 오랜 기간에 걸쳐 기록보관되어 과거와 현재의 기상변화양상을 비교검토하는 데 이용되기 때문에 기상관측에 사용되는 방법은 일관성이 있어야 하고 측기들은 기상청에서 검정된 품목이어야 한다.

일반적으로 기상관측시설에 설치되는 필수적인 측기들은 관측용 시계, 측초계(測秒計), 수은기압계, 건습계 또는 통풍건습계, 최고온도계, 최저온도계, 지면 및 지중온도계, 풍향계, 풍속계, 수기(手旗), 우량계, 증발계, 적설판, 각종 자기기계, 일조계 등이다. 이 외에도 필요에 따라서는 특수관측 목적을 위해 일사계, 측풍 경위의, 자동운고측정기, 자동시정기, 자동수화장치(APT), 기상레이더, 지진계 등을 별도 설치하게 된다. 최근에는 기계가 자동적으로 기상요소를 감지하여 기상정보를 기상청으로 전송하는 자동기상관측장비(Automatic Weather System; AWS)가 설치되어 보다 많은 지역에 대한 기상관측을 가능하게 해준다. 육군사관학교에도 그림 5.1처럼 기상청의 자동기상관측장비가 설치, 가동되어 태릉 주변지역의 기상요소를 기상청으로 전송해 주고 있다. 이러한 관측용 측기들은 필요한 정밀도, 예민한 감도, 측정지역의 기상조건에 적합한 측정범위, 결과의 신속성, 견고성, 내구성 등의 요건을 갖추어야 한다.

실제 관측용 측기는 표준측기와 비교하여 차이를 검정한 표가 반드시 있어야 하며, 가능하다면 규격이 같은 측기를 사용해야 한다. 측기의 각 부분이 같은 규격품으로 되어 있으면 수리 또는 조정에 유리한 점이 많다. 관측용 측기들은 관측치가 적용되는 지역의 넓이, 즉 대표범위를 고려하여 설치한다. 측기들의 대표범위는 기상요소의 종류나 지형의 영향에 따라 달라진다. 평지지형이나 고기압지역은 산지지형이나 저기압지역에서보다 대표성이 크다. 일반적으로 기상 관측

그림 5.1 AWS(육군사관학교 충무관 옥상)

소는 인가가 많은 곳이나 산악, 호수 또는 인공장애물의 영향을 받는 곳은 피해야 하며, 평탄하고 바람의 유통이 잘 되며 시야가 넓은 곳에 설치해야 한다.

백엽상이나 우량계 등의 관측기기가 설치될 장소인 노장(露場, observation field)은 주변건물로부터 건물높이의 10배 정도 이격되는 남쪽에 설치하는 것이 좋다. 노장은 그늘이 지지 않고 배수가 좋아야 하며 잔디가 깔린 평탄지에 설치해야 한다. 또한 관측기기들은 서로 관측에 방해가 되지 않고 측정치에 영향을 주지 않도록 설치되어야 한다.

❷ 관측절차

모든 기상현상은 수시로 변화하기 때문에 관측시각과 관측순서에 일정한 약정이 없으면 특정지역의 기후조사는 물론이고 각 지방 또는 국제 간의 기상현상을 서로 비교한다는 것은 별로 의미가 없거나 대단히 불편하다. 따라서 통보관측의 경우 관측횟수와 시각이 다음 표에 나타난 바와 같이 국제적으로 통일되어 있으며, 우리나라의 관측시각은 한국표준시(동경 135°)를 적용한다. 그러나 일조시간과 일사량관측의 경우에는 해당 관측지방의 진태양시를 사용한다.

모든 기상요소는 정해진 시각에 관측하도록 되어 있지만, 각종 측기를 이용하여 필요한 여러 가지 관측치를 정해진 시각에 동시에 획득한다는 것은 실제로 불가능한 일이므로 대개의 경우 일정한 시간폭을 고려하여 측정하게 되며, 이를 해당 정시에 관측한 측정치로 기록한다. 따라서 각 관측소별 측정치를 비교하고 검토할 때에 시간폭의 여유로 인한 시간 차이를 최소한으로 줄

이기 위해서도 일정한 관측순서는 필요하다. 기상청에서는 관측시각 대략 10분 전부터 시작하여 거의 정시에 끝나도록 관측을 실시한다.

관측순서는 시정, 구름, 천공상태(CL, CM, CH), 지면상태, 적설, 지중온도, 강수량 및 증발량, 건습계시도(정각 약 1분 전), 최고 및 최저기온, 자기온도계 및 자기습도계, 수은기압계(정각), 자기기압계, 자기풍향계 및 풍속계이다. 사정에 따라 이들 순서의 일부를 바꾸어 관측하더라도 그 측정치에 문제가 없다면 실정에 맞도록 적절히 조정할 수 있다.

관측결과는 측정과 동시에 기록해야 한다. 관측지에서 측정한 값을 기억해 두었다가 실내에서 기록하는 것은 잘못될 가능성이 높다. 이와 같은 오류를 범하지 않기 위해 소형 노트(야장)를 사용하여 관측치를 기입한 후 다시 눈금을 읽어 점검하는 습관을 갖는 것이 좋다. 또한 상식적으로 기대할 수 없는 값이 관측된 경우에는 다시 한 번 확인하는 것도 오류를 범하지 않는 좋은 방법이다.

표 5.1 통보관측횟수 및 시각

횟 수	시 각	관측시각(한국표준시)							
1일	4회	3시		9시		15시		21시	
1일	8회	3시	6시	9시	12시	15시	18시	21시	24시
1일	24회	매 정시							

2 기상요소 관측

❶ 기압관측

기압이란 대기의 압력을 말하며, 유체 내의 어떤 점의 압력은 모든 방향으로 균일하게 미치지만, 어떤 점의 기압이란 그 점을 중심으로 한 단위면적 위에서 연직으로 취한 공기 기둥 안의 공기의 무게를 말한다.

평지에서 기압의 강도는 1 cm^2당 1 kg의 무게 정도로 우리 몸 전체는 상하좌우로부터 약 20,000 kg의 하중을 받고 있는 셈이지만 상하좌우로 균형이 잡혀 있을 뿐만 아니라 신체구조상 압력은 우리 몸 안팎에 작용하고 있기 때문에 아무 이상 없이 생활할 수 있는 것이다.

기압의 단위는 hPa이며, 소수점 첫째 자리까지 측정한다. 수은주 760 mm의 높이에 해당하는 기압을 표준기압이라 하고, 이것을 1기압(atm)이라고 하여 큰 압력을 측정하는 단위로 사용한다. 단위면적에 대하여 10 N의 힘이 가해졌을 때, 이 압력의 단위를 1 bar라 하고 이것의 1/1,000을 1 mb라고 한다. 우리나라에서는 1941년부터 mb를 사용하였으나 1983년 5월에 개최된 제9회 세계기상기구(World Meteorological Organization; WMO) 총회에서 기압의 단위인 mb(millibar, CGS단위계) 대신 국제단위계(The International System of Units; SI) 중 압력단위인 hPa (hectopascal)을 사용하기로 결정했다. 이 단위는 1984년 7월 1일부터 시행하는 것으로 하였으나, 각 국가의 여건에 따라 사용시기가 일정치 않아 우리나라는 1993년부터 기상청에서 발행되는 모든 간행물 및 문서에 사용하고 있다. 국제단위계(SI)의 압력단위 1파스칼(Pa)은 1 m^2당 1 N의 힘으로 정의되어 있으며, 1 mb = 1헥토파스칼(hPa), 1표준기압(atm) = 760 mmHg = 1,013.25 hPa의 정의식으로 환산된다.

표준대기는 기압이나 기온 등의 고도분포를 실제 대기의 평균상태에 근사하도록 단순한 형태로 표시한 협정상의 기준대기를 말한다. 해면(기준면)의 공기밀도는 0.001225 g/cm^3, 표준기압은 1,013.25 hPa, 중력가속도는 980.665 cm/s^2 이다. 해면 상의 기온은 15℃, 기온감률은 고도 11 km까지는 6.5℃/km, 11～20 km는 0.0℃/km(등온층), 20～32 km는 －1.0 ℃/km이다. 권계면의 기압고도는 권계면의 기온은 －56.5℃, 11 km, 대기조성은 고도 80 km까지 일정하고 공기는 수증기를 포함하지 않는 건조공기이다. 공기에 있어서는 완전기체 상태방정식이 성립되고, 그 기체상수는 2.874×10^6 erg/gK로 한다.

기압과 고도의 관계는 정역학방정식에 의한 것으로 하고, 고도는 지오퍼텐셜 고도를 이용한다. 표준대기에서의 기압, 고도, 기온관계를 나타내면 표 5.2와 같다.

표 5.2 표준대기에서의 고도, 기압, 기온

고도(km)	기압(hPa)	온도(℃)	고도(km)	기압(hPa)	온도(℃)
0	1,013	15.0	30	12.10	−44
1	899	8.5	40	2.91	−25
2	795	2.0	50	7.91×10^{-1}	−4
3	701	−4.5	60	2.25×10^{-1}	−16
4	617	−11.0	80	1.03×10^{-2}	−89
6	472	−24.0	100	2.92×10^{-4}	−16
8	375	−37.0	150	5.08×10^{-6}	740
10	265	−50.0	200	1.36×10^{-6}	955
15	121	−56.5	300	1.59×10^{-7}	1,085
20	55.4	−56.5	400	3.04×10^{-8}	1,165

기압측정에는 토리첼리(Torricelli)의 실험을 응용하여 수은주 높이를 측정하는 수은기압계와 기압의 증감에 따라 스프링 작용과 같이 팽창·수축을 반복하는 금속제 공합(空盒, air−tight box)을 장치한 아네로이드(aneroid)기압계가 사용된다.

수은기둥을 이용한 기압계를 수은기압계라고 하며 Fortin형과 고정수은조형 기압계의 두 종류가 있다. 관측소의 경우 원칙적으로 Fortin형 수은기압계를 사용한다. Fortin형 수은기압계는 프랑스 기계기사 Fortin이 고안한 측기로서, 주요부분은 수은조(水銀槽), 부착온도계, 기압눈금 및 부척(副尺)으로 이루어져 있으며, 기압눈금은 mmHg 또는 mb 단위로 새겨져 있다(그림 5.2). 하부의 수은면 조정나사로 수은조 안의 수은면 높이를 상아침 끝 부분에 일치시킨 다음, 유리관 안의 수은주의 높이를 주척 및 부척눈금을 사용하여 기압을 측정한다. 취급법과 측정법이 까다로우나, 정밀도가 높은 기압측정이 가능하다. 수은기압계에 의한 관측값은 온도와 중력의 영향을 받으므로 이에 대한 보정이 필요(기차보정도 필요)하므로 3가지 보정을 한 값이 관측지점의 현지기압값이며, 현지기압을 해면경정한 것이 '해면기압'이다.

3가지 보정이란 기차보정, 온도보정, 중력보정으로, 기차보정이란 측기제조 시 발생한 오차와 불완전한 진공상태에 대한 오차보정이며, 온도보정이란 수은의 체적팽창계수를 고려하여, 기압계에 부착된 온도계의 0℃ 보정이고, 중력보정은 현지의 중력가속도로 결정되며, 표준중력가속도(980.665 cm/s^2)에 대한 비율만큼 보정하는 것이다. 수은기압계의 오차는 기압계실 내부의 급격한 기압변화, 부착온도계의 불확실성, 진공상태의 불량, 수직성 결여 등에 의해 발생할 수 있다(기상청, 2005).

수은기압계의 진공도 점검요령은, 기압계의 유리관 두부(頭部)는 진공이 잘 유지되어야 하며, 조절나사를 돌려 수은주의 상부가 절창 상면을 약간 가릴 정도로 되게 한다. 그리고 황동관을 2~3회 가볍게 두드린 후, 몸체를 양손으로 꽉 잡고 30° 정도 서서히 기울이면서 수은주가 유리관 두부에 부딪히는 금속음이 들리는가를 확인한다. 이때 소리가 없으면 진공도가 불량한 것이다. 또한 수은주에 기포발생 여부를 확인한다.

기압변화의 특징은 다음과 같다. 고도가 높을수록 그 상공의 공기 무게가 감소하므로 기압은 고도와 함께 감소하여 기압의 반감은 고도가 5 km에 비례한다. 기압은 기온이나 상대습도와 같이 명확한 일변화는 나타내지 않으나, 각 시각의 장기평균값에 의하면, 고저가 하루 두 번 나타난다. 즉, 기압의 극솟값이 나타나는 시각은 04시, 16시경이고 극댓값이 나타나는 시간은 09시, 21시경이다. 평균일교차는 저위도지방일수록 커서 적도부근에서는 3～4 hPa, 중위도지방은 2 hPa, 고위도지방은 0.3～0.4 hPa 정도이다. 기압의 연변화를 보면 육지는 바다에 비해 비열이 작으므로 여름에는 더워지기 쉽고, 겨울에는 냉각되기 쉽다. 이로 인해 겨울에는 대륙의 공기가 냉각되어 위의 공기보다 밀도가 커지므로 대륙에 고기압이 나타나고, 반대로 여름에는 저기압이 나타난다. 따라서 지역적인 차이가 있는데, 해양 상에서 작고, 대륙 내부에서 크게 나타난다.

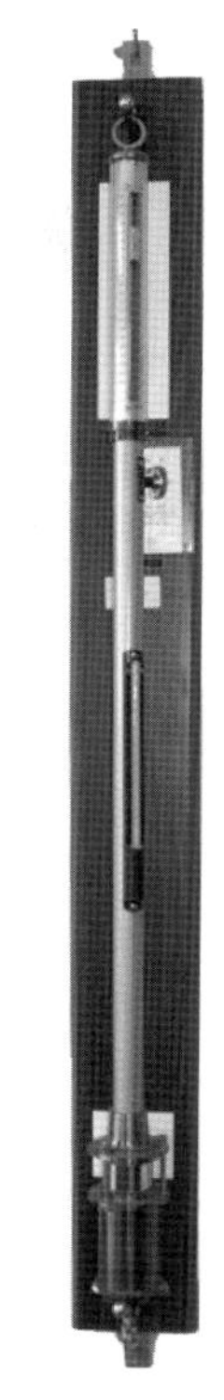

그림 5.2 수은기압계

2 기온관측

강수량과 함께 기온은 인간생활에 직접적인 영향을 미치는 가장 중요한 기상요소 중의 하나이다. 기온은 일반적으로 지면 1.2～1.5 m 정도 높이에서 공기의 온도를 의미하고, 적설이 있을 경우에는 적설면으로부터의 높이이다.

기온측정단위는 통상 섭씨(℃)를 사용하지만 화씨(°F)를 사용하는 곳도 있다. 화씨온도계는 1714년 독일의 물리학자 Fahrenheit가 발명하였다. 화씨눈금(Fahrenheit scale)은 순수한 얼음이 녹는점을 32°F, 물의 끓는점을 212°F로 정하고, 이 두 점 사이를 균일하게 배분한 것이다. 1742년 스웨덴의 천문학자 Celsius가 발명한 섭씨눈금(centigrade scale)은 얼음의 녹는점을 0℃, 물의 끓는점을 100℃로 정하였다. 그러므로 섭씨눈금의 100℃ 간격은 화씨의 180°F의 간격에 대응되며, 다음 관계식에 의해 서로의 측정치를 환산할 수 있다.

$$\text{섭씨온도(℃)} = \frac{5}{9} \times (\text{화씨온도(°F)} - 32) \quad (5.1)$$

$$\text{화씨온도(°F)} = \frac{9}{5} \times \text{섭씨온도(℃)} + 32 \quad (5.2)$$

기온은 높이 및 장소에 따라서 다양하게 나타난다. 일반적인 기상관측에서는 가능한 넓은 지

역을 대표하는 값이 필요하므로 큰 건물 및 언덕, 산, 계곡, 하천 등의 영향을 많이 받지 않는 곳에서 관측이 이루어진다. 실제로 지형의 기복이 많은 지역에서는 관측지점에서 10 km 정도 이격된 장소에서 약 2℃ 가까운 기온차를 나타내기도 한다. 이러한 기온차는 여름보다 겨울에서, 최고기온보다는 최저기온에서 현저하다. 그러나 특수한 이용목적을 가질 경우의 기상관측은 대표성이 적은 지역에서도 이루어진다. 예를 들면, 전방고지에서 장병들의 안전과 활동성을 보장하기 위해서 특정한 고지에 위치한 부대의 기온을 측정하는 경우이다.

일반적인 기온측정에서는 수은온도계가 주로 이용된다. 수은온도계는 한쪽 끝은 막고 다른 쪽 끝은 구상부위로 들어가는 가늘고 균일한 구멍이 뚫린 유리관으로, 일부에는 수은이 채워져 있고 나머지는 진공상태로 되어 있다. 수은과 유리관은 기온의 변화에 따라 팽창과 수축을 반복한다. 그러나 수은의 팽창과 수축속도는 유리보다 훨씬 크기 때문에 유리관에 새겨진 눈금에 나타나는 수은의 상대적 팽창정도로 기온을 나타내게 된다. 하지만, 한대지방에서는 수은의 어는점이 −38℃인 관계로 어는점이 −117℃인 알코올 온도계를 사용한다. 온도계의 값을 읽을 때에 얼굴을 너무 가까이 대면 호흡이나 체온으로 인하여 온도가 변하기 때문에 주의해야 하고, 온도계의 눈금은 세밀한 곳부터 먼저 읽어 가는 습관을 기르도록 해야 한다.

온도계는 사용하는 목적에 따라 최고온도계, 최저온도계, 자기(自記)온도계 등으로 나눌 수 있다. 하루를 통해서 기온의 변화가 계속적으로 일어나므로 매일의 최저온도와 최고기온을 편리하게 측정하기 위해서는 그림 5.3과 같은 구조의 온도계를 사용하고 기온의 변동을 연속적으로 기록하기 위해서는 자기온도계를 사용한다.

최저온도계는 가는 유색유리봉에 지표를 봉입한 알코올온도계로서, 온도가 하강하게 되면 알코올이 수축하면서 지표를 끌어내리게 되어 최저기온을 가리키게 된다. 알코올이 수축할 때에는 알코올주(柱)의 자유단면이 지표에 접착하면 액체의 오목한 면의 표면장력에 의해 알코올과 함께 지표를 끌어내리게 된다. 그러나 온도가 상승할 때에는 지표는 자체무게 때문에 그대로 남고 알코올만 지표를 지나서 자유로이 이동이 가능하다. 최저기온의 관측치는 관측시각에 놓여져 있는 지표의 우측 끝 부분이 가리키는 눈금이 된다[그림 5.3(a)]. 최고온도계와 마찬가지로 최저온도계도 항시 수평상태로 놓여져 있어야 하며, 일단 관측이 끝나면 대개 정오나 오후에 지표를 알코올기둥의 정상과 접촉시켜야 한다. 그러기 위해서는 온도계의 구상부위를 서서히 들어올리면 된다.

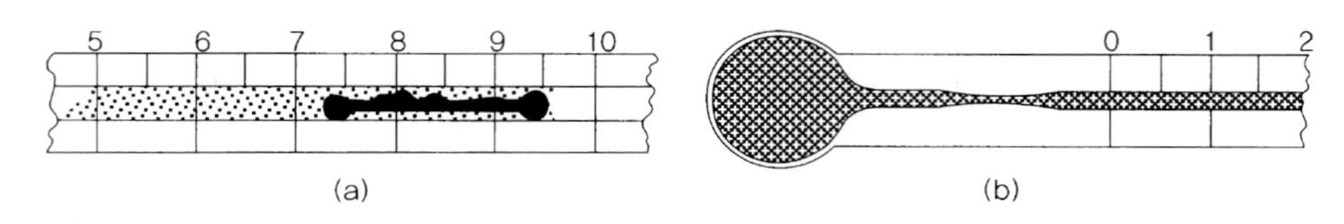

그림 5.3 최저온도계(a) 및 최고온도계(b)

최고온도계는 마치 체온계의 원리와 같은 수은온도계로, 모세관 하단부를 아주 협소하게 하여 수은의 이동에 어느 정도 제약을 가하도록 만들어져 있다[그림 5.3(b)]. 그리하여, 기온이 상승하면 수은이 팽창하면서 협소한 부분을 관통하여 최고기온을 기록할 눈금까지 상승하게 되나, 기온이 하강할 경우에는 이미 상승했던 수은기둥이 협소한 부분을 통과할 수 있을 만큼 아래로 미는 힘이 없기 때문에 수은기둥은 자연히 협소한 부분에서 절단되고 만다. 따라서, 상승부분의 수은기둥 꼭대기가 가리키는 눈금이 그날의 최고기온을 나타내는 것이다. 일단 관측이 끝나면 온도계를 세게 밑으로 흔들어 모세관 내의 수은을 구상부위에 들어 있는 수은과 연결시켜 놓아야 한다.

일반적으로 최고온도계와 최저온도계는 한 쌍으로 해서 사용하는 일이 많다. 측정이 끝난 후 원래의 위치로 돌려진 최고온도계와 최저온도계의 눈금이 기차보정을 한 후 0.5℃ 이상의 차가 있으면 온도계에 이상이 있는지 점검해 보아야 한다.

자기온도계(thermograph)는 기온의 변동을 연속적으로 기록할 수 있도록 만들어진 온도계이다. 가장 기본적인 구조는 기온변화에 따른 수축과 팽창이 아주 예민한 재질의 수감부, 온도 기록지를 감아서 고정시키는 원통시계, 그리고 끝에 펜촉이 부착되어 기록지에 변화의 폭을 확대 기록시키도록 작용하는 지렛대 장치 등으로 구성되어 있다.

자기온도계로부터 얻어지는 측정치는 정확도에 있어서 수은온도계에 미치지 못하나 기온의 연속적인 변화상태를 직접 확인할 수 있다는 면에서 대단히 유용한 측기로 간주된다. 온도기록지를 교환하고자 할 때에는 가능한 한 기온의 변화가 작은 시각을 선택함이 바람직하나 우리나라 기상청에서는 통상 12시에 교환하고 있다.

❸ 습도관측

습도란 대기 중에 포함되어 있는 수증기의 양을 말한다. 차고 건조한 북극지방의 대기에는 수증기가 거의 없고 적도의 무덥고 습한 대기는 부피의 4~5%를 수증기가 차지하고 있다. 대기 중에 포함될 수 있는 수증기의 양은 주로 당시의 대기온도에 따라 좌우되며, 표현방법도 이용목적에 따라 다양하다.

절대습도는 단위부피(보통 1 m^3)에 포함되어 있는 수증기의 절대량(g)을 말한다. 대기 중에 포함되어 있는 수증기만의 압력을 수증기압이라 하고 단위는 hPa을 사용한다. 어떤 특정한 온도에서 공기가 포함할 수 있는 최대의 수증기량을 포화수증기압이라 한다. 상대습도는 어떤 온도에서 포화수증기압에 대한 실제수증기압의 비를 의미한다.

$$\text{상대습도} = \frac{\text{실제수증기압}(e)}{\text{포화수증기압}(E)} \times 100 \tag{5.3}$$

대기의 상대습도는 공기에 포함된 수증기량과 온도의 변화에 따라 달라진다. 수면 위에 존재

하는 공기는 수면으로부터의 증발에 의해 수증기를 공급받기 때문에 상대습도가 점차 증가한다. 그러나 이 과정은 수증기가 증발하여 공기 중으로 확산하는 속도가 느리기 때문에 오랜 시간을 필요로 한다. 비록 수증기가 공기 중에 추가되지 않더라도 온도의 변화에 의해 상대습도는 변화하게 된다. 공기가 포함할 수 있는 수증기의 양은 찬 공기가 따뜻한 공기보다 적기 때문에 공기의 온도가 내려가면 포화되어 상대습도가 100%에 이르게 되고 응결이 형성된다. 이 온도를 노점온도(露店溫度, dew point)라고 한다. 공기의 온도가 계속 하강하면 포화수증기압 이상의 수증기는 계속 물방울이나 빙정으로 응결되고 상대습도는 100%를 유지한다.

습도를 측정하는 측기에는 습도계와 건습계가 있다. 15세기 Cardinal de Cusa는 습한 날씨에는 털이 습기를 흡수하여 무게가 증가한다는 사실을 바탕으로 큰 털뭉치의 무게를 측정함으로써 습도를 결정하였다. 1783년에 de Saussure가 사람의 모발을 이용하여 대기의 습도를 측정하였다. 공기가 건조한 경우에는 탈지한 모발의 세포가 밀착해 있다가 습할 때에는 세포 간에 습기를 흡수하여 머리털이 길어진다는 원리를 이용한 것이다. 사람의 머리털은 상대습도가 0에서 100으로 변할 때 본래 길이에 대해서 약 2.5% 길어진다. 모발습도계는 수십 개의 모발을 다발로 한쪽 끝을 고정시키고 다른 한쪽 끝의 움직임이나, 양쪽 끝을 모두 고정하고 중앙에서 모발의 팽창을 시침으로 나타내도록 한 것이다. 상대습도는 직접 %로 읽을 수 있도록 눈금이 새겨져 있다.

보통 온도계에 백색 탈지된 엷은 거즈를 구상 부위에 구겨짐이 없이 밀착되도록 싸매어 적셔두면 주위 대기의 습도 여하에 따라 습구에서는 계속 증발이 일어나면서 기온보다 낮은 값을 나타낸다. 이것을 습구온도계라 한다. 그러나 이 현상이 계속되어 평형에 도달하면 습구의 포화증기압이 공기의 포화증기압과 같으므로 그 이상의 증발은 일어나지 않는다. 이때 측정한 온도가 습구온도이다. 보통의 온도계와 습구온도계를 평행하게 장치하여 한 조로 제작된 것을 건습구온도계 혹은 건습계라고 한다.

공기가 건조할수록 더 많은 증발이 필요하므로 건구온도와 습구온도의 차이는 크다. 만일 주위의 공기가 이미 포화상태에 있었다면 증발현상은 일어나지 않으며 건구와 습구의 온도는 같게 나타난다. 따라서 이 경우의 포화증기압이 주위공기의 증기압이고, 상대습도는 100%, 나타난 온도는 습구온도이다. 대부분의 건습계는 인공적인 통풍장치를 갖추게 하여 증발현상을 촉진시키도록 하고 있는데, 이와 같은 건습계를 통풍건습계라고 한다. 통풍방식으로는 태엽을 이용하거나 소형 전동기로 바람을 발생시켜 송풍하는 방식 등 여러 가지가 있다.

통풍건습계에 의한 수증기압의 계산은 다음과 같다.

$$e = E_w - AP(T - T_w) \tag{5.4}$$

여기서, e는 수증기압, E_w는 습구온도계에 대응하는 물 또는 얼음표면에 대한 포화수증기압, A는 건습계수(psychrometer coefficient), P는 기압, T는 건구온도, T_w는 습구온도이다. 건습계수는 건습계의 형태, 통풍 속도, 기온 및 습도에 좌우된다.

❹ 강수량관측

대기 중에서 끊임없이 일어나고 있는 증발, 응결, 강수현상 등은 지표에서의 유수와 함께 일련의 연속적인 "물의 순환" 체계를 형성한다. 이와 같은 순환현상 중에서 기상관측의 대상분야는 증발과 강수현상이며, 지표수와 지하수에 관계되는 물의 순환과정은 수문학 분야에서 다루어진다.

기상관측에서의 강수량이란 비, 이슬비 등의 액체성 강수 및 눈, 우박, 싸락눈 등 고체성강수를 다 포함하는데, 고체성강수의 경우는 녹인 후의 물의 양으로 측정된다. 일반적으로 강수량은 mm 단위를 이용해서 나타낸다.

우량의 측정은 아주 쉬운 방법으로서 어떠한 장소에서도 실시할 수 있다. 즉, 일정한 규격의 우량계를 설치하여 그 속에 담겨진 빗물의 깊이를 측정하면 되는 것이다. 우량계는 대개 직접측정용과 기록용의 두 가지 형태로 분류되는데, 직접측정형은 깔때기 모양의 수수기(受水器), 저수관 또는 저수병, 원통형의 저수통 등으로 구성되어 있다(그림 5.4).

우량계의 규격은 각 국가별로 서로 다른데, 예를 들면 미국의 표준형은 원통의 직경이 20.32 cm, 캐나다는 8.89 cm, 그리고 영국에서는 12.7 cm 등이다. 우리나라에서는 수수기의 구경이 20 cm로 둘레는 칼날같이 되어 있고 높이는 20 cm, 그리고 원통형 저수기의 길이는 40 cm 등이다. 강수량의 시간적인 변화상태를 측정하기 위해서는 자기우량계를 설치하게 되는데, 흡수관식 저수형 우량계, 전도형 자기우량계, 무게측정형 우량계 등이 흔히 사용되고 있다.

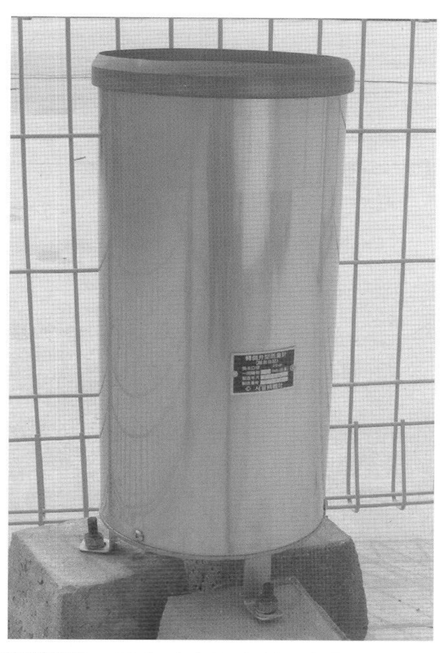

그림 5.4 **직접측정형 우량계(육사 흥무관 옥상)**

산지는 평지보다 바람이 강하고 풍향의 변화도 매우 복잡하기 때문에 낙하하는 빗방울이 수평으로 움직이기도 하고, 사면을 따라 위로 올라가기도 한다. 이러한 산지에서 우량계는 가능한 한 급사면이나 복잡한 요철이 있는 지형으로부터 이격되어 지형의 영향을 최소화해야 한다. 또한 산정보다는 중간부근에 우량계를 설치하는 것이 대표성이 큰 관측치를 얻을 수 있다.

강설량은 주로 원통형 설량계와 접시저울형 구조의 칭형(枰型) 우량계로 측정하는데 눈, 우박, 싸락눈, 진눈깨비 등을 융해시킨 후의 강수량을 강설량으로 간주한다. 이때 주의해야 할 사항은 강설을 융해시키기 위해 직접적인 가열을 적용하게 되면 융해와 함께 증발현상도 발생하기 때문에 일정량의 미지근한 물을 부어 녹인 후 그 양을 측정치에서 제거해야 한다. 측정단위는 우량과 마찬가지로 mm이다.

5 바람관측

지면에 대한 공기의 수평적인 이동을 바람이라고 하며, 관측시각 이전 10분간의 평균치를 바람의 관측치로 이용하게 된다. 따라서 통상적인 바람의 관측이라고 한다면 풍향과 풍속만의 관측을 의미하고, 강력한 돌풍의 경우는 극히 예외적인 관측사항으로 취급된다.

풍향이란 바람이 불어오는 방향을 말하며, 관측시각의 평균적인 풍향이고 순간풍향은 아니다. 풍향의 표시는 16방위로 구분하여 관측하고 영문부호로 기입한다. 정북을 0으로 할 때 동·남·서는 각각 90°, 180°, 270° 등의 각도분포를 보이며, 그림 5.5와 같이 표시한다.

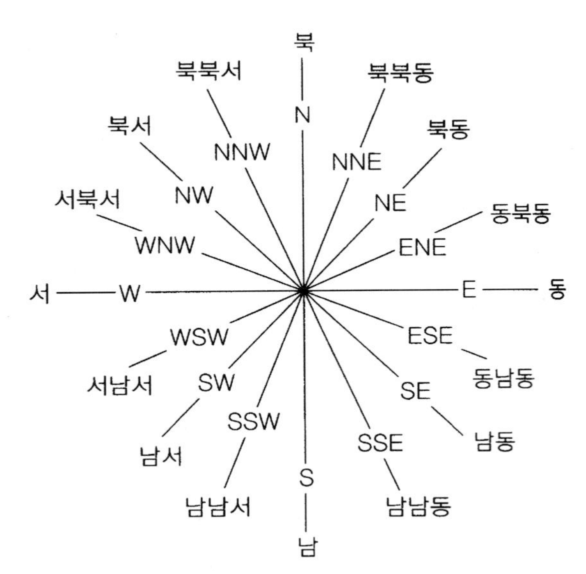

그림 5.5 풍향표시도(기상청, 2001)

풍속은 여러 가지 형태의 풍속계로 측정하며 크기는 보통 m/s의 단위로 나타내지만 mph, 노트(knot), km/hr 단위를 사용하기도 한다. 통상, 풍속이 1 m/s 이하가 되면 바람이 아주 약한 상태이므로 풍향계의 작동이 잘 나타나지 않기 때문에 부근의 공장이나 사무실 또는 가옥 등의 굴뚝에서 나오는 연기나 깃발의 날림을 보고 풍향을 감지할 수 있다. 바람이 약해서 풍향을 확실하게 결정할 수 없는 경우를 정온(靜穩) 또는 무풍(無風, calm)이라 하고, 기록은 보통 한 개의 횡선으로 나타내는 것이 일반적이다.

1804년에 Beaufort가 작성한 Beaufort 풍력계급표는 풍력에 따른 자연현상을 분류·명시한 것으로서, 우리가 일상생활이나 측정기구가 없을 때 유용하게 이용할 수 있다(표 5.3). Beaufort의 풍력계급표는 어디까지나 비교적 넓은 지역에 작용하는 바람의 효과 및 그에 따른 현상을 설명한 것이다.

표 5.3 Beaufort 풍력계급표

풍력계급	지상 10 m에서의 상당 풍속				육상상태	해면상태
	m/s	knot	km/h	mile/h		
0	0~0.2	< 1	< 1	< 1	연기가 수직으로 올라감.	거울면같이 평온하다.
1	0.3 ~1.5	1 ~3	1 ~5	1 ~3	풍향은 연기가 날리는 것으로 알 수 있으나 풍향계는 동작되지 않음.	고기비늘 같은 작은 물결이 일고 거품은 생기지 않는다.
2	1.6 ~3.3	4 ~6	6 ~11	4 ~7	바람이 안면에 감촉됨. 나뭇잎이 흔들리며 풍향계도 제대로 동작됨.	물결이 있는 것을 확실히 볼 수 있으며 물결 끝이 흩어지거나 부서지지 않음.
3	3.4 ~5.4	7 ~10	12 ~19	8 ~12	나뭇잎과 가느다란 가지가 흔들리고 깃발이 가볍게 날린다.	물결 끝이 부서지며 거품이 생기고 여기저기 흰 파도가 많아진다.
4	5.5 ~7.9	11 ~16	20 ~28	13 ~18	먼지가 일고 종잇조각이 날리며 작은 가지가 흔들림.	파도는 그리 높지 않으나 폭이 길어지고 흰 파도가 많아진다.
5	8.0 ~10.7	17 ~21	29 ~38	19 ~24	잎이 무성한 작은 나무 전체가 흔들리고 호수에 물결이 인다.	파도의 폭이 더욱 길어지고 거의 전 해면이 흰 파도로 됨(물방울이 날려오르는 수가 있음).
6	10.8 ~13.8	22 ~27	39 ~49	25 ~31	큰 나뭇가지가 흔들리고 전선이 울리며 우산 쓰기가 곤란함.	큰 파도가 일어나기 시작하고 흰 파도가 전 해면을 덮는다.
7	13.9 ~17.1	28 ~33	50 ~61	32 ~38	나무 전체가 흔들린다. 바람을 안고서 걷기가 어렵다.	파도가 부서져서 된 흰 물거품들이 바람에 날려 물 위에 떠내려가기 시작한다.
8	17.2 ~20.7	34 ~40	62 ~74	39 ~46	작은 나뭇가지가 꺾인다. 바람을 안고서는 걸을 수가 없다.	상당히 높은 파도가 일어나며 파도의 폭은 더욱 길어지고 파도의 끝이 바람에 부서져서 물보라가 흩날리며, 물 위에 거품은 줄을 지어 흘러간다.
9	20.8 ~24.4	41 ~47	75 ~88	47 ~54	가옥에 다소 손해가 있음(굴뚝이 넘어지고 기와가 벗겨짐).	파도는 더욱 높고 물거품은 덩어리가 되어 바람에 불려가고 해면 전체가 흰 빛으로 되며, 파도는 충격적으로 부서진다.

(계속)

풍력 계급	지상 10 m에서의 상당 풍속				육 상 상 태	해 면 상 태
	m/s	knot	km/h	mile/h		
10	24 ~28.4	48 ~55	89 ~102	55 ~63	내륙지방에서는 보기 드문 현상임. 수목이 뿌리째 뽑히고 가옥에 큰 손해가 일어남.	굉장히 크고 높은 파도이며 물거품은 덩어리가 되어 바람에 불려가고, 해면 전체가 흰빛으로 되며 파도는 충격적으로 부서진다.
11	23.5 ~32.6	56 ~63	103 ~117	64 ~72	이런 현상이 생기는 일은 거의 없다. 광범위한 파괴가 생김.	산과 같은 큰 파도로 해면은 완전히 흰 덩어리 거품으로 덮인다. 온 바다에서 물보라가 날린다.
12	32.7~	64~	118~	73~		해상 전체가 물거품과 물보라로 충만하며 흰색으로 변한다. 시정은 심히 악화된다.

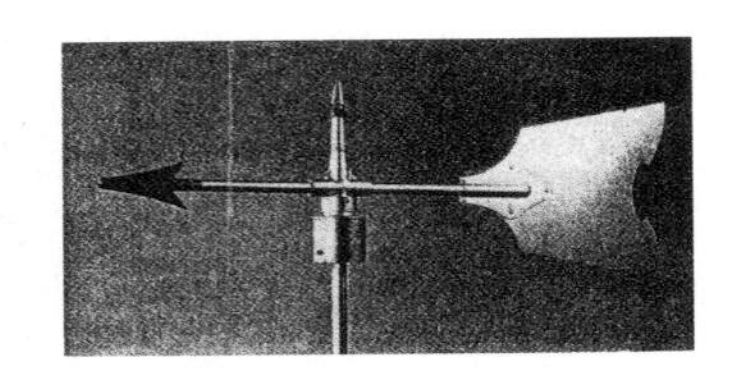

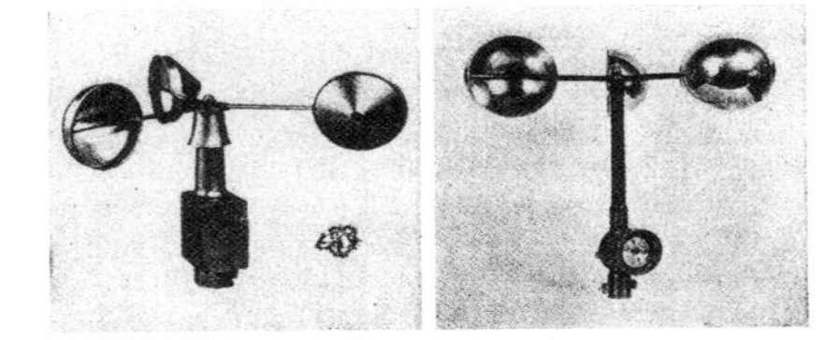

그림 5.6 풍향계

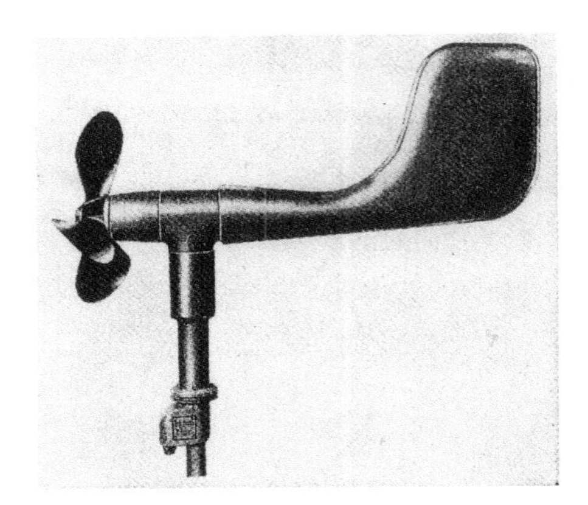

그림 5.7 Friez Aerovane의 수감부

풍향계와 풍속계는 한정된 지점의 국지적 조건에서 바람의 성질을 측정하는 장치이다. 따라서 풍향계와 풍속계는 설치장소 주위의 나무나 빌딩 또는 지표의 마찰 등 지상장애물의 영향을 되도록 감소시킬 수 있도록 장소선택에 신중해야 한다. 대개 지상장애물 높이의 10배 이상 떨어진 평탄한 곳에서 지상으로부터 10 m 높이의 풍향 및 풍속을 관측함이 원칙이나 건물의 옥상이나 지붕 위에도 흔히 설치된다. 풍속은 지면으로부터의 높이에 따라 달라진다. 따라서 관측치를 서로 비교하기 위해서는 수감부의 높이를 기록해 두고 필요시 보정해 주어야 한다.

전형적인 풍향계는 그림 5.6에서 볼 수 있는 바와 같이 바람을 맞이하는 날개모양의 구조물이 붙어 있는데 바람의 방향에 따서 회전이 원활하도록 회전 부분에 베어링 장치가 되어 있고, 화살모양의 첨단부분과 균등한 무게를 유지시킬 목적으로 화살 끝은 납과 같이 무거운 금속으로 만들어져 있다. 통상 날개가 두 개 있는 복엽풍향계를 많이 사용한다.

근래에는 지상풍의 구조 등 각종 정밀관측자료를 더욱 필요로 하기 때문에 평균풍속치의 관측뿐만 아니라, 돌풍 따위의 순간 최대풍속치도 동시에 기록할 수 있도록 풍속계의 기능도 다양하게 개조되거나 새로운 형태로 개발되고 있다. 그림 5.7은 프로펠라식 자기 풍향풍속계의 한 구성품으로서 수감부를 나타낸 것인데, 풍향 및 풍속이 동시에 감지되어 이것에 연결된 자기기록계의 관측치가 자동으로 나타나게 되어 있다.

❻ 기타 기상요소의 관측

1. 증발량

지면과 수면에서의 증발량은 여러 가지 요인에 의해서 달라지게 되는데, 그중에서도 중요한 결정인자는 접촉 공기와 수면과의 온도차이, 대기의 상대습도, 그리고 바람의 세기 등 세 가지이다. 기상관측에서 증발량측정 대상이 되고 있는 주요지역은 수면, 지면, 초지, 산림 등이며, 관측 목적에 따라서 대상범위는 더욱 세분화될 수 있다. 측기는 증발계를 사용하는데, 구경 20 cm, 깊이 10 cm인 소형증발계와 구경 120 cm, 깊이 25 cm의 대형증발계가 있으며 측정단위는 우량과 마찬가지로 mm이다.

2. 일사 및 일조관측

일사량이란 지표면이 받는 태양에너지의 강도를 말하며, 일조시간은 태양빛이중간에 차단되지 않고 지표에 도달하여 지표면을 비춘 시간간격을 뜻한다. 근래의 관측장비는 이 두 가지를 모두 동시에 측정할 수 있도록 되어 있으나 관측소용의 기본측기는 별개로 구분되어 있다.

일사관측에는 은반일사계를 사용하여 태양에 수직인 면이 받는 직접적인 일사량을 측정하는 방법과, 수평면이 태양으로부터 직접 오는 일사와 대기의 산란에 따른 천공복사를 합친 일사를 받을 때 그 양을 측정하는 로비치 자기일사계 또는 에프리 일사계 등의 사용이 보편적이다. 단위는 $cal \cdot cm^{-2} \cdot min^{-1}$로서 1분 동안에 1 cm^2의 단위면적이 받는 열량으로 표시된다. 일조계로서는 놋쇠 또는 황동제 원통형의 조단일조계(Jordan's sunshine recorder)와 유리구를 이용한 캠벨 일조계(Campbell-Stokes sunshine recorder) 등이 흔히 사용된다.

3. 적설량

눈, 싸리눈, 우박 등 고체상의 강수가 지면에 도달하여 쌓인 깊이를 말하는데, 측정단위는 cm이고 측기는 설척과 적설판의 두 가지가 있다. 설척은 cm 눈금이 새겨진 기둥으로서 선택된 지점에 미리 설치하는 것이며, 적설판은 50 cm × 50 cm의 판자 중앙에 cm 눈금의 막대자를 부착한 것으로 평탄한 지역에 놓아 둔다. 그런데 고체상의 강수는 바람 등에 의해서 흩날리기 쉽기 때문에 지면에 고르게 쌓이지 않으므로, 여러 군데 적당한 장소를 선택하여 측기를 설치하여 그 평균치를 기록해야 한다.

4. 구름의 관측

구름관측에서 고려되어야 할 중요한 관측사항은 일곱 가지로 볼 수 있는데, 천공의 운량, 구름의 방향, 구름의 속도, 구름밑바닥의 지상으로부터 높이, 구름정상의 높이, 국제분류법에 의한 운형, 그리고 구름의 성분 등이다.

운량은 전천을 10으로 하여 0에서 10 사이의 정수로 나타내며, 운향은 구름이 진행하여 오는 방향으로서 8방위로 나누어 관측한다. 운속은 느림, 보통, 빠름의 3등급으로 관측하는데, 운향과 운속은 운형별로 각기 별도로 관측해야 하며, 기구를 구름 속에 띄워 동시에 운향·운속을 측정한다(표 5.4).

운저의 높이는 가장 확실한 측정방법이 직접 비행기를 타고 관측하는 것이며, 근래에 자동운고측정기(automatic ceilometer)를 이용하여 지상에서 측정하는 방법을 공항이나 군용비행장에서 사용한다. 구름의 정상은 비행기, radiosonde 등으로 관측되며, 비교적 두터운 하층운의 운저와 정상의 높이는 특정 파장의 전파를 이용하는데 레이더에 의해서 측정할 수 있다.

이 외에도 구름에 관한 전문적인 지식과 풍부한 경험 등이 비교적 정확한 관측결과를 유도해 낼 수 있기 때문에 더 상세한 관측방법이라든가 관측내용 등은 구름에 관계되는 전문적인 연구서를 참고해야 한다.

표 5.4 구름의 분류와 국제부호

기본운형	종(種)	변종(變種)	보충형과 부속운
권운 Cirrus (Ci)	섬유구름(fib) 낚시구름(unc) 농밀운(spi) 탑상운(cas) 수술구름(flo)	엉킨구름(in) 방사운(ra) 늑골은(ve) 이중운(여)	유방운(mam)
권적운 Cirrocumulus (Cc)	층상운(str) 렌즈구름(len) 탑상운(cas) 수술구름(flo)	파상운(un) 벌집구름(la)	미류운(vir) 유방운(mam)
권층운 Cirrostratus(Cs)	섬유구름(fib) 안개구름(neb)	이중운(du) 파상운(un)	
고적운 Altocumulus (Ac)	층상운(str) 렌즈구름(len) 탑상운(cas) 수술구름(flo)	반투명운(tr) 틈새구름(pe) 불투명운(op) 이중운(du) 파상운(un) 방사운(ra) 벌집구름(la)	미류운(vir) 유방운(mam)
고층운 Altostratus (As)		반투명운(tr) 불투명운(op) 이중운(du) 파상운(un) 방사운(ra)	미류운(vir) 강수운(pra) 조각구름(pan) 유방운(mam)
난층운 Nimbostratus (Ns)			강수운(pra) 미류운(vir) 조각구름(pan)

(계속)

기본운형	종(種)	변종(變種)	보충형과 부속운
층적운 Stratocumulus (Sc)	층상운(str) 렌즈구름(len) 탑상운(cas)	반투명운(tr) 틈새구름(pe) 불투명운(op) 이중운(du) 파상운(un) 방사운(ra) 벌집구름(la)	유방운(mam) 미류운(vir) 강수운(pra)
층운 Stratus(St)	안개구름(neb) 단편운(fra)	불투명운(op) 반투명운(tr) 파상운(un)	강수운(pra)
적운 Cumulus (Cu)	편평운(hurn) 중간운(med) 웅대운(con) 단편운(fra)	방사운(ra)	모자구름(pil) 베일구름(vel) 미류운(veir) 강수운(pra) 아치구름(arc) 조각구름(pan) 깔대기구름(tub)
적란운 Cumulonimbus (Cb)	무모운(cal) 다모운(cap)		강수운(pra) 미류운(vir) 조각구름(pan) 쇠모루구름(inc) 유방운(mam) 모자구름(pil) 베일구름(vel) 아치구름(arc) 깔때기구름(tub)

3 우리나라의 계절별 일기도

각지의 관측소에서 매일 측정되고 있는 각종 기상제원들은 용도별로 분류·기록되어 기상통보나 기상예보에 이용되고 있으며, 광범위한 지역의 장기적인 기후 특성구분에도 이와 같은 각종 통계자료가 필요하게 된다. 또한 이들 자료는 비단 기상학자나 기후학자들의 학문적인 연구에만 필요한 것이 아니고 국민의 일상생활 및 산업활동 전반에 걸쳐서도 필요한 것이며, 더구나 기상 및 기후요소가 군사작전에 미치는 영향은 결정적인 관계로, 장차 직업군인으로 성장해야 할 우리들은 더욱 이 분야의 고도한 지식습득과 연구에 정진해야 할 것이다.

① 일기도의 기호

일기도란 어떤 일정한 시각에 각지에서 관측한 기상요소(氣象要素)를 기호(記號)에 의해서 백지도 상(白地圖上)에 기입한 것이다. 기상요소로는 기압, 기온, 온도, 습도, 풍향, 풍력 등이 있으며, 이것에 대한 국제기호(國際記號)가 있다.

각지에서의 관측결과가 유선 또는 무선전신으로 기상청으로 속보되어 오며 외국과도 교환된다. 기상청에서는 이것들의 자료를 큰 백지도에 기입하여 원도를 작성한다. 이 일기도 원도를 근거로 하여 해석이나 종합을 통해 기상상황의 전반적인 대세를 파악하고 과거의 일기도 등을 대조해 가면서 그 추이를 추정하여 일기예보를 하게 된다.

명 칭		기 호	진행방향	색의 사용 구별법
한랭전선			↓	청색 실선
온난전선			↑	적색 실선
정체전선			정 체	적청색을 교대로 한 실선
상공의 한랭전선			↓	청색 파선
상공의 온난전선			↑	적색 파선
폐색전선			↑	자색 실선
전선의 발생	한랭전선		↑	청색으로 ●●●●
	온난전선		↑	적색으로 ●●●●
전선의 해제	한랭전선		↑	청색으로 //////////
	온난전선		↑	적색으로 //////////
열대전선	I.T.C.	/////		적색으로 /////

그림 5.8 일기도 해석기호 중 전선기호의 기본형

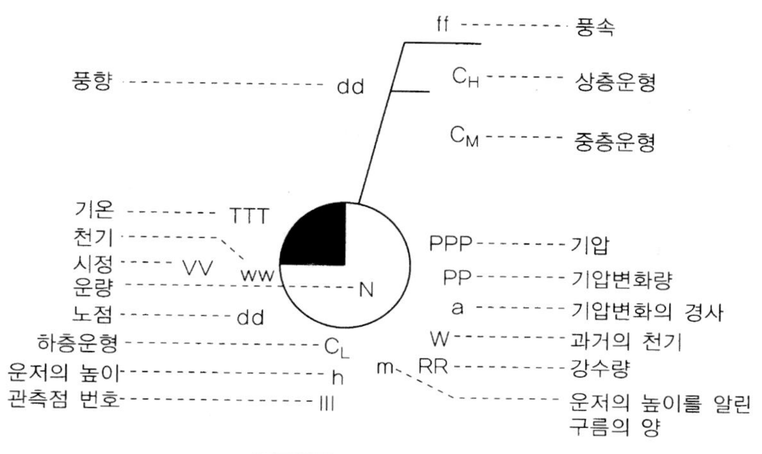

그림 5.9 일기도 기압형식

기상청은 일정한 숫자로 되어 있는 기호를 각 관측소에서 통보받아 일기도에 기입하는 것을 일기기호라 하며, 일기해석 결과를 일기도 위에 표현하는 기호를 일기도 해석기호라고 한다. 이 때에 우선관측된 지점표시를 2 mm의 원으로 나타내고, 그림 5.9와 같이 그 주위에 일기기호나 관측값을 일정한 일기도 기입형식에 의하여 기입한다.

기온(TTT)은 실제기온을 0.1℃ 단위로 소수점 없이 3자리의 정수로 표시한다. 기압(PPP)은 해면기압값을 0.1 hPa 단위로 소수점 없이 기입하고, 불명일 때에는 ×××로 표시한다. 운량(N)은 2 mm의 원에 운량에 비례되는 만큼 칠하여 표시한다. 풍향(dd)은 16방위를 관측 지점을 나타내는 원을 향해 직선을 그려 표시한다. 풍속(ff)은 숫자부호를 2.5 m/s 단위로 환산하여, 깃털의 1/2인 짧은 깃털은 2.5 m/s, 긴 깃털(0.3~0.5 cm)은 5 m/s, 그리고 긴 삼각형 모양의 깃털은 25 m/s로 표시된다.

② 계절별 일기도

1. 겨울철의 전형적인 기압배치

우리나라의 겨울은 시베리아지역에 한랭한 고기압이 발달하면서 시작된다고 볼 수 있는데, 이 때에는 알류샨열도 부근에 규모가 큰 저기압이 자리잡게 되어 강한 북서계절풍의 영향을 받아 한랭건조의 기후현상을 나타낸다. 이와 같은 서고동저형의 기압배치는 다른 계절의 경우와 달리 비교적 지속성이 강하여 겨울철 전반에 걸쳐서 나타나는 전형적인 기압배치이며, 이러한 현상이 유지되면 우리나라의 날씨는 대체로 맑고 한랭한 겨울일기가 된다(그림 5.10).

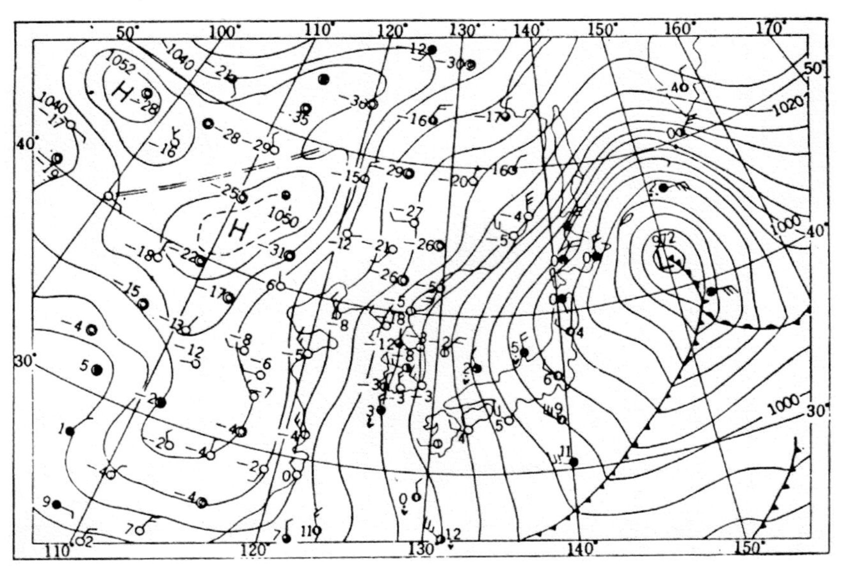

그림 5.10 겨울철의 전형적인 서고동저형 기압배치도

2. 봄 · 가을의 이동성고기압형 기압배치

봄이 되면 시베리아고기압의 세력이 약화되면서 여기서부터 분리된 이동성고기압이 우리나라를 지나게 된다. 그런데, 이들 이동성고기압 후면에서는 저기압이 뒤따라 이동해 오기 때문에 우리나라 전역에 일기의 변화가 3일 내지 4일을 주기로 하여 일어나게 된다(그림 5.11). 또한 가을에 자주 나타나는 기압배치형도 봄철의 이동성고기압형과 비슷하나 단지 이동경로가 약간

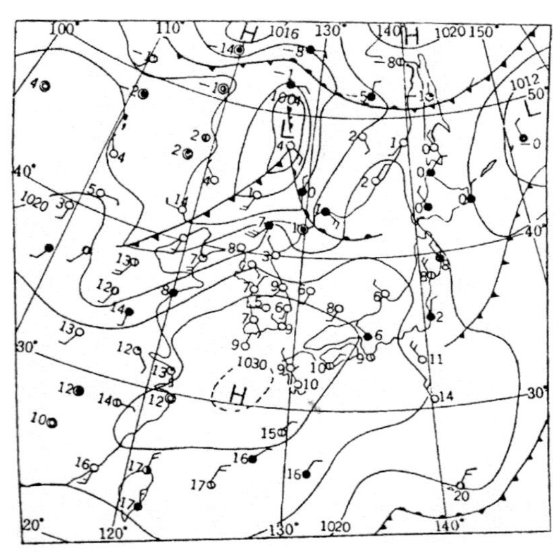

그림 5.11 봄철의 이동성고기압형 기압배치도

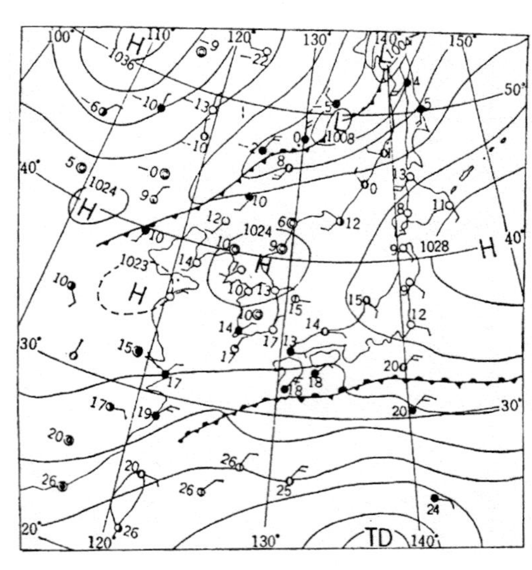

그림 5.12 가을철의 이동성고기압형 기압배치도

북쪽에 치우친다는 것만 다를 뿐이다. 이와 같은 이동성고기압이 연쇄적으로 통과할 때는 동서방향의 고기압대가 형성되어 비교적 장기간에 걸쳐 맑은 가을날씨를 형성하게 된다(그림 5.12).

3. 여름의 기압배치

봄철이 지나면서 시베리아대륙의 한랭건조한 고기압세력이 급격히 약화됨과 동시에 북태평양고기압의 세력이 확장되어 우리나라는 무덥고 습윤한 여름을 맞게 된다. 그런데 우리나라의 여름은 6월 초순부터 7월 하순까지의 장마기와 이것이 끝난 후에 시작되는 본격적인 무더위의 여름으로 크게 나누어진다. 장마철에 접어들게 되면 우리나라를 동서로 가로지르는 장마전선이 비교적 오랫동안 정체하면서 흐린 날씨와 장맛비를 내리게 한다. 이 장마전선은 두 기단의 세력이 비슷한 관계로 정체성을 나타내는 것이며, 약간의 변화가 일어난다 해도 우리나라를 벗어날 정도로 북상하거나 남하하지 않기 때문에 지루한 장마철이 오래 계속되는 것이다(그림 5.13).

이와 같은 장마전선이 북태평양고기압 세력의 확장에 따라 북상하게 되면 그림 5.14와 같은 남고북저형의 기압배치가 나타나게 된다. 이것은 우리나라의 한여름일기를 지배하는 대표적인 기압배치 형태로서 북태평양 고기압이 비교적 안정된 고기압이기 때문에 맑은 날씨가 매일 계속되는 것이다.

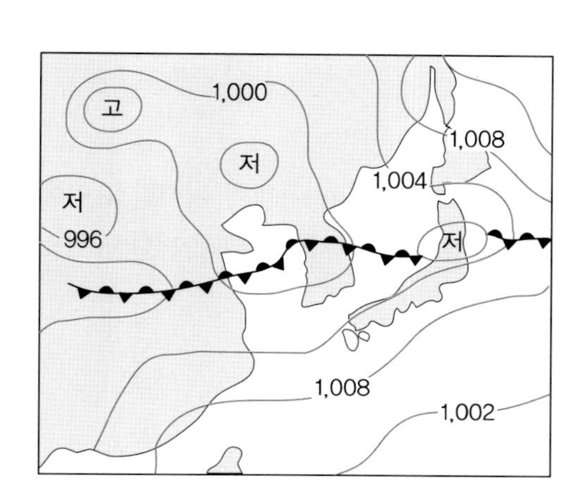

그림 5.13 장마기의 장마전선(기상청, 2001)

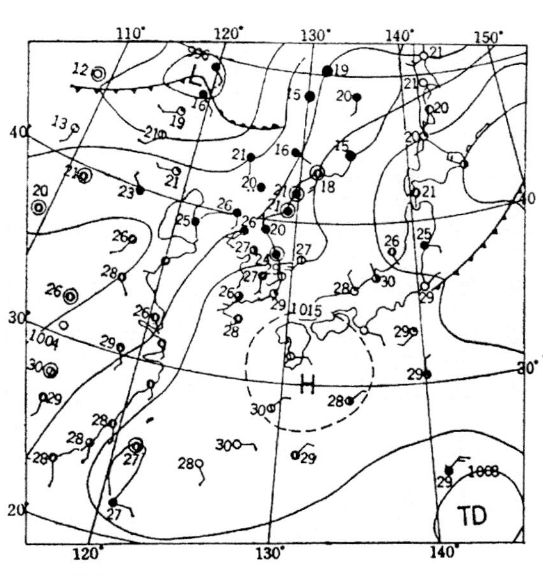

그림 5.14 한여름의 남고북저형 기압배치도

4 수치예보

1 개 요

수치예보(numerical weather prediction)란 대기운동을 지배하는 기상학적 방정식의 수치해(數値解)에 의하여 기상 매개변수를 예측하는 것이다. 즉 바람, 기온, 강수 등과 같은 기상요소의 시간변화를 나타내는 물리방정식을 컴퓨터로 풀어 미래의 대기상태를 예상하는 과학적인 방법이다.

수치예보에 대한 이론을 처음으로 생각해낸 사람은 노르웨이의 비야크네스(Bjerknes, 1904)로 그는 매일의 일기를 과학적 법칙에 의해 예측할 수 있다고 생각하였으나 기상자료를 분석하는 수학적 기술이 없어 실패하였다. 영국의 수학자 리처드슨(Richardson)은 1922년 처음으로 유한차(有限差) 방법을 사용 이 문제에 대한 해결방안을 제시하였으며, 실제로 일기예보를 시도하였으나 실패하였다. 당시의 관측장비 및 계산장비에 비하여 그의 모델은 너무 복잡하였기 때문이다. 후에 그가 제시한 방법들은 1946년 최초의 컴퓨터 에니악(ENIAC)을 만든 노이만(Neumann)에 의해 적용되어 1950년에는 실제 초기조건에 의한 최초의 예보가 성공하였다. 그 후 1950년에서 1960년까지 다(多)매개변수, 다층모델에 대한 많은 연구가 이루어졌으며, 1960년쯤부터는 원시방정식 모델이 광범위하게 연구되었다.

2 원 리

수치예보의 원리는 대기의 운동, 온도, 습도 등을 주관하는 방정식을 이용하여 어떠한 요인에 의해 결정되는 매개변수들의 시간 변화를 예측하는 것이다. 수치예보의 이해를 위해 간단한 형태의 식으로 살펴보면 다음과 같다.

$$\frac{dA}{dt} = X \tag{5.5}$$

여기서, A는 기압, 온도, 강수 등의 기상상태를 표현하는 변수이고, X는 A의 증감을 결정짓는 모든 요인들의 합이다. 예를 들어, A를 강수라고 할 때 강수가 발생하거나 증가하려면 구름이 있거나 대기 중에 수증기가 공급되어야 하는 요인들이 필요한데, 식 (5.5)의 우변 항은 이러한 모든 요인을 포함한 상징적인 표현이다(권혁조, 2000). 위와 같은 대기운동을 기술하는 방정식들은 운동방정식, 열역학방정식, 연속방정식, 기체법칙 등 매우 다양하다.

③ 과 정

간략화된 수치예보의 과정은 기상자료수신 → 자료동화 → 예보 모델에 의한 계산 → 후처리 과정 → 전송의 순으로 행해지는 것이 보통이다.

기상자료는 70여 개의 유인관측소와 430여 개의 자동기상관측장비(Automatic Weather System; AWS) 및 세계기상기구(World Meteorological Organization; WMO)의 세계기상감시계획(World Weather Watch; WWW)의 일환으로 5개의 정지기상위성과 수 개의 극궤도 기상위성으로 구성된 세계기상위성관측망을 통해 얻는다.

수치모델에 쓰이는 자료는 무작위로 입수된 전 세계의 관측자료를 종류별로 정리하여 자료해독작업을 거치게 된다. 또한 각종 계기, 사람 및 전송 오류 등을 검사하여 수치모델에서 사용할 수 있도록 격자점의 값으로 변환시킨다. 이러한 초기화(initialization) 과정을 거친 자료를 6시간 전의 예보치와 섞는 과정을 자료동화(data assimilation)라고 한다(권혁조, 2000).

수치예보모델은 예보영역에 따라 전구모델(global model)과 지역모델(regional model)의 두 가지로 나뉜다. 전구모델은 전 지구를 예보대상으로 하며, 지역모델은 특정지역만을 대상으로 한다. 즉 전구모델에 비해 지역모델이 훨씬 더 해상도가 높다. 예를 들어, 기상청의 전구모델 GDAPS(Global Data Assimilation and Prediction System)의 해상도는 현재 110 km이고, 지역모델인 RDAPS(Regional Data Assimilation and Prediction System)의 해상도는 30 km이다.

후처리과정이란 수치모델을 통해 나온 값을 사용자가 보기 편리하도록 변환시키고, 변환된 자료 중 6시간 예보자료를 다음 시간의 자료동화를 위해 따로 보관하는 작업을 말한다.

이러한 후처리과정 이후 수치예보는 TV, 신문 등의 매체를 이용하여 사용자에게 전달된다.

④ 우리나라의 수치예보

수치예보를 개발하기 위한 움직임은 1980년대 초에 시작되었으며, 1987년 아일랜드의 수치예보모델을 우리 실정에 맞게 변환하는 데 성공한 것을 계기로 수치예보 개발에 박차를 가하게 되었다. 1988년 8월 Cyber 932라는 중형 컴퓨터 도입으로 기반을 구축한 후 많은 시험과 연구를 거쳐 1989년 7월부터는 아시아모델, 1989년 12월부터는 극동아시아모델 및 파랑모델을 시스템공학연구소의 슈퍼컴퓨터와 연결하여 사용함으로써 수치모델을 운영하게 되었다.

중앙기상대가 기상청으로 확대개편됨과 동시에 1990년 12월부터 수치예보업무를 전담하는 수치예보과가 발족함으로써 우리나라도 본격적인 수치예보시대에 돌입하게 되었다.

1995년도부터 기상예보용 컴퓨터(대형: VPX 220/10)를 도입하여 지역예보모델, 전지구예보모델 등 각종 수치예보모델을 기상예보용 컴퓨터에서 운영하기 시작하였다. 또한 1999년도에는

기상용 슈퍼컴퓨터(SX－5)를 설치하여 전지구모델의 예측기간을 5∼30일까지 확장하였으며, 추가로 전지구파고 모델과 고분해능(5 km 해상도)모델을 운영 중이다. 슈퍼컴퓨터의 도입으로 예보통보시간이 종전보다 30분 가량 단축되었고, 예측능력 향상을 위한 각종 수치연구가 가능해져 집중호우나 엘리뇨 등의 예측기술에 대한 개발이 촉진되었다(기상청, 2005).

Chapter

06

악천후기상

1. 산악기상
2. 악천후기상과 군사작전

1 산악기상

❶ 산지대기의 구분

산지에서의 기상은 평지에서의 기상과는 매우 다르다. 산지에서는 평지보다 온도가 낮고 바람이 강하며 기상의 변화도 심하다. 이러한 차이는 산지에서 대기상태와 평지에서 대기상태가 다르기 때문이다. 대개의 경우 대기상태의 차이는 지표면의 기복이 다르기 때문에 나타나는 현상이다. 따라서 산지에서의 기상변화를 이해하기 위해서는 산지의 지형에 따른 대기를 이해해야 한다.

산지에서의 대기는 산지표면의 상태와 그로부터의 거리에 따라 자유대기와 산악대기로 구분할 수 있다(그림 6.1). 자유대기란 대기의 상태가 산지표면의 영향을 받지 않는 고공의 대기를 말한다. 반면 산악대기란 대기의 상태가 산지표면의 영향을 받아서 일반적인 자유대기와는 달리 특이한 상태를 나타내는 대기를 말한다. 산악대기란 지표대기의 일부분이며, 이곳에서의 기상은 자유대기의 기상이나 평지의 기상과는 현저히 다른 상태로 나타날 수 있다.

산악대기는 산지표면의 상태에 따라 사면대기(slope atmosphere)와 계곡대기(valley atmosphere)로 구분할 수 있다. 계곡대기란 계곡과 같은 특수한 지형에서의 대기이며, 사면대기란 계곡대기가 아닌 단조로운 형태의 경사면에서의 대기를 말한다. 예를 들면 사면대기에서는 대기의 흐름이 자유대기에서의 대기의 흐름과 같은 방향인 경우가 많지만 계곡대기에서는 대기의 흐름이 국지적으로 반대가 되는 경우도 있다. 또한 계곡이나 분지와 같은 지형에서는 대기의 흐름이 원활하지 못하여 기온이 지표면의 영향을 상대적으로 많이 받아서 기온변화가 클 수도 있다. 또한 계곡의 양 방향 사면에서의 태양복사량에 차이가 나서 사면에 따라 식생이나 기온에서 차이를 나타내는 경우가 많다. 이러한 경우는 특히 남향사면과 북향사면에서 현저하게 나타난다. 이와 같이 계곡에서는 산지의 일반적인 패턴과는 또 다른 패턴을 나타내기 때문에 별도로 구분하게 된다.

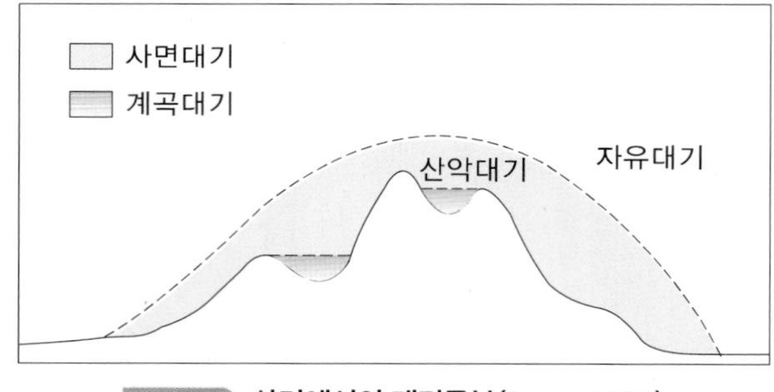

그림 6.1 산지에서의 대기구분(Barry, 1981)

② 산악기상요소

산악기상은 평지에서의 기상과 많은 차이가 난다. 이러한 차이는 산지의 고도, 산지표면의 지형, 산지 지형과 주변 지형과의 관계에 의해서 달라질 수 있다. 따라서 산악기상을 이해하기 위해서는 이러한 요소를 먼저 이해해야 한다. 여기서는 산악기상에서의 온도, 바람 및 강수량을 중심으로 살펴본다. 산지에서는 이들 요소가 각각 별개로 영향을 미치기보다는 서로 연관되어서 복합적으로 영향을 미치기 때문에 그 영향을 정확하게 평가하기가 쉽지 않다. 예를 들면 바람이 불면 체감온도는 급속히 떨어지지만, 특정 지형에서의 Föhn 현상은 오히려 산지 하부의 온도를 높이는 결과를 가져오기도 한다.

1. 온 도

Chapter 06

산지에서의 온도변화는 크게 네 가지로 나누어 볼 수 있다. 첫째는 일반적으로 나타나는 고도에 따른 기온의 하강이며, 둘째는 고도가 증가함에 따라 오히려 기온이 상승하는 기온역전이고, 셋째는 사면의 방향에 따른 태양복사량의 차이로 인한 온도분포의 차이이며, 넷째는 Föhn 현상과 같이 지형이 바람 및 강수현상과 결부되어 온도를 높이는 현상이다.

첫째, 산지의 고도증가에 따른 기온하강의 관계이다. 대류권에서는 일반적으로 고도가 증가할수록 기온은 낮아지게 되며 따라서 산지에서도 고도가 증가함에 따라 기온은 낮아진다. 고도에 따라 기온이 낮아지는 정도를 기온감률이라 하며 일반적으로 다음과 같은 식으로 나타낼 수 있다.

$$\frac{\Delta T}{\Delta H} = 6.5\,℃/\mathrm{km} \tag{6.1}$$

여기서 ΔT는 기온(T) 차이, ΔH는 고도(H) 차이이다. 그러나 위의 기온감률은 기단이 안정되어 있고 날씨가 맑은 상태에서 나타나는 평균적인 기온하강의 비율이다. 기온의 하강정도는 기단의 종류, 기상상태 등에 따라 달라진다.

고도가 증가함에 따라 기온이 낮아지기 때문에 높은 고도의 산지에서 작전을 하는 경우 이에 대한 대비를 해야 한다. 특히 고도이동폭이 클 경우에는 급격한 온도변화로 인하여 신체적인 부적응과 피로를 수반하게 되며, 에너지소모도 크다. 또한 높은 고도의 산지에서는 겨울이 일찍 오고 길며, 여름은 상대적으로 짧고 빨리 끝나게 되므로 이에 대한 대비가 필요하게 된다.

둘째, 고도의 증가에 따라 기온이 오히려 상승하는 기온역전 현상이다. 기온 역전은 지표면의 급속한 복사냉각에 의해 지표면 대기의 온도가 그 상층부보다 빨리 낮아지는 경우에 생긴다. 기온역전은 복사냉각이 심한 겨울철 중 바람이 없고 맑은 날 밤에 잘 나타난다. 전남 남해안지방에서 재배하는 차나무의 경우 재배가능한 북한계선(北限界線)에 가깝기 때문에 기온변화에 대단히 민감한데, 겨울이 지나면 산 중턱의 차나무보다는 오히려 계곡 아래의 차나무가 동사하는 경우가

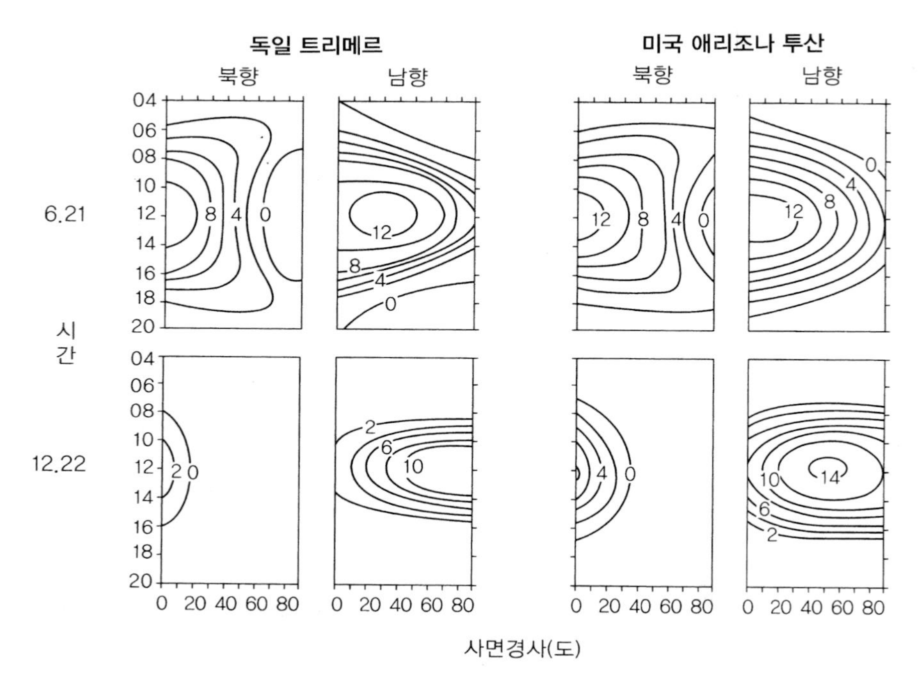

그림 6.2 산지에서 태양복사량의 변화(Barry, 1981)

많이 나타났으며, 그 원인을 조사한 결과 바로 기온역전 현상 때문임이 밝혀졌다. 기온역전이 예상되는 날씨에서 야간숙영지는 계곡의 하부보다는 오히려 산의 중턱이 더 적합할 것이다.

셋째, 사면의 방향에 따라서 태양의 복사량이 달라짐에 따라 나타나는 온도변화이다. 그림 6.2는 위도 50°N에 있는 독일의 트리에르(Trier) 지방과 위도 32°N에 있는 미국 Arizona 주의 투산(Tucson)지방에서, 서로 다른 경사면의 북향사면과 남향사면에 대해서 여름과 겨울철 일일 시간대별로 태양복사량을 측정한 것이다. 태양복사량은 태양의 입사각이 0도일 때 가장 크기 때문에 위도, 사면방향, 사면경사, 시각, 계절에 따라 달라지게 된다. 일반적으로 태양이 남중하는 낮 12시에 태양복사량이 가장 많으며, 북반구이기 때문에 12월보다는 6월에 복사량이 많다.

그러나 사면의 방향과 사면경사에 따라서도 차이가 나타나는데, 남향사면인 경우 여름에는 사면경사가 완만할 때 더 많은 복사량을 받는 반면, 겨울에는 사면경사가 급하여 태양광선의 입사각이 90°에 가까운 경사면일수록 더 많은 복사량을 받는 것으로 측정되었다. 반면 북향사면인 경우에는 겨울에는 거의 태양복사를 받지 못하지만 여름과 겨울 모두 경사가 완만할수록 태양복사량을 많이 받는 것으로 측정되었다. 이와 같은 측정결과로 보아 고위도인 우리나라에서도 겨울의 산지에서 태양복사량이 가장 큰 곳은 급경사의 남향사면이다.

하계와 동계일 때의 사면방향에 따른 태양복사량의 변화를 그림 6.3에 나타내었다. 입사되는 태양복사량과 단위면적당 태양복사량을 식으로 나타내면 다음과 같다.

$$\text{입사되는 태양복사량} = A \times S \qquad (6.2)$$

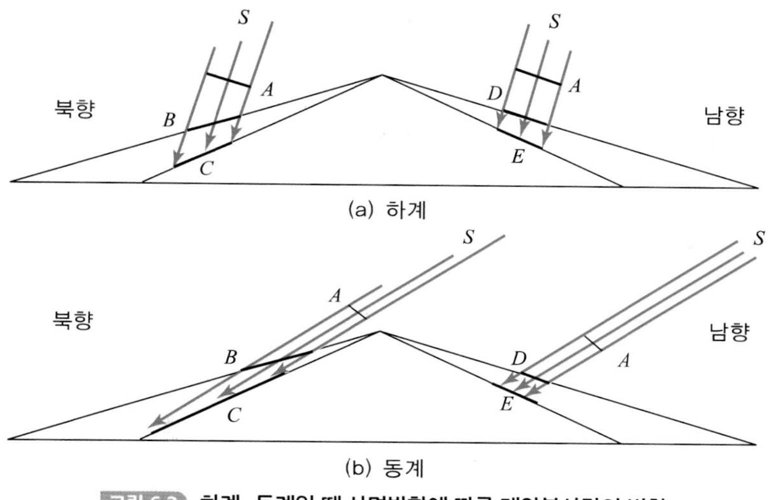

그림 6.3 하계·동계일 때 사면방향에 따른 태양복사량의 변화

$$\text{단위면적당 도달하는 태양복사량} = \frac{A \times S}{B(C, D, E)} \tag{6.3}$$

여기서 S는 태양상수, A는 태양복사에 수직인 일정 지역의 면적이며 B, C, D, E는 각각 경사면의 면적이다.

하지일 때는 태양의 적위가 23.5°이므로 우리나라 북위 37.5° 지역의 태양의 남중고도는 76°로 가장 높게 나타난다(태양고도 = 90° − 위도 + 적위). 이때 남향사면에서는 경사각이 14°일 때 태양복사량을 최대로 받으며 경사각이 14° 미만이면 산사면경사가 급할수록 태양복사량이 증가하고, 14°를 초과하면 $E > D$, $\frac{A \times S}{D} > \frac{A \times S}{E}$이므로 완만한 사면($D$)에 대한 태양복사량이 크게 나타난다.

북향사면에서는 경사각이 76° 미만일 때 $C > B$, $\frac{A \times S}{B} > \frac{A \times S}{C}$이므로 완만한 사면($B$)에 대한 태양복사량이 크게 나타나고, 경사가 76°를 초과하면 태양복사량은 0이 된다.

동지일 때는 태양의 적위가 −23.5°이며 태양의 남중고도는 29°로 가장 낮게 나타난다. 이때 남향사면에서는 경사각이 61°일 때 태양복사량을 최대로 받으며 경사가 61° 미만이면 산사면경사가 급할수록 태양복사량이 증가하고, 61°를 초과하면 $E > D$, $\frac{A \times S}{D} > \frac{A \times S}{E}$ 이므로 완만한 사면(D)에 대한 태양복사량이 크게 나타난다. 북향사면에서는 경사각이 29° 미만일 때 $C > B$, $\frac{A \times S}{B} > \frac{A \times S}{C}$ 이므로 완만한 사면(B)에 대한 태양복사량이 크게 나타나고 경사각이 29°를 초과하면 태양복사량은 0이 된다.

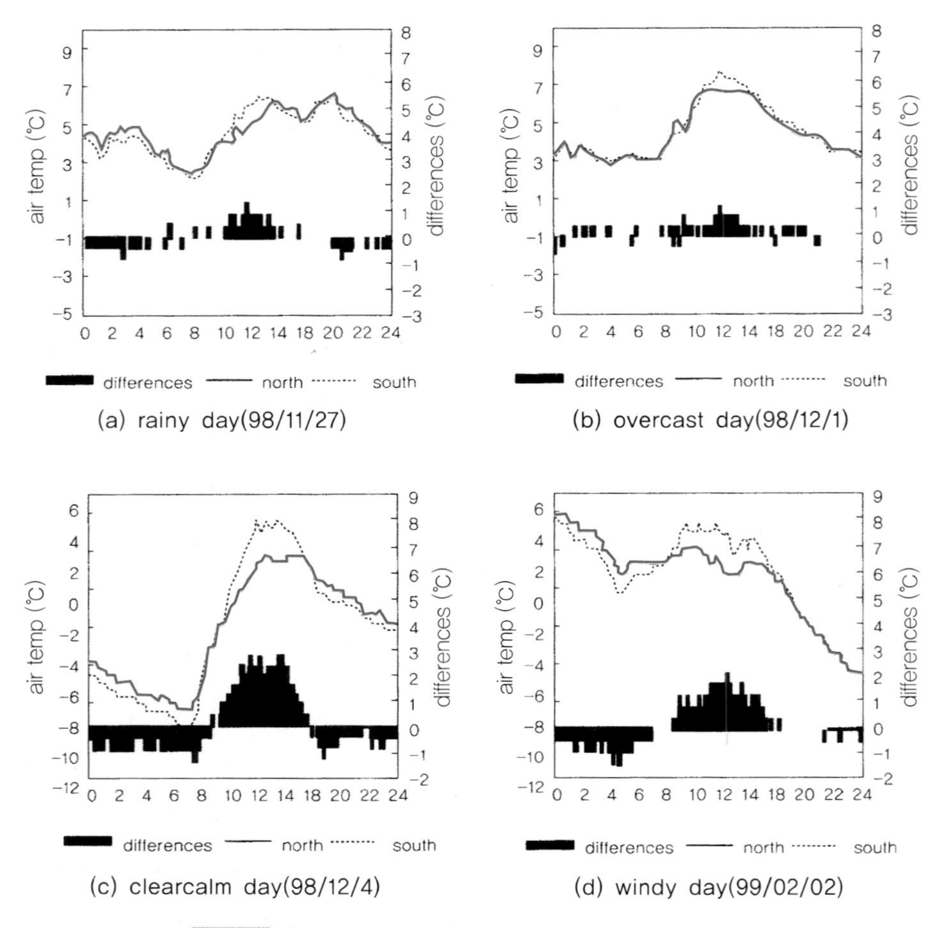

(a) rainy day(98/11/27)
(b) overcast day(98/12/1)
(c) clearcalm day(98/12/4)
(d) windy day(99/02/02)

그림 6.4 남·북향사면에서 기온일변화의 차이(송호열, 2000)

그림 6.4는 경기도 남양주지방에서 겨울철 북향사면과 남향사면의 기온차이를 보여주고 있다(송호열, 2000). 비온 날과 흐린 날은 일사량이 적어서 사면방향에 따른 차이가 크게 나타나지 않고 있다. 반면 맑은 날 태양복사량이 많은 10시부터 16시 사이에는 남향사면이 북향사면에 비해 기온이 최대 3℃ 가량 높게 관측된다. 주간에는 남향사면이 더 많은 일사량을 받기 때문에 기온이 더 빨리 상승하고, 최고기온에 도달한 이후에는 사면활승풍(滑昇風, upslope wind)이 강해져 더 빨리 냉각되며 이의 관성이 이어져 최저기온에 도달할 때까지 북사면보다 빠른 속도로 기온이 하강하는 것으로 보인다.

또한 북향사면은 남향사면보다 토양수분이 더 많아서 주간에는 토양수분의 융해와 증발에 의해 복사에너지가 흡수되고, 야간에는 응결과 결빙에 의해 잠열이 방출되므로 북사면의 기온변화가 더 작은 것으로 생각된다. 바람이 강한 날에는 맑은 날보다 기온차이가 작으며, 특히 바람이 강하게 불었던 야간에는 남·북사면의 기온이 거의 같아진다.

넷째, 온도를 높이는 변화로는 지형과 바람이 결부되어 Föhn 현상이 나타날 때이며 이것은 바람에서 설명된다.

2. 바 람

바람은 기온의 하강과 함께 산지에서 나타나는 가장 현저한 특징이다. 높은 산에는 예외 없이 강한 바람이 분다. 군사작전에 미치는 영향면에서 본다면 오히려 기온보다는 바람이 더 큰 영향을 미친다. 산지지형이 바람에 미치는 영향은 크게 세 가지로 나눌 수 있다. 첫째는 풍속의 증가이고, 둘째는 바람방향의 변화이며, 셋째는 바람에 의한 기온의 변화이다.

첫째, 일반적으로 산지에서는 풍속이 빠르며, 특히 고지의 정상부로 갈수록 풍속은 증가한다. 산지에서 풍속이 증가하는 이유는 압축효과 때문이다. 그러나 산지에서는 여러 봉우리가 솟아 있어서 마찰효과도 작용하기 때문에 바람은 이 두 가지 효과의 합으로 나타나게 된다. 압축효과(compressional effect)란 산지하부의 대기가 사면을 타고 상승하면서 산지 정상부에 이르게 되면 수직적인 압축으로 인하여 공기의 흐름이 가속되는 것을 말한다. 이것은 유체의 실험에서 단면적이 작은 관에서 유체의 속도가 더 빨라지는 것과 유사한 원리이다. 코카서스 산맥에서의 측정에 의하면, 산 정상으로부터 고도 50~100 m까지에서는 풍속이 더 빨라지는 것으로 나타났다. 풍속증가로 인하여 산 정상부에서는 기압이 1~2 hPa 정도 감소한다.

마찰효과(frictional effect)란 지표면의 마찰로 인하여 풍속이 느려지는 것을 말한다. 산지는 평지에 비하여 지표면이 거칠기 때문에 풍속을 느리게 한다. 실제의 풍속은 압축효과에 의한 풍속증가와 마찰효과에 의한 풍속감소의 두 가지 효과가 복합되어 나타나는 것이다.

둘째, 산지지형이 바람에 미치는 효과는 풍향의 변화이다. 바람의 일반적인 방향은 고기압 중심부에서 저기압 중심부로 불어가는 것이다. 그러나 산지에서는 풍향이 자주 변하는데 두 가지 경우로 구분할 수 있다. 하나는 계곡이나 고지의 영향으로 풍향이 국지적으로 바뀌는 경우이며, 다른 하나는 열변화에 의하여 산풍과 곡풍이 나타나는 경우이다. 계곡이나 소규모 고지에 의하여

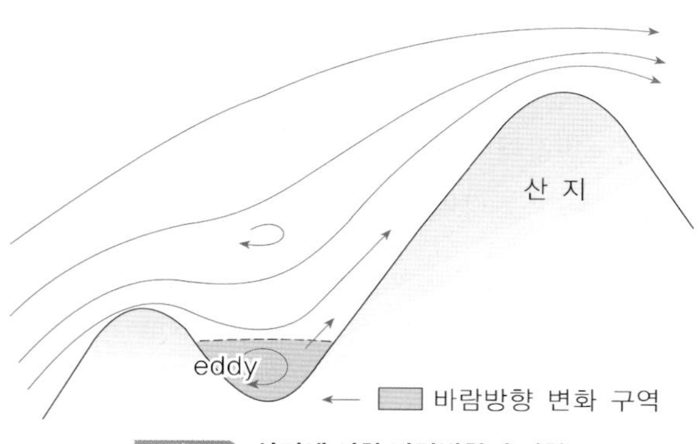

그림 6.5 산지에 의한 바람방향의 변화

계곡 내부나 고지의 후사면에서는 대기의 흐름이 본류와 분리되면서 풍향이 바뀌는 경우는 그림 6.5에 잘 나타나 있다. 이에 의하면 계곡이나 소규모 돌출부의 지형이 있게 되면 바람은 지형의 영향을 받아서 지표면의 형태를 반영하면서 곡선으로 불게 되거나 소용돌이가 나타나면서 바람의 방향이 부분적으로 반대로 나타난다. 따라서 계곡에 들어가게 되면 계곡의 상층부에서 부는 바람과는 다른, 때로는 반대방향의 바람이 불게 되는 것이다. 이러한 바람의 형태로는 eddy나 bolster가 있다.

열변화에 의한 바람은 산의 일부 사면에서 낮에는 태양복사량에 의해 계곡의 온도가 산의 정상부보다 높아지면서 정상부에서 계곡 쪽으로 부는 산풍이 생기고, 밤에는 반대로 곡풍이 생기는 것을 말한다. 산에서의 작전이나 숙영시에는 이러한 바람의 변화를 잘 관찰하고 대처해야 한다.

셋째, 산지지형이 바람에 영향을 미치는 것은 바람에 의하여 산지의 풍상측 사면(wind - side)과 반대의 풍하측 사면(lee - side)에서의 온도차이를 가져오는 것이다. 지형에 의한 대기의 상승과 강수, 건조단열감률과 습윤단열감률에 의한 온도하강 및 상승폭의 차이에 의해 풍하측 사면에서는 풍상측 사면에서보다 온도가 높게 된다. 이러한 것은 보통 Föhn 현상으로 불리며, 알프스 북사면에 나타나고 발생지역에 따라 다른 이름으로 불린다. 로키산맥의 동부에서는 치누크(chinook)라고 불리며 유고슬라비아의 달마치아 산맥에서 지중해의 아드리아해 쪽으로 부는 바람은 보라(bora)라고 불린다.

우리나라에서는 이러한 바람의 하나를 높새바람이라고 한다. 전형적인 높새바람은 늦봄부터 초여름 사이에 동해에 오호츠크해 고기압이 발달하면서 영동지방에서 태백산맥을 넘어 영서 내륙지방으로 부는 고온건조한 바람이다. 이 바람으로 고온건조한 날씨가 계속되면서 농사철과 겹쳐서 농작물에 많은 피해를 준다. 초겨울에 영동지방의 온도가 영서지방보다 높다거나 1~2월에 영서지방의 눈이 빨리 녹는 것 역시 이러한 Föhn 현상 때문이다.

③ 소백산의 산악기상

우리나라에서 고산지대에서 산악기상의 변화를 체계적으로 연구한 경험은 그리 많지 않지만 1988년에서 1989년 사이의 1년간에 소백산에서 측정된 자료는 우리나라의 산악기상을 이해하는 데 좋은 자료가 된다(기상연구소, 1989).

소백산에서의 조사지점은 그림 6.6에서 보는 바와 같이 소백산 정상(1,493 m)의 기상관측소, 소백산 북서측 사면의 계곡에 위치한 금곡(195 m), 그리고 소백산 남동부에 조금 떨어져 평지에 위치한 도읍인 풍기(206 m)이다. 이들 지형들은 산지의 정상과 산지하단의 계곡 그리고 산지인근의 평지지역 등 서로 대비하는 지형조건을 가지고 있다.

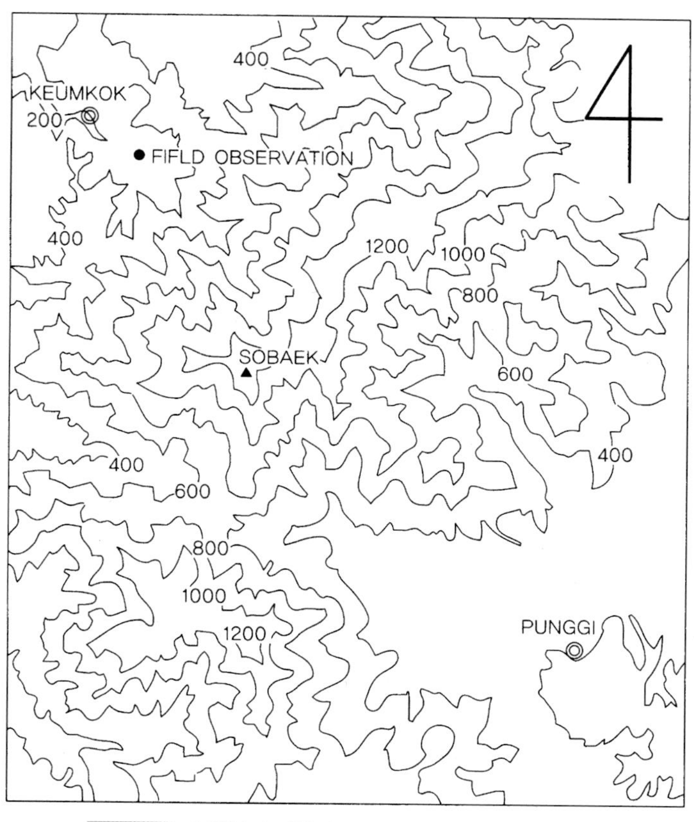

그림 6.6 소백산의 지형과 조사지점(기상연구소, 1989)

1. 기 온

기온의 연변화를 보면 그림 6.7과 같다. 연평균기온을 보면 풍기는 다른 두 지점보다 연중 높게 나타나며 소백산 정상은 고도가 높기 때문에 다른 지점보다 연중 낮게 나타난다. 소백산 정상과 풍기의 온도차는 연평균 10℃에 달한다. 이것은 지형, 특히 고도가 온도분포에 어느 정도나 영향을 미치는가를 단적으로 나타내 준다. 단순한 고도만으로 계산한다면 기온은 7℃/ km나 낮아진 것이다.

기온의 연변화에서 특이한 현상을 나타내는 곳은 금곡으로서 늦가을과 겨울에는 소백산 정상과 온도가 비슷하지만, 봄과 여름에 걸쳐서는 풍기와 유사하게 온도가 상승하는 패턴을 보여서 기온의 연교차가 크다. 이것은 금곡이 소백산맥의 북서사면에 위치하여 겨울에는 북서풍의 풍상측이므로 기온이 낮아지며 또한 계곡이기 때문에 복사 냉각의 영향을 받는 것으로 생각된다. 반면 여름에는 남쪽의 북태평양기단의 영향을 받게 되면서 겨울의 온도차를 가져오던 요인이 없어지고 온도가 상승하는 것으로 생각된다.

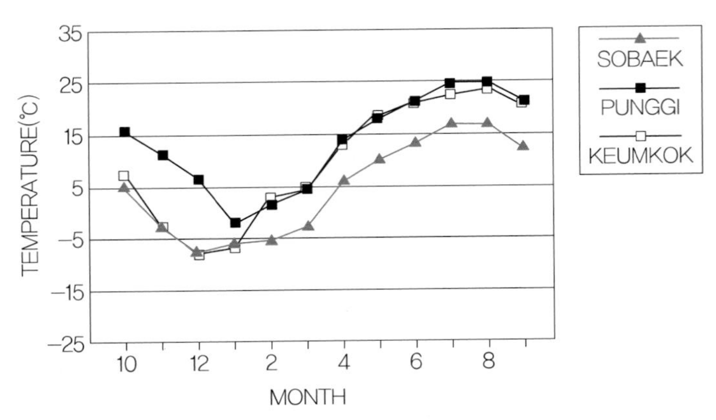

그림 6.7 소백산지역 기온의 연변화(기상연구소, 1989)

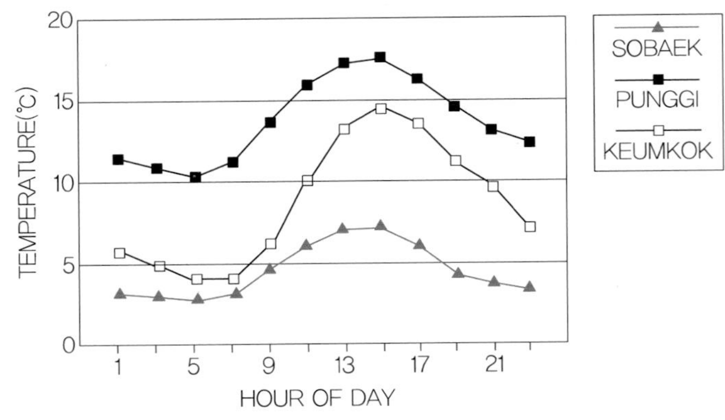

그림 6.8 소백산지역 기온의 일변화(기상연구소, 1989)

소백산이 낮으며 금곡은 그 중간을 차지한다. 기온의 일교차가 가장 큰 곳은 금곡이고 가장 작은 곳은 소백산 정상이다. 금곡은 특이하게 일교차가 큰데, 밤의 기온은 소백산 정상에 보다 가깝고 낮의 기온은 오히려 풍기에 가까워서 기온의 연변화 패턴과 유사하다. 금곡이 이처럼 특색 있는 일변화를 보이는 것은 계곡에 위치하여 자유대기와의 혼합이 어렵기 때문에, 야간에는 지표면의 복사냉각이나 한랭한 공기의 침강으로 인하여 낮은 온도를 나타낸다. 반면 낮에는 태양복사로 인하여 지표면의 온도가 상승하기 때문에 기온이 상승하는 것이다.

2. 바 람

바람의 일변화를 보면 그림 6.9와 같다. 풍속은 소백산 정상에서 가장 강하여 5~6 m/sec에 달하며, 풍기나 금곡에서는 그보다 약하다. 평지에 위치한 풍기에서 계곡에 위치한 금곡보다는 더 강한 바람이 부는 것을 알 수 있다. 풍속에서 특이한 것은 평지나 계곡에서는 낮에 강한 바람이 부는 데 비하여 소백산 정상에서는 낮보다는 밤에 더 강한 바람이 부는 것이다.

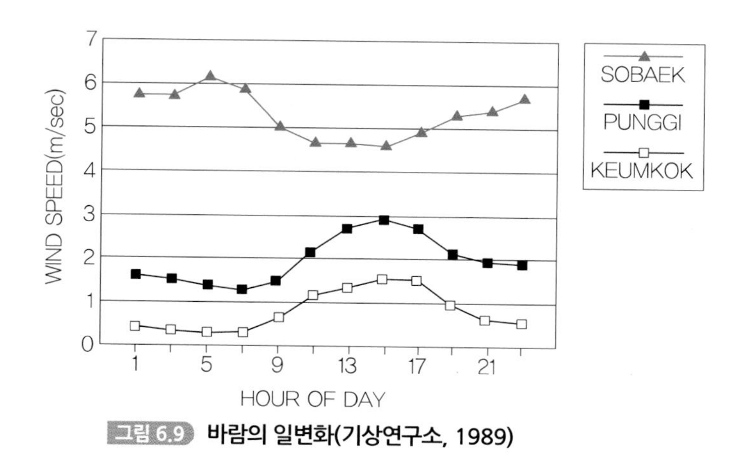

그림 6.9 바람의 일변화(기상연구소, 1989)

3. 강수량

산지지형에서 강수량은 사면의 방향과 관계가 깊다. 소백산에서의 강수량은 소백산 정상에서 연중 가장 많다(그림 6.10). 우리나라에서는 여름철에 비를 많이 내리게 하는 바람이 남풍이나 남동풍이므로 금곡보다는 풍기가 강수량이 많을 것 같으나, 금곡이 충주호에 가깝고 북서풍의 풍상측이기 때문에 연중으로 볼 때 양 지역에서 강수량에 현저한 차이는 없다.

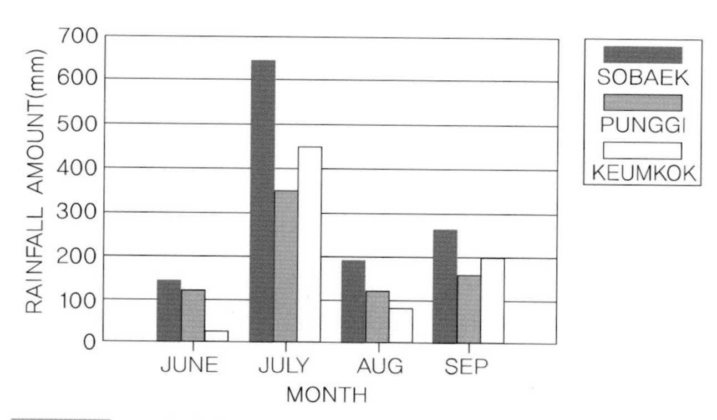

그림 6.10 소백산에서의 월별강수량 변화(기상연구소, 1989)

4. 기온의 수직구조

기온역전의 구조를 고찰하기 위하여 관측기구를 이용하여 고도에 따른 온도를 측정하였다. 겨울철인 1월 20일 21 : 00시부터 21일 18 : 00시까지 측정한 기온의 수직구조는 그림 6.11과 같다. 이 그림에 의하면 01 : 00시경부터 기온의 역전이 시작되어 06 : 00시까지 진행되었다. 시간이 지남에 따라, 즉 새벽이 가까워옴에 따라 역전층의 깊이는 증가하여 400 m에서 시작하여 700 m 고도까지 형성되었다. 그러나 기온감률($\Delta T/\Delta H$)은 처음에 가장 크고 점차 작아지는 형태를 보

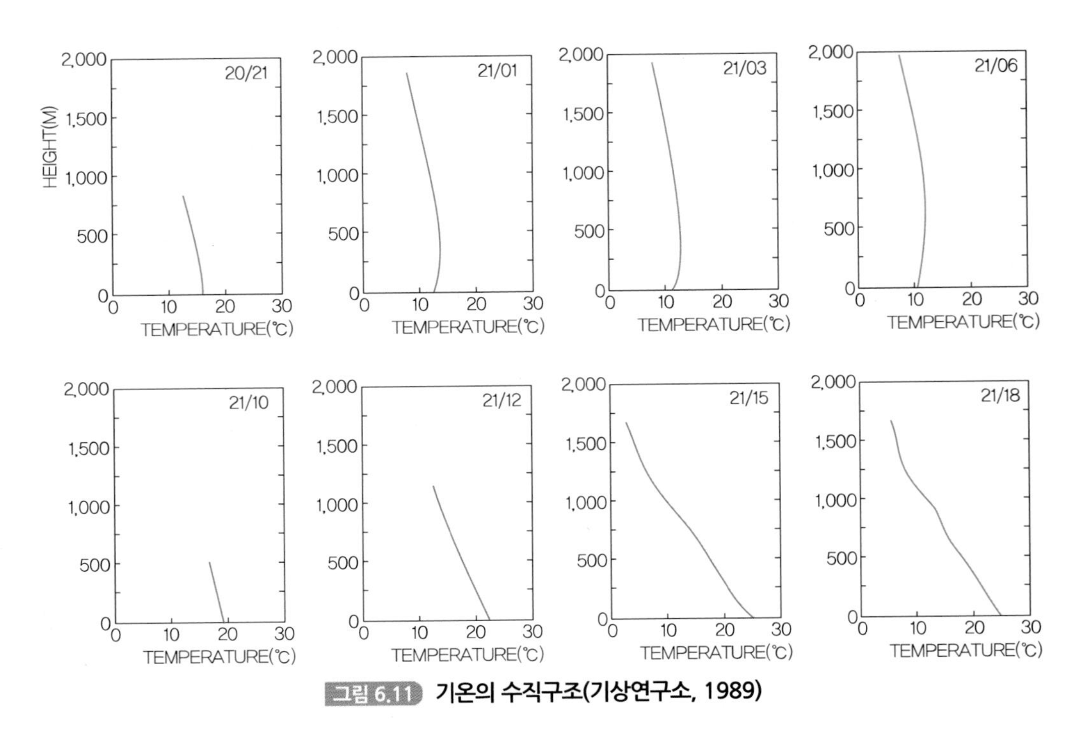

그림 6.11 기온의 수직구조(기상연구소, 1989)

여서 01 : 00시경에는 2.9℃/km인 반면 새벽에는 1.9℃/km에 불과하였다. 즉 새벽이 될수록 역전층의 깊이는 증가하지만 기온감률은 감소하는 형태로 나타났다.

4 산간곡지의 기상특성

산간곡지의 기온분포와 그것에 영향을 미치는 요인을 밝히기 위한 사례연구가 경기도 남양주 팔당호 근처에 위치한 운길산(해발 610 m)과 예봉산(해발 679 m) 사이의 곡지를 대상으로 이루어졌다(송호열, 2000). 총 36개의 지점에서 관측된 기온을 이용하여 기온분포를 분석하였다.

1. 고도와 기온분포

계곡을 가로지르는 횡단면 상에서의 기온분포를 살펴보면 고도에 따른 기온의 변화와 곡저와 정상부에서의 기온차를 파악할 수 있다(그림 6.12). 바람이 강하게 부는 날에는 고도별 기온차가 작고, 맑은 날과 눈이 내린 날의 주간기온은 양쪽 사면의 차이가 크다. 일몰 이후에는 차가운 공기가 낮은 곳으로 흘러내리면서 곡저부의 기온이 먼저 하강하고, 이후 상대적으로 기온이 높은 사면부의 기온이 하강하여 고도별 기온차가 점차 해소되는 것으로 보인다. 야간에는 사면부의 기온이 곡저부와 정상부보다 높은 경우가 많은데, 이는 기온 역전층과 관련이 있으며, 이 고도가 바로 사면 온난대에 해당한다. 흐린 날은 기온변화가 작으며, 맑은 날에는 기온변화가 심하고, 강한 기온역전층이 형성된다.

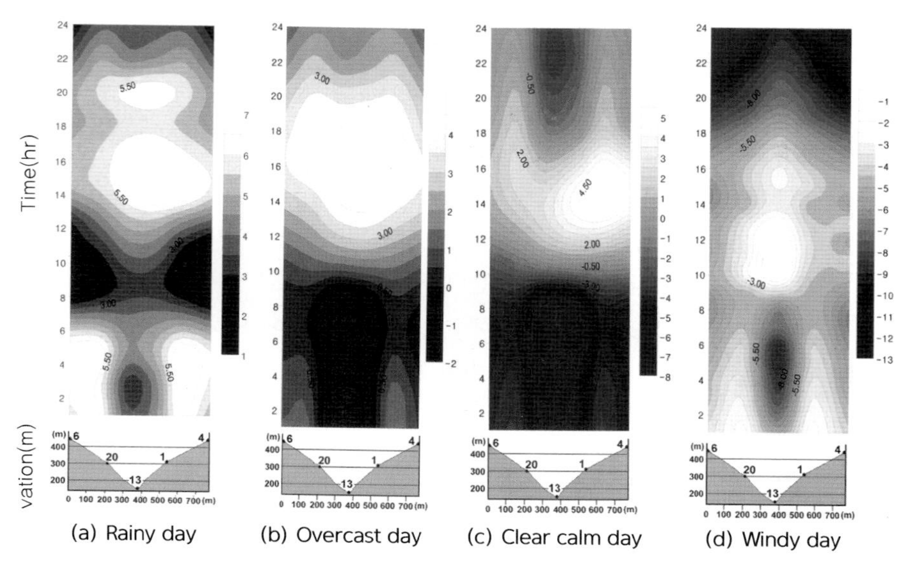

그림 6.12 계곡의 횡축단면에서의 기온분포(송호열, 2000)

종단면 상에서의 기온분포를 보면, 상류부의 기온이 먼저 하강하고 이어 하류부의 기온이 하강하는 경향이 파동치듯이 연속적으로 나타나는데, 이는 상류부의 냉기가 낮은 곳으로 흘러내리고 팔당호의 난기가 그 위로 흘러들어가서 상류부에서 하강하는 환류시스템과 관련이 있는 것으로 생각된다(그림 6.13).

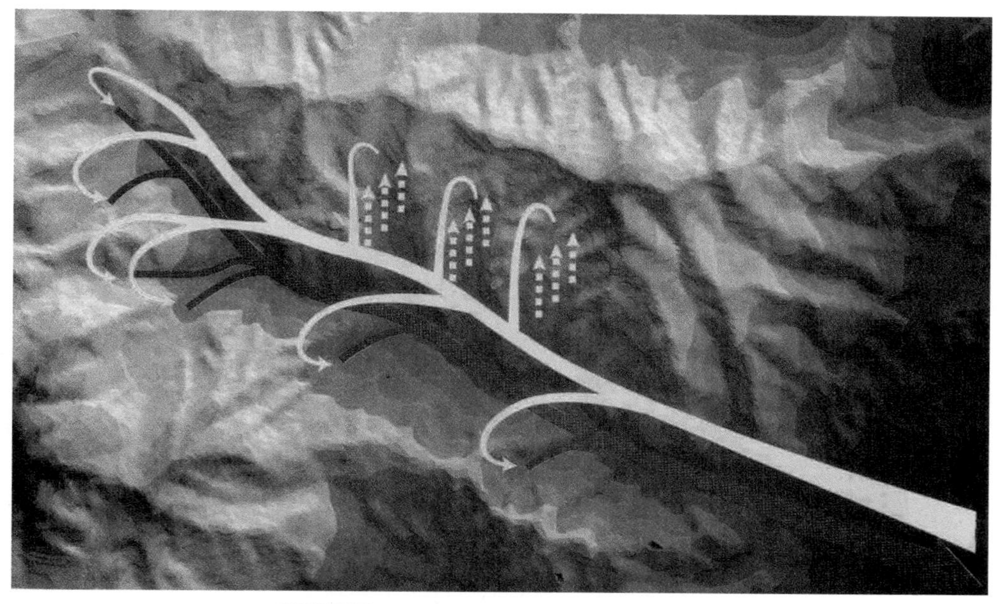
그림 6.13 계곡에서의 기류모형(송호열, 2000)

2. 임지 내외의 기온차

산간지역은 평야지역과 달리 삼림으로 덮여 있어 나지(裸地)와 임지(林地)의 기온차이가 발생할 수 있다. 주간에는 수목에 의한 차단으로 인해 지표에 도달하는 일사량이 줄어들어 임지 내부에서의 기온이 나지보다 낮다. 반면, 야간에는 지표복사를 수목이 흡수함으로써 임지 내부에서의 기온이 나지보다 높게 나타난다. 또한, 활엽수가 많은 지역에서는 낙엽 이전과 이후에 따라 기온이 차이가 나기도 한다. 임지 내외의 기온차는 낙엽 이전이 낙엽 이후보다 더 크고, 일기별로 보면 대기의 혼합이 활발하여 바람이 강한 날에 가장 작고, 구름에 의해서 일사가 차단되는 흐리고 비가 온 날, 그리고 날씨가 맑고 바람이 약한 날순으로 차이가 심하다(표 6.1).

표 6.1 각 날씨에 따른 임지 내외의 기온차이(송호열, 2000)

구 분	흐린 날		맑은 날		눈 내린 날		바람이 강한 날		평균	
	낮	밤	낮	밤	낮	밤	낮	밤	낮	밤
낙엽 이전	0.4	−0.3∼−0.7	5.5	−1.0	−	−	2.0	0.0	3.0	−1.0
낙엽 이후	0.4∼0.8	−0.4∼−0.8	3.0	−0.9	2.0	−1.0	0.8∼1.2	0.0∼−0.5	1.3	−1.0

차이 = 외부 기온 − 내부 기온(℃)

3. 곡지에서의 기온역전

맑은 날의 평균적인 기온역전층의 형성과 소멸과정을 살펴보면 일출 이전까지 역전강도가 계속 강해지며, 역전층의 두께는 300∼400 m에 달하고 역전 강도는 5∼6℃로 일출경에 기온역전이 최고조에 이른다. 이후 역전층이 소멸되기 시작하면서 10시경에는 상하 간의 기온이 동일해지며, 15시경에는 정상적인 기온분포를 보인다. 일몰경부터 곡저의 기온이 먼저 하강하기 시작하면서 기온역전층이 형성되고 시간이 지날수록 역전 강도가 점점 강해진다. 반면, 흐린 날이나 바람이 강한 날에는 거의 기온 역전 현상이 나타나지 않거나 매우 약한 역전현상이 나타난다.

종합적으로 계곡 전체의 일기의 변화를 살펴보기 위해서는 그림 6.14에서 계곡 전체의 기온분포를 시간대별로 살펴볼 필요가 있다. 일출 이후에는 전체적으로 기온이 상승하는데, 특히 곡저의 기온상승이 빠르고, 이후 오후까지는 햇빛이 비치는 각도에 따라서 남사면의 상류부, 중류부, 하류부 순서로 기온이 더 빠르게 상승한다. 오후 후반에는 곡저가 산그늘에 들어가면서 먼저 기온이 하강하기 시작한다. 일몰 이후에는 계곡 전체적으로 기온이 하강하여 냉기류가 계곡상류부에서 하류부 쪽으로 이동한다.

곡지에서 국지적인 기상특성은 종관규모의 기상에 크게 좌우된다. 기단의 변화로 바람이 강하게 불거나 저기압 또는 전선이 통과하면서 비 또는 눈을 내리면 난류가 강하여 곡지 고유의 기온분포특성이 나타나지 않는다. 뿐만 아니라 보다 큰 규모의 지형에 의해 기온분포나 풍계가 영향을 주기 때문에 보다 광역적인 기상특성을 고려할 필요가 있다.

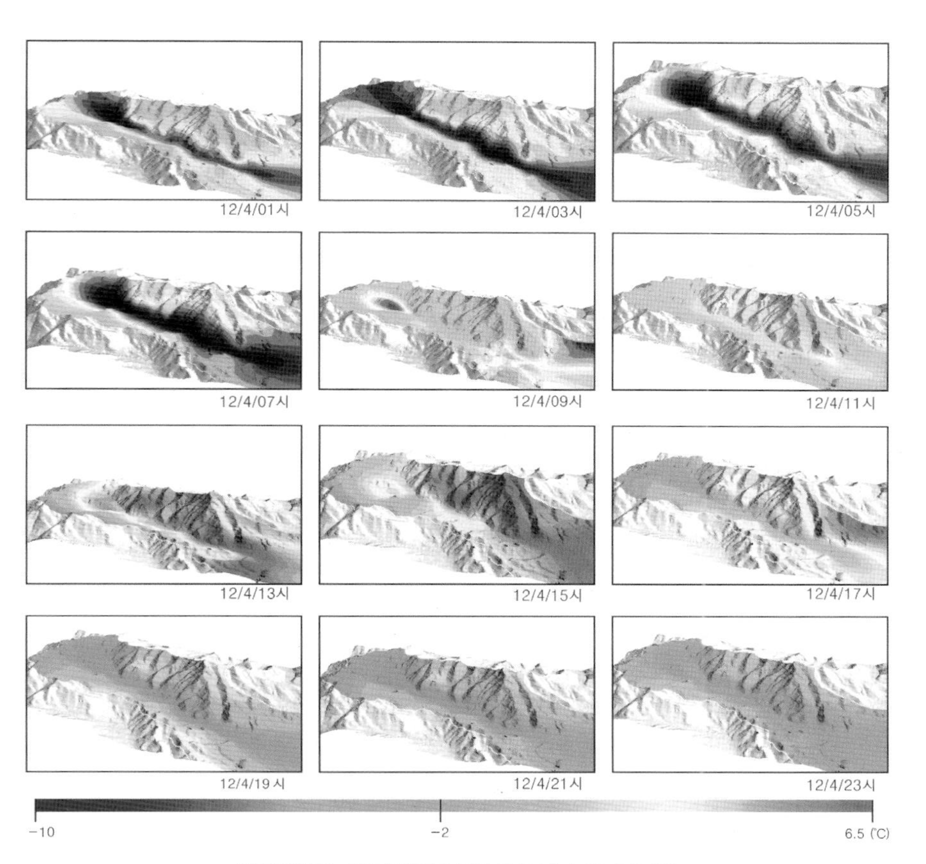

그림 6.14 계곡에서의 기온분포(송호열, 2000)

이 연구지역에서는 주·야간에 걸쳐 산의 상부에서 계곡으로 불어오는 산풍이 우세하며, 주간에는 일사량이 높은 남향사면에서만 사면활승풍이 발생하여 산풍을 약화시키는 작용을 하는 것으로 생각된다. 이와 같이 일반적으로 산지지형에 나타나는 산곡풍의 특성이 뚜렷이 관찰되지 않는 원인은 인접한 팔당호에 형성된 난기류의 영향으로 보다 큰 규모의 기온분포에 의한 풍계가 우세하기 때문인 것으로 판단된다.

2 악천후기상과 군사작전

❶ 기온이 인체에 미치는 영향

1. 온도측정

지상의 기온이라 함은 지면 상(적설이 있을 때에는 설면 상) 1.2~1.5 m 높이의 공기온도를 뜻한다. 지면 가까이의 기온은 낮과 밤 또는 단시간 사이에도 매우 변화가 크게 나타나지만, 지상 1.5 m 정도의 높이에 이르면 그 변화가 매우 작아지기 때문에 일정하게 변하는 온도값을 구할 수 있다.

기온은 가장 중요한 기상요소 중의 하나이다. 우리의 몸은 36.5℃의 온도를 유지하기 위해서 열을 보전하거나 방출하고 이로 인하여 더움과 차가움을 느끼게 된다. 이러한 기온은 일사량, 지구 복사, 바람, 습도, 시간 등에 영향을 받기 때문에 좀 더 정밀한 측정이 요구된다(McIlveen, et al., 1992). 그러기 위해서 목적에 따라 사용되는 온도계와 측정방법도 달라진다. 대표적인 예로 건구온도, 습구온도, 흑구온도를 들 수 있다.

건구온도는 대기 중의 온도를 측정하기 위한 것이다. 온도계의 수감부를 햇볕이 직접 닿지 않는 공기 중에 노출시켜 온도를 측정하는데, 주로 수은온도계를 사용한다. 일반적으로 건구온도는 태양복사를 막아주며 공기가 통하도록 설계된 백엽상에서 측정한다.

습구온도는 물의 증발에 의한 온도변화를 측정하기 위한 것이다. 건구온도계의 수감부를 백색 탈지된 얇은 거즈(gauze, 무명천)로 밀착되게 감싼 후 사용하는데, 거즈에 물을 축여 2.5~5 m/s 속도로 3분 정도 통풍시킨 후 측정한다. 이때 물은 증류수를 사용하며, 백엽상 내부에서 측정한다. 공기가 건조할수록 무명천에서 물의 증발이 활발하므로, 건구온도와 습구온도의 차가 크게 나타난다.

흑구온도는 태양의 직달일사량과 대기 산란에 의한 일사량의 복사에너지를 측정한 온도이다. 흑구온도계는 감온부를 유연(기름연기)으로 덮어씌워 일사를 완전히 흡수할 수 있도록 흑체에 가깝게 만든 온도계이다. 흑구온도는 통상 대기의 온도보다 높은 온도분포를 보인다.

온도계 취급 시에는 안개나 강수에 의해 건구온도계의 수감부에 수적 등이 부착되었을 경우는 관측하기 전에 마른 천 등으로 닦아내고 측정한다. 습구온도계 구부에 싸여 있는 가제에 이물질이 잘 붙기 때문에 주 1회 교환하며, 지역적인 특성을 고려하여 수시로 교체관리하도록 한다. 겨울철에는 습구온도계의 구부가 얼어 파손되기 쉬우므로 조심스럽게 취급하도록 한다.

2. 온도지표

(1) 온도지수

온도지수(Wet Bulb Globe Temperature; WBGT)란 신체에 영향을 줄 수 있는 기상요소를 고려하여 만든 온도의 영향지수를 의미하며, 실내온도지수(Indoor WBGT)와 실외온도지수(Outdoor WBGT)로 나눌 수 있다. 야외활동이 많거나 태양열에 의한 영향이 크다고 고려될 때는 실외온도지수를 사용한다. 일반적인 계산방법은 다음과 같다.

$$\text{Indoor WBGT} = (0.7 \times T_w) + (0.3 \times T_b)$$
$$\text{Outdoor WBGT} = (0.7 \times T_w) + (0.2 \times T_b) + (0.1 \times T_d) \qquad (6.4)$$

여기서 T_w는 습구온도(℃), T_b는 흑구온도(℃), T_d는 건구온도(℃)이다.

표 6.2 온도지수에 따른 훈련통제

온도지수	행동기준
26.5 초과 시	신병훈련 각별히 주의
29.5 도달 시	기본속도 행군 / 가중한 훈련 가능한 삼가
29.5 초과 시	옥외훈련, 지휘관 승인 하 훈련실시
31.0 도달 시	지휘관 승인 하 모든 옥외훈련 금지
31~32	잘 훈련된 부대, 1일 6시간 이내 제한된 활동가능

온도지수를 계산하기 위해서는 위와 같이 습구온도, 흑구온도, 건구온도를 측정해야 한다. 군에서 실외온도지수를 계산하기 위한 온도측정방법은 일반적인 방법과 다소 차이가 있다. 흑구온도와 습구온도는 태양에 노출된 상태에서 측정하고, 건구온도는 야외 그늘에서 측정한다. 온도지수에 따른 군사작전 및 훈련 통제사항은 표 6.2와 같다.

(2) 불쾌지수

불쾌지수(discomfort index; D)는 기온, 습도 등의 기상요소에 의해 신체가 느끼는 불쾌감을 지수로 나타낸 것이다. 이것은 미국의 기후학자 톰(E. C. Thom)이 고안한 것으로 다음과 같이 계산한다.

$$\begin{aligned} D &= 0.72(T_d + T_w) + 40.6 \quad \text{또는} \\ &= t - 0.55(1 - RH)(t - 58) \end{aligned} \qquad (6.5)$$

여기서, RH는 상대습도, t는 온도(°F)이다. 표 6.3은 불쾌지수에 따른 신체변화를 나타낸 것이다.

표 6.3 불쾌지수에 따른 신체변화

D	신체변화	D	신체변화
60 이하	약간 추위 느낌	75~80	반수 이상의 사람 무더위를 느낌
60~70	쾌적	80~85	전부 불쾌감 느낌
70~75	10명 중 1명 불쾌감 느낌	85 이상	견딜 수 없음

(3) 체감온도

체감온도는 기온, 풍속, 습도 등에 따라 신체가 느끼는 온도의 감각을 수치화한 것으로, 바람이 불 때 느껴지는 온도를 평상시 풍속(약 1.8 m/s)에서의 기온으로 환산한 값을 말한다.

- Siple-Pasel 모델(S-P 모델) : 1940년대 중반 북극탐험가였던 A. Siple과 F. Pasel이 바람에 의한 냉각효과를 이용하여, 원통모형 실린더의 물이 태양복사가 없을 때 다양한 기온과 풍속에 따라 냉각되는 정도를 측정하여 체감온도를 정량화하였는데 다음과 같이 계산한다.

$$\text{바람이 불 때 : } W_C = 33 + (T_d - 33)(0.474 + 0.454\sqrt{V} - 0.0454V)$$

$$\text{바람이 불지 않을 때 : } W_C = T_d - \frac{1}{2.3}(T_d - 10)\left(0.8 - \frac{RH}{100}\right) \qquad (6.6)$$

여기서 W_C는 바람냉각 상당온도(℃), V는 풍속(m/s), T_d는 온도(℃), RH는 상대습도(%)이다.

이중 바람이 불 때의 체감온도를 바람냉각 상당온도(wind chill equivalent temperature)라고 한다. 체감온도는 일반적으로 건조할수록, 바람이 강하게 불수록 낮아진다. S-P 모델은 겨울철 야외활동, 특히 군작전과 훈련에 널리 활용되어 왔지만 실제보다 냉각효과를 크게 계산하여 현실적이지 못하다는 비판을 받아왔는데 이 모델의 문제점을 요약하면 다음과 같다.

첫째, 실제 인체의 열교환 측정에 의한 것이 아닌 물이 들어 있는 플라스틱 실린더를 통해 인체의 열손실량을 계산하였으며, 노출된 피부온도를 33℃로 높게 가정하였기 때문에 바람에 의한 인체의 열손실량을 크게 하여 바람냉각 상당온도가 더 낮게 나타난다.

둘째, 풍속 1.79~25 m/s 구간만 적용된다. 따라서 25 m/s 이상에서는 냉각효과가 나타나지 않아 25 m/s에서 체감온도가 최대로 나타나며 1.79 m/s 이하에서는 주변대기 온도를 체감온도로 간주한다.

셋째, 고도 10 m에서 측정한 풍속을 사용하기 때문에 인체가 받는 바람에 의한 냉각효과를 크게 한다.

넷째, 사람이 움직여 생기는 상대적인 풍속을 고려하지 않으므로, 겨울철 야외활동에서 움직이지 않는다는 조건에서 인체의 열손실량을 계산하여 체감온도를 제시하는 것은 합리적이지 않다.

■ JAG/TI 모델 : JAG/TI 모델은 2001년 8월 캐나다 토론토에서 열린 JAG/TI(Joint Action Group on Temperature Indices) 모임에서 R. Osczevski와 M. Bluestein이 S-P 모델을 개선하여 발표하였는데, 자발적으로 실험에 참가한 캐나다인 12명(남·여 각각 6명)의 얼굴을 기준으로 풍동실험 데이터분석을 통하여 개발되었다. 각 실험자들의 얼굴부위에 센서를 부착하여 각기 다른 온도와 풍속조건에서 피부온도와 열손실을 계산하여 실제 인체의 열교환을 고려하였다. 풍속은 풍속계가 위치한 10 m 상공의 풍속을 사용하지만, 사람의 얼굴높이인 약 1.5 m의 풍속값으로 보정한 값을 사용하여 S-P 모델의 문제점을 최소화하였다.

$$W_C = 13.12 + 0.6215\,T - 11.37\,V^{0.16} + 0.3965\,V^{0.16}\,T \qquad (6.7)$$

여기서 W_C는 바람냉각 상당온도(℃), T는 기온(℃), V는 지상 10 m 풍속(km/h)이다. 표 6.4는 JAG/TI 모델에 의한 Wind Chill 상당온도를 나타낸다.

표 6.4 Wind Chill 상당온도

풍속 (m/s)	기온 (℃)										
	5	0	−5	−10	−15	−20	−25	−30	−35	−40	−45
5	1	-5	-11	-17	-24	-30	-36	-42	-49	-55	-61
10	0	-7	-14	-20	-27	-33	-40	-47	-53	-60	-67
15	2	-8	-15	-22	-29	-36	-43	-49	-56	-63	-70
20	-2	-9	-16	-23	-30	-38	-45	-52	-59	-66	-73
25	-3	-10	-17	-25	-32	-39	-46	-53	-60	-68	-75
30	-4	-11	-18	-25	-33	-40	-47	-55	-62	-69	-77
35	-4	-12	-19	-26	-34	-41	-48	-56	-63	-71	-78
40	-5	-12	-20	-27	-35	-42	-49	-57	-64	-72	-79

장시간 노출 시 동상위험　10분 이내에 동상발생　2분 이내에 동상발생

(4) 기 타

기온, 습도만을 고려하여 만든 열지수(Heat Index)와 아스팔트에서의 복사량을 고려한 아스팔트 온도지수 등도 온도를 나타내는 중요한 지표가 된다.

3. 온도관련 신체이상

온도는 이처럼 우리의 생활에 매우 큰 영향을 주고, 따라서 온도에 의해 우리는 신체에 심각한 이상현상을 느낄 수도 있다. 이미 언급했듯이 인체는 36.5℃의 정상온도를 유지해야 하는데 기온

이 높거나 낮으면 열역학법칙에 의하여 체온이 증가하거나 감소하게 된다. 고온과 저온에서 각각 인체는 다른 양상의 이상현상을 경험하게 되는데, 이는 매우 위험한 상황으로 발전할 수도 있다. 따라서 각각의 경우에 나타날 징후와 이에 대한 대처 방안의 이해는 군작전 시 매우 중요한 사항이라고 할 수 있다.

(1) 기온상승 시 나타나는 신체이상

한여름 강한 태양빛에 의하여 기온이 급격히 상승하고, 인체는 외부로부터 열을 흡수하여 체온도 급격히 상승하게 된다. 이에 의해 우리의 몸은 다양한 이상현상을 보인다. 대표적인 예로 열피로(heat exhaustion), 열경련(heat cramp), 열사병(heat stroke), 일사병(sun stroke) 등을 들 수 있다. 표 6.5는 각각의 신체이상에 대한 증상 및 처방법을 제시한다.

하계 작전 및 훈련 시 위와 같은 증상이 많이 나타날 수 있다. 증상과 처치방안을 숙지하고 신속한 대응을 하는 것도 중요하지만, 온도지수에 따라 훈련을 조절함으로써 예방하는 것이 가장 중요하다.

표 6.5 기온상승 시 나타나는 신체이상

신체이상	원인 및 증상	처 치
열피로	• 증상 : 피부는 차고 끈끈, 동공확대, 전신쇠약, 어지러움, 두통, 식욕감퇴, 실신, 과호흡, 판단미숙, 혼란 등	환풍이 잘 되는 서늘한 곳으로 옮겨서 눕힘
열경련	• 원인: 더운 근무환경, 과도한 활동, 수분 과다섭취 • 증상: 근육통	소금과 물을 섭취하고 시원한 곳에서 쉬는 것
열사병	• 원인: 햇빛 속 장시간 노출, 고온 다습한 환경 으로 인한 열조절 중추이상 • 증상: 체온상승, 두통, 어지러움, 어둔한 말투, 환상, 망상, 발작, 혼수 등	체열발산 조치, 수분섭취, 강심제 투약, 호흡과 맥박의 유무확인, 인공호흡 실시
일사병	• 원인 : 햇빛 속 장시간 노출, 혈관탄력감소, 혈압저하, 뇌혈류저하 • 증상: 두통, 메스꺼움, 구토, 경련 등	충분한 휴식, 머리를 낮게 눕힘, 수분섭취

(2) 기온하강 시 나타나는 신체이상

체온의 감소는 동계훈련뿐만 아니라 산악작전을 수행하는 경우에도 나타날 수 있다. 초봄이나 늦가을, 일반적인 평지에서는 기온의 감소가 심하지 않겠지만, 산 정상으로 이동할수록 고도에 따른 기온의 급격한 변화로 인하여 체온이 감소할 수 있다. 이러한 경우에 나타나는 대표적인 증상으로는 저체온증을 들 수 있다.

저체온증은 근육과 뇌가 정상적인 기능을 하지 못할 정도로 심부체온(심장, 폐, 신장 등)이 떨어지는 상태를 말한다. 낮은 기온, 우천, 바람, 음식물 섭취량의 부족, 탈진, 음주 등의 이유로 체열생산 및 보존보다 체열손실이 많은 경우에 발생하며, 일반적으로 4℃ 이하의 기온이나,

표 6.6 기온하강시 나타나는 신체이상

<table>
<tr><th>신체이상</th><th>증 상</th><th>예방법/응급처치</th></tr>
<tr><td>경도 저체온증
(심부체온 37~35℃)</td><td>오한, 전신감각 저하, 고도의 운동기능 상실, 근력약화</td><td rowspan="2">젖은 옷 환복, 운동량 증가, 피난처로 이동, 음식물과 온수 섭취(체내 흡수가 빠른 탄수화물 섭취), 열 공급</td></tr>
<tr><td>중증도 저체온증
(심부체온 35~32℃)</td><td>언어둔화, 심한 오한, 의식 혼미, 비이성적 행동, 방향감각 상실</td></tr>
<tr><td>고도 저체온증
(심부체온 32~25℃)</td><td>동공확대, 피부창백, 박동감소, 근육강직, 불규칙한 오한, 의식상실, 사망</td><td>hypothermia wrap, 기도 확보, 산소 공급, 열량 공급(따뜻한 설탕물 등, 배뇨, 열 공급(발열 팩 등)</td></tr>
</table>

우천 중 바람이 강한 경우에 15℃ 이하에서도 발생한다. 저체온증은 그 정도에 따라 나타나는 증상이 다르다. 표 6.6은 정도에 따른 저체온증의 증상과 예방법 및 응급처치방법이다.

1998년 4월 1일 민주지산에서 훈련 중이던 한 부대는 급격한 기상이변으로 주로 저체온증과 관련된 6명의 사망자가 발생하는 사고를 당하였다. 사고 전 5일간 평년기온을 웃도는 고온현상이 나타났기 때문에 기온의 급강하를 예측하기는 힘들었을 것이다. 그러나 고산지대에서의 훈련 시 고도에 따른 기온체감률, 사고 전날 예보된 남서쪽에서 다가오던 저기압으로 인한 강한 바람과 강수현상, 저온과 강풍에 의한 체감온도 저하 등의 기상지식을 고려하였다면 사고를 줄일 수도 있었을 것이다. 또한, 저온에 따른 신체이상과 저체온증에 대한 응급처치 지식도 필요하며, 기상지식에 대한 중요성을 일깨워주는 좋은 예이다.

4. 추위적응사례

인간이 정상적인 일상생활의 한 부분으로서 낮은 온도를 자발적으로 경험하는 대표적인 예의 하나가 바닷속에서 활동하는 해녀이다. 제주도의 해녀는 많은 시간을 해수에서 보내게 되며, 겨울철에는 수온이 10℃까지 내려가는 곳에서도 잠수활동을 하게 된다. 한 조사에 의하면 제주도 해녀의 겨울철 구강온도는 33℃ 이하로 내려가는 경우도 있었다. 해녀들의 최고대사량은 대개 겨울에 관찰되었고 정상보다 35%나 증가된 양이었다. 이러한 대사량은 다른 집단과 비교하여 분석하면, 음식물의 섭취에 의한 것은 아니며, 추위에 의한 스트레스와 관련이 있는 것으로 판단된다.

추위에 노출되면 피부의 오한으로 인한 떨림(shivering)이 일어난다. 이는 추위에 반응하여 역설적으로 열생산량을 증가시키는 역할을 한다. 해녀와 남성 그리고 일반여성의 세 집단에 대해서 물속에서 50% 이상의 사람이 떠는 온도를 측정한 결과에 의하면 남성은 31.1℃, 여성은 29.9℃, 그리고 해녀는 28.2℃ 였다(그림 6.15). 이러한 결과는 해녀가 일반인보다 훨씬 추위에 잘 적응되어 있다는 것을 나타낸다. 이러한 사실은, 물론 성, 체격, 피하지방, 연령 등과 같은 요인에 의한 차이는 있지만, 훈련에 의해 어느 정도 내한성을 기를 수 있다는 것을 의미한다.

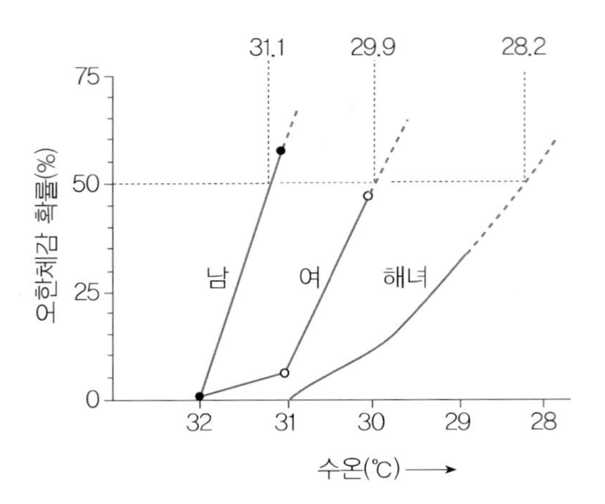

그림 6.15 해녀의 오한 임계온도

2 장진호전투와 산악기상

장진호전투는 6·25 전쟁 중인 1950년 11월 27에서 12월 11일 사이에 미 해병 1사단 및 제1항공사단이중공군 9병단 예하 20, 26, 27군 소속의 7개 사단을 맞아서 벌인 작전으로서, 11월 27일 함경북도 장진군 유담리에서 중공군을 조우하고 포위된 후 포위망을 돌파하여 하갈우리·고토리를 거쳐 황초령을 넘어 함흥으로 철수한 작전이다.

이 작전지역은 낭림산맥 동측의 개마고원이자 부전령산맥의 바로 북쪽이다. 함흥에서 통하는 도로는 신라 진흥왕순수비가 있는 황초령을 넘으며 남북방향으로 나 있는 계곡을 따라 장진을 거쳐 압록강변의 후주에 이른다. 부전령산맥의 남측인 동해안 쪽은 급경사인 데 반하여 북쪽의 장진강과 장진호 일대는 개마고원의 일부로서 완만한 경사로 이어져 있다.

해발고도는 황초령이 1,200 m이며 장진호 부근의 도로나 평지는 고도 1,000 ~1,100 m에 달한다. 주변고지의 해발고도는 1,500~1,800 m로서 매우 험준하며 그 결과 이 지역은 국지고도 400~700 m의 급경사의 험준한 산지를 이룬다(그림 6.16).

12월의 개마고원은 북위 41도에 이르는 고위도에 내륙지방으로서 시베리아기단의 영향을 받으며, 해발고도가 1,000~1,800 m에 이르기 때문에 전형적인 혹한지 기상을 보인다. 장진호 부근의 1월 평균기온은 −18℃이며 일평균기온이 영하 20~25℃까지 내려가는 날이 많고 적설량은 평균 60 cm에 달하였다. 야간에는 기온이 더욱 떨어져서 인간의 야외활동은 거의 불가능하였다.

미 해병 제1사단의 경험에 의하면 이 작전기간 중에 혹한으로 인하여 많은 손실을 겪었는데, 그것은 비전투 인명손실, 장비의 성능저하 및 파손, 물자의 사용불능, 정상적인 작전의 불가능과 같은 것이었다. 비전투 인명손실의 대부분은 동상에 의한 것이었다. 혹한의 겨울에 경계근무 중

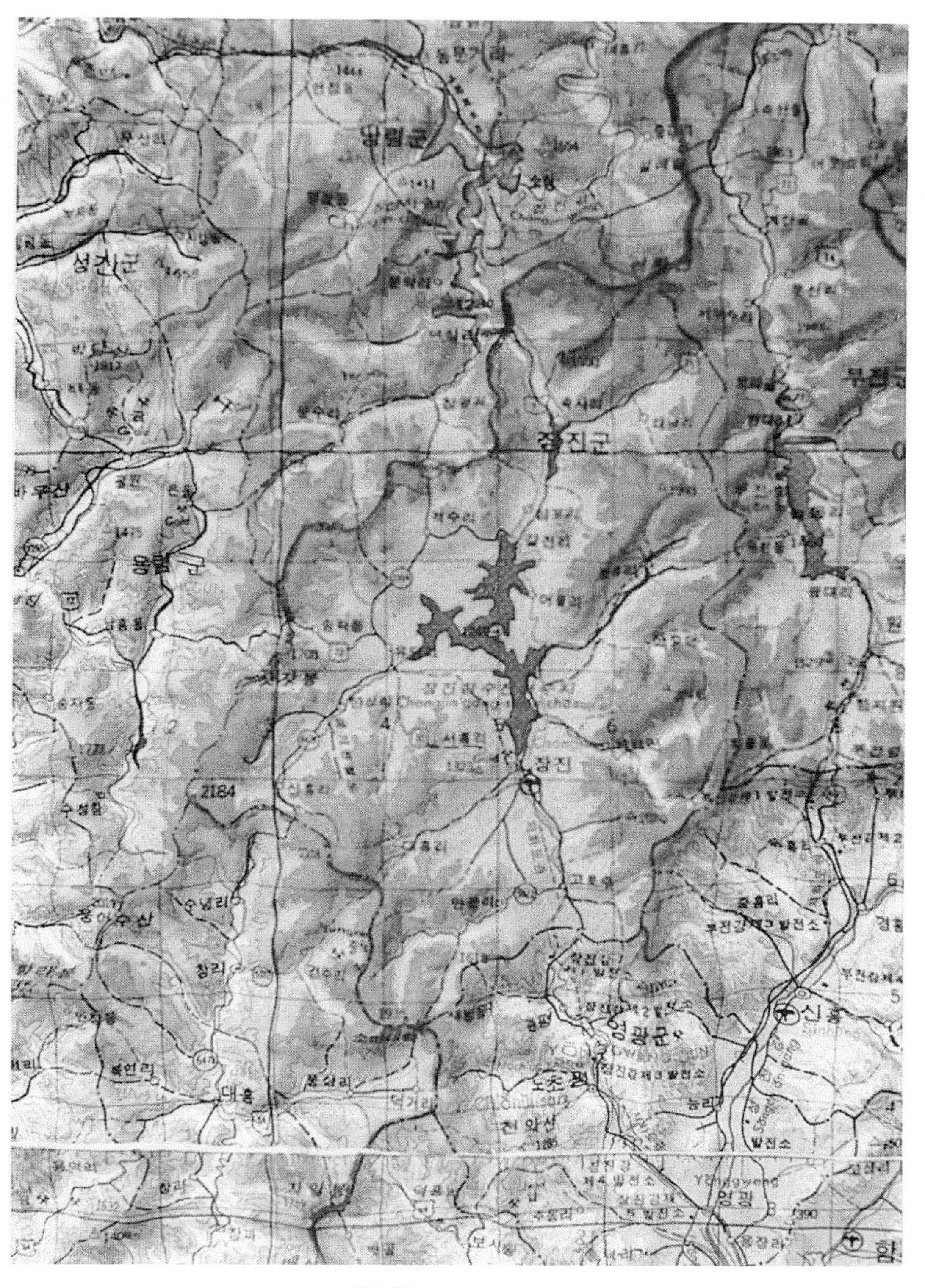

그림 6.16 장진호전투지역

졸게 되면 그대로 동사하는 경우도 많았고, 장비의 성능저하 및 파손은 각종 화기, 차량, 탄약 등이 저온으로 인하여 제대로 성능을 발휘하지 못하거나 때로는 저온상태에서 사격을 함으로써 파손되는 경우가 발생하였다. 박격포의 포판이 깨어지는 경우가 많았고 포병사격은 사거리가 현저히 줄어들었다. 차량이나 전차는 혹한에서 성능을 유지하기 위해서는 주기적으로 시동을 걸어야 하기 때문에 연료의 소모가 과다하였고 포위된 상태에서 적에게 노출되는 위험을 겪었다.

많은 물자들이 저온으로 인하여 사용불가능한 상태가 되었다. 액체상태로 보급되는 많은 의약품들은 얼어서 사용할 수 없게 되었다. 거대한 장진호 주변에서 전투를 하였음에도 불구하고 호수는 얼음으로 덮였고 수통의 물은 얼어서 식수가 부족하였다.

전술적으로도 많은 어려움이 있었다. 개인참호의 구축이나 다른 야전축성은 땅이 얼어 있기 때문에 불가능하였으며, 삼국지에서 나오듯 물을 이용하여 얼리면서 쌓을 수밖에 없었다.

장진호전투를 비롯한 1950년 겨울 한반도에서의 군사작전은 우리 국군은 물론 미군에게도 많은 교훈을 주었다. 미군은 제2차 세계대전을 경험하였으나, 이와 같은 정도의 혹한에서 실제로 대규모작전을 수행한 경험은 거의 없었다. 따라서 장진호지역에서의 전투에서 혹한의 무서움에 대한 충분한 사전대비가 없었다. 여기에 중공군의 포위로 군수지원이 제대로 되지 않으면서 어려움은 심각해졌고, 그 결과 많은 인명과 장비의 손실을 초래하고 후퇴하였다.

Chapter

07

지구의 구성물질과 변화

1. 지구의 구성물질
2. 판구조론
3. 지질구조
4. 토 양

1 지구의 구성물질

❶ 지질시대의 구분

지구 내부의 마그마는 지표로 분출하여 냉각되면서 지각을 형성하고 대륙의 모양을 갖추게 되었다. 지구는 지질시대(地質時代, geologic time)를 거치면서 다양한 변화를 겪게 되었고, 이러한 변화들은 암석 속에 그 흔적을 남겼다. 이러한 기록을 조사하고 그 생성연대를 측정함으로써 지구의 진화과정을 이해할 수 있다. 지구의 연령과 진화과정을 밝히기 위해서는 지질연대측정법과 지사학(地史學, historical geology)의 법칙을 이해해야 한다.

1. 지질연대 측정법과 지사학의 법칙

지질연대 측정법에는 상대연령 측정법과 절대연령 측정법이 있다. 상대연령 측정법은 지질시대의 선후관계만을 판단할 수 있는 것으로, 나무의 나이테, 퇴적층의 두께, 생존기간이 밝혀진 표준화석 등을 이용한다. 절대연령 측정법은 주로 방사성 동위원소를 이용하여 측정하는 방법이다. 방사성 동위원소는 외부의 물리적·화학적 변화에 관계없이 일정한 붕괴율을 가지며 다른 안정된 원소로 변해간다. 암석에 포함된 방사성원소의 양과 이것이 붕괴되어 만들어진 원소의 양 그리고 방사성원소의 반감기를 안다면 방사성원소가 분리된 시간을 알 수 있으며, 이것으로부터 암석의 생성시기를 알 수 있다. 방사성 동위원소를 이용한 연대측정법은 표 7.1과 같다.

지사학의 법칙은 지층의 형성시기를 지층이 놓인 관계로부터 분석하여 생성연대의 선후관계를 판단하는 것이다. 지사학의 주요법칙으로는 동일과정의 법칙, 지층누중의 법칙, 생물군 천이의 법칙, 부정합의 법칙, 그리고 관입의 법칙이 있다.

동일과정의 법칙(principle of uniformitarianism)은 현재에 일어나는 지질학적인 일들의 과정이 과거에도 동일한 과정으로 일어났다는 법칙으로서, 지질학체계의 가장 기본이 된다. 즉, 지구의 변화는 각 시대의 환경에 따라 약간의 차이는 있지만 오랜 기간 계속되는 힘에 의해 서서히 이어져 왔고 앞으로도 계속될 것이다.

표 7.1 방사성동위원소를 이용한 연대측정법

방 법	붕괴과정	반감기	주요 적용암석
U−Pb	$U_{92}^{235} \rightarrow Pb_{82}^{207} + 7He_2^4 + 4\beta^- + Q$ $U_{92}^{238} \rightarrow Pb_{82}^{206} + 8He_2^4 + 6\beta^- + Q$	7.1억 년 45억 년	화강암
K−Ar	$K_{19}^{40} \rightarrow Ar_{18}^{40} + \beta^+ + Q$	13억 년	현무암
Rb−Sr	$Rb_{37}^{87} \rightarrow Sr_{38}^{87} + \beta^- + Q$	470억 년	산성 및 중성 화산암
C_6^{14}	$C_6^{14} \rightarrow N_7^{14} + \beta^- + Q$	5730년	탄소 함유물질

지층누중의 법칙(principle of superposition)은 지층의 교란이 없는 한 밑에 놓인 지층은 위에 놓인 지층보다 오래된 역사를 갖고 있다는 것이다. 이는 지질학적 사건들의 상대적인 시간관계를 규명할 수 있는 기본원리이다.

생물군 천이의 법칙(principle of faunal and floral succession)은 단층이나 습곡에 의한 교란을 받지 않은 지층에서는 지층에 따라 화석의 진화상태가 일정한 순서로 연속적으로 나타난다는 것이다. 즉 상부의 지층에 존재하는 화석은 하부에 존재하는 화석보다 복잡하고 진화된 종의 형태를 보여준다. 이로서 화석은 지층의 퇴적순서와 대비에 중요한 역할을 할 수 있게 된다.

부정합의 법칙(principle of unconformity)은 부정합을 경계로 밑에 있는 지층과 위에 있는 지층의 선후관계를 설명해 준다. 이 부정합은 퇴적 중단 혹은 침식기간을 나타낸다.

관입의 법칙(principle of intrusion)이란 관입한 암석은 관입당한 암석보다 후기에 생성되었다는 법칙이다. 따라서 관입암과 그 주변의 지층을 조사하여 상대적인 전후관계를 규명할 수 있다.

이러한 법칙들이 실제 지층에서 어떻게 적용되는지 알아보기 위해 그림 7.1과 같은 지질 단면도가 있다고 생각해 보자. 먼저 지층누중의 법칙에 따라 가장 아래쪽에 있는 퇴적층 A가 아마 제일 먼저 생성되었을 것이다. 다음으로 관입암 B와 단층 C가 존재하는데 관입암 B가 A를 뚫고 관입하였으므로 B는 A보다 후기일 것이고, C에 의해 B가 잘렸기 때문에 C는 B보다 후기에 생성되었을 것이다. 그리고 부정합면 D에 의해서 A, B, C가 모두 잘려 나갔기 때문에 D가 그 다음에 형성되었고, 그 위에 E, F층이 쌓였다. 아마도 평행하게 퇴적되었을 E, F가 경사진 것으로 보아 퇴적 후 지각변동에 의해 경사지게 된 것을 예측할 수 있다. 그 이후 부정합면 G가 생겼을 것이고, 그 위에 H, I층이 쌓인 후 이들 모두를 관통하는 암맥 J가 생성되었을 것이다. 따라서 지사학의 법칙을 적용해 그림 7.1의 지층 선후관계를 살펴보면 오래된 것부터 순서대로 A－B－C－D－E－F－G－H－I－J가 됨을 알 수 있다.

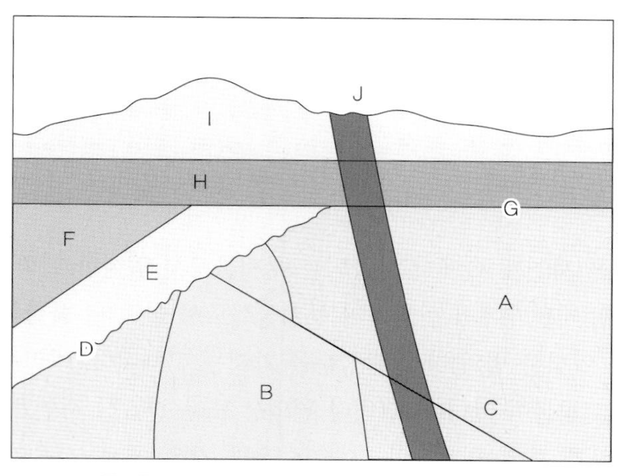

그림 7.1 지사학의 법칙과 암석의 선후관계

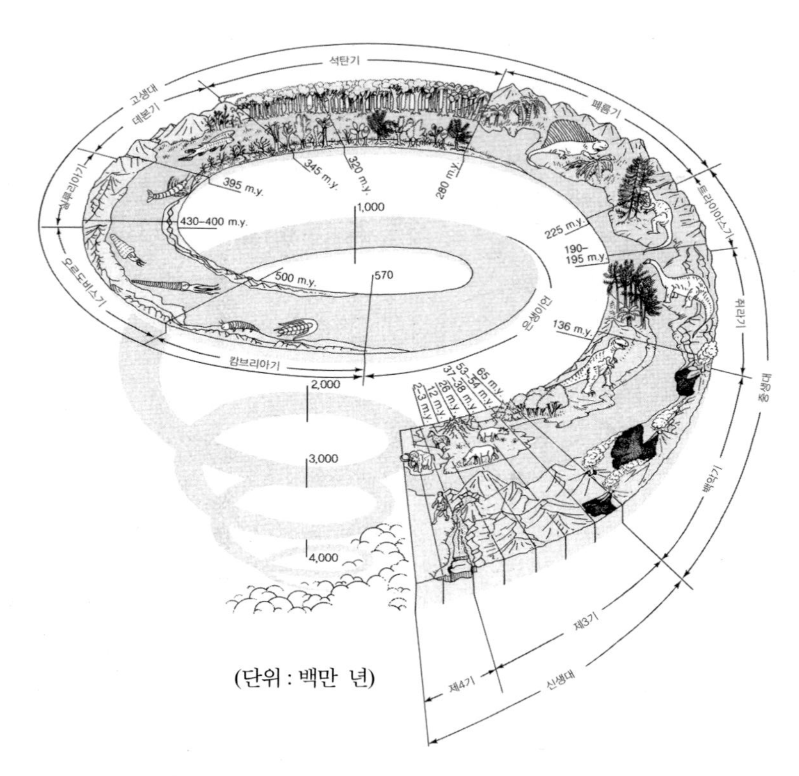

그림 7.2 지질시대의 구분(Press and Siever, 1986)

2. 지질시대

지질시대는 지구의 탄생으로부터 약 만 년 전까지의 시대를 의미한다. 지질시대는 지질학적인 증거들을 바탕으로 이언(eon), 대(代, era), 기(紀, period), 세(世, epoch) 등의 시간단위로 구분하며, 지질시대의 절대연령은 그림 7.2와 같다.

② 광 물

1. 광물의 정의와 구분

광물(鑛物, mineral)은 자연계 속에서 산출되는 무기물로서 일정한 화학조성과 결정구조를 가진 균일한 고체이다. 즉, 자연계에서 산출되며 무기물질로서 물리적, 화학적 성질이 어느 부분이나 균질하고 일정(또는 일정한 범위)한 화학성분을 가지는 고체이다. 따라서 유리나 인조보석 따위는 인공적인 것이므로 광물이 아니다. 그러나 편의상 또는 관습상 자연계에서 산출되는 비정질인 무기물의 고체, 석탄과 같은 유기물의 고체, 수은과 같은 액체, 석유와 같은 유기적인 액체 및 천연가스까지는 광물로 취급된다.

광물은 지각(地殼, earth crust)구성의 기본단위이다. 지구 상에 알려진 광물의 종류는 2,500여 종에 달하나, 10여 종의 주요 광물이 지각의 거의 모든 암석을 구성하고 있다. 광물은 원소로 구성되어 있다. 원소는 100여 종이 있으나, 지각을 구성하는 원소로서 1% 이상을 차지하는 것은 표 7.2에서 보는 바와 같이 산소, 규소, 알루미늄, 철, 칼슘, 나트륨, 칼륨, 마그네슘이며, 이들을 지각 구성의 8대 원소라 한다.

표 7.2 지각 구성의 8대 원소

원자번호	원소명과 원소기호	중량비(%)	체적비(%)
8	Oxygen(O)	46.60	93.77
19	Potassium(K)	2.59	1.83
11	Sodium(Na)	2.83	1.32
20	Calcium(Ca)	3.63	1.03
14	Silicon(Si)	27.72	0.86
13	Aluminum(Al)	8.13	0.47
26	Iron(Fe)	5.00	0.43
12	Magnesium(Mg)	2.09	0.29
	기타	1.41	-

2. 주요 조암광물

암석(岩石, rock)을 형성하는 데 주요 구성성분이 되는 광물을 조암광물(造岩鑛物, rock forming minerals)이라 한다. 조암광물의 90% 이상이 규산염 광물이고 탄산염, 황산염, 인산염, 산화, 황화, 할로겐 광물 등이다.

(1) 규산염광물

규산염광물(硅酸鹽 鑛物, silicate mineral)은 조암광물 중에서 가장 흔한 것이다. 규산염 광물의 화학성분은 복잡하지만, 기본적으로 SiO_4 사면체(四面體, tetrahedron)를 기본 구조로 하여 다른 원소나 이온과 결합한 것이다.

주요광물로는 석영(quartz), 장석(feldspar), 운모(mica), 휘석(pyroxene), 각섬석(amphibole), 감람석(olivine) 등이 있다. 석영은 가장 흔한 광물이며 사암, 규암 같은 암석의 주성분이고 화강암, 편마암 등에 많이 들어 있다. 빛깔과 모양에 따라 여러 가지가 있으며, 특히 장식용으로 쓰일 때는 여러 가지 명칭이 있다. 예를 들면, 수정(연수정 : smoky quartz, 자수정: amethyst, 장미수정 : rose quartz), 옥수(chalcedony), 아게이트(agate), 제스퍼(jasper), 단백석(opal) 등이다.

(2) 탄산염광물

탄산염광물(炭酸鹽 鑛物, carbonate mineral)이란 CO_3^{2-} 이온과 결합하여 만든 광물을 말한다. 주로 Ca^{2+}, Mg^{2+}, Fe^{2+} 등과 결합한다. 주요 광물로는 돌로마이트(dolomite, {Ca, Mg}CO_3), 방

해석(calcite, $CaCO_3$), 마그네사이트(magnesite, $MgCO_3$), 공작석(malachite, $Cu_2CO_3(OH)_2$) 등이 있다.

(3) 황산염광물

황산염광물(黃酸鹽 鑛物, sulfate mineral)이란 SO_4^{2-} 이온과 결합하여 만든 광물을 말한다. 주로 Ca^{2+}, Ba^{2+} 등과 결합한다. 의료용 깁스, 시멘트의 원료로 사용되는 경석고(gypsum, $CaSO_4 \cdot 2H_2O$), 중정석(barite, $BaSO_4$) 등이 있다.

(4) 황화광물

황화광물(黃化 鑛物, sulfide mineral)이란 황(S)이 다른 원소와 결합한 광물로서 대개 철, 은, 동, 납, 수은 등과 결합한다. 주요 황화 광물로는 동의 주요한 광석인 황동석(chalcopyrite, $CaFeS_2$), 황철석(pyrite, FeS_2), 납의 주요한 광석인 방연석(galena, PbS), 방연석과 유사하지만 수지(樹脂, resin) 광택을 띠며 쪼개짐이 뚜렷한 아연의 주요한 광석인 아연석(zincblende, ZnS) 등이 있다.

(5) 산화광물

산화광물(酸化 鑛物, oxide mineral)이란 산소가 다른 원소와 결합하여 된 광물이다. 주요 산화광물로는 적철석(hematite, Fe_2O_3), 자철석(magnetite, Fe_3O_4), 강옥(corundum, Al_2O_3) 등이 있다. 강옥 중에서 맑고 푸른빛이 도는 것은 사파이어(sapphire), 붉고 투명한 것은 루비(ruby)라고 한다. 가장 많이 산출되는 불순한 것을 에머리(emery)라고 하며 연마재로 쓰인다.

(6) 원소광물

원소광물(元素 鑛物, element mineral)이란 단일원소로 광물을 이루는 것을 말한다. 동(copper, Cu), 금(gold, Au), 다이아몬드(diamond, C), 흑연(graphite, C), 은(silver, Ag) 등이 속하며, 다이아몬드와 흑연은 동일한 원소로 된 동질이상(同質異像, polymorphism)이다.

3. 광물의 감정

(1) 물리적 방법

광물을 구별하는 데 이용하는 물리적 성질은 경도(硬度, hardness), 비중(比重, specific gravity), 벽개(劈開, cleavage), 단구(斷口, fracture), 색(色, color), 조흔색(條痕色, streak), 광택(光澤, luster) 등이 있다. 암석을 구성하는 각 광물들의 물리적 성질이 표 7.3에 나타나 있다. 이를 이용하면 광물의 판별에 유용하다.

경도는 광물의 굳은 정도를 말하며 그 크기는 결정을 이루는 원자, 이온의 종류와 그 결합의 상태에 의해서 결정된다. 모스(F. Mohs)는 자연계에서 쉽게 접할 수 있는 광물 10개를 선정해

표 7.3 광물의 물리적 성질

광 물	육 안					현미경			
	색	경도	쪼개짐	깨진 자국	광택	색	쌍정	소광각	비 고
석영 (Quartz)	무색 분홍 보라	7	불규칙	패각	유리	무색		평행	육각기둥의 결정형
정장석 (Orthoclase)	백색 회색 홍색	6∼6.5	2(90)	불평탄 패각	유리	무색	Carlsbad	5∼14	
사장석 (Plagioclase)	백색 회색	6∼6.5	2(86)	불평탄 패각	유리	무색	Polysyn-thetic	2∼63	다색성
흑운모 (Biotite)	흑색 암갈	2.5∼3	1		유리	연녹색 갈색		0∼9	절연성 탄력
백운모 (Muscovite)	무색 갈색	2.5	1		유리 진주	무색		0∼3	
각섬석 (Amphibole)	암록 흑색	5∼6	2(56)	불평탄	유리 진주	연갈색 청녹색 녹색		12∼34	주상결정
휘석 (Pyroxene)	암록 흑색	5∼6	2(87)	불평탄 패각	유리	무색 연녹색	Polysyn-thetic	35∼50	
감람석 (Olivine)	녹색	6.5∼7	불규칙	패각	유리	무색 연녹색		평행	
방해석 (Calcite)	백색 무색 회색	3	3	패각	유리	무색	Polysyn-thetic	55 이상	염산반응

굳기를 비교해 경도계를 만들었다. 모스경도계(Mohs' scale of hardness)는 활석-석고-방해석-형석-인회석-정장석-석영-황옥-강옥-금강석의 순서이다. 이와 같은 모스경도계의 경도 2는 경도 1의 광물의 굳기의 2배라는 뜻은 아니며, 굳기의 차례로 배열한 상대적인 경도이다. 손톱의 경도는 약 2.5이며, 동판은 약 3, 못은 약 4.5, 창문유리는 약 5.5, 칼은 약 6이다.

비중은 같은 부피의 4℃ 물에 대한 무게비를 의미하며, 대부분의 광물은 2∼4의 비중을 가지고 있지만 중금속의 화합물에는 4를 넘는 것이 많다. 비중측정에는 졸리의 비중저울(Jolly balance), 비중계(比重計, pycnometer), 중액(重液, heavy liquid) 등에 의한 방법이 있다.

벽개는 결정질인 고체가 물리적 타격을 받을 때 그 결정축에 대하여 어떤 일정한 방향으로만 틈이 생기고 평탄한 면을 보이며 쪼개지는 것을 말한다. 이와 같이 결정질인 고체 안에서 응집력이 가장 약한 방향으로 쪼개지기 쉬운 성질을 갖고 있는 광물에는 운모, 방해석, 형석, 황동석, 방연석 등이 있다.

단구란 벽개가 불완전한 광물이 쪼개짐의 방향 이외의 방향으로 깨어질 때는 쪼개짐면처럼 그

광물의 중요한 결정면에 평행하는 깨끗한 면을 나타내지 않는 것을 말한다. 이것은 광물에 따라서 특색 있는 모양을 나타내며 절단한 듯이 깨끗이 깨어지는 방해석, 패각상(choncoidal)의 석영, 피치블렌드(pitchblende), 다편상(splintery)의 사문석(serpentinite), 거치상(hackly)의 자연동 등이 있다.

색은 광물 고유의 빛깔을 말한다. 예를 들면, 흑연은 흑색, 적철석은 적색인데, 이같은 빛깔은 여러 원소의 이온과 연관된다. 예를 들면, Fe^{2+}는 녹색, Fe^{3+}는 적갈색이다. 같은 종류의 광물은 대체로 같은 색을 가지나 미량의 불순물이 들어가면 그 성분에 따라 색이 달라진다.

조흔색(streak)이란 초벌구이 도자기의 표면에 광물을 그으면 나타나는 빛깔, 즉 광물분말의 색이며 광물 감정에 이용된다. 예를 들면, 자연금, 황철석, 황동석의 경우 겉보기 색깔은 비슷한 금색이나, 조흔색은 금, 은, 녹흑색으로 각각 다르다. 비슷한 색깔인 전기석과 흑중석의 조흔색은 전자는 백색, 후자는 녹흑색이다.

광택(luster)은 광물표면에 빛이 반사될 때 주는 느낌이며, 다음과 같이 나눠진다. 금속광택은 황철석, 방연석이고, 아금속광택은 자철석이고, 비금속광택 중에서 유리광택은 석영, 황옥, 방해석, 형석 등이고, 수지 또는 지방광택은 유황, 호박, 녹니석이고, 견사광택은 석면이고, 진주광택은 백운모, 활석 등이며, 토상광택은 분탄, 갈철석 등이다.

이상과 같은 광물의 물리적 특성 이 외에도 광물의 투명도, 자성(磁性), 방사성, 전기성, 형광, 인광, 유연성(malleability), 탄성, 촉감, 맛 또는 냄새 등의 특성을 이용하여 구별하는 경우도 있다.

(2) 화학적 방법

광물을 화학적으로 처리하면 몇 개의 원소로 분해된다. 천연유황, 금강석같이 한 가지의 원소로 된 것도 있으나 대부분의 광물은 몇 종류의 원소가 거의 일정한 비율로 정해진 결합 상태를 갖고 있다. 따라서, 광물의 화학조성은 S(황), Fe_3O_4(자철석), SiO_2(석영)와 같이 일정한 화학식으로 나타난다. 그러나 섬아연석(zincblende)의 주성분은 유화아연(ZnS)이나, 다소의 철분을 함유하면 화학식은 (Zn, Fe)S 또는 $(ZnS)_x(FeS)_y$이고, 장석의 일반화학식은 $(KAlSi_3O_5)_x$ $(NaAlSi_3O_5)_y$ $(CaAl_2Si_2O_5)_2$이다. 이와 같이 몇 가지의 성분을 혼합하여 균질한 광물이 되고 같은 내부 구조를 갖는 것을 고용체(固溶體, solid solution)라 한다.

광물의 화학조성과 내부구조 사이에는 일정한 관계가 있다. 화학성분이 다르나 일부 공통된 성분이 있으면 서로 같은 결정형을 가지는 경우가 있다. 예를 들면, 방해석($CaCO_3$), 마그네사이트($MgCO_3$), 능철석($FeCO_3$) 등은 모두 CO_3^{2-}를 공통으로 가지며, 같은 육방정계의 결정을 만든다. 이는 Ca, Mg, Fe 등의 이온이 크기와 성질이 비슷하여 같은 능면체를 이루며, 이들의 관계를 유질동상(isomorphism)이라고 한다. 화학조성이 비슷한 것은 내부 구조도 비슷하다고 할 수 있다.

화학적 성질이 같으나 외형, 내부구조 등이 전혀 다른 것으로, 예를 들면, 흑연과 금강석, 황철석과 백철석(FeS_2), 방해석과 애라고나이트(aragonite) 등과 같은 경우를 동질이상(polymorphism)이라고 한다.

③ 암 석

1. 암석의 정의와 구분

암석이란 1종 또는 그 이상의 광물이 자연의 작용으로 모인 집합체다. 예를 들면, 화강암의 구성광물은 석영, 장석, 운모 등이다. 이러한 암석을 성인에 따라 대별하면 화성암, 퇴적암 및 변성암으로 구분할 수 있다.

화성암(火成岩, igneous rock)은 마그마가 냉각고결된 것으로, 전체 암석의 95%를 차지한다. 마그마는 고온, 고압의 지각 내에서 화학적으로 매우 복잡한 성분을 가지며, 용융상태를 유지하고 있는 물질로서 주로 규산염 광물로 되어 있고 소량의 수증기와 가스가 포함되어 있다. 퇴적암(堆積岩, sedimentary rock)은 기존의 암석, 즉 화성암, 퇴적암 또는 변성암이 풍화와 침식작용으로 파괴되어 다른 지역으로 운반, 퇴적되어 굳어진 암석이다. 변성암(變成岩, metamorphic rock)은 마그마나 조산운동에 의한 큰 압력과 고열로 인하여 암석이 원래의 성질을 잃어버리고 새로운 성질을 갖는 암석으로 변한 것을 말한다.

2. 마그마와 화성암

(1) 마그마

지구 내부 및 지표에서 일어나는 각종 현상은 지열과 관계가 있다. 마그마(magma)의 관입, 화산, 지진, 조산운동 및 변성작용 등은 지열의 생성과 전달과정에서 나타나는 현상이다. 지하로 들어갈수록 온도는 높아지며, 지온경사는 대체로 15～35℃/km에 달한다. 지구 내부의 지온곡선과 용융온도곡선을 분석하면 대체로 암석권(岩石圈, lithosphere)의 하부인 약 120 km 깊이의 연약권(軟弱圈, asthenosphere)에서는 온도가 암석의 초기 용융온도인 1,100～1,200℃에 달할 것으로 추정된다.

이러한 연약권에는 부분적으로 용융물질인 마그마가 존재한다. 마그마는 액체, 고체 및 소량의 기체로 이루어진 혼합물이다. 마그마는 SiO_2의 함량에 따라 대조적인 특성을 나타내는 현무암질 마그마와 화강암질 마그마의 두 가지로 분류된다. 현무암질 마그마는 SiO_2의 함량이 50% 정도이며, 온도는 900～1,200℃이고, 점성이 낮아서 유동성이 크다. 현무암질 마그마는 판과 판이 갈라지는 해령에서 주로 생성되며, 연약권의 주요 구성 암석인 감람암이 부분 용융되어 생성된 것으로 판단된다.

반면 화강암질 마그마는 SiO_2의 함량이 60~70%이며 온도는 800℃ 이하이고, 점성이 높아서 유동성은 작다. 화강암질 마그마는 판이 충돌하는 수렴경계에서 해양지각과 해저 퇴적물이 맨틀로 들어가면서 주로 생성된 것으로 추정된다.

(2) 화성암의 생성

마그마의 냉각·고결에 의해 생성되는 화성암은 마그마의 냉각조건에 따라 다양한 종류의 암석이 생성된다. 마그마의 냉각에 따라 광물이 결정작용을 일으키는 데는 일반적인 순서가 있는데, 이를 Bowen의 반응계열(Bowen's reaction series)이라 한다(그림 7.3). 화성암이 생성되는 과정에서 마그마의 냉각속도는 광물 결정의 상태에 영향을 미친다. 서서히 냉각되면 결정이 생성되기에 충분한 시간이 있으므로 조립질이 되고, 급속히 냉각되는 경우에는 세립질이 된다.

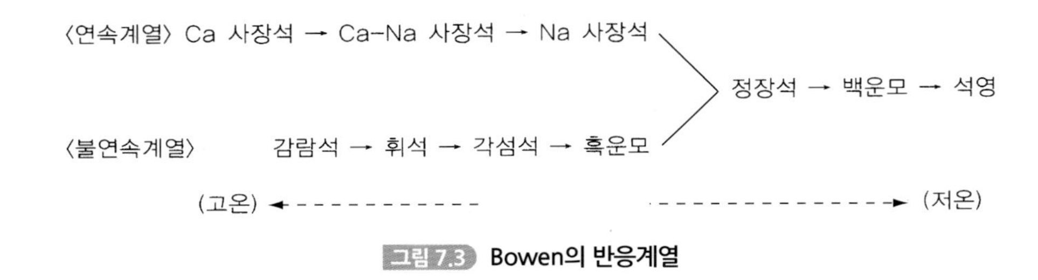

그림 7.3 Bowen의 반응계열

철·마그네슘 계열은 불연속계열로서, 결정구조가 간단한 감람석이 먼저 정출되고, 대체로 휘석, 각섬석, 흑운모의 순서로 정출된다. 장석계열은 연속계열로서, Ca 사장석에서 Na 사장석의 순서로 정출된다. 이때 Ca과 Na 이온이 서로 치환되어 가기 때문에 연속계열이라 한다. 석영은 제일 낮은 온도에서 정출된다. 그러나 광물의 생성은 이러한 반응계열을 정확히 따르지 않는 경우가 많다.

(3) 화성암의 분류

화성암은 마그마의 성분에 의한 광물의 조성과 마그마의 냉각조건에 따라 여러 가지 서로 다른 종류의 암석이 생성된다. 화성암은 그림 7.4에서와 같이 구분할 수 있다. 여기에는 화강암, 섬록암, 현무암과 같이 화성암에 속하는 개별 암석들이 어느 구분에 해당되는가를 분류하였다.

- 광물조성에 따른 분류: 화성암의 주요 조암광물은 석영, 장석, 운모, 휘석, 각섬석, 감람석의 6종이다. 이중 석영, 장석은 규장질광물(硅長質 鑛物, felsic mineral), 운모, 휘석, 각섬석, 감람석은 고철질광물(苦鐵質 鑛物, mafic mineral)로 분류된다. 광물조성에 따른 분류는 SiO_2의 함량에 따라 산성암(SiO_2 함량 66% 이상), 중성암(SiO_2 함량 66~52%), 염기성암(SiO_2 함량 52~45%), 초염기성암(SiO_2 함량 45% 이하)으로 구분된다. 규장질 광물이 많을수록 SiO_2의 함량이 많아지기 때문에 일반적으로 염기성에서 산성으로 갈수록 색깔은 밝아지게 된다.

■ 생성깊이와 입자크기에 따른 분류: 생성깊이에 따라 화성암은 심성암, 반심성암, 화산암으로 구분할 수 있다. 일반적인 경우 결정의 성장속도는 생성깊이와 관계가 있기 때문에 입자의 크기는 생성깊이에 따라 달라진다. 지하 깊은 곳에서 생성될 때는 마그마가 천천히 식어 결정을 구성할 시간이 충분하기 때문에 구성하는 광물의 결정크기가 크고, 반대로 화산암과 같이 공기 중이나 물 속으로 분출한 경우에는 급속히 냉각되기 때문에 결정크기가 매우 작다.

화성암을 구성광물의 입자 크기에 따라 구분하면, 현정질(顯晶質, phaneritic, 5 mm 이상), 비현정질(非顯晶質, aphanitic, 1~5 mm), 유리질(glassy, 1 mm 이하)로 구분하며 현정질은 주로 심성암에서, 유리질은 화산암에서 특징적으로 나타난다.

위와 같은 분류방법으로 그림 7.4를 참고하여 살펴보면, 화강암은 정장석, 석영, 사장석, 흑운모, 각섬석 등의 광물로 구성된 암석으로서 광물조성에 따라서는 산성암, 입자의 크기에 따라서는 조립질 암석, 생성깊이에 따라서는 심성암으로 분류되는 것을 알 수 있다.

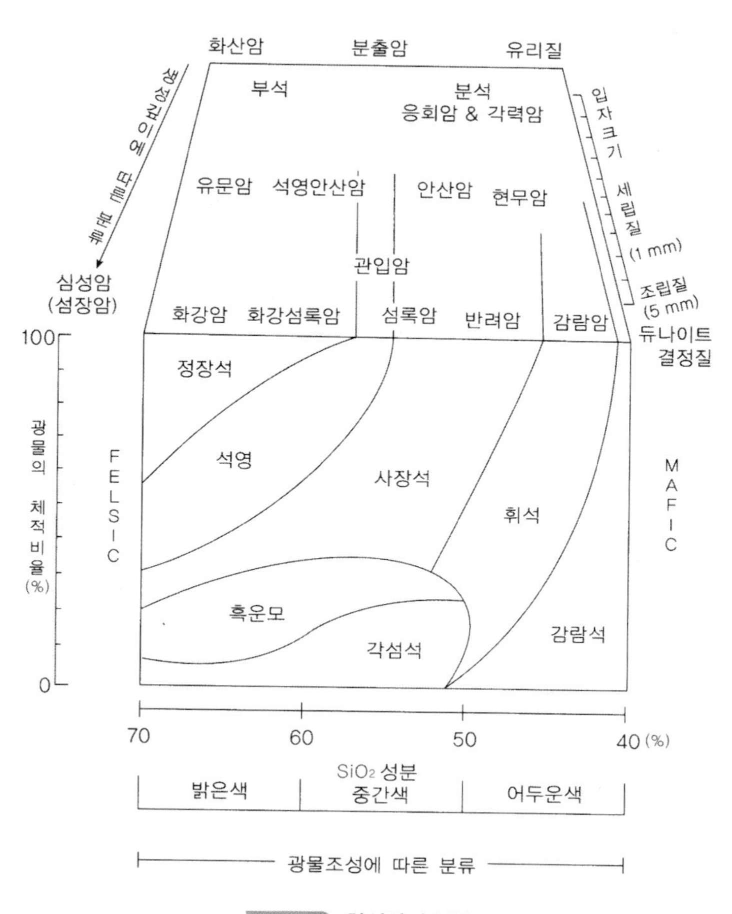

그림 7.4 화성암의 분류

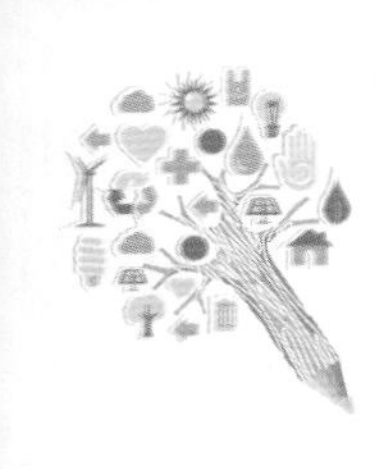

3. 퇴적암

(1) 퇴적암의 생성과 특징

퇴적암이란 화성암, 변성암, 퇴적암의 구별 없이 이미 만들어진 암석의 구성재료가 풍화 또는 침식작용 등에 의해 파쇄, 분해되어 운반된 암설(岩屑)과 생물의 유해, 화학적 분해물, 화산분출물 등도 포함되는 퇴적물이 지하 깊은 곳에서 오랜 시간을 지나면서 고화된 것이다.

퇴적암의 노출면적은 전 육지의 75%를 차지하며, 지구표면에 극히 엷은 층을 이루며 분포한다. 전체 퇴적암의 99% 이상이 셰일(70~80%), 사암(12~16%), 석회암(5~14%)의 세 종류에 속한다.

대부분의 퇴적암은 층상으로 발달하는 평행구조를 가지는데 이를 층리(層理, stratification)라고 한다. 이 밖에 퇴적암에는 퇴적 당시의 환경을 반영하는 여러 가지 구조가 남게 되는데, 여기에는 결핵체(結核體, concretion), 위층(僞層, cross bedding), 연흔(漣痕, ripple mark), 건열(乾裂, mud crack), 우흔(雨痕, rain print), 화석(化石, fossil) 등이 있다. 이와 같이 퇴적암에 나타나는 구조는 암석이 생성되면서 함께 만들어지기 때문에 1차구조(primary structure)라고 한다.

(2) 퇴적암의 분류

퇴적암은 퇴적물의 종류에 따라 크게 쇄설성 퇴적암, 화학적 퇴적암, 유기적 퇴적암의 3가지로 나눌 수 있다. 쇄설성(碎屑性, clastic) 퇴적암이란 퇴적물이 입자상태로 운반되어 퇴적된 것으로서, 운반매체와 입자의 크기에 따라 구분된다. 운반매체에 의해 구분되는 경우, 수성 쇄설암, 풍성쇄설암, 화성쇄설암, 빙성쇄설암(tilite) 등으로 나뉜다. 입자의 크기에 따라서는 역암(礫岩, 직경 2 mm 이상), 사암(砂岩, 직경 2~1/16 mm 이상), 그리고 이암(泥岩, 직경 1/16 mm 이하)으로 구분된다(표 7.4).

화학적(化學的, chemical) 퇴적암이란 물질이 이온상태로 운반되어 형성된 암석을 말한다. CO_3^{2-} 이온을 포함한 탄산염암은 석회암($CaCO_3$), 백운암($\{Ca, Mg\}CO_3$)이 여기에 속하고, 주로 용해물질이 물이 증발되면서 침전되어 생긴 비탄산염으로는 암염, 석고, 처트(SiO_2) 등이 있다. 석회암의 주구성성분인 방해석($CaCO_3$)의 생성과정은 다음과 같이 표현된다.

$$Ca^{2+} + 2HCO_3^{2-} \rightarrow CaCO_3 + H_2O + CO_2 \qquad (7.1)$$

유기적(有機的, organic) 퇴적암은 유기물이 퇴적되어 형성된 퇴적암으로서 석회암, 백악(白堊, chalk), 해조류가 퇴적되어 만들어진 규조토, 석탄, 아스팔트 등이 있다. 석탄은 압력이 작용하면 토탄(土炭, peat), 갈탄(褐炭, lignite), 역청탄(瀝青炭, bituminous coal), 무연탄(無煙炭, anthracite)의 순서로 변하게 된다.

표 7.4 입자의 크기에 따른 퇴적암의 분류

입자의 크기(직경; mm)	퇴 적 물	퇴 적 암
64< 4~64 2~4	왕 자 갈 자 갈 잔 자 갈	거 력 암 역 암 세 력 암
1/2~2 1/4~1/2 1/16~1/4	왕 모 래 모 래 잔 모 래	조 립 사 암 사 암 세 립 사 암
1/256~1/16 <1/256	뻘 점 토	이 암

4. 변성암

(1) 변성작용과 변성암의 특징

모든 암석은 생성당시와 다른 환경에 놓이게 되면 다소 간의 변화를 하게 된다. 이러한 변화를 일으키는 작용을 변성작용(變成作用, metamorphism)이라 하며, 변성작용을 받은 암석은 운모의 평행구조와 같은 2차적인 광물의 평행구조인 엽리구조(葉理構造, foliation)가 나타나고, 입자 사이의 간극이 좁아지고 치밀해지는 맞물림 조직(interlocking)이 일어나게 된다. 이같이 암석이 생성된 이후에 외부 요인에 의해 생성된 구조를 2차구조(secondary structure)라고 한다. 변성작용은 풍화지대에서 암석이 풍화작용으로 변하는 변질(變質, alteration)과 구별하여 풍화가 미치지 못하는 지하 깊은 곳에서 암석을 변하게 하는 물리적, 화학적 작용에 국한하여 사용된다.

변성암은 퇴적암이나 화성암이 처음 만들어졌을 때와는 다른 열과 압력, 기타 조건에 놓이면 불안정하게 되어 새로운 환경에 안정되도록 자체의 광물조성과 조직에 변화를 가져온다. 이와 같이 생기는 변화의 모든 것이 넓은 의미의 변성작용이며, 변성작용을 받은 암석이 변성암이다.

변성작용은 접촉변성작용(contact metamorphism)과 광역변성작용(regional metamorphism)으로 나눈다. 접촉변성작용은 화강암 같은 산성 심성암이 지각의 일부에 관입한 경우 그 주위의 암석에 현저한 변화가 생기는데 관입한 부근에서 가장 강하고 멀어짐에 따라 약해진다. 이 작용을 받는 범위는 1~2 km 이내이며 그 지대를 접촉변성대라고 한다. 또한, 온도의 상승이 직접적인 원인이므로 열변성작용이라고도 한다. 광역변성작용은 조산운동이나 조륙운동과 같이 넓은 지역에 걸쳐 큰 압력이 작용해 생기는 변성작용을 말하며, 암석의 변화가 수십 km에서 수백 km의 넓은 지역에 걸쳐 나타난다.

이러한 변성작용의 결과로 암석이 지닌 본래의 구조는 아주 달라지고 재결정(recrystallization)되거나 재배열되어 새로운 조건에 적합한 광물조성을 갖게 된다. 변성작용으로 생긴 광물은 일정한 방향으로 배열되어 선구조(lineation)가 발달하는 것이 일반적이다. 변성이 진행되면 편리(片理, schistosity)가 발달하는 편암, 편마리(片麻理, gneissosity)가 발달하는 편마암 등이 생성된다.

(2) 변성암의 분류

기존암석에 어떤 요인의 변성작용이 가해졌는가에 따라 변성작용을 광역변성작용과 접촉변성작용으로 구분한다. 이들의 작용으로 생기는 변성암의 종류를 보면 다음과 같다.

압력과 열이 동시에 작용하는 광역변성작용으로 만들어진 암석을 광역변성암이라고 한다. 예를 들면 퇴적암인 셰일은 변성 정도가 커지면 셰일 → 점판암 → 천매암 → 편암 → 편마암순으로 변하며, 사암의 경우는 규암으로, 석회암은 대리암으로 변성된다.

접촉변성암은 열이 주요인인 접촉변성작용에 의해 생성되는 암석이다. 암석이 상압(常壓)하에서 녹는 온도는 화강암이 약 800℃이고, 현무암은 1,100℃이다. 지하에서는 압력이 커지므로 암석이 녹는 온도는 더 높아지지만 마그마는 수분과 휘발분을 다량 포함하므로 용융점이 낮아져 부분 용융이 가능할 것으로 생각된다. 열에 의한 변성의 정도는 온도와 원래 암석의 특성에 따라 달라지는데 원암이 화성암인 경우는 거의 변화가 없다. 원암이 석회암인 경우는 석류석, 휘석, 각섬석 등 Ca, Mg을 함유하는 규산염광물이 다량생성되며 이러한 광물을 스카른(skarn) 광물이라 한다.

2 판구조론

1960년대 판구조론(板構造論, plate tectonics)의 등장은 지구과학의 내용을 획기적으로 변화시켰다. 판구조론이란 지구표면이 십여 개의 판으로 구성되어 있으며, 이 판들은 내부 변형 없이 대규모 수평운동을 하고 있다는 이론이다. 판구조론은 과거와 현재를 통하여 직·간접적으로 모든 지질학적인 변화에 영향을 미치고 있다. 판구조론의 개념은 대륙표이설(大陸漂移說, continental drift theory)과 해저확장설(海底擴張說, sea floor spreading)을 바탕으로 구체화되었다.

❶ 대륙표이설

대륙표이설은 현재와 같은 대륙들의 분포는 오랜 지질시대를 거치면서 대륙들이 분리되고 합쳐지는 과정에서 형성되었다는 가설로서, 아마도 지각이 형성된 이래 계속되어 왔을 것으로 판단된다. 대륙이동에 관한 개념은 이미 수백 년 전부터 시작되었으나 그동안 많은 반대학설과 논쟁을 거듭하여 최근 몇십 년 전에서야 비로소 받아들여지게 되었고, 이를 통하여 해저확장설과 더불어 판구조론을 설명할 수 있게 되었다.

1. 개념의 발전과정

Francis Bacon(1620)은 남미 동해안과 아프리카 서해안의 윤곽이 서로 유사함을 인지하여 대륙표이설의 개념을 제시하였으며 원숭이, 달팽이, 양치식물 등과 같은 다종의, 다양한 동식물이 두 대륙에 공통적으로 서식한다는 사실을 증거로 제시하였다.

Antonio Snider(1858)는 식물화석의 유사성으로부터 과거에 연결되었던 하나의 대륙이 두 개의 대륙(남미와 아프리카)으로 분리되었다고 주장하고 3500만 년 전의 남미와 아프리카의 접속지도를 작성하였다.

Edward Suess(1885)는 수축설의 개념에 따라 각 육괴(陸塊)들의 분포를 설명하고 하나의 거대한 대륙인 Gondwanaland가 존재하였다는 가정을 제시하였다.

Alfred L. Wegener(1912)는 대륙표이설에 있어서 가장 대표적인 인물로서, 독일의 기상장교, 천문지리학자 및 지질·지구물리학자였으며, 약 2억 년 전에 분리되기 시작한 하나의 초대륙인 판게아(Pangaea)를 가정하였다(그림 7.5). 대륙이동의 증거로서 대륙 외형의 유사성과 고기후의 패턴, 지질구조의 연속성(암석의 형태와 산맥들의 분포), 여러 대륙으로부터 나온 화석의 유사성, 남반구에서 페름-석탄기의 빙성층의 분포 등 지질학 및 고생물학적인 증거를 도입하였다. 대륙이동에 관한 원동력으로서 지구자전에 의한 원심력과 달-태양의 인력을 제시하였는데, 이러한 힘만으로 과연 거대한 대륙을 이동시킬 수 있는가에 대한 충분한 설명은 하지 못했다.

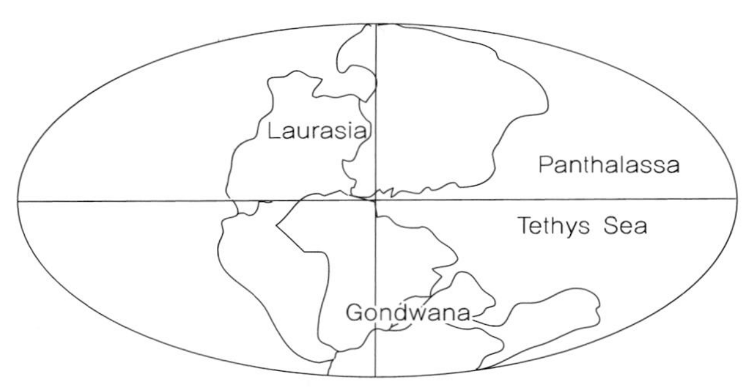

그림 7.5 판게아의 모식도

Arthur Holmes(1928)는 대륙이동의 원동력으로 맨틀의 열대류(熱對流, thermal convection)를 가정하였다. 열대류가 상승하는 곳에서는 초기 대륙을 분리시키고 하강하는 곳에서는 산맥과 호상열도(弧狀列島, island arc)를 형성한다고 하였다. 즉, 지각하부의 basaltic layer가 컨베이어 벨트처럼 대륙을 이동시키면서 맨틀로 들어가게 된다고 하였다.

Alexander D. Toit(1937)는 Wegener가 제시한 판게아라는 하나의 거대한 초대륙이 먼저 남반구의 Gondwanaland와 북반구의 Laurasia라는 두 개의 커다란 대륙으로 분리되었고, 이들 두 대륙의 중간을 가로지르는 바다인 Tethys Sea가 존재했다고 주장하였다. 커다란 두 대륙은 현재 존재하는 규모의 대륙으로 계속하여 분리되었다.

2. 대륙표이설에 대한 증거

(1) 대륙 외형상의 증거

대서양을 사이에 둔 남미와 아프리카대륙의 해안선을 따른 외형이 유사하다. 특히, 해안선으로부터 수심이 깊을수록 두 대륙의 윤곽이 잘 일치한다. 또한 그린란드(Greenland) 서부와 캐나다 북동 연안의 해안선, 그리고 아라비아반도와 아프리카 북단의 홍해를 사이로 한 지형이 유사하다.

(2) 고기후학적인 증거

퇴적물의 조성과 성질은 그 지역의 기후에 따라서 크게 영향을 받는데 일반적으로 빙하퇴적물은 한대기후에서, 산호와 석회암은 따뜻한 기후에서, 사구, 증발암, 적색층 등은 건조기후나 아건조기후에서, 석탄층은 강수량이 많은 습한 기후조건 하에서 잘 형성된다. 즉, 고기후와 현재의 기후대를 비교하여 위도(위치) 변화에 따른 판의 이동을 알아낼 수 있다. 이러한 증거로는 페름-석탄기의 광범위한 빙성층(氷成層)이 남미, 아프리카, 인도, 호주 및 남극대륙에서 발견되었고, 적도에서 위도 30°까지 따뜻한 해수환경에서 나타나는 산호초와 고생대 석회암이 현재는 이보다 훨씬 고위도지방에도 분포한다. 그리고 현재 위도 15°~45° 사이의 덥고 건조한 기후조건하에서 형성되는 증발암과 적색층이중위도와 고위도지방에서도 발견된다.

(3) 고생물학적인 증거

담수파충류인 Mesosaurus 화석이 남미와 아프리카와 같이 멀리 떨어져 있는 대륙에서 공통적으로 발견되며, 수많은 육상서식 파충류의 골격화석이 타 대륙과 완전 격리되어 있는 남극대륙에서도 발견된다. 또한 페름기 Glossopteris 식물군에 속하는 잎사귀 화석들이 남반구 대륙과 인도에서 발견된다.

(4) 층서학적인 증거

남미, 아프리카, 인도, 호주 및 남극대륙의 층서학적인 순서가 페름-석탄기의 빙성층, 트라이아스기 하부의 적색층, 쥐라기의 용암류의 분포와 같이 유사하게 나타난다.

(5) 고지자기학적인 증거

암석에 남아 있는 자성물질의 자장의 방향과 복각을 측정하면 암석의 퇴적당시 또는 결정작용 당시의 지자기극의 위치를 계산할 수 있다. 북아메리카대륙의 고지자기극을 지도상에 표시하면, 고생대 초에는 현재의 적도부근, 고생대 후기에는 현재의 중위도지방, 중생대와 신생대의 고지자기극의 위치는 현재의 지리적인 극의 위치에 분포하고 있음을 알 수 있다. 지자기의 북극 자체가 이렇게 불규칙하게 이동한다는 가정은 설득력이 없고, 반대로 대륙의 이동의 가능성이 더 크다.

② 해저확장설

19세기 이후에 가능하게 된 해저수심 측정 등과 같은 해양연구는 해양저에 대한 지식을 급격히 향상시켰다. 이러한 연구결과는 대륙에서 발생하는 다양한 지질학적인 변화들이 해양저의 운동과 직·간접적으로 관련이 있음을 나타냈다.

1. 개념의 발전과정

Princeton 대학의 Harry H. Hess(1962)가 2차대전 당시 미 해군장교로 함정을 지휘하면서 음향측심기로 수심을 측정한 결과를 분석하여 해저산맥을 중심으로 해양저의 수심 변화가 서로 대칭적인 것을 알고 해저확장설에 대한 개념을 처음으로 제시하였다.

Fred J. Vine과 D. H. Matthew(1963)는 해양저의 지자기정상(normal)과 역전(reversal)상태의 횟수를 이용하여 해저확장률에 대한 정량적인 해석을 실시하였다. J. T. Wilson(1965)은 해양저산맥의 변환단층(變換斷層, transform fault)의 개념을 제시하였다.

2. 해저확장설의 증거

해양저가 확장한다는 가설을 뒷받침하기 위한 여러 가지 증거가 제시되었는데 그중 주요한 몇 가지는 다음과 같다. 해양지각에는 많은 화산섬이 분포하는데 이들의 연령을 조사해 보면 중앙해령으로부터 멀어질수록 오래된 양상을 보인다. 뿐만 아니라 해양저의 퇴적물 또한 중앙해령에서 멀어질수록 오래되고 두께도 두껍다. 그리고 고지자기의 연구에 힘입어 해양저의 자기 이상(磁氣 異常, magnetic anomaly)을 조사한 결과 중앙해령을 중심으로 양쪽이 거의 똑같은 패턴을 대칭적으로 보인다는 사실을 발견했다. 그리고 이 패턴이 기존에 조사되어 있는 지자기의 연대표와 똑같이 맞아들어가는 것으로 보아, 해양저의 지각이중앙해령에서 생성되어 양쪽으로 밀려가는 해양저 확장의 결정적 증거가 되었다.

❸ 판구조론

1. 개념의 발전과정

판구조론은 Jason Morgan과 Dan McKenzie에 의해 서로 독립적으로 발표되었다(Frankel, 1988). Morgan은 1967년 4월 미국 지구물리학회(American Geophysical Union, AGU) 학술대회에서 초기단계의 판구조론을 발표하였고 수정 후 1968년 3월 논문으로 발표하였다. McKenzie는 1967년 4월 미국 지구물리학회 학술대회에서 Morgan의 발표를 듣지 않았으며, R. L. Parker와 판구조론에 관한 개념을 정리하여 1967년 말 논문으로 발표하였다. 판구조론에 의해 촉발된 지구과학의 혁신적인 발전은 지금도 계속 진행되고 있다.

2. 판

판구조론에서 판(板, tectonic plate)은 지진자료해석에 의하면 두께가 75~ 250 km 정도(대륙평균 120 km, 해양평균 80 km, 전체평균 100 km)의 지각과 상부맨틀 일부를 포함하는 암석권이다. 연약권의 상부에 해당되며 그 하부에 비해 상대적으로 차갑고 딱딱하며, 연속적으로 생성과 소멸을 반복한다. 연약권 상부에서 형성된 마그마가 해령(海嶺, ocean ridge)에서 분출·냉각되어 해양판을 이루고 대륙 쪽으로 이동하여 결국 해구(海溝, trench)에서 소멸하는 과정이 그림 7.6에 잘 나타나 있다. 그리고 세계 주요판의 분포 및 이동방향은 그림 7.7에서 볼 수 있다. 세계의 판은 그림 7.7에서 보는바와 같이 8~9개로 나눌 수 있고 그 안에서 더 자세한 세분이 가능하다. 우리나라는 태평양판(Pacific plate)이 태평양쪽에서 밀고 인도판(Indian plate)이 필리핀 남쪽으로 힘을 작용시키는 유라시아판(Eurasian plate)의 가장자리에 위치한다.

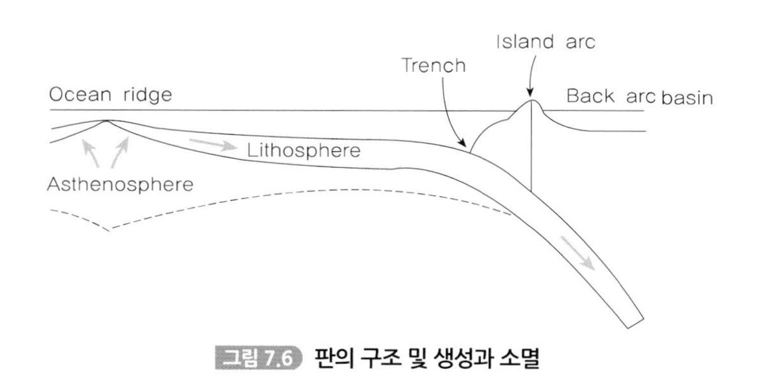

그림 7.6 판의 구조 및 생성과 소멸

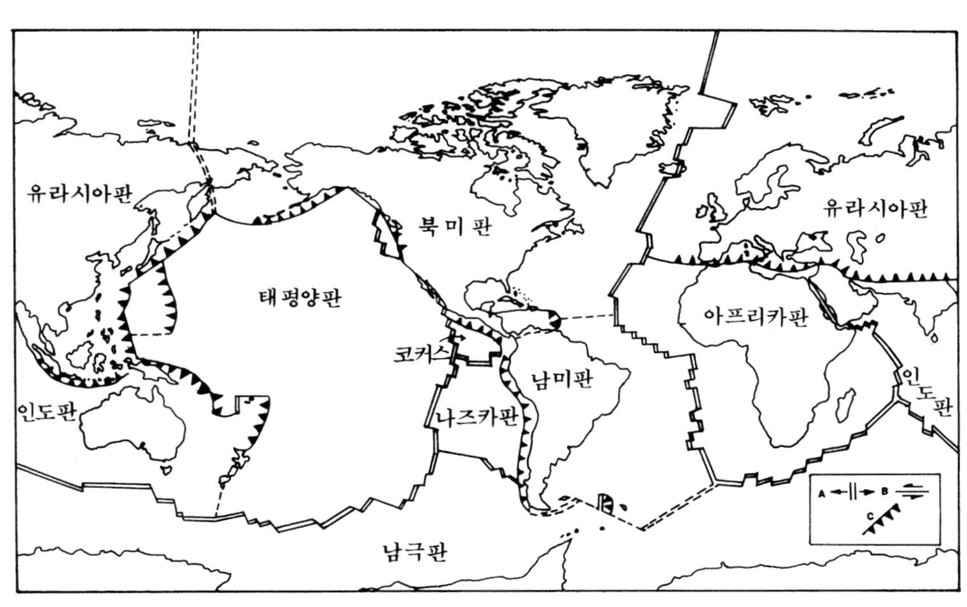

그림 7.7 세계 주요판의 구분과 이동방향

3. 판의 경계

판의 경계에는 발산경계, 수렴경계, 그리고 보존경계가 있다.

(1) 발산경계

발산경계(發散境界, divergent boundary)는 대양저 가운데에 존재하는 해령에서 마그마가 상승하고 냉각되어 새로운 판이 형성되는 해저확장이 일어나는 부분이다. 때문에 미지진과 천발지진이 다수발생하고, 고지열류량(high heat flow)지역이며 해저산맥과 해저광상이 형성된다.

(2) 수렴경계

수렴경계(收斂境界, convergent boundary)는 수렴하는 판의 형태에 따라 해양판-대륙판, 해

양판 – 해양판, 대륙판 – 대륙판 수렴경계로 나눌 수 있다. 해양판 – 대륙판 수렴경계에서는 밀도가 높은 해양판이 대륙판 아래로 하강(subduction)하여 소멸하는 해구가 존재하는 부분으로, 화산활동의 영향으로 호상열도가 생성되고 그 뒤에 배호분지(背弧盆地, back – arc basin)가 형성된다. 대륙판 – 대륙판의 경계에서는 대륙이 매우 두꺼워져서 습곡산맥을 형성한다.

수렴경계는 판이 충돌하는 경계이기 때문에 천발(淺發), 중발(中發), 심발(深發)지진과 화산이 다수발생하며, 단층작용 및 변성작용이 활발히 일어난다.

(3) 보존경계

보존경계(保存境界, conservative boundary)는 판의 생성과 소멸이 없이 상대적인 운동만이 일어나는 부분이다. 대표적인 보존경계인 변환단층은 수평방향의 이동이 우세한 주향이동단층(走向移動斷層, strike – slip fault)의 한 형태로 그림 7.8과 같이 해령이 어긋나 있는 부분에서 해령에 수직방향으로 생긴다. 이곳에서는 천발지진이 발생하며 화산활동은 수반하지 않는 것으로 알려져 있다.

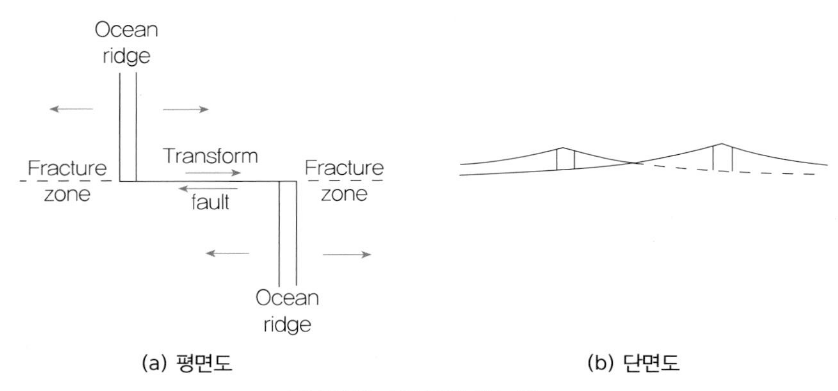

그림 7.8 변환단층의 모식도

4. 판을 움직이는 힘

판운동의 직접적인 원인에 대한 명확한 이론은 없다. 상부맨틀에서의 맨틀대류는 명확히 규명되지 않았으나, 판과 연관된 대규모적인 맨틀대류는 존재하지 않는 것으로 생각된다. 판운동의 원동력은 주로 판의 경계에서 작용한다는 의견이 지배적이며, 판의 내부에서는 암석권과 연약권 간의 마찰력이 판운동에 저항하는 힘으로 작용하는 것으로 추정된다.

판의 경계에서 작용하는 대표적인 판운동의 원동력은 slab – pull(Fsp)과 ridge – push(Frp)의 두 가지가 있다(그림 7.9). 해령에서 생성된 암석권은 점차 식어감에 따라 열수축에 의해 밀도가 증가한다. 그 밀도는 연약권의 밀도보다 높기 때문에 자신의 하중에 의해 스스로 해구로 침강하

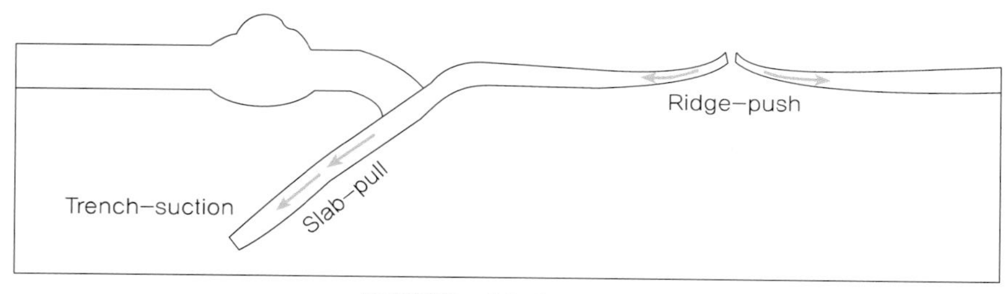

그림 7.9 판을 움직이는 힘

게 되는데, 이때 판 전체를 끌어당기는 힘을 slab – pull이라 한다. 중앙해령에서는 연약권으로부터 뜨거운 마그마가 상승하여 높은 해저산맥을 형성하게 된다. 이때 해령의 양 측면에서는 판이 중력으로 인하여 미끄러지는 힘이 작용하게 되는데 이 힘을 ridge – push라 한다. 끌어당겨지는 힘(trench – suction)이 존재한다는 의견도 있다.

4 지진과 화산

1. 지 진

(1) 지진의 발생원인

지진(地震, earthquake)은 판(plate)의 이동 또는 지괴(block)의 단층운동에 의해서 생긴 변이에 의해서 이루어진다고 알려져 있다. 즉, 판이나 지괴에 계속적으로 힘이 작용하여 그 내부에 응력(stress)이 축적되어 있다가 한계점에 이르러 판이나 지괴의 약한 부분에서 순간적으로 응력이 방출되면서 지진이 발생한다.

H. F. Reid는 1906년 샌프란시스코에서 발생한 San Andreas 단층에 관한 지진연구에서 '탄성반발이론(彈性反撥理論, elastic rebound theory)'으로 이같은 사실을 설명하였는데, 이는 '지진파를 발생하는 강렬한 힘은 단순한 한 번의 충격에 의해서 이루어지는 것이 아니며, 그것은 대단히 큰 하중을 받고 있던 지괴가 오랜 시간 동안 축적된 힘(응력)에 의해서 단층면을 따라 횡압력 또는 장력을 받아서 변형이 발생하여 단층면에서 응력이 감소하는 방향으로 되돌아가려는 운동'이라고 요약된다.

(2) 지진의 분포

지진은 화산과 같이 판의 경계부와 밀접한 관계를 가지며, 지진의 세계적인 분포는 그림 7.10에서 잘 보여주고 있다. 이것은 지구에서 심하게 응력을 받을 수 있는 부분이 판의 경계인 해령 및 해구 등이기 때문이다. 하지만 지진이 항상 판의 경계에서만 발생하는 것은 아니며 판의 내부에서도 발생한다. 그래서 이 두 가지를 구분해 판의 경계에서 일어나는 지진을 interplate 지진, 판의 내부에서 일어나는 지진을 intraplate 지진이라 한다.

- Interplate 지진대: 지난 수십 년간의 지진활동을 검토해보면 비교적 공통적인 분포의 특성을 보여주고 있음을 알 수 있다. 지진의 발생은 화산, 조산대와 밀접한 관계를 가지고 있으며 이것은 결국 판구조론의 개념에서 볼 때 판의 경계를 따라서 대부분 위치하고 있다(그림 7.10).

발산경계에서는 해양판의 하부로부터 상승하는 현무암질 마그마에 의해서 새로운 해양저를 형성하는데, 이때 하부로부터 물질이 균열을 따라서 상승할 때 주위의 물질을 계속 밀어내게 되므로 장력이 발생하여 지진을 유발하게 된다. 심도에 따른 분류를 살펴보면 대부분 진원 깊이가 70 km 이내인 천발(shallow-focus) 지진이 발생하며 70~300 km 범위에 진원이 위치하는 중발(intermediate-focus)지진도 때때로 일어난다. 이 지진활동에는 화산활동을 수반하는 경우가 많다.

해구에서 해양판이 대륙지각 아래로 섭입하며 생기는 지진은 전세계적인 화산활동 분포의 대부분을 차지하고 있으며, 여기에서는 천발, 중발지진뿐만 아니라, 진원깊이가 300 km 이상인 심발지진도 발생한다. 지진과 함께 심한 변성작용과 변형작용을 수반하고, 대규모 습곡산맥을 형성하며 화산활동을 수반하는 경우가 많다.

변환단층이란 중앙해령에 대해서 수직적인 분포를 보이며 해령의 상대적 운동의 차이에 따라 해령에 수직으로 발생하는 단층이다. 이 운동에 의해서 지표부근에서 천발지진이 발생하며, 화산활동은 수반하지 않는 것이 일반적이다.

- Intraplate 지진대: 판의 내부에서 발생하는 지진으로, 이는 판의 이동과는 크게 관계가 없고 국지적인 단층이나 응력작용의 결과로 생긴다. 그 수가 interplate 지진에 비해 현저히 적으며 북미대륙 내의 지진이나 중국과 한국의 지진이 이에 속한다.

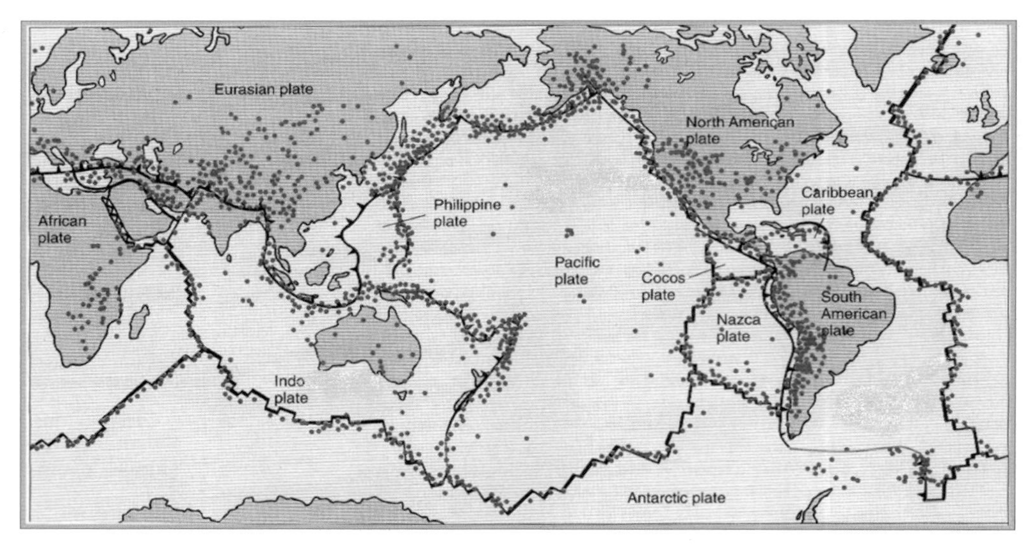

그림 7.10 세계의 지진분포도

(3) 지진의 크기

지진의 크기 및 그 피해 정도를 비교하기 위해서 규모(規模, magnitude)와 진도(震度, intensity)라는 용어가 사용된다. 규모는 지진의 에너지를 정량적으로 평가하는 수학적 크기이며, 진도는 어떤 지점이 지진에 의해서 입은 피해의 정도를 나타낸다. 일반적으로 규모는 리히터(Richter) 등급을 사용하고 진도는 메르칼리(Mercalli) 등급을 주로 이용한다.

리히터 등급(Richter magnitude scale)이란 진원으로부터 전파된 지진파가 지진관측소에 도달할 때의 지진기록을 비교하여 기록상으로 가장 큰 지진파의 진폭비가 관측소까지의 거리와는 상관없이 일정한 값을 가진다는 사실을 이용해 만든 기준이다. 진폭비가 거리에 관계없이 일정하다고 한다면 이러한 지진기록으로부터 직접 지진의 상대적 크기를 측정할 수 있는 척도로 사용할 수 있다. 일반적으로 이 값은 진원으로부터 100 km 떨어진 지점에서 얻은 최대진폭비에 상용로그를 취하여 얻은 것이며, 수치 1이 증가함에 따라서 실제 지진파의 진폭은 10배가 되는 것이다. A를 지진계에서 읽은 최대 진폭(μm), T를 주기라고 하면 리히터 등급 m은 다음과 같이 표현된다.

$$m = \log_{10} \frac{A}{T} + b \tag{7.2}$$

여기서 b는 진원의 깊이와 진앙까지의 거리에 따른 지진파의 감쇠(attenuation)를 보정하기 위한 상수이다. 이 등급은 실제 지진이 가진 에너지를 표시하며 일반적으로 자연과학분야에서는 리히터 등급을 많이 쓰고 있다.

리히터 등급은 지진계에 기록되어 있는 지진파의 기록에 의존하고 있는 것으로서 유용성은 지니고 있지만 그것은 지진파의 크기만을 측정한 것이고 실제 지진이 주는 피해의 정도를 예측하기는 힘들다.

메르칼리 등급(MM)은 지진이 가지는 에너지와는 상관없이 지진이 주는 피해의 정도를 로마자로 표기하여 나타낸다. 그래서 비록 리히터 규모는 작을지라도 도시 근처에서 발생한 지진의 메르칼리 등급은 커질 수 있고, 큰 리히터 등급을 가진 지진이라도 먼 심해에서 일어났다면 메르칼리 등급은 낮을 수도 있다. 즉 메르칼리 등급은 특정한 지역과 진앙과의 거리, 주변의 지질, 구조물의 특성 등에 따라 좌우된다.

(4) 대만의 지진

Interplate 지진의 대표적인 사례로 지난 1999년에 발생한 대만 지진을 들 수 있다. 대만은 필리핀판과 유라시아판 사이에 위치하고 있다. 이 지역에서는 대만을 포함하는 유라시아판이 필리핀판 아래로 섭입하고 있으며, 북쪽 류쿠(Ryuku)열도에서는 필리핀판이 유라시아판 아래로 섭입하고 있는 복잡한 판구조를 이루고 있다(그림 7.11).

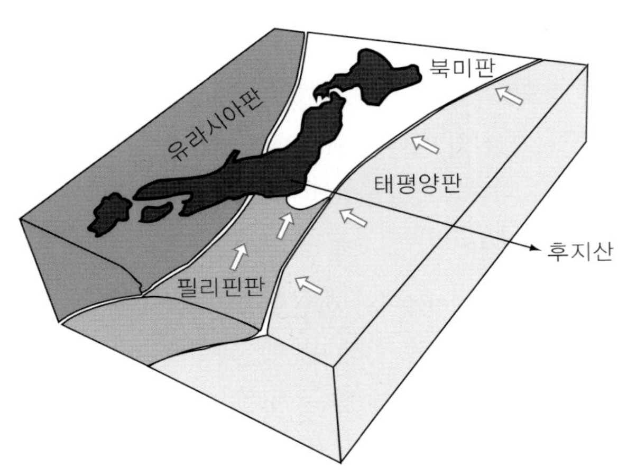

그림 7.11 유라시아판, 필리핀판 및 태평양판의 운동

연간 약 7 cm의 상대적인 운동을 하고 있는 유라시아판과 필리핀판은 대만에 많은 단층을 형성시켰다. 대만중부의 제2류 활성단층에 속하는 차룽포(Chelongpu)단층이 약 60 km의 수평 범위에서 역단층운동에 의한 파열을 일으키면서 최대 수평변위가 9 m에 이르는 단층운동이 발생하였다. 이 단층운동에 의해 1999년 9월 21일 새벽에 지진이 발생하였으며, 진앙은 대만중부 난터우현에 속하고 진원깊이는 7 km였으며 추정된 지진규모는 7.6에 달한다. 이 지진의 발생으로 많은 사상자가 발생했으며 건축물의 붕괴, 지반상승, 대규모 산사태 등이 유발되었다.

(5) 한국의 지진

판구조론적으로 한반도는 유라시아판(Eurasian plate) 내에 존재하며 intraplate 지진대에 해당된다. 한반도는 지각의 평형이 거의 완전하며 지각의 두께는 약 35 km이다. 이때문에 지진이 거의 발생하지 않으며 그 규모도 작은 경우가 대부분이다(그림 7.12).

우리나라의 지진은 1905년 이전의 역사적 자료에 의한 것과 그 이후의 지진계의 측정에 의한 것으로 크게 두 부분으로 분류된다. 역사적 자료는 삼국사기, 고려사, 고려사절요, 조선왕조실록, 고종–성종실록 등에서 찾을 수 있으며, 고려 이전에는 102번의 지진기록이 남아 있다. 그 장소는 세 왕조의 수도인 공주, 평양 주변, 한산, 부여, 경주 등으로 사람이 많이 살고 있어 그 피해가 기록될 수 있었던 지진에 국한된 것으로 보이며, 실제는 더 많은 지진이 있었음을 추측할 수 있다. 특히, 고려시대에는 170번의 지진이 발생하였으며, 13개가 메르칼리 등급 Ⅶ 이상이었으리라 추측된다. 조선시대에는 1,592개가 기록되어 있으며 전국적으로 지진이 발생하였다. 가장 활발한 곳은 경상 분지, 경기 육괴 등이며 활발하지 못한 곳은 평북, 개마고원으로 일반적으로 남부와 서부가 북동부보다 많다.

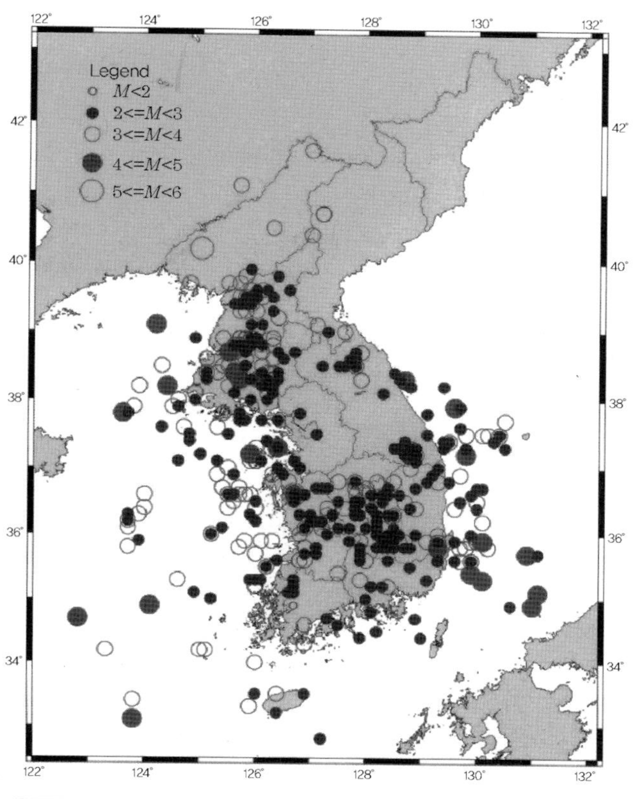

그림 7.12 한반도의 지진분포(1978년~2000년) (기상청, 2001)

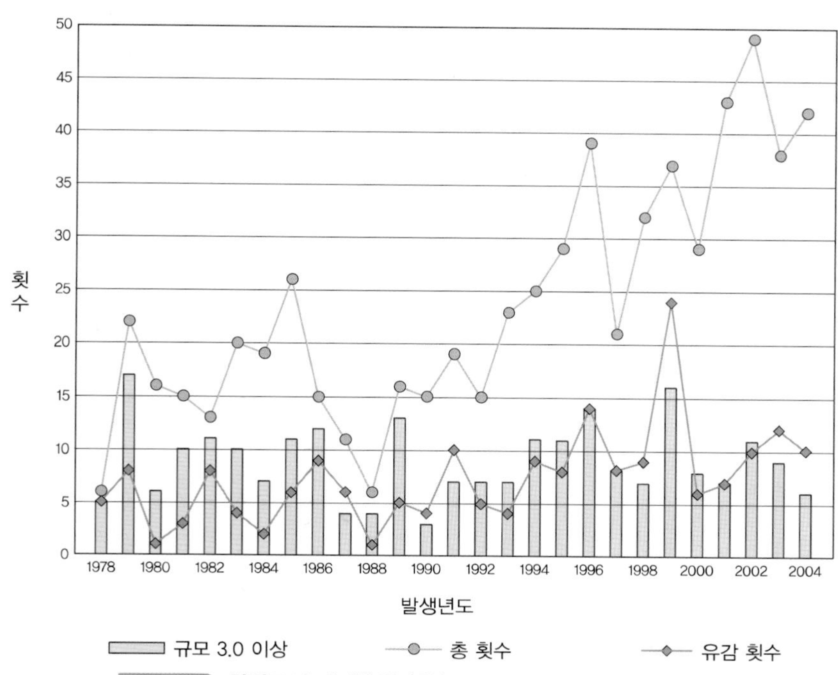

그림 7.13 한반도의 지진발생변화(1978~2004) (기상청, 2005)

1905년에 기계에 의한 기록이 시작되었으며 1963년에 WWSSN(World Wide Seismic System Network)에 의한 기록이 시작되었다. 1926~1943년 사이에 약 5번 정도의 지진이 발생하였으며, 가장 파괴적인 지진은 1936년 7월 3일의 쌍계사 지진과 1978년 10월 7일의 홍성 지진으로 리히터 등급으로 5 정도를 나타내었다. 1978년 이후 우리나라에서의 지진 발생 총 횟수는 증가하고 있으나, 규모 3 이상의 지진과 사람이 느낄 수 있는 지진 발생의 횟수는 현재까지 크게 변하지 않고 있다(그림 7.13). 리히터 등급 2 이하의 미지진의 경우는 우리나라에서도 매일 한 번 정도 발생하는 것으로 알려져 있다.

2. 화 산

연약권에서 압력의 감소나 수분의 공급으로 부분 용융된 마그마는 암석권의 틈을 따라 지각이나 지표로 올라오게 된다. 마그마가 지하에서 냉각되어 굳게 되면 화성암이 되고 지표로 분출되면 화산이 된다. 이처럼 화산은 지구 내부의 열적 정보를 제공하기 때문에 지구 내부를 이해하는 창문의 역할을 한다.

현재 지구 상의 활화산은 800개 정도에 달한다. 이러한 화산의 분포는 그림 7.14에서 보는 바와 같이 일정한 패턴을 갖는데, 이것은 판구조론과 밀접한 관계가 있다. 따라서 화산의 분포와 활동은 판의 구조를 중심으로 하여, 판 경계부에서의 화산활동(interplate volcanism)과 판 내부에서의 화산활동(intraplate volcanism)으로 구분할 수 있다.

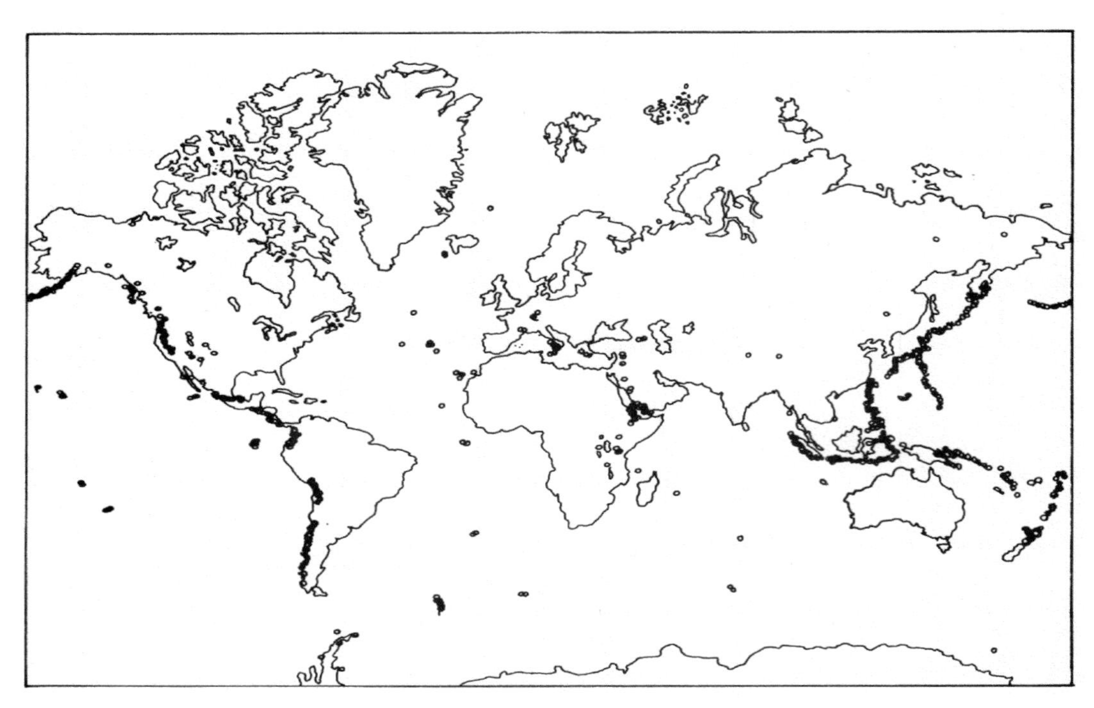

그림 7.14 세계의 활화산분포

(1) 판 경계부에서의 화산활동(interplate volcanism)

판 경계부에서의 화산활동은 지구 상 화산활동의 대부분을 차지하는 것으로서, 해령에서의 화산활동과 해구에서의 화산활동으로 구분할 수 있다. 해령에서의 화산활동은 판이 분리되는 곳에서의 화산활동으로서, 판의 분리에 의해 생겨나는 틈이 연약권의 깊이까지 이르면서 이곳에서 현무암질 마그마가 상승하여 화산활동이 일어나는 것이다. 해령에서의 화산활동은 전세계 화산활동의 15% 정도를 차지하고 있다. 해구에서의 화산활동은 전세계 화산활동의 80% 정도를 차지하는 것으로서, 두 개의 판이 수렴하는 곳에서 판의 가장자리에 해당하는 심해구를 따라서 화산열도가 분포한다.

판이 수렴하는 곳에서는 두 개의 해양판이 충돌하는 경우와 해양판이 대륙판의 하부로 섭입되는 경우가 있다. 두 개의 해양판이 충돌하는 경우로는 필리핀판과 태평양판의 경우이며, 필리핀과 마리아나제도의 호상열도가 좋은 예이다. 해양판이 대륙판의 아래로 섭입되는 경우는 환태평양 조산대가 대표적인 경우이다.

(2) 판 내부에서의 화산활동(intraplate volcanism)

판 내부에서의 화산활동은 전체 화산의 5% 정도에 불과하다. 판 내부에서의 화산활동의 대표적인 화산은 하와이 화산열도이다. 하와이 화산열도는 남동부로 갈수록 점차 연령이 낮아지는 열도를 형성하며, 이를 하와이-엠퍼러 화산열도(Hawaiian-Emperor chain)라 한다(그림 7.15). 하와이 열도에서는 동남단의 하와이섬의 킬라우에아 화산 등의 큰 화산이 활동하고 있는

그림 7.15 하와이-엠퍼러 해산열도의 분포모습

데, 서북쪽으로 갈수록 섬들의 나이가 오래되고 고도는 낮아진다. 이렇게 서북쪽으로 섬의 배열이 진행되다가 북위 30° 부근으로 가면 배열방향이 북쪽으로 바뀌어 엠퍼러 화산군으로 연결되는데, 산들은 이미 수면 아래로 잠겨 있고 암석의 나이는 북쪽으로 갈수록 오래되었다. 이것은 맨틀 속에 고정된 마그마의 근원지가 있어 항상 그 위쪽으로 마그마를 간헐적으로 분출하는데 그 위를 태평양판이 이동하면서 마그마 분출의 흔적을 간직하고 있는 것으로 생각된다.

이렇게 맨틀 속에서 마그마가 기둥을 형성하여 위로 상승하는 고정된 지점을 열점(熱點, hot spot)이라 하는데, 이를 이용하면 암권인 판이 이동하는 방향과 속도를 알아낼 수 있다. 하와이-엠퍼러 화산열도를 보면 태평양판의 운동방향이 7,000만 년 전에서 4,000만 년 전까지는 거의 북쪽을 향했고, 4,000만 년 이후에는 서북서방향으로 연간 10 cm 정도의 속도로 움직였다는 것을 알 수 있다. 전세계적인 열점의 분포는 그림 7.16과 같으며, 아프리카에 비교적 많이 분포한다.

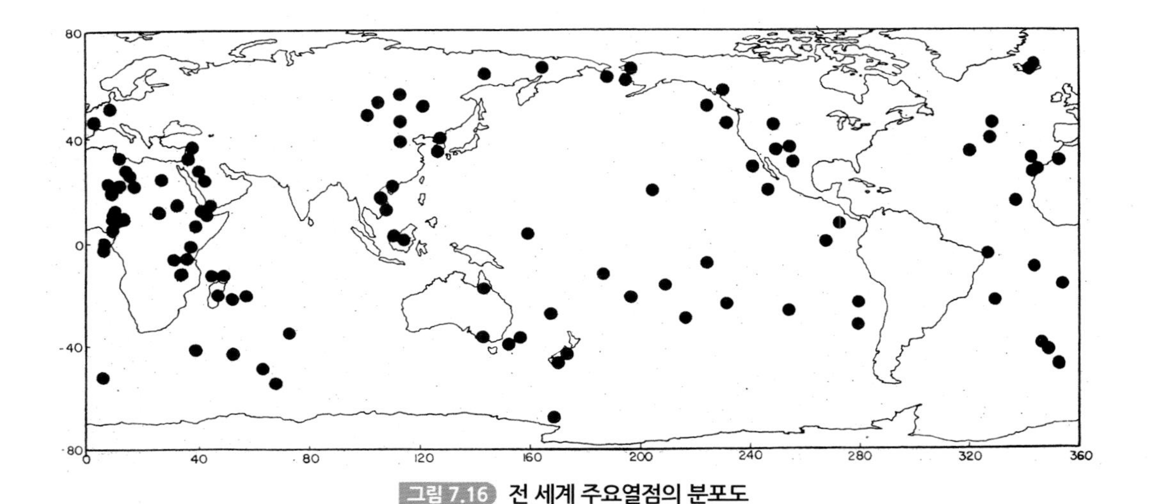

그림 7.16 전 세계 주요열점의 분포도

3 지질구조

지각의 암석은 오랜 지질시대를 거쳐오는 동안 다양한 지각변동을 받아왔다. 지구 내부의 열과 마그마의 이동, 판의 이동, 지표의 풍화, 운반, 퇴적작용에 의해 지각의 균형을 이루는 힘에 큰 변화가 생기게 된다.

이러한 힘의 변화에 의해 지각은 구부러지기도 하고 깨어지기도 하며, 변형되어 원래의 상태나 모양과는 전혀 다른 형태로 변하게 된다. 이와 같이 복잡하게 변형된 지각의 모양을 지질구조라 한다. 지질구조에는 습곡, 단층, 부정합, 절리, 선구조 등이 있는데 이들 요소들의 규모와 형태, 작용 정도에 따라 지각의 복잡성이 좌우된다.

❶ 단층과 단층선

Chapter 07

1. 단층의 정의와 성인

암석이나 지층의 열극(裂隙, fracture)을 경계로 하여 그 양측의 지괴가 상대적으로 이동하여 미끄러져 어긋난 틈을 단층(斷層, fault)이라 한다. 따라서, 단층이 일어나는 양측 지괴의 암석 차이가 별로 발견되지 않는 화성암이나 변성암 같은 경우에는 단층의 식별이 곤란할 때가 많지만 퇴적암층에 단층이 형성되면 층리의 구분이 뚜렷한 경우가 많기 때문에 쉽게 발견할 수 있다. 단층은 암반에 가해지는 장력이나 횡압력에 의해 생성된다.

2. 단층의 형태와 종류

(1) 형 태

어긋난 단층의 경계면을 단층면(斷層面, fault surface)이라 하며, 대개 60°~70°의 경사각을 이루는 경우가 많으나 간혹 30° 이하의 수평에 가까운 것도 볼 수 있다.

단층면을 경계로 하여 윗부분을 상반(上盤, hanging wall), 아랫부분을 하반(下盤, foot wall)이라 한다. 단층면과 지표면과의 교차선을 단층선(斷層線, fault line)이라 하며, 지질구조가 상이한 지역에 나타나 있는 거대한 단층선을 구조선이라고 한다.

급격한 단층운동에 의해 생긴 단층선을 따라 지표에는 단층절벽 또는 단층애(斷層崖, fault scarp)라고 하는 급사면이 형성된다. 만일, 오랜 시간에 걸쳐서 침식이 진행되면 단층애는 처음 위치로부터 점차 후퇴하면서 그 반대쪽에 절벽이나 사면이 발달하게 되는데, 이를 단층선절벽(fault-line scarp)이라 한다.

(2) 단층의 종류

단층현상은 단층면의 경사, 상·하반의 이동방향, 퇴적암에 대한 단층의 주향, 단층의 기하학적 형태, 발생학적 분류 등에 따라 여러 가지로 구분되나 여기서는 가장 많이 이용되는 종류만을 설명하고자 한다(그림 7.17).

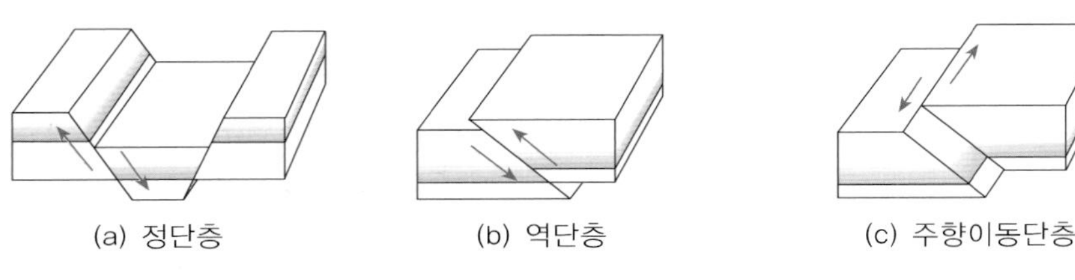

그림 7.17 단층의 종류

정단층(正斷層, normal fault)은 단층면을 경계로 상반이 미끄러져 하강하고 하반이 상승한 단층으로서 지반에 장력이 작용할 때에 나타나는 경우가 대부분이며, 중력단층(重力斷層, gravity fault)이라고도 한다.

역단층(逆斷層, reverse fault)은 하반이 미끄러져 떨어지거나 상반이 상승한 단층으로서 지반에 횡압력이 가해졌을 때 나타나는 경우이다. 역단층에서 단층면이 거의 수평에 가깝거나 경사각이 작을 경우의 대규모 단층을 오버스러스트(overthrust 또는 thrust fault)라 한다.

주향이동단층은 상반과 하반이 전혀 상하운동을 일으킴이 없이 단층선의 주향방향으로만 미끄러진 단층이며, 단층의 주향이 지층의 주향에 평행하거나 거의 평행한 단층을 주향단층이라 한다.

이 외에도 양측의 지반이 단층에 의해 내려앉아 상대적으로 제방 모양처럼 솟아올라 있는 지괴를 지루(地壘, horst)라 하며, 지구(地溝, graben)는 단층에 의해 함몰된 좁고 긴 와지를 말한다. 경동지괴(傾動地塊, tilted block)는 한쪽 부분이 단층에 의해 상승되어 급경사의 단애(斷崖)를 이루는 반면, 다른 부분은 완만한 사면을 이루고 있는 것을 말한다. 우리나라 태백산맥의 경우도 동쪽 사면은 급경사이고 서쪽 사면은 완사면인 경동지괴를 이루고 있다.

2 습곡과 절리

1. 습 곡

횡압력이 수평으로 퇴적된 지층에 가해지면 파형의 굴곡단면이 형성되는데 이와 같은 구조를 습곡(褶曲, fold)이라 한다. 습곡의 성인으로는 지층이 지표에 쌓인 퇴적물의 자체 무게에 의해 수직으로 침강하면서 휘어지는 지층이 횡압력을 받을 때 힘의 균형을 이루지 못하고 휘어지는 경우이다.

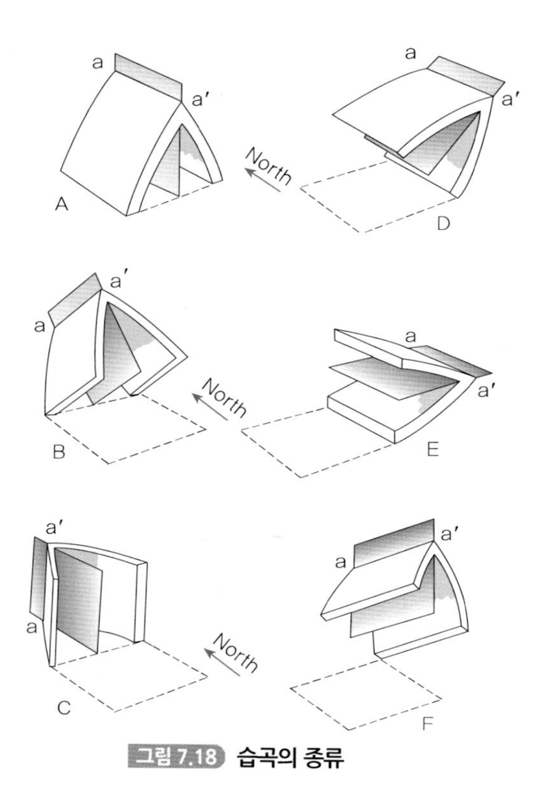

그림 7.18 습곡의 종류

간단한 형태의 습곡 몇 가지를 그림 7.18에서 볼 수 있다. A, B, C는 축면이 수직이며 이것들의 주향과 경사는 NS와 90°로 나타나며, D의 경우는 주향이 NS, 경사는 45°W이고, F에서는 주향 NS, 경사 60°W로 된다. E의 경우는 축면이 수평으로 나타나 있다. 지층이 위를 향하여 낙타등과 같이 구부러져 있을 때 이를 배사(背斜, anticline)라고 하며, 그 반대방향인 것을 향사(向斜, syncline)라 한다. 배사와 향사 사이의 측사면을 윙(wing) 또는 측면(limbs or flanks)이라고 하며, 배사의 양쪽 윙이 마주치는 곳이 정부(頂部, apex)이고, 이것들의 연결선이 배사축이 된다. 반대로 향사의 윙들이 마주치면서 향사축을 이루는데, 배사와 향사가 연속적으로 안정된 습곡인 경우에는 동일한 윙이 인접된 향사 및 배사의 공유 윙이 된다. 배사의 축면이 비스듬히 기울어져 있게 되면 수평면에 대하여 정부보다 더 높은 위치가 지층의 상·하부에 나타나는데 이를 관(冠, crest)이라고 하며, 이 두 점을 연결한 선이 관축면을 형성한다(그림 7.19).

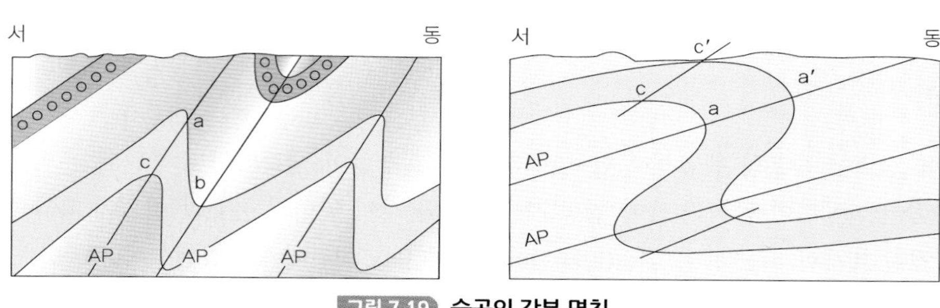

그림 7.19 습곡의 각부 명칭

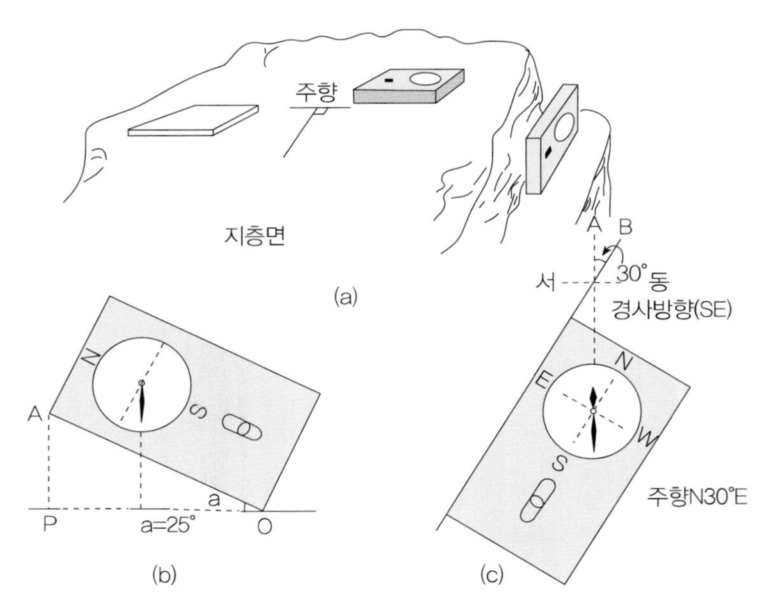

그림 7.20 클리노미터를 이용한 주향 및 경사측정

수평한 지층이 지각의 변동을 받아 수평면에 대하여 기울어졌을 때 그 성층면의 방향과 기울기를 측정함으로써 변형의 모양을 기재할 수 있다. 이를 지층의 주향(走向, strike)과 경사(傾斜, dip)라고 하는데, 주향은 성층면과 수평면과의 교선의 방향으로서 남북선에 대하여 가지는 각도를 북을 기준으로 하여나타낸다. 예를 들어, 이들 교선이 북점으로부터 30도 동쪽으로 향하고 있으면 N30°E로 나타낸다. 경사진 층리면과 수평면이 이루는 각도를 경사라고 하며, 층리면상의 주향선에 직각으로 그은 선과 수평면 사이의 각이 된다. 주향선과 직각이 아닌 선들이 수평면과 이루는 각은 모두가 경사보다 작게 측정되는데 이를 위경사(apparent dip)라고 한다. 경사는 각도와 경사방향으로 표시하여 45°E, 65°SE 등과 같이 나타낼 수 있다. 그리하여, 지질도에 지층의 주향과 경사를 표시할 때에는 영문자의 T자 모양으로 되면서 주향은 길게, 경사는 짧게 긋고, 측정된 방향과 각도를 적어 넣는다. 이것을 알기 쉽게 도시하면 그림 7.20과 같다.

야외에서 지층의 주향과 경사를 측정하기 위해서는 보통 클리노미터(clinometer)나 브런턴 컴퍼스(Brunton Compass)를 사용하는데 클리노미터는 나침의, 경사계, 수준기 등으로 구성된 간편한 측기이다. 클리노미터의 모양과 사용법은 그림 7.20과 같다.

2. 절 리

지각에 장력이 작용하면 암석에 틈이 생기고 또 화성암이 냉각되어 수축될때 용적의 감소로 인한 장력이 발생하여 암석의 틈이 형성되는데, 이와 같이 암석의 종류와 성질에 따라 방향성을 띠며 발달한 미세한 작은 틈을 절리(節理, joint)라 한다. 그 외에 역단층현상이나 풍화, 결빙작용에 의해서도 절리가 형성되는데, 절리는 다음 3종류로 구분된다.

방상절리(方狀節理)는 주로 화강암에서 잘 발달되고 서로 직교하는 3방향으로 절리가 생기며 암석을 6면체로 엮어 놓는다. 판상절리(板狀節理)는 화강암과 안산암에 잘 발달되며 책을 쌓아 놓은 듯한 납작한 6면체의 절리이다. 주상절리(柱狀節理)는 현무암에 잘 발달되며 벌집같이 여섯 모서리가 난 기둥모양의 절리이다.

4 토 양

❶ 정의 및 생성인자

1. 정 의

토양에 대한 과학적 연구는 대체로 2가지 방향으로 전개되었다. 하나는 암석학적인 경향이며, 다른 하나는 식물토양학적인 경향이다. 첫째, 암석학적인 측면에서의 토양은 자연상태에서 암석이 물리, 화학, 생물학적으로 풍화되어 합성된 자연의 산물로서, 이때는 자연상태에서 일어날 수 있는 토양의 기원, 특성 및 분류와 같은 문제에 관심을 가지게 된다. 둘째, 식물토양학적인 측면에서의 토양은 식물을 성장시킬 수 있는 자연적인 매개체로서의 개념이며, 이러한 기초 위에서 식물을 성장시키는 토양의 여러 가지 특성을 연구하는 것이다.

암석학적인 개념은 토양의 특성이나 분류와 같은 일반적인 성질의 연구에 도움이 되며, 식물토양학적인 개념은 토양의 생산성에 관한 문제해결에 도움을 준다. 토양의 물리적, 화학적 및 생물학적 특성 역시 두 개념을 이해하는 데 도움을 준다. 그러나, 전체적으로 양 개념을 명백히 구분한다는 것은 어려운 일이다.

대부분의 토양은 광물질, 유기물질, 수분 및 공기의 4가지 요소로 구성되어 있다. 광물질은 광물입자나 암설의 상태로 존재한다. 식물 성장에 적당한 사질양토의 경우 약 50%는 공극으로 되어 있고, 나머지 50% 정도가 고형물질로서 45%가 광물질, 나머지 5%가 유기물질로 되어 있다. 공극에 있어서 물과 공기의 비율은 기후나 기타 조건에 따라 달라진다. 하층토의 체적구성비 역시 달라지는데 일반적으로 유기물질이 점차 감소하는 경향을 나타낸다.

2. 생성인자

토양을 구성하고 있는 광물입자는 그 이전에는 암석의 일부였는데 이러한 암석을 모재(parent material)라고 한다. 모재는 암석이 형성된 장소에 그대로 남아 있는 잔류모재와 형성된 장소로부터 이동한 운반된 모재가 있다.

이러한 모재는 풍화작용을 받아 미세한 광물입자로 변하게 된다. 풍화작용은 기계적 풍화와 화학적 풍화로 구분되며, 기계적 풍화는 하중의 제거, 결정의 성장, 열확장과 수축 및 생물의 작용 등에 의해 암석이 붕괴되는 것이고, 화학적 풍화는 산화, 탄산염화, 가수분해 및 수화(水化) 등에 의해 암석이 분해되는 것을 말한다. 이러한 풍화작용은 대부분 동시에 일어나며 그 강도는 암석의 성질에 따라 다르다. 암석이 풍화작용을 받음에 따라서 모래, 실트, 점토와 같은 여러 가지 크기의 광물입자가 생성되고, 여기에 유기물질 등이 축적되어 토양층을 형성하게 된다.

이러한 토양의 생성은 크게 모재(parent material), 지형(topography), 기후(climate), 식생(living organisms), 시간(time) 등의 5가지 요인에 의해 영향을 받는다.

일반적으로 풍화가 오래 지속된 토양은 모재의 특성이 크게 나타나지 않고 기후의 영향을 많이 받는다. 그러나 토양이 형성되어 충분히 발달할 만큼 시간이 경과되지 않은 미성숙토와 암석이 강한 영향을 미치는 석탄암지역에서는 모재의 영향이 강하다. 모재의 특성 가운데 토양에 영향을 미치는 것은 조직과 구조(texture and structure) 및 화학적, 광물학적 구성성분이다. 특히, 사질토의 조직은 풍화가 심한 습윤지역에서도 모재의 영향을 크게 받는다. 모재의 화학적, 광물학적 구성성분은 풍화작용에 영향을 미치고, 부분적으로 식생의 형태를 결정짓기도 한다.

지형 중 토양생성에 큰 영향을 미치는 요인은 경사와 경사의 노출방향이다. 급경사는 완경사보다 유수에 의해 표면침식이 강하고, 물의 침투량이 적으므로 토양층은 매우 얇다. 반면, 완경사에서는 수분의 공급이 양호하고 침식의 속도가 느리기 때문에 토양층이 두꺼우며, 토양층의 형성과 제거가 균형을 이룬다. 평탄한 저지대에서는 토양층이 매우 두껍고 흑색을 띤다. 중위도의 남향사면은 일사에 노출되는 시간이 길기 때문에 북향 사면보다 온난, 건조하며 식생 또한 다르다.

기후는 5개의 요인 중 가장 큰 영향을 미치는 요인으로서 기후요소 중 토양생성과 관계가 깊은 것은 온도, 강수 및 바람이다. 온도와 강수는 풍화작용에 깊은 영향을 미치고 토양수를 공급하며, 토양층의 발달을 돕고 식물성장을 촉진시킨다. 그러나 강수가 지나치면 콜로이드(colloid) 및 이온상태의 물질이 용탈(leaching)되어 버리고, 표층의 토양성분이 하층으로 씻겨 내려가기도 한다. 그러므로, 강수가 심한 지역에서는 오히려 토양의 비옥도가 낮아진다. 반면, 건조기후에서는 강수량이 적고 증발이 심하여 모세관현상에 의해 염분과 탄산칼슘이 지표에 집적되기도 한다. 바람의 영향은 온도나 강수에 비해 미소한 것으로서 토양 표면의 증발량을 증가시키고, 건조지역에서는 표토를 제거하기도 한다. 또한, 바람에 의해 먼지 등의 물질이 운반·퇴적되기도 한다.

생물의 작용도 토양의 형성에 중요한 역할을 한다. 유기물질의 축적, 영양소의 공급 등은 토양 중의 유기물에 의한 것이다. 식물은 토양의 비옥도를 증가시키며, 부식(腐植, humus)을 공급하고, 박테리아나 곰팡이와 같은 미생물균은 부식을 소모한다. 그러므로 냉대기후에서는 미생물균의 활동이 느려서 토양 중에 부식이 증가하며, 습윤 열대기후에서는 박테리아의 활동이 활발하여 부식층이 미약하고, 알루미늄, 철, 마그네슘과 같은 물질이 실리카(silica)에 비해 많이 축적된다. 유기물은 또한 공기 중의 질소를 고정시켜 식물이 사용할 수 있는 영양소로 전환시키기도 한다.

모재의 풍화에 미치는 시간도 토양형성에 중요한 요인이다. 오랜 시간이 경과한 성숙토는 모재가 다르더라도 동일한 기후에서는 같은 형태를 나타낸다. 시간의 영향을 보여주는 예는, 빙하의 작용을 받은 지역에서는 모재의 성격이 강한 데 비해서 그렇지 않은 지역은 토양층이 잘 발달해 있다. 하천의 충적토나 해안의 일부 토양도 토양층의 발달이 미숙하다.

토양생성에 영향을 미치는 위와 같은 모든 요인은 상호작용하며, 어느 단일요인에 의해 토양이 형성되는 예는 드물다. 식생은 기후의 영향을 받는 한편, 모재와 지형의 영향도 어느 정도

받게 되며, 시간은 모재, 기후, 식생과 관련되어 토양층의 발달에 영향을 미친다.

❷ 토양단면

풍화나 퇴적작용에 의해 형성된 두꺼운 토양은 시간이 경과함에 따라 성질이 다른 몇 개의 층이 지표에 평행하게 생긴다. 이런 토양층이 위에서 밑까지 잘 나타나 보이는 좁고 긴 면을 토양단면(soil profile)이라 한다(그림 7.21). 잘 발달된 토양 단면에는 O, A, B, C, R층 등이 나타난다. O층은 토양단면의 가장 윗부분으로서 유기물이 집적되어 어두운 색을 띤다. A층은 상부의 물질이 풍화되어 하부로 용탈되거나 이동되어 변화하는 토양이다. B층은 집적대로서 A층으로부터 이동된 미세한 부식과, 점토, 산화철 등이 집적된다. C층은 B층의 하부로서 풍화의 정도가 낮으며 모암의 성질을 많이 포함하고 있다. R층은 풍화 정도가 심하지 않은 단단한 모암층이다.

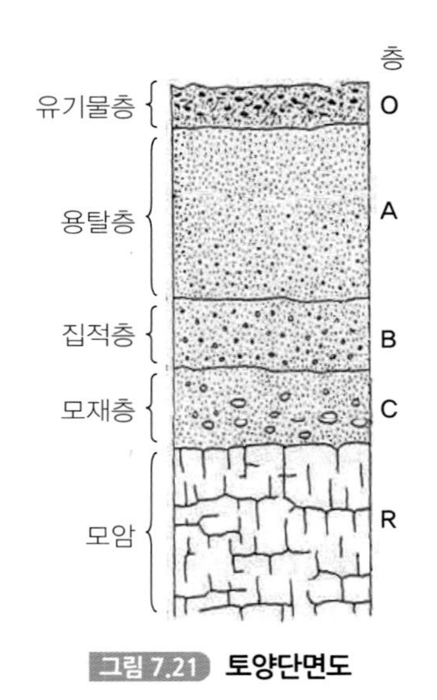

그림 7.21 토양단면도

❸ 토양의 특성

1. 토양조직

자연상태의 토양입자는 크기에 따라서 모래, 실트 그리고 점토로 구분된다(표 7.5). 토양에 함유된 이런 토양입자의 상대적 비율을 토양조직이라고 한다.

조직은 토양 중의 물의 흡수, 저장이나 농경, 통풍성에 영향을 미치므로 매우 중요한 특성이다. 예를 들면, 거친 모래로 된 토양은 통풍이 잘되어 식물성장에는 좋으나, 배수가 잘 되어 영양소의 유실이 많고 가뭄을 탄다. 반면, 점토가 많은 토양은 입자가 가늘어서 공극의 크기가 작기 때문에 수분의 침투가 불량하며 배수상태도 좋지 못하다.

표 7.5 토양입자의 구분

토양입자	직 경(mm)
왕모래	2.0～1.0
거친 모래	1.0～0.5
중간 크기의 모래	0.5～0.25
미세한 모래	0.25～0.10
매우 미세한 모래	0.10～0.05
실 트	0.05～0.002
점 토	0.002 이하

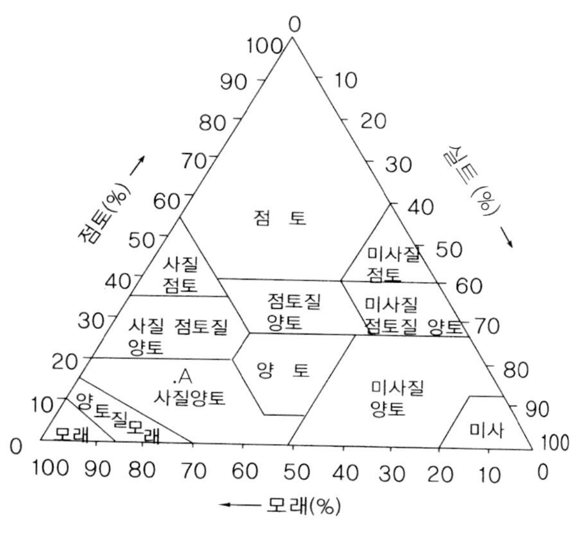

그림 7.22 토양조직

토양조직에 관한 가장 보편적인 분류는 미국농업성에서 실시한 조직삼각형(textural triangle)에 의한 분류이다(그림 7.22). 토양조직의 명칭은 모래, 실트 및 점토의 상대적인 비율에 따라 달라진다. 위 세 가지 토양의 입자 중 어느 한 가지가 우세하면 그 명칭을 따르며, 어느 한 입자의 토양도 우세하지 않고 비교적 균등하면 양토(壤土, loam)라고 한다. 각 토양입자의 비율은 매우 다양하므로 그 구성에 따라 여러 가지 명칭이 부여된다. 예를 들면, 그림 7.22에서 점 A는 모래 65%, 실트 20% 및 점토 15%로 되어 있으므로 사양토(sandy loam)에 속한다. 일반적으로 식물 성장에 가장 적당한 토양은 양토이다.

2. 토양공극

토양공극(土壤孔隙, soil porosity)이란 토양 중에서 광물이나 유기물과 같은 고체상태의 물질에 의해 채워지지 않은 부분으로서, 대부분은 공기나 물로 채워져 있다. 그러므로 토양공극은 물이나 공기를 포함할 수 있는 것이다. 토양입자는 형태가 매우 불규칙하므로, 공극의 형태 역시 매우 불규칙하며 크기도 다양하다. 일반적으로 입자의 크기가 클수록 공극의 크기가 크며, 입자의 크기가 서로 다른 것보다는 입자의 크기가 고를수록 공극률이 커진다.

일정 체적의 토양 중에서 공극이 차지하는 체적의 비율을 공극률(孔隙率, porosity)이라고 한다. 즉,

$$\text{공극률} = \frac{\text{공극의 총 체적}}{\text{토양의 체적}} \times 100 \qquad (7.3)$$

그러나 공극의 총 체적을 구한다는 것은 쉬운 일이 아니므로 실제로는 다음과 같은 방식을

사용한다. 토양 체적밀도(體積密度, bulk density)는 다음과 같이 주어지고,

$$체적밀도 = \frac{건조된\ 토양의\ 무게(g)}{토양의\ 체적(cm^3)} \tag{7.4}$$

여기에 입자의 밀도(particle density)를 구하여 공극률은

$$공극률 = \left(1 - \frac{체적밀도}{입자밀도}\right) \times 100 \tag{7.5}$$

으로 구할 수 있다. 공극률은 공기나 물을 포함할 수 있는 능력이므로 식물의 성장과 밀접한 관계가 있다. 공극률은 상태에 따라서 상당한 차이가 있는데 표층의 사토에서는 공극률이 35~50%이지만 미세한 입자의 토양에서는 40~60%에 달하며, 유기물이 많은 곳에서는 더욱 높아진다. 공극률은 깊이에 따라서도 달라지는데 치밀한 하층토에서는 25~30%까지 떨어진다.

전체적인 공극률뿐만 아니라, 공극의 크기도 중요한 역할을 한다. 특히, 토양의 배수성은 공극률보다는 공극의 크기에 따라 달라진다. 공극이 크면 배수성도 크고 토양 중의 공기가 쉽게 이동할 수 있으나, 공극이 작은 토양에서는 공기의 운동이 느리고 물은 주로 모세관현상에 의해 운반된다. 사토는 공극률이 비교적 적지만 공극이 크기 때문에 공기와 물의 이동이 상당히 신속하다. 반면, 미세한 입자의 토양은 공극률은 크지만 공기와 물의 순환이 느려서 토양 중의 미생물의 활동이 활발하지 못하다. 따라서, 공극률보다는 공극의 크기가 더욱 중요한 고려요소로 작용한다. 토양에서 작물을 계속해서 경작하게 되면 공극의 크기가 점점 줄어드는 것이 밝혀졌다.

3. 토양산도(pH)

pH는 산이나 알칼리의 정도를 측정하는 단위이다. 그러므로 토양산도는 토양의 성질을 결정하는 중요한 요소이다. pH는 수소이온(H^+)의 농도를 나타내는 것으로서 0~14까지 나타낼 수 있다. 즉, pH는 수소이온농도(mole/l)의 음의 로그값으로 정의한다.

$$pH = -\log[H^+] \tag{7.6}$$

pH 7은 중성이며, 이때는 수소이온의 수와 수산화이온기(OH^-)의 수가 동일하다. 수소이온의 수가 수산기의 수보다 많은 경우, 즉 pH 7 이하에서 토양은 산성을 띠며 반대의 경우에는 알칼리성을 띤다. pH의 각 숫자 간에는 10배의 차이가 있다. 예를 들면 pH 5는 pH 7보다 100배의 수소이온을 갖고 있는 것이다.

토양산도는 광물의 용해와 관계가 깊다. 산성이 강한 토양(pH 4~5)에서는 용액형태의 알루미늄과 마그네슘이 많이 포함되어 있다. 차, 파인애플 및 소수의 침엽수는 강한 산성토양에서도 잘 자라지만 콩, 귀리, 사탕무 등은 용액상의 알루미늄에 약하고, 칼슘을 많이 필요로 하기 때문에 약산성이나 약알칼리성의 토양에서 잘 자란다. 토양산도는 토양 중의 미생물의 활동에도 영향을 미친다. 예를 들면, 질소를 고정시키는 박테리아는 강한 산성토양에서 활발히 작용한다. 광물질이 많은 토양에서는 약산성(pH 6.5)이 식물성장에 적합하며, 유기질토양에서는 pH 5.5 정도가 적합하다. 토양은 그 모재가 알칼리성일지라도 강수에 의해서 Ca^{2+}, Mg^{2+}, K^{+}, Na^{+}와 같은 양이온기가 용탈되고, 탄산(H_2CO_3)으로부터 형성되는 수소이온으로 치환되어 점차 산성화되어 간다. 알칼리성토양은 그 성질을 바꾸기가 산성토양보다 더 어려우며, 철, 마그네슘, 아연과 같은 미영양소들을 용해시키지 않기 때문에 식물의 성장에 부적합하다.

Chapter
07

Chapter

08

한반도의 산지지형

1. 한반도의 지질과 조산운동
2. 한국지형의 특색
3. 산지지형과 군사문제
4. 화산지형

기후조건이 동일한 지역에서의 지형차이는 많은 부분이 지질의 차이에서 생겨남에 따라 지형의 심도 있는 이해를 위해서는 지질에 대한 지식이 필수적이다. 이에 따라 이 장에서는 한반도의 지질과 지형의 특색을 이해하며 이를 산지지형과 연결시키고자 한다.

1 한반도의 지질과 조산운동

❶ 지 질

한반도는 판구조론적으로 볼 때 유라시아판의 가장자리에 속하지만 환태평양 조산대와는 달리 비교적 안정된 곳이다. 지질시대를 거치면서 수 차례의 지각변동과 조륙(造陸) 및 조산(造山) 운동으로 인하여 한반도의 모양이 상당히 변하였으며, 현재와 같은 한반도의 대체적인 모습은 백악기 말에서 제3기에 형성된 것으로 보인다. 한국의 지질계통은 표 8.1에 그리고 지질분포는 그림 8.1에 나타나 있다.

1. 한국지질의 특징

한국지질의 특징은 먼저 국토면적의 약 65%가 화강암(화강편마암 및 기타 화강암류)으로 구성되어 있다.

그리고 서울-원산을 잇는 추가령구조곡을 경계로 남북이 상이한 지질 및 지질구조를 가지며 화강암의 분포도 차이를 보인다. 먼저 지질의 경우 추가령구조곡 이북은 선캄브리아 이언(Eon)의 변성암류가 주로 나타나고, 고생대지층의 분포가 우세하다. 추가령구조곡 이남의 지질은 중생대지층이 우세하며, 특히 한반도 남동지역 및 남해안에 많이 나타난다. 지질구조는 추가령구조곡 이북은 트라이아스기 말의 송림조산운동의 영향을 주로 받았으며, 이남은 쥐라기 말의 대보조산운동의 영향을 많이 받았다. 화강암의 분포는 추가령구조곡 이북은 화강암이 불규칙적으로 분포하고 이남은 북북동-남남서의 일정한 방향성을 보인다.

퇴적암은 해성기원보다 육성기원이 더욱 풍부하며, 실루리아기에서 석탄기 하부까지 대결층이 존재한다. 중생대 퇴적 이후에는 대보조산운동의 영향으로 복잡한 지질구조를 형성하였으며, 제4기의 화산활동의 영향으로 울릉도, 독도, 백두산, 제주도, 백령도, 추가령 지구대, 길주-명천 지구대 등이 형성되었다.

표 8.1 **한국의 지질계통표**

代	紀		한국의 지질계통		地史
신생대	제4기	현세	제4계	사역층	← 화산활동 현무암, 조면암
		플라이스토세		단구층	
	제3기	플라이오세	제3계	칠보산통 연일통 장기통 용동통 봉산통	← 알칼리 화산암류 현무암, 조면암, 안산암
		마이오세			
		올리고세			
		에오세			
		팔레오세			
중생대	백악기		경상계	불국사통	← 조륙 및 침식
				신라통	← 화강암화 작용 및 관입 조산운동
				낙동통	
	쥐라기		대동계	유경통	← 소침식
				선연통	
	트라이아스기				
			평안계	녹암통	← 약습곡작용, 침식
고생대	페름기			고방산통	
				사동통	
	석탄기			홍점통	
	데본기		천성리통 (이포석회암 역암)		
	실루리아기				
	오르도비스기		조선계	대석회암통	← 조륙운동, 대침식기
				양덕통	
	캄브리아기				
원생대			상원계	구현통	
				사당우통	← 조륙운동 및 침식
				직현통	
시생대			준천계		← 습곡 및 침식 ← 화강암 관입

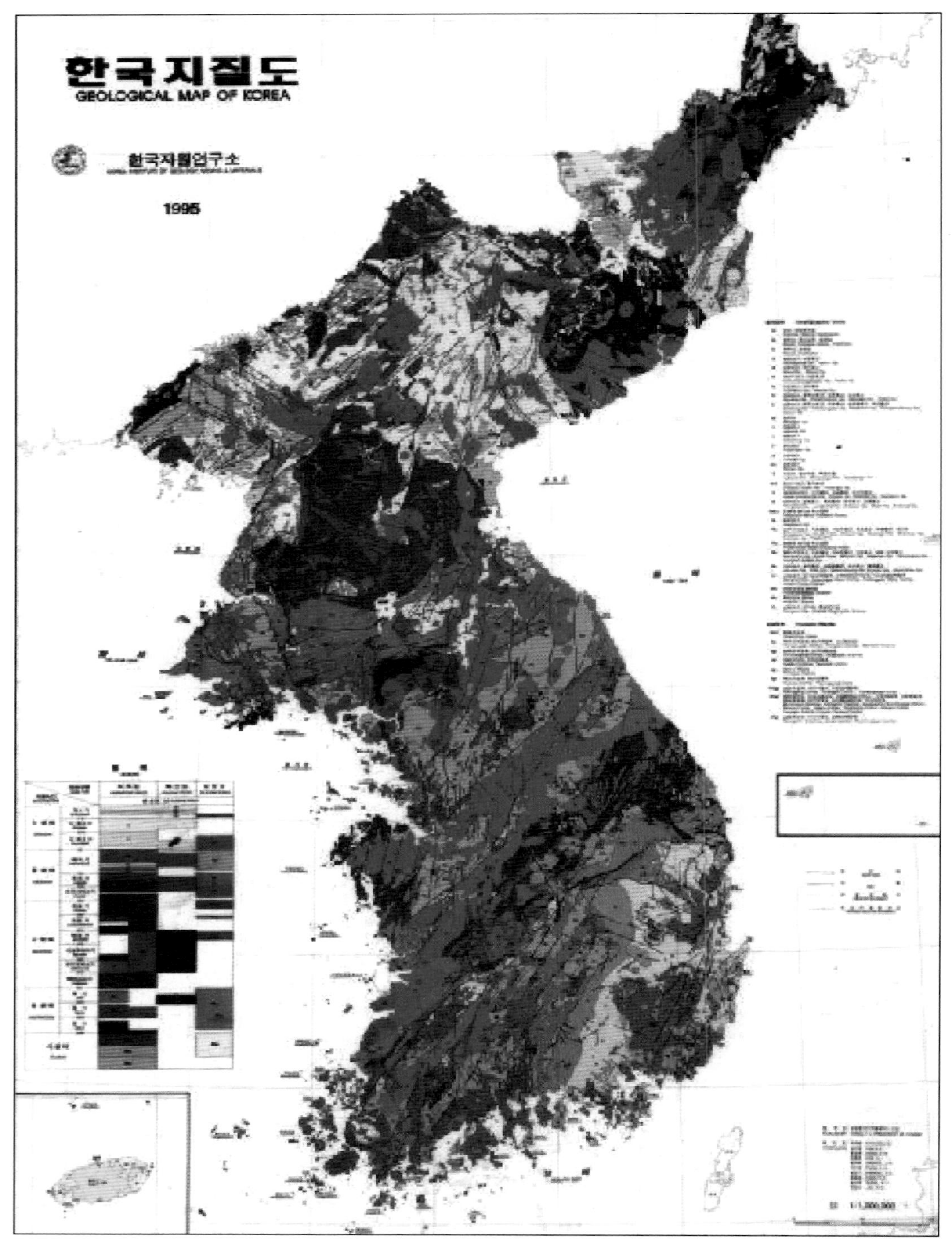

그림 8.1 한국지질도

2. 지질계통과 지사

한반도의 지질은 선캄브리아 이언에 속하는 시생대 및 원생대지층과 현생 이언에 속하는 고생대, 중생대 및 신생대 지층이 모두 분포하는 것으로 알려져 있다. 고대 시생대층은 한반도 최고기층(最古期層)으로 인정되고 있으며, 한반도 중부에 분포한다. 초기에는 바다로 덮여 있었으나 시생대 말 해퇴(海退)로 인해 육지가 된 후 화성암이 관입하였다. 이 화성암은 변성작용에 의한 화강암화 작용으로 화강 편마암으로 분포한다. 시생대로 생각되던 연천계와 상원계가 원생대로 판명되었으며 경기도 연천, 평남 상원, 황해도, 평북, 강원도 북부에 분포하며, 상원계에서는 콜레니아(Collenia) 화석이 산출된다.

고생대의 지질계통은 크게 조선계와 평안계로 나뉜다. 조선계는 석회암층으로 평남, 황해도, 강원도에 주로 분포하며, 여기에서는 삼엽충(redlichiida) 화석이 산출된다. 평안계는 조선계와 밀접히 관련되어 있으며 평남 북부, 평양 부근, 함남, 강원도, 전남 등지에 분포한다. 평안계 지층 중 사동통은 주요한 무연탄층이며, 평안계 지층에서는 방추충을 함유한 방추충 석회암(fusulina limestone)이 산출된다. 실루리아기에서 석탄기 말까지의 기간은 한반도에서 지층이 나타나지 않는 대결층으로 계속적인 침식 및 융기에 의해서 퇴적층이 거의 나타나지 않는 것으로 보인다. 이 시기에는 세계적으로 칼레도니아 조산운동(Caledonian orogeny)이 있었으나 한반도에서는 조륙운동만이 있었던 것으로 파악된다. 고생대의 지질계통은 고생대 초의 해침(海侵)에 의해 조선계가 형성되고, 그 이후 융기 및 침식의 반복으로 퇴적층이 거의 없는 대결층의 시기가 있었으며, 이어 해침에 의해 평안계가 형성된 것으로 요약된다.

중생대지층은 대동계와 경상계가 있는데 평양 부근, 충청도, 전라도 및 경상도지역에서 발견된다. 대동계 퇴적 이후 쥐라기 말의 대보조산운동이 있었으며, 그 이후 두꺼운 경상계가 퇴적되었다. 경상계 퇴적 이후 불국사 화강암이라 불리는 화강암이 관입하였고 변성작용의 결과로 화강 편마암 등도 형성되었다.

신생대지층은 현재와 같은 모습을 가지며 이것은 3계와 4계로 나뉜다. 3계에서는 팔레오세 기간 동안의 결층이 존재하고 동해안, 서해안(황해도에 소량 분포) 지역인 포항, 울산, 북평 등에 협소하게 분포한다. 4계에는 소규모 침강작용에 의해 서귀포층이 생성되었으며, 화산작용으로 제주도, 울릉도, 독도, 한라산 등이 형성되었다. 동해는 마이오세 초에 형성되었다.

② 조산운동

한반도는 안정지괴로서 중생대 이전의 고기의 암석이 널리 분포하고 중생대 이후 형성된 해성층은 일부지역에 제한되어 분포한다. 즉 대륙의 안정지괴와 비슷한 지반으로 한반도의 북부는 대체로 화북(華北), 만주, 연해주 등에 걸친 동아시아의 지질구조와 연관되어 있고, 중부지방의 구조선들은 중국의 중앙부와 연장선 상에 있다.

신생대에는 심한 조산운동(造山運動)은 거의 없었고, 백두산, 울릉도, 포항 일대, 제주도의 화산활동 정도가 일어났다. 한반도의 대규모 조산운동은 중생대 트라이아스기 중엽의 송림조산운동과 중생대 쥐라기 말기에 일어난 대보조산운동, 백악기 말에서 제3기 초에 걸쳐 일어난 불국사 조산운동이 있다.

송림조산운동은 북한에 활발하여 현재 평남지향사와 요동지향사에 대한 동서방향의 습곡과 요곡, 충상단층(衝上斷層)이 이때 큰 변화를 일으켰고, 주향별로 구분할 때 요동방향 산맥의 골격은 이때 형성된 것으로, 지질구조로 볼 때 평안계를 퇴적시킨 얕은 바다는 물러가고 여러 곳에 호분(湖盆)의 형성으로 호성층의 퇴적이 시작되었다.

대보조산운동은 한국지사상 가장 큰 습곡운동으로 북서쪽에서 가장 큰 측압을 받았고, 북동쪽, 남쪽 등의 여러 방향으로부터 영향을 받았다. 이때 옥천지향사에 강한 습곡을 일으켰으며, 태백산맥의 일부 지역에서는 고생대층이중생대층을 덮는 횡와구조(横臥構造)가 나타나기도 하면서 기존의 습곡 산지의 저층을 크게 교란하였다. 이 운동으로 화산활동이 전국적으로 일어났고, 특히 중남부지역에 걸쳐 마그마의 관입이 많았으며, 이 화강암들은 현재 산지지형의 근간을 이룬다.

불국사조산운동은 불국사 화강암의 관입과 이에 수반되어 일어난 단층 및 경동지괴운동이 주를 이루었으며, 동-서 방향의 트러스트 운동과 습곡작용이 있었다. 마지막 단계에서 화산암류들이 분출하여 한반도 남동부의 제3기 퇴적분지의 기반암이 되었다.

이러한 조산운동들은 한반도 전 지역에 걸쳐서 가장 강렬한 영향을 주었다. 조산운동들은 한중 지괴의 동부지역에 큰 영향을 미쳤으며, 이 시기에 습곡작용, 변성작용, 트러스트 단층과 단층지괴의 형성, 그리고 광역적인 마그마 활동이 있었다. 그러나 그 후 장기간에 걸친 침식작용, 단층운동, 특히 암석의 경연(硬軟)에 따른 차별침식의 결과 원지형이 현재 지형을 형성하고 있는 경우는 거의 없다.

2 한국지형의 특색

❶ 경동지괴의 지형

한반도의 지형적 특색 중의 하나는 동해안 또는 동부를 연하여 태백산맥, 함경산맥, 부전령산맥 및 낭림산맥이 치우쳐 있는 경동지괴(傾動地塊, tilted block)의 지형을 이룬다는 점이다. 한반도 방향에서는 척량산맥(脊梁山脈)인 태백산맥과 낭림산맥을 기준으로 하고 함경도에서는 함경산맥을 기준으로 할 경우 이들 산맥이 동해안 또는 동부에 치우쳐 있어 동해안 쪽과 그 반대편의 지형은 그림 8.2에서 볼 수 있는 바와 같이 사면의 경사가 매우 다르다.

태백산맥과 낭림산맥의 서부는 한반도의 거의 대부분을 차지하면서 산맥의 정상부로부터 서쪽으로는 완만한 경사로 낮아지면서 서해에 이르고 있다. 반면 태백산맥의 동해 사면은 험준하고 급경사로 동해로 이어지고 낭림산맥의 동부는 개마고원에 연결되어 태백산맥의 동부와는 약간 다르다. 함경산맥은 동해안 쪽에 치우쳐 있으면서 태백산맥과 마찬가지로 동해 사면은 급경사를 형성하고 반대쪽 사면은 개마고원을 이루면서 완만한 경사로 북 또는 북북서방향으로 낮아지면서 모든 강이 북쪽에 있는 압록강이나 두만강으로 흘러든다. 이러한 지형을 형성하게 된 것은 백악기 말에서 제3기 초에 한국방향의 태백산맥과 요동방향의 함경산맥을 축으로 하는 비대칭 지배사 융기운동(asymetrical geoanticline movement)과 단층작용의 결과이다.

동해의 함몰과 함께 단층작용으로 이들 산맥은 상승하면서 동해 쪽에 치우쳐서 경동지괴의 지구조를 형성하게 되었다. 이러한 경동지형적 특색은 우리나라의 험준한 산악지대와 평야지대의 발달과 분포, 대규모 하천의 흐름에 영향을 미쳐서 우리나라 지형의 이해에 기반을 이루고 있다. 국경을 이루는 압록강, 두만강과 낙동강을 제외한 대부분의 대규모 하천은 서해 사면을 흐르거나 함경산맥의 완만한 사면인 북쪽으로 흘러간다.

❷ 탁월한 침식지형

우리나라는 비교적 안정된 지괴로서 오랜 지질시대를 통하여 고기(古期)의 암석에 오랜 기간 융기와 침식작용이 진행되었다. 따라서 국토의 2/3가 산지임에도 불구하고 오랜 기간의 침식과 삭박작용에 의하여 낮아진 저고도의 산지나 완만한 구릉으로 형성된 소위 '노년기' 침식지형이 널리 분포하고 있다. 이러한 노년기 침식지형에서 나타나는 특색은 다음의 3가지가 있다.

첫째는 침식 잔구성 산지의 발달이다. 이는 주로 화강암의 차별침식에 의해 나타나는 낮은 고도의 비교적 독립된 산지로서, 서해사면에 특징적으로 나타나는데, 서울의 관악산이나 북한산, 대전의 계룡산 등은 대표적인 잔구성산지이다.

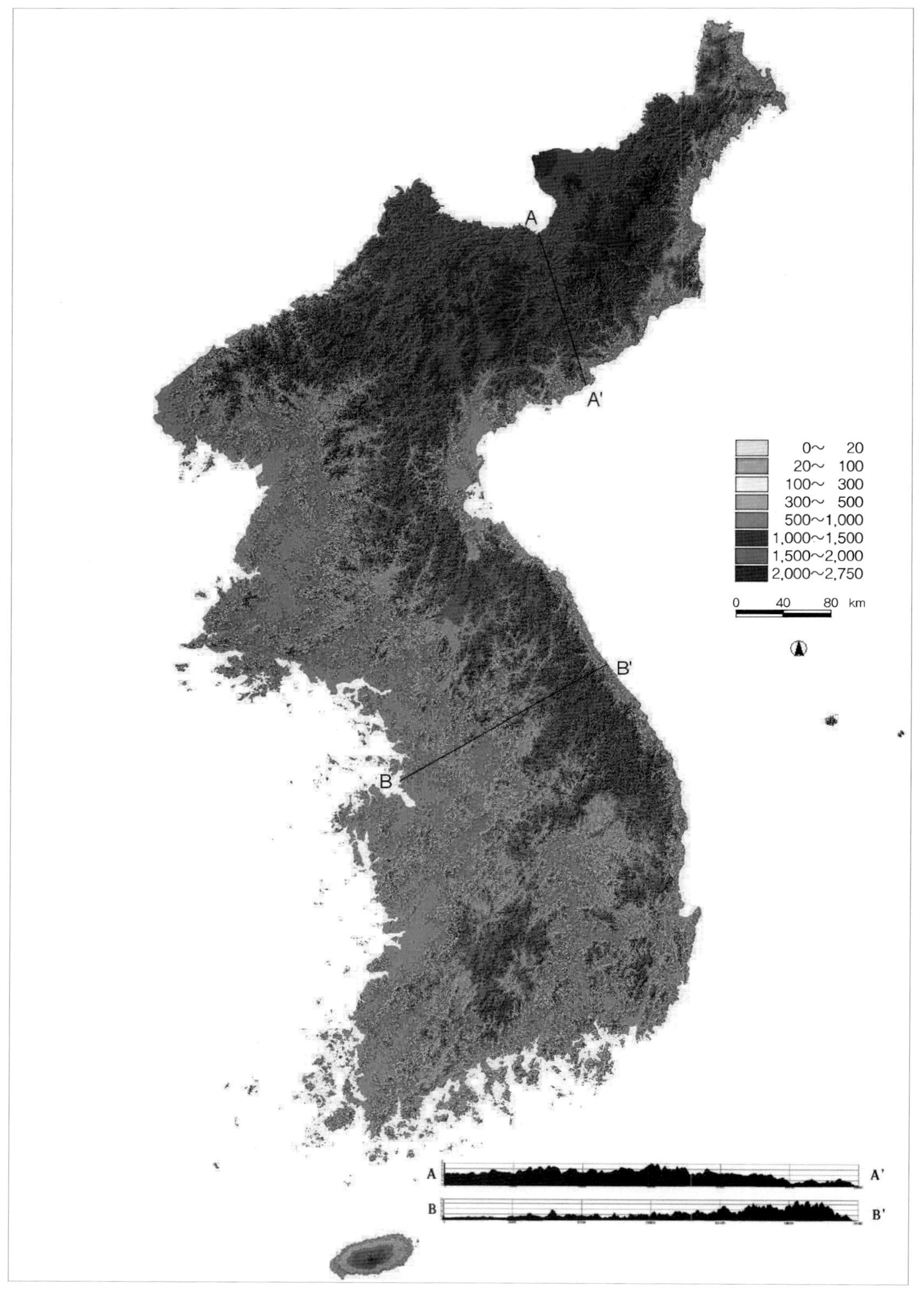
A
A'
B'
B
0~ 20
20~ 100
100~ 300
300~ 500
500~1,000
1,000~1,500
1,500~2,000
2,000~2,750
0 40 80 km
A
A'
B
B'

그림 8.2 한국의 지형

둘째는 침식평탄면(侵蝕平坦面)의 발달이다. 침식평탄면은 지질시대를 통하여 지반의 융기와 정지가 반복되면서, 정지기에는 침식이 진행되어 완만한 경사의 평탄면을 이루고, 융기시에는 급경사면을 형성한다. 수 차례의 융기에 의하여 이런 과정이 반복되어 서로 다른 고도의 평탄면을 이룬 것으로 고찰되고 있다. 1930년대 이후 계속된 평탄면 연구에 의하면, 우리나라의 침식평탄면은 대체로 고위평탄면과 저위평탄면의 두 개로 구분할 수 있다.

고위평탄면의 형태는 강원도 삼척군의 육백산(六百山) 정상에서 대표적으로 나타나며 이것을 육백산면이라고도 한다. 육백산은 정상부가 매우 평탄하며 크기는 사방 수백 미터 정도 된다(그림 8.3). 저위평탄면은 연구자에 따라 중위평탄면과 저위평탄면으로 세분되거나 서로 다른 고도의 여러 면으로 더욱 세분되기도 하는데, 경기도 남부의 여주 일대의 평야를 대표하는 여주면(驪州面)은 그중 대표적인 평탄면의 하나이다. 이러한 다수의 침식평탄면의 존재는 한반도가 수 차례에 걸친 간헐적인 융기운동을 하였다는 증거로 제시된다.

셋째는 침식평야의 발달이다. 우리나라에서 경사도 5% 미만의 평탄지는 23%에 불과하며 이들은 대부분이 서해안과 남해안에 분포한다. 이러한 평탄지에서 하천이나 해안 주변의 일부 퇴적평야를 제외한 대부분의 평탄지는 기반암이 오랜 기간의 침식 및 삭박으로 낮아지고 평탄해진 침식 준평원상의 평야로서 침식평야에 해당된다.

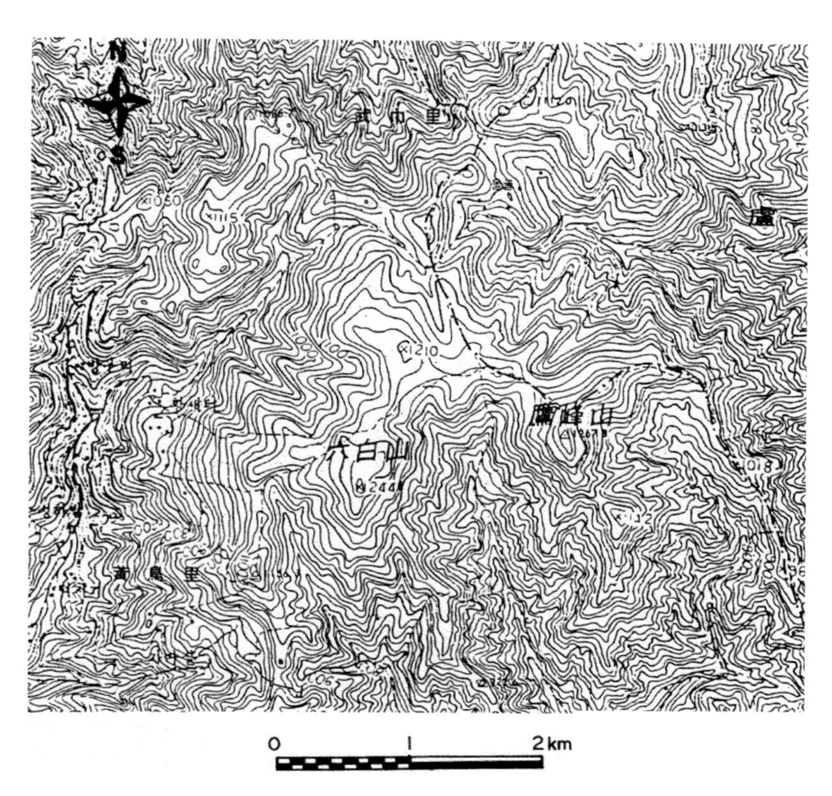

그림 8.3 육백산 정상의 고위평탄면

③ 화강암지형

우리나라는 국토면적의 65%가 화강암, 화강편마암 및 기타 화성암류로 되어 있다. 화강암은 심성암으로서 구성 광물비는 장석 60% 내외, 석영 20~40%, 운모 등이며 조립의 결정질 암석이며 유색광물의 양이 1% 내외이므로 색은 주로 담색이다.

화강암은 일반적으로 1% 미만의 낮은 공극률과 투수율을 가지기 때문에 광물입자의 공극을 통해서는 지하수의 유통이 원활하지 못하며, 대부분 화강암 내에 발달한 여러 형태의 절리(joint)를 따라 이동하게 된다. 수분이 풍부한 곳에서는 풍화와 침식에 약하기 때문에 화강암의 차별침식에 의해서 여러 가지 특징적인 지형이 나타난다.

첫째는 국토의 대부분이 화강암류인 것처럼 대부분의 산봉우리들은 차별침식(差别浸蝕)에 의해 침식에 강한 부분이 남은 것들이라는 점이다. 설악산, 금강산, 속리산, 북한산의 인수봉 등은 화강암의 차별침식에 의해 형성된 대표적인 봉우리들이다. 또한 앞에서 언급한 잔구성산지는 대부분이 화강암의 잔구성산지이다.

둘째는 화강암력(granite boulder), 토르(tor), 타포니(tafoni) 등 화강암 미지형의 발달을 들 수 있다. 이들은 대부분이 화강암의 경도(硬度) 차이나 절리에 따른 풍화의 차이에 따라 나타난다. 화강암력(花崗岩礫)은 직경 2~5 m 정도의 개별적인 암석체를 말한다(그림 8.4). 이러한 것은 화강암에 발달하는 절리들이 상호 교차하는 곳에서 절리면을 따라 차별풍화를 균일하게 받으면 잘 형성된다. 설악산의 흔들바위는 이러한 화강암력의 한 예이다.

토르(tor)란 화강암의 기반암이 풍화되면서 잔류된 괴상(怪狀)의 잔류물을 말한다. 크기는 2~25 m까지 나타나지만 대부분은 5~10 m 범위이다. 토르는 화강암력과는 달리 기반암으로부터 형성된 원래의 위치에 자리한다. 토르의 형태는 절리의 상태에 따라 다르게 나타나며, 탑(tower), 성곽(castle), 탁상(table-hill), 암주(rock pillar), 돔(dome-summit)형 등이 있다(그림 8.5). 타포니란 일반적으로 암괴의 측면에 동굴 형태로 발달하는 풍화혈(風化穴)로서 지중 차별풍화(subsurface

그림 8.4 화강암력과 새프로라이트

그림 8.5 탑형의 토르

differential weathering)를 받은 후 풍화물이 제거되면서 나타나는 것으로 알려졌다. 크기는 대체로 10 cm 이상이며 형태는 매우 다양하다.

셋째는 화강암의 차별침식으로 인하여 형성된 침식분지(侵蝕盆地) 지형이 다수 나타난다는 점이다. 이러한 침식분지의 대표적인 곳이 강원도 양구군 해안면의 소위 '펀치볼(Punch bowl)'이라 불리는 해안분지(亥安盆地)이다(그림 8.6).

장경 11 km, 단경 5~6 km에 달하는 타원형 형태의 분지인 이곳은 그 형태가 특이하여 주목을 받았으며, 지형을 분석한 결과에 의하면(이형호 외, 1990), 분지 주변부는 경기 변성암 복합체의 변성암류이고 내부의 분지 바닥은 화강암류이다. 마그마가 관입하여 변성암이 팽창하면서 파쇄대를 형성하였고 이 부분이 침식된 후 관입된 화강암이 노출되면서 상대적으로 풍화에 약한 화강암이 주변의 변성암보다 빨리 풍화·침식되어 나타나는 차별침식에 의한 지형이다. 이러한 형태의 침식분지를 비롯하여 하천 합류 지점의 분지지형 등 다수의 침식분지가 전국에 산재한다.

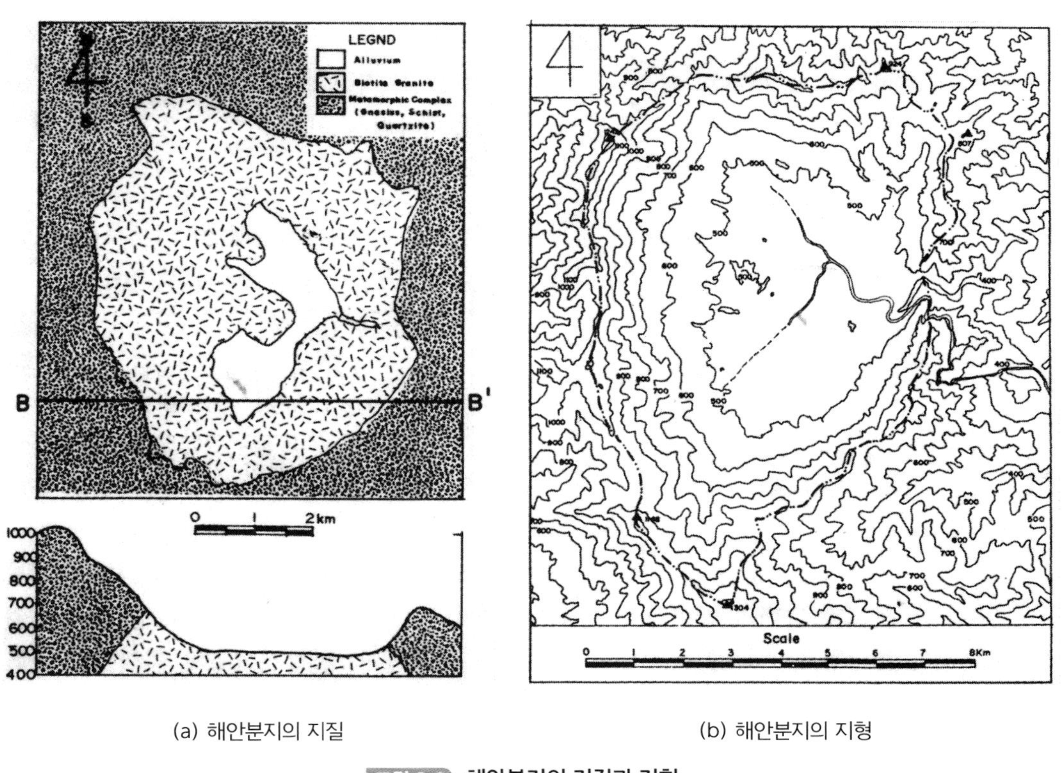

(a) 해안분지의 지질 (b) 해안분지의 지형

그림 8.6 해안분지의 지질과 지형

④ 추가령곡을 중심으로 대비되는 지형·지질형태

한반도 중부에는 추가령곡이 지나는데 이를 중심으로 남북 사이에 지질 및 지형에서 대조적인 분포를 보여준다. 따라서 추가령곡은 지질·지형학적으로 남북의 경계선이 되고 있다. 추가령곡의 형태는 서울에서 원산 사이에 북북동-남남서 방향으로 발달한 길이 180 km의 좁고 긴 골짜기로, 그 형태의 특이성으로 인해 지질 및 지형학자의 주목을 받아 왔다. 남한지역에 대한 최근의 연구에 의하면 의정부-철원 사이에서는 3~4개의 대단층으로 형성되어 있는데 곡의 북쪽에는 마식령산맥, 남쪽에는 광주산맥이 있다.

추가령곡의 기원에 대해서는 최근까지도 매우 다양한 설이 제기되어 왔다. 따라서 그 이름도 지구대, 열선(裂線), 열곡(裂谷) 등으로 매우 다양하게 불리고 있다. 최근의 연구에 의하면 추가령곡은 세 차례의 서로 다른 운동에 의해 현재의 모습이 형성되었다고 한다(표 8.2).

표 8.2 추가령곡의 구조운동(김규한 외, 1984)

구 분	암 석	시 기
제1기 : 대보조산운동	대보 화강섬록암	쥐라기
제2기 : NNE - SSW 방향의 right lateral strike - slip fault	지장봉 산성 화산암류 고기 현무암	백악기 혹은 팔레오신
제3기 : NNE - SSW 단층의 회생운동	역암 및 전곡 현무암	팔레오신 혹은 플라이스토신

추가령곡을 중심으로 남북에서 대조적으로 나타나는 것은 대표적으로 지질분포와 산맥의 방향성이다. 북부지방에서는 지질계통으로 선캄브리아 이언의 변성암류와 고생대 지층이 우세하게 분포하며, 화강편마암과 화강암의 분포가 불규칙성을 보인다. 산맥의 방향성에서는 함경, 강남, 적유령, 묘향, 언진, 멸악산맥 등의 요동방향(ENE-WSW)의 산맥이 우세하다. 또한 산지의 분포에서도 2,000 m 이상의 산맥이 함경산맥, 낭림산맥과 마천령산맥을 포함하는 개마고원에 집중된다.

반면 남부지방에서는 지질계통으로 선캄브리아 이언의 변성암류와 고생대지층이 우세하게 분포하는 외에 중생대지층도 넓게 분포하며 화강편마암과 화강암의 분포는 NNE-SSW의 방향성을 가지고 널리 분포하고 있다(그림 8.1의 한국 지질도 참조). 산맥의 방향성에서는 차령, 소백, 노령산맥 등 중국방향(NNE-SSW)의 산맥이 우세하다. 산지의 분포에서는 2,000 m 이상의 높은 산은 없고 태백산맥과 소백산맥의 산을 제외하면 대부분이 잔구성의 낮은 산지들이다.

⑤ 지질구조선과 산맥의 방향성

한반도에서는 구조선과 산맥의 분포에서 지역적으로 3개의 방향성이 나타난다(그림 8.7). 이들 방향성의 형성은 조산활동이나 지각변동과 연관이 있다. 요동방향은 트라이아스기의 송림조산운동, 중국방향은 쥐라기의 대보조산운동, 그리고 한국방향은 백악기 말기의 불국사조산운동의 단층 및 경동지괴운동과 관련이 있다.

한국방향은 한반도의 방향과 일치하는 북북서–남남동(NNW–SSE)의 방향성으로서, 일본인 가토(小藤文次郎)가 명명한 것이다. 여기에는 태백, 낭림, 마천령산맥이 해당된다. 태백산맥과 낭림산맥은 한반도의 척량산맥을 이루면서 한반도 지형의 골격을 형성하고 있다. 한국방향은 백악기 말기의 불국사 조산운동의 영향을 받아서 생성되었다.

중국방향은 북동–남서(NE–SW) 또는 북북동–남남서(NNE–SSW)의 방향성으로서, 미국의 지질학자인 펌펠리(Pumpelly)가 명명한 것이다(강석오, 1974). 지역적으로는 추가령곡 이남에 발달한 광주, 차령, 노령, 소백산맥 등의 산맥과 북한강, 예성강, 금강, 영산강이 흐르는 방향도 이 방향에 해당된다. 중국방향은 대보조산운동의 영향으로 생성되었으며, 생성 후 오랜 기간을 거치면서 심한 습곡 및 단층운동과 풍화·침식을 받아서 저산성의 산지로 변화하였다. 특히

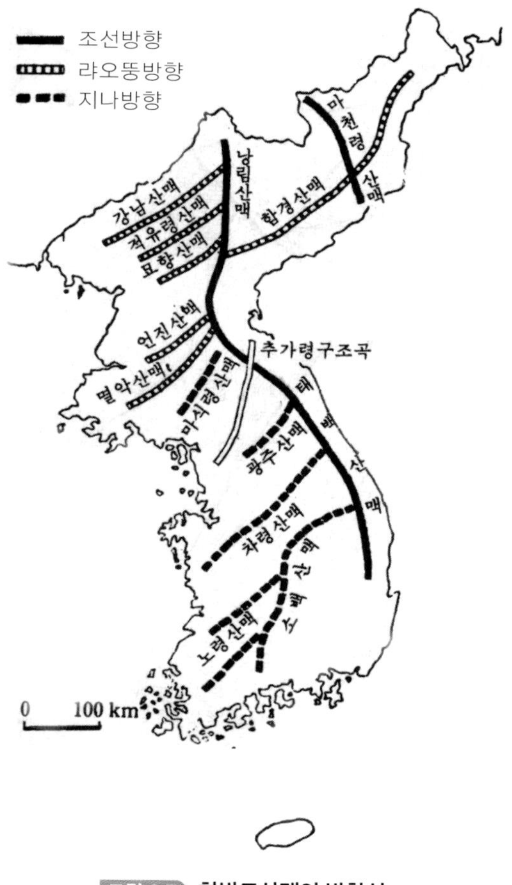

그림 8.7 한반도산맥의 방향성

많은 산맥들이 서해안에 이르러서는 거의 산맥으로 인식될 수 없을 정도로 낮아지고 단절되어 있다. 차령산맥의 줄기는 남한강에 의해 끊어진 상태인데 이는 우리나라의 지구조운동과 지형의 형성에 관해서 많은 점을 시사해 준다.

요동방향은 동북동-서남서(ENE-WSW)의 방향성으로서, 독일의 지리학자인 리히트호펜(Richthofen)이 명명하였다(강석오, 1974). 요동방향의 산맥은 지역적으로 추가령곡 북부의 강남, 적유령, 묘향, 언진, 멸악, 함경산맥과 대동강 하류, 청천강 곡 등이 해당된다. 요동방향의 산맥은 송림조산운동에 의해 형성되었다.

3 산지지형과 군사문제

산지지형은 일종의 특수지역 작전구역에 속한다. 특수지역이란 일부지역에서만 나타나는 작전지역으로서, 예를 들면, 도시지역, 정글지역, 산악지역, 사막지역 등과 같은 지역이다. 그러나 산지가 전 국토의 75%라고 하는 우리나라에서는 산악작전이 특수지역 작전이 아니라 정상적인 작전형태일지도 모른다. 따라서 산지의 특성을 이해하고 그것이 작전에 미치는 영향을 정확하고 면밀하게 분석해야만 산지에서의 군사작전활동을 어려움 없이 수행할 수 있다.

① 산사태

산사태는 사면에서 토양이나 암석이 급격히 이동하는 사면이동(mass movement)의 한 형태이다. 사면에서 토양은 열이나 결빙작용 혹은 습도의 변화 등에 의하여 팽창과 수축작용이 발생하는데, 팽창할 때는 입자들이 사면에 수직방향으로 상승하지만 수축할 때는 제자리로 떨어지지 않고 중력방향으로 떨어져 사면에서의 이동이 일어나게 된다.

이러한 느린 속도의 입자이동을 포행(匍行, creep)이라 한다. 포행은 개별 토양입자의 이동이며, 매우 느린 사면이동인 반면, 빠른 속도로 덩어리째 이동하는 과정을 사태(mass wasting)라 한다.

1. 산사태의 원인

사면이동의 원동력은 중력이지만 토양의 풍화쇄설물 형태, 수분 정도 등 다양한 요인에 의해 좌우되는 사면의 안정도가 사면이동의 양상을 결정한다. 토양입자의 점착력(cohesion)이나 공극수압(pore-water pressure)이 없는 토양에서 사면의 안정도(safety factor, η)는 그림 8.8 (a)에서 보는 바와 같이 토양의 마찰력(R)과 사면방향으로의 중력성분(T)의 비로서 결정된다. 즉, 사면의 경사각(angle of slope, β)과 토양의 마찰각(angle of friction, ϕ)에 의해서 안정도가 결정된다. 사면에 수직으로 작용하는 중력성분을 N이라고 하면 안정도는 다음과 같다.

$$\eta = \frac{R}{T} = \frac{N \cdot \tan\phi}{N \cdot \tan\beta} = \frac{\tan\phi}{\tan\beta} \tag{8.1}$$

위 식 (8.1)을 보면 토양의 점착력이 없기 때문에 안정도는 단순히 사면 경사의 함수가 된다. $\eta < 1.0$이 되면 불안정한 상태이며, 사면의 경사각(β)이 토양의 마찰각(ϕ)보다 크면 불안정한 것이다. 그림 8.8 (b)와 같이 점착력과 공극수압이 존재하는 경우, 점착력(C)은 마찰력과 같은 방향으로 작용하며, 공극수압(P)은 수직항력을 약화시키는 작용을 하므로 안정도는 다음과 같다.

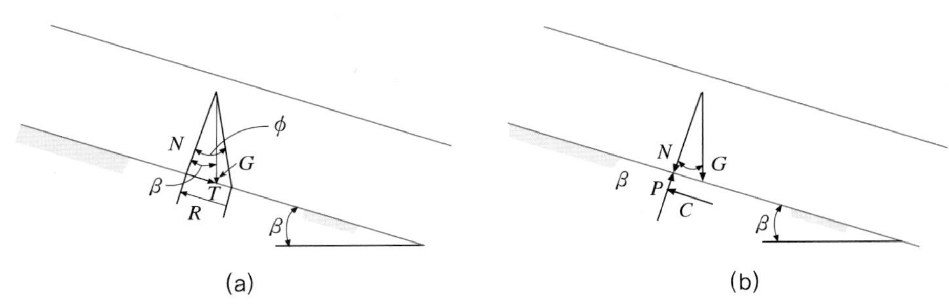

그림 8.8 사면의 안정도에 영향을 미치는 힘

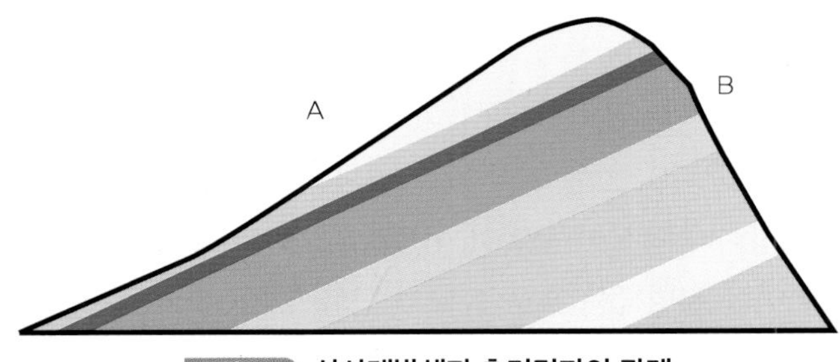

그림 8.9 산사태발생과 층리면과의 관계

$$\eta = \frac{(N-P) \cdot \tan\phi + C}{N \cdot \tan\beta} \qquad (8.2)$$

점토입자의 경우, 점토입자의 점착력은 사면을 안정시키는 작용을 하게 되지만, 공극이 포화되면 공극수압이 작용하여 작은 경사각에서도 사태가 발생할 수 있다.

일반적으로 산사태가 일어나기 쉬운 지질 및 토양은 제3기층의 연암(軟巖)이나 토양이다. 제3기층은 암석의 생성시기가 짧아 연암층을 이루고 있으며, 투수율이 매우 크기 때문에 상당한 깊이까지 풍화가 진행되어 점토화되어 있다. 특히 주로 점토층, 실트층, 모래층으로 구성되어 있는데 각 층의 층리면을 따라 풍화가 빠르게 진행된다.

풍화된 층리면이나 투수율이 상대적으로 높은 모래층을 따라 공극수가 집중적으로 이동함으로써 공극수압(pore water pressure)이 증가하여 붕괴사면의 전단응력(shear stress), 즉 마찰력을 감소시킴으로써 산사태를 일으키게 된다.

따라서 층리나 엽리, 절리, 파쇄대방향으로 사면붕괴가 발생하는 것이 일반적인데, 층리나 엽리의 방향으로 형성된 사면에서 산사태의 발생가능성이 훨씬 높다. 풍화된 표층의 토양층과 그 하부에 불투수층의 암석층이 존재하고 이 두 층의 경계면이 판상절리면이나 층리면으로서 표면이 매끄러울 경우에는 토양이 쉽게 흘러내릴 수 있기 때문에 사태가 쉽게 일어날 수 있다.

그림 8.9는 산사태가 발생했던 산지의 모식도이다. 층리면과 나란한 사면에는 사암이 불투수층인 셰일 위에 놓여져 있어서 강수에 의해 유입된 토양수는 투수율이 높은 사암층에서 집중적

으로 흐르므로 공극수압이 높아진 사암층이 붕괴될 가능성이 높아지게 된다. 그러나 층리면과 큰 각을 이루는 반대쪽 사면에서는 이러한 현상이 발생하지 않으며, 각 층에서의 차별침식에 의해 토양과 기반암과의 경계도 불규칙하게 형성되므로 큰 마찰력으로 인해 산사태 발생가능성이 매우 낮다.

산사태발생의 가장 직접적인 원인 중 하나는 토양에서의 물의 작용으로 그 작용 형태는 다양하다. 첫째, 토양이나 암석의 공극수가 집중되는 부분에서 산사태가 유발될 가능성이 높다. 일반적으로 파쇄대나 단층면에서 공극수가 집중되며 오랜 시간에 걸쳐 이런 지역에서의 공극수압이 증가하게 되어 사면이 불안정해진다. 성질이 다른 두 층리의 경계면이나 불투수층 사이에 놓인 투수율이 높은 지층 역시 공극수가 집중되기 쉬운 경우이므로 산사태를 유발할 수 있다.

둘째, 토양 내에서의 물의 흐름이중요한 역할을 할 수 있다. 지하수의 흐름에 의해 미세한 입자들이 침식되어 이동하게 되는데, 흐름이 지표까지 연장되면 미세한 입자들이 배출되어 공극률이 높아지고 풍화를 촉진하게 된다. 따라서, 인위적인 토양의 절삭에 의해 토양의 유출이 있는 곳에서는 산사태의 위험이 높다고 할 수 있다.

셋째, 지표수는 직접적으로 산사태를 유발하지는 않지만 강수량이 많을 경우 많은 양의 지표 혼합물들을 이동시켜 사면의 불안정을 촉진시킬 수 있다. 또한 지표수나 하천에 의한 사면하부의 침식은 사면불안정을 유발하는 대표적인 원인이다.

넷째, 한계를 초과한 토양수의 유입은 토양 자체의 중량을 증가시켜 산사태를 촉발할 수도 있다.

사면의 형태는 산사태 발생가능성을 크게 좌우하게 된다. 일반적으로 사면의 경사가 급할 경우 사면의 불안정성이 증가하므로 어떤 원인에 의해 기존 사면의 경사가 증가할 경우 산사태 발생 가능성이 높아진다. 또한 사면의 상부에 인위적인 성토 등에 의한 과중한 하중이 작용하거나 사면의 하부에 자연적인 침식이나 인위적인 절토가 이루어졌을 때 사면의 불안정성이 증가하여 산사태의 원인이 된다.

이상과 같이 지질학적, 지형적 원인 혹은 토양수의 작용이 산사태의 메커니즘으로 인식되고 있다. 그러나 근본적인 원인이 내재되어 있는 지역이라 할지라도 외부적인 요인이 작용하지 않으면 산사태가 쉽게 발생하지 않는다. 집중강우, 지하수의 수위변화, 지진 및 화산, 인공적인 원인에 의한 충격, 인위적인 절토나 성토, 식생의 변화 등의 요인이 동시에 작용할 때 산사태의 발생 가능성이 높아진다.

2. 산사태의 분류

산사태의 발생 원인과 형태에 따라서 산사태를 다양한 형태로 분류할 수 있다. 그림 8.10과 같이 사면이동의 형태에 따라 낙하(fall), 슬럼프(slump), 슬라이드(slide), 유동(flow)의 형태가 있다.

(a) fall (b) slump

(c) slide (d) flow

그림 8.10 산사태의 유형

슬럼프는 완만한 경사에서 경사면 하부의 침식이나 호우 등에 의해 토양층이 원형의 형태로 회전하면서 움푹 꺼지는 현상을 말한다. 슬라이드는 암석이나 토양층이 경계면을 따라 미끄러져 내려오는 형태이며, 유동은 물의 함량이 한계를 넘었을 때 유체와 같이 흘러내리는 형태를 나타낸다.

붕괴물질의 종류에 따라서는 대표적으로 기반암이 붕괴되는 경우와 기반암이 풍화된 암편이 붕괴되는 경우, 토양층이 붕괴되는 경우로 나누어 볼 수 있다. 이와 같은 분류 기준으로 Varnes(1978)는 표 8.3과 같이 분류하였다.

표 8.3 산사태의 분류(Varnes, 1978)

이동의 형태		붕괴물질의 종류		
		기반암	암 설	토 양
낙 하		암석 낙하	암설 낙하	토양 낙하
슬라이드	회전형	암석 슬럼프	암설 슬럼프	토양 슬럼프
	변이형	암석 슬라이드	암설 슬라이드	토양 슬라이드
유 동		암석 유동	암설 유동	토양 유동(토류)
복합형		두 가지 이상의 형태		

그 외에 매우 느린 사면이동인 포행(creep), 토석류(solifluction), 점토질로 이루어진 유동인 이류(mud flow), 눈사태(avalanche) 등과 같이 매우 다양한 사면이동의 형태가 있다.

3. 산지지형에서의 군시설배치

북한과 군사적으로 대치하고 있는 전방부대의 군시설은 그 배치에서 전술적 측면을 고려해야 하기 때문에 지형과 밀접한 관련이 있다. 특히 전방지역의 군시설은 휴전 이후 산사면을 형질 변경하여 건축되었기 때문에 지형적으로 안정되기 위한 충분한 시간이 경과하지 못한 점도 있다.

지형과 관련된 군시설의 일반적 특징은 다음과 같다. 첫째로 대부분의 군시설이 전술적인 이유로 남향사면에 건축되어 있다. 북한과 대치하고 있는 현실에서 북쪽으로부터의 관측이나 사격에 은폐, 엄폐가 되기 위해서는 남쪽사면에 시설을 배치해야 하는 것이다. 남향은 일사량이 많은 등 자연환경조건에서 유리한 점이 많다. 그러나 우리나라에서는 남향이나 서향사면은 북향이나 동향사면에 비해서 강수량이 많을 수 있다. 여름에는 저기압이 남서에서 북동방향으로 이동하는 경우가 많으며, 이에 따라 남풍이나 남서풍이 불기 때문에 그림 8.11에서 보는 바와 같이 남향사면에 내리는 비가 북향사면에서보다 수직에 가까운 것이어서 단위면적당 내리는 비의 양은 남향사면에서 더 많게 된다.

둘째는 역시 전술적 고려 때문에 되도록 사면 가까이에 시설을 배치해야 한다는 점이다. 남향사면에서 사면하단부에 가까이 있을수록 적의 직사·곡사화기로부터 보호받기가 쉽다. 따라서 사면 가까운 곳에 지휘소, 내무반, 탄약고 등이 들어선다. 사면하단부에 가까이 위치하기 위해서 또는 경사면이나 계곡에서 부지면적을 확보하기 위해서 사면의 하단부를 절토하고서 건물을 짓는 경우가 많다. 절토는 자연적으로 이루어진 안정된 사면의 경사를 급하게 하여 사면의 불안정을 높이게 된다.

셋째는 부대의 경계와 작전 등을 위한 주둔지 외곽의 진지가 부대시설 주위를 둘러싸고 있는 경우가 있으며, 휴전선 인근에서는 부대막사 부근 산사면에 교통호가 구축되어 있는 경우도 많

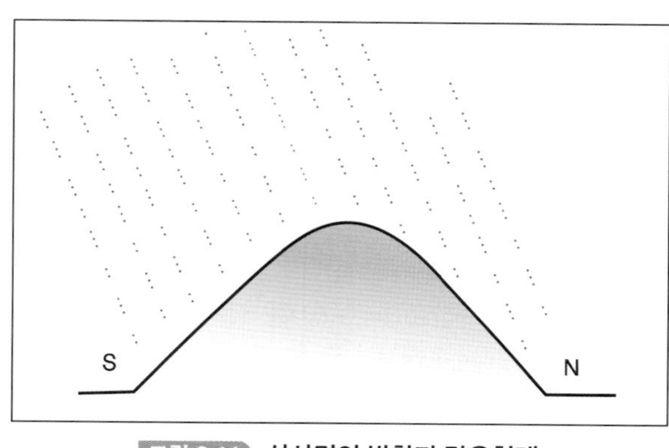

그림 8.11 산사면의 방향과 강우형태

다. 이러한 시설들은 경사면을 변형시키고 강우 시 물의 토양침투를 쉽게 하며 물의 흐름을 변화시켜서 사태의 위험성을 증가시킨다.

4. 집중호우에 의한 경기 북부지역의 산사태

우리나라의 여름철 집중호우 현상은 발달한 저기압, 장마전선, 태풍 등의 영향으로 발생한다. 1996년 7월 26일부터 28일까지 경기 북부 및 강원 영서지방에 500 mm가 넘는 집중호우가 발생하여 많은 피해를 입혔다. 고온다습한 북태평양 고기압의 연변에서 대기의 불안정으로 강한 소나기성 강우대가 형성되고, 서해상의 수증기 유입에 의한 강우 시스템의 발달 등으로 인하여 집중호우가 발생하였다(윤석환, 1996).

1996년 집중호우로 인해 연천 – 철원지역에서 1,000여 개 이상의 산사태가 발생하였으며, 산사태의 직접적인 원인은 집중강우에 의한 것으로 생각된다. 강우에 의한 산사태는 어떤 시기까지의 누적강우량이 그 시기까지의 연평균강우량을 초과할 때 산사태가 발생할 수 있는 조건이 충족되며, 초과하는 정도에 의하여 사태의 규모가 결정되는 경우도 있다. 그러나 대부분의 산사태는 집중강우에 기인하며, 단위시간당 또는 일강우량의 절대치에 의해 좌우된다. 누적강우에 의한 산사태의 경우 지표로부터 물이 서서히 스며들어 공극수압(pore – water pressure)이 상승하고 붕괴사면의 전단응력이 저하되어 파괴가 일어나며, 이때는 슬럼프나 암반슬라이드가 우세하다. 집중강우에 의한 경우는 단시간 내에 발생되는 과수압(excess pore water pressure)과 지표수의 부유력(floating force)에 기인하며, 큰 암편을 많이 함유하는 암설유동(debris flow)의 형태가 주로 발생하게 된다.

연천 – 철원지역의 산사태에 대한 김원영 외(1998)의 연구에 의하면, 산사태의 66%는 암설유동(debris flow)이고, 23%는 퇴적물유동(sediments flow)에 해당한다. 붕괴물질의 대부분은 암편, 붕적토양 및 잔류토양이 혼재하므로 과거의 붕적층이 재활동한 흔적을 보인다. 규모에 따라 분류하면 90% 이상이 연장 100 m 이하, 심도 1 m 내외인 변이형(transitional) 산사태에 속한다. 암석분포별로는 화강암지역의 산사태빈도가 변성암지역보다 4.7배, 화산암지역보다는 2.7배 높다. 이는 화강암이 풍화에 약하므로 투수성이 높고 결과적으로 전단응력이 저하된 결과로 보인다. 대부분의 산사태는 400 m 이하에서 발생하였고, 50% 이상이 200～300 m 범위에서 발생하였으며, 10～20° 범위의 저각도 경사면에서 발생하고 있어 인간이 산사태에 의하여 직접 피해를 당할 수 있는 위치에서 발생되고 있음을 뜻한다.

1999년 집중호우 사례에 의하면, 집중호우에 의한 누적강우량이 200 mm 이상일 때 주로 산사태가 발생하였으며, 산사태의 발생지점은 배수가 안 되는 도로 측면이나 고지군의 협곡이 시작되는 지점 등이 주를 이루었다. 산사태에 취약한 지형에 주둔하고 있는 군부대에서도 수십 명의 인명피해와 많은 재산피해를 입었는데, 산사태로 인한 군부대시설의 매몰, 철책의 전도 및 유실 등이 주요 사고유형이었다. 평상시 산사태 취약지역에 대한 분석이 미흡하였고 상황발생 시 부적절한 상황대처로 인해 더욱 많은 피해를 입었다.

산사태가 발생했을 때 적절한 대처를 위해서는 산사태의 발생징후를 포착하는 것이중요하다. 시간당 20 mm 이상의 폭우와 강풍, 뇌우 등의 악기상발생 시는 산사태의 발생에 대비해야 한다. 국지적으로 물의 역류현상, 돌과 암석이 굴러내리고 땅이 진동하거나 파열음과 같은 굉음을 내는 현상은 산사태의 발생징후로 볼 수 있다.

② 산지지형이 군사작전에 미치는 영향

산지지형은 군사작전의 거의 모든 측면에 영향을 미친다. 이러한 여러 가지 측면 중에서 기동력의 저하, 특정 지점의 통과 강요 그리고 관측 제한의 3가지에 대해서만 살펴보고자 한다.

산지지형이 군사작전에 미치는 가장 큰 영향은 기동력의 저하이다. 평지에서는 시간당 4 km로 행군할 수 있으나 산지에서는 이러한 정상 속도보다 훨씬 느려지게 된다. 그 이유는 산지란 높은 고도와 급경사의 사면으로 이루어진 지역을 말하기 때문이다. 산의 정상과 계곡 그리고 그 사이의 사면이 복잡하고 다양하게 배열되어 있는 산지에서 기동하기 위해서는 많은 에너지를 필요로 하며, 따라서 특별한 장비의 도움이 없는 한 기동력은 저하된다. 또한 절벽이나 급경사에서는 기동이 거의 불가능하여 우회해야 되며 시간의 손실로 작전의 실패를 가져올 수 있다.

지형이 기동에 미치는 영향을 분석하기 위해서는 사면의 경사를 측정해야 한다. 경사는 도(度, degree)나 백분율(%)로 측정할 수 있다. 백분율은 수평거리에 대한 수직거리의 비율로서, 예를 들면 경사 45도는 백분율로 100%이다. 백분율은 쉽게 이해되기 때문에 군사적 지형분석에서 많이 사용된다. 일반적으로 30%의 경사에서는 차륜차량의 기동이 제한을 받게 되며, 45%의 경사도에서는 궤도차량도 기동의 제한을 받게 되고, 경사 60%에서는 도보기동도 제한을 받게 된다.

그러나 이러한 기동은 어디까지나 비포장일지라도 정상적인 도로상태를 가정한 상태에서이다. 삼림이 무성한 국지고도 200~300 m에 달하는 산지에서 차량은 종류를 불문하고 기동이 거의 불가능하게 된다. 산지의 통과에서는 부분적인 절벽의 존재나 암석의 노출로 인하여 통로의 개척이 어려울 경우가 많으며, 이러한 경우에는 도보나 헬리콥터에 의한 기동이 가능할 뿐이다. 경사도가 증가하면 도보에 의한 이동속도도 감소한다. 40~80%의 경사를 이동할 경우 이동속도는 시간당 1 km 이하로 떨어지게 된다. 일반적인 등산에서보다 훨씬 많은 무게의 장비와 화기를 가지고 이동해야 하는 군사작전 시에는 레저를 위한 등산보다 그 속도가 훨씬 떨어지게 된다. 도보나 차량의 기동 및 이동속도의 저하는 작전계획의 수립에 상당한 제한사항이 된다. 우선 산지지형에서는 이동속도가 느리고 넓은 지형이 없기 때문에 대부대의 기동이 어려우며 정상적인 작전이 불가능하게 된다.

산지가 미치는 두 번째 영향은 특정지점의 통과를 강요한다는 점이다. 산지에서 기동가능한

통로는 주로 계곡이며, 하천이나 도로망은 이러한 계곡을 따라 형성되어 있다. 따라서 대규모의 기동이나 이동은 이러한 계곡을 따르게 되며 이러한 계곡은 특별한 지점을 통과하게 된다. 이러한 특정지점으로는 고개나 도하지점과 같은 곳이다. 교통로가 이러한 고개나 도하지점과 같은 곳으로 집중하며 이곳을 통과해야만 하기 때문에 이러한 지점은 전략적으로 매우 중요한 위치를 차지하게 된다.

그림 8.12는 소백산 남쪽의 죽령(竹嶺)일대의 산지이다. 죽령 북서측 평지인 단양 일대의 도로망과 남서측 평지인 풍기일대의 도로망은 죽령을 통해서만 연결된다. 그렇지 않은 경우 15 km 남쪽에 있는 험준한 소도로인 저수치나 문경새재로 우회해야 한다. 산지는 이처럼 교통을 한 곳으로 집중시켜서 고개를 중요한 지형지물로 만든다. 역사적으로 보면 전투에서의 승리는 이러한 지점을 잘 인식하고 전략적으로 이용하느냐에 좌우되어 왔다. 많은 전투의 교훈은 고지나 고개에서의 전투에 집중되어 있다.

산지지형이 군사작전에 미치는 영향의 마지막은 관측의 제한이다. 관측에 제한을 가져오는 요인은 대단히 많다. 그중 대표적인 것은 고지와 계곡으로 이루어진 산지지형 그 자체이다. 일부 독립고지나 상대적으로 높은 고지는 관측에 유리하지만 계곡을 비롯한 대부분의 지형에서는 평지에 비해 관측이 제한된다. 다른 하나의 요인은 무성한 삼림에 의한 관측의 제한이다. 이러한 삼림은 관측뿐만 아니라 사격과 기동에 많은 제한을 주고 있다. 산지에서는 육안에 의한 관측을 제한할 뿐만 아니라 각종 전자장비의 사용에도 영향을 미친다. 특히 계곡과 계곡 사이에서는 통신장비의 성능이 상당히 저하되어 지휘·통제가 어려워진다. 이러한 관측의 제한으로 인하여 대규모 부대지휘보다는 소부대 단위의 작전이 효과적일 수 있다.

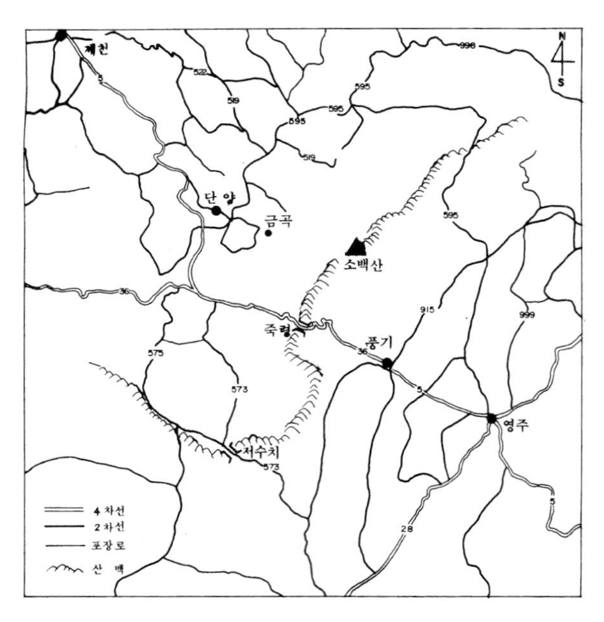

그림 8.12 죽령 주변의 도로망

관측이 제한되기 때문에 산지 자체에서의 작전은 방어보다는 공격작전이 유리하게 된다. 지형에 영향을 미치는 요소 중의 하나가 지질구조이다. 우리나라 중부에서는 북북동 - 남남서인 중국방향의 구조선이 발달하여 있으며, 하천은 이러한 방향을 따라서 흐르는 경우가 많다. 특히 중국방향은 남북으로 뻗어 있는 한반도의 방향에 대하여 사각으로 비스듬하게 걸쳐 있다. 이러한 방향의 구조선으로 형성되는 골짜기(谷)는 전투 시 전선의 형태에 영향을 미친다.

중부지방에서 발달한 구조선이 이러한 중국방향이기 때문에 이러한 구조선의 곡은 휴전선의 형태에도 영향을 미치며, 이것은 휴전 당시 전투에서 지형이 미친 영향의 대표적인 예이다. 이러한 형태가 가장 잘 나타나는 곳이 휴전선 동쪽 끝의 강원도 고성이다. 우리나라 동해안에서는 중국방향인 북북동 - 남남서방향의 곡이 다수 발달하였다. 이러한 방향성을 가진 대표적인 대규모의 곡은 강원도 남부에서 영동선이 통과하는 동해시에서 도계에 이르는 오십천(五十川) 계곡, 양양에서 구룡령에까지 이르는 계곡 등이 있다. 고성에서는 그림 8.13에서 보는 바와 같이 계곡을 따라 남천이 흐르며 이 계곡을 따라 군사분계선이 지나간다. 따라서 휴전선의 일반적인 방향인 북동 - 남서방향과는 달리 이곳에서는 휴전선이 거의 남북방향으로 형성되어 있다. 만약 이 곡이중국방향의 일반적인 방향인 북동 - 남서방향이거나 동 - 서방향으로 되어 있었다면 휴전선의 형태도 이러한 방향으로 형성되었을 것이다. 이와 같이 지질구조는 전선(戰線)의 형태에 그대로 반영되고 있다.

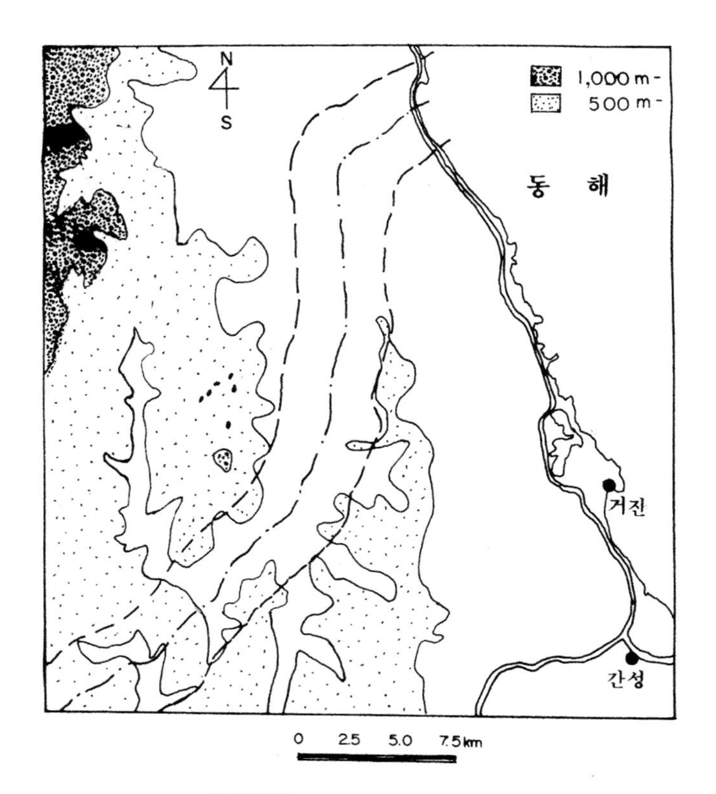

그림 8.13 동해안 휴전선의 형태

4 화산지형

❶ 한라산

한라산은 화산활동에 의해 형성된 화산이다(그림 8.14). 한라산 최고봉은 백록담 주변의 부악으로서 해발 1,950 m이다. 화구호인 백록담은 둘레 약 2 km, 높이 140 m에 달하고 분화구에는 물이 고여서 호수를 이루며 수심은 5~10 m 정도이다.

제주도는 제3기 말에 화산활동이 시작된 이후 여러 차례의 용암분출로 제4기에 형성된 대륙붕 상의 화산으로서 "화산의 보고"라 일컬어지며, 알칼리암 계열의 현무암 및 조면암 그리고 소량의 화산 쇄설암과 퇴적암으로 구성되어 있다. 기생화산(parasitic cone)은 일명 측화산(adventive cone)이라고도 하며, 성층화산이나 순상화산의 산록에 형성된 작은 화산을 지칭한다. 화산체가 성장하면서 화도가 길어져 중심 분화구로 상승하는 용암에 압력이 증가하여 용암의 일부가 분출

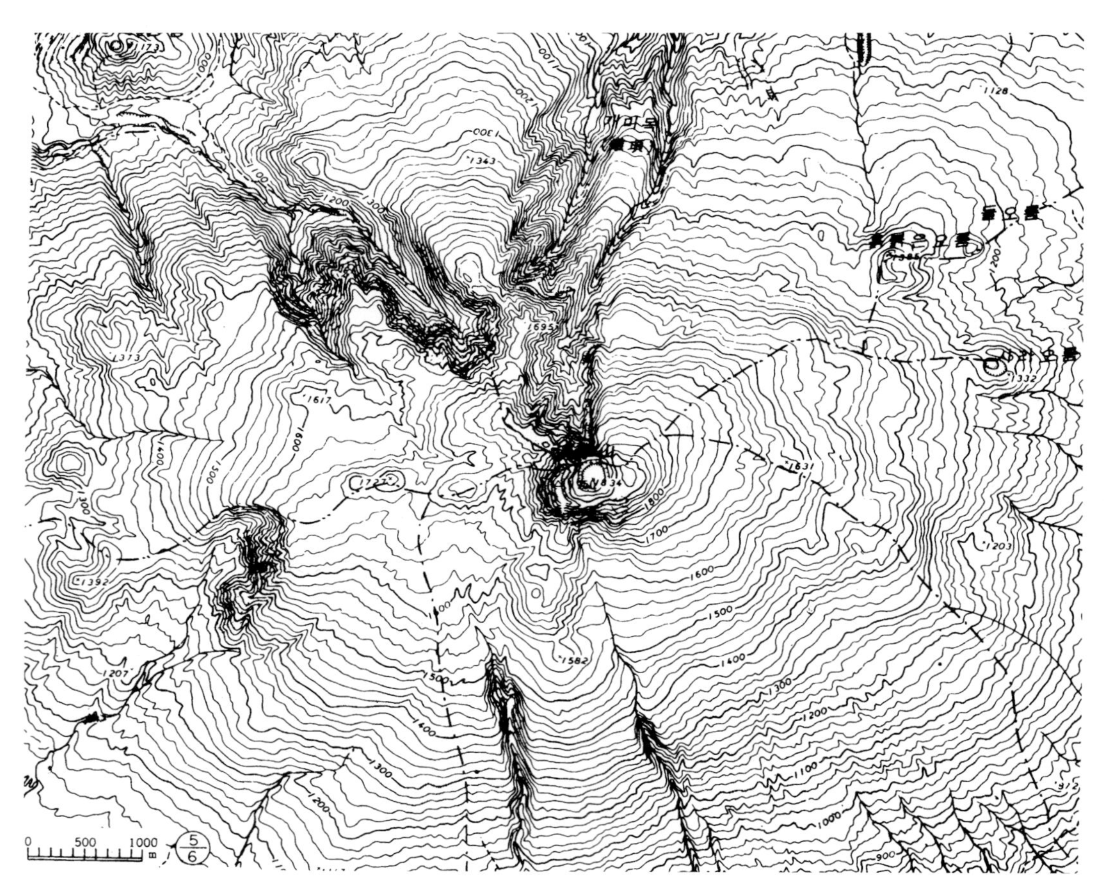

그림 8.14 한라산 일대의 지형

이 보다 용이한 산록의 균열을 통해 분출되어 기생화산이 형성된다. '오름'이라고도 불리는 기생화산은 제주도 전체에 360여 개가 분포하며 대부분 암재(scoria)로 구성되고 높이는 100 m 내외, 높을 경우에도 200 m 정도에 불과하다.

제주도의 화산활동은 5기로 구분할 수 있다(손영관, 1992). 제1기는 제주도의 기저 현무암을 형성한 분출기이며, 제2기는 유동성이 큰 현무암이 분출하여 동·서 양쪽의 해안지대의 평평한 용암평원을 형성한 시기이다. 제2기 말에는 조면암질 안산암의 산방산, 송악산, 단산 등의 주요 기생화산이 분출하였다. 제3기는 제주 현무암과 하효리 현무암이 분출하면서 해안 저지대와 중산간지대가 형성되었다. 또한 중심 분출로 현재 한라산의 형태를 갖추는 순상화산 형태가 되었다. 제4기는 해발 500 m 이상의 고지대에 현무암이 분출하였으며, 제4기 말에는 한라산 조면암질 안산암의 분출로 해발 1,750~1,950 m에 이르는 종상(鐘狀) 화산체가 형성되었다. 제5기(약 25000년 전)는 백록담 화구를 형성하는 폭발이 있으면서 소량의 백록담 현무암이 분출하였다.

❷ 울릉도와 독도

울릉도는 북위 37도 30분, 동경 130도 50분에 있다. 가장 가까운 경상북도 울진군 죽변에서는 104 km, 포항에서는 217 km의 거리에 있다. 울릉도는 조면암과 안산암으로 된 종상화산으로 형

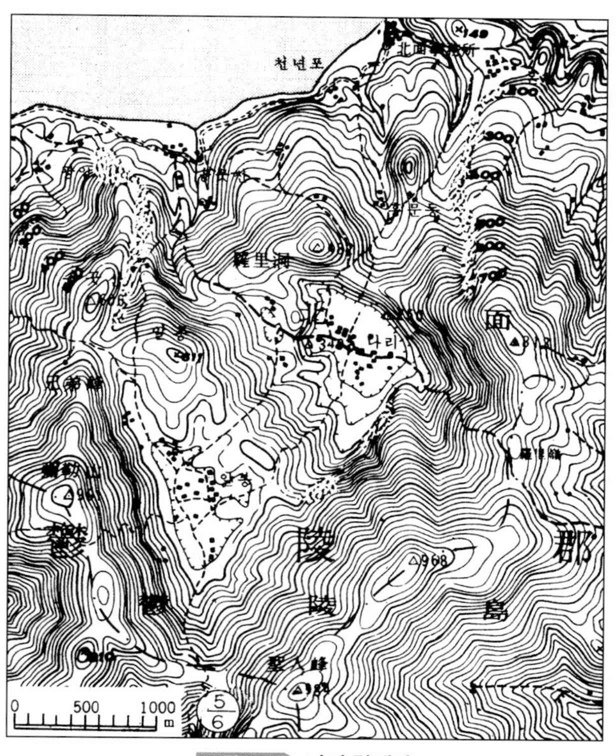

그림 8.15 나리 칼데라

성시기는 신생대 제3기로 추정된다. 가장 높은 성인봉(984 m) 북부는 2단계 칼데라 분지가 있는데 하단의 나리분지는 사방 2 km의 넓이로 울릉도에서 가장 넓은 평지이다. 상단분지에는 알봉(661 m)이라 불리는 중앙화구가 있다(그림 8.15). 단면도를 작성해 보면 원추 아스피데형에 가깝고 화구가 대형인 것을 보면 호마테(homate)로도 볼 수 있다. 화구의 형태도 상단화구와 하단화구의 2중화구 속에 알봉이 분출하여 3중 화산이라 할 수 있고, 알봉화구 속에도 소형의 화산이 있어 엄밀한 의미에서 4중화산이라 할 수 있다(강승삼, 1993).

울릉도 전체는 바다 한가운데에 서 있는 종상화산체이다. 주변 해안지대는 파랑의 침식에 의해 급경사의 절벽을 이루며 곳곳에 해식동굴, 해식교(arch) 등이 발달하였다.

독도는 2개의 큰 섬인 동도(90.7 m) 및 서도(168 m)와 그 주변에 산재해 있는 30여 개의 작은 섬들로 구성되어 있다(그림 8.16). 위치는 동도의 경우 동경 131도 52분 1초, 위도 북위 37도 14분 20초이다. 독도는 울릉도로부터는 동남쪽으로 92 km 떨어져 있으며, 본토에서 가장 가까운 울진으로부터는 동쪽으로 200 km 떨어져 있다. 울릉도에서 독도까지의 거리는 맑은 날 육안으로도 보일 정도의 거리이다. 동도와 서도 등을 합친 총 면적은 0.186 km2로서 5만 7천여 평에 불과하며, 가장 높은 곳은 서도의 정상으로서 해발고도 168 m이다. 동도와 서도 사이에는 좁은 수로가 있는데 길이는 330 m 정도이고, 가장 가까운 곳에서의 폭은 180m 가량이며 수심은 얕아서 10 m에 불과하다. 동·서도 주변에는 30여 개의 작은 섬들이 있다.

현재 독도의 수면 위로 나와 있는 부분 중에서, 제일 하부를 덮고 있는 층의 현무암 연령은 4.6 Ma이고 분화구를 채우고 있는 중간의 퇴적된 조면안산암은 2.5 Ma으로 조사되었다. 이러한 결과에 의하면 독도는 4~5백만 년 전인 플라이오세 전기에서부터 후기에 이르는 2백만 년이라는 오랜 기간에 걸쳐서 형성되었음을 나타낸다. 초기에는 조면암과 각력암이 주요 암석인 것으로 보아 수중에서 쇄설물과 용암이 비교적 조용하게 분출되었음을 알 수 있다. 중기에는 이 층 위에 집괴암과 응회암질층이 있는데 그것은 화산의 고도가 해수면 위로 상승하면서 폭발적으로 분출하였음을 시사하는 것으로, 해저산이 성장하면서 수면 위로 상승하여 강력한 화산분출에 의한 다량의 용암류가 피복된 것이다. 말기에는 이러한 폭발과 용암의 분출이 소규모로 교대 반복되어 기존에 형성된 단층대 등을 통해 조면암이 관입되어 암맥상의 조면암이 형성되었다. 화산에서 가장 큰 관심은 분화구이다.

현재 독도에는 동도의 북쪽 중앙부에 분화구로 추정되는 함몰화구가 있다. 그러나 독도화산체의 복원결과에 의하면, 동도와 서도 및 그 일대의 작은 바위섬들을 형성시킨 화구는, 독도 북동쪽 수백 m 떨어진 곳에 화도(火道)가 위치한 거대한 규모로 판단된다. 그리고 현재의 동도와 서도 일대는 이 화구의 남서쪽을 둘러싼 화구륜(crater rim)으로 추정된다. 독도 주위는 수심이 2~3천 m에 이르는 거대한 화산의 형태가 된다(그림 8.16).

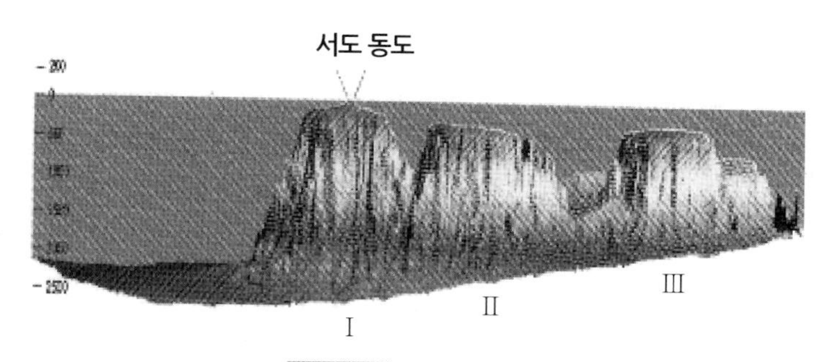

그림 8.16 독도의 단면도
I : 제1독도해산, II : 제2독도해산, III : 제3독도해산(한국해양연구소, 2000)

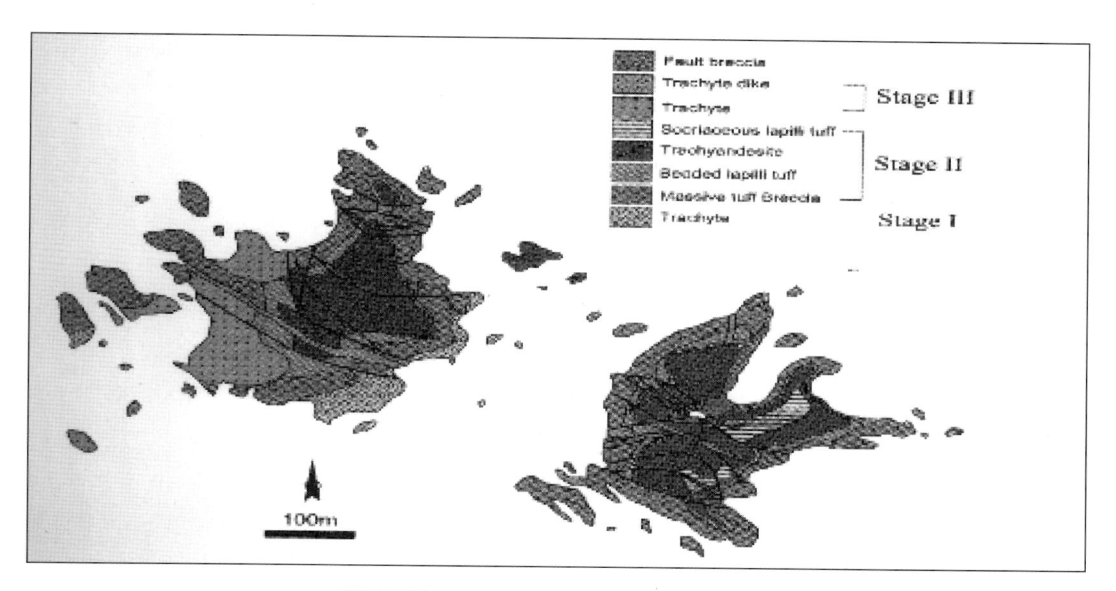

그림 8.17 독도의 지질(한국해양연구소, 2000)

독도의 지질은 조면암, 조면안산암 및 현무암질 각력암과 응회암의 형태로 나타나는 모두 8개의 암석 단위로 구분할 수가 있다. 이들은 동·서도 모두 하부에는 크기가 수 cm에서 30~40 cm에 이르는 다양한 자갈을 포함하고 있는 집괴암층이고, 상부는 조면안산암 내지 조면암질의 용암층이 덮고 있다. 집괴암층에는 층리가 발달하였으며 포함된 역은 크기와 성분이 다양하고 응회질층이 잘 발달된 곳도 있다(그림 8.17).

Chapter

09

하천지형

1. 하천의 형태와 작용
2. 주요 하천지형
3. 하천지형과 군사작전

1 하천의 형태와 작용

❶ 하천의 형태

1. 하천과 유역

하천(河川, stream)이란 크기와 관계없이 경사를 가진 일정한 하도(河道, stream channel)를 따라 흐르는 냇물이나 강이다. 유역(流域, drainage basin)이란 강우를 호소나 바다로 흘려보내는 하천 영향력의 범위를 말한다. 유역의 경계선은 일반적으로 산 능선, 즉 분수계(分水界, watershed)이며 평지에서는 명확하지 않은 경우도 있다. 또 해안에서는 어느 쪽 하천의 유역에도 포함되지 않고 자연배수로에 의해 직접 바다로 유입된다. 유역은 하천 전체에 대해서뿐만 아니라 하천의 임의의 점에 대해서도 생각할 수 있다. 한강의 유역과 수계는 그림 9.1과 같으며 남한강은 강원도, 충청북도와 경기도를, 북한강은 강원도를 거쳐 경기도로 흘러든다.

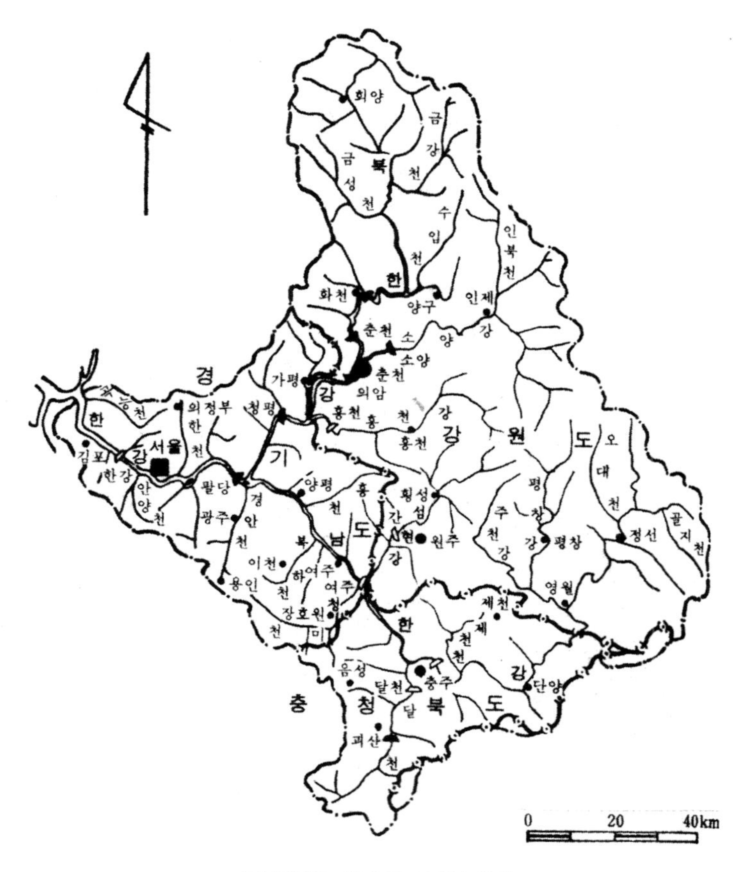

그림 9.1 한강의 수계와 유역

2. 하천모형

다양한 형태를 지니는 하천의 모형을 단순화하면 그림 9.2와 같이 나타낼 수 있다. 어느 지점에서의 수심 d, 양안의 제방 간의 폭인 하폭 w, 수직 횡단면적 A, 하천의 경사 S, 유속 v 등을 정량적으로 표현할 수 있다.

유속은 마찰력 때문에 하상에서 수면상으로 갈수록 그리고 양안에서 중심부로 갈수록 증가하여 최대 유속은 수면 중앙부에서 하상으로 약 1/3의 깊이에서 나타난다. 유속은 하천수면이나 깊이에 따라 달라지지만 보통 평균유속을 사용하는데 대체로 최대유속의 6/10 내외이다.

하천의 유량 Q(단위 : m^3/s)는 단위시간(t)에 하천의 횡단면을 통과한 물의 양(V)으로 정의하며, 이는 하천의 단면적(A)과 평균유속(v)의 곱과 같다.

$$Q = \frac{V}{t} = Av \quad (9.1)$$

1953년 미국의 수문학자 L. B. Leopold와 T. Maddock은 하천관측자료를 연구 종합하여 하도의 한 단면에서 하폭(w), 평균수심(d), 평균유속(v) 및 유량(Q)이 지수함수 관계에 있음을 밝히고 있다(권혁재, 1980).

$$w = aQ^b \quad (9.2)$$

$$d = cQ^f \quad (9.3)$$

$$v = kQ^m \quad (9.4)$$

여기에서 a, c, k, b, f, m은 상수이지만 b, f, m은 중요한 의미를 지닌다. 예를 들면 중류에서 얻은 지수의 값이 $b = 0.26$, $f = 0.40$, $m = 0.34$인 경우에 하폭 $w = aQ^{0.26}$, 평균수심 $d = cQ^{0.4}$, 평균유속 $v = kQ^{0.34}$로서 w, d, v가 Q에 비례함을 나타낸다. 한 하천의 연평균유량에 있어 지수의 평균치는 $b = 0.5$, $f = 0.4$, $m = 0.1$로 얻어지고 있다. 즉 유량 $Q = w \cdot d \cdot v$의 식을 대입하면 $Q = (aQ^b)(cQ^f)(kQ^m) = a \cdot c \cdot kQ^{b+f+m}$으로서, 이 식이 성립하려면, $ack = 1$, $b+f+m$

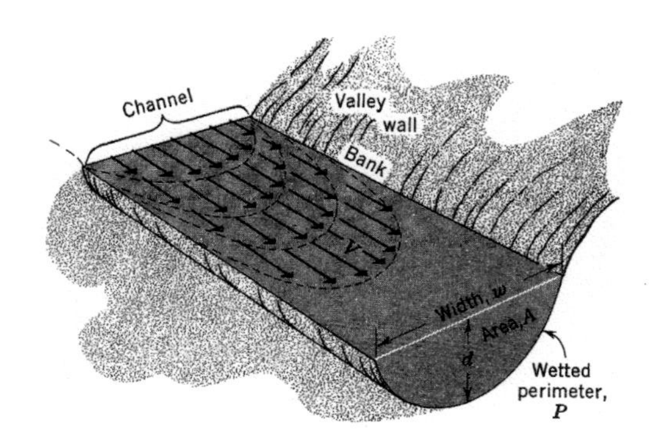

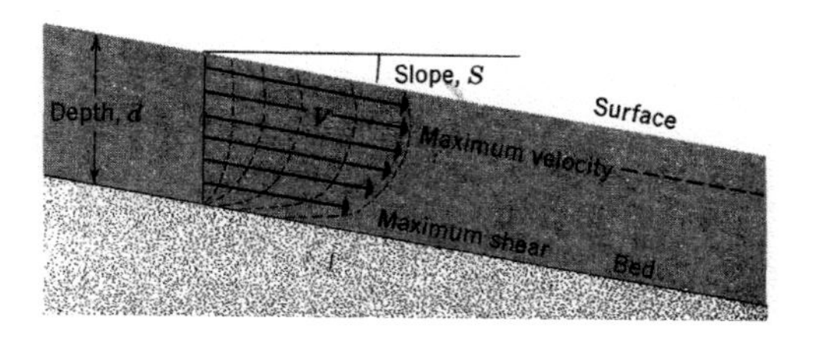

그림 9.2 하도의 구성과 유속과의 관계(Strahler and Strahler, 1992)

=1이어야 한다. 특히 $b+f+m=1$이라는 결과는 중요한데, 이는 이들 지수는 하폭(b), 수심(f), 유속(m)의 규칙적인 증가율을 나타내는 것이다.

하천은 일반적으로 하류로 갈수록 유량이 많아지며, 하폭이 넓어지고 수심이 깊어진다. 유속도 증가율은 극히 작지만 하류로 감에 따라 증가한다. 하류보다 경사가 급한 상류에서 유속이 더 큰 것처럼 보이지만 하상에 암괴 또는 거력으로 인하여 평균유속이 떨어진다. 하류방향으로 유량과 더불어 가장 빨리 증가하는 것은 하폭(b)이고, 수심(f)이 그 다음이다. 평균유속(m)은 증가율이 가장 낮다.

하천은 하류로 갈수록 수심이 깊어지는데 수심이 깊어지면 일반적으로 하천의 횡단면에 있어 유수와 하상의 접촉면의 길이(wetted perimeter)가 단면적에 비해 짧아지므로 하천의 유속이 상대적으로 증가한다. 그림 9.3은 세 개의 지류가 합쳐져서 하나의 본류를 이루는 경우, 수심에 변화가 없더라도 하상 단면의 길이가 하천 단면적 증가에 비하여 상대적으로 감소함을 보여준다. 즉 하류로 갈수록 경사는 완만해지면서 유속은 오히려 약간 증가할 수도 있는 것이다. 한국 하천의 지형인자는 표 9.1과 같다.

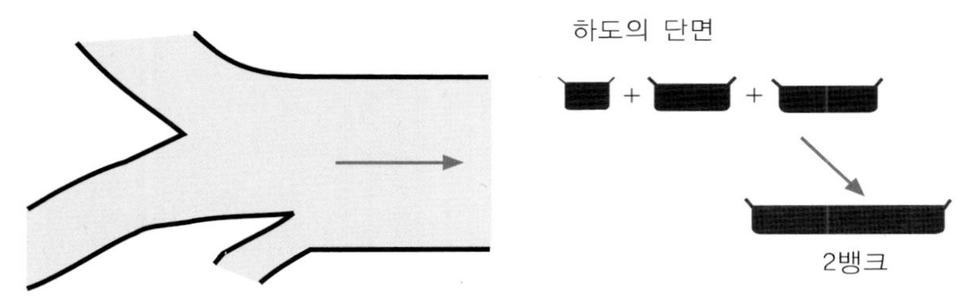

그림 9.3 지류와 합류로 인한 하상단면길이의 감소

표 9.1 한국하천의 지형인자(최영박, 1983)

번 호	하천명	유역면적(km^2)	유로길이(km)	유역평균폭(km)
1	압 록 강	31,739	790	40.176
2	한 강	26,279	514	51.126
3	낙 동 강	23,860	525	45.440
4	대 동 강	16,673	439	37.979
5	두 만 강	10,513	521	20.179
6	금 강	9,886	401	24.654
7	임 진 강	8,118	254	36.965
8	청 천 강	5,831	199	30.689
9	섬 진 강	4,897	212	23.099
10	예 성 강	4,048	174	23.264
11	재 령 강	3,671	129	28.475

(계속)

번 호	하천명	유역면적(km^2)	유로길이(km)	유역평균폭(km)
12	대 령 강	3,635	150	24.207
13	용 흥 강	3,397	135	25.163
14	영 산 강	2,798	116	24.131
15	서천남대천	2,405	151	15.927
16	성 천 강	2,338	99	23.616
17	북청남대천	2,056	57	36.070
18	어 랑 천	1,950	103	18.932
19	안 성 천	1,722	76	22.658
20	삽 교 천	1,619	61	26.542
21	만 경 강	1,602	98	16.347
22	서천북대천	1,420	117	12.137
23	길주남대천	1,420	99	14.343
24	동 진 강	1,067	45	23.711

2 하천의 작용

1. 침식작용

(1) 지표류에 의한 침식작용

강우가 시작되면 우선 초목이나 건물에 의해 차단(interception)된 후 지면에 도달하고 지표면을 통하여 지하로 침투된다. 강우침투도 표토층이 포화상태에 달하면 지표면의 요곡부(凹)는 지면저류(地面貯溜, depression storage) 상태가 되고 강우가 계속되면 지표면은 수막(surface detention)으로 덮이고 중력에 의하여 흐름이 형성된다. 유출(流出, runoff)이란 이와 같은 흐름으로 나타나는 강수부분을 말한다. 한편 침투 및 지표면 흐름으로 나타나지 않는 강수 부분을 지면보류(surface retention)라 하며, 이는 차단, 강수 중 증발, 지면 저류를 포함한다.

지표류는 지표의 광물질로부터 모래나 자갈에 이르기까지 다양한 입자의 물질을 침식·운반한다. 침식되는 입자의 크기는 유속, 입자와 응집 정도에 따라 차이가 있다. 노출된 토양 표면에서는 강수에 의해 침식되는 스플래시 침식(splash erosion)이 일어난다. 이때 침식 받은 토양입자는 물에 튀어서 다른 곳으로 이동하게 된다. 경사면에서는 스플래시 침식에 의해 토양이 하부로 이동하게 되고 토양 속으로 침투가 더욱 용이해진다. 이때 식물의 피복은 지표류에 의한 침식력을 약화시킨다(이형호, 1984).

그러므로 지표류의 토양침식력은 강우의 정도와 경사의 연장에 비례하고 토양의 침투능과 저항력에 반비례한다. 습윤기후의 안정된 식생을 가진 토양조건 하에서는 토양침식이 매우 느리고 토양층이 뚜렷이 형성된다. 그러나 인간의 활동, 혹은 자연적인 원인으로 식생이 제거되면 침식

이 가속화된다. 경작, 화재 또는 목축으로 토양의 침투력이 감소되면 지표류가 많아져 심한 침식을 받게 되고, 토양 중의 수분도 감소하여 가뭄에 견디는 힘이 약해진다.

강우가 시작되어 토양 중의 덩어리가 부서지고 토양공극이 메꾸어질 때까지는 침식이 일어나지 않으나 이 단계가 지나면 강우는 토양 위로 얇은 수막(surface detention)을 형성하여 흐르는데, 이것을 포상류(布狀流, sheet flow)라 하며 이에 수반되는 침식현상을 포상침식(sheet erosion)이라 한다. 이와 같이 침식된 토양입자는 사면의 말단부에 쌓여 세류사면(洗流斜面, slope wash)을 형성하거나 계곡을 따라 운반되어 곡저에 충적층(沖積層, alluvium)을 형성한다.

경사가 급해지고 강수량이 많은 곳에서는 포상류가 더욱 강해져 릴류(rill flow)를 형성하면서 릴 침식(rill erosion)에 의해 지표면에 흐름의 흔적인 릴(rill)을 남긴다. 이러한 릴은 강우 시 길고 평행하게 여러 개가 생기나 강우가 끝나고 시간이 경과하면 소멸되는 계절적인 특성을 지닌다. 릴이 경작에 의해 파괴되어 폭이 깊고 넓게 파이게 되면 여러 개의 릴이 이곳으로 합류하게 되어 우곡과 악지형을 형성한다.

우곡(雨谷, gully)은 릴류에 의해 패인 세류망(細流網)들이 종합, 확대된 것이다. 우곡의 특성은 두부침식에 의해 비교적 빨리 성장하고 수직에 가까운 곡두벽과 측벽을 가지며, 강수 시에만 물이 흐르는 것 등이다. 우곡은 식물피복이 빈약한 고화되지 않은 제3기 및 제4기의 충적층, 뢰스층, 두꺼운 풍화층 등에 잘 발달한다(권혁재, 1980).

우리나라에서는 우곡이 주로 풍화층 또는 녹설층(麓屑層, colluvium)에 발달하며 그 규모는 작은 편이다. 우곡이 무수히 패여서 형성된 거친 지형을 악지형(惡地形, badland)이라 하는데, 미세한 하계망, 짧은 급사면과 첨예한 능선을 갖는 것이 특색이다. 악지형의 발달층으로는 고화되지 않은 점토 및 실트층이 대표적이다. 그리고 악지형은 기후의 계절 변동이 심한 건조지역에 잘 발달한다.

(2) 하천의 침식작용

하천의 침식작용, 즉 하식(河蝕, stream erosion)은 유수가 암편을 뜯어내는 굴식(掘蝕, hydraulic plucking), 마식(磨蝕, abrasion 또는 corrasion), 용식(溶蝕, corrosion) 등 크게 세 가지로 볼 수 있다.

굴식은 첫째, 하도 양안에 수압(水壓, hydraulic pressure)을 가해 물질을 뜯어내어 제거하는 작용을 말한다. 수압에 의한 하식은 범람원에서 가장 활발하다. 범람원은 하천의 유로 변동이 심해 유수가 충적층의 물질을 쉽게 흡취하거나, 하상의 자갈, 모래 등의 퇴적물이 홍수 때 운반되면서 기반암을 뜯어내기도 한다. 둘째, 유수가 와류의 상태로 흐를 때 하상이나 측면 제방에 압력을 가하면서 굴식이 가속화된다. 굴식은 장기간에 걸친 작용이며 절리, 열하(裂罅) 등이 발달한 곳에서 왕성하게 일어난다. 굴식은 하식의 세 양식 중에서 가장 침식량이 많은 것으로 알려져 있다.

그림 9.4 구혈(강원도 소금강 구룡폭포의 上入潭), 지름 6~8 m의 타원형(권혁재, 1980).

마식작용은 유수가 구르거나 밀려다니는 암설(岩屑, 주로 모래나 자갈)에 의해 하상이 깎이면서 혹은 와류나 하상의 모양으로 인한 맷돌작용으로 기반암이 깎이는 현상을 말한다. 후자의 경우에는 구혈(pothole, 돌개구멍), 폭호(瀑壺, plunge pool) 등의 하상지형이 나타난다. 구혈은 하상의 와지에 들어간 자갈이 소용돌이 물에 의해 와지가 더욱 움푹 패인 것이다. 이 구혈은 사암이나 화강암 등의 동질성의 단단한 암석에도 잘 파인다. 크기는 수 cm에서 수 m에 이르는 것도 있다(그림 9.4).

폭호는 폭포에 의해 파이는 깊은 와지로서, 규모에 따라 수 m의 길이를 가질 수도 있다. 폭포는 하상에 경암이 나타날 때 물과 함께 떨어지는 암설의 충돌, 굴식, 용해작용 등에 의해 폭포 밑에 있는 깊은 구멍인 폭호를 형성한다. 따라서 폭호는 엄밀히 보면 마식의 작용에 의해서만 일어나는 것은 아니나, 굴식, 충돌 등의 작용이 일어난 후에 최종적으로 마식에 의해 형성되므로 마식에 의한 지형의 전형적인 예로 보는 것이다. 궁극적으로 폭포는 경암이라 할지라도 상류 쪽으로 두부침식이 진행되다가 마침내는 여울(riffle) 상태로 변하면서 소멸된다. 여울의 단계에서는 구혈의 분포를 많이 볼 수 있다.

마식(磨蝕, corrasion)은 전체 하천에서 침식되는 양으로 볼 때 굴식보다는 적다. 또한 물에 의한 힘만으로는 마식이 일어나지 않고 모래, 자갈 등의 도구에 의한 기반암의 연마를 통해 일어난다. 또한 굴식에 비해 마식은 상류에서 잘 발달한다. 일반적으로 암설입자나 기반암의 외형 모서리 부분의 원마도(圓磨度, roundness)에 따라 마식의 정도를 알 수 있다.

용식(溶蝕, corrosion)은 탄산칼슘과 같은 가용성 물질이 화학적으로 용해되면서 유수에 의해 제거되는 현상이다. 근본적으로는 암석의 화학적 풍화와 같다고 볼 수 있다. 대표적인 형태로 석회암에서는 다음과 같은 형태로 나타난다.

$$CO_2 + H_2O \rightarrow H_2CO_3 \quad (9.5)$$

$$H_2CO_3 + CaCO_3 \rightarrow Ca^{2+} + 2HCO_3^- \quad (9.6)$$

(3) 하식의 방향

침식의 부위 혹은 방향에 따라 하상을 깎는 하방침식과 하천 양안을 깎는 측방침식, 상류 쪽으로 침식이 진전되는 두부침식이 있다.

하방침식(下方侵蝕, downward erosion)은 상류, 좁은 골짜기, 유년기 하천 등에서 활발히 진행되며, 궁극적으로 하천의 경사를 완만하게 하려는 작용이다. 하방침식은 마식, 굴식, 용식 모두가 작용하며, 마식의 작용이 외형상으로 지형에 잘 반영된다. 여기서도 절리나 열하 등의 암석의 틈과 굴식은 깊은 관계를 가진다. 석회암지대에서는 용식에 의한 하방침식이중요하며, 지하수에 의한 하방침식의 결과로 석회동굴이 형성된다.

측방침식(側方侵蝕, lateral erosion)이란 하천의 측면을 침식하는 형태로서, 일반적으로 하방침식이 둔화됨에 따라 나타난다. 그러나 하방침식이 우세한 상류 유역에서도 측방침식이 나타날 수 있다. 측방침식이 우세해지면서 범람원, 곡류현상, 퇴적작용 등이 나타나기 시작한다.

두부침식(頭部侵蝕, headward erosion)은 근본적으로 하천의 유로를 상류 쪽으로 연장시키는 역할을 한다. 사면에 형성되는 우곡의 성장, 폭포가 상류로 진전하는 것에서 그 예를 찾을 수 있다. 페디멘트나 선상지의 개석이 일어나는 곳에서도 두부침식이 진행되며, 두부침식의 성장은 측방침식에 의한 하폭의 증가와 함께 나타난다.

(4) 침식기준면

지표 상이나 하상에 대한 하방침식의 한계를 침식기준면(侵蝕基準面, base level of erosion)이라 한다. 침식기준면은 크게 궁극적 침식기준면과 일시적 침식기준면으로 구분할 수 있다. 일반적으로 해수면은 전 육지의 침식에 대해 궁극적 침식기준면이 된다. 근본적으로 해발고도에 따른 하천의 침식은 위치에너지에 의한 것인데, 해수면에서는 위치에너지가 상실되어 없게 되므로 침식이 불가능하다.

국지적 침식기준면(local base level of erosion)은 하식에 저항력이 큰 경암층이나 호소(석호, 저수지) 등과 같이 상류의 하천에 대해 일시적으로 그 이하의 침식을 하지 못하게 하는 기준면으로서 그 영향이 한시적이기 때문에 일시적 침식기준면이라고도 한다. 인공댐의 경우 상류의 침식물질이 댐의 호수에 퇴적됨에 따라 댐의 수명이 다할 때까지는 침식기준면의 역할을 한다. 석호나 호수가 침식기준면이 될 때는 댐의 경우와 마찬가지로 인공적, 자연적인 퇴적 현상으로 시간이 지나면 일시적인 기준면의 기능을 상실하게 된다.

2. 운반작용

최초의 우수(雨水)는 물질을 녹이고 작은 진흙, 먼지 등을 씻어내린다. 표층류가 점차 규모가 큰 하천으로 이루어지면서 비례하여 직경이 큰 입자를 운반한다. 여러 방법으로 풍화·침식된 물질들은 하천을 통해 대체로 부유하중·하상하중·용해하중 등 세 가지 형식으로 운반된다.

유수에 떠서 운반되는 물질을 부유하중(浮游荷重, suspended load, 뜨짐)이라 한다. 부유하중은 주로 점토(직경 1/256 mm 이하)와 실트(1/16~1/256 mm)로 구성되어 있으며, 입자가 작을수록 장기간 떠 있고 완전히 정체된 물에서만 가라앉는다. 홍수 때와 같이 유속이 빠를 때는 모래(2~1/16 mm)도 일부 부유하중 형식으로 운반된다. 부유현상의 원인은 유수의 교란작용(攪亂作用, turbulence) 때문이다.

유수가 느린 속도로 흐를 때는 물의 분자가 평행하게 흐르는 층류(層流, laminar flow)가 되고, 유속이 커지면 소용돌이를 일으켜 물의 분자들이 곡선을 이루며 흐르는 난류(亂流, turbulent flow)가 된다. 난류는 물분자 사이, 물과 하상 사이에서 일어난다. 마찰력에 기인하는 교란작용은 유속의 증가와 더불어 급격히 증가한다. 즉 홍수 시에 교란작용이 활발하고 부유하중의 양도 많아진다. 홍수시의 색깔은 부유하중 때문이다. 평상시에도 부유하중에 의한 운반이 가장 많고 하천의 유량에 따라 급격히 증가한다(그림 9.5). 하천의 횡단면상에서, 특히 홍수시의 점토나 실트와 같은 입자가 작은 물질은 수심에 관계없이 거의 고르게 분포하지만 입자가 클수록 교란작용이 활발한 하상에 집중된다.

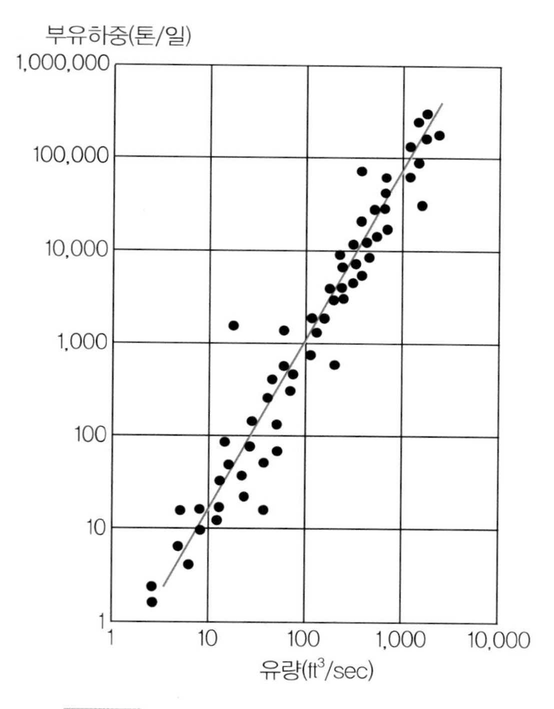

그림 9.5 **유량과 부유하중과의 관계(권혁재, 1980)**

Chapter 09

유수에 뜰 수 없는 크고 무거운 입자는 구르거나 미끄러지는 하상하중(河床荷重, bed load)으로 운반되며, 입자가 작은 경우에는 낮고 길게 뛰는 도약운동(saltation)을 하기도 한다. 이것은 개별입자에 의해 흐름이 방해되면서 나타나는 순간적인 수압의 축적으로 들어올려지면서 발생한다. 즉 일종의 교란작용에 의해 나타난다. 사실 하상하중의 양에 대한 측정이나 관찰이 곤란한 것은 측정기구 자체가 물질의 운반상태에 교란을 주기 때문이다. 일반적으로 하상하중의 양은 부유하중의 약 10%이며 수심이 얕고 하폭이 넓으며 유량의 변동이 심한 소하천에서는 부유하중과 하상하중의 비율이 거의 같게 나타나는 경우도 있다.

용해하중(溶解荷重, dissolved load)은 주로 풍화층을 통하여 흐르는 지하수로부터 공급된다. 석회암지대를 흐르는 하천을 제외하면 하상에서 추가되는 양은 극히 적다. 용해하중으로 운반되는 물질은 Ca^{2+}, Mg^{2+}, Na^{+}, K^{+}, HCO_3^{-}, SO_4^{2-} 등의 이온과 Cl^{-}, NO_3^{-}, SiO_2, Fe 등이 있다. 강수량이 많은 열대 및 아열대지방에서는 토양 중에 SiO_2 성분이 빗물에 잘 녹아내리기 때문에 강물에는 SiO_2의 양이 특히 많고, 토양은 Al_2O_3를 주로 한 보크사이트(bauxite), Al_2O_3와 Fe의 산화물을 주로 한 라테라이트(laterite)로 변하게 된다. 일반적으로 온대지방의 하천에 포함된 용해하중의 양은 물의 부피에 대해 0.01~0.02%이며, 0.1%를 넘는 경우가 극히 드물다. 그러나 열대우림(熱帶雨林)지역에서는 전체 하중의 56%에 달하는 사례가 있다. 전세계의 강이 매년 바다로 운반해 들어가는 하중의 총량은 용해하중 36억 톤, 부유하중 300억 톤, 하상하중이 30억 톤이다.

3. 하천의 유속과 운반 · 퇴적작용과의 관계

그림 9.6에서 침식유속(erosion velocity)의 곡선을 보면 중간입자의 모래에서는 입자가 커질수록 침식에 필요한 유속이 빨라진다. 반면 유속이 느려지면 운반되던 입자들이 퇴적되기 시작한다.

퇴적의 주된 mechanism에 따라 ① sedimentation(부유상태의 퇴적), ② accretion(운반능력의 변화에 의해 하상하중의 퇴적), ③ encroachment(장애물의 후사면에 퇴적)로 구분한다. 퇴적유속은 입자의 크기에 거의 비례한다. 하천에는 입자의 크기별로 쌓이는 분급현상(sorting)이 나타나는데, 예외적으로 큰 홍수일 때는 분급현상이 덜하다.

그림 9.6의 좌상단 그래프에서 보면 입경이 작아짐에도 불구하고 침식에 더 빠른 유속을 필요로 한다. 그 이유는 입자가 작아짐에 따라 중량에 대한 표면적의 비율이 커져서 응집력이 커지고, 입자가 작은 점토들은 대개 판상구조의 형태이어서 입자 간의 상호결합력이 오히려 커지기 때문이다.

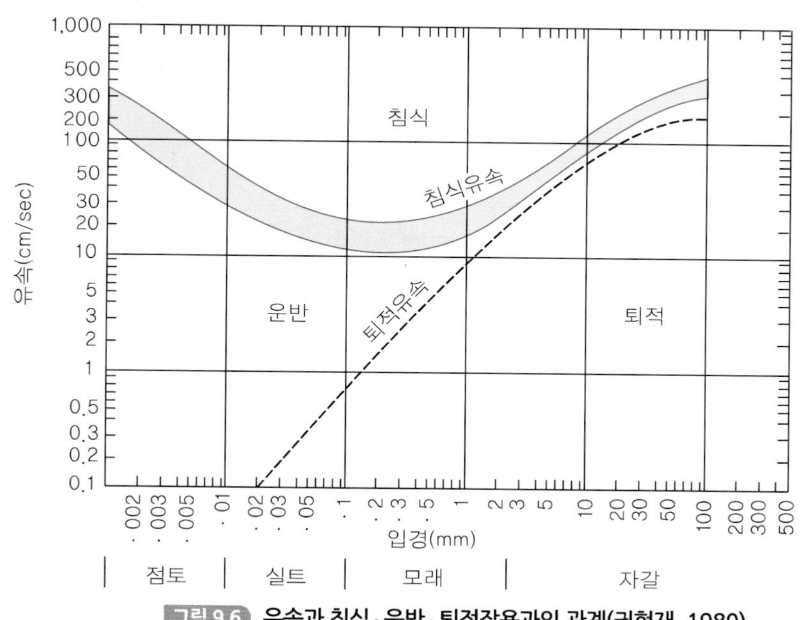

그림 9.6 유속과 침식·운반·퇴적작용과의 관계(권혁재, 1980)

4. 하천의 곡류작용

(1) 곡류현상

곡류(曲流, 蛇行, meander)현상은 주로 충적평야에서 흔히 볼 수 있다. 범람원이 하천의 크기에 비해 넓게 전개되는 하류지역의 곡류를 자유곡류(free meander)라 하고 곡류의 전형으로 본다. 그러나 우리나라 대하천의 대부분은 하류의 하안까지 구릉성 산지의 기반암이 나타나므로 자유로운 유로변동 또는 자유곡류는 제한을 받는다. 오히려 범람원을 통과하여 대하천에 합류하는 소하천에서 비교적 자유곡류가 잘 발달한다고 볼 수 있다(권혁재, 1980).

곡류현상은 직류하천(直流河川)에서도 최심하상선(最深河床線, thalweg)의 곡률이 커짐으로써 발달한다. 유량과 범람원의 규모에 따라 곡류대의 한계가 정해지고 유량과 곡류대가 평행을 이루면 곡류하천은 일정한 형태를 유지하면서 전체적으로 하류부로 이동한다. 이러한 유형을 이상적인 곡류라 한다. 그러나 곡류가 진전되면 제방의 침식, 저항력의 차이로 인하여 곡류가 불규칙하게 발달되면서 우각호(牛角湖, oxbow lake, cut-off lake), 직류하도(cut-off chute)등이 형성되고, 하도의 형태가 불규칙하게 변형된 곡류가 생기게 되는데, 대부분의 곡류는 후자의 형태이다.

기반암에 대해서 하방침식이 주로 이루어지는 상류지역에서는 지형의 기복을 반영하면서 하도가 깊이 파이는 감입곡류(嵌入曲流, incised meander)가 발달한다. 감입곡류는 지반의 융기 또는 침식기준면의 하강으로 인하여 급해진 경사를 완화시키려는 삭평형작용(削平衡作用, degradation)으로 계속 진전된다. 따라서 자유곡류와 유사한 현상으로 곡류목(meander neck)이 양쪽에서 침식

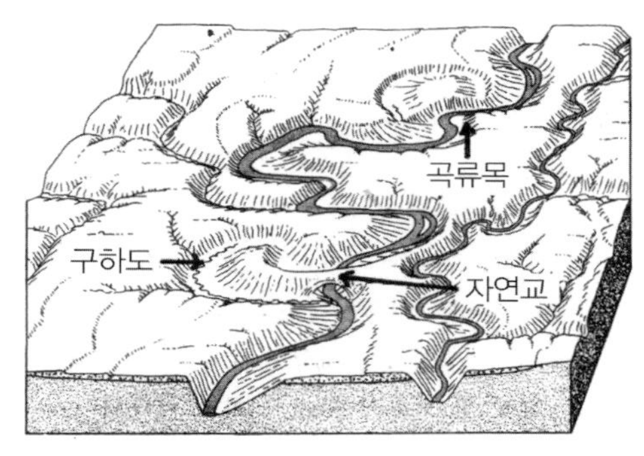

그림 9.7 감입곡류의 모식도(Strahler and Strahler, 1992)

그림 9.8 감입곡류(조선일보, 1993)

을 받으면 직류하도가 만들어지면서 곡류핵(meander core)이 떨어져 남는다(그림 9.7). 곡류핵은 현 하도보다 높은 구하도(inherited channel)로서 일반적으로 논으로 이용되고 있다. 한강·낙동강·금강 등 우리나라의 주요 하천 중상류에는 감입곡류가 모식적으로 발달되어 있는데(그림 9.8), 이것은 고위평탄면과 더불어 요곡융기 이전에 한반도가 전역에 걸쳐 저평화되었다는 증거로 간주된다(권혁재, 1980).

(2) 곡류의 형성과정

하천 곡류현상의 일반적인 원인이나 법칙에 아직 불명확한 점이 많다. 수로실험에 따르면, 직선 상의 수로는 흐름을 편향시키는 원인이 없는 한 계속 직선 상으로 흐른다(최영박 외, 1983). 일반적으로 유량이 많고, 최초의 흐름편향이 심할수록, 운반물질이 많을수록, 곡류는 급속히 진전된다(그림 9.9).

곡류하도에서는 깊은 부분인 소(沼, pool)와 얕은 부분인 여울(灘, riffle)이 반복적으로 나타난다. 소와 여울의 간격은 일반적으로 하폭의 5~7배로 알려져 있다. 하상경사와 수면경사는 여울

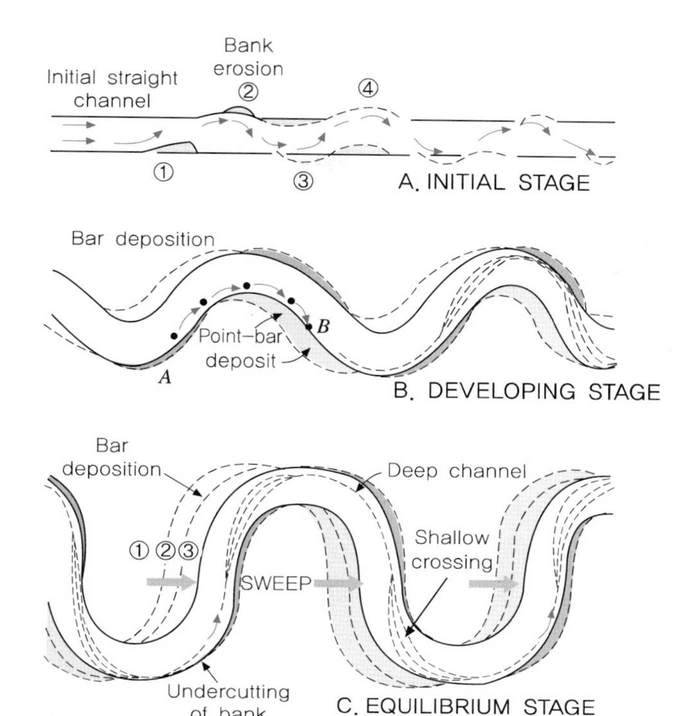

그림 9.9 곡류하천의 발달 과정(권혁재, 1980)
A. 초기단계 : bar의 퇴적, bank의 침식으로 직류하도의 편향흐름의 시작,
B. 발전단계 : 포인트바(point－bar)의 퇴적, C. 평형단계 : 곡류의 하류부 이동(sweeping)

에서는 급격히 감소하고 소에서는 완만하다. 이러한 수면경사의 변화는 하천에너지의 소모상태를 반영하므로 직선하도의 소와 여울에서의 에너지 소비불균형을 해소하기 위해(평형상태에 이르기 위해) 소지점에서 에너지소비가 증대되어야 한다. 따라서 직선하도 내의 소지점에서 침식뱅크(concave bank)가 기반암으로 이루어져 있는 경우 하각작용으로 소가 깊어지나 뱅크가 침식에 약한 경우 뱅크의 침식·후퇴로 하도가 연장되면서 곡류하게 된다(손일, 1983).

또한 직선하도의 소와 여울에서의 하상 구성물질은 입도에 있어 상당한 차이가 난다. 일반적으로 여울 하상입자의 입경이 소 하상의 것보다 크다.

2 주요 하천지형

❶ 하천 퇴적지형

1. 범람원

(1) 범람원의 성인과 구조

범람원(氾濫原, flood plain)은 하천 양안에 발달하고 있는 평탄한 충적지형으로서 상류로부터 운반된 물질이 퇴적된 것으로 규모가 큰 하천의 하류쪽에 잘 발달한다. 범람원은 홍수 시에 하도를 넘쳐 흐르는 물이 유속의 격감으로 운반하던 물질 중 모래나 실트 같은 조립물질(粗粒物質)을 하천 양안에 쌓아 이룬 자연제방(natural levee)과 자연제방 뒤로 점토 등의 미립물질을 쌓아 이룬 배후습지(背後濕地, backswamp)로 형성된다(그림 9.10).

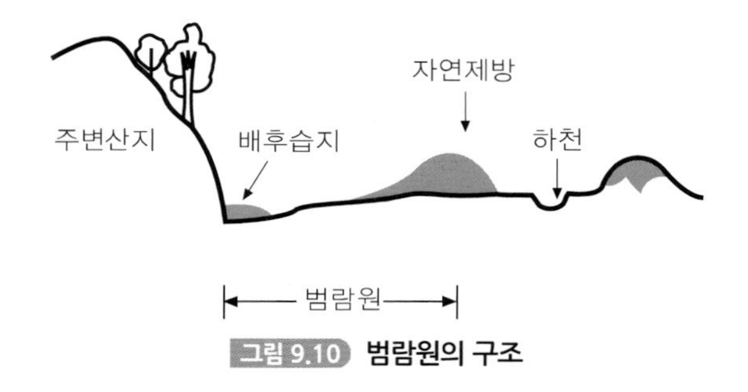

그림 9.10 범람원의 구조

자연제방은 하천이 범람하면서 운반력이 약화되어 운반하던 조립물질을 퇴적시킨 곳이다. 일반적으로 지면이 높아 홍수의 피해가 적고 배수가 양호하여 취락입지나 농경에 유리하다. 배후습지는 홍수시에 침수되고 지하수면이 높고 배수가 불량하여 농경에 적합하지 않다. 최근에는 배후습지의 대부분을 인공적으로 배수하여 농경지로 개간하거나 주거지로도 이용하고 있다. 자연제방과 배후습지는 하천의 하류에서 전형적으로 나타난다. 중상류의 좁은 범람원에서는 매스무브먼트(mass movement)에 의해 공급되는 암설이 범람원의 주위에 많이 쌓이고, 범람원 자체가 유수에 의해 쉽게 변형되므로 미기복 지형은 잘 발달하지 않는다. 범람원은 하곡이 하천의 측방침식에 의해 넓어지고, 여기에 하천의 퇴적물이 쌓이면서 확장되는 경우가 많다.

그림 9.11에서 보면, 저수위 시에는 하상과 포인트바(point-bar)에 사력이 퇴적되어 하천의 단면이 줄어들고, 증수위시에는 하상퇴적물이 부분적으로 유실되고 기반암의 일부가 노출된다. 수위가 낮아지면 다시 하상과 포인트바에 미립물질이 퇴적된다. 홍수 시 포인트바의 측면이동 및 확장에 의한 퇴적을 측방퇴적(lateral accretion)이라 하고, 하상력층 위의 부유하중에 의한 퇴적을 수직퇴적(vertical accretion)이라고 한다. 측방퇴적에 의해 범람원이 확장되며, 그 위를 홍

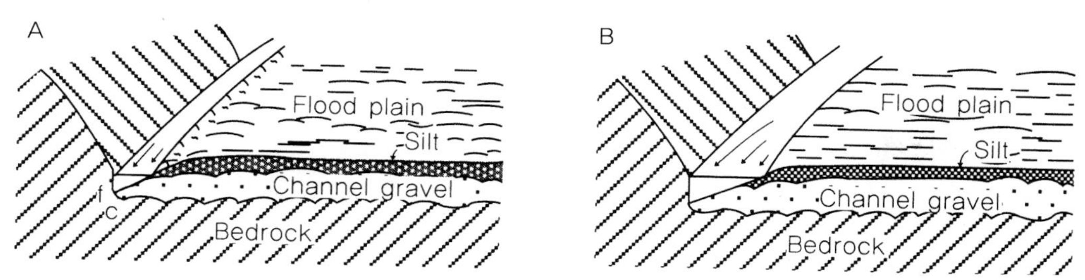

그림 9.11 하천의 측방이동과 범람원의 형성(권혁재, 1980)
A : 저수위 시의 미립물질(f)과 홍수 직후의 조립물질의 퇴적(c). B : 증수 시에 하곡의 확장. 저수위 시에는 수직퇴적이 일어나고 증수위 시(홍수 시)에는 측방퇴적과 수직퇴적이 동시에 일어나면서 범람원이 확장된다.

수 시의 조립물질과 저수위 시 미립물질의 부유하중에 의한 수직퇴적에 의해 범람원의 충적층 두께를 더해 간다. 범람원이 일정고도에 달하면 수직퇴적현상은 별로 일어나지 않고 부유하중은 주로 포인트바의 낮은 쪽에만 퇴적된다.

(2) 하중도

하중도(河中島)는 하곡의 폭이 넓어지고 하도가 갈라지면서 그 하도들 사이에 발달한다. 또한 지류가 본류로 유입되는 곳에서도 발달한다. 하중도는 구성물질에 있어 상류와 하류 간에는 차이가 나서 상류 쪽의 하상퇴적물일수록 입자가 커진다. 하천 양안에 자연제방이 발달하는 하도의 하중도는 퇴적물이나 토지이용상에서 자연제방과 근본적으로 유사하다.

한강의 하중도로는 미사리, 잠실, 여의도, 난지도, 신평 등이 있으나 대부분 하안과 연결되어 섬의 모양을 잃고 있다. 연결부위인 샛강은 홍수 시에는 하도역할을 할 수도 있으나(여의도), 잠실처럼 호수의 흔적(석촌호)만 남기고 메워진 곳도 있다.

2. 삼각주

(1) 삼각주의 정의

삼각주(三角洲, delta)는 하천 기원의 퇴적물이 파랑의 작용이나 조류에 의한 제거보다 퇴적이 더 많을 때 하구에 누적되어 형성된 지형이다. 2500년 전 Herodotos에 의해 나일강의 방사상 분류(distributary)로 갈라지기 시작하는 지점에서 지중해 쪽으로 전개되는 삼각형의 저평한 퇴적 평야를 delta로 표현하면서 현재까지 널리 사용되고 있으며, 오늘날에는 일정한 형태에 구애됨이 없이 하천에 의해 하구에 형성된 충적지를 모두 삼각주에 포함한다.

(2) 삼각주의 분류

전통적인 삼각주는 호상삼각주(弧狀 三角洲, arcuate delta), 첨상삼각주(尖狀 三角洲, cuspate delta), 조족상삼각주(鳥足狀 三角洲, bird - foot delta), 만입삼각주(灣入 三角洲, estuarian delta)로 나눈다(그림 9.12).

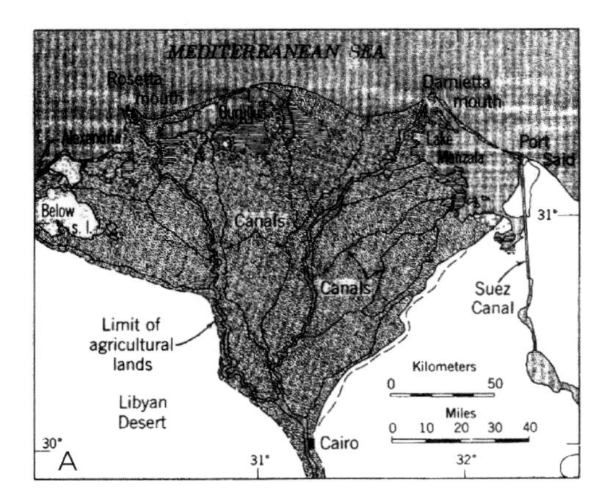

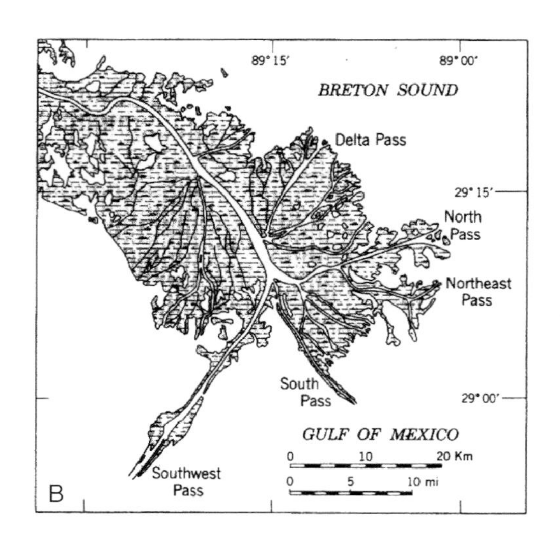

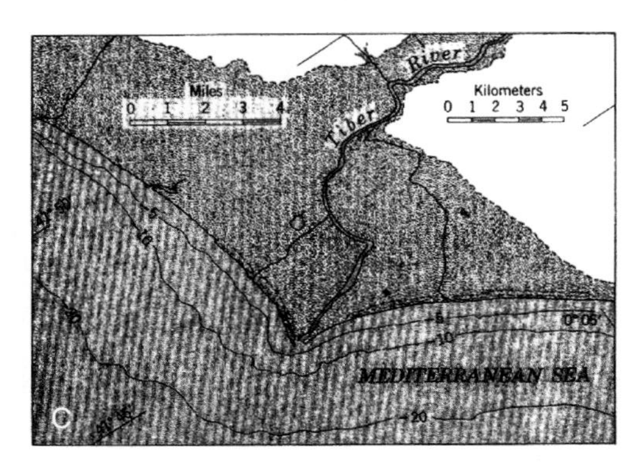

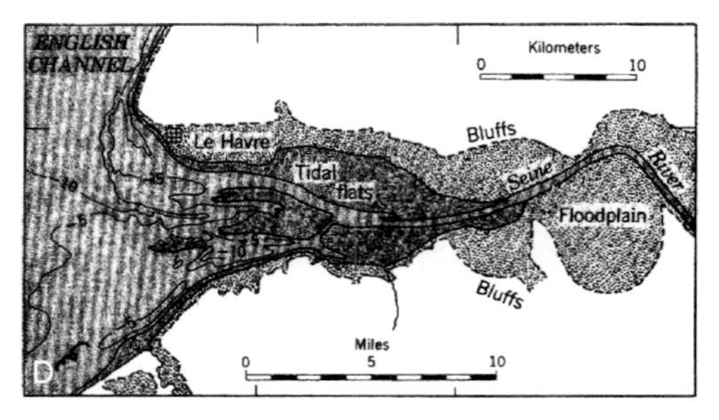

그림 9.12 삼각주의 유형(Strahler and Strahler, 1992)
A. 나일강의 호상 삼각주, B. 미시시피강의 조족상 삼각주, C. 티베르강의 첨상 삼각주, D. 센강의 만입 삼각주

호상삼각주는 분류에 따라 유출·퇴적되는 토사가 바다 쪽으로 연장되면서 하구 양쪽으로 해안을 따라 운반·퇴적되어 연안사주(沿岸砂洲, barrier island)를 형성하면서 원호상의 형태를 띤다(나일강 삼각주).

첨상삼각주는 분류가 아닌 단일한 유로를 통해 퇴적물을 바다로 운반하고, 유출된 퇴적물은 파랑과 연안류에 의해 하구 양안으로 운반·퇴적되어 요철형(凸)의 사빈을 형성한다. 이 유형은 성장속도가 느리고 규모가 작다(이탈리아의 티베르강).

미시시피강의 삼각주로 대표되는 조족상삼각주는 막대한 토사의 유출로 유로를 기존 해안선 외해 쪽으로 확장해 나가면서 분류를 형성하여 새의 발모양을 띠는 형태이다. 토사의 퇴적량이 많아 미시시피강 삼각주의 경우 퇴적층의 하중에 의해 연간 1 mm 내외의 속도로 침강하고 있다.

만입삼각주는 조차가 심해 조류에 의해 하천에서 운반된 퇴적물을 흡취·제거하여 하구의 간석지형 퇴적물을 만들며, 만조 시에는 물에 잠기지만 간조 시에는 간석지로 변한다. 이러한 간석지는 범람원과 점이적으로 만나는데 삼각주로 보지 않는 견해도 많다.

(3) 낙동강 삼각주

낙동강 삼각주는 권혁재(1973)에 의하여 많이 연구되었다. 낙동강은 양산협곡을 지나 구포상류 5 km 지점에서 동서로 분류를 이룬다. 분류현상은 하천이 바다나 만으로 유입되면서 나타난다. 낙동강 삼각주는 대부분 6~10 km의 폭과 약 20 km의 길이를 가진 광활한 곡저의 하천에 위치하며, 만입 삼각주라 할 수 있다. 평면형태상으로는 호상 삼각주와 같다고 할 수 있으나 후빙기에는 깊은 곡을 형성했고 간빙기 때 익곡(溺谷, drowned valley)을 형성하였다. 동서의 양목으로 갈라진 흐름은 대체로 양측의 곡벽을 끼고 흐르는데, 다시 여러 개의 분류로 갈라지면서 하류에서 다시 만나고, 분류(分流) 간에는 일련의 하중도가 형성되어 있으며 전체 하도는 망상패턴(braided pattern)을 보여준다.

낙동강 삼각주는 하중도로 구성되어 있는 상부 삼각주, 사주·간석지 등으로 되어 있는 하부 삼각주, 그리고 배후저습지로 구분할 수 있다. 을숙도는 하중도의 대표적인 섬이며, 이러한 하중도 사이는 분지하천이 흐르고 있다. 하부 삼각주에는 퇴적물이 운반되어 형성된 섬 또는 '등'이라 불리는 사주가 발달해 있다(그림 9.13). 삼각주를 형성하는 퇴적물은 고화된 것이 아니기 때문에 오랜 기간이 지나면 지형이 변하며, 특히 낙동강 하구언이 생긴 이후 하천의 흐름이 변하면서 삼각주와 주변지형에 많은 변화를 가져오고 있다.

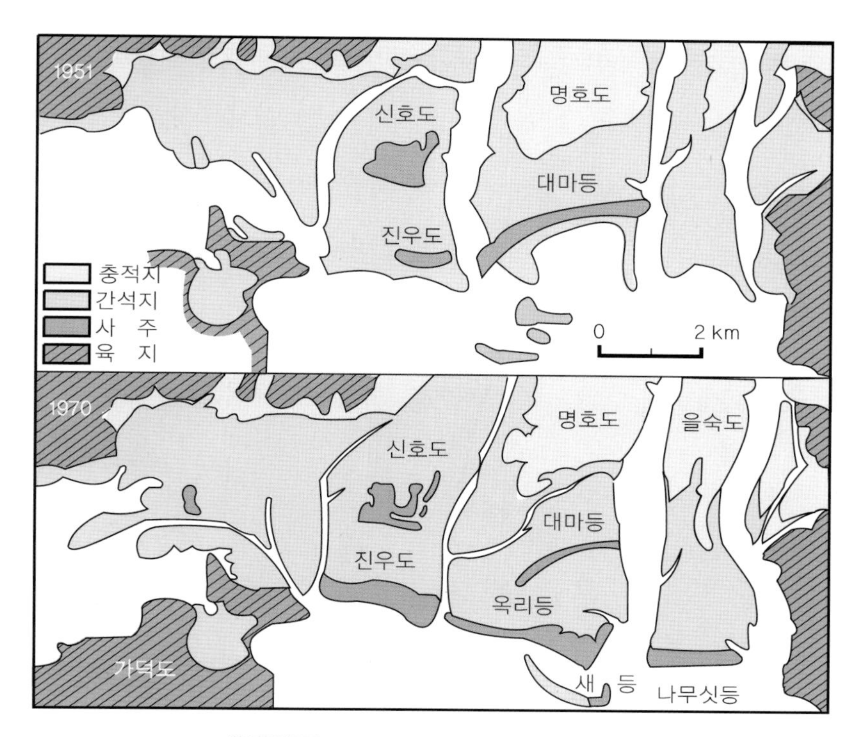

그림 9.13 낙동강 삼각주의 사주와 간석지

(3) 선상지

선상지(扇狀地, alluvial fan)는 산간계곡을 흐르던 하천이 산록의 평지로 나옴에 따라 운반력의 약화로 사력물질이 쌓여 이루어진 일종의 퇴적지형이다. 지류가 본류와 합류할 때 또는 급경사의 하천이 곡저로 나오면서 경사가 감소하거나 하폭이 증가하면서 잘 형성된다. 이러한 조건에 가장 적합한 것은 지구대나 분지지형이다.

지형상의 현저한 특징은 등고선이 동심원상이면서, 평면적으로는 부채를 펼친 형태이고, 입체적으로는 밑부분이 넓고 높이가 낮은 원뿔모양을 이룬다. 선상지의 규모는 토사 퇴적량에 비례하고, 규모가 큰 하천의 선상지는 작은 하천의 경우보다 넓고 경사가 완만하다. 구성물질의 입경은 선상지에서는 크고 선단부로 갈수록 작아지는 경향이 있으나 대체로 선상지는 사력층으로 형성된다. 건조기후시 홍수에 의해 급류성의 작은 하천이 곡구에 입자가 큰 물질을 집중퇴적하여 경사가 큰 선상지를 이룰 때를 충적추(沖積推, alluvial cone)라고 하여 구별하기도 한다(권혁재, 1980).

선상지의 하천특징으로서 망상하천(braided pattern) 외에도 복류 및 용천현상이 있다. 평수시에는 하천이 하나의 유로를 따라 선상지를 종단하기도 하지만, 유량이 적은 소하천의 경우에는 선정부에서 지하로 스며든 후 지하수로 복류하여 선단부에서 용천하는 경우가 많다. 선상지로 보여지는 지형에서는 간헐하천, 복류천 등의 다양한 비영구하천들이 나타난다. 선상지의 구성물질들은 퇴적 시에 입자의 크기별로 분급(sorting)과 성층(bedding)을 비교적 잘 이룬다는 점도 선상지 판단에 중요한 요소이다.

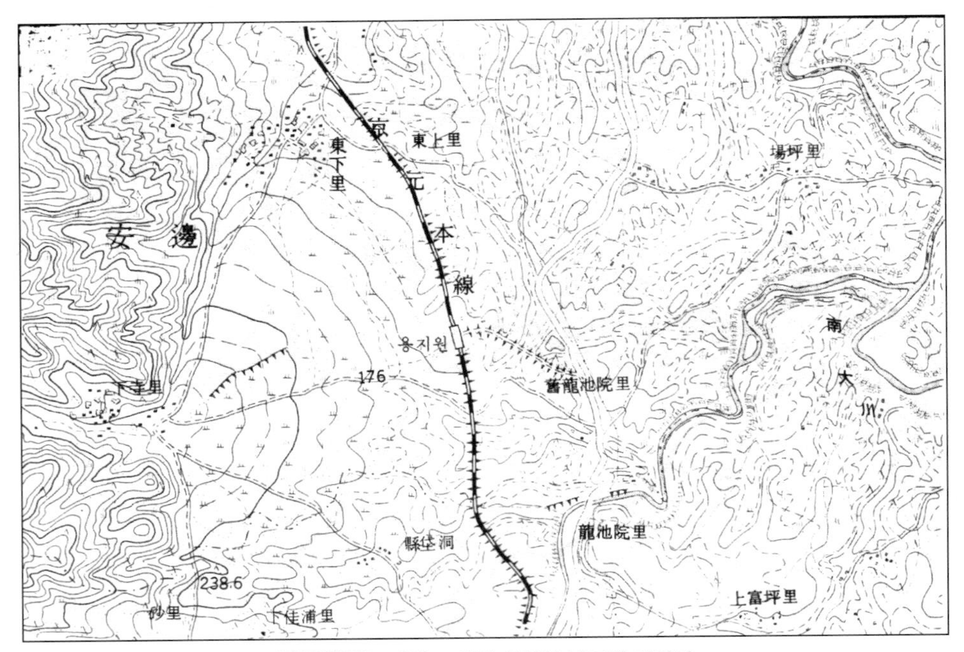

그림 9.14 강원도 안변 석왕사 부근의 선상지

선상지의 연구에서 명확한 개념설정이 어려운 것은 통일된 이론정립이 미비한 점 외에도 실제상의 지형에 대한 선상지여부의 판단이 쉽지 않다는 점이다.

이러한 사정은 한국의 선상지연구들에서도 잘 드러나고 있다. 우리나라에서는 외관으로 볼 때 산록완사면과 유사한 형태로 발달해 있어 선상지인가를 판단하기가 쉽지 않다. 우리나라에서 전형적인 선상지로 꼽는 것은 추가령곡에 발달한 석왕사 선상지이며(그림 9.14), 사천선상지는 선상지의 형태를 띠면서 동시에 기반암의 형태가 나타나므로 그 성인에 대하여 많은 논란이 있다.

② 평야지형

1. 평야의 정의와 구분

평야는 지형학적으로 규모에 관계없이 해발고도가 낮은 평탄한 지역을 말한다. 그러나 비교적 넓은 면적을 가지며 약간의 기복을 지닐 수도 있고 약간의 경사를 지닐 수도 있으나 주위지역에 비해 상대적으로 고도가 낮은 경우를 말한다.

형성영역에 따라 평야를 구분한다면 퇴적평야와 침식평야로 나눈다. 퇴적평야란 하천이나 바다의 퇴적에 의해 형성되는 충적평야로서 삼각주, 선상지, 범람원, 배후습지 등의 하성평야와 간석지, 해안평야 등의 해성퇴적평야가 있다. 침식평야란 여러 가지 침식영력(營力)에 의해 기반암이 침식되어 이루어진 평야로서 준평원(peneplain), 산록완사면, 페디먼트(pediment) 등이 있다.

Bates와 Jackson은 평형작용의 관점에서 평야를 삭박평야, 측방평탄평야 그리고 해성삭박평야로 분류하였다(Bates 외, 1980). 삭박평야(plain of denudation)란 침식의 영역에 의해(일반적으로 지표 상 기원) 평탄화된 평야로서 침식에 어느 정도 강한 암석이 있는 경우에는 잔구성산지가 분포한다. 측방평탄평야(plain of lateral planation)란 산지의 기저부나 경계 쪽으로 평탄화를 진전시키거나 범람원에 의해 하곡을 확장시켜 형성된 평야로서 페디먼트, 범람원 등이 포함된다. 해성삭박평야(plain of marine denudation)란 해안에서 파랑의 침식에 의해 형성된 평야 혹은 파식 후에 융기되어 부분적으로 지상의 침식을 받은 평야를 말한다. 지상침식에 의해 평탄화된 후 침강한 비해성적 평야까지도 포함한다.

2. 주요평야

한국의 평야지형은 대부분 서해안과 남해안에 편재되어 있으며, 요동방향의 산맥과 중국방향의 산맥에 의해 분리되어 있다. 동해안 지역에는 소규모의 하천 퇴적평야와 석호 등이 변모한 해안평야가 협소하게 발달하고 있다. 전통적으로 알려져온, 농경지로 이용되고 있는 비교적 대규모 평야로는 안주·박천평야, 평양평야, 재령평야, 연백평야, 김포평야, 예당평야, 논산평야, 호남평야, 김해평야 등이 있다. 이들은 대부분이 대규모 하천의 하류부에 발달하고 있는 하성평야이

며, 해성적 해안평야는 거의 없다고 본다.

하성퇴적평야의 주요지형으로는 범람원, 배후습지, 배후습지 배수로(yazoo stream), 포인트바, 우각호, 자연제방, 하중도, 하안단구, 삼각주, 천정천 등이 있고, 어느 정도 경사를 갖는 선상지도 포함된다. 이들 평야의 하천 양안의 충적지인 범람원은 후빙기 해면상승과 더불어 빙기의 침식곡이 하천의 운반물질로 매립되어 발달한 것으로, 충적층의 경우 두께가 두껍고 해발고도는 5~10 m 정도에 불과하다.

해안평야로는 해성퇴적평야인 간척평야와 매스무브먼트에 의한 퇴적물의 운반, 심한 개석, 이수해안적 성격 등을 가지는 동해 및 남해안의 해안단구가 있다.

대규모 하천과는 관계없이 비교적 분리되어 분포하는 것으로 우리나라의 전반적인 지형성장 과정과 연계될 수 있는 평야는 침식평야라고 할 수 있다. 여기에는 기반암의 차별침식의 결과에 의해 형성된 경우와 상당한 학문적 논란의 여지를 지니는 산록완사면의 경우로 대별된다. 우리나라에서 대표적인 평야들은 다음과 같다.

(1) 경기평야

경기평야에는 김포평야(김포군의 대부분과 고양군의 한강 하안일대)와 평택평야(평택군·안성군 동부)가 있다.

김포평야는 주로 한강의 토사가 쌓여 이루어진 충적지이며 원래 홍수 시에는 범람하였다. 이 평야는 단일체계의 충적지가 아니며 주민들이 '들', 즉 평야로 간주하는 지형만이 충적지에 국한된다. 부천시를 관류하는 굴포천 유역의 약 4,500 ha의 충적지와 김포 읍내의 걸포천 및 이의 지류인 나진천 유역의 약 1,800 ha의 충적지가 그 핵심부가 된다. 굴포천과 걸포천은 낮은 구릉지에 의해 분리되어 있고, 이들 하천은 자갈을 하류로 운반하지 않으며 하천의 규모에 비하여 매우 넓게 발달되어 있는데, 대부분 한강의 홍수퇴적물인 점토로 이루어져 있다. 굴포천은 감조권(感潮圈)에 포함되어 만조 시에 물이 역류한다(권혁재, 1984).

김포평야의 기반암의 대부분은 선캄브리아기에 속하며 개석을 많이 받은 호상 편마암이 많이 나타난다. 김포군 북서부의 문주산 일대 구릉은 김포평야에서는 비교적 높은 구릉으로, 쥐라기 하부의 남포층군 하부에 속하며, 주위의 편마암보다 생성연대가 뒤지므로 완전히 삭박이 안된 구릉으로 잔존하고 있다. 낮은 고도로 침수의 위험성이 있으며, 20세기 들어와 홍수방지를 위한 제방을 축조하였는데 수리시설 축조 이전에는 대부분이 황무지였다. 토양은 비옥한 편으로 비교적 질이 좋은 김포미를 생산하는 최상급 농경지를 이루고 있다.

평택평야는 안성천, 진위천 일대와 해안지역의 충적층으로 그 주위에는 화강편마암, 편암, 호상편마암, 쥐라기의 대보 화강암이 나타나는데, 오랜 침식으로 화강암질 편마암과 호상편마암 지역을 제외하고는 대부분 평탄화되었다.

(2) 호남평야

우리나라 최대의 평야로서 전북의 옥구, 익산, 김제, 정읍, 부안군 일부를 포함한다. 지질구조는 쥐라기 대보화강암, 화강편마암 등이 분포하고 제4기 충적층은 부용천과 동진강, 만경강 연변에 널리 분포한다. 옥구, 김제 등지에는 간척지평야가 형성되어 있고, 계화도 간척으로 평야지대가 확장되고 있다.

대보화강암과 화강편마암 지역은 거의 평탄화되고, 선캄브리아기의 반상변정질 편마암, 편암 등의 지역은 일반적으로 구릉을 형성하며, 백악기의 중성 화산암류 지역은 비교적 험한 산지를 이루는 등 노년기의 침식평야의 지형특색을 보여주고 있다. 만경강은 철교부근까지 감조권으로 만수 시의 조수를 막기 위한 수문이 설치되었고, 홍수의 위험으로 많은 제방이 축조되어 있다.

(3) 나주평야

전남 광산군 송정읍 근처의 영산강 지류, 극락강, 황룡강, 지석천이 합류하는 유역 일대와 담양읍과 광주시 사이의 평야가 영산강유역 평야의 대부분을 차지한다. 지석천과 영산강본류가 합류하는 하류에는 넓은 평야가 발달하지 못하고 있다. 이 평야의 대부분은 하천퇴적평야로서 현하상과 거의 동일한 고도를 가지고 있어 홍수의 위험성이 높다. 충적지 주변은 대부분 백악기 불국사층의 화강암으로 저평한 구릉을 형성한다. 유역평야의 토양배수는 불량한 편이다.

영산강중류의 경우 폭 15~20 km, 연장 40 km의 큰 저반으로 관입한 조립질 화강운모암의 지질구조를 가지며, 기반암 위의 하천 양안을 따라 충적층이 형성되어 최대 12.1 m, 대략 5~6 m의 두께를 가진다(손일, 1983).

(4) 김해평야

김해평야는 국내 최대의 충적지라고 할 수 있는 낙동강하구의 충적평야로서 삼각주상의 충적지와 인접한 김해군 가락면 일대의 평야를 말한다. 진영, 삼랑진 등의 범람원과 배후습지의 매몰에 의한 평야 등이 포함된다.

퇴적물의 기원에 따라 하성충적지, 해성충적지, 혼성충적지로 구분할 수 있다. 즉 삼각주 평야를 중심으로 내륙으로 갈수록 하성이며 해안으로 갈수록 해성의 성격을 강하게 나타낸다. 예를 들면 삼랑진 부근은 낙동강에 합류하는 소지류인 광천과 대천이 형성한, 즉 산지기원의 퇴적물로 형성된 지형과 낙동강 분류로부터 범람한 퇴적물로 형성된 지형으로 이루어져 하성기원도 두 가지로 나누어진다(조화룡 외, 1981). 이곳의 소택지는 이러한 양 기원의 퇴적지형 경계부에 발달하고 있다. 하류로 갈수록 해성 기원의 성격이 강해지는바, 삼각주 하부의 명호도 부근은 상부지역의 하중도와는 달리 낙동강 하구에 운반되어 온 물질이 파랑, 연안류, 조류 등에 의해 다시 운반, 퇴적되어 형성된 지형이다. 가장 뚜렷한 해성기원의 특징으로는 해안에 평행하게 발달한 일련의 beach ridge를 들 수 있다(권혁재, 1973).

3 하천지형과 군사작전

❶ 하천정보

하천이란 특별한 형태의 지형으로서 군사작전에서 각별한 관심을 가져야 하는 지형이다. 하천이나 그 주변에서 군사작전을 수행하기 위해서는 하천정보를 수집하고 분석해야 한다. 하천정보의 수집원으로는 지도, 항공사진, 상급부대 정보보고서, 각종 문헌, 현지정찰 등이 있다. 이중 작전부대에서 가장 많이 이용하는 수단이 지도와 현지정찰이다.

각종 수집원으로부터 획득되는 하천정보는 두 가지 종류로 구분할 수 있다. 첫째는 하천 자체정보이고, 둘째는 하천 지형 정보이다. 하천 자체 정보란 하천의 수리학적 특성(hydrological characteristics)과 기하학적 특성을 말한다. 하폭, 수심, 유속, 하상의 경사 등은 여기에 속한다. 하천 지형 정보란 하천 및 그 주변의 지형에 관한 정보를 말한다. 하천 지형 정보에는 지질, 지형, 인공구조물, 도로, 시가지 등이 있다.

1. 하천 자체정보

(1) 하 폭

하폭(河幅)이란 하천의 차안(此岸)에서 대안(對岸)까지를 말한다. 하폭은 두 가지 종류로 구분할 수 있다. 하나는 하폭(河幅)이고 다른 하나는 수면폭(水面幅)이다. 하폭이란 하천의 단면에서 볼 때 한쪽 제방에서 다른 쪽 제방까지의 거리이고, 수면폭이란 하천의 단면에서 물이 흐르는 폭이다. 대부분의 경우 하폭은 수면폭보다 길다.

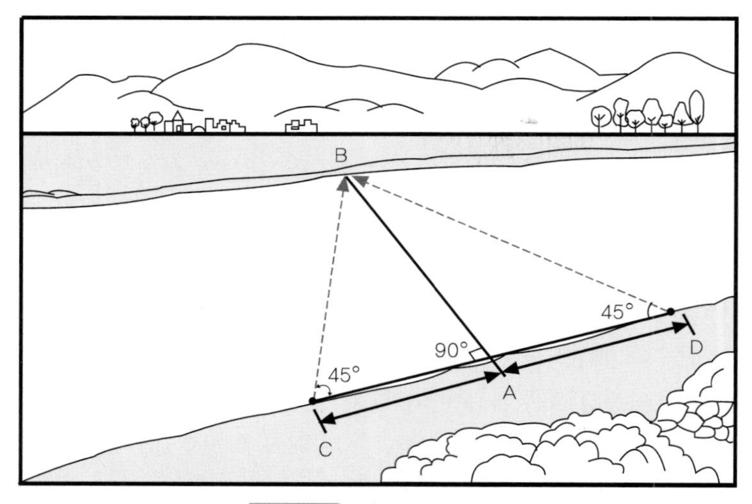

그림 9.15 하폭의 측정방법

하폭은 눈으로 측정하기가 어렵다. 그 이유는 수면이 평평하여 눈이 거리감을 상실하기 때문이다. 따라서 현지 정찰시나 지도가 없을 때는 특별한 방법이 필요하게 된다. 하폭의 주요 측정 방법으로는 지도를 이용하여 측정하거나 나침의를 이용한 삼각측량의 방법이 있다. 지도를 이용할 경우 지도 상의 하폭거리에 축척을 곱하여 실제거리를 구할 수 있다. 나침의를 이용하는 경우에는 이등변삼각형의 원리를 응용한 것으로서, 그림 9.15와 같이 한 변에서 양 끝각이 45°가 되었을 때 이 변의 길이가 곧 하폭이 된다.

(2) 수 심

수심(水深)은 여러 가지 종류의 하천정보 중에서 아마도 가장 중요한 정보일 것이다. 특별한 도하장비 없이 걸어서 강을 도하할 수 있다는 것은 작전상 매우 유리하기 때문이다. 하천의 수심을 가장 정확하게 측정하는 것은 해당지점에서 직접 측정하는 것이다. 그러나 이러한 측정은 전투 시 적과 접한 상태에서는 불가능한 방법이다. 이러한 경우 현지 작전부대에서는 경험적 요소와 하천지형의 원리를 응용하여 수심을 간접적으로 측정할 수밖에 없다.

수심측정을 위해 먼저 이해해야 할 하천의 지형특성은 하천의 곡류(曲流)현상이다. 대부분의 하천은 그림 9.16에서와 같이 곡류한다. 심지어 도시주변의 하천에서 직강(直江)공사를 한 곳에서도 유수는 곡류하여 흘러가는 것이 보통이다. 이러한 곡류하도에서 공격면(cut-bank) 쪽은 침식이 진행되어 수심이 깊은 소(pool)를 형성하고 그 반대편은 퇴적이 진행되어 수심이 얕은 bar를 형성한다. 공격사면과 다음 공격사면 사이에 있는 직선형 하도에서는 수심이 비교적 얕은 여울이 형성된다. 따라서 도보 도하를 할 경우 가장 수심이 얕은 여울과 같은 곳이 적합하다.

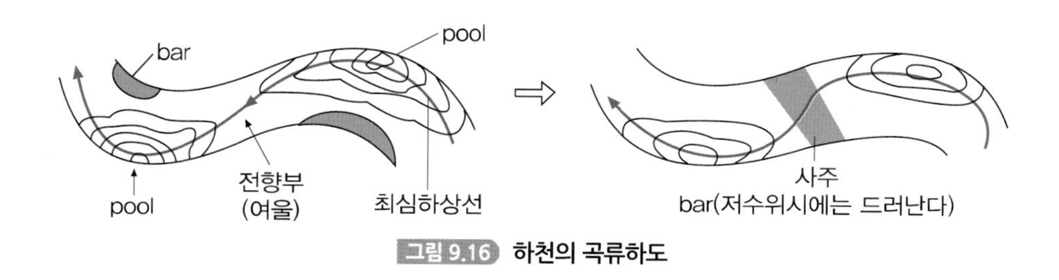

그림 9.16 하천의 곡류하도

(3) 유 속

유속(流速)이란 하천의 물이 흐르는 속도이다. 하천의 유속에 영향을 미치는 요인은 하도의 경사, 하상의 상태, 유량, 하상단면의 형상, 하천의 형태 등 매우 다양하다. 이중 가장 큰 영향을 미치는 것은 유량과 하도의 경사이다. 홍수 때 유속이 빨라지는 것은 유량이 유속에 미치는 직접적인 좋은 예이다.

Leopold와 Maddock(1953)에 의하면, 평균유속(v)과 유량(Q) 간의 관계는 식 (9.4)의 $v = kQ^m$으로 나타나고, 미국의 일부하천들에서 $m = 0.34$로 나타난다. 수지상하천에서는 하류로 갈

수록 지류에서 흘러드는 유량으로 인하여 본류의 유량이 증가하면서 하상단면에 대한 마찰력이 감소하여 유속이 오히려 증가할 수도 있다.

유속의 측정방법은 하천에 부유물체를 띄워 이것이 일정 거리(d)를 흘러간 시간(t)을 측정함으로써 계산할 수 있다. 즉 유속(v)은 다음과 같다.

$$v = \frac{d}{t} \tag{9.7}$$

하천의 도하에서 고려해야 할 요소는 편류(偏流)이다. 편류란 하천을 배나 헤엄으로 도하 시 하천의 흐름으로 인하여 대안의 목표지점보다 하류로 벗어나는 것을 말한다. 편류거리(f)는 하천의 유속(v), 도하속도(g), 수면폭(w)에 의해 영향을 받는다.

$$f = \frac{v}{g} \cdot w \tag{9.8}$$

따라서 목표지점에 정확히 도달하기 위해서는 편류거리만큼의 상류를 목표지점으로 정하고 도하를 시도해야 한다.

유속은 하천의 형태와도 관계가 있다. 그림 9.16과 같은 곡류하도에서 소 지역은 유속이 느리고 여울지역은 유속이 빠르다.

2. 하천지형정보

(1) 양안의 지형

하천지형에서 군사작전을 하기 위해서 가장 중요하게 고려해야 하는 것은 하천 양안의 지형이다. 양안의 지형에 영향을 미치는 주요요소로는 지질(암석), 하천의 형태 등이 있다.

하천의 형태는 그림 9.16과 같은 곡류하도에서 보면 주변지형의 경사는 하상의 경사도와 연결되어 유사한 패턴을 나타낸다. 즉, 공격사면에서는 급경사의 사면(slope)이, 그리고 bar에서는 완경사의 사면이 형성되어 있다. 반면 여울에서는 하천 양안의 사면이 모두 완경사로 나타나는 경우가 많다.

지질은 하천 양안의 형태에 국지적으로 영향을 미치는 가장 큰 요인이다. 일반적으로 괴상(塊狀)구조로 나타나는 화강암지대에서는 하천 양안이 완경사로 대칭을 이루거나 곡류하도인 경우 하도의 단면형태를 전형적으로 따르게 된다. 변성암지대에서는 횡압력의 형태에 따라 다르게 나타난다. 현무암지대에서는 주상절리의 발달로 인해 하천 양안이 절벽을 형성하는 경우가 대부분이다. 철원－전곡으로 이어지는 한탄강은 하천 양안이 대부분 현무암절벽이며, 깊은 곳은 30~40 m에 달한다(그림 9.17). 반면 이곳에서도 기존의 화강암이나 경기변성암 복합체로 이루어진 하천의 사면은 절벽이 아닌 급경사의 사면을 이루고 있다.

그림 9.17 한탄강의 절벽

또한 하천 양안의 지형은 해당지점이 하천의 어느 부분인가, 즉, 상·중·하류인가에 따라 달라진다. 일반적으로 상류에서는 급경사의 V자형 계곡이, 중류에서는 완만한 반타원형 지형이, 그리고 하류에서는 거의 평탄한 지형이 양안에 펼쳐진다.

(2) 인공구조물

하천 및 그 주변에 세워진 하천지형에 관한 정보를 수집·분석할 때 중요한 것의 하나가 인공구조물에 관한 것이다. 인공구조물의 종류로는 교량, 댐(dam), 인공제방, 대전차 장애물, 하천 접근도로, 도하시설물, 시가지(건물) 등이 있다.

인공제방이란 하천의 범람을 막기 위해 하천 양안에 인공적으로 만든 제방을 말한다. 하천은 자체의 운반·퇴적작용에 의해 자연제방(natural levee)을 만들기도 한다. 대부분의 인공제방은 과거의 자연제방을 기초로 하여 건설된 경우가 대부분이다. 인공제방은 위치, 길이, 높이, 폭, 구성물질, 경사도, 사면의 안정도, 진입로 여부, 교량과의 관계 등이 고려되어야 한다.

교량은 하천의 양안을 연결하여 사람 및 차량이 통과할 수 있도록 건축된 인공구조물이다. 교량에 대해서는 위치, 종류, 길이, 폭, 건설재료, 통과하중, 우회도로의 유무, 주변지형 등에 대한 요소가 고려되어야 한다.

댐(dam)은 홍수조절, 관개 또는 발전을 목적으로 하천을 막아서 물을 저장하고 배수하는 인공시설물이다. 댐에 대해서는 위치, 길이, 높이, 폭, 건설재료, 차량통과 가능성, 저수능력, 배수능력 등에 대한 요소가 고려되어야 한다. 댐 파괴 시 막대한 양의 물이 하류로 방출되면서 피해를 입힐 수 있기 때문에, 댐은 중요한 군사적 목표가 될 수 있다. 북한의 금강산댐 건설에 대비하여 우리나라가 평화의 댐을 건설한 것은 이러한 위협을 인식한 하나의 예이다. 국내 주요 댐의 제원은 표 9.2와 같다.

표 9.2 국내 주요 댐의 제원

댐이름	준공연도	수 계	높 이 (m)	총 저수량 (100만 km^3)	발전용량 (1,000 kW)
섬 진 강	1965	섬 진 강	64.0	466.0	34.8
남 강	1970	남 강	21.0	136.3	12.6
소 양 강	1973	소 양 강	123.0	2,900.0	200.0
팔 당	1973	한 강	29.0	244.0	80.0
안 동	1976	낙 동 강	83.0	1,248.0	90.0
대 청	1980	금 강	72.0	1,490.0	90.0
충 주	1985	남 한 강	97.5	2,750.0	400.0
합 천	1988	황 강	96.0	790.0	101.2
주 암	1990	섬 진 강	57.0	457.0	22.5
임 하	1992	반 변 천	73.0	595.0	50.0
청 평	1944	북 한 강	31.0	185.0	80.0
화 천	1944	북 한 강	81.5	1,018.0	108.8
춘 천	1965	북 한 강	40.0	150.0	57.6
의 암	1967	북 한 강	23.0	80.0	45.0
청평양수	1980	북 한 강	62.0	2.7	400.0

자료 : 한국전력공사(1989), 건설부(1987)

대전차장애물은 하상 또는 하천주변의 비교적 평탄한 지형에 적의 전차접근을 방지하기 위하여 설치한 인공장애물이다. 소규모 하천은 수심이 얕으며 더욱이 갈수기에는 하상이 거의 드러나도록 수량이 줄어들기 때문에 좋은 전차 접근로가 된다. 대전차 장애물은 중요한 군사시설물이기 때문에 이에 대한 정보가 필요하다. 대전차 장애물에 대해서는 장애물의 형태, 횡단 폭, 두께, 재료, 장애물 간의 간격 등에 대한 정보가 필요하다.

우리나라의 도시는 용수취득과 교통의 편리성 때문에 강을 끼고 입지한 경우가 많다. 따라서 하천과 그 주변의 지형을 연구하다 보면 많은 도시와 촌락을 대하게 된다. 따라서 하천지형정보에는 도시에 관한 지형정보도 포함되어야 한다. 도시에 관련된 정보로는 하천으로부터의 거리, 하천으로 접근하는 도로, 시가지의 면적 등이 포함되어야 한다.

(3) 하천지형과 도로

인류역사를 볼 때 하천은 교통과 관계가 깊다. 하천과 교통은 두 가지 관점에서 관련이 있다. 첫째는 하천 자체가 교통로로 이용되는 것, 즉 하운(河運)이다. 일제 강점기 때까지 우리나라의 거의 모든 하천은 수운교통로로 이용되었다. 한강의 경우를 보면, 북한강본류는 금성군 금성읍까지 배가 운항하였다. 소양강에서는 양구군 남면 석현리 직목정까지 배가 운항하였고, 뗏목은 이보다 훨씬 상류인 서화천과 내린천(乃麟川)이 합류하는 합강리(인제)에서 시작하였다(김종혁, 1991).

남한강은 단양까지 상시 가항수로이고, 정선의 가수리까지는 증수 시 소규모 선박이 운항하였으며, 여량상류까지는 뗏목이 운행되었다(최영준, 1987). 현재는 북한강과 남한강에 많은 댐이 건설되어 있기 때문에 가항수로는 팔당댐 이하의 한강 하류에 불과하다. 대체적으로 수심이 얕은 남한강이나 북한강에서 수운(水運)을 위해서는 하저지형(河底地形)을 정밀하게 분석해야 한다. 하천지형에서의 일반적인 특징은 소(沼)와 여울(灘)이 교대로 반복해서 나타난다는 점이다. 여울은 수심이 얕고 경사가 급하며 유속이 빠른 곳이고, 소는 수심이 비교적 깊고 물이 잔잔하다. 여울은 길이가 짧으며 소는 3~4 km에 달하는 긴 곳도 있다. 여울이 있는 곳은 '灘'이나 '여울'이라는 지명이 남아 있다. 여울은 주변지질 및 지형의 영향을 받아 일부구간에 집중적으로 분포한다. 북한강에서 여울의 분포는 그림 9.18과 같다. 이러한 하저지형을 이해한다면 도하작전에 많은 도움을 준다. 하천도하에서 가장 중요한 요소는 수심인데 소에서는 일반적으로 수심이 깊기 때문에 여울을 이용해야 한다.

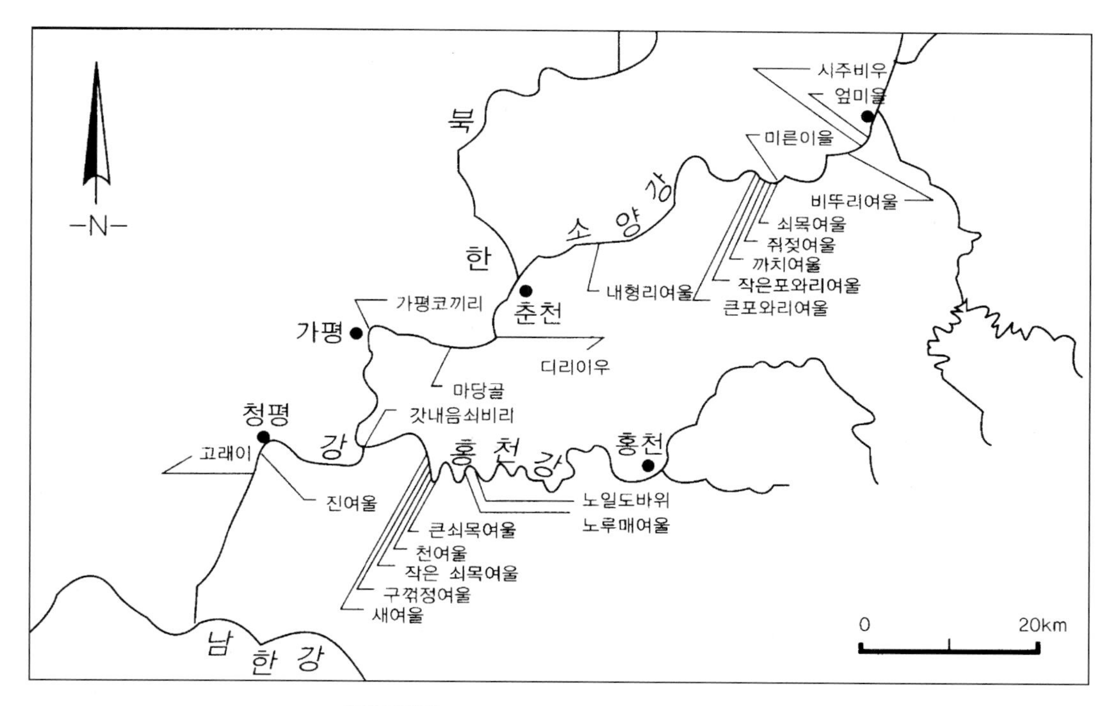

그림 9.18 북한강 여울의 분포(김종혁, 1991)

둘째는 하천을 따라서 교통로가 형성되는 경우이다. 하천은 산지 사이의 골짜기를 따라서 흐르기 때문에 하천과 도로가 골짜기를 따라서 병행하는 경우가 많다. 대표적인 경우는 그림 9.19와 같이 양수리에서 춘천까지의 구간에서 북한강과 경춘가도를 들 수 있다. 이곳은 북동방향으로 발달한 직선형의 좁은 곡(谷)을 따라 하천이 발달하였고, 하천변의 지형을 따라 도로가 건설되어 있어서 하천과 도로가 평행하게 배열되어 있다.

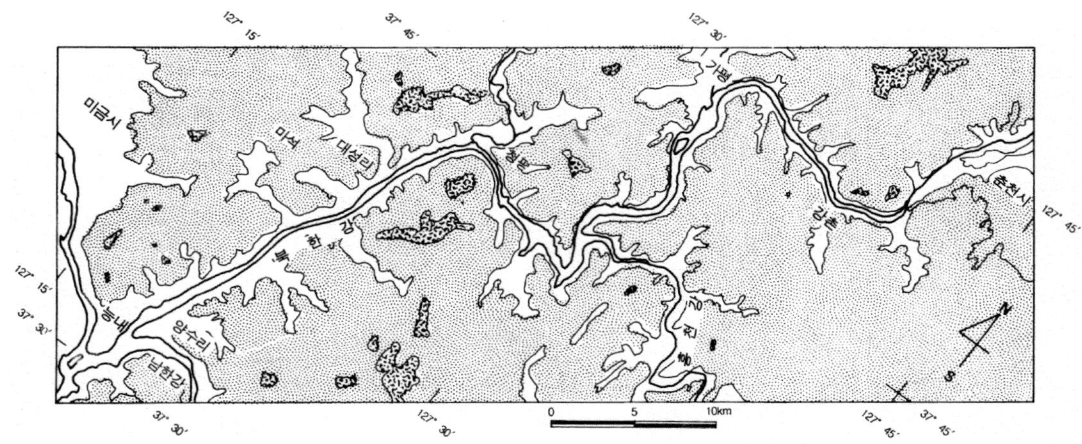

그림 9.19 하천을 따라 형성된 교통로

2 하천지형과 군사작전

1. 하천의 역할

하천은 자연상태에서 식별이 용이하여 경계확인을 위한 분쟁발생 소지가 적기 때문에 국가 간 또는 행정단위 간 경계선으로서의 차단기능을 갖는다. 우리나라와 인접하고 있는 중국과는 압록강과 두만강, 소련과는 두만강을 국경선으로 하고 있다. 국내에서도 청천강이 평안남도와 평안북도의 경계선역할을 하고 있다. 군사작전에서도 부대 간 전투지경선이 작전지역 내의 하천을 경계로 형성되는 경우가 많다.

그러나 이러한 하천을 중심으로 양안의 지역이 하나의 생활권을 형성하기도 한다. 이를 경계선으로 할 경우 정치적으로 불안을 야기할 수 있으므로 통합되는 것이 바람직하다. 최근에는 수자원의 활용문제와 환경오염문제들로 인하여 하천을 중심으로 한 생활권의 중요성이 증대되고 있다. 북한과 중국의 경계선역할을 하고 있는 압록강의 수질이 4급수로 전락되어 심각한 문제점으로 대두되고 있다. 양 국가에서는 압록강의 수질오염에 대한 책임소재가 불분명하기 때문에 상호 무관심하였다. 그러나 결국 압록강의 수질악화로 인하여 양 국가 모두 압록강 물의 활용에 많은 어려움을 안게 되어 서로의 이해가 상충되고 있다.

물은 보다 고도가 낮은 지역으로 약한 부분을 침식시키면서 하도를 형성하며 흐른다. 이러한 하도는 고정된 것이 아니라 유로의 변동에 의해 바뀌기 때문에 국가 간 영토분쟁의 대상이 될 가능성이 높다. 하지만 군사작전에서 하천지형은 방어에 유리한 지형지물로서 방어전선이 형성되기도 하고 반드시 극복해야 할 중요한 장애물이 되기도 한다.

2. 하천지형에서의 군사작전

하천에서의 도하작전은 개활지에서와 마찬가지로 적의 관측 및 화력에 전반적으로 노출되는 단점이 있다. 특히, 도하 시에는 화력의 사용이 제한되기 때문에 적의 공격에 대단히 취약하다. 그러므로 도하작전은 전투상황의 영향뿐만 아니라 하천지형의 영향도 고려해야 한다. 공격작전 시 기동을 은폐 및 엄폐하기 위해서 연막장비 및 강력한 화력지원이 필요하고, 도하를 위한 특수 장비 소요를 계획해야 한다.

우리나라의 하천지형은 사행의 결과로 양안에 급경사와 완경사가 교대로 나타나므로 도하는 일정한 소수의 지점에서만 가능하다. 따라서, 이러한 지점으로 적 및 아군병력의 집결이 유도된다. 도하지점은 하천의 폭, 수심, 유속, 대안의 경사도 및 안정성, 진입로와 출구의 통로 등을 고려하여 선정한다.

도하작전은 우리나라와 같이 비교적 하천이 많은 지형에서는 반드시 필요한 작전 형태이다. 하천지형에서의 방어작전은 하천 자체를 감제할 수 있는 지형, 특히 소위 cutback 사면이 감제고지로서 유용하며, 이러한 '소' 지역은 도하장비를 이용한 도하에 유용하다. 반면 도보도하 시는 여울을 이용하게 되므로 이러한 지역을 통제할 수 있어야 한다. 공격작전 시 하천은 극복해야 할 대단히 불리한 장애물로 작용하기 때문에 이러한 장애를 극복하기 위해 특수한 훈련과 장비가 필요하다.

Chapter 09

3. 산지지형에서 집중호우에 따른 하천변화

우리나라 동부전선 부근에 위치한 하천들은 대부분 산간계곡에 크고 작은 지류로 발달한 소하천들이며, 지형적인 영향으로 높은 하상경사도를 유지하고 있다. 이러한 험준한 지세와 계곡이 발달한 지형적 조건은 집중강우 시 많은 피해를 유발하고 있다. 집중호우 시 유량의 증가에 따라 하폭, 수심, 유속의 증가는 하천범람에 의한 피해를 발생시킨다.

강원도 화천군 다목리 일대의 경우 하천폭은 8～14 m 정도이지만 유역면적은 약 37 km^2에 이른다. 1999년 7월 31일부터 8월 3일까지 4일 동안의 집중호우로 다목리 일대는 989 mm의 누적강우량, 시간당 평균 12.5 mm, 최대 70 mm의 강우량을 기록하였다. 1999년 집중호우 시 하천의 교차지점 일대에서 높이 5 m 이하의 교량은 침수되었으며, 누적강우량이 200～400 mm부터 교량 및 도로유실, 철책전도, 산사태발생 등의 피해가 급증하였다.

Chapter

10

해안지형

1. 해안지형의 형태와 형성작용
2. 해안지형의 종류
3. 주요 해안지형
4. 조석과 그의 이용

1 해안지형의 형태와 형성작용

❶ 해안지형의 형태

육지와 바다 그리고 대기가 상호영향을 미치는 좁고 긴 지대를 해안(海岸, coast)이라 하며, 특정시점에 있어서 바다와 육지가 실제로 접하고 있는 경계선을 shoreline이라고 한다. Shoreline의 형태는 파랑이나 조류, 해류 등의 끊임없는 작용에 의해서 비교적 빠른 속도로 변화된다. 반면 해수면의 수직운동, 즉 조석에 의해서도 shoreline의 형태가 달라지는데, 대체로 해당지역의 최고고조면(最高高潮面)과 육지와의 경계선을 해안선(coastalline)이라 한다.

해안선의 평면형태는 대체로 만과 헤드랜드(headland)의 반복으로 나타난다. 이러한 해안선의 형태는 해안으로 접근하는 파랑의 에너지상태에 따라서 가변적이지만, 파랑의 에너지가 대부분 헤드랜드에 집중되고 만에서 분산되기 때문에 헤드랜드에서는 침식작용이 활발하고 만에서는 주로 퇴적작용이 활발히 진행된다. 그러므로 해빈(海濱, beach)은 주로 만 지역에서 형성되고, 해식애는 헤드랜드에서 형성된다.

일반적으로 해빈이 발달한 퇴적지형의 해안선은 원빈(遠濱, offshore), 근해(近海, nearshore), foreshore, backshore로 이루어져 있다(그림 10.1). 원빈은 바닥이 비교적 평탄하고 얕은 파도가 있는 지역으로 항상 해수에 잠겨 있다. 원빈의 영역은 간조 시 쇄파대(breaker zone)에서부터 대륙붕의 바다 쪽 가장자리까지이며, 가변적이다. 원빈에는 파도와 조류의 작용에 의해 형성된 원빈 바(offshore bar)가 존재하기도 하는데, 이는 모래나 자갈의 톱으로서 파랑이나 조석의 변화에 따라 물 위에 나타나기도 하고 물속에 잠겨 있기도 한다. 원빈을 통해 접근하는 파랑은 원빈 바에서 쇄파(breaker)를 이루면서 부서진다. 간조 시 shoreline에서 쇄파대까지를 근해라고 하며, 만조 때의 shoreline에서 간조 때의 shoreline까지를 foreshore라 한다.

이곳은 조석에 의해 주기적으로 대기에 노출되거나 해수에 잠기는 곳이다. 육지 쪽으로 해수의 직접적 영향을 받았던 최대한의 경계선(coastalline)에서 만조 때의 해안선(shoreline)까지를

그림 10.1 퇴적해안의 단면

backshore라 한다. Foreshore와 backshore에서는 부서진 쇄파가 밀려 올라오는 스워시(swash)와 중력에 의해 미끄러져 내려가는 백워시(backwash)가 이루어진다. 스워시가 일어날 때 바다표면으로부터 모래나 자갈과 같은 쇄설물이 육지로 운반되기도 한다. 이렇게 운반된 쇄설물은 백워시를 통해 바다표면으로 되돌아가지만 일부는 퇴적되어 낮은 제방을 형성하기도 하는데 이를 해빈(beach)이라고 한다. 한편, 이러한 쇄설물들이 바람의 작용에 의해 해빈 후사면으로 운반되어 쌓여서 이루어진 것을 사구(砂丘, dune)라고 한다.

2 해안지형의 형성작용

1. 조류와 파랑

조석(潮汐, tide)은 해면의 규칙적인 승강운동이며, 이에 따라 해수의 수평운동인 조류(潮流, tidal current)가 발생하기 때문에 해안지형의 발달에 큰 영향을 미친다. 특히 조차가 큰 지역이나 좁은 해협 또는 수로를 통과할 때에 조류의 유속이 급격히 증가하게 되는데, 이때에 풍화쇄설물의 침식·운반·퇴적현상이 활발하게 진행되면서 해안지형의 발달에 상당한 영향을 미치게 된다. 만일에 폭풍해일(暴風海溢, storm surges)이 대조(大潮, spring tide) 시의 만조와 일치할 때에는 더욱 엄청난 해안지형 변화의 결과를 가져올 수 있다. 또한 해저지형과 해안선의 윤곽이나 지세에 따라 조석현상의 지역적인 변화가 발생되며 대체로 해식애의 침식이나 해빈형성은 비교적 짧은 기간의 대조 시에 이루어진다.

파랑(波浪, wave)은 해안지형을 형성하는 데 매우 중요한 현상이다. 파랑은 해수면 위를 부는 바람에 의해서 발생하는데, 풍속, 바람의 지속시간, 부는 거리에 의해서 그 세기와 규모가 달라진다. 최초 발생한 파랑은 불규칙하고 개별적인 파정(波頂, wave crest)으로 구별할 수 있다. 이러한 파랑들은 상호작용을 통하여 보강되기도 하고 그 세력이 상쇄되기도 한다. 파랑이 발생지로부터 멀어짐에 따라 파랑들이 둥근 파정을 가지고 규칙적인 간격으로 근원지로부터 서로 분리되는데, 이것을 파랑의 확산이라고 한다. 이러한 파랑은 전형적으로 낮은 파고 대 파장의 비, 즉 파랑경사도를 갖고 사인곡선 형태로 전진하는데, 이를 스웰(swell)이라고 한다. 스웰 속의 물입자들은 원에 가까운 궤도운동을 한다.

심해의 스웰이 천해역에 접근함에 따라 해저지형(submarine topography)과 해안선의 불규칙성으로 인하여 파랑의 형태에 중요한 변화가 생긴다. 천해역에 도달하면 파랑의 파장이 짧아지고 파고는 높아지는 반면, 파랑의 속도는 하부에서 해저와의 마찰로 감소하고 상부는 상대적으로 증가하여 파정은 앞으로 구부러져 쇄파(碎波, breaker)를 형성하면서 부서진다.

2. 파랑의 굴절과 해안지형의 형성

천해역에 도달한 파랑은 앞으로 전진하는 속도가 점차 감소하게 된다. 상대적으로 수위가 낮

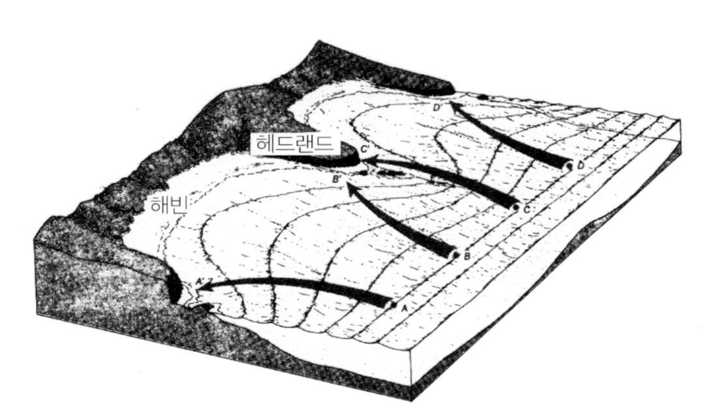

그림 10.2 파랑의 굴절과 에너지분포

고 돌출부인 헤드랜드 부근에서는 전진속도의 감소가 만 쪽에 비해 더욱 크게 나타난다(그림 10.2). 그 결과 직선을 유지하던 파정선이 수심과 조화되도록 구부러지게 되는데 이를 파랑의 굴절(wave refraction)이라고 한다(권혁재, 1994).

파랑의 굴절현상으로 파랑에너지의 변화가 유발되어 헤드랜드에서는 파랑에너지의 집중, 만곡부에서는 분산이 일어난다. 헤드랜드에 집중된 쇄파는 강력한 침식을 수행하고, 만에서는 상대적으로 약하게 작용한다. 헤드랜드에 집중된 파랑의 침식으로 해식애와 파식대를 형성한다.

파랑의 굴절은 다음과 같은 두 가지 이유에서 해안선의 변화에 중요하다. 즉 헤드랜드에 집중되는 파랑에너지는 이 부분을 주위의 만곡부보다 빨리 침식시켜 해안선을 단순하게 변형시키고 있으며, 파랑의 굴절에 의해 일어난 쇄파는 헤드랜드에 부딪힐 때 수위를 높이므로 해수는 수위가 낮은 인접 만곡부 쪽으로 해안을 따라 흐르는 연안류를 형성하고, 이 연안류는 헤드랜드에서의 침식으로 인한 쇄설물을 만곡부로 운반하여 해빈을 발달시킨다.

일반적으로 파랑의 굴절에도 불구하고 파정들은 해안선에 비스듬하게 접근하게 된다. 그래서 부서진 쇄파들이 foreshore에 비스듬하게 밀려 올라가게 된다(그림 10.3). 파랑이 접근함에 따라 모래, 자갈 같은 침식쇄설물들은 파랑과 동일한 방향으로 해안에 접근하게 된다. Foreshore를

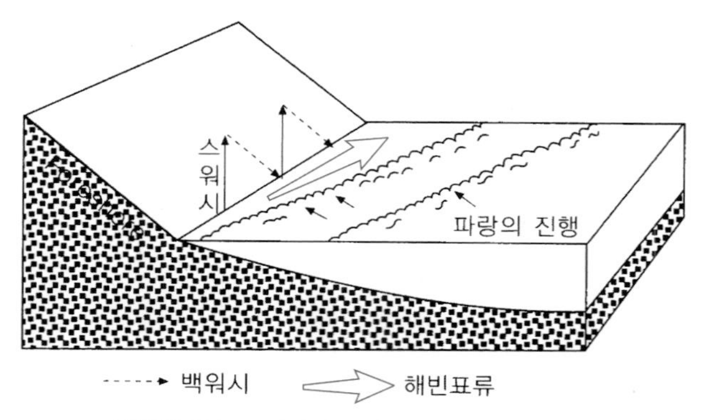

그림 10.3 스워시와 백워시에 의한 해빈표류

비스듬히 오르는 스워시는 그 에너지를 모두 소모한 정점에 이르러 멈추게 된다. 하지만 백워시는 중력에 의해서 foreshore의 가장 급한 사면으로 중력방향으로 흘러내린다. 따라서 침식쇄설물들은 이러한 스워시와 백워시가 반복됨으로써 해빈을 따라 조금씩 이동하게 된다. 이것을 해빈표류(beach - drifting)라고 한다.

3. 연안류

파랑이 해안에 비스듬히 접근하게 되면 해안선 부근에서 수위가 약간 상승하게 된다. 이러한 수위의 상승은 해안선에 평행하게 흐르는 조류를 형성하게 되는데 이를 연안류(longshore current)라 하고, 연안류에 의해 쇄설물이 운반되는 것을 연안표류(longshore drifting)라고 한다. 연안표류는 해빈표류와 함께 해안선의 발달에 중요한 영향을 미친다.

파랑에 의해 육지 쪽으로 밀려온 해수는 연안류에 의해 이동하면서 해빈부근의 한 점에서 수위가 높아짐에 따라 일정한 경로를 따라 바다 쪽으로 되돌아 흐르게 되는데, 이것을 이안류(離岸流, rip current)라고 한다. 이안류는 연안류로부터 물을 공급받으며 그 정도에 따라 23분~1시간 이상 지속되기도 한다. 이안류가 있는 부분은 다른 곳보다 수심이 깊기 때문에 주의해야 한다.

2 해안지형의 종류

1 해안침식지형

기반암의 단애들로 이루어진 암석해안에 해안침식지형이 잘 나타나고 있는데, 해식애(海蝕崖, sea cliff)와 파식대(波蝕臺, wave－cut terrace, wave－cut bench, wave－cut platform 또는 shore platform)가 대표적인 침식지형이다.

일반적으로 암석해안의 침식효과는 암석의 경도와 지질구조적인 취약부의 유무, 해안선의 윤곽, 가용성 암석의 존재, 암석단애의 발달 정도, 파랑의 특성 등에 따라 달라지게 된다. 실제로 암석해안의 발달에 깊이 관여하는 침식영역은 파랑에 의한 취거작용(取去作用, wave quarrying)과 마식(磨蝕, wave abrasion), 해수의 수면층 풍화(水面層風化, water－layer weathering)와 용식, 서릿발 작용(frost action), 해양생물의 작용 등을 들 수 있다.

파랑의 취거작용은 이미 암석 자체에 마련된 취약부위에서부터 암괴나 암편 등을 분리하거나 뜯어내는 작용으로서 주로 현저하게 발달한 절리면이나 쪼개짐(cleavage)면에 따라 진행된다. 이외에도 빙하의 후퇴나 침식의 진행에 따라 형성되는 하중의 제거나 압축의 감소로 지하 깊은 곳의 암석이 지표에 노출되면서 겪게 되는 팽창현상도 취거작용이 쉽게 일어날 수 있는 취약부의 형성에 큰 몫을 담당하고 있다. 그리고 끊임없이 되풀이되는 파랑의 공격현상은 일종의 주기적이며 왕복성 충격효과를 유발할 수 있기 때문에 암석의 파쇄나 취거를 촉진한다고 알려져 있다.

파랑에 의한 마식작용은 모래나 자갈 등의 마식도구를 통해 이루어지는데, 이른바 파식대의 형성과 발달에 가장 주요하다. 하상(河床)지형으로서의 구혈(pothole)을 해상(海床, sea bed)에서도 흔히 볼 수 있는데, 자갈의 회전운동에 의한 마식작용으로 형성된 것이다. 만일 기반암 자체에 열극(裂隙, fracture)이 조밀하게 발달하였을 경우에는 쇄파의 충격에 따른 공기의 압축·팽창현상이 일어날 수 있는 기회가 많아 마식이 촉진될 수 있는 여건이 충분히 생성된다고 볼 수 있다.

암석의 노출면이나 표면에 한정되어 일어나는 수면층 풍화현상은 해수에 의한 암석표면의 건·습상태가 교대로 반복되면서 진행된다. 따라서 항시 물속에 잠겨 있는 조건에서는 일어날 수 없으며, 어중간하게 떨어진 반독립상태의 수괴(水塊)지역이 요구된다. 대체로 수면층 풍화가 활발하게 일어나면서 형성되는 파식대의 경우 저조위 부근에 통상 분포하고 있음은 이를 반영하는 것이다. 더구나 기반암이 석회질 암석처럼 가용성 암석으로 이루어졌을 경우에는 수면층 풍화의 속도가 빨리 진행될 수 있는데, 특히 열대지역에서 현저하게 나타난다. 서릿발의 작용으로 인한 풍화의 진행정도는 암석 자체가 서릿발의 작용에 얼마만큼 견딜 수 있는가의 여부, 결빙에 필요한 담수(fresh water)의 공급이나 존재여부, 제거되어야 할 암설의 양 등에 따라 결정될 수 있다.

생물에 의한 침식작용은 특히 열대지방의 탄산염암류 암석해안에서 활발한데, 다양한 종류의 해서 동·식물은 생활공간 확보나 양분섭취를 위해 암석에 구멍을 뚫거나 잠식을 하는 등 기계적 또는 화학적 작용에 의해 기반암을 침식하는 것으로 알려져 있다.

1. 해식애

해안에 노출된 기반암이 파식을 받아 후퇴하는 과정에서 해안에는 암석단애가 형성된다. 이와 같은 단애의 발달은 구성암석의 경연과 지질구조적 현상에 가해지는 파랑의 침식작용의 지배를 받아 진행되는데, 특히 폭풍 시에 발생하는 거대한 파랑의 수리적인 힘과 사력 등의 마식활동이 해식애의 기저부에 엄청난 위력을 가지고 반복해서 가해질 때 해식애의 차별 침식현상과 후퇴는 현저하게 진행된다(그림 10.4).

해식애(海蝕崖, sea cliff)의 기저부에 지속적인 파식이 가해지면 움푹 들어간 형태의 노치(notch)가 형성되어 상부단애면은 불안정한 상태에 있게 되고 암설의 낙하와 지층의 붕락 등으로 급경사의 사면이 유지되는 것이다.

해식애의 구성암석에 단층이나 절리 등의 지질구조적인 취약부위가 발달해 있거나 연암의 존재는 침식의 진행을 용이하게 일어날 수 있게 함으로써 해식동(sea cave)을 형성하게 하며 서로 반대편에 발달한 두 개의 해식동이 결합되면 자연교(natural arch)가 이루어진다. 또한 해식애의 후퇴와 차별침식의 결과로 육지에서 분리된 경암의 작은 바위섬을 시스택(sea stack)이라고 하는데 자연교의 천정이 붕락되어 형성된다.

태백산맥과 함경산맥이 해안에 임박하여 암석해안의 노출이 비교적 많은 동해안에는 곳곳에 대규모의 해식애가 발달해 있어 빼어난 해안절경을 이루고 있다. 그리하여 북한지역의 강원도 통천의 고저(庫底)해안과 고성해안, 남한지역의 양양 낙산사 일대의 암석해안을 비롯한 강원도와 경북해안에 걸쳐 비교적 많이 발달하고 있다. 이들 지역에 발달한 해식애를 비롯하여 각종 해안 침식지형은 이를 구성하고 있는 지질의 구조적인 영향을 상당히 많이 받고 발달되었음이 알려져

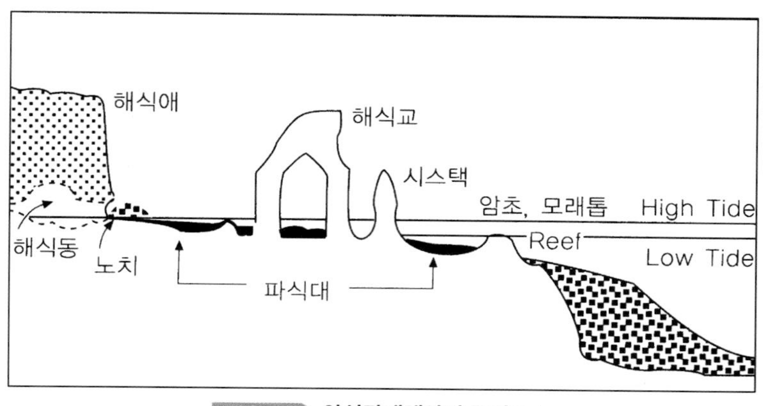

그림 10.4 암석단애해안의 구성요소

있고, 또한 해수염분에 의한 염풍화(鹽風化, salt weathering) 작용으로 여러 형태의 기묘한 형상들이 나타나고 있다. 남해안의 동부해안도 마찬가지이나, 특히 부산지역을 중심으로 산지의 해안에 임박, 깊은 수심, 빈번한 거파의 내습 등으로 해안침식활동이 왕성하여 해식애와 파식대, 해식동, 시스택 등의 해안침식지형이 잘 발달되어 있다. 서해안에는 노년기 구릉들의 산각(山脚) 말단부가 단절되어 기반암이 노출됨으로써 형성된 해식애가 그 지역의 해안지형 생성환경에 적응한 결과 개개의 형태적 특징과 규모의 차이를 유지하면서 서해를 향한 해안에 연하여 많은 지역에 발달하고 있다.

특히 서해중부 이남 해안에 발달한 해식애에 관하여 집중적으로 연구한 결과에 의하면(이형호, 1984; 이형호 1985), 서해안의 해식애는 노년기 구릉의 산각 말단부가 서해에 돌출하면서 형성된 헤드랜드에 발달하고 있으며, 전반적으로 기반암의 단애로 이루어져 있는바, 그 고도는 비교적 다양하나 대체로 10～20 m 내외인 반면, 애면의 경사는 45° 이상 수직에 가까운 급애가 대부분이고 이들 해식애의 기저부로부터 완경사의 파식대가 다양한 규모로 발달하고 있으며, 단애로부터 분리·생성된 다양한 크기와 형태의 암괴 및 암설들이 해식애의 기저부와 시스택 주변에 산재하고 있다고 하였다.

2. 파식대

파식대(波蝕帶, wave-cut terrace)는 기반암으로 이루어진 평탄한 대상지형으로서 주로 파랑의 침식에 의해 형성된다. 그러나 해안에 노출된 암석표면이 파랑의 침식과는 무관하게 여러 형태의 차별침식만으로도 형성될 수 있기 때문에 성인을 고려하지 않고 형태적인 특징만을 고려할 때, 해안의 대상암반을 통틀어 파식대라고 한다. 파랑의 침식작용으로 해식애의 기저부가 굴식되면서 단애사면의 불안정이 증대되고, 애면 구성암석의 붕락현상이 진행되어 해식애의 후퇴가 이루어짐과 동시에 기반암의 침식면인 파식대가 완만한 경사를 이룬 채 점차 확대되어 간다. 이때에 주변의 사력과 같은 마식도구는 파랑과 함께 파식대의 표면을 연마하는 마식에서 중요한 역할을 담당하게 된다.

파식대의 형태에 큰 영향을 미치는 것은 기반암의 암질과 암석의 구조인데, 화강암과 같이 등암질인 경우에는 파식대의 표면이 비교적 매끄럽고 부드러운 반면, 경연의 차가 심하고 조밀한 호층의 퇴적암층이나 변성암류가 경사지층을 이루었거나 지층의 교란현상이 심하게 일어났을 경우에는 매우 거친 표면의 파식대가 형성된다.

3. 해안단구

해저에 있던 기반암의 침식지형인 파식대 또는 해안퇴적지형이 해수면의 상대적인 하강이나 지반의 상대적인 융기로 인해 현재의 해수면보다 높은 위치의 육상에 남아 있게 되면 이를 해안단구(海岸段丘, coastal terrace)라고 한다. 우리나라의 서해안과 동해안에는 상이한 고도에 해안단구 지형들이 발달해 있는데, 이는 우리나라가 비교적 안정된 지괴였던 관계로 지반의 융기에 의한 영향도 아주 없지는 않았겠지만 간빙기 고해면과 더욱 연관되어 형성되었다고 보는 것이 타당할 것으로 생각되며, 장차 이에 대한 연구가 더욱 진전되어야 확실한 결론에 도달할 수 있지 않을까 생각된다.

해안단구(또는 해성단구, marine terrace)는 과거의 해면을 반영함과 동시에 해성단구에 흔적으로 남아 있는 구정선(舊汀線)은 당시의 해수면의 위치를 나타내기 때문에, 해당지역의 지각변동을 규명하거나 빙하성 해면 변화를 파악하는 데 매우 유익한 지형자료이다. 우리나라의 동해안과 서해안에 발달한 해성단구에 대한 광범위한 연구(오건환, 1980)에 의하면, 동해안·남동부 해안·부산만 일대에서는 고위·중위·저위단구 등 3단의 단구가 분포하고 있으며, 서해안에서는 상위·하위단구 등 2단의 단구가 나타나는데, 이들 두 단구는 동해안과 남동부 해안의 고위단구와 중위단구에 각각 대비되며, 전라남도의 해제반도로부터 충청남도의 태안반도에 이르는 서해안에 분포하고 있다. 그러나 동해안의 단구들에 비해 서해안의 단구들은 그 발달상태가 비교적 좋지 않고 단편적으로 분포하고 있을 뿐이다. 서해안에서 해성단구의 분포가 극히 단편적이기는 하나 비교적 뚜렷한 발달을 보이는 지역은 전남의 해제반도, 전북의 변산반도, 충남의 대천 일대, 충남의 태안반도와 안면도를 중심으로 하는 지역들이다. 우리나라의 동·서해안의 중앙부에 분포하는 해성단구를 요약하면 표 10.1과 같다.

표 10.1 **우리나라 동·서해안의 해성단구(오건환, 1980)**

동해안		서해안		남동부 해안	
단구면	고도(m)	단구면	고도(m)	단구면	고도(m)
정동진면	80~100	몽산포면	20~30	감포면	60~80
묵호면	50~80	격포면	10~20	색천리면	30~50
어달리면	20~30			산하리면	10~20
Holocene면	2~3	Holocene면	1	Holocene면	1~2

❷ 해안퇴적지형

점토나 사력과 같은 해저의 퇴적물질은 쇄파에 의해 뜨게 되며, 물에 뜬 퇴적물은 연안류(longshore current)에 실려 해안을 따라 운반된다. 이와 같이 파랑과 연안류에 의해 운반된 퇴적물은 전면에 도서들이 분포하여 직접적인 파랑의 공격으로부터 보호를 받을 수 있다든가, 또는 만 두부(bay head) 후면의 잔잔한 해수면 지역과 같이 파랑에너지의 분산지역에 이르러 퇴적되면서 해빈(beach), 사취(spit), 육계사주(tombolo), 연안사주(barrier island) 등 여러 종류의 해안퇴적지형을 형성한다.

이와 같은 해안퇴적지형을 구성하는 퇴적물은 끊임없이 이동하기 때문에 이들 퇴적지형으로 이루어진 해안을 동적인 해안선(dynamic shoreline)이라고도 한다. 해안에서는 침식과 퇴적작용이 일어나면서 궁극적으로는 해당 지역의 파랑에너지 환경에 적응한 평형상태의 해안윤곽을 갖추게 되는데, 헤드랜드에서의 침식과 만에서의 퇴적으로 통상 굴곡이 거의 없는 직선형 내지는 완만한 곡선형의 해안선이 형성된다.

1. 해빈

해빈(海濱, beach)이란 미고화(unconsolidated) 퇴적물질로 형성된 지형으로서 파랑이나 연안류에 의해 운반·퇴적이 이루어지기 때문에 해안선을 따라 발달하게 된다. 이를 구성하는 물질에 따라 여러 종류의 해빈으로 구분하는데 가장 흔한 것이 모래로만 이루어진 사빈(sandy beach)이며 지역에 따라서는 다양한 크기의 자갈(pebble)이나 실트(silt), 또는 점토(clay)로 되어 있는 것도 있다.

해빈의 사면경사를 비롯하여 해빈상에 발달하는 각종 미지형(微地形) 및 해빈의 형태 등 제반 해빈 특징은 파랑에너지에 크게 좌우되지만 퇴적물의 공급량과 입자의 크기 등도 중요하다. 표 10.2에서 알 수 있는 바와 같이 해빈의 구성물질이 크고 조립질일수록 경사가 증가하여 급경사를 이루게 되는데, 그 근본적인 이유는 높은 투수성 때문에 백워시의 세력이 약화되어 일단 밀려 올라간 퇴적물들이 그 자리에 머물게 되기 때문이며, 세립물질인 경우에는 이와 반대로 백워시의 작용을 크게 받아 완만한 경사를 이루게 된다.

해빈과 기타 퇴적지형을 구성하는 퇴적물의 주공급원은 해당지역으로 유입되는 하천들이며, 헤드랜드나 해식애의 침식으로부터 생기는 쇄설물도 그 기원이 된다. 따라서 유역분지의 기반암의 종류와 광물조성에 따라 해빈 구성물질의 크기와 색깔 및 조성이 크게 달라질 수 있는데, 특히 사빈의 경우 화강암으로부터 유래된 석영과 장석 입자들은 흰색의 백사장을 이루게 되나 다양한 광물조성의 퇴적암지역에서는 흑색모래의 사빈이 형성되기도 한다. 다량의 모래를 공급

표 10.2 해빈의 구성물질과 경사

쇄설성 퇴적물의 종류	입 경(mm)	평균경사(°)
cobbles(왕자갈)	64~256	24
pebbles(잔자갈)	4~64	17
granules	2~4	11
very coarse sand	1~2	9
coarse sand(조립사)	1/2~1	7
medium sand(중립사)	1/4~1/2	5
fine sand(세립사)	1/8~1/4	3
very fine sand	1/16~1/8	1

하는 하천의 하구를 중심으로 발달한 해안 충적평야의 전면이나 아직 고화되지 않은 제3기층이나 제4기층으로 이루어진 해안의 노출지역에는 대개 직선형의 사빈이 대규모로 발달한다.

그러나 굴곡이 심한 산지해안에서는 극히 제한된 규모의 사빈이 헤드랜드 사이의 만에 형성되는데, 대개의 경우 초생달 모양을 하고 있어 초생달 해빈(crescent beach), 또는 헤드랜드 해빈(headland beach)이라고 하는데 헤드랜드의 침식에 기원한 자갈 등의 암석쇄설물이 많은 점이 특징이다.

일반적으로 사빈의 구성물질은 항상 유동하고 있기 때문에 파랑에너지의 변동과 강도에 따라 사빈의 단면형태에도 변화가 있게 마련이다. 특히 이상파고가 나타나는 폭풍파랑(storm waves) 시에는 사빈의 침식현상이 현저하게 나타나지만 파고가 낮고 조용한 해면환경에서는 사빈의 성장이 일어난다. 따라서 대개의 경우 여름과 가을에는 사빈의 성장이 이루어지고 겨울과 봄에는 사빈의 파괴로 규모가 감소하면서 각력이나 거력이 드러나는 예를 흔히 볼 수 있다. 또한 장기간에 걸쳐서 해수면의 변화가 있을 때에는 해빈구릉이 사빈해안에 발달하게 되는데, 이는 해수면의 후퇴와 더불어 해안선을 따라 평행하게 발달하는 지형으로서 해안선의 위치변화 등을 파악하는 데 큰 도움을 준다.

2. 해안사구

해안사구(海岸砂丘, coastal dune)란 사빈의 모래가 바람에 의해 사빈의 후면으로 이동하여 형성된 퇴적지형이므로 사빈해안의 후면이나 간석지에 접해서 발달되는 것이 일반적이다. 현재에도 계속 성장하고 있는 사구를 현생사구(現生砂丘)라고 하며, 과거에 생성되어 현재는 주로 파괴되고 있는 것을 고사구(古砂丘)라고 한다. 그러나 현생사구에서도 모래의 공급이 부족한 상태에서 바람이나 파랑의 침식으로 해안사구의 축소현상이 일어날 수 있는바, 서해안의 경우가 여기에 해당된다. 한편, 동해안에서도 비교적 퇴적물의 공급이 원활하여 사빈과 더불어 해안사구는 안정화 경향을 보이고 있다.

사빈퇴적물이 바람에 운반되어 사구를 형성하기 위해서는 더 이상의 이동을 방지하기 위한 장치가 필요한데, 파랑의 영향이 미치지 못하는 곳에 자라고 있는 식물이 모래의 고정역할을 하면서 사구의 성장을 뒷받침한다. 모래의 공급이 극히 풍부한 해안에는 여러 개의 사구열(dune ridge)이 해안선에 평행하게 발달되는데, 이를 해빈구릉(beach ridge)이라고 하며, 해안선의 신·구 판단과 변화폭을 파악함으로써 해안선의 복원에 자주 이용된다.

동해안에서 가장 모식적으로 일련의 해빈구릉이 발달된 해안은 흥남 남쪽의 광포 전면을 들 수 있는데, 북쪽의 성천강으로부터 다량의 모래 공급을 받기 때문인 것으로 알려져 있다(권혁재, 1980).

서해안에도 곳곳에 해안사구가 발달되어 있는데, 충남 서산군 대산면의 독곶사구, 원북면의 신두사구, 안면의 장곡사구, 전북 고창군 상하면의 장호·용정사구 등이 큰 규모에 속한다(박동원

외, 1979). 사구의 발달방향은 탁월풍의 풍향과 밀접한 관계가 있어 대체로 NS 방향, 40°N 60°W 방향 및 이들과 수직인 방향으로 구분된다. 또한 대부분의 사구들이 현재 고정화 경향을 보이고 있으나 신두사구에는 전혀 고정되지 않은 바르한 사구(barchan dune)가 여러 개 형성되어 있다. 그리고 사구를 형성하고 있는 퇴적물은 대부분 세립사(fine sand)이며 사주는 중립사(medium sand)로 구성되어 있다.

3. 사취와 연안사주

해안선이 만입되는 곳이나 육지 쪽으로 만곡되는 곳에서는 연안류에 의해 운반되던 사빈퇴적물이 계속 그대로의 유동방향을 유지하기 때문에 육지와 격리된 긴 퇴적지형을 이루게 되는데, 한쪽 끝이 육지에 접속된 경우에 사취(砂嘴, sand spit)라고 하며, 퇴적물의 공급이 계속됨에 따라 선단 부분이 활발하게 성장하게 된다. 만입에 2차적인 연안류의 존재나 파랑의 굴절현상이 현저하면 육지를 향한 쪽으로 선단부가 구부러지게 되며, 여러 개의 구부러진 선단부가 발달하였을 경우에는 분기사취(分岐砂嘴, recurred spit)라고 한다. 각각의 분기는 사구열로 형성되며, 각 사구열은 사취의 성장방향과 발달과정을 반영하게 되므로 해당 지역의 해양환경 파악에 큰 도움이 될 수 있다.

사취의 성장이 계속되면 결국에는 만의 입구를 완전히 가로질러 막아 버릴 수가 있는데, 이를 만구사주(灣口, baymouth bar)라고 하며 주로 두 가지의 형태로 이루어질 수 있다. 즉, 한쪽의 헤드랜드로부터 성장하기 시작하여 반대편의 헤드랜드에 이어지는 경우와 양쪽의 헤드랜드에서 각기 성장한 두 개의 사취가 서로 결합하는 형태 등이다. 이렇게 하여 만구사주 후면의 육지 쪽으로는 만구의 바다가 호수처럼 된 석호(潟湖, lagoon)가 형성된다. 석호로 유입하는 하천이 있는 경우에 하천퇴적물의 유입량이 석호로부터 유출되는 양보다 많게 되면 결국 석호는 매립되어 충적지로 된다.

사취는 또한 해안으로부터 바다 쪽으로 성장하여 육지와 섬을 연결하게 되는데, 이를 육계사주(陸繫, tombolo)라고 하며 이에 의해서 연결된 섬을 육계도(land-tied island)라 한다.

연안사주의 성장과 발달기원에 대해서는 여러 학설이 있으나, 비교적 유력한 것으로는 복잡한 굴곡해안에서 사취의 성장이 연안사주를 형성한다는 학설로서 대부분의 연안사주는 이에 해당되며, 다른 학설로는 원빈 바의 해안으로의 유동현상의 결과라든가, 전세계적인 후빙기 해면상승과 관련하여 기존의 해빈이 침수되어 육지와 분리되었다는 설 등이다.

우리나라에 있어서 사취와 육계사주 및 연안사주 등에 관해서는 많은 연구가 이루어지지 않아 그 내용이 극히 빈약하다. 경기만 내의 화성군 남양면 궁평리의 남서쪽 해안에도 규모는 작지만 형태상 석호라고 할 수 있는 지형이 있다(권혁재, 1975). 안면도는 여러 개의 사취가 발달되어 있으며, 일부는 규사의 채광으로 인해 파괴가 심하다. 서해안의 안면도에서 목포에 이르는 해안지역에는 현 대조(大潮) 시의 고조면보다 2∼3 m 더 높은 고사취가 17개나 발달되고 있음이 밝혀졌다(윤웅구 외, 1977). 고사취군의 분포는 안면도, 서천, 부안, 고창, 영광, 무안 등지의 해안인데, 큰 하천의 하구나 만입 및 목포일대의 다도해안에는 분포되어 있지 않음이 특징이다.

서해안에 비해 파랑의 작용이 활발하며 배후의 하천으로부터 사주의 구성물질을 공급받을 수 있는 동해안에는 화진포, 영랑호, 청초호, 향호, 경포호를 위시하여 크고 작은 석호들이 발달해 있다. 물론 석호 내로 유입되는 하천 퇴적물질의 양이 그리 많지 않기 때문에 석호의 완전 매립에는 오랜 기간이 소요되겠지만 결국에는 매립될 것이라는 가능성을 배제할 수는 없다. 동해안의 석호는 후빙기 해면상승과 관련하여 사취나 사주가 형성되어 만입을 가로막음으로써 발달되었다고 생각되나, 바다와의 분리과정이 사취로 인한 것인지 아니면 사주에 의한 것인지에 대해서는 논란이 있다.

화진포와 청초호는 강원도 속초와 고성해안에 발달된 일련의 석호군에 속해 있으며 대부분 화강암질 암석으로 된 지역에 발달되어 있는데, 화진포의 면적은 2.3 km2이고 청초호가 1.6 km2이다. 각각의 수심은 화진포가 4 m 미만, 청초호는 6 m 미만이다. 두 석호는 모두가 수 개의 소하천으로부터 담수를 공급받고 있으나 그 양은 매우 적으며, 해수의 유입은 청초호의 경우 트인 수로를 통해 이루어지고 있으나 화진포는 파고가 높을 때에 해빈을 범람하는 해수가 석호 내로 유입될 뿐이다. 두 석호의 바다 쪽에는 사주의 발달이 양호한데, 이들 사주는 모두 남쪽에서 북쪽으로 발달된 것으로 판단된다(박병권 외, 1981).

3 주요 해안지형

① 우리나라 해안의 일반적인 특징

우리나라는 국토의 3면이 동해, 서해, 남해로 둘러싸인 반도이면서 해안선의 굴곡이 심하여 국토의 면적에 비해 매우 긴 해안선을 갖고 있다는 특색이 있다.

동해안은 대체로 융기해안으로서 태백산맥과 함경산맥의 급사면이 동해의 해저지형에 직접 연결됨으로 인해 비교적 단조로운 형태를 나타낸다. 이와 같은 사실은 해안으로부터 해저지형의 경사가 급하면 급할수록 그 해안선은 단조로운 형태를 이루고, 반대로 서해안측과 같이 해저지형이 경사가 완만할수록 해안선의 형태가 복잡해진다는 해안선의 굴곡도와 해저지형의 경사와의 관계에서도 밝혀진 바 있다(오건환, 1978). 그리하여 암석해안에는 암석단애들이 발달해 있으며, 단층해안으로 알려진 함경북도의 무수단과 어랑단 사이의 해안에는 해식애의 발달이 현저하게 나타나고 있다. 이와 같은 암석해안 사이사이에는 양질의 사빈해안이 발달하고 있으며, 강릉-신창(함남) 사이에는 석호가 다수 발달되어 있다. 동해안에는 서해안과 남해안에 비해 도서의 발달이나 분포가 극히 미약할 뿐만 아니라 그 규모도 작다. 주요도서로는 북한지역의 난도, 대초도, 마양도, 여도, 울릉도, 독도 등을 들 수 있다. 동해안의 조석간만의 차는 0.2~0.3 m에 불과하여 해안선의 위치도 거의 일정수준에 머물고 있다.

서해안은 남해안과 함께 해안선의 출입이 매우 심한데 이는 태백산맥과 낭림산맥으로부터 분기하여 서해로 주행하는 산맥과 주요하천들의 서해로의 유입 때문이다. 동해안이 대체로 한국(조선)방향으로 굴곡이 거의 없는 직선에 가까운 융기해안의 형태를 유지하고 있는 데 반하여, 서해안은 다수의 만입과 헤드랜드 및 도서의 발달이 현저한 리아스식 해안(ria coast) 또는 침강해안으로 알려져 있다. 이와 같이 한반도 동서지형의 뚜렷한 비대칭성은 중생대와 신생대에 걸쳐 일어났던 지각변동의 결과 형성된 한반도의 지형구조에 근거한 지체구조적 관점에서 비롯된 것이라 할 수 있다.

서해안이 과거 4,000년간 평균 0.426 mm의 속도로 침강, 침수되어 왔으며 그 이전의 2,700년 동안은 1.4 mm의 속도로 침강되었는데, 서해안의 침강, 침수현상은 복잡한 해면 승강운동과 지각운동(eustatic-tectonic movement)에 의해 조정되었다(박용안, 1969). 서해안의 경우 지반의 침강과 후빙기 해면 상승운동이 결부되어 일어났기 때문에 현재 서해안에 발달되어 있는 각종 해안지형은 후빙기 해면상승과 연관시켜 이해되어야 한다.

후빙기 해면변화를 규명하기 위한 서해안의 상승해안지형(raised shoreline forms)들의 연구(윤웅구 등, 1977)에서는 한반도해안에 걸쳐 발달·분포하고 있는 해성 단구의 연구에서 한반도의 제4기 지각변동을 동해안 측이 서해안 측에 대하여 상대적으로 30～70 m 정도 융기하고 서해안은 상대적으로 하강한 동고서저의 양식을 취한다는 등 서해안을 융기적인 측면에서 다루고자 하는 견해도 대두되고 있다(오건환, 1980). 그리하여 서해안에 관한 한, 침강이냐 융기냐의 여부는 장차의 연구·조사결과에 따라 밝혀지게 되리라 본다.

서해안은 동해안이나 남해안과는 비교가 안 될 정도로 조차(潮差)가 큰데 이는 서해안이 수심 100 m 이하이며 평균수심이 44 m밖에 되지 않고 해안선의 굴곡이 매우 심하기 때문이다(표 10.4). 서해안의 조석은 반일주조형(半日週潮型)으로서 그 조차는 세계적이며, 평균대조차가 인천은 8.0 m, 군산이 6.2 m, 목포는 약 3.1 m에 달한다.

이와 같이 조차가 큰 서해안의 경우, 비교적 수면이 잔잔한 만입(灣入)지역에서는 간조(干潮) 시에 갯벌, 즉 간석지(干潟地, tidal mud-flat)가 상당한 넓이로 노출된다. 주로 점토·실트·모래 등이 구성물질이나 퇴적환경 및 퇴적물의 공급원에 따라 장소별로 그 조성이 달라질 수 있다.

남해안도 서해안처럼 매우 복잡한 해안선을 형성하고 있으며, 특히 서남해안도 다도해지역으로서 수많은 도서와 만입, 반도, 헤드랜드 등이 발달하여 리아스식 해안(ria coast)의 세계적인 예로 들 수 있을 정도이어서 이른바 대한식 해안(大韓式海岸)이라고 불려지고 있다. 해안에 밀착된 산지의 산각(山脚)들로 인해 비교적 암석해안이 많은 반면, 사빈의 발달은 극히 미약한데 이는 해안선의 출입이 심하고 도서의 발달이 현저하여 파랑의 작용이 부진하기 때문이다.

표 10.3 각 해안의 해안선(정장호, 1981)

해 안	구 간	직선거리(km)	지절률(肢節率)(%)	해안선		
				본토(km)	도서(km)	계(km)
동해안	두만강구-부산 송도	809	2.13	1,723	220	1,943
서해안	압록강구-해남각	650	7.26	4,718	3,700	8,419
남해안	부산 송도-해남각	255	8.81	2,251	4,654	6,905
계	전 해안	1,684	18.20	8,693	8,574	17,267

표 10.4 서해안의 만입부에서의 조차(단위: m)

구 분	대조차	소조차	평균조차
인천만	8.0	3.5	5.8
원산만	6.6	2.8	4.7
가로림만	6.6	2.8	4.7
안흥만	6.0	2.8	4.4
천수만	6.2	2.8	4.5

❷ 파식대

우리나라의 경우, 파식대의 발달은 모든 해안에 걸쳐 널리 분포하고 있지만 특히 서해안에서 현저하며, 주로 조간대 지역에 잘 형성되어 있기 때문에 조간대형 파식대라고 불린다. 서해안은 수심이 얕고 해저 경사가 완만할 뿐만 아니라 간조시에는 상당히 먼 거리까지 해수가 후퇴하기 때문에 파식대가 상당한 넓이로 오랜 시간 노출되어 조사나 관찰이 매우 편리하다.

서해안의 파식대는 대체로 평상시의 대조차·저파랑 에너지환경, 기상이변 시는 대조차·폭풍파랑의 지형생성 환경 하에서 형성된다고 볼 수 있다(최성길, 1982; 최성길, 1983). 그리하여 파식대의 생성과 발달에 있어서 주요 해성침식(marine erosion) 작용은 파랑의 취거작용(quarrying)과 마식작용이며 단애의 후퇴와 파식대의 확장은 주로 기상이변 시의 폭풍파랑이나 거파에 의한 취거와 마식작용을 통해 진행된다. 일단 일차적인 파식대가 형성된 후에 파식대의 이차적인 침식·저하 과정에서도 파랑의 취거작용과 마식이 가장 큰 역할을 담당하는 것으로 보인다.

대천해수욕장 북단 헤드랜드 전면에 발달한 파식대는 대조시의 간조 때 대략 총 연장 1 km 이상, 너비 150 m 이상이며, 기반암은 사암과 역암의 호층에 셰일층이 협재한다. 그리하여 차별침식의 결과로 파식대면이 거칠게 나타나나 전체적으로 1.2° 내외의 완경사를 이루며 거의 직선적인 단면을 보여주고 있고 배후 육지 쪽에는 대략 75° 이상의 경사를 유지한 해식애가 6~20 m 정도의 높이로 발달해 있다.

아산만 입구의 한진리에 발달한 파식대는 편마암으로 이루어진 기반암에 약 3.5°의 완경사, 직선형 단면의 파식대로서 배후에는 대략 3~15 m 높이에 80°~ 85° 이상의 애면경사를 유지한 해식애가 발달해 있다. 해식애면과 그 기저부에 저면 타포니(basal tafoni)와 측면 타포니가 발달하고 있음은 수면층 풍화를 비롯한 제 작용이 해식애의 침식과 후퇴과정에 큰 역할을 하고 있다는 사실을 반영한다.

변산반도의 격포리 일대의 파식대는 전라북도 내에서 가장 규모가 큰 것으로서 응회암 등의 화산암류를 비롯하여 석영안산암, 역암, 셰일, 실트스톤, 사암 등으로 형성된 기반암에 발달해 있다. 그 규모는 대조 시의 간조 때에 총 연장 5 km에 너비는 150~400 m나 되며 기반암의 차별침식의 결과로 파식대의 표면이 거칠게 나타나지만 전체적으로는 2.2° 내외의 각도로 완경사를 이루고 있다. 배후에는 6 m에서 25 m의 높이를 가진 해식애가 80°~90°의 급경사를 유지하고 발달해 있는데 파랑의 취거작용과 이에 따른 제반 매스 무브먼트(mass movement)가 해식애의 침식·후퇴를 진행시키는 주요요인이 되고 있다.

현무암지역의 파식대지형은 제주도의 거의 모든 해안에 따라 규모의 차이는 있지만 비교적 잘 발달되어 있다(박동원 외, 1981). 이들 파식대는 대부분 현무암 또는 현무암질 조면암 및 퇴적암(신양리층)의 기반암에 발달되어 있으며 동·서·남해안의 파식대는 보편적으로 5개의 단으로 구성되어 있다. 한편 제주도의 북쪽해안에 발달한 파식대는 3개의 단으로만 구성되어 있다.

제5단 파식대는 육상침식에 의해 현재 파괴되어 변형 중에 있으며, 제4단 파식대는 이상고조 시의 파식과 해수분사에 의한 염풍화(salt weathering)에 의해 직접적인 침식이 이루어지고 있다. 제3단 파식대는 현무암의 기반암에 발달한 파식대로서 크기의 차이는 있으나 제주도의 모든 해안에 널리 분포하고 있는데, 제4단 파식대의 축소와 더불어 점차 확대되고 있는 것으로 알려져 있다. 제2단 파식대는 조금 간조수면과 사리 간조수면 사이에서 생성되는 것으로 알려져 있으며, 제1단 파식대는 최저 간조수면과 일치하는 파식대로서 강력한 파랑에너지에 의해서 생성된다고 보여진다.

③ 서해안의 간석지

서해안에서 간석지의 분포가 가장 넓게 발달되어 있는 지역은 경기만이지만 천수만, 금강·동진강 일대의 해안 및 영산강 일대 해안에도 상당한 규모로 분포되어 있다.

경기만에는 한강을 비롯하여 예성강, 임진강, 안성천 등의 큰 하천들이 유입되면서 대량의 퇴적물질이 공급되고 있으며, 만 내를 흐르는 강한 조류에 의해서 운반·퇴적된다. 경기만 일대의 조산대 및 해저에 분포하는 퇴적물의 퇴적상은 크게 4가지로 대별할 수 있는데, 사력질 퇴적상(pebble and gravel facies), 사질 퇴적상(sand facies), 이질 퇴적상(mud facies), 사니혼합 퇴적상(sand and mud mixed facies) 등이다(해양연구소, 1981). 이들 퇴적상의 지역적 분포를 살펴보면, 사력질 퇴적상은 대부분 주수로에 발달하고 있으며, 사질 퇴적상은 해안선에서는 해빈, 그리고 해저에서는 수로에 분포하며, 이질 퇴적상은 가장 약한 에너지역인 조간대의 해안선 쪽 고조위선 부근에 발달해 있고 사니(砂泥)혼합 퇴적상은 조간대에서는 사질퇴적상과 이질퇴적상의 점이적 환경에 분포하고 있다.

갯골(tidal channel)이란 간석지에 발달한 해수의 물길로서 조류의 유출입이 이루어지는 곳인데, 서해안의 간석지에서 비교적 잘 발달되어 있다. 이는 간석지 퇴적물의 입경에 따라 발달정도가 달라지는데, 주로 미립질의 실트와 점토로만 형성된 점토질의 간석지보다는 퇴적물의 입경이 큰 사질 간석지 내지는 사니혼성 간석지 등에서 갯골의 밀도가 높게 나타난다.

4 조석과 그의 이용

우리나라는 3면이 바다로서 현재 남한에는 약 6,000 km의 해안선이 있다. 해안과 바다는 어획과 양식업으로 생업의 터전인 동시에 수려한 경관으로서 레저와 휴식의 공간이다. 그러나 군에 있어서는 국토를 지키는 최전선에 해당하는 중요한 경계지역이다. 평시에는 적의 침투나 불법입국을 막기 위해 전 해안선을 빈틈없이 경계하고 있으며, 전시에는 작전의 전기를 마련하기 위한 상륙작전이나 병력의 이동을 위한 철수작전이 전개되는 곳이다. 해안에서의 경계나 작전을 효율적으로 수행하기 위해서는 해안지형에 대한 정확한 이해가 전제되어야 한다.

이 절에서의 내용은 해안에서 가장 특징적으로 관찰되는 자연현상의 하나이자 해안에서의 활동에 큰 영향을 미치는 조석에 의한 해수면변화와 이에 따른 상륙작전이나 해안선경계에 관한 부분이다.

1 조석에 의한 해수면변화

1. 조석의 개념

태양이나 달의 인력과 공전에 의하여 발생하는 해수면의 규칙적인 상하운동을 조석(潮汐, tide)이라 한다. 해수면의 상하운동은 해수의 수평운동을 수반하게 되는데, 이를 조류(潮流, tidal current)라 한다. 조석에 의한 해수면 변동의 규칙성은 지구, 달, 태양의 상대적 운동과 밀접한 관계를 가지고 있으며, 특히 달에 의한 영향이 태양보다도 더 크게 작용하고 있다. 따라서 조석을 좀 더 자세히 이해하기 위해서는 지구와 달에 대한 상대적인 운동에 관해서 살펴보아야 한다.

2. 달의 운동

달의 질량은 약 7.25×1025 g으로 지구의 약 80분의 1, 태양의 약 2,700만 분의 1이다. 지구와 달의 평균거리는 약 384,400 km이고 이것은 지구반경의 약 60배이다. 반면 지구와 태양과의 평균거리는 약 390배이다. 달은 지구를 중심으로 하는 타원궤도 상을 약 1,000 m/s의 속도로 서에서 동으로 공전하고 있다. 타원의 이심률은 평균 약 0.055이며, 태양 주위를 공전하는 지구 타원궤도 이심률의 약 3배이지만, 거의 원에 가깝다(유홍선, 1982). 궤도 상에서 지구에 가장 가까운 점을 근지점(近地點)이라 하고 그때의 평균거리는 약 363,300 km이다. 또 가장 먼 점을 원지점(遠地點)이라 하고 그때의 평균거리는 약 405,900 km이다(그림 10.5).

천구의 북극에서 바라볼 때, 지구, 태양, 달의 자전방향과 지구, 달의 공전운동방향은 모두 서에서 동으로 되어 있다. 지구 주위를 도는 천구 상의 달 공전궤도를 백도(白道)라 한다. 태양의

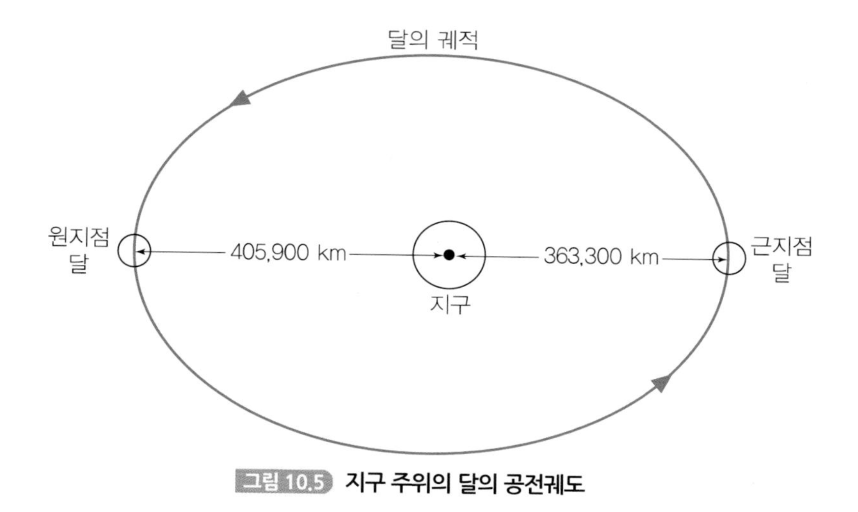

그림 10.5 지구 주위의 달의 공전궤도

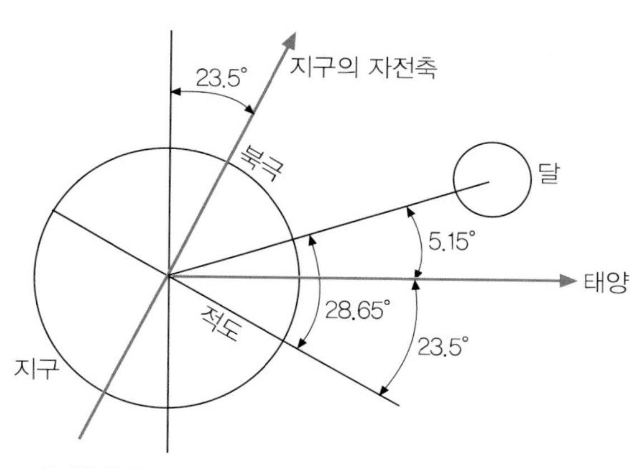

그림 10.6 지구의 적도면에 대한 백도와 황도의 기울기

궤도가 이루는 황도면(黃道面)은 적도면(赤道面)에 대해서 약 23.5° 기울어져 있고, 백도면은 황도면에 대해 최대 5.15° 기울어져 있다(그림 10.6). 따라서 백도면은 적도면에 대해 최대 약 28.6°, 최소 약 18.4° 사이의 각도로 교차하게 된다. 황도와 백도의 교점 중에 달이 황도를 남에서 북으로 횡단하는 점을 승교점(昇交點), 북에서 남으로 횡단하는 점을 강교점(降交點)이라 한다. 달의 백도 상에서 북의 적위가 최대로 되는 점을 북회귀점(回歸點), 남 적위가 최대로 되는 점을 남회귀점이라고 한다.

달은 하룻동안 백도 상을 동으로 약 13.2° 이동한다. 따라서 달의 출몰시각은 매일 평균 24시×(13.2° ÷ 360°), 즉 약 50분 정도 늦어지게 되고, 약 24시간 50분을 태음일(太陰日, lunar day)이라고 한다.

별자리를 기준으로 한 달의 공전주기를 항성월(恒星月, sidereal month)이라고 한다. 달은 하루에 지구의 둘레를 약 13.2°씩 돌아 한 번 공전하는 데 27.3일(360° ÷ 13.2°)이 걸리며, 이것이

항성월이다. 달의 자전주기가 이 항성월과 같기 때문에 우리는 항상 달의 같은 면만을 관찰한다.

달의 모양변화를 기준으로 한 공전주기를 삭망월(朔望月, synodic month)이라고 한다. 달이 지구를 하루에 13.2° 공전하는 동안 지구는 태양주위를 하루에 약 1° 공전하기 때문에 삭망월은 약 29.5일[360° ÷ (13.2° − 1°)]이 된다. 삭망월은 보통 음력에서 말하는 한 달로, 항성월보다 2.2일이 더 길다. 달이 잇따라 승교점을 통과하는 데 약 27.2일이 걸리는데, 이것을 교점월(交點月, nodial month)이라 한다. 항성월보다 약 0.1일 짧은 것은 승교점이 천구상에 고정되어 있는 것이 아니라, 달의 공전방향과는 반대로 약 18.6년의 주기로 서서히 서쪽으로 이동하기 때문이다. 따라서 천구상에 달의 이동경로는 매월 다르게 된다.

이상은 조석을 알아보는 경우에 중요한 주기이지만, 훨씬 길고 흥미 깊은 주기가 있다. 19태양년은 6,939.6일이고 235삭망월은 6,939.7일이기 때문에 만약 어느 해의 양력 1월 1일이 그믐이었다면 19년 후의 양력 1월 1일도 그믐이 된다. 더욱 드문 현상으로는 달이 근지점에 있을 때에 그믐이면서 게다가 지구가 근일점에 있는 경우로 약 1,600년 주기로 나타난다. 이때의 조석의 간만의 차는 가능한 최댓값이 된다(유홍선, 1982).

3. 조석현상

조석에 의하여 해수면의 높이가 극대가 되는 때를 고조(高潮, high tide) 또는 만조(滿潮)라 하고, 극소가 되는 때를 저조(低潮, low tide) 또는 간조(干潮)라 한다. 만조에서 다음 만조 또는 간조에서 다음 간조 사이의 시간을 조석주기(潮汐週期)라 한다. 조석주기가 평균 12시간 25분(반태음일)인 조석을 반일주조(半日週潮, semidiurnal tide) 혹은 1일 2회조라 부른다. 이에 비해 24시간 50분(1태음일)인 조석을 일주조(日週潮, diurnal tide) 혹은 1일 1회조라 한다.

지구적도면과 백도면이 18.4°~28.6° 기울어져 있기 때문에 적도에서는 정확히 반일주조가 생기지만 고위도에서는 일주조만이 생기게 된다. 그 사이의 지방에서는 일주조와 반일주조가 섞인 혼합조(混合潮, mixed tide)가 생기며, 저위도로 갈수록 반일주조가 우세하고 고위도로 갈수록 일주조가 우세하다.

중위도에서는 일주조와 반일주조가 섞여 연속되는 두 만조시의 해수면의 높이가 다르게 되는데, 이를 일조부등(日潮不等, diurnal inequality)이라 한다. 일조부등의 정도는 그림 10.7의 우리나라 주요 항구도시의 조위곡선에서 알 수 있듯이 해안마다 다르고 또 같은 장소에서도 달의 백도상의 위치에 따라 다르다.

그림 10.7과 그림 10.8을 종합하여 살펴보면 일조부등은 달이 지구적도면 부근(그림 10.8의 점 A, C)에 있을 무렵에 극히 작아서, 1태음일에 거의 같은 높이의 2회 만조와 2회 간조가 나타나고 시간 간격도 거의 같다. 달이 지구적도면에서 멀어짐에 따라서 일조부등은 점차로 크게 되어 회귀점 부근(그림 10.8의 점 B, D)에 있을 무렵에 가장 크다.

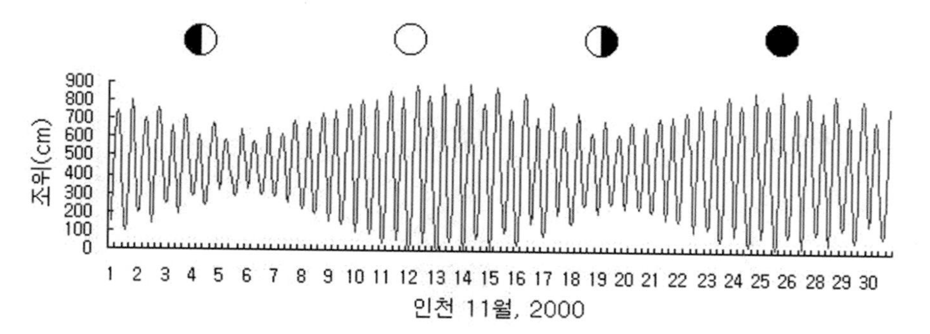

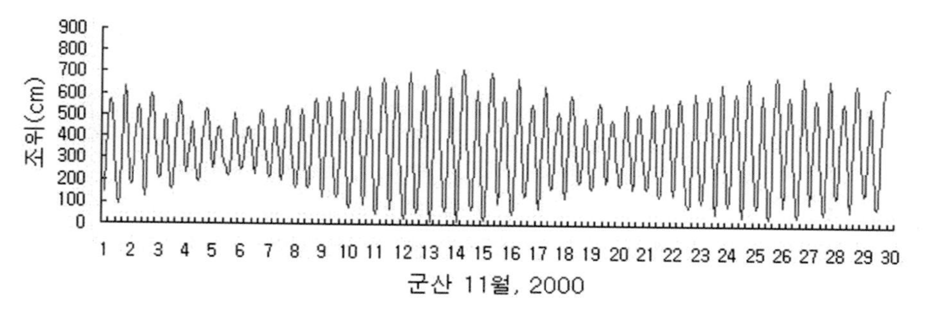

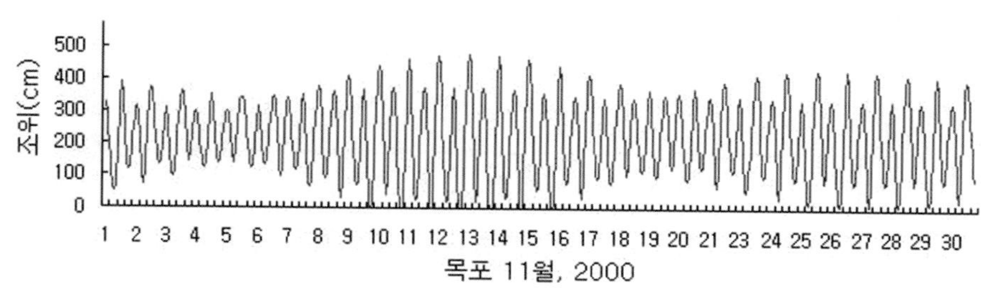

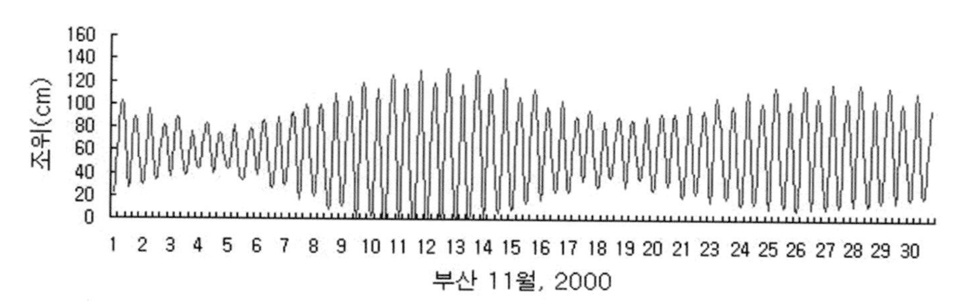

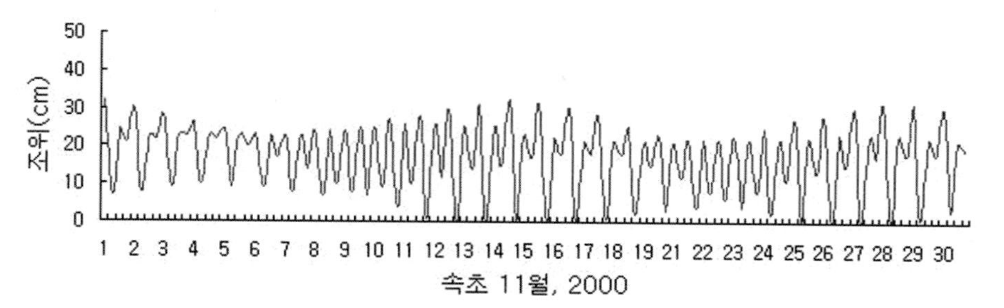

그림 10.7 2000년 11월 우리나라 주요 항구도시의 조위곡선

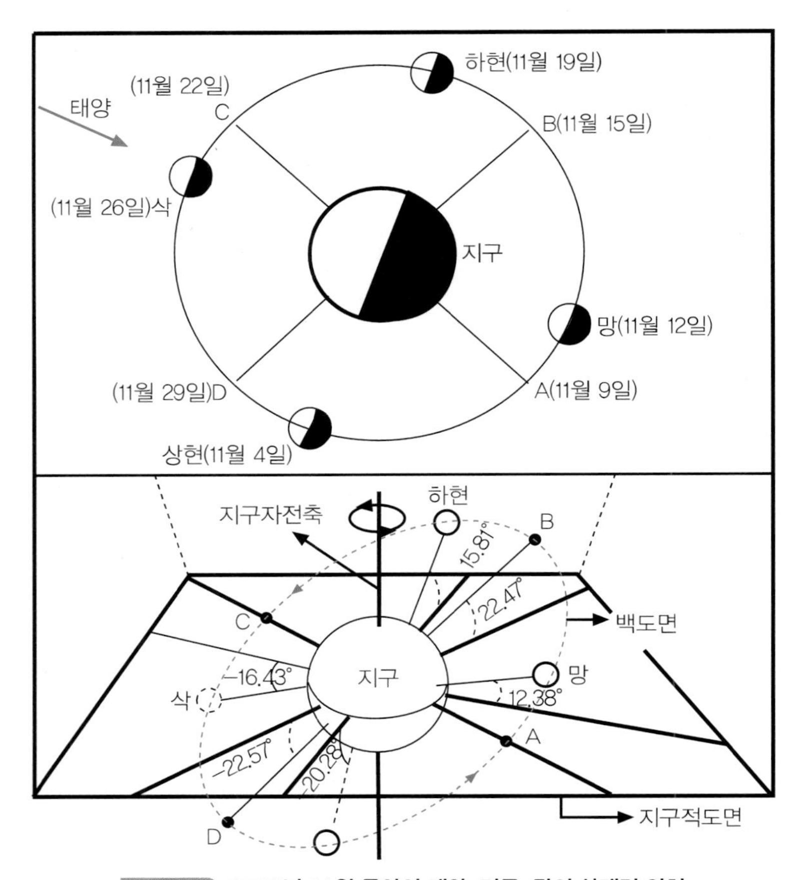

그림 10.8 **2000년 11월 동안의 태양, 지구, 달의 상대적 위치**

만조와 다음 연속되는 간조 사이 해수면 높이의 차를 조차(潮差, tide range)라 한다. 조차는 지구, 달, 태양의 상대적인 위치에 따라 달라지게 된다. 이 세 천체가 일직선 상에 놓이면 보통 때의 조위보다 훨씬 높아지게 되는데 이것을 대조(大潮, spring tide) 또는 사리라 부른다. 대조는 그믐날 및 보름날 후 1~2일에 발생한다. 반대로 태양, 지구, 달이 지구를 중심으로 직각을 이루게 되면 달의 인력이 태양의 인력에 의해 상쇄되어 조차는 작아지게 되는데, 이때의 조석을 소조(小潮, neap tide) 또는 조금이라 부른다. 조금은 상현 및 하현 후 1~2일에 발생하며 이러한 대조와 소조는 15일을 주기로 하여 일어나게 된다. 같은 장소에서의 대조 때의 조차의 평균치를 대조차(大潮差, spring range)라 하며, 소조의 평균치를 소조차(小潮差, neap range)라 한다.

조석과 조차에 따라서 어획량이 달라지는 등 어민생활과 밀접한 관련이 있기 때문에 달의 변화와 조차의 변화에 따라 하루하루의 명칭이 달리 불린다(표 10.5). 사리와 근지점이 일치하는 시기를 백중사리라 하는데 사리와 근지점의 주기가 서로 다르기 때문에 1년 중 백중(음력 7월 15일) 무렵에 나타난다. 백중사리 때에는 평소의 사리보다 높은 조위를 보이게 되어 이때 해일이 생기면 피해가 더욱 커진다.

표 10.5 물때의 명칭

음력 (일)	1	2	3	4	5	6	7	8	9	10	11	12	13	14	15
	16	17	18	19	20	21	22	23	24	25	26	27	28	29	30
명칭	턱사리	한사리	목사리	어깨 사리	허리 사리	한꺽기	두꺽기	선조금	앉은 조금	한조금	한매	두매	무릎 사리	배꼽 사리	가슴 사리

우리나라 서해안은 세계적으로 조차가 크기로 유명하다. 조차가 크고 간석지가 발달한 곳에서는 간조 시에 수 km에 달하는 간석지가 육지로 드러나게 되고 만조 시에는 물에 잠긴다. 간조에서 만조로 변하는 밀물(flood tide) 시에 강의 하구에서는 해수가 강으로 역류하여 하천의 수위를 높이며, 하천의 흐름을 느리게 한다. 한강에서는 심한 경우 노량진까지도 이러한 영향을 받는다. 폭풍우로 해수면의 수위가 높아지면서 만조가 되고 유량이 증가하는 시간이 일치하면 하류에서 하천범람의 위험성이 높아진다. 전라남도 진도군 고군면 화동리와 모도리 사이의 바다는 개해(開海)현상(그림 10.9)으로 매우 유명하다.

그림 10.9 전남 진도군 화동리와 모도리 사이의 개해현상(최영선, 1995)

개해현상이란 해저지형의 영향으로 간조 시 주위보다 높은 해저지형이 해상으로 노출되어 마치 바다를 양쪽으로 갈라놓은 것같이 보이는 자연현상을 말한다. 진도의 바닷길은 음력 3월 보름사리 때만 드러나는 것으로 흔히 알려져 있으나 그렇지만은 않다. 이곳의 해저는 약 2,500년 전부터 사주가 쌓이기 시작하여 현재 평균수심이 5~6 m 정도 되는데, 이곳에 약 4 m 이상 물이 빠지면 수심이 얕은 곳이 드러나게 되어 개해현상이 발생하게 된다. 즉 매월 조차가 4 m 이상이 되는 사리에 개해현상이 발생하게 된다(최영선, 1995).

우리나라 서해안의 조석은 군사작전에 큰 영향을 준다. 인천상륙작전은 1950년 9월 15일(음력 8월 4일) 아침과 저녁 만조시각을 활용하여 06시 30분과 17시 30분에 부대가 상륙작전을 실시하였다. 동시에, 조차가 크기 때문에 상륙작전이 어려울 것이라고 판단하여 방어를 소홀히 하게 되는 적의 심리를 이용하는 고도의 심리전이 복합된 기습작전이었다.

2 기조력

조석을 일으키는 힘을 기조력(起潮力, tidal producing force)이라 한다. 기조력은 달-지구-태양의 운동에 관련하는 인력과 양 천체가 그들의 공통중심의 주위로 회전운동을 함으로 인해 생기

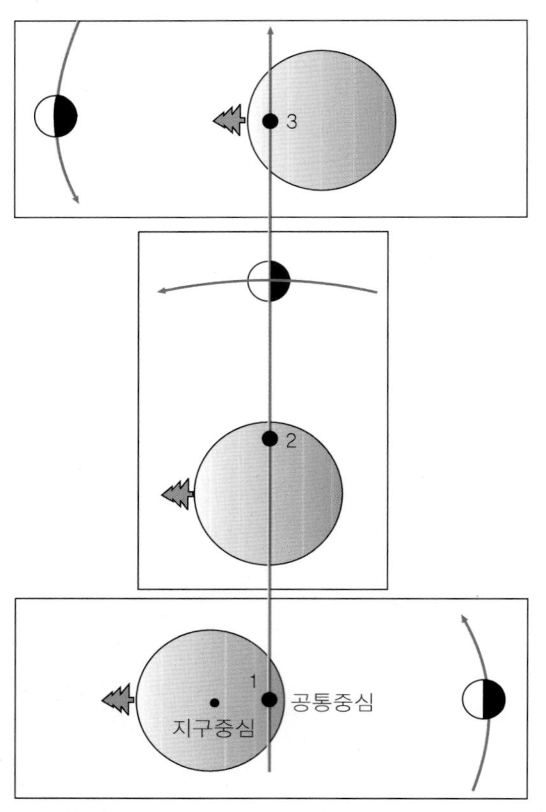

그림 10.10 공통중심을 주위로 공전하는 지구와 달

는 원심력으로 이루어진다. 달과 태양이 지구에 작용하는 인력을 비교해 보면, 달의 질량은 태양의 1/359에 불과하지만 달과 지구 사이의 거리는 태양과 지구 사이 거리의 390배나 되기 때문에 지구에 미치는 달의 인력은 태양의 2.2배에 달한다. 그러므로 태양보다 달이 지구 기조력에 더 큰 영향을 주고 있다. 따라서 기조력을 지구와 달의 상호작용만을 통하여 살펴보도록 하자.

지구는 달의 약 80배의 질량을 가지고 있기 때문에 지구와 달 사이의 공통중심은 지구와 달의 중심과의 연결선분을 약 1 : 80으로 내분하는 점으로서 지구 중심에서 약 4,700 km가 되는 지구 내부의 점이다. 지구는 달과 더불어 이 공통중심을 주위로 1항성월의 주기로 반시계방향으로 공전하면서, 태양주위로 공전운동을 하고 있다(그림 10.10).

이때 그림 10.11에서 볼 수 있듯이 원심력은 지구 상의 어디에서나 크기와 방향이 같은데, 이는 지구가 공통중심을 주위로 공전할 때 지구 상의 모든 점은 같은 반지름의 원을 그리며 운동하기 때문이다. 지구 상에서 달의 인력은 달과 가까운 면의 인력은 지구중심의 인력보다 크며, 달과 먼 면의 인력은 지구중심의 인력보다 작다. 특히 지구중심에서는 원심력과 달의 인력이 크기는 같고 방향이 서로 반대여서 힘의 균형을 이루고 있다. 이러한 힘의 균형 때문에 지구와 달이

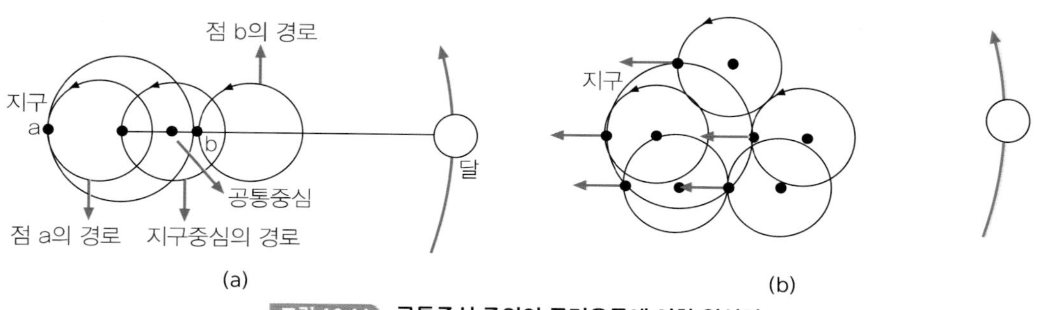

그림 10.11 공통중심 주위의 공전운동에 의한 원심력

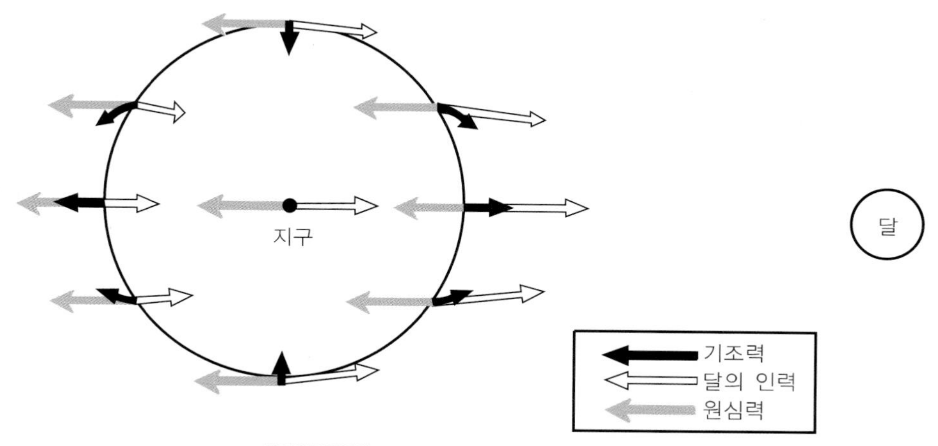

그림 10.12 인력과 원심력의 합력인 기조력

가까워지거나 멀어지지 않는 것이다. 지구중심에서 달에 가까운 반구에서는 인력이 원심력보다 커 달로 향하는 기조력이 생기고 지구중심에서 달에 먼 반구에서는 원심력이 인력보다 커 달에서 멀어지는 기조력이 생긴다(그림 10.12). 그러므로 달을 향한 쪽뿐만 아니라 그 반대쪽에도 조석현상으로 해수면이 상승하게 되는 것이다.

달의 기조력은 지구 상의 중력에 비하여 매우 작아서, 기조력의 수직성분은 중력의 1/9,000,000에 불과하다. 태양에 의한 기조력도 달과 동일한 방법으로 설명할 수 있다.

하지만 태양에 의한 기조력은 달에 의한 기조력의 1/2 정도에 불과하다. 태양에 의한 기조력의 작용으로 대조나 소조가 나타나게 된다. 이미 설명했듯이, 대조(spring tide)는 태양, 지구 및 달이 일직선 상에 놓여 있을 경우에 생기며 그믐과 보름 직후에 나타난다. 이는 달의 기조력과 태양의 기조력이 동일한 방향으로 작용하여 두 힘이 강화되기 때문이다. 소조차는 태양과 달이 지구에 대하여 직각을 이루고 있을 경우에 생기며, 상현과 하현에 나타난다. 이때는 달의 기조력과 태양의 기조력이 직각방향으로 작용하여 두 힘이 상쇄된다. 이 외에 달과 지구 간의 거리도 기조력에 영향을 미친다.

Chapter

11

북한지형

1. 영역과 행정
2. 산지·평야지형
3. 북한의 하천 및 해안지형
4. 북한지형과 군사작전

북한의 지형에 관해서는 휴전 이후 남-북 간의 직접적인 학술적 교류가 적었던 관계로 많이 연구되어 있지 않다. 기존연구의 대부분이 일제 강점기 때의 자료에 바탕을 두고 있지만 최근에는 남북교류의 증진에 힘입어 지질·지형에 관한 자료가 다소 알려지면서 심층적인 연구가 이루어지고 있다. 그러나 지형연구의 핵심인 현지조사가 어렵기 때문에 아직도 그 양이나 수준은 그렇게 만족스러운 편은 아니다. 여기서는 북한이 아직은 한반도에서 특수한 형태로 남아 있기 때문에 별도의 장으로 구성하여 지형적 특성을 고찰하고자 한다.

1 영역과 행정

❶ 위치와 영역

정치·행정적으로 볼 때 북한지역은 군사분계선 이북으로부터 압록강과 두만강에 이르는 지역이다. 대한민국의 총 면적은 221,336 km^{2}이고, 북한지역은 그중 55%인 122,762 km^{2}이다. 육지 국경선은 총 1,369 km이고, 이중 중국과는 1,353 km, 러시아와는 16 km를 접하고 있다. 북한 인구는 2001년 현재 2,300만 명 정도이다(북한연구소, 2003).

위도상으로는 남쪽의 북위 37°41′인 황해남도 강진군 등암리로부터 북쪽의 북위 43°00′36″의 함경북도 온성군 풍서리까지, 경도상으로는 동쪽의 동경 130°41′32″인 함경북도 나선직할시 선봉군 우암리로부터 서쪽의 동경 124°10′47″인 평안북도 용천군 바단섬 노동자구까지이다(표 11.1).

표 11.1 북한지역의 위치(북한연구소, 2003)

방 향	경위도	해당지명
동 단	동경 130도 41분 32초	나선직할시 선봉군 우암리 (분단 전: 함북 경흥군 노서면)
서 단	동경 124도 10분 47초	평안북도 용천군 비단섬노동자구 (분단 전: 용천군 마안도)
남 단	북위 37도 41분 0초	황해남도 강령군 등암리 (분단 전: 황해도 옹진군 봉강리)
북 단	북위 43도 00분 36초	함경북도 온성군 풍서리 (분단 전: 현재와 같음)

② 행정구역

북한의 행정구역은 해방당시에는 6개 도에 불과하였으나 현재는 1개 특별시(평양), 3개 직할시(남포, 개성, 나선), 9개 도로 개편되었다(그림 11.1).

북한 행정구역의 변천은 몇 가지 점에서 특색이 있다. 첫째는 행정구역상 시·도의 숫자 증가가 매우 뚜렷하다는 점이다. 도는 해방 전의 6개에서 9개로, 그리고 1개의 특별시와 3개의 직할시가 신설되었다. 이는 행정구역 수에서 남한과 같은 수준으로 두기 위한 것으로 판단된다. 인구가 남한의 절반 수준임을 감안하면 인구에 비해 시·도의 수는 상당히 많은 편이다.

둘째는 1952년의 행정구역 개편을 통하여 면(面)을 폐지하고 시·도－시·군·구역－동·읍·리의 3단계 행정구역체계로 개편하였다는 점이다. 이러한 개편으로 인하여 해방 전의 군(郡)이 여러 개로 분리되어 군의 규모는 작아지고 숫자는 크게 증가하였다. 반면 리(里)의 규모는 커졌다.

셋째는 행정단위로서 군의 신설, 병합, 폐지가 매우 심하다는 점이다. 군의 숫자 증가 외에도 행정의 편의성, 김일성 가계 우상화를 위한 지명개칭 등과 관계가 있다고 보여진다. 김정숙군, 김형직군, 과일군, 선봉군, 평양특별시의 천리마구역 등이 대표적인 예이다.

각 시·도의 2002년 현재현황은 다음과 같다(북한연구소, 2003). 평양특별시는 해방당시의 평양시를 중심으로 하여 주변의 강동군, 대동군, 순안군, 중화군, 강남군, 상원군 등이 편입되어 현재는 19개 구역, 4개 군(강남, 중화, 상원, 강동)의 행정구역에 면적 2,800 km^2로 북한 최대의 도시가 되었다.

남포직할시는 과거의 진남포를 중심으로 성장한 도시로서, 1979년에 평안남도에서 분리되어 직할시로 독립되었다. 5개 구역, 1개 군(용강)에 면적 약 2,380 km^2이며 북한 제2의 도시이다. 북한 제1의 항구이자 공업이 발달한 공업도시로서, 최근 대북 합작사업 등의 투자 대상지역이다.

그림 11.1 북한의 행정구역

개성직할시는 과거의 개성을 중심으로 주변의 군을 병합한 도시로서 휴전선 북방에 인접하고 있다. 행정구역은 1개 시(개성), 3개 군(개풍, 판문, 장풍)이며, 면적은 1,211 km^2이며 북한 제3의 대도시이다. 평양-개성 간에는 고속도로가 건설되어 있다.

나선직할시는 동해안의 최북단에 있으며, 면적은 746 km^2이다. 해방당시의 나진과 웅기가 합쳐져 1993년에 승격된 직할시로서 북한이 개방을 서두르고 있는 곳이다. 1991년 12월 '나진-선봉지역'을 자유경제무역지대로 설정하여 외국과의 합작투자가 가능하도록 하였으며, 2002년에 나선직할시로 개칭되었다.

평안남도의 행정구역은 해방 전의 평안남도와 비슷하나, 평양을 비롯하여 그 주변의 시·군은 평양특별시로 많이 편입되었다. 현재는 5개 시(평성, 순천, 안주, 개천, 덕천), 15개 군으로 도청소재지는 평성시이며, 면적 12,942 km^2이다.

평안북도는 동북부의 절반 이상이 1949년에 신설된 자강도로 편입됨에 따라 해방 전보다 면적이 많이 축소된 도이다. 현재는 3개 시(신의주, 구성, 정주), 22개 군으로 되어 있으며, 면적은 12,300 km^2이다. 도청소재지인 신의주는 2002년 특별행정구가 되었다.

함경남도는 원산을 포함한 남부는 강원도로, 부전령산맥 북부의 개마고원 일대는 양강도로 편입되었기 때문에 해방 전보다 많이 축소되었다. 현재의 행정구역은 4개 시(함흥, 흥남, 신포, 단천), 15개 군이며 도청소재지는 함흥시이고, 면적은 18,427 km^2이다. 신포시 금호지구는 KEDO에서 경수로형 원자력 발전소를 건설 중에 있다.

함경북도는 해방 전에는 마천령산맥의 동북부에 해당되었으나 백두산에 가까운 서북부의 백무고원 일대가 양강도로 편입되고, 최근에는 동북부의 나진·선봉지역이 직할시로 독립됨에 따라 상당히 축소되었다. 현재의 행정구역은 3개 시(청진, 김책, 회령) 12개 군이며, 도청소재지는 청진시이다. 면적은 16,000 km^2이다.

황해남도는 과거의 황해도가 1954년 황해남도와 황해북도로 분리되어 생긴 것으로서, 재령강, 수양산맥, 예성강을 경계로 하여 서남부가 황해남도가 되고 동북부는 황해북도가 되었다. 재령평야, 연백평야 등의 넓은 평야가 있다. 행정구역은 1개 시(해주), 19개 군이며, 도청 소재지는 해주시이다. 면적은 8,180 km^2이다.

황해북도는 해방 전 황해도의 동북부에 해당하는 신평, 곡산, 서흥, 사리원, 황주 등의 지역으로서 저산성 산지지대이다. 현재의 행정구역은 2개 시(사리원, 송림), 14개 군이며, 도 소재지는 사리원시이다. 면적은 8,200 km^2이다.

강원도는 38도선 이북의 강원도에 추가하여 함경북도 남부인 원산 이남이 1946년에 합병된 도이다. 6·25 전쟁 중 많은 부분이 남한지역으로 수복되어 휴전 이후에는 면적이 많이 축소되었다. 행정구역은 2개 시(원산, 문천) 15개 군이며, 면적은 1만 km^2이다.

자강도(慈江道)와 양강도(兩江道)는 중국과의 접경지역인 압록강상류와 백두산 및 두만강상류 일대의 산악지역에 신설된 도이다. 자강도는 1949년에 평안북도 동북부를 분리하여 신설한 도이다. 현재의 행정구역은 3개 시(강계, 만포, 희천) 15개 군이며, 면적은 16,200 km²이다. 양강도는 1954년에 함경남도의 북부와 함경북도의 북서부를 통합하여 신설한 도로서, 개마고원과 백두산 동부의 백무고원을 포함하는 고원 산악지대이다. 현재의 행정구역은 1개 시(혜산) 11개 군이며, 면적은 13,733 km²이다.

③ 지역구분

강원도, 황해도를 제외한 북한지역은 전통적으로 낭림산맥을 경계로 하여 지리적으로 크게 평안도의 관서(關西)지방과 함경도의 관북(關北)지방으로 구분되어 왔다. 반면 황해도 지역은 해서(海西)지방이라 불리었다. 관서와 관북이라는 지역의 명칭은 지형적 요충지인 강원도 철령의 관(關)을 축으로 하여 그 서쪽을 관서, 북쪽을 관북이라 하였다. 이 두 지방은 지형과 지세뿐만 아니라 과거에는 생활과 문화에 있어서 현저한 차이를 보여 왔다. 6·25 전쟁 중 북진 시 미 8군과 미 10군단의 전투지경선이 바로 관서와 관북의 경계를 이루는 낭림산맥이었다.

1. 관서지방

관서지방은 평안남·북도, 평양특별시, 자강도의 대부분이 속하는 지역이다. 지형적으로는 낭림산맥의 서부에 해당하는 지역이다. 동쪽의 낭림산맥을 제일 높은 산맥으로 하여 서쪽으로 가면서 점차 낮아지는 지세를 이루고 있다. 주요산맥으로는 요동방향에 해당하는 동북동-서남서방향의 산맥인, 북쪽으로부터 강남, 적유령, 묘향산맥이 있다. 하천으로는 압록강, 청천강, 대동강이 흐른다. 평안남도의 중부에는 조선계 석회암층이 널리 분포하여 카르스트(karst)지형이 발달하였다.

2. 관북지방

관북지방은 해방 전의 함경남·북도에 속하는 지역으로서, 현재 북한의 행정구역으로는 함경남·북도, 양강도, 나선직할시 지역을 포함한다. 지형적으로는 낭림산맥의 동부로서, 한국방향의 마천령산맥이 우리나라 최고봉인 백두산으로부터 남남서방향으로 달리며, 함경산맥과 교차하고 함경북도와 함경남도의 경계를 이룬다. 북부는 고산지대로 백두산을 비롯하여 용암대지의 백무고원, 개마고원 등이 있는 산악지대이고, 남부는 동해안으로 이어지는 급경사의 사면을 형성한다.

주요산맥으로는 한국방향의 마천령산맥, 요동방향의 함경산맥이 있다. 함경산맥은 관북지방에서 분수령의 역할을 하는 산맥으로서 이 산맥의 북부는 압록강·두만강 수계이고, 남부에는 동해

안으로 흘러드는 소규모 하천들이 있다. 주요하천으로는 두만강, 압록강의 지류인 허천강, 부전강, 장진강 외에 함경산맥의 동해사면을 흐르는 소규모 하천들이 있다.

④ 지체구조

지체를 구성하는 암석의 성인, 변형기구, 형성시기 등 여러 요소의 공통적 특성에 따른 구조구 구분에 의하면 북한지역은 평북-함북육괴, 마천령지향사, 두만강분지, 평안분지 등으로 구분된다(소칠섭, 1980).

평북육괴와 함북육괴는 중한지괴의 일부에 속하며, 화강편마암, 화강암질 편마암 및 화강암이 넓게 분포하고 있다. 지층의 교란으로 단층구조가 발달하고 있는데 이것은 지형의 형성 및 발달과 밀접한 관계가 있다. 화성암류의 관입으로 현무암과 화강암이 분포하고 있으며, 압록강 부근에는 규모가 작은 퇴적층이 분포하고 있다.

마천령지향사는 선캄브리아기의 변성퇴적암류인 마천령군과 신생대의 화산암류로 구성되어 있는데, 습곡과 단층운동의 영향으로 지층의 교란이 심하게 일어나 복잡한 구조를 보인다. 마천령군은 함경남·북도의 경계를 따라 분포하는데 해양퇴적물 기원의 석회암 및 변성암류로 구성되어 있다. 신생대 지층의 교란과 함께 상당한 규모의 화성암류가 관입하여 제3기의 화산암류와 제4기의 현무암류가 형성되었다.

두만강분지는 중생대 퇴적암류와 페름기의 화강암이 분포하고 있으며, 두만강중류 연안에 비교적 큰 규모의 제3기층이 퇴적되었다. 이 지역은 침강운동으로 인하여 정단층군이 뚜렷하게 발달하고 있으며, 지형이 북서향할수록 높아지는 특징을 보인다.

평안분지는 한반도에서 나타나는 지층을 거의 모두 보여주는 지역으로서 원생대의 상원계가 퇴적되고 수 차례에 걸친 해침으로 인하여 하부 고생대층인 조선계와 상부 고생대층 및 하부 중생대층을 구성하고 있는 평안계가 퇴적된 지괴이다. 이 지역은 송림조산운동과 대보조산운동의 증거가 잘 인지되며, 그 결과로서 습곡과 단층지형이 발달되어 있다.

2 산지 · 평야지형

① 산지지형

1. 산지지형의 특징

북한은 남한에 비하여 산지가 많다. 우리나라의 최고봉인 백두산을 비롯하여 2,000 m 이상의 산은 모두 북한지방에 분포한다. 이러한 북한지방에서 산지지형의 특징은 군사적 관점에서 대략 다음 4가지로 나눌 수 있다.

첫째, 낭림산맥이 북한의 중앙부를 남북으로 달리며 동부와 서부를 분리하고 있다는 점이다. 이 산맥은 관서와 관북지방의 자연적 경계인 동시에 문화적, 경제적 경계를 이룬다. 매우 험준하며 주변도 산악지형으로 이루어져 있기 때문에 군사적으로도 중요하다.

둘째, 지질구조적으로 요동방향의 산맥이 발달하여 있다는 점이다. 우리나라 산맥의 방향성은 앞에서 논의된 바와 같이 크게 3개로 구분할 수 있는데, 북한지역에서는 낭림산맥의 서측에 요동방향(동북동 – 서남서)의 산맥이 발달하여 있다. 요동방향의 산맥으로는 낭림산맥의 서측에 있는 강남, 적유령, 묘향, 언진, 멸악, 마식령산맥과 동부의 함경 및 부전령산맥이 있다. 그 외 한국방향(북북서 – 남남동)의 산맥으로는 낭림산맥과 마천령산맥이 있다.

셋째, 우리나라에서는 드문 지형인 개마고원이라는 고원지대가 있다는 점이다. 개마고원은 여러 차례의 융기운동이 반복되어 생성된 고위침식평탄면으로서 평균해발고도가 1,000 m 이상이며, 북동부에는 유동성이 큰 용암이 수 차례 분출하여 평탄한 면을 이루고 있는 지역이 많다. 개마고원의 서부와 남부는 침식이 진행되어 국지적 고도가 500 m 이상인 곳도 많지만 백두산 쪽에 가까운 동북부는 비교적 평탄하다.

2. 주요산맥

북한의 산맥은 위에서 언급한 바와 같이 3개 방향성의 산맥이 모두 나타난다. 이러한 산맥 중에서 군사적으로 중요한 낭림산맥과 함경산맥에 대해서 자세하게 살펴보고자 한다. 북한은 지도작성의 기준이 되는 타원체를 한국과는 다른 타원체를 사용하는 등 측지체계를 다른 것으로 전환하였기 때문에 산맥이 과거 해방 전의 자료와는 차이가 난다. 현재 한국군에서도 제8장에서 본 바와 같이 측지체계를 전환하여 사용하고 있기 때문에 북한의 자료와 측지체계가 달라서 산의 해발고도가 과거의 자료와는 다르지만 그대로 인용하였다.

(1) 낭림산맥

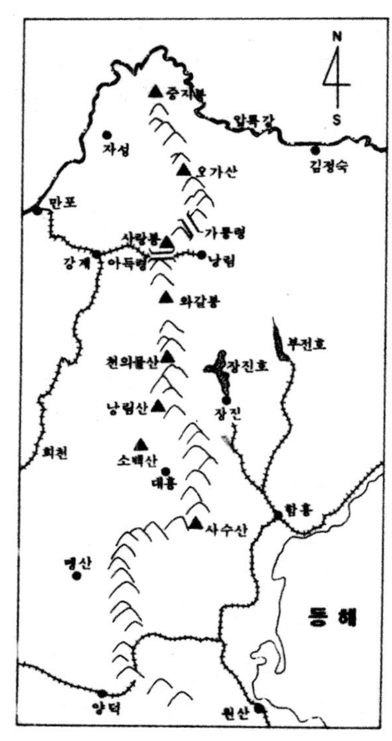

그림 11.2 낭림산맥의 지형

낭림산맥은 북한의 지리연구에 의하면 자강도 중강진의 중지봉(中支峰 1,086 m)에서 시작하여 함경남도 남부의 만풍산까지 뻗은 대규모 산맥이며, 최고봉은 와갈봉(臥渴峰 2,260 m)이다. 한국방향으로 남북으로 형성되어 있어서 북한의 관서지방과 관북지방을 나누는 경계가 되고 있다. 낭림산맥의 동사면은 해발고도가 높은 개마고원과 완만한 경사로 연결되며, 서사면은 급경사로 낮아지면서 요동방향의 산맥들과 연결된다(그림 11.2).

낭림산맥에는 1,500 m를 넘는 산이 많이 있으며, 주요 산으로는 북으로부터 쌍두산(雙頭山 1,284 m), 오가산(五佳山 1,227 m), 사랑봉(舍廊峰 1,787 m), 와갈봉(臥渴峰 2,260 m), 천의물산(天宜勿山 2,032 m), 낭림산(狼林山 2,186 m), 웅어수산(雄魚水山 2,019 m), 소백산(小白山 2,172 m) 등이 있다.

낭림산맥을 넘는 주요 고개로는 자강도의 화평과 양강도의 후창을 연결하는 가산령(925 m)이 오가산 북쪽에 있다. 가산령에는 만포 혜산선 철도가 터널로 지나가기도 한다. 화평군의 남부에는 화평과 함경남도의 낭림을 연결하는 가릉령(加陵嶺 1,324 m)이 있다. 낭림산맥에서 가장 중요한 고개는 강계와 낭림을 연결하는 아득령(牙得嶺 1,479 m)이 있다. 아득령은 강계선 철도가 지나며, 낭림호의 물을 강계지방으로 전환시키는 도수관(導水管)이 지나가기도 한다. 천의물산 남쪽에는 자강도의 용림과 함경남도의 장진을 연결하는 설한령(雪寒嶺 1,434 m)이 있으며, 함경남도 남부에는 평안남도의 대흥군과 함남의 함주군을 연결하는 검산령(劍山嶺 1,127 m)이 있다.

하천으로는 동쪽 사면에는 압록강의 지류인 장진강이 북쪽으로 평행하게 흐르고 있으며, 서쪽 사면에는 압록강의 지류인 자성강, 독로강, 청천강, 대동강이 발원하고 있다.

(2) 함경산맥

함경산맥은 요동방향의 동북동-서남서방향으로 달리며 서로 연결되어 있는 대규모 산맥이다. 함경산맥은 온성군에 있는 왕재산(239 m)에서 북동-남서방향으로 뻗어 양강도 백암군과 운흥군 사이에 있는 남설령(1,762 m)을 지나서 낭림산맥의 소마대령까지 뻗어 있는 길이 600 km의 산맥이다. 평균높이는 1,500 m에 달하며 최고봉은 관모봉(2,540 m)이다. 신생대 제3기 말-제4기 초에 일어난 비대칭 경동지괴운동에 의하여 형성된 산맥으로서, 북사면은 완만한 경사이고 남사면은 급경사의 사면이다.

함경북도 북동부에서는 별로 높지 않지만 관모봉에서 함경북도와 양강도의 경계를 이루는 괘상봉에 이르는 지대에서는 매우 험준하다. 주요산으로는 관모봉, 도정산(2,199 m), 투구봉(2,334 m), 궤산봉(2,277 m), 만탑산(2,205 m), 동점령산(2,113 m), 검덕산(2,151 m), 희사봉(2,118 m), 백암산(2,461 m) 등이 있다.

주요고개로는 후치령(1,325 m), 부전령(1,355 m), 황초령(1,206 m), 부령에서 무산에 이르는 도로와 무산선 철도가 지나는 차유령(車踰嶺), 길주에서 운흥에 이르는 백암청년선 철도가 지나는 고개가 있다. 후치령은 함남 덕성군 직동리와 양강도 김형직군 노은리를 연결하는 고개로서 동해안지방과 북부 내륙지대를 연결하는 주요교통로의 역할을 하였다. 부전령은 함남 신흥군과 부전군 사이에 있는 고개로서, 남쪽은 성천강이, 북쪽은 부전강이 발원한다. 황초령은 함남 영광군과 장진군 사이에 있는 고개이며, 함흥과 장진을 연결하는 주요 교통로이다. 황초령에는 신라 진흥왕순수비가 있다.

함경산맥의 북서사면은 완경사로서 두만강 수계의 하천이 흐르며, 연면수, 서두수, 성천수 등이 있고, 남동부는 급경사로서 동해로 유입되는 하천이 흐르며, 길주 남대천, 어랑천, 온포천, 수성천 등이 있다. 함경산맥 북쪽 장진호의 물을 도수관을 통하여 남쪽 사면의 급경사를 이용하여 발전을 하는 발전소가 있다. 6·25 전쟁 당시 미 해병 1사단은 황초령을 넘어 장진호 일대의 유담리까지 진격 후 중공군의 반격으로 12월의 추위 속에 피맺힌 철수작전을 하면서 동계 산악작전의 전례를 남긴 곳이기도 하다. 이 작전은 이 장의 마지막 부분에서 다시 다루어진다.

(3) 마천령산맥

마천령산맥은 함경남도와 함경북도의 경계를 이루면서 동해안까지 연장된다. 이 산맥은 백두산으로부터 뻗어나온 한국방향 산맥으로서 두류산(2,309 m)에서 함경산맥, 부전령산맥과 교차한다. 구성 암석으로는 기반암인 결정편마암류와 각종 화산암류, 석회암이 분포하고 있다

(4) 기타 산맥

강남산맥은 압록강과 평행으로 달리고 있으며, 북사면이 단층애로 급경사를 이루고 있어 독로강을 비롯한 압록강의 지류들이 이러한 북사면에 발달하여 있다(강석오, 1971). 적유령산맥은 강남산맥과 평행하게 달리며, 단층작용으로 인해 남사면이 북사면에 비해 경사가 급하다. 이 산맥은 평안북도의 분수령산맥이라 할 수 있는데, 압록강과 청천강의 여러 지류가 이 산맥으로부터 발원하여 남류 혹은 북류하고 있다. 묘향산맥은 평안남·북도의 경계를 이루는 산맥으로 서단부에 묘향산이 위치하며, 청천강의 남안에 접한 북사면에 비해 남사면은 급경사를 이루고 있다. 언진산맥은 평안남도와 황해도의 경계를 이루면서 주행하는 구릉성 산맥인데 구월산(954 m)은 잘 알려진 잔구로서 재령평야에 남아 있다.

멸악산맥은 황해도를 양분하는 분수령산맥으로 평안남도, 황해도, 함경남도, 강원도의 4도(道)

의 교차점 부근에서 시작하여(강석오, 1971) 장산곶까지 서향하면서 평균 1,000 m 미만의 고도를 갖는 구릉들이 연속하며 분포하고 있으며, 중국의 산동지방까지 연장성을 보이고 있다. 마식령산맥은 추가령곡의 북측에 위치하며, 황해도와 경기도의 경계를 이루면서 중국방향과 한국방향의 중간적인 주향을 보여준다. 고도는 500~1,000 m 미만이며 연장 약 150 km 정도이다. 황해도 방면에는 많은 단층구조가 발달하여 약선대(弱線帶)를 따라 많은 온천대를 형성하고 있다.

3. 산

북한지방에는 높은 산이 많다. 남한의 최고봉은 한라산으로 1,950 m에 불과하지만 북한에는 2,000 m 이상의 산이 많다(표 11.2). 여기서는 중요하고 특징적인 백두산과 금강산 그리고 묘향산에 대해서 살펴보고자 한다.

표 11.2 북한지방의 주요산

이 름	고도(m)	위 치
간 백 산	2,612	양강도 삼지연군
검 덕 산	2,151	함남 단천군, 허천군
남포태산	2,433	양강도 삼지연군, 보천군
대 덕 산	2,174	양강도 백암군, 함북 연사군
대 흥 산	2,150	자강도 낭림군, 용림군
도 정 산	2,199	함북 연사군, 경성군
동점령산	2,113	양강도 갑산군, 함남 허천군
두 류 산	2,309	양강도 백암군, 함남 단천시
연 화 산	2,355	자강도 낭림군, 함남 장진군
만 두 산	2,009	함북 길주군, 양강도 백암군
백 두 산	2,750	양강도 삼지연군
만 탑 산	2,011	함남 허천군, 단천군
백 산	2,077	자강도 낭림군
백 산	2,285	양강도 풍서군
백 암 산	2,461	양강도 풍서군
북수백산	2,520	양강도 풍서군
북포태산	2,288	양강도 삼지연군, 보천군
소 백 산	2,015	평남 대흥군, 영원군
소 백 산	2,172	양강도 삼지연군
천의물산	2,032	자강도 낭림군, 용림군

(1) 백두산

백두산은 양강도 삼지연군의 북서부와 중국 길림성(吉林省) 안도현 사이에 있는 우리나라 최고의 산으로서, 최고봉은 장군봉이며 해발고도는 2,750 m이다. 압록강과 두만강이 백두산 산록(山麓)에서 발원하며, 중국으로 흘러내리는 송화강(松花江)은 천지(天池)에서 시작된다. 산정에는 천지가 있으며 천지 주변은 분출된 회백색의 부석(浮石, pumice)이 희게 보여서 백두산(白頭山)이라고 한다.

백두산은 신생대 제3기에 처음 분출한 이래 최근까지 분출하여 현재와 같은 모습을 형성하였다. 제3기에는 점성이 낮은 현무암질 용암이 분출하여 수백 km까지 흘러갔으며, 제4기에는 폭발성이 강하고 점성이 큰 알칼리 조면암과 유문암이 분출되었다. 휴화산이라고는 하지만 최근까지도 소규모 폭발이 있었다. 백두산 용암대지의 면적은 3만 km^2에 달한다.

백두산의 지형은 하부로부터 용암대지, 순상화산체, 종상화산체 그리고 정상부의 천지 칼데라(caldera)의 4부분으로 나눌 수 있다(그림 11.3). 각 부분은 형태에서의 차이뿐만 아니라 마그마의 분출시기와 구성 암석에 있어 약간씩의 차이가 있다(윤성효, 원종관, 이문원, 1993; 김주환, 1992; 홍영국, 1990). 화산분출은 여러 차례 있었지만 현재의 지형형태를 형성한 주요 분출만을 소개하면 다음과 같다.

백두산하부의 용암대지를 형성한 화산활동은 초기 마이오세(Miocene Epoch, 23~19 Ma)에 있었다. 용암층의 두께가 495 m에 달하는 대규모 용암대지가 형성되었는데, 이 시기를 증봉산기(甑峰山期)라 하고 이때의 분출 암석을 증봉산기 현무암이라고 한다. 그 이전 올리고세(Oligocene Epoch, 28.4 Ma)에 백두산에서 신생대 최초의 화산활동이 열곡형 분출로 나타나서 함몰지대에

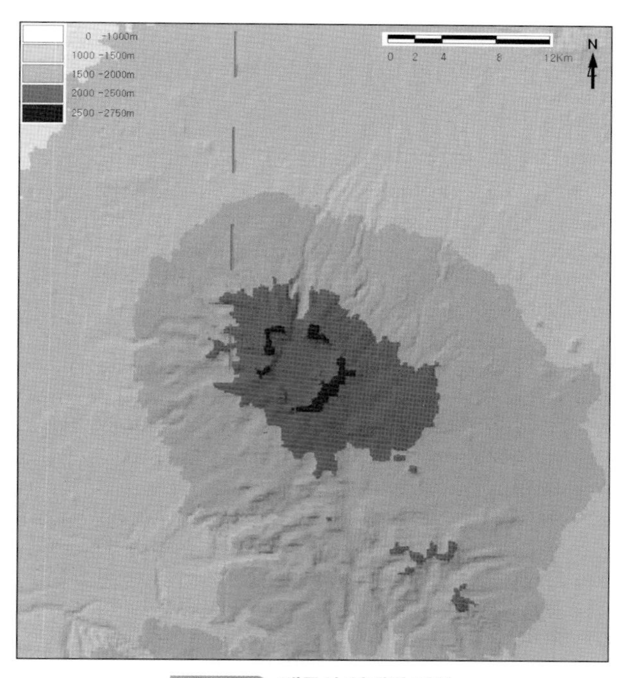

그림 11.3 백두산 일대의 지형

퇴적되었다. 이 시기를 마안산기(馬鞍山期)라 하고 이 시기의 분출암석을 마안산기 감람석 현무암이라고 한다.

순상화산체를 형성한 주요 화산활동은 후기 플라이오세(Pliocene Epoch, 2.9～1.7 Ma)에 있었다. 백두산하부를 형성하는 현무암고원과 순상화산체의 형태를 형성하였다. 이 시기를 군함산기(軍艦山期)라고 하며, 이 시기에 분출된 암석을 군암산기 현무암이라고 한다. 이때는 주로 중심분출로서 용암이 200~300 km까지 멀리 흘러내렸다. 순상화산체의 경사는 50～60 정도이다. 군함산기 이후 0.65 Ma에 이르는 시기까지 여러 차례의 화산쇄설물과 용암의 분출이 있었다.

종상화산체를 형성한 화산활동은 후기 플라이오세 말기(0.611～0.0876 Ma)에 일어났으며, 간헐적으로 6회의 분출이 있었는데 이 시기를 백두산기(白頭山期)라고 한다. 이 시기에 분출된 암석을 백두산기 화산암이라고 한다. 이 시기에는 마그마의 조성이 알칼리에서 산성으로 바뀌면서 점성이 커지게 되었으며 응회암, 조면암, 유문암이 많이 형성되었다.

천지 칼데라는 홀로세에 들어와서 1천~1천 5백년 전 폭발성 분출로 부석이 분출하고 분출 후 비워진 지하 공동으로 산 정상부가 함몰하여 형성된 것이다. 이 시기를 백운봉기(白雲峰期)라 하며, 부석을 백운봉기 부석층이라고 한다.

백두산은 역사시대에 들어와서도 여러 차례 분출한 기록이 있다. 한국 및 중국측의 기록을 분석하면 서기 1413년, 1597년, 1668년, 1702년, 1724년, 1898년, 1900년 및 1903년 등 모두 8차례에 걸친 소규모의 분출이 있었다(윤성효 외, 1996). 현재 백두산 주위에는 고온의 온천이 있으며, 미지진이 발생하는 등 휴화산의 증거가 남아 있다.

백두산 정상에는 천지가 있고(그림 11.4) 천지주변에는 최고봉인 장군봉을 비롯하여 망천후(2,712 m), 차일봉(2,596 m), 청석봉(2,662 m), 비류봉(2,712 m), 백운봉(2,691 m), 백암봉 등 16개의 주요 봉우리가 화구호의 외륜벽(外輪壁)을 형성하여 천지를 둘러싸고 있다.

그림 11.4 백두산 천지 전경

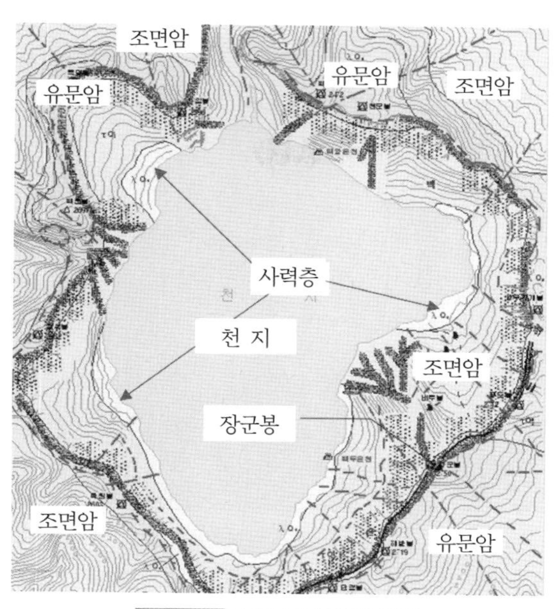

그림 11.5 백두산 천지의 지질

천지주변의 암석분포는 그림 11.5와 같다. 유문암과 조면암이 대부분을 차지하여 호수 가까운 화구 내부의 평지에는 부분적으로 사력층(砂礫層)이 분포한다. 일부에는 최근에 분출된 부석이 두껍게 덮여 있기도 하다.

천지 칼데라는 함몰 칼데라로서 넓이는 19.81 km^{2}이고 둘레는 20.6 km, 최대 길이는 5.5 km, 평균길이 3.58 km에 달한다.

천지는 분화구에 물이 고여서 형성된 호수로서, 우리나라의 자연 호수 중 가장 높은 곳에 있으며, 가장 깊고 큰 호수이다. 천지의 크기는 넓이 9.17 km^2, 남북의 길이는 최대 5.1 km, 동서의 최대 폭은 2.5 km, 둘레 13.1 km, 평균깊이 204 m, 최대 깊이 384 m이며, 물의 체적은 1,955 km^{3}이다. 천지 수면의 해발고도는 2,190 m이다.

천지의 수온은 수중에서는 연평균 4℃를 유지하지만 표층에서는 7월에는 9.4℃까지 올라간다. 천지는 평균 10월 중순부터 다음해 6월 중순까지 결빙되며, 두께는 3~4 m에 달한다. 천지의 북동쪽 호안에는 유황 및 탄산천의 온천이 있다. 천지에는 생물이 서식하고 있는데, 부유식물, 곤충류, 물이끼류 등이며, 물고기류는 서식하지 않았으나 북한은 1990년에 산천어를 천지에 번식시켰다.

천지의 물은 북쪽의 화구호가 터진 부분인 「달문」을 통하여 약 650 m를 흐르다가 높이 70 m의 장엄한 장백폭포(그림 11.6)를 형성하며, 송화강의 상류인 이도백하(二道白河)가 된다.

백두산 주변은 용암이 흘러내려서 평탄한 대지를 이루며, 곳곳에 자화산이 솟아 있다. 자화산으로는 대연지봉, 소백산, 무두봉, 대노은산, 청봉 등이 있다. 용암대지상에는 용암의 흐름이 막

그림 11.6 장백폭포

히면서 형성된 자연호수가 많이 형성되어 있다. 가장 대표적인 자연호수는 삼지연으로서 백두산 중턱에 있으며, 연못이 3개가 있어서 삼지연(三池淵)이다. 둘레는 2.4 km, 깊이는 2~5 m이다.

백두산 북쪽지역은 빙하 삭박에 의한 카르(kar)지형인 깊은 계곡을 형성하고 있으며, 제4기의 5번에 걸친 빙하작용에 의한 침식으로 백두산이 더욱 아름답게 되었다.

백두산은 우리나라에서 가장 높은 산지로서 대륙성기후의 전형적인 특성을 보여준다. 연중 백두산의 기온을 보면 표 11.3과 같다. 고산지대이므로 여름은 늦게 오고 겨울은 빨리 와서 5월이 되어야 평균기온이 0℃가 넘고, 10월에는 0℃ 이하로 내려가서 겨울이 길다. 7월 평균기온이 가장 높지만 11.8℃에 불과하다.

백두산 일대는 우리나라에서 강수량이 가장 적은 지역에 속하지만 백두산은 고산지대이므로 예외적으로 강수량이 많다. 백두산의 연평균강수량은 1,500 mm로서 비가 많이 온다. 이는 여름철에 흐리거나 비가 오는 날이 많고 겨울에는 눈이 많이 내리기 때문이다. 여름철에 안개가 많은데, 6~9월에 월평균안개일수는 15일에 달한다. 고산지대로서 바람이 강하며 연중 바람이 분다. 주로 겨울에는 북서풍이 불고 여름에는 남서풍이 분다. 연중 평균풍속은 6.3 m/s에 달한다. 고산지대로서 바람이 강하고 안개, 비가 많기 때문에 백두산 정상에서는 기상변화가 매우 심하다.

표 11.3 백두산의 기온(통일원, 1994)

요소 / 지점	연평균 기온 (℃)	1월 평균기온 (℃)	6월기온(℃)			7월기온(℃)			8월기온(℃)			9월기온(℃)		
			평균	최고	최저	평균	최고	최저	평균	최고	최저	평균	최고	최저
백두산	-1.7	-22.0	7.5	11.5	3.4	11.8	15.7	7.8	10.4	14.7	6.0	4.2	8.8	0.0
삼지연	-0.4	-17.5	11.4	17.4	5.7	16.1	20.7	11.5	15.3	20.8	10.3	8.6	15.3	2.4

(2) 금강산

금강산은 태백산맥 북부인 북한의 강원도 금강군·고성군·통천군에 걸쳐 광범위하게 펼쳐진 산으로 세계적으로 널리 알려져 있다. 금강산은 계절에 따라 불리는 이름이 다른데, 봄에는 금강산, 여름에는 봉래산(蓬萊山), 가을에는 풍악산(楓嶽山), 겨울에는 개골산(皆骨山)이라고 한다.

동서길이 약 40 km, 남북길이 약 60 km이고 면적은 530 km^{2}에 달한다. 최고봉인 비로봉(毗盧峰, 1,638 m)을 중심으로 북쪽에는 오봉산, 옥녀봉, 상등봉, 선창산, 금수봉, 서쪽에는 영랑봉, 용허봉, 남쪽에는 월출봉, 일출봉, 차일봉, 백마봉, 동쪽에는 세존봉 등이 솟아 있다. 1952년 북한의 행정구역 개편 이전에는 회양·통천·고성·인제의 4개 군에 걸쳐 있었다.

금강산은 시생대 편마암으로 노출된 신금강(新金剛)의 일부 지역을 제외하고는 대부분이중생대 쥐라기의 조립질 흑운모 화강암과 반상(斑狀) 화강암으로 구성되어 있다. 즉 이는 시생대 편마암 지대에 쥐라기 마그마의 관입으로 화강암이 생성된 후 오랜 지질시대를 거치면서 융기운동(신생대 제3기의 경동성 요곡운동)과 풍화 및 삭박작용을 받아 위에 있던 편마암이 침식되어 수 km 땅 속에 있던 화강암이 지표에 노출된 것이다.

화강암체가 식으면서 굳어질 때 화강암 덩어리에 많은 절리(節理, joint)들이 형성되는데, 금강산의 기묘한 형상의 산봉우리들은 이런 절리면이 오랜 세월 동안의 풍화·삭박작용에 의해서 침식되어 형성된 것이다. 같은 외금강이라도 옥류동 계곡의 봉우리들은 판상절리(板狀節理)가 많고, 만물상 쪽으로는 수직절리(垂直節理)가 많다.

해금강은 원래 계곡으로서 동해의 해침(海浸)작용에 의해 형성된 것이다. 동해안의 석호들인 삼일포, 감호, 영랑호, 시중호 역시 원래는 골짜기였는데 해수면이 상승하면서 만(灣, bay)이 되었고, 그 후 만 입구에 사주가 생기면서 만을 막아버려서 석호(潟湖, lagoon)가 된 것이다.

금강산은 내금강·외금강·신금강·해금강의 4개 지역으로 구분되는데 최고봉인 비로봉이 솟아 있는 중앙 연봉(連峰)을 경계로 서쪽은 내금강, 동쪽은 외금강, 외금강의 남쪽 계곡은 신금강, 동단의 해안부는 해금강이다(그림 11.7).

내금강은 주맥인 옥녀봉(1,424 m), 비로봉(1,638 m), 월출봉(1,580 m), 차일봉(1,529 m), 호룡봉(1,403 m) 등 연봉의 안쪽에 위치하며, 동쪽 외금강과 접하고 있다. 내금강의 주된 계곡은 동금강천으로서 상류는 백천동으로 이어지고, 그 동쪽으로 황천강 계곡으로 갈린다.

태백산맥 동쪽 사면에 자리잡은 외금강은 내금강과 동해안 해금강 사이에 위치하고 있다. 주능선으로는 비로봉을 기준으로 북쪽에는 옥녀봉(1,423 m), 상등봉(1,229 m), 온정령(858 m), 오봉산(1,264 m)이, 남쪽에는 월출봉(1,580 m), 일출봉(1,552 m), 내무재령(1,275 m), 차일봉(1,529 m), 외무재령(1,137 m)이 있으며, 계곡으로는 구룡연, 한하계 등이 있다.

그림 11.7 금강산 일대의 지형(청오지앤지(주), 1998)

신금강(新金剛)은 금강산 주맥의 월출봉에서 동쪽으로 뻗어 채하봉, 집선봉 등 산봉우리로 연결되는 산맥으로서 외금강과 분리되어 있다.

해금강은 외금강 동쪽 동해안에 있으며, 삼일포와 남강하류에서 북쪽으로는 금란굴, 총석정 일대와 남쪽으로는 영랑호, 감호, 화진포에 이르는 약 30 km 구간이다. 충석정은 주상절리가 발달한 기반암이 해수의 파랑에 의한 침식으로 만들어진 것이고, 삼일포는 사주에 의해 둘레 8 km, 깊이 9~13 m로 형성된 석호로서, 관동팔경의 하나이다.

그림 11.8 위성영상으로 본 장전항(청오지앤지(주), 2000)

외금강 동쪽에 위치한 장전만은 최근 금강산 관광사업으로 주목받고 있는 장전항이 있는 곳이다. 그림 11.8은 1 m 해상도를 가진 IKONOS 위성이 1998년 11월 촬영한 장전항 일대의 위성영상이다. 영상 하단에 금강산 유람선 두 척의 모습이 잘 관찰된다. 고해상도 위성영상이 가용하게 되면 북한지역의 자세한 정보를 얻을 수 있음을 잘 보여준다.

(3) 묘향산

평안북도와 자강도의 경계인 묘향산맥에 있는 산으로서, 지질은 주로 흑운모 화강암이며 최고봉은 비로봉(1,909 m)이다. 묘향산은 묘향산맥의 주봉이며, 그 주위에는 크게 두 개의 줄기가 있는데, 하나는 비로봉으로부터 북서쪽으로 청천강변의 향산읍까지 뻗은 산맥이며, 향로봉, 오선봉, 법왕봉, 관음봉 등이 있다.

다른 하나는 남서쪽으로 향산군과 구장군의 경계를 따라 강선봉, 호랑령, 형제봉으로 이어지는 산맥이다. 이 두 산맥 사이의 계곡에 보현사, 상원암, 하비로암 등이 있는 묘향산의 주 계곡이다.

묘향산 서사면 일대는 우리나라에서 강수량이 많은 지역으로 연평균강수량은 1,342 mm에 달하며 묘향산 일대의 연평균기온은 8.3℃에 불과하다.

2 평야지형

북한지역의 평야는 주로 하천의 중·하류유역과 해안지역에 분포하고 있으며, 동해안보다는 서해안에 비교적 넓은 평야가 발달해 있다. 남한의 평야와 마찬가지로 대개의 경우 침식평야이나 하천유역에 소규모로 발달한 평야는 충적지형도 존재하며 서해안에는 넓은 준평원이 발달해 있어 주위의 구릉지와 함께 노년기성 침식평야가 존재함을 보여준다. 주요 평야와 포괄지역은 표 11.4와 같다.

평안북도의 압록강하류에 위치하는 용천평야는 압록강의 운반물질이 퇴적되어 이루어진 것으로 보이며, 청천강 유역에는 안주, 박천평야가 발달해 있다.

평안남도의 서부지역은 평양준평원과 안주평야로 이어지는 광활한 평야지대로 구성되어 있는데, 평양평야의 일부에는 해발고도 25 m 내외의 파랑형상의 침식면이 넓게 노출되어 있다.

재령평야는 재령강에 의해 형성된 북한지역에서 제일 넓은 충적평야이며, 예성강 유역의 연백평야와 함께 북한 제일의 곡창지대를 이루고 있다.

함경북도와 함경남도의 동해안에는 규모가 비교적 작은 충적평야가 발달하고 있을 뿐인데, 성천강 하류의 함흥평야가 제일 크며, 용흥강 하류에 영흥평야, 함북의 수성강 유역에 수성(청진)평야 등이다.

표 11.4 북한의 주요평야(북한연구소, 1983)

평 야	면적(km^2)	포괄지역
평양준평원	500	평양의 강남, 중화를 위시한 중부 및 서남부 – 대동강
안주평야	300	평남의 안주, 문덕, 숙천, 평원 등 「열두 삼천리 벌」 – 청천강
강서평야		평남의 강서, 용강 등
온천평야		평남의 온천, 증산 등
용천평야	200	평북의 용천, 염주 등 – 압록강
운전평야	200	평북의 운전, 정주 등 – 예성강
박천평야		평북 박천의 대령강 유역(하류)
수성평야	200	함북 청진의 수성천 유역
어랑평야		함북 어랑의 어랑천 유역
길주평야	200	함북 길주의 남대천 유역
함흥평야	300	함남의 함주, 정평 등 성천강 서부유역 – 성천강
영흥평야	200	함남의 영흥, 고원 등 용흥강 유역 – 용흥강
재령평야	500	황남의 재령, 신천, 안악, 은천 등 재령강 서부 유역(나무리벌)
연백평야	400	황남의 연안, 백천, 청단 등

3 북한의 하천 및 해안지형

❶ 하천지형

북한의 주요하천이 대부분 서해로 흐르고 있음은 남한의 경우와 크게 다를 바 없으며, 예외적으로 두만강이 동해안으로 흘러 나가고 있다. 북한에는 우리나라의 최장 하천인 압록강을 비롯하여 다수의 하천이 있다(표 11.5).

분수령이 상대적으로 동해안에 치우쳐 있기 때문에 서해 쪽은 완사면이고 길며, 동해쪽은 급사면이고 짧다. 따라서 유로도 대부분 동에서 서로 향하나 예외적으로 장진강, 부전강, 허천강 등은 개마고원을 남에서 북으로 흐른다.

하천의 유출량은 계절적 변화가 심하여 여름에는 많고 겨울에는 적으나, 북한지방에서는 하천의 수위가 특히 4월에 높게 나타나는 경향이 있는데, 이는 겨울철의 눈이 녹으면서 유량이 증가하기 때문이다.

서해로 유입되는 하천의 중하류, 대표적으로 청천강, 압록강 중하류는 유로의 방향이 지체구조의 요동방향과 일치하는 구조곡을 형성하고 있다.

동해로 유입되는 하천은 대부분이 급사면을 흐르는 소규모 하천이다. 이들 중 일부는 감입곡

표 11.5 북한의 주요하천(북한연구소, 1983)

하천명	길이(km)	유역면적(km^2)	발원지	하 구
압록강	790.4	32,063.7(중국 포함 62,638.7)	양강 삼지연, 백두산	평북 용천
두만강	525.2	10,512.9(중·러 포함 41,242.9)	양강 삼지연, 백두산	함북 경흥
대동강	431.1	20,135.5	함남 대흥, 낭림산	평남 온천, 황남 단률
청천강	212.8	9,778.4	자강 동신, 석립산	평북 운전, 평남 문덕
예성강	174.3	4,048.9	황북 곡산, 대각산	개성 개풍, 황남 백천
서천남대천	161.4	2,404.8	양강 갑산, 화동령	함남 서천
용흥강	134.0	8,396.7	함남 고원, 기린령	함남 영흥
북대천	117.6	1,372.7	함남 광천, 두류산	함남 광천
어랑천	103.4	1,897.9	함북 어랑, 궤산봉	함북 어랑
성천강	98.6	2,338.4	함남 신흥, 금패령	함남 함흥 흥남
길주남대천	98.5	1,370.0	양강 백암, 설령봉	함북 김책
금진강	90.8	914.7	함남 함주, 황봉	함남 신상
안변남대천	82.0	1,162.4	강원 세포, 백봉	강원 안변
장연남대천	67.2	793.2	함남 삼천, 차유령	함남 장연

류하천(嵌入曲流河川, incised meander)을 이루고 있는데, 함경북도 경성의 어랑천이 그 좋은 예로서 하안단구가 발달해 있으며 곡류핵(曲流核, meander core)도 발견된다(권혁재, 1980).

② 해안지형

북한의 동·서해안의 굴곡 형태는 남한 해안의 형태와 유사하며, 동해안은 비교적 단조롭고 서해안은 그에 비해 복잡한 편이다. 동해안은 비교적 단조로워서 만입의 발달이나 도서 및 반도가 그리 많지 않다. 동해안의 주요 만입으로는 웅기만, 청진만, 영흥만 등이 있으며, 도서로는 난도, 대초도, 마양도, 여도, 신도 등이 있다. 호도반도는 갈마반도와 함께 영흥만 입구를 감싸는 형태로 남·북향으로 돌출해 있는데, 사주로 연결된 육계도이다. 동해안에서의 조차(潮差)는 극히 적어 0.2 m 정도에 불과하다.

그러나 서해안은 해안선의 출입이 동해안에 비해 매우 크다. 주요 만입은 서한만, 광량만, 대동만, 해주만 등이고, 주요 반도는 철산반도, 장연반도, 옹진반도 등이 있다. 압록강 하구의 마안도와 신도를 비롯해 가도, 신미도, 초도, 기린도 등 수많은 도서가 분포되어 있다. 서해안의 조차는 비교적 크며, 간조 시에는 넓은 간석지가 전개된다. 특히 대동강과 재령강이 서해로 유입되는 광양만 일대에는 간석지가 광활하게 발달되어 있어 일찍부터 간척대상이 되어 왔으며, 현재 경지와 염전으로 활용되고 있는 면적이 30만 정보 이상이 되는 것으로 알려져 있다.

북한은 휴전선으로 인하여 해안이 동서로 양분되어 있어서 해양교통과 군사적 측면에서 불리하게 작용한다. 해군력은 동·서로 양분되어 독립적으로 운용해야 하며, 다른 해안으로의 전환이 불가능하게 된다. 이러한 해운의 불리한 점은 한반도의 교통이 주로 남－북방향으로 발달하고 동－서방향으로는 상대적으로 미발달한 점과 관련되어 군사적 측면뿐만 아니라 경제 발달에도 영향을 미치고 있다.

북한에는 고산의 급경사면이 동해사면을 이루고 있어서 해식애가 발달하여 절경이 많다. 강원도 통천의 총석정, 고성의 해금강지역은 북한의 대표적인 해안 침식지형으로 절경을 이루고 있다. 함경북도 길주, 영천의 칠보산 지루에 연하는 어광단에서 무수단에 이르는 해안 역시 대지가 침식된 해식애 지형이 형성되어 있다.

동해안에서 사빈과 해안사구가 큰 규모로 발달된 곳은 수성천, 어랑천, 남대천(단천), 성천강 등의 하류지역에 발달한 해안 충적평야의 전면 해안 쪽이다. 특히 정평군 해안의 광포 전면에는 일련의 사구열(砂丘列, beach ridge)이 모식적으로 발달되어 있는데, 이는 북쪽에 위치한 함흥·흥남으로 흘러들어오는 성천강으로부터 다량의 모래를 공급받아 성장된 것으로 보여진다(권혁재, 1980).

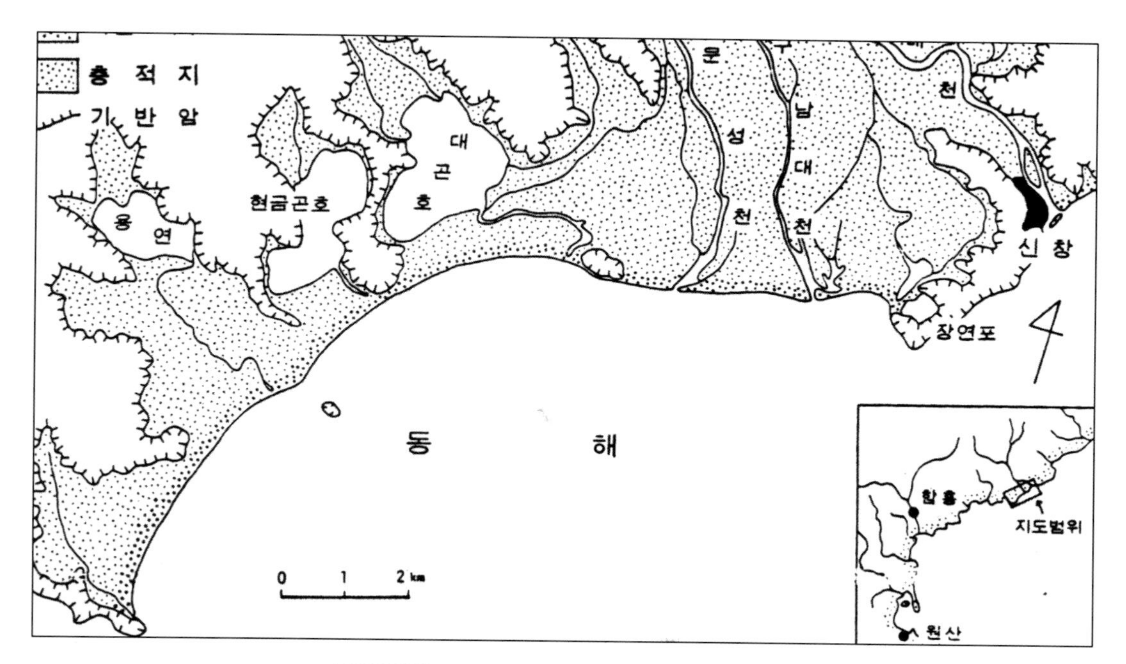

그림 11.9 함경남도의 신창·신포 간 석호의 발달

그림 11.9는 함경남도 신창의 남대천에 형성된 충적평야의 전면에 모식적으로 발달한 사빈으로 남대천 남쪽해안 일대에 광범위하게 형성되어 있다. 석호의 발달은 거의 모두가 지역 내로 유입되는 하천들로부터 다량의 모래를 공급받아 형성된 해안충적평야의 전면에 형성되어 있다. 그러나 석호 내로는 극히 작은 소하천만이 유입되고 있기 때문에 매립되지 않고 석호의 형태가 유지되고 있는 것 같다. 이와 같은 석호를 북쪽으로부터 나열하면 대곤호, 현금연호, 용호, 광포, 상포 및 하포, 소동정, 천아포, 강동포 등이며, 사취(砂嘴)보다는 사주(砂洲) 형태의 퇴적지형이 형성되면서 석호의 발달이 이루어진 것 같다. 서해안의 사빈해안으로서는 장연반도 북쪽과 남쪽 해안의 규사로 이루어진 몽금포와 구미포 사빈해안이 유명하고, 석호에 대해서는 거의 알려진 바가 없다. 동해안의 석호와 함께 북한지역에는 비교적 많은 자연호와 인공호가 분포하고 있다.

4 북한지형과 군사작전

추가령곡을 경계로 한 북한의 지형은 남한의 지형과는 다르게 상당한 차이를 내포하고 있으며 이는 각 지형 편에서 논의되었다. 여기서는 북한의 지형이 군사작전에 어떠한 영향을 미칠 것인가 하는 특징적인 면을 남한의 경우를 염두에 두면서 분석하려고 한다. 이러한 특징은 크게 확대된 동·서 정면과 지형적 분리, 험준한 산지지형과 혹한 기상, 그리고 중요한 평야·해안지형의 세 가지이다.

① 확대된 동·서 정면과 지형적 분리

평양-원산 이남에서는 반도의 동-서 폭이 대체로 비슷하지만 그 이북에서는 급속히 넓어진다. 북위 40°인 서쪽의 신의주와 동쪽의 함경남도 신포시 사이는 350 km로 갑자기 넓어지고, 신의주-성진 사이는 460 km이고 압록강 하구에서 두만강 하구까지는 직선거리로 거의 700 km에 달한다. 이렇게 동-서의 폭이 넓어짐에 따라 6·25 전쟁에서 보듯이 병력 배치의 밀도가 낮아져서 각급 제대들이 넓은 전투 정면을 담당해야만 하였다.

한반도의 북부에서 동-서 정면이 넓어지는 것과 병행하여 또 하나의 특징은 낭림산맥에 의해 동·서가 분리된다는 점이다. 낭림산맥은 태백산맥과 함께 한반도의 척량산맥의 구실을 하는데,

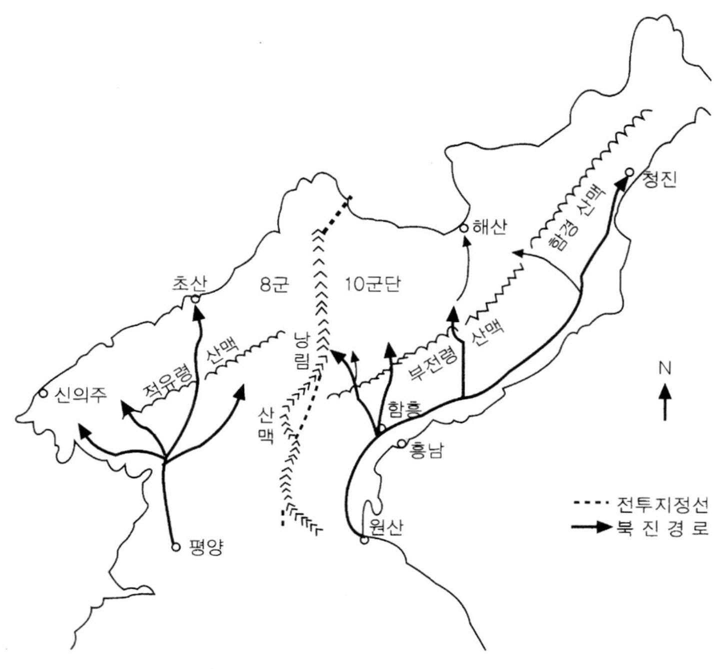

그림 11.10 주요 산맥과 6·25 전쟁 당시의 북진경로

태백산맥은 동쪽으로 대단히 치우쳐 있지만 낭림산맥은 거의 중앙부에서 남북으로 뻗어서 동서를 분리하고 있다. 이러한 분리가 행정구역에서는 평안도와 함경도의 분리이고, 지리적으로는 관서지방과 관북지방의 분리이다. 그리고 6·25 전쟁시의 작전에서는 미 제8군 책임구역과 미 제10군단 책임구역으로 구분되는 전투지경선이다(그림 11.10).

6·25 전쟁 당시 험준한 낭림산맥에서 두 부대가 분리되고 잘 협조·통제되지 못하고 단절된 점이중공군과의 전투에서 효과적으로 대처하지 못한 요인으로 지적되듯이, 험준한 산지와 연결된 낭림산맥에 의한 두 지역의 분리는 북한지역을 군사적 관점으로 평가함에 있어서 중요하게 고려될 요소이다.

② 험준한 산지지형과 혹한의 기상

북한의 산지는 여러 가지 특징을 지니고 있다. 높은 해발고도와 국지적 고도, 함경·부전령산맥의 동해 쪽으로의 치우침, 요동방향 위주의 산맥의 주향성, 고지와 더불어 구조곡의 중요성, 높은 고도로 인한 겨울의 혹한 등이다.

우리나라에서 해발고도 2,000 m 이상의 산지는 모두 북한지방에 있듯이 북한의 험준한 산지가 대부분을 차지한다. 특히 낭림산맥과 함경·부전령산맥 그리고 두 산맥의 사이에 있는 개마고원은 높은 해발고도와 국지적 고도의 산지로서 효과적인 군사작전을 어렵게 한다.

또 하나의 척량산맥 구실을 하는 함경산맥이 동해쪽에 치우치면서 반대편에 거대한 개마고원을 형성하였고, 개마고원상의 장진강, 부전강, 허천강 등은 우리나라의 다른 하천과는 달리 특이하게 북쪽으로 흐른다. 산맥은 요동방향의 주향이 발달하여서 낭림·마천령산맥을 제외한 모든 산맥이 이러한 방향에 속한다. 이 방향은 남쪽방향으로의 이동에 대하여 횡격실을 형성함으로써 방어작전에는 유리하게 작용하고 공격 작전에서는 불리하게 작용하게 된다.

험준한 산지가 많기 때문에 고지도 중요한 반면, 거의 직선으로 길게 뻗은 구조곡도 중요한 역할을 한다. 낭림산맥의 서측에서는 주로 북동-남서방향의 요동방향곡이 발달하고 큰 하천도 이러한 방향으로 흐르는 반면, 낭림산맥 동측에서는 대체로 남북방향의 곡이 많다.

이러한 곡은 주요교통로이자 작전의 기동로가 되는데, 그림 11.10에서 보는 바와 같이 6·25 전쟁 당시 두 곳에서 한·중 국경에 도달한 것은 바로 이러한 곡을 따라서 전진한 결과이다. 물론 당시 북한군이 패주하는 특수한 상황이었지만 소규모 부대가 전선의 조화 없이 계곡을 따라서 40~80 km나 독립적으로 전진할 수 있었던 것은 험준한 산지에서 구조곡이 가지는 특수한 환경과도 밀접한 관계가 있다.

해발고도가 높은 북한의 산지는 위도가 크고 대륙 동부에 위치하기 때문에 겨울에는 매우 추운 혹한지 기상이 나타난다. 낭림산맥의 북쪽 끝에 있는 중강진은 우리나라에서 관측된 가장 추

운 기록인 −43.6℃의 기록을 갖고 있으며, 개마고원의 여러 지역도 1월 평균기온이 −20℃ 정도이고, 백두산은 연평균기온이 −1.7℃이고 1월 평균기온은 −22℃까지 내려간다. 험준한 산지와 혹한의 기상이 함께 나타나면 평지의 온난한 기상조건 하에서 수행하던 정상적인 군사작전은 불가능하고 특수한 형태를 띠게 된다. 산악과 결부된 악천후기상은 제6장에 잘 나타나 있다.

3 중요한 평지·해안지형

북한은 산지가 많지만 의외로 평지가 넓게 분포하며, 내륙은 산지로 되어 있기 때문에 인구나 산업은 모두 해안에 발달하고 있으며, 평지와 해안지형이중요한 요소가 된다. 여기서 평지는 평야와는 다른 관점에서 사용되었는데 평지와 구릉이 복합되어 나타나지만 산지와는 상당히 구별되는 지형이다.

북한에서는 남쪽에 있는 멸악산맥의 북쪽인 재령평야에서 시작하여 대동강과 청천강을 걸쳐 적유령산맥의 남쪽인 평안북도 박천에 이르기까지 남북으로 길이 180 km, 해안선으로부터의 폭이 40∼50 km에 이르는 넓은 평지가 전개되어 있다. 이중에는 물론 구월산처럼 고도 900 m가 넘는 높은 산도 있지만 고도 500∼600 m 이하의 낮은 산들은 서로 멀리 떨어져서 분포하며, 그 사이는 구릉과 평야가 분포한다. 평야 주변은 준평원으로 유명하다.

이러한 평야는 서해안을 인접하여 발달하였으며 북한의 다른 평야도 마찬가지이고 도시와 공업시설도 해안에 인접하여 있다. 큰 도시 중에는 평양이 서울처럼 대동강 하구로부터 약 50 km 정도 떨어져서 입지하지만 과거에는 하운(河運)으로 해양과 직접 연결되었다. 이와 비슷한 형태로서 내륙으로 20∼30 km 떨어져 입지한 도시로는 개성과 함흥이 있으며, 그 외 신의주, 남포, 해구, 원산, 성진, 청진, 나진 등은 모두 해안에 입지하여 항구의 기능을 가지고 있다. 따라서 해안지역은 농·공업이 입지한 북한의 핵심지역이며, 특히 평양을 끼고 있는 서해안의 평지는 그 중에서도 핵심지역이다.

한반도의 관점에서 볼 때 북한의 지형은 남한과는 다른 특징을 지니고 있다. 이러한 지형적 특징은 남한의 지형에 익숙한 사람들에게는 생소한 부분이 있을 것이며, 이러한 차이는 군사작전의 수행에서 판단의 착오를 가져오게 할 수도 있다. 따라서 지형의 정확한 분석과 이해가 더욱 요구된다.

Chapter

12

중력과 측지

1. 회전타원체
2. 중 력
3. 중력퍼텐셜과 지오이드
4. WGS84 측지체계

현대에는 지구의 크기와 형태가 거의 정확하게 알려져 있다. 지구의 적도반경과 극반경이 측정되었고 지구의 형태는 극반경이 적도반경보다 약간 짧은 타원형이다. 지구의 크기와 형태를 연구하는 측지학(geodesy)은 지형 측량에 관련된 지표(指標)를 제공하기 위해 지구의 크기와 형상, 지표면상의 직선들의 길이와 방향성 및 지구중력의 변화 등을 연구하는 학문이다.

측지학은 기하학적 의미에서 지구의 크기와 형상, 육괴(land mass)들의 연계성, 위치, 선의 길이와 방위각(azimuth)의 결정 등을 취급하는 기하측지학(geometrical geodesy)과 지구의 중력장, 지표면 또는 우주 공간의 물체가 지구에 대해 작용하는 물리적인 힘의 세기와 방향성에 대해 연구하는 물리측지학(physical geodesy)으로 분류된다. 특히 중력의 연구는 지구의 크기 결정과는 관련 없으나 형상 결정에는 필수적이다. 미사일의 출현과 함께 다가온 우주 과학시대에는 정확도를 높이기 위해서 지구의 크기와 형상, 중력장에 관한 정밀한 해석이 필요하기 때문에 기하측지학과 물리측지학에 관한 여러 문제들이 더욱 중요하게 된다.

1 회전타원체

❶ 지구의 크기와 형상

지구의 크기에 대해서는 BC 220년 그리스의 에라토스테네스(Eratosthenes)가 동일 자오선의 두 지점에서 정오에 입사하는 태양의 각도를 측정함으로써 그 둘레를 계산하였는데, 현대 측정값(4.0×10^4 km)과 15%나 큰 값이었지만 당시 기술로서는 비교적 정확한 값이었다. 오늘날 지구 측정방식도 에라토스테네스의 방식과 근본적으로 같으며, 측정장비의 발달로 지구반지름은 약 6,400 km로 알려져 있다.

지구의 형상을 나타내는 면은 물리표면, 지오이드 그리고 타원체면 3가지로 나타낼 수 있다. 그림 12.1은 이 세 가지 면의 형태와 관계를 나타낸 것이다. 지구의 형태를 가장 세부적으로 나

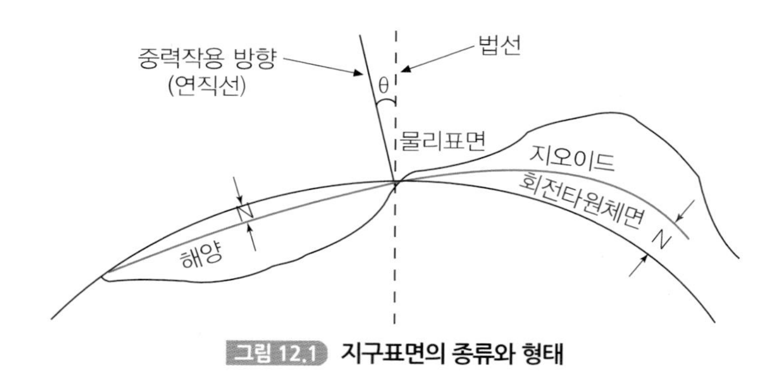

그림 12.1 지구표면의 종류와 형태

타내는 것은 육지와 해양의 표면, 즉 물리표면(物理表面, 地表面)이다. 그러나 이것은 지나치게 굴곡이 심하고 복잡한 형태이기 때문에 수식화하여 나타내기 어렵다. 그러므로 보다 더 단순화한 모델인 타원체면과 지오이드가 각각 용도에 따라서 사용되고 있다.

❷ 타원체

측지학의 중요한 목표인 지표면 상의 좌표, 측선의 길이와 방위각 등을 측정하기 위해서는 지구의 형상에 관한 모델이 수학적 계산이 가능하도록 비교적 단순화해야 한다. 이러한 요구에 가장 적합한 형상은 회전타원체 또는 간단히 타원체라고 한다.

회전타원체(ellipsoid of revolution)는 타원의 단축을 축으로 하여 회전시켜 얻은 구면체로서 지구의 경우 장축은 적도축을 형성하고 단축은 극축이 된다. 회전타원체로서의 지구의 형상은 타원의 여러 가지 성질을 이용하여 나타낼 수 있는데 장반경과 단반경 또는 장반경(a)과 편평도(f)가 그것이다.

그림 12.2는 단축 PP′의 길이가 $2b$, 장축 EE′의 길이가 $2a$인 타원이며 이 타원을 단축(PP′)을 축으로 회전시키면 EE′에 의해 적도 평면이 생성되는 회전타원체가 된다. 타원의 두 초점 F와 F′은 점 P 또는 점 P′을 중심으로 반경 a의 원을 그렸을 때 원과 장축 EE′이 만나는 점이다. 따라서 OF의 길이는 $(a^2 - b^2)^{1/2}$이 된다. 이 타원의 편평도 (f)는 다음과 같다.

$$f = \frac{a-b}{a} = 1 - \frac{b}{a} \tag{12.1}$$

$1/f$ 처럼 역수로도 자주 표현된다. 지구의 형상에 가장 이상적으로 근접한 수학적 모형이 회전타원체이므로 지난 수백 년간 지구의 형상과 크기에 관한 타원체의 연구는 계속되었다.

지구의 형상은 완전한 회전타원체의 형상이 아니기 때문에 각 측지장소에서 이를 수학적으로 기술하는 최적의 타원체가 필요함에 따라 사용국가들마다 a와 f를 달리 결정하여 적합한 타원체를 설정하게 되었다.

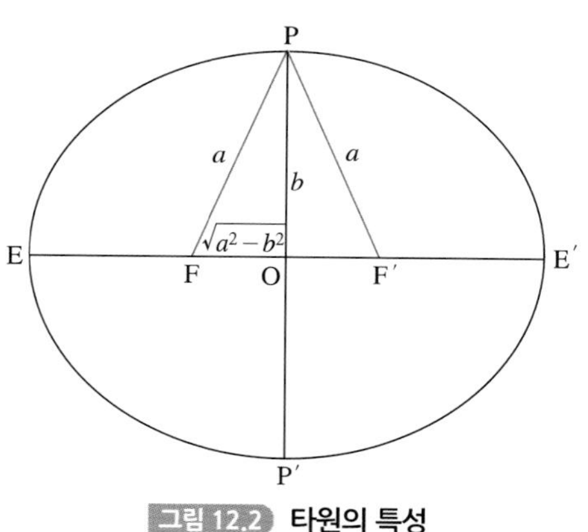

그림 12.2 타원의 특성

③ 표준타원체

지구의 형상에 가장 근접해 있다고 생각한 회전타원체에서 각 지역이나 국가에서 장반경(a)과 편평도(f)를 측정하여 표준타원체(reference ellipsoid)가 만들어지며, 오늘날 자주 사용되는 표준타원체는 표 12.1l과 같다. 표 12.1에 나타나듯이 적도반경이 가장 큰 값(International)과 가장 작은 값(Everest)과의 차이는 1,111.7 m이며, 이는 적도둘레길이 약 6,985 m에 해당한다. 편평도의 경우는 분모값의 가장 큰 차이가 7 이상이다. 분모 1은 약 70 m의 반경 차이에 해당되므로 적도반경과 극반경의 차이는 약 500 m가 되는 셈이다.

표준타원체는 지구전체를 나타내는 모형으로도 사용되는 반면 어느 한 지역 또는 국가에서의 지역적 측지기준(regional datum)으로도 사용될 수 있다. 지역적 측지기준은 해당지역 내에서 지구의 형상에 가장 근접한 타원체를 사용하며 그 지역 내의 한 지점을 기준으로 하고 있다. 이러한 기준점에서 주변 다른 지역에 대한 조사는 그 기준점에 맞추어야 한다.

예를 들면, 북미대륙과 남미 일부에서는 미국 Kansas주의 미드 농장(Meade's Ranch)에 원점을 둔 Clarke 타원체를 사용하며, Everest 타원체는 인도와 미얀마에서, Bessel 타원체 는 유럽과 아시아 일부(한국 포함)에서 사용된다. Hayford 타원체는 국제적으로 널리 사용되며, 특히 자연과학의 여러 분야에 적용된다. 소련은 Krasovsky 타원체를 사용한다.

미 국방성은 WGS(World Geodetic System)라고 하는 자체 측지체계를 운용한다. 특히 위치측정에서 정확하고 간편한 GPS(Global Positioning System)를 이용하기 위한 측지체계로서의 WGS 측지체계는 전세계의 새로운 측지체계로 주목을 받고 있다. 우리 군도 WGS84 측지체계에 기초한 지도를 제작하고 있다.

표 12.1 표준타원체의 예

명 칭	연 도	a(장반경, m)	f(편평도)
WGS84	1984	6,378,137	1/298.257
GRS80	1980	6,378,137	1/298.257
WGS72	1972	6,378,135	1/298.26
Australian	1965	6,378,160	1/298.25
Krasovsky	1940	6,378,245	1/298.3
International(Hayford - 1909)	1924	6,378,388	1/297
Clarke	1880	6,378,249	1/293.5
Clarke	1866	6,378,206.4	1/294.98
Bessel	1841	6,377,397.2	1/299.15
Airy	1830	6,377,563.4	1/299.32
Everest	1830	6,377,276.3	1/300.8

2 중 력

❶ 중 력

1. 중력의 정의

중력(重力, gravity, g)이란 지구의 인력과 지구자전에 의한 원심력이 지구표면의 물체에 작용하는 힘을 말한다(그림 12.3). 중력장(重力場, gravity field)이란 이러한 중력이 미치는 범위이다. 지구 상의 임의의 점 P에서의 중력은 지구의 인력과 자전에 의한 원심력의 합력으로 구성된다. 자전하지 않는 지구를 가정할 때 지구표면 상의 단위질량에 작용하는 지구의 인력의 스칼라량은 아래와 같이 표현된다.

$$F = G\frac{M_E}{R_E^2} \tag{12.2}$$

여기서 G는 만유인력 상수, M_E는 지구의 질량(5.98×10^{24} kg), R_E는 지구의 반경(평균: 6.37×10^6 m)을 나타낸다.

지구자전의 영향으로 지표면의 물체에는 원심력이 작용하게 된다. 그 원심력의 크기는

$$F_c = \frac{v^2}{r} = r\omega^2 = R_E\,\omega^2\cos\phi \tag{12.3}$$

와 같이 표현되며, 여기서 r은 P점에서 자전축까지의 거리, v는 지구의 자전선속도, R_E는 지구 반경, ϕ는 점 P의 위도, ω는 지구의 자전각속도이다.

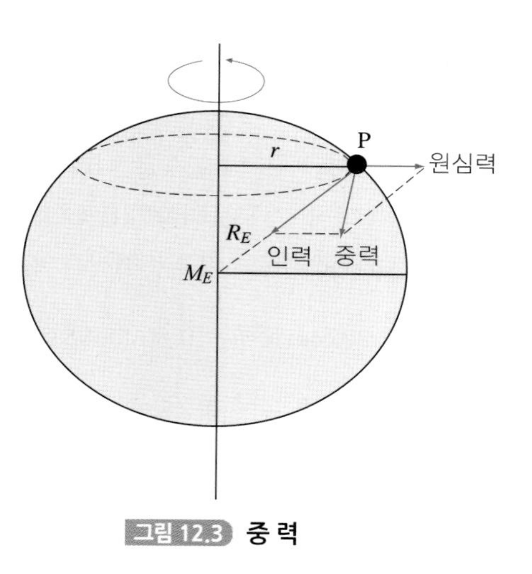

그림 12.3 중 력

2. 중력의 단위

단위질량에 작용하는 중력가속도는 진공상태에서 지구표면으로 낙하하는 물체의 낙하속도 증가율이다.

중력의 단위로는 중력측정실험을 처음으로 실시한 갈릴레오(Galileo)를 기념하여 gal을 사용하며, 1 gal = 1 cm/sec^{2}이다. 중력측정의 세계 표준위치인 독일의 포츠담(Potsdam)에서 측정된 중력값은 $g = 981.274 \pm 0.003$ gal이다(한국지구과학회, 1994). 그러나 실제로 중력을 정밀하게 측정할 때는 mgal (0.001 gal)을 사용한다.

3. 중력의 크기

식 (12.3)을 통해서 알 수 있듯이중력은 위도에 따라 차이가 난다. 지구를 구가 아닌 타원체로 볼 때 적도에서는 지구의 반지름이 가장 크고, 원심력은 최대이므로 중력이 가장 작다. 반면 극에서는 반지름이 적도보다 ΔR만큼 작고 원심력(F_C)이 0이므로 중력이 가장 크다.

$$\text{적도(최소)} : g = \left| \vec{F} + \vec{F}_C \right| \approx 978.0327\,\text{gal}$$

$$\text{극(최대)} : g = \frac{GM}{(R_E - \Delta R)^2} \approx 983.2186\,\text{gal}$$

그러나 이 값은 지구내부의 밀도가 균일하다는 가정에서 구해진 값으로서 실제로 중력의 차이는 위도뿐만 아니라 지형의 기복, 지하구성물질의 밀도와 분포 등에 의해서 매우 불규칙하게 나타난다.

② 표준중력

지구의 실제중력은 여러 가지 요인에 의해 위치별로 불규칙하게 나타나지만 지구반지름의 변화와 원심력의 변화만을 고려할 때 중력의 변화는 위도의 함수로 표현할 수 있다. 여기서 지구를 자전하는 회전타원체라 가정하여 중력을 위도의 함수로 나타낸 것을 표준중력(reference gravity, gref)이라고 한다. 1980년에 국제 측지 및 지구물리학회(IUGG; International Union of Geodesy and Geophysics)에서 채택한 위도(Ψ)에 따른 표준중력식은 다음과 같다.

$$g_{ref} = 978.0327\,(1 + 0.0053024\sin^2\Psi - 0.0000058\sin^2 2\Psi)\,\text{gal} \qquad (12.4)$$

위 식에 의하면 적도지방에서 극으로 갈수록 중력값은 앞에서 살펴보았듯이 978.0327~983.2186 gal 사이에서 변한다. 이러한 차이는 지구가 타원체이며 자전에 의한 원심력변화에 기인한다.

③ 중력의 측정

중력의 측정은 어느 지점에서의 중력 절댓값을 측정하는 절대측정(absolute measurement)과 측점 상호간의 중력차이값을 측정하는 상대측정(relative measurement)이 있다.

절대중력의 측정은 일반적으로 물체를 자유 낙하시켜서 가속도를 측정하는 방법과 단진자(單振子, simple pendulum)를 이용한 방법 등이 있으며, 최근에는 rise-fall 원리를 이용한 초전도 중력계(superconducting gravimeter)에 의해 1 ngal 단위의 정밀한 중력자료가 얻어지고 있다. 이러한 절대중력의 측정은 지구자유진동, 기조력, 화산활동, 정밀유도무기 개발 등의 연구에 중요한 기초자료를 제공한다(조원희 · 한욱, 1999).

상대중력은 중력기준점의 중력값을 기준으로 각 측점 간의 상대적인 중력차를 측정하는 방법으로, 중력계의 원리는 용수철의 변위를 이용해 중력을 측정하는 것이다.

$$F = kx = mg \tag{12.5}$$

식 (12.5)에서 F는 질량 m의 추를 매단 용수철에 작용하는 힘이고, k는 용수철상수, x는 용수철이 늘어난 길이이다.

대표적인 중력계의 하나인 그림 12.4는 라코스테-롬베르그 중력계(LaCoste Romberg gravimeter)이며 μgal 단위의 정밀도로 중력을 측정할 수 있는 모델이 있다.

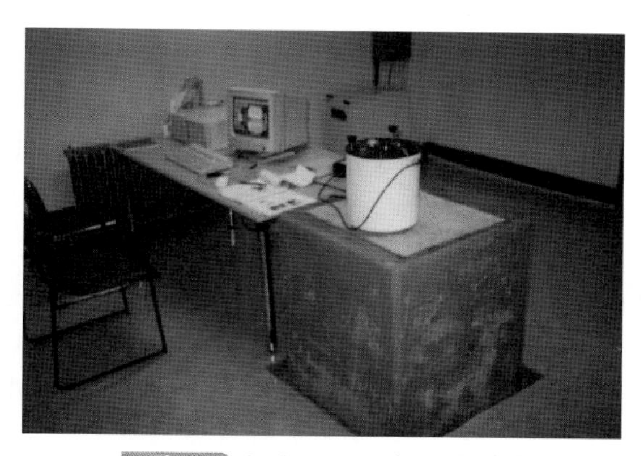

그림 12.4 LaCoste-Romberg 중력계

④ 중력보정

중력을 측정하는 목적 중의 하나는 측정지역의 지하 밀도분포를 파악하는 것이다. 그러나 실제로 측정된 중력값에는 지하의 밀도분포만이 아니라 기온, 중력계 용수철의 상태, 기조력, 측점의 위도, 고도, 주위의 지형굴곡 등 매우 다양한 요소들이 미치는 영향이 포함되어 있다. 따라서 지하의 밀도분포가 아닌 다른 요소들이 주는 영향을 제거해 주는 작업이 필요하게 되는데, 이러

한 작업을 중력보정(gravity correction)이라고 한다. 다시 말해서 중력보정은 측정된 중력값을 다른 요소의 영향을 제거하고 평균해수면(지오이드)상의 중력값으로 환산하는 과정이라고 할 수 있다.

측정되는 중력값에 불필요한 영향을 주는 모든 요소들에 대해서 보정을 하는 것이 이상적이지만 현실적으로는 불가능하므로 프리에어보정, 부게보정 그리고 지형보정을 주로 한다.

1. 프리에어보정

일반적으로 중력을 측정하는 지점은 평균해수면과 고도차이를 가지고 있어서, 해수면보다 높을 경우에 중력값이 작아지고 낮을 경우에는 중력값이 커진다. 프리에어보정(free-air correction)은 측정지점과 해수면 사이의 고도차가 중력에 미치는 영향을 제거하는 작업이다. 따라서 프리에어보정에서는 측정지점과 해수면 사이에 존재하는 물질의 질량에 의한 영향은 무시한다. 측정지점의 고도를 h(m)라고 할 때, 그 고도에 의해 측정중력값이 해수면 상에서의 그것보다 작게 나오므로 프리에어보정을 통해 측정중력값에 $\Delta g_F = 0.3086\,h\,\mathrm{mgal}$을 더해 주면 된다.

2. 부게보정

중력을 측정하면 측정 지점과 해수면 사이에 존재하는 암석 등의 물질에 의해 인력이 작용하여 측정값을 크게 하므로 그 영향을 제거해야 한다. 이렇게 측정면과 기준면 사이에 존재하는 물질의 영향을 제거하는 작업을 부게보정(Bouguer correction)이라고 한다. 부게보정에서는 그 물질이 수평적으로 무한히 뻗어 있다고 가정하여 물질의 밀도(ρ)에 의해 측정중력값이 해수면상에서의 그것보다 크게 나오게 되므로 식 (12.6)에 의해 구해진 Δg_B값을 빼 주면 된다.

$$\Delta g_B = 2\pi G \rho h \qquad (12.6)$$

위 식에서 G는 만유인력 상수, ρ는 측정 지점과 해수면 사이에 있는 물질의 밀도, h는 측정지점의 고도이다. 예를 들어, 밀도가 2.7×10^3 kg/m^{3}라고 하면, 1 m당 1.1×10^{-6} m/s^2 (gal)의 부게보정치를 얻을 수 있다(Fowler, 1990). 만약 측정 지점과 해수면 사이에 밀도와 두께가 서로 다른 화강암층과 편마암층이 있다고 하면, 각각의 밀도와 두께에 의한 각각의 Δg_B를 구해서 모두 빼주면 된다.

3. 지형보정

부게보정식을 나타낸 식 (12.6)은 지면이 무한한 평판이라고 가정하여 유도하였다. 그러나 실제로 존재하는 지형은 기복이 있으므로 그 영향도 고려를 해 주어야 한다. 예를 들어 측정지점 주위에 평판보다 높이 솟은 산이 있으면 산의 인력에 의하여 중력이 감소할 것이므로 그 감소분을 더해 주어야 한다. 반대로 계곡이 있다면, 부게보정을 할 때에 비어 있는 공간에 물질이 차 있는 것으로 가정하고 Δg_B를 뺐으므로, 빼준 값만큼을 다시 더해 주어야 한다. 이렇게 지형에 의한 영향을 제거해 주는 작업을 지형보정(terrain correction)이라고 한다. 지형보정치 ΔgT는 측점을 중심으로 구성한 가상의 동심원 통들과 지형도를 이용하여 도식적으로 구해진다(Fowler, 1990).

4. 중력이상

중력을 측정하고 보정을 실시하여 얻어진 값에서 표준중력값을 뺀 값을 중력이상(gravity anomaly)이라고 한다. 이상적으로는 중력보정을 정확히 했고 해수면 아래의 밀도가 균일하다면 중력이상이 있을 수 없지만, 모든 요소들에 대해서 완벽한 중력보정을 할 수도 없을 뿐더러, 지하 밀도가 균질하지 않기 때문에 중력이상이 생긴다. 중력이상에는 아래와 같은 종류가 있다.

프리에어이상 = 측정중력값 + 프리에어보정값 - 표준중력값
단순부게이상 = 프리에어이상 - 부게보정값
부게이상 = 단순부게이상 + 지형보정값

중력이상을 계산함으로 해서 지오이드 아래의 지질구조를 추정할 수 있다. 예를 들어 부게이상이 음의 값이 나왔다면 그것은 지오이드 아래에 있는 물질의 밀도가 지구전체 평균 및 해당지역의 평균치보다 작다는 것을 의미한다.

5 지각평형설

물이 가득 담긴 그릇에 얼음덩어리를 넣으면 얼음은 물에 잠기는 부피만큼의 물을 넘치게 하고 물에 뜬다. 이때 그릇의 밑바닥이 받는 압력은 모두 같다. 물보다 밀도가 낮은 얼음이 수면 위에 떠올라 있는 만큼 수면 아래로 들어가 있기 때문에 밑바닥의 단위면적이 받는 압력이 동일한 것이다. 이때 유체 정역학적평형(hydrostatic equilibrium)을 이루고 있다고 말한다.

마찬가지로 암석권도 아래의 연약권에 떠 있으면서 연약권 아래의 일정한 기준면에 대하여 평형을 이루고 있는데, 이것을 지각평형(isostatic equilibrium)이라고 한다. 지각평형에 관한 가설로는 1855년에 각각 발표된 George Airy와 J. H. Pratt의 가설이 있다.

1. Airy의 가설

Airy의 가설은 암석권의 밀도가 균일하다는 것을 전제로 한다. 산처럼 위로 높이 솟아 있는 부분은 마치 빙산처럼 아래로도 깊이 들어감으로써 초과된 질량이 보상되어, 일정깊이 이하에서는 면적당 압력이 같게 된다는 것이다(그림 12.5).

Chapter 12

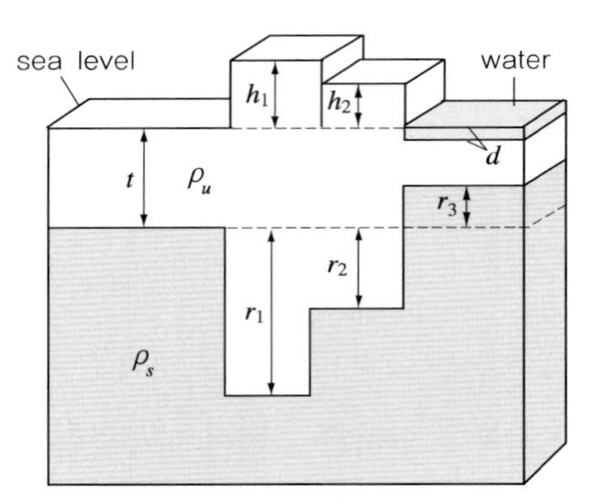

그림 12.5 Airy의 가설(Fowler, 1990)

그림에서 ρ_u는 암석권의 밀도를, ρ_s는 연약권의 밀도를 나타내며, 바닷물의 밀도를 ρ_w라고 할 때 아래와 같은 식이 성립한다(Fowler, 1990).

$$
\begin{aligned}
t\rho_u + r_1\rho_s &= (h_1 + t + r_1)\rho_u \\
&= (h_2 + t + r_2)\rho_u + (r_1 - r_2)\rho_s \\
&= d\rho_w + (t - d - r_3)\rho_u + (r_1 + r_3)\rho_s
\end{aligned}
\tag{12.7}
$$

Airy의 가설은 산맥, 해안선, 해양 등에서 확인된 부게이상을 통해서 증명된다. 부게이상은 일반적으로 산맥에서는 음의 값을, 해양에서는 양의 값을 가지며, 해안선에서는 0에 가까운 값을 가진다. 부게이상이 음이라는 것은 하부에 질량의 결손이 있다는 것을 뜻하므로, 산맥에서는 밀도가 낮은 암석권이 지하로 더 깊이 뿌리박혀 있음을 말해 준다.

2. Pratt의 가설

Pratt의 가설은 상부층의 깊이는 일정하며, 서로 다른 밀도와 높이를 가진 기둥들이 하부층 위에 떠 있음으로써 평형을 이룬다는 것이다. 즉 밀도가 높은 기둥은 높이가 낮고, 밀도가 낮은 기둥은 높이가 높아서 하부층이 받는 단위면적당 압력이 동일하게 유지된다는 것이다(그림 12.6). 이때 각 기둥은 밀도가 균일하다.

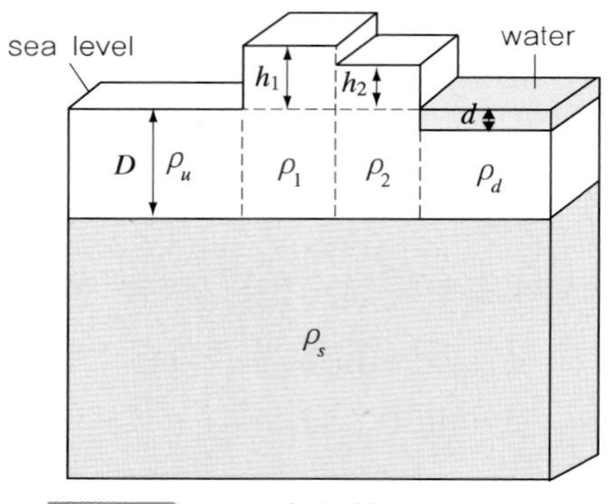

그림 12.6 Pratt의 가설(Fowler, 1990)

그림 12.6에서는 아래와 같은 식이 성립한다(Fowler, 1990).

$$\begin{aligned}\rho_u D &= (h_1 + D)\rho_1 \\ &= (h_2 + D)\rho_2 \\ &= \rho_w d + \rho_d (D - d)\end{aligned} \tag{12.8}$$

3. 열 아이소스타시

지각평형에 관한 Airy와 Pratt의 가설은 지각의 모든 부분을 설명하지 못할 뿐만 아니라 정량적 계산에 제한이 많다. 그러나 최근 지열류량을 통해 지각평형설을 보다 효과적으로 설명할 수 있는 연구가 열 아이소스타시(thermal isostasy)이다.

대륙에서는 지열류량과 지형고도 관계를 지진파 속도 분포, 밀도, 중력 열확산도 등을 이용하여, 계산된 환산지열류량과 지형고도 변화양상이 잘 적용되는 것으로 확인되었다(Han and Chapman, 1986).

판과 판이 만나는 수렴경계는 지각 두께가 두꺼운 부분일수록 지열류량이 크고, 발산경계는 지각 두께가 얇은 부분에서 지열류량이 크게 나타난다. 또한 해양에서는 평균지열류량이 수심, 퇴적 두께 및 해저 지각의 연령과 일정한 변화 양상을 보여 주는 것으로 최근 여러 연구에서 실증되고 있다.

4. 지반의 침강과 융기

Airy의 가설에 따르건 Pratt의 가설에 따르건 하부의 일정한 기준면에 대하여 그 상부의 질량으로 인하여 발생하는 단위면적당 압력은 일정하고, 그렇기 때문에 암권이 평형상태에 있음을 알 수 있다. 만약 어떤 갑작스런 변동으로 이러한 평형상태가 깨질 경우에 고지대는 침강하고 해수면 이하의 저지대는 융기함으로써 다시 평형을 이루게 될 것이다.

이에 대한 좋은 예가 빙하에 의한 지반의 침강과 융기이다. 빙하기에는 빙하가 대륙을 뒤덮음으로써 하중을 가하기 때문에 그만큼 암석권이 연약권으로 깊이 들어가야 한다. 반대로 빙하가 후퇴할 때에는 하중이 사라지기 때문에 그 손실된 질량을 보상하기 위하여 지반이 융기하게 된다. 스칸디나비아반도 지역에서는 마지막 빙하가 물러간 이후 지각이 균형을 이루기 위하여 현재까지 200 m 이상 융기하였다. 현재도 약 50 mgal 정도의 중력이상을 보이고 있어, 앞으로도 200 m 정도 더 융기할 것으로 예상된다.

3 중력퍼텐셜과 지오이드

❶ 중력퍼텐셜

중력장 내의 임의의 점에서 중력퍼텐셜(gravitational potential)은 단위질량을 무한히 먼 곳으로부터 그 점까지 옮겨오는 데 필요한 일로 정의된다. P점에 질량 m_1이 고정되어 있고, 단위질량 m_2를 무한히 먼 곳으로부터 P점으로부터 거리가 R만큼 떨어진 O점까지 임의의 경로를 따라 옮겨 온다고 하자. m_2가 O점에 도달하기 전, P점으로부터 거리가 r만큼 떨어진 점에 왔을 때, m_1에 의하여 m_2에 작용하는 힘 $\vec{F}$는 다음과 같다.

$$\vec{F} = -\frac{Gm_1}{r^2}\vec{r} \tag{12.9}$$

여기서 $\vec{r}$은 P점에서 m_2가 위치하는 점으로 향하는 단위벡터이다. m_2를 이동시킬 때 필요한 일 dW는

$$dW = \vec{F} \cdot dr = -\frac{Gm_1}{r^2}dr \tag{12.10}$$

이 된다. 따라서, m_1에 의한 중력장 내에서 단위질량 m_2를 무한히 먼 곳으로부터 O점까지 이동해 오는 데 드는 총 일 W는

$$\begin{aligned} W &= \int dW \\ &= -Gm_1\int_{\infty}^{R}\frac{1}{r^2}dr \qquad (12.11) \\ &= \frac{Gm_1}{R} \end{aligned}$$

이 된다. 그러므로 중력퍼텐셜 U도

$$U = \frac{Gm_1}{R} \tag{12.12}$$

이 되어, U는 m_1으로부터의 거리 R에만 의존함을 알 수 있다. 이 식을 R에 관해서 미분하면

$$\frac{\Delta U}{\Delta R} = -\frac{Gm_1}{R^2} \tag{12.13}$$

이 되어, 중력퍼텐셜을 거리에 대하여 미분하면 중력이 됨을 알 수 있다. 다시 말해 중력가속도는 중력퍼텐셜의 기울기가 된다.

② 지오이드

지오이드는 평균해수면을 육지까지 연장한 가상의 면으로서, 지구중력 방향에 수직인 등퍼텐셜면이다. 등퍼텐셜면(equi-potential surface)이란 같은 값의 퍼텐셜을 가지는 면으로서, 지구중력 방향에 수직인 면이다. 지오이드는 지구 내부의 질량분포가 불규칙하기 때문에 중력장이론에 따라 물리적으로만 정의되고, 간단하게 수학적으로 표현하는 것이 불가능하다. 측량에서는 지오이드면을 표고 0으로 하여 고도측량의 기준점으로 한다, 따라서 지오이드면에서는 위치에너지가 0이다.

그림 12.1에서 보듯이 지오이드와 타원체면의 거리를 지오이드 높이(geoidal height, N)라고 한다. 일반적으로 지오이드 높이 N은 육지에서는 양의 값을, 바다에서는 음의 값을 갖는다. 그것은 지오이드가 중력퍼텐셜이 같은 면이라는 점을 생각하면 이해하기 쉽다. 지구의 질량을 m_1이라고 하고, 단위질량 m_2를 무한히 먼 곳으로부터 가져온다고 할 때, 퍼텐셜이 일정하면 힘과 거리는 반비례 관계에 있게 된다.

즉, 중력에 의한 일의 양이 일정하므로 육지에는 바다에서보다 더 큰 질량이 있어 힘이 큰 만큼 옮겨오는 거리가 작아 지오이드가 올라가고, 바다에서는 힘이 작은 만큼 더 많은 거리를 이동시켜 지오이드는 내려가게 된다.

Chapter 12

4 WGS84 측지체계

지구 상의 임의의 지점의 위치, 방향, 측선의 길이 등을 정확히 나타내기 위해서는 좌표체계(座標體系)의 사용이 필수적이며, 현재 사용되는 좌표체계는 각 지역에 따라 수백 가지가 존재한다. 그러나 교통·통신기기가 더욱 발달함에 따라 높은 정밀도의 측지정보가 요구되고 상이한 좌표체계를 사용하는 여러 지역을 동시에 기술해야 하는 경우가 빈번해짐에 따라 단일지심(地心) 좌표체계의 사용이 요구되고 있다.

걸프전 당시 미군은 지구측지 좌표체계의 차이로 혼란을 경험한 바 있고, 우리나라의 경우는 육·해·공군이 서로 다른 지도체계를 가지고 있어서 연합작전 시 효과적인 임무수행이 힘든 실정이었다. 우리나라의 좌표체계는 일본 도쿄원점을 기준으로 한 Bessel 타원체와 도쿄 원점을 기준으로 부산까지 삼각망(三角網)을 구성하여 측량되기 때문에 그 오차가 크다.

좀 더 정확한 지구의 기하학적 모습을 나타내고 중력측지(重力測地)를 고려하여 미국 국가영상지도국(National Imagery & Mapping Agency)에서는 단일지심 좌표체계인 WGS(World Geodetic System)를 개발하였다. 이제까지 이러한 좌표체계는 WGS60, WGS66, WGS72 등이 있었으며, 계속 수정·보완되어 WGS84에 이르고 있다. 미국지질조사소(USGS; U.S. Geological Survey)와 미국 국가영상지도국에서는 일찍부터 WGS84를 사용하여 왔으며 러시아, 북한, 중국도 이와 유사한 체계를 가지고 있거나 전환 중이며 일본은 기존 좌표체계와 WGS84의 이중체계를 유지하고 있다.

전통적인 물리측지학에서는 육상 및 해상의 중력자료를 이용하여 왔으나 최근에는 GPS를 이용한 측지학적 연구가 활발히 진행되고 있다. GPS에 의한 자료는 종래의 관측수단으로는 직접 수집이 어려웠던 임의의 지점의 위치를 정확히 파악할 수 있고 지오이드 등에 관련되는 물리량을 직접 획득할 수 있을 뿐만 아니라 신속, 정확히 알 수 있다. 이러한 장점으로 인해 항해·항공 등의 자동항법장치, 통신, 측량과 군에서의 이용 등 그 응용 범위가 매우 광범위하여 수년 내에 일반인의 일상생활에까지 깊숙이 관련될 전망이다.

이러한 GPS는 WGS84 타원체를 기준타원체로 채택하여 좌표계를 구성하고 있으며, 이에 따라 우리나라에서도 GPS를 효과적으로 이용하고, 높은 정밀도를 지닌 측지정보의 확보를 위해서 기존의 Bessel 타원체를 기준으로 작성된 측지자료들을 WGS84로 바꾸는 것이 필요하다. 군사지도는 1996년부터 WGS84 타원체를 표준타원체로 하여 만들어지고 있다. 그러나 민간분야의 지도는 아직도 Bessel 타원체를 기준으로 제작되고 있으며, 국립지리원에서는 2007년까지 WGS84 타원체와 거의 동일한 GRS80 타원체로 전환할 계획이다.

① Bessel 타원체와 GRS 타원체

현재 우리나라에서 지도제작의 표준타원체로 삼고 있는 Bessel 1841 타원체는 장반경(a)은 6,377.397155 m, 편평도(f)는 1/299.152815인 타원체이다(표 12.1 참조). 이 타원체는 1841년 독일의 천문학자·수학자인 Friedrich W. Bessel이 만들었다. 만든 당시에는 네덜란드를 비롯한 유럽 대부분의 국가가 채택하였다. 그 후 네덜란드를 통하여 일본에 들어왔고 우리나라 지도제작을 위한 표준타원체로 채택되었다. 일본은 동경에 측지원점을 둔 Bessel 타원체로서 지도를 제작하고 일제 강점기 때인 1910년대에 우리나라에서 토지조사사업을 하고 지도를 제작하면서 표준타원체로서 Bessel 타원체를 채택한 것이다. 우리나라의 민간분야는 국가표준타원체로서 2007년에 GRS80으로의 전환을 계획하고 있다. 우리나라의 군사용 지도는 WGS84 타원체를 채택하고 있으며, 일본은 2002년부터 WGS84를 지도제작의 표준타원체로 채택하였다.

GRS80(Geodetic Reference System 1980) 타원체는 IAG(International Association of Geodesy) 및 IUGG(International Union of Geodesy and Geophysics)가 1979년에 채택한 타원체이다. 이 타원체의 지구장반경(a)은 6,378,137 m, 편평도(f)는 1/298.257이다(표 12.1 참조). 지구의 질량중심을 타원체의 중심으로 한 타원체로서 자연과학 분야에서 널리 사용된다.

GRS80과 WGS84 타원체는 단반경에서 약 0.1 mm의 차이가 날 뿐 거의 동일한 크기의 타원체이다. 측지기술의 발전에 따라서 지구의 질량중심을 타원체의 중심으로 채택하는 타원체들은 점차 비슷해져 가고 있다.

ITRF(International Terrestrial Reference Frame, 국제지구기준좌표계)는 1991 IUGG에서 채택한 지구타원체를 위한 좌표계로서 정밀도가 계속 증가함에 따라 현재는 ITRF2004까지 개발되어 있다. 우리나라는 2007년에 GRS80 타원체로 전환함에 있어서 타원체원점의 좌표는 ITRF를 채택할 계획이다.

② WGS84 타원체

지표나 지상에서 한 점의 위치를 정확히 결정하는 것은 매우 복잡하고 어렵다. 매순간 지구는 자전축이 움직이고 따라서 적도면(赤道面)과 천문자오선(天文子午線)도 변화하여 좌표의 기준계로서 부적합하다. 그래서 표준 좌표계는 밀도가 균질한 강체(rigid body)로서 일정 속도로 자전하고 고정된 자전축을 갖는 가상적인 표준지구를 사용한다.

CTS(Conventional Terrestrial System)는 국제시보국(BIH; Bureau International de l' Heure)에서 정의한 이러한 표준지구의 좌표계이며, WGS84는 바로 BIH에서 정의한 CTS를 기준계로서 사용한다. 이와 같은 CTS의 원점은 지구의 질량중심이며, Z축은 평균천극, X축은 표준시결정에 이용되는 기준자오선으로 정의되며 Z축과 90°를 이루는 적도상에 존재한다. Y축은 X축으로

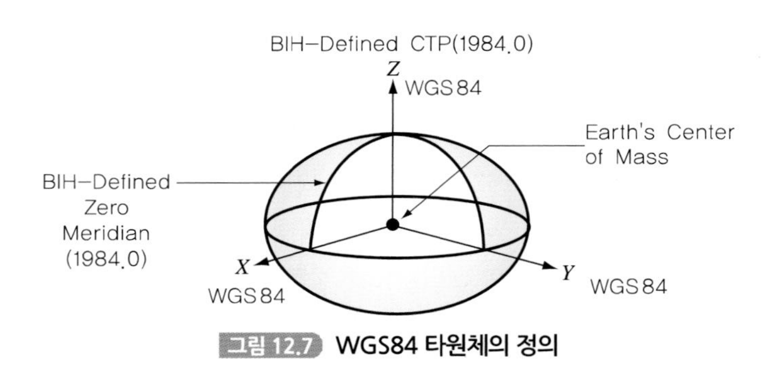

그림 12.7 WGS84 타원체의 정의

부터 동쪽으로 90° 떨어진 적도상의 방향으로 정의되며, 이는 그림 12.7에 잘 나타나 있다. CTS는 별들의 평균위치에 대해 회전하지 않으며 수평운동도 없는 우주에 고정된 좌표계인 CIS (Conventional Inertial System)에 지구의 실제운동인 장동(章動, astronomical nutation), 세차운동(歲差運動, precession), 자전(自轉) 등을 고려하여 다음 식으로 표시된다.

CTS = [A][B][C][D] CIS (12.14)

[A]: 극운동을 나타내는 행렬

[B]: 항성시(지구자전의 효과)를 고려한 행렬

[C]: 장동에 의한 효과를 고려한 행렬

[D]: 세차운동에 의한 효과를 고려한 행렬

WGS84는 GRS80 타원체를 채택함으로써 지구중심의 등퍼텐셜 회전타원체의 형상을 갖는다. 타원체를 정의하는 변수는 다양하지만 기하학적, 중력적 편의를 위해 다음의 4가지 변수, 즉 장반경(a), 지구의 중력상수(G), 정규 2차띠 중력계수, 지구의 각속도로 정의될 수 있다. 이 변수들의 값과 타원체의 편평도, 이심률, 단반경은 표 12.2와 같다.

표 12.2 WGS84 타원체의 변수

변수명	값
장반경(a)	6,378,137 ± 2 m
정규 2차띠 중력계수($\overline{C_{2,0}}$)	$(-484.16685 \pm 1.30) \times 10^{-6}$
지구의 각속도(ω)	$(7,292,115 \pm 0.1500) \times 10^{-11}$ rad/sec
지구의 중력상수(G)	$(3,986,005 \pm 0.6) \times 10^{8}$ m^3/sec^2
편평도(f)	0.00335281
이심률(e)	0.08181919
단반경(b)	6,356,752.3142 m

③ WGS84 중력모델(Earth Gravity Model; EGM)

앞에서 말한 바와 같이 WGS84 타원체는 지심 등퍼텐셜 회전타원체이다. 회전타원체가 주어지면 위에서 정의한 4개의 매개변수(장반축, 2차띠 중력계수, 지구중력 상수, 각속도)를 이용하여 타원체 내부의 밀도분포와 관계없이 등퍼텐셜면(equi-potential surface)에서 이론적인 중력퍼텐셜을 유일하게 결정할 수 있다. 타원체 내부의 질량분포와 무관하게 이론적 중력퍼텐셜을 결정하기 위해, 중력퍼텐셜(U)을 1차 편평도의 타원면 조화함수(ellipsoidal harmonics)의 멱급수로 전개하여 타원체면이 등퍼텐셜면이라는 조건으로 다음과 같이 이론중력값(γ), 즉 ∇U를 각 표면에서 구할 수 있다.

$$\gamma = \frac{(a\gamma_e \cos^2\phi + b\gamma_p \sin^2\phi)}{(a^2\cos^2\phi + b^2\sin^2\phi)^{\frac{1}{2}}} \tag{12.15}$$

여기서, a, b는 각각 타원체의 장반축과 단반축, γ_e, γ_p는 각각 적도와 극에서 이론중력값, ϕ는 지리위도, e^2은 1차 편평도(flatness)의 제곱이다. 이를 WGS84에 적용시키면 다음과 같다.

$$\gamma = 9.780327 \times \frac{1 + 0.00193185\sin^2\phi}{1 - 0.00669438\sin^2\phi}\,(\mathrm{m/sec^2}) \tag{12.16}$$

여기서 γ_e는 978.03267714(gals)이다.

한편, WGS84에서 중력값을 계산할 때 사용한 타원체는 대기의 질량을 포함한 타원체이다. 따라서 지표나 지상에서 중력값을 계산할 때 대기밀도분포(大氣密度分布)의 변화를 고려하지 않아도 된다. 그러나 대기의 효과를 고려해야 한다면 측정값에 대한 보정에서 고려되어야 한다. 즉, 대기 보정은 대기에 의한 중력값(δg_A)을 측정중력값에 더해야 한다. 실험식에 의하면 다음과 같다.

$$\delta g_A = 0.87\exp[-0.116h^{1.047}]\,\mathrm{mgal}\ \ (h : \text{고도}) \tag{12.17}$$

일반적으로 34 km 이상에서 대기의 영향은 무시할 수 있다. 위 식의 오차는 ±0.0094 mgal이며 WGS84 타원체에 대한 중력이상은 아래와 같다.

$$\Delta g_{84} = g + \delta g_A - \gamma_{84} + \text{gravity reduction term} \tag{12.18}$$

여기서, Δg_{84}는 WGS84 타원체에 근거한 중력이상값, g는 측정중력값, γ_{84}는 이론중력값, 그리고 gravity reduction term은 프리에어, 부게, 지형보정이 포함된 중력값이다.

WGS84와 이전의 WGS 지구중력모델(earth gravity model)은 위성궤도자료(satellite tracking data)와 평균중력이상(surface mean gravity anomaly data)을 이용한 최소자승법(least squares method)으로 주로 결정되어 왔다. 위성궤도자료는 1960년 이래로 사용되었는데 일반적

으로 대기마찰이 작고 중력퍼텐셜 조화함수에 충분히 민감한 중간고도 위성(근지점고도가 700 ~1,200 km)이 주로 이용된다. 위성궤도의 섭동(攝動)의 규모는 수백 미터부터 수 미터까지이며, 이의 분석을 위해 매우 정확한 궤도자료가 필요하다.

다음으로, 가장 중요한 자료라고 할 수 있는 지구표면의 평균중력이상 자료는 개개 지점의 중력 측정치를 등적평균(等積平均)을 내어서 사용한다. 기본자료로부터 중력모델정보를 얻는 데는 3° × 3° 등적평균이면 충분하다. 평균지오이드고(altimetric mean geoidal height)는 지구중력장의 변화량 결정에 주로 이용되며 3° × 3° 등적평균값이 이용된다. 마지막으로 WGS84 중력모델의 개발에 새롭게 포함된 자료로서 NAVSTAR GPS와 LAGEOS 위성궤도자료는 저차(low degree)와 저계(low order)의 조화함수 계수(coefficient) 결정에 이용된다.

WGS84 중력모델은 총 32,755개(degree(n)=180, order(m)=180)의 계수(coefficient)로 구성된다. 이 계수들은 두개의 독립적인 방법으로 얻어지는데 각 과정에서는 전 세계적인 1° × 1° 격자의 평균 free-air 중력이상자료를 이용한다. 먼저 앞에서 언급한 여러 유형의 자료를 이용하여 정규방정식(normal equation)을 세우고 중력계수를 얻기 위해 가중 최소자승법(weighted least squares method)을 이용한다. 계수(degree)와 차수(order)가 각각 41 이하인 계수(coefficient)들은 3° × 3° 프리에어 중력이상과 평균지오이드 높이를 이용한 정규행렬 방정식을 풀고 여기에 위성자료를 이용한 정규방정식을 조합하여 매 단계마다 검증하여 계수를 결정한다. 계수와 차수가 41에서 180까지의 계수(coefficient)는 1° × 1° 격자의 평균중력이상 자료의 구형조화분석(spherical harmonic analysis)으로 얻어진다. 이렇게 얻어진 계수들을 종합하여 WGS84 중력모델을 완성하며, WGS84 중력모델계수들은 지오이드고(geoid height)와 중력요란성분(수직성분에서의 편기값)을 계산할 때, 그리고 1° × 1° 격자 간의 평균중력이상 연구에 이용된다.

④ WGS84 지오이드

지오이드는 등퍼텐셜면으로 지구의 평균해수면과 일치하며 육지에서는 가상적으로 수로를 만들었을 때의 해수면으로 정의한다. 그러므로 지오이드는 평균해수면으로부터의 높이(h)를 결정하는 기준점이 될 뿐만 아니라 h 값의 결정에도 이용될 수 있다.

$$h = H - N \tag{12.19}$$

여기서, H는 타원체로부터의 높이, N은 지오이드고(타원체로부터 지오이드의 높이) 그리고 h는 평균해수면고도이다.

WGS84 지오이드고는 구형 조화전개(spherical harmonic expansion)와 계수와 차수가 180까지인 WGS84 중력모델을 사용하여 얻을 수 있으며, 다음 식으로 표현된다.

그림 12.8 WGS84 지오이드고

$$N = \frac{GM}{\gamma}\left[\sum_{n=2}^{N_{\text{MAX}}}\sum_{m=0}^{n}\left(\frac{a}{r}\right)^{n}(\overline{C}_{n,m}\cos m\lambda + \overline{S}_{n,m}\sin m\lambda)\overline{P}_{n,m}(\sin\phi')\right] \quad (12.20)$$

여기서, r은 지구중심으로부터의 거리, a는 장축의 길이, n, m은 각각 구면조화전개의 계수와 차수, N_{MAX}은 계수 및 차수의 최댓값, $\overline{C}_{n,m}$, $\overline{S}_{n,m}$은 중력계수, ϕ'은 지심위도, λ는 지심경도, 그리고 $\overline{P}_{n,m}(\sin\phi')$은 부(副)르 장드르(Legendre) 함수이다.

일반적으로 모든 점에서 계수(degree)와 차수(order)가 180까지인 계수(coefficient)를 이용하여 계산된 지오이드고를 구한다는 것은 컴퓨터 용량이나 속도 측면에서 적절치 않다. 그러므로 30′×30′ 격자의 지오이드 높이를 이용하여 내삽법으로 구한 값을 이용한다.

WGS84 타원체를 기준으로 하여 구한 WGS84 지오이드고가 그림 12.8에 등고선도로 나타나 있다. 등고선에 표시된 숫자는 WGS84 타원체로부터의 높이이며 단위는 미터이다. 여기서는 계수와 차수가 각각 18까지인 계수를 이용하여 1°×1° 격자로 표현한 것이다.

5 WGS84의 좌표변환법

일반적으로 지도제작이나 측지활동은 국지측지 좌표체계(LGS, Local Geodetic System)를 이용하여 이루어진다. 그러므로 LGS를 단일 좌표체계인 WGS84와 연관시키는 방법은 매우 중요하다. 이와 같은 목적을 달성하기 위해서 같은 지점에서 지심좌푯값과 지역좌푯값을 알고 있어야 하며, 가장 적합한 지심좌표체계로는 1,591개 관측소의 좌푯값이 알려져 있는 Doppler 위성 좌표체계이다. 물론 Doppler 좌푯값은 WGS84 좌푯값을 얻기 위해 수정되어야 한다.

LGS에서 WGS84로 변환하기 위해서는 가능한 한 많은 지점(가능한 한 편중되지 않고 고르게 분포하는 지점)에서 LGS와 WGS84 좌푯값을 알고 있어야 한다. LGS-to-WGS84 변환관계식을 만들기 위해서는 1,591개 Doppler 관측소의 좌푯값을 이용하는데, 동일지점에서 WGS84 좌푯값과 LGS 좌푯값의 차이인 ΔX, ΔY, ΔZ 값이 필요하다. Doppler 관측소의 LGS 좌표(ϕ, λ, H)를 이용하여 LGS(X, Y, Z)값을 계산하며 LGS-to-WGS84값의 차이는 다음과 같이 구할 수 있다.

$$X_{WGS84} - X_{LGS} = \Delta X \quad (12.21)$$
$$Y_{WGS84} - Y_{LGS} = \Delta Y$$
$$Z_{WGS84} - Z_{LGS} = \Delta Z$$

그러나 LGS의 지오이드고(N)는 신뢰할 수 없으며, 따라서

$$H_{LGS} = N_{LGS} + h \quad (12.22)$$

에서 얻은 국지타원체의 높이 H_{LGS}는 정확도가 매우 떨어진다. 이는 다시 LGS의 X, Y, Z 값의 정확도를 떨어뜨린다. 그러므로 DMA(Defence Mapping Agency)에서 다시 구한 N_{DMA}를 사용하여 구한다.

$$H_{LGS} = N_{DMA} + h \tag{12.23}$$

Doppler 관측소의 LGS 직각 좌푯값은 다음과 같이 구한다.

$$\begin{aligned} X_{LGS} &= (R_N + H_{LGS})\cos\phi\,\cos\lambda \\ Y_{LGS} &= (R_N + H_{LGS})\cos\phi\,\sin\lambda \\ Z_{LGS} &= \left[R_N(1+e^2) + H_{LGS}\right]\sin\phi \end{aligned} \tag{12.24}$$

여기서 R_N 은 난유선(卯酉線, prime vertical)에서의 곡률반경(曲率半徑)이다.

일반적으로 WGS84와 LGS 좌푯값의 차이가 주어지면 아래와 같이 Doppler 관측소가 아닌 곳에서 WGS84 좌푯값을 구할 수 있고 구면좌표계에서는 다음과 같다.

$$\begin{aligned} \phi_{84} &= \phi_{LGS} + \Delta\phi \\ \lambda_{84} &= \lambda_{LGS} + \Delta\lambda \\ H_{84} &= H_{LGS} + \Delta H \end{aligned} \tag{12.25}$$

직각좌표계에서는 다음과 같이 주어진다.

$$\begin{bmatrix} X \\ Y \\ Z \end{bmatrix}_{84} = \begin{bmatrix} X \\ Y \\ Z \end{bmatrix}_{LGS} + \begin{bmatrix} \Delta X \\ \Delta Y \\ \Delta Z \end{bmatrix} + \begin{bmatrix} \Delta S & \omega & -\psi \\ -\omega & \Delta S & \varepsilon \\ \psi & \omega & \Delta S \end{bmatrix} \begin{bmatrix} X - X_0 \\ Y - Y_0 \\ Z - Z_0 \end{bmatrix}_{LGS} \tag{12.26}$$

여기서, ΔS = LGS의 축척의 변화량, $(\varepsilon, \psi, \omega)$ = WGS84와 LGS축의 방향, 그리고 (X_0, Y_0, Z_0) = LGS를 결정한 원점의 좌표이다.

Chapter 12

좌표변환에는 여러 가지 방법이 있으나, 구면좌표계인 경우 표준 Molodensky 방법을 사용하고, 직각좌표계인 경우 7개 변수변환법(7-parameter datum transformation)을 가장 많이 사용한다. 한편 두 경우 모두 LGS에서 비선형변형(nonlinear distortion)을 고려하기 위해 다중회귀방정식(multiple regression equation)을 사용할 수 있다. 한 좌표계에서 다른 좌표계로의 좌표변환을 일반화하면 세 축 방향의 이동, 세 축을 기준으로 한 회전, 그리고 축척의 변화를 포함하게 된다. 그래서, 7개 변수변환법의 일반적인 좌표변환식은 다음과 같다.

$$\begin{aligned} X_{84} &= X_{LGS} + \Delta X_T + \omega(Y - Y_0)_{LGS} - \psi(Z - Z_0)_{LGS} + \Delta S(X - X_0)_{LGS} \\ Y_{84} &= Y_{LGS} + \Delta Y_T - \omega(X - X_0)_{LGS} + \varepsilon(Z - Z_0)_{LGS} + \Delta S(Y - Y_0)_{LGS} \\ Z_{84} &= Z_{LGS} + \Delta Z_T + \omega(X - X_0)_{LGS} - \varepsilon(Y - Y_0)_{LGS} + \Delta S(Z - Z_0)_{LGS} \end{aligned} \tag{12.27}$$

위 식에서 미지수는 ΔX_T, ΔY_T, ΔZ_T, ε, ψ, ω, ΔS 등 7개이다. 그러므로, 최소한 3곳에서 LGS와 WGS84 좌푯값을 알고 있어야만 7개 매개변수를 결정할 수 있다. 그러나 분포가 좋지 않을 경우 변환식은 부정확해진다. 그래서 대부분 ΔX_T, ΔY_T, ΔZ_T만을 포함하는 3변수 방정식을 풀 때가 많다.

Molodensky 변환법의 경우 일반적으로 축약 Molodensky법이 많이 사용되지만 정확도를 요하는 곳에서는 표준 Molodensky법을 사용한다. Molodensky법에 사용되는 ΔX, ΔY, ΔZ는 LGS 내에서 평균값을 사용하므로 정확도는 떨어진다. Molodensky법은 개개의 지역값에서 ΔX, ΔY, ΔZ 값이 정해질 때 정확해지므로 특정지역의 값을 얻기 위해 ΔX, ΔY, ΔZ 등고선도를 만드는 것이 필요하다. 다중회귀 방정식을 이용한 변환법은 ΔX, ΔY, ΔZ를 사용한 Molodensky 변환보다 정확하며 $\Delta\phi$, $\Delta\lambda$, ΔH를 직접 얻을 수 있으므로 WGS84 좌표결정에 유리하다. 일단 Doppler 관측소자료로부터 LGS - to - WGS84 변환값이 만들어지면 이를 이용하여 관측영역 내에서 Doppler 지점이 아닌 곳에서 WGS84 좌표를 결정할 수 있다. 만약 ΔX, ΔY, ΔZ의 형태로 주어지면 Molodensky법을 사용하며, $\Delta\phi$, $\Delta\lambda$, ΔH의 형태로 주어지면 다중회귀 방정식을 사용한다.

Chapter

13

지형분석기법

1. 지 도
2. 항공사진
3. 원격탐사
4. GPS와 GIS

지구 상에서 나타나는 자연 및 인문현상들은 군사작전이나 환경관리, 지역개발계획 등 다양한 목적을 위한 정보의 원천이 된다. 이 정보들은 다양한 경로를 통해서 획득 및 분석되는데, 그러한 정보들을 획득하는 방법으로는 지도와 원격탐사를 들 수 있고, 이렇게 수집된 정보들은 지리정보시스템을 통해서 체계적으로 분석될 수 있다. 이 장에서는 정보를 획득하는 방법으로서 지도와 원격탐사, 그리고 위치정보를 획득하는 GPS와 GIS를 소개하고자 한다.

1 지 도

지도란 지표공간에서 나타나는 현상들을 2차원의 평면에 나타낸 그림의 일종이다. 모든 지도는 현상들의 위치정보를 가지고 있고, 위치를 체계적으로 나타내기 위해 좌표체계(coordinate system)가 사용된다. 결국 지도는 위치와 현상 간의 상관관계라고 하는 기본속성을 가지고 있다(한균형, 1996). 예를 들면 우리나라의 강수량분포를 나타내는 지도는 강수라는 현상이 위치에 따라 어떻게 달라지는가를 알 수 있게 한다. 지상 군사작전도 지표면에서 일어나기 때문에 지도는 군사정보와 작전상황을 표시하는 가장 효과적인 수단이 되고 있다.

실제의 지구표면에서부터 종이나 컴퓨터상의 지도가 제작되기까지의 과정은 그림 13.1과 같다. 높은 산과 평지로 복잡하게 구성된 실제 지구는 측지학과 지구물리학의 이론에 의해 회전타원체와 지오이드모델로 단순화된다. 이러한 모델로부터 지도학의 지도투영법, 좌표체계, 측량학의 지식과 결과를 이용하여 기본지도가 만들어진다.

지도는 위치를 나타내기 위하여 좌표체계를 필요로 할 뿐만 아니라, 타원체면으로 나타나는 지구표면을 평면에 표시하는 변환과정을 요구한다. 따라서 지도를 이해하기 위해서는 기본적으로 투영법과 좌표체계를 이해해야 한다.

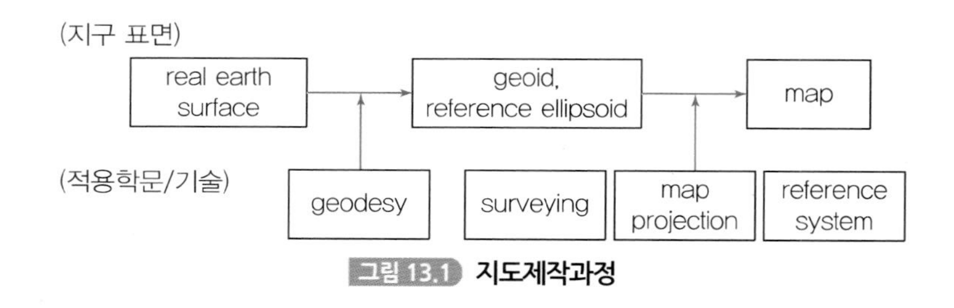

그림 13.1 지도제작과정

1 투영법

1. 투영법의 개념과 종류

투영법 또는 도법(map projection)이란 곡면인 지구표면을 평면으로 변환하는 방법이지만, 곡면을 평면으로 변환하는 과정에서는 지표 상의 위치관계가 달라지는 왜곡이 필연적으로 발생한다. 이 왜곡은 불가피하므로 지도투영을 할 때에는 용도에 따라 면적, 거리, 방위 같은 어느 한 요소를 정확하게 유지하고, 다른 요소들의 정확성을 희생하게 된다.

지도가 어떠한 특성을 가지게 하느냐에 따라서 많은 투영법이 개발되었다. 이들은 크게 정형(正形, conformal), 정적(正積, equal-area), 정거(正距, equidistance), 방위(方位, azimuthal)도법 등으로 구분할 수 있다. 다른 구분방식으로는 기본투영면에 따라 원통 및 그와 관련된 도법, 원추 및 그와 관련된 도법, 평면 및 그와 관련된 도법, 기타 도법으로 분류할 수 있다(한균형, 1996). 투영시점(視點)에 따라서는 심사투영, 평사투영, 정사투영 등이 있다.

정형도법(conformal projection)은 지표면의 대상의 형상(form)이 원래의 지표면에서나 지도 상에서나 동일하게 나타나는 것을 말한다. 따라서 형상(form)이 동일한 것 외에, 예를 들면, 축척은 위치에 따라서 동일하지 않을 수 있다. 지표면에서 경위선은 직교하기 때문에 지도 상에서도 경위선이 직교하는 형태로 나타난다. 대표적인 정형도법으로는 메르카토르 도법, 횡축 메르카토르 도법, 람베르트 정형 원추도법(Lambert's conformal conic projection)이 있다.

정적도법(equal-area projection)은 지도상의 각 부분의 면적이 동일한 비율로 축소되는 도법이다. 따라서 거리나 모양이 실제와 다르게 표현된다. 세계지도와 같은 대부분의 교육용 소축척 지도는 정적도법으로 제작된 지도를 사용하고 있다. 대표적인 정적도법으로는 람베르트 정적도법(Lambert's equal-area projection), 알베르 정적도법(Alber's equi-area projection), 시뉴소이드 도법(sinusoidal projection), 몰바이데 도법(Mollweide projection), 구드 도법(Goode's homolosine projection) 등이 있다(그림 13.2).

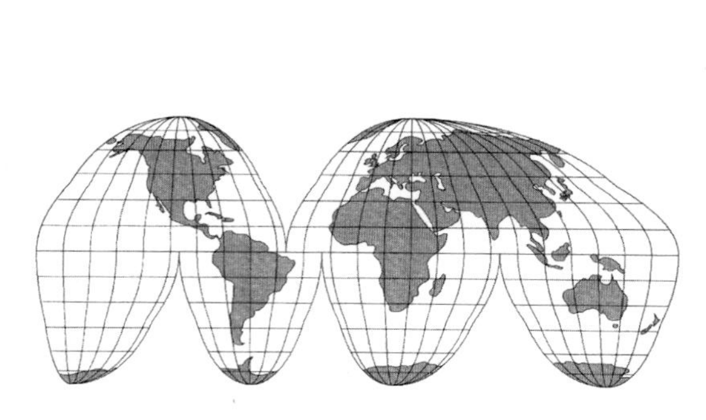

그림 13.2 구드 도법(Campbell, 1984)

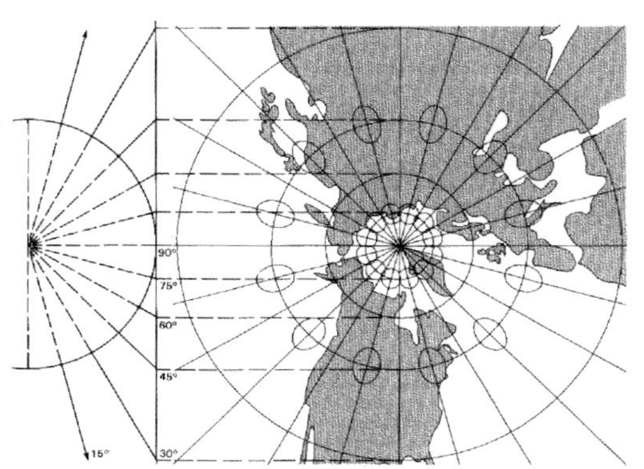

그림 13.3 심사도법(Campbell, 1984)

방위도법(azimuthal projection)은 구에 접하는 평면에 대하여 빛이 지구중심을 지나도록 투영함으로써 접점을 중심으로 하여 각 방향으로 일정한 패턴을 보이게 하는 도법이다. 방위도법에서는 이중심으로부터 지도 상의 어느 한 점까지의 방위각(azimuth)은 항상 정확하다. 방위도법은 무한히 많은 종류가 가능하지만 람베르트 정적도법, 평사도법(stereographic projection), 방위정거도법(azimuthal equidistant projection), 정사도법(orthographic projection), 심사도법(gnomonic projection) 등 5가지가 잘 알려져 있다(Robinson et al., 1995).

2. 주요 투영법의 특성

(1) 메르카토르 도법

메르카토르 도법(Mercator projection)은 1569년 네덜란드의 Gerhardus Mercator(1512～1594)에 의해 항해용으로 고안되었으며, 가장 널리 알려진 정형, 원통도법이다. 이 도법의 원리는 수학적 계산에 기본을 두고 있지만 그림 13.4와 같이 원통도법으로 간단히 설명될 수 있다. 즉 지구의 적도에 외접(外接)하는 원통으로 지구를 둘러싸고 지구의 중심에서 지표의 각 지점을 원통상에 투영시켰을 때 나타나는 지도이다.

지도의 특색은 모든 경선과 위선이 직선이고 서로 직교하며, 지도 상에서 경선의 간격은 일정하고 위선의 간격은 고위도로 갈수록 넓어진다. 위선의 간격은 실제에 비해 고위도로 갈수록 확대되는데 적도에서는 정확하고 위도 60°에서는 2배, 80°에서는 약 6배, 그리고 극에서는 무한대로 확대된다(그림 13.5 참조).

메르카토르 도법의 장점은 지도 상의 방위각과 실제의 방위각이 동일하게 측정된다는 점이다. 지도 상의 임의의 두 점을 연결한 직선은 정방위선(rhumb line or loxodrome)으로서, 교차하는 경선들과 모두 같은 각도를 이룬다. 정방위선이 나타나기 때문에 메르카토르 도법으로서 항해 목적지까지의 방위각을 구하고 나침반에 의한 항해가 가능한 것이다.

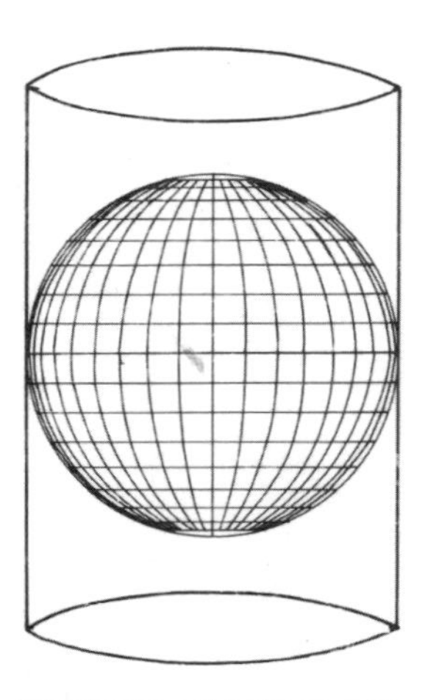

그림 13.4 메르카토르 도법

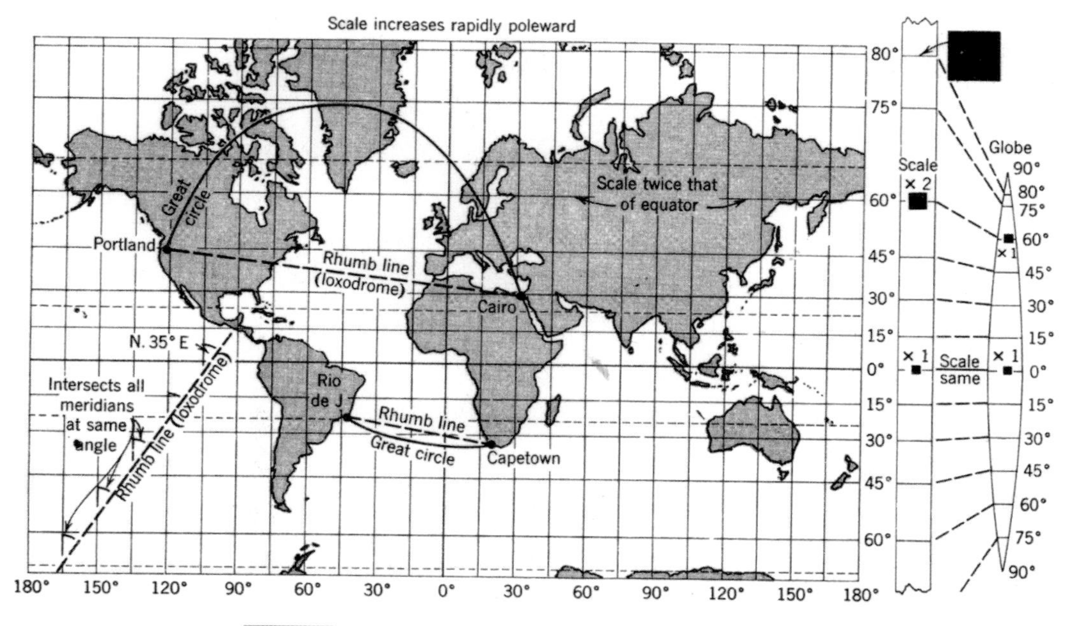

그림 13.5 메르카토르 도법의 지도(Strahler & Strahler, 1992)

메르카토르 도법의 지도는 정각성(正角性)을 가지고 있으므로 이동의 방향성이중요한 지도, 즉 해류도(海流圖)나 기상도(氣像圖) 등에 효과적으로 이용된다. 또 정방위선이 필요한 항해나 항법 목적의 지도나 적도지역의 지도에도 많이 사용된다.

정방위선은 두 지점 간의 방위각을 나타내지만, 해당 두 지점 간의 최단경로를 나타내는 대권(great circle)은 아니다. 그림 13.5에서 보는 바와 같이, 이집트의 카이로에서 미국의 포틀랜드(Portland)를 연결하는 대권은 실선으로 그린란드 중부를 경유하는데, 파선으로 나타난 등각선과는 현저한 차이가 있음을 알 수 있다. 저위도로 갈수록 정방위선과 대권의 차이는 좁혀지며, 적도에서는 정방위선과 대권이 일치한다. 항해나 항공에서는 두 지점 간의 최단거리인 대권을 따르는 것이 가장 경제적이겠지만, 이를 위해서는 끊임없이 진행 방위각을 변경시켜야 하는 어려움이 따른다. 따라서 실제 항해나 항공에서는 대권 위에 있는 몇 개의 현저한 지점을 연결하는 꺾어진 직선행로를 정하고, 각 직선부분의 정방위선 방위각을 정하여 항해나 항공을 한다. 대권은 지구의나 정거도법을 채택한 지도 위에서 쉽게 찾아낼 수 있다.

(2) 횡축 메르카토르 도법

횡축 메르카토르 도법(Transverse Mercator projection; TM projection)은 메르카토르 도법에 기초하여 1772년 Lambert(1728～1777)가 고안한 정형, 원통도법이다(Snyder, 1987). TM 도법은 개념적으로는 메르카토르 도법과 동일하나, 원통에 외접할 때 원통을 옆으로 90° 회전시켜 특정한 경선과 접하게 한 후 투영하는 도법이다. 원통과 접하는 경선을 중앙경선(central meridian)이라 한다.

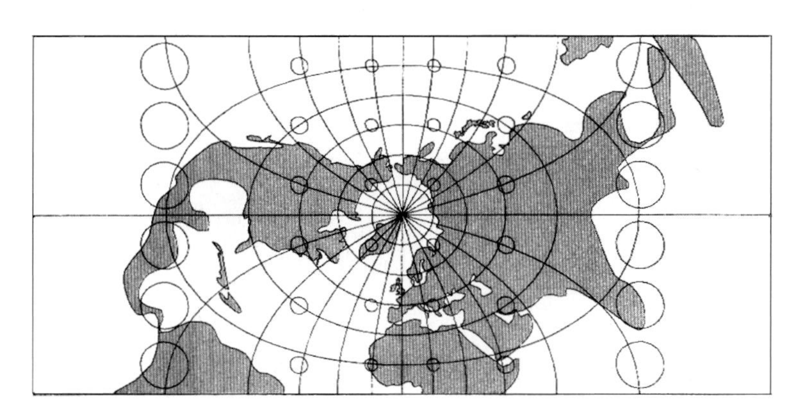

그림 13.6 북반구를 TM 도법으로 나타낸 지도(Campbell, 1984)

TM 도법에서는 메르카토르 도법이 가지는 직선의 경선과 위선이라는 특색이 모두 없어진다. 중앙경선과 중앙경선에서 90° 떨어진 경선, 그리고 적도는 직선이고 나머지 경선과 위선은 곡선을 그리며 복잡하게 배열되어 있다(그림 13.6).

중앙경선을 따라서는 거리가 정확하며, 중앙경선에 근접한 지역에서는 거리, 방향, 형상, 면적 등이 비교적 정확하고 그로부터 벗어날수록 왜곡이 급속히 증가한다. 이 도법은 왜곡이 적은 부분인 중앙경선이 남북방향으로 있기 때문에 동서보다 남북방향으로 긴 나라의 지도 제작에 적합하다. 또한 정형도법에 속하므로 중앙경선에 가까운 소규모 지역에서는 형상과 면적이 모두 실제와 동일하게 표시되기 때문에 대축척지도의 제작에 적합하다. 왜곡을 줄이기 위해서 원통을 외접시키지 않고 지구의와 교차하도록 하여 두 개의 기준경선을 사용하기도 한다. 여러 나라의 대축척지도 제작에 이용되며, 우리나라에서도 1 : 25,000 및 1 : 50,000 지형도 제작에 이용된다.

(3) UTM 도법

UTM 도법(Universal Transverse Mercator projection)이란 지구를 경도 6° 간격으로 TM 도법에 의해 투영한 후 이를 합성하여 지도를 만드는 도법이다. 따라서 6°마다 기준경선이 있게 된다. 지구전체에는 60개의 TM 지도가 있게 되며 이를 하나로 합성하면 세계지도가 된다(그림 13.7). 군사용지도는 이러한 UTM 도법에 의하여 제작되었다.

2 좌표체계

지도에서 가장 중요한 기능이 위치표시라고 해도 과언이 아니며, 이러한 위치는 좌표체계(coordinate system)에 의해 정의된다. 지구표면은 타원체이기 때문에 위치를 간편하게 표시하기란 용이한 일이 아니다. 일반적으로 가장 많이 사용되는 좌표체계는 지리좌표체계이며, 군사용으로는 평면직각좌표계인 UTM 좌표체계가 많이 사용된다.

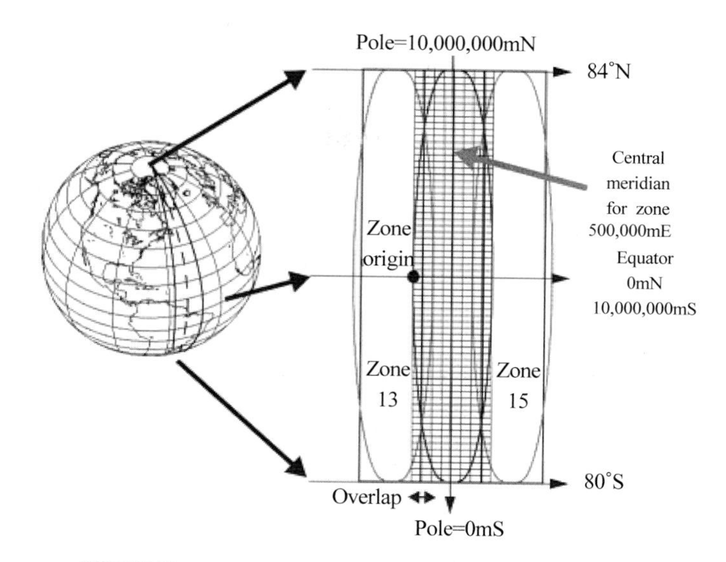

그림 13.7 UTM 도법에 의한 세계지도(http://ioc.unesco.org)

1. 경위도좌표체계

경위도좌표체계란 경도(longitude)와 위도(latitude)로서 지구 상의 좌표를 나타내는 것이다. 이것은 일명 지리좌표체계(geographical coordinate system)라고도 한다.

지구의 자전축이 지표면과 만나는 점을 극(polar)이라 하고, 이로부터 90° 떨어진 점을 적도(equator)라 한다. 위도(latitude)란 남북방향으로의 위치를 측정하며 도(度, degree)로 표시된다. 적도로부터 극까지의 위도는 0°에서 90°까지 구분되어 있으며, 각각 남(S) 북(N)의 기호를 붙인다. 그러나 지구가 완전한 구형이 아니고 타원체이기 때문에 현재까지 사용되는 지리위도에 의하면 위도 1°의 거리는 극지방으로 갈수록 약간씩 길어져서 적도부근에서는 110.6 km, 극 부근에서는 111.7 km에 달한다. 경선(longitude)은 (북)극과 (남)극을 연결하고 적도에 수직인 대권을 경선이라 한다.

경선에는 위선에서의 적도와 같은 특수한 시작점이 없기 때문에 임의의 경선을 선택해야 하며, 현재 전세계적으로는 1884년에 런던 부근의 Greenwich 천문대를 통과하는 경선을 기준 경선(prime meridian, 0°)으로 잡고 동으로 180°, 서로 180°로 구분하고 있다.

모든 경선은 적도에서 극으로 갈수록 한 점으로 수렴하므로 경도 1° 간의 지표상의 거리는 위도가 증가할수록 점차 짧아지게 된다. 따라서 특정 위도(ϕ)에서 경도 1도의 거리(dL)는 다음과 같이 계산될 수 있다.

$$d_L = d_m \times \cos \phi \qquad (13.1)$$

여기서, d_m은 적도에서 위도 1도의 거리이다.

Chapter 13

경위도좌표체계는 전 지구의 곡면상의 위치를 체계적으로 나타낼 수 있다는 장점이 있다. 이러한 체계는 전 지구적인 위치를 나타낼 때에 편리하지만, 각을 바탕으로 한 60진법으로 표시되기 때문에 실제 생활감각과는 동떨어진 불편한 점이 있으며, 또한 경도 1°의 실제 거리에서 보는 바와 같이 각 거리와 실제거리가 일치하지 않기 때문에 사용이 제한되거나 사용시 특별히 주의해야 한다. 이런 불편함을 없애기 위해 평면직교형 좌표체계가 고안되었다.

평면직교형 좌표체계(plane rectangular coordinate system)는 1차 세계대전시 야포의 사거리 증가와 함께 지리좌표체계로는 방위각과 거리의 산출이 복잡하게 되자 프랑스가 국지적인 직교형 좌표체계를 도입한 것이 현대적인 체계의 시작이었다(Robinson et al., 1984). 사용이 간편하기 때문에 그 후 급속히 발전하였으며, 주로 국지적인 대축척지도에서 사용된다. 평면직교형 좌표체계 중에서 가장 널리 사용되는 것이 UTM 좌표체계이다.

2. UTM 좌표체계

UTM 좌표체계(UTM grid system)는 1948년 미 육군이 군사목적으로 채택한 지도 좌표체계이다. UTM 좌표체계는 지구 상의 어떤 지역이든지 지도 상에서 신속히 찾아내고 상대적 거리를 알 수 있게 하기 위하여 일련의 숫자와 문자로 위치를 나타내는 것이다. 도법으로는 UTM 도법을 채택하여 6° 간격의 지도를 만든 후 이를 합성한 세계지도를 제작한 다음 여기에 일정한 규칙에 따라 좌표를 부여하였다.

UTM 좌표계에는 극지방인 북위 84° 이북과 남위 80° 이남은 포함되지 않는다. 극지방 중심체계인 UPS 좌표체계(Universal Polar Stereographic grid system)가 UTM 좌표체계를 보완하고 있다. UTM 좌표체계는 기본조직과 10진법으로 표현되는 10만 미터평방, 1만 미터평방 등으로 되어 있다.

(1) 기본조직

UTM 좌표체계의 기본조직(zone)은 경도 6°와 위도 8°로 이루어진 구간이다. 기본조직은 서경 180°를 기준으로 6°마다 동진하면서 60개의 구간에 1부터 60까지의 숫자를 붙이고, 남위 80°를 기준으로 북진하면서 8°마다 A, B, I, O, Y, Z를 제외한 20개의 문자로서 나타내고 있다(그림 13.8). 따라서 동경 124°와 130°, 북위 34°와 43° 사이에 위치한 한반도는 대체로 52S 구역(동경 126°∼132°, 북위 32°∼40°)에 속한다.

(2) 10만 미터평방

경도 6°와 위도 8°의 구역들은 각각 10만 미터 간격으로 세분되어 있는데, 이를 10만 미터평방 조직이라 한다(그림 13.9). 10만 미터평방을 구획하는 기준선은 동서방향으로는 각 기본조직 내에 있는 중앙경선이며, 남북방향으로는 북반구에서는 적도, 남반구에서는 적도로부터 10,000,000 m

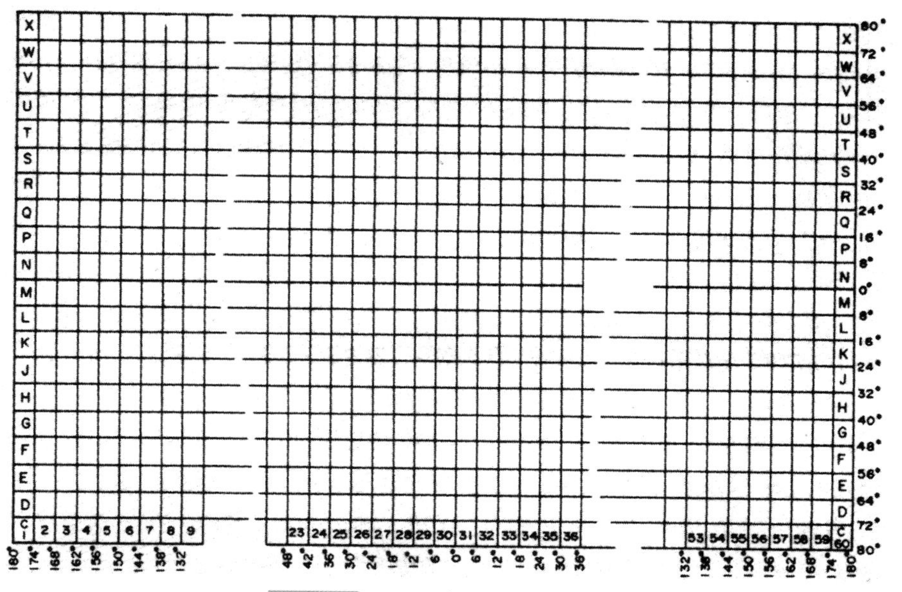

그림 13.8 UTM 좌표체계와 기본조직

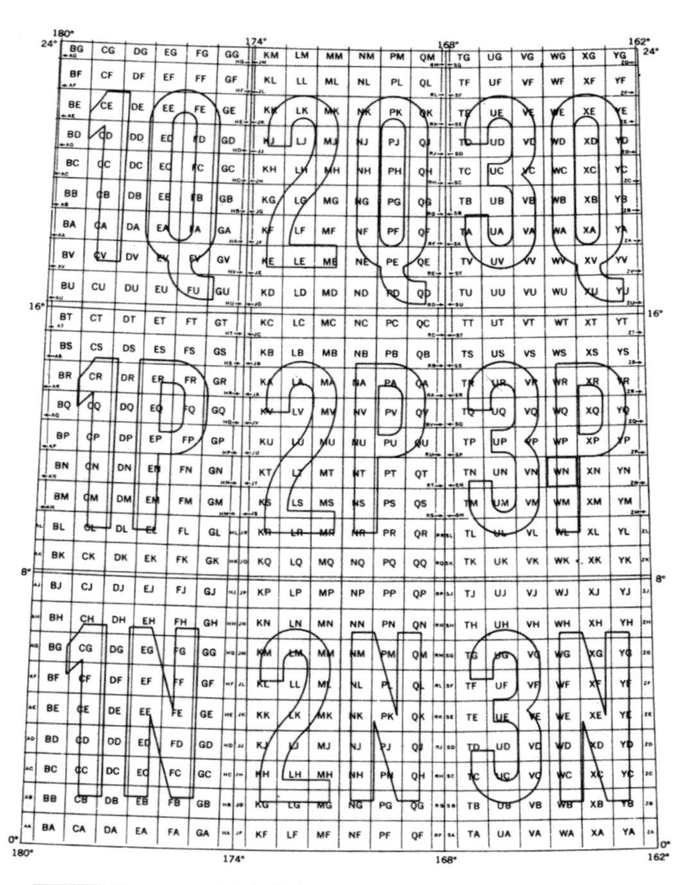

그림 13.9 6° × 8° 구역 내의 10만 미터평방 조직(Strahler, 1969)

남쪽이 된다. 때문에 10만 미터평방 지도의 경계선에는 그 지도가 속하는 6° × 8° 구역의 기준경도와 적도로부터의 거리가 표시되어 있다. 예를 들면, 200,000 mE, 4,100,000 mN이 표시되어 있는 경우 200,000E는 10만 미터평방이 속한 6° × 8° 구역의 기준경도 129°E에 500,000 mE라는 허수치(虛數値)를 부여했을 때 200,000 mE값, 즉 동경 129°로부터 300,000 m 서쪽에 위치한다는 뜻이다. 4,100,000 mN은 기준위도인 적도로부터 4,100,000 m 북쪽에 떨어져 있다는 사실을 나타낸다. 남반구에서는 적도로부터 남쪽으로 10,000,000 m 떨어진 지점을 기준으로 하기 때문에 적도에는 0 mN이라는 표시와 10,000,000 mN이라는 표시가 같이 있게 된다. 10만 미터평방은 경위도를 나타내는 좌표의 기본조직이 평면 직각좌표로 변환되는 최초의 구간이기도 하다. 그림 13.9에서 보는 바와 같이, 기본조직의 경계선 부근에서는 가느다란 삼각형 모양의 구획이 생기는데 가로와 세로가 10만 미터가 되지 않아도 하나의 10만 미터평방 구역으로 인정한다.

10만 미터평방 조직은 횡으로는 숫자와 혼동될 우려가 있는 I와 O를 제외한 24개의 알파벳 문자를, 종으로는 "I, O, W, X, Y, Z" 여섯 자를 제외한 20개의 문자를 반복사용하고 있다. 좌표를 나타내는 10만 미터평방에는 두 개의 명칭이 있게 된다. 하나는 10만 미터평방 자체를 나타내는 명칭이고(예를 들면 AA), 다른 하나는 10만 미터평방 내의 위치를 표시하는 좌표(예를 들면 200,000 mE, 4,100,000 mN)이다. 후자의 좌표를 표시하는 체계가 실제로 좌표를 표시한다.

10만 미터평방은 1만 미터평방, 1천 미터평방 등으로 세분할 수 있다. 1천 미터평방은 한 변의 길이가 1 km가 되는 방안이며, 1 : 25,000이나 1 : 50,000 축척의 군사지도에서 기본격자이기도 하다. 1,000 m마다 선을 그어서 좌표를 읽기가 쉽다.

2 항공사진

1858년에 Gaspard Felix Tournachon이라고 하는 프랑스의 사진사가 기구를 타고 80 m 높이에서 사진을 촬영한 이래 항공사진은 가장 보편적이고 다목적으로 쓰일 수 있으며, 경제적인 원격탐사의 수단이 되었다. 항공사진 촬영에 활용되는 파장영역은 가시광선을 비롯하여 0.3~0.4 μm의 자외선과 0.7~0.9μm의 근적외선이다.

❶ 카메라와 필름

항공사진 촬영에서 가장 중요한 것은 카메라인데 지도제작을 목적으로 하는 경우 초점거리 152 mm짜리 렌즈가 가장 많이 사용된다. 필름은 크게 흑백, 컬러, 컬러 적외선 필름으로 구분할 수 있다. 흑백사진은 보통 전색성(全色性, panchromatic) 필름이나 적외선 감지(infrared-sensitive) 필름으로 만들어진다. 전색성 필름은 자외선을 포함하는 0.3~0.7 μm의 파장에 민감하고, 적외선 감지 필름은 자외선과 가시광선뿐만 아니라 0.7~0.9 μm 범위의 근적외선도 잘 감지한다(그림 13.10). 활엽수림과 침엽수림은 가시광선에서는 반사도가 거의 같지만 근적외선대에서는 활엽수림이 훨씬 높기 때문에, 적외선 감지 필름을 이용하면 양자를 잘 구분할 수 있다.

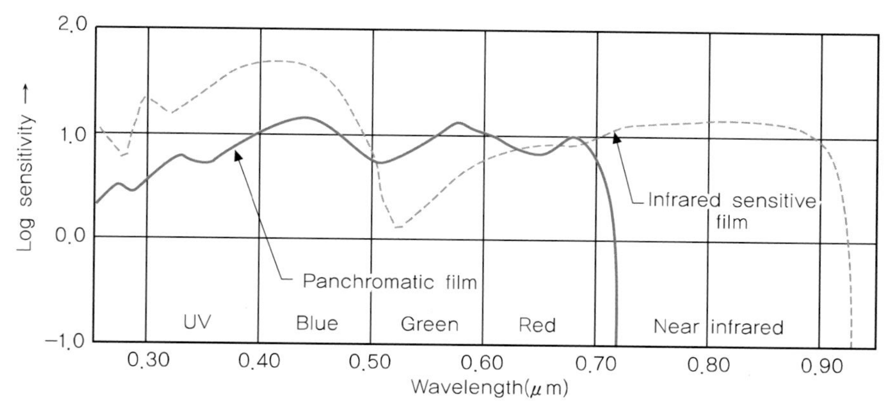

그림 13.10 전색성 및 흑백적외선 감지 필름의 민감도(Lillesand & Kiefer, 1994)

컬러 적외선 필름은 "위색(僞色, false color)"이 만들어진다. 이들을 컬러 필름에서의 색과 비교하면 표 13.1과 같다. 건강한 식생의 경우 녹색보다 훨씬 많은 적외선에너지를 반사하기 때문에 컬러 적외선 필름에서는 다양한 톤의 빨간색으로 나온다. 따라서 군사적 목적으로 위장을 하기 위해 죽은 나무 등으로 가려 놓거나 녹색으로 칠해 놓은 곳이 쉽게 구별되기 때문에, 이것을 "위장탐지 필름(camouflage detection film)"이라고 부르기도 한다.

표 13.1 컬러 필름과 컬러 적외선 필름 비교

대상물이 반사한 에너지	파란색	녹색	빨간색	근적외선
컬러 필름에 나오는 색	파란색	녹색	빨간색	
컬러 적외선 필름에 나오는 색		파란색	녹색	빨간색

② 항공사진의 특성

1. 촬영방법

항공사진은 촬영하는 각도에 따라서 수직사진(vertical photograph)과 사각사진(oblique photograph)으로 나눌 수 있다. 수직사진은 카메라의 축과 지표면이 직각인 사진이어서 지도를 보는 것처럼 비교적 기하학적으로 정확한 영상을 얻을 수 있지만 한 번에 찍을 수 있는 면적이 좁다.

사각사진은 카메라의 축과 지표면이 사각이 되게 찍은 것으로서 고사각(high oblique)은 지평선이 나오고 저사각(low oblique)은 나오지 않는다. 사각사진은 한 번에 넓은 면적을 촬영할 수 있으며, 높은 건물이나 산 정상에서 전면을 바라보는 듯한 영상을 얻을 수 있지만 사진 안에서 축척의 변화가 크기 때문에 거리나 면적 등을 정확히 측정하기 어렵다.

항공사진을 촬영할 때에는 일정한 비행선을 따라서 중첩되게 촬영한다. 중첩되게 촬영을 하는 이유는 해당면적을 빠짐없이 촬영하고, 입체영상을 보기 위해서이다. 일반적으로 비행선(飛行線)을 따라서 55~65% 정도를 중첩시키고, 비행선 간에는 30% 정도를 중첩시킨다.

2. 축 척

항공사진의 축척(S)은 초점거리(f)와 지표면으로부터 렌즈까지의 거리(h_2)의 비로 결정된다(그림 13.11).

$$S = \frac{f}{h_2} \tag{13.2}$$

한 장의 사진에서도 지표면의 고도가 다르기 때문에 장소마다 축척이 다르며, 이때는 평균고도를 계산하여서 대표축척으로 쓴다.

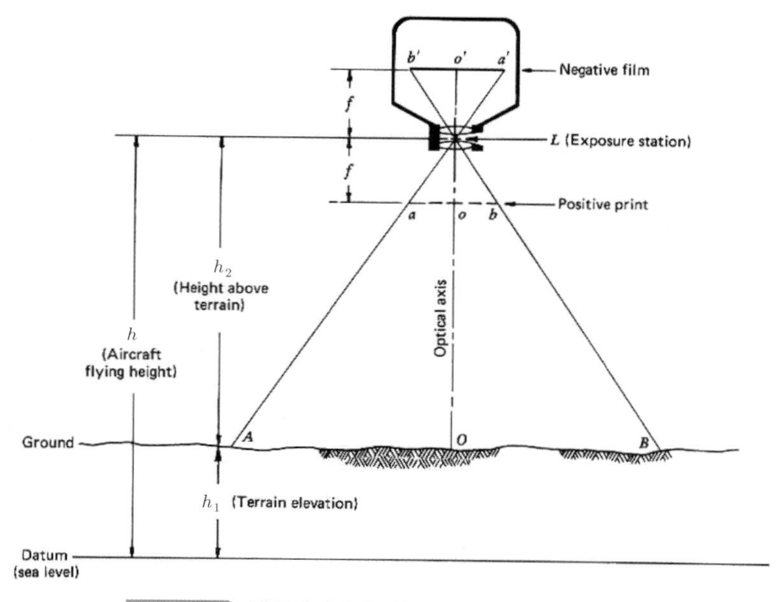

그림 13.11 항공사진의 축척(Lillesand & Kiefer, 1994)

3. 물체의 면적과 높이

항공사진 한 장이 포괄하는 면적은 축척을 통해서 쉽게 계산할 수 있다. 다양한 형태를 가진 물체들의 면적을 계산하기 위해서는 그 사물이 사진에서 차지하는 면적의 비율을 계산해야 한다.

물체의 높이는 그림자를 이용하는 것이 일반적이다. 사진촬영 당시 태양의 고도를 θ, 그림자의 길이를 d라고 하면 물체의 높이(H)는 식 (13.3)을 이용하여 구할 수 있다.

$$H = d\ \tan\theta \qquad (13.3)$$

만약 사진 안에 이미 높이를 알고 있는 물체가 있다면, 태양의 고도는 모든 사물에 대해서 같으므로 그림자의 상대적인 비율을 통해서 높이를 구할 수 있다. 즉 알려진 물체의 높이를 H_1, 그 물체의 그림자의 길이를 d_1, 알고자 하는 물체의 높이를 H_2, 그 물체의 그림자의 길이를 d_2라고 하면 아래와 같은 식을 통해 H_2를 구할 수 있다(Rabenhorst & McDermott, 1989).

$$\frac{d_1}{H_1} = \frac{d_2}{H_2} \qquad H_2 = \frac{d_2}{d_1} \times H_1 \qquad (13.4)$$

날짜, 시간, 정확한 위치, 축척을 알면 태양의 고도는 천문력 표를 참조해 구할 수 있으므로 사진 안에 높이를 알고 있는 물체가 없어도 높이를 구할 수 있다. 태양의 고도 θ를 구하기 위해서는 다음 식을 이용하면 된다(Rabenhorst & McDermott, 1989).

$$\sin\theta = (\cos x)(\cos y)(\cos z) \pm (\sin x)(\sin y) \qquad (13.5)$$

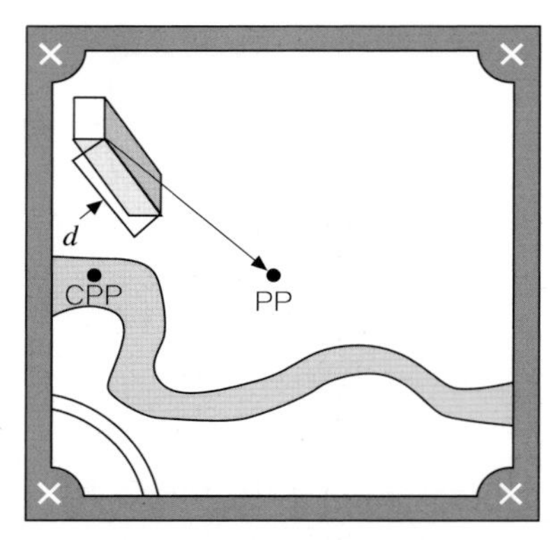

그림 13.12 항공사진에서 PP를 이용한 높이 계산(Rabenhorst & McDermott)

여기서 각 x는 천문력 표에서 읽은 태양의 적위, 각 y는 촬영지역의 위도, 각 z는 촬영시각과 정오의 시간차(hour)에 15°/hour를 곱한 값이다. 부호는 북반구일 경우 3월 21일에서 9월 23일까지는 (+), 9월 24일에서 3월 20일까지는 (−)를 쓴다. 이 식에서 θ를 구하여 식 (13.5)에 대입하면 물체의 높이를 구할 수 있다.

카메라의 위치가 사진의 정중앙이고 항공기의 고도를 알고 있는 경우라면 그림자의 길이와 무관하게 높이를 구할 수 있다. 사진에서 물체의 꼭대기와 사진의 정중앙점(PP)의 거리를 r, 물체의 꼭대기에서 바닥까지의 길이를 d, 지면으로부터 항공기의 고도를 A라고 하면, 물체의 높이 H는 아래와 같이 계산된다(그림 13.12).

$$H = \frac{dA}{r} \tag{13.6}$$

3 항공사진판독

1. 사진판독에서 고려할 요소

항공사진을 판독하는 데에는 일반적으로 8가지 요소들을 고려한다. 8가지 요소들은 형상(shape), 크기(size), 패턴(pattern), 색조(tone), 질감(texture), 그림자(shadow), 위치(site), 관계(association) 등이다.

형상은 개별 대상물들의 일반적인 형태나 윤곽 등을 말하는데, 그것들의 정체를 확인하는 데에 아주 중요한 단서가 된다. 자연경관에서 하천이나 호수, 인문경관에서 서울의 잠실경기장, 공항활주로, 미국의 국방부건물(The Pentagon Building) 등은 특징적인 형상을 가지고 있어서 영상에서 쉽게 확인할 수 있다. 크기는 축척과 함께 고려해야 한다. 비슷한 모양을 가진 대상물에 대해서 축척을 생각하지 않으면 잘못 해석할 수가 있다. 또한 주위의 다른 개체들과 상대적인 축척도 고려해야 하는데, 우리에게 친숙한 개체들(집, 도로, 하천 등)의 크기를 고려하여 대상물의 크기를 파악할 수 있다.

그림 13.13 패턴(Campbell, 1984)

패턴은 공업단지의 공장들, 아파트단지 등과 같이 대상물들이 특징적으로 반복적으로 배열되어 있는 상태를 말한다(그림 13.13). 예를 들면, 같은 나무라고 해도 과수원에 규칙적으로 심어진 나무들과 숲의 나무들은 패턴에서 확실한 차이가 난다.

색조는 사진에서 대상물들의 색깔이나 상대적인 밝기를 나타낸다(그림 13.14). 흑백사진이라면 흰색이나 밝은 회색, 어두운 회색, 검은색 등으로 나타날 것이다. 이것은 파장에 대한 대상물의 반사량과 관계가 깊으므로 양자의 관계에 대해서 잘 알고 있어야 한다.

질감은 눈으로 보이는 거칠고 부드러운 정도를 말하는데, 그것은 색조의 변화가 얼마나 빈번하게 나타나느냐와 관계가 깊다. 다시 말하면 빛의 양과 각도, 사진을 촬영하는 각도의 영향을 많이 받는다. 그림 13.15는 울창한 숲의 거친 질감과 밀밭의 부드러운 질감을 보여주고 있다.

그림자는 사진판독에 도움을 주기도 하고 지장을 주기도 한다. 그림자의 방향과 크기, 밝기 등을 통해서 태양의 고도, 방위, 대상물의 높이 등을 알아낼 수 있고, 너무 작아서 식별하기 어려운 물체들도 확인할 수 있다. 그러나 크고 높은 물체의 그림자에 작은 물체가 가려서 안 보일 수도 있다.

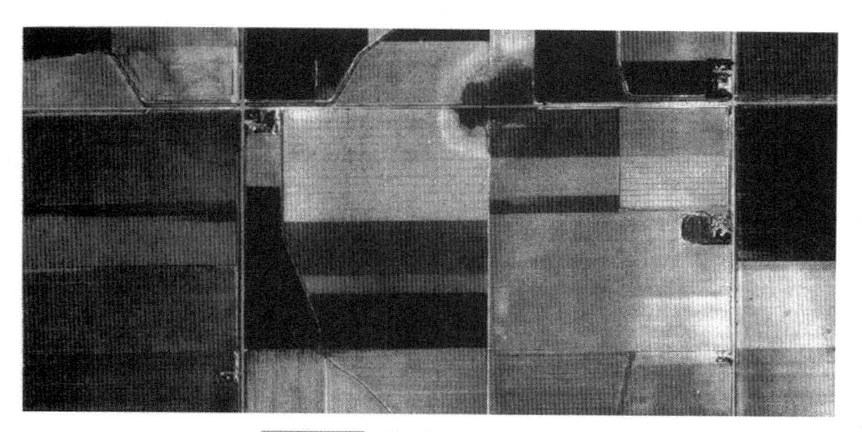

그림 13.14 색조(Campbell, 1984)

그림 13.15 질감(Campbell, 1984)

위치는 지형적·지리적 입지상태를 말한다. 예를 들어서 하수처리장은 상류에서 흘러 내려오는 하수들을 모으기 위하여 하천 근처의 낮은 곳에 위치하고, 감귤농장은 사실상 제주도에만 나타난다.

관계는 다른 사상들과 관련된 특정한 사상들의 연관성을 말한다. 예를 들어, 군사적 관점에서 볼 때, 사진에서 어떤 특정한 종류의 군사장비들이 확인되었다면 근처에서 더 중요한 것들이 발견될 수 있다.

2. 사진판독에 필요한 장비

항공사진을 판독하는 데에는 크게 사진을 보는 장비, 측정을 하는 장비, 해석된 결과를 전달하는 장비 등이 필요하다. 여기서는 가장 기본적인 장비로서 사진을 보는 도구인 스테레오스코프(stereoscope)에 대해서 알아본다.

앞에서 언급했듯이 항공사진은 두 장의 사진으로 입체영상을 얻기 위해서 비행선을 따라 중첩되게 촬영한다. 스테레오스코프는 사람이 두 눈으로 물체를 입체로 인식하는 원리를 이용하여 중첩촬영된 두 장의 사진을 입체적으로 볼 수 있게 만든 도구이다.

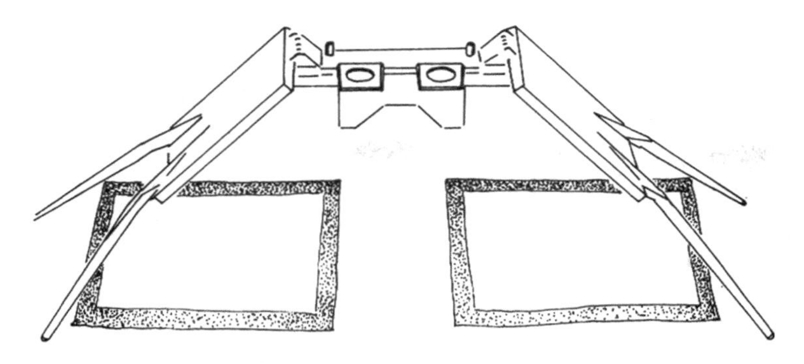

그림 13.16 간단한 구조의 거울형 스테레오스코프

스테레오스코프에는 몇 가지 종류가 있는데, 렌즈형과 거울형이 많이 쓰인다. 렌즈형은 안경처럼 두 개의 렌즈와 다리가 달린 형태로, 매우 단순한 구조로 되어 있어서 휴대하기에 편리하고 값이 싸다. 그러나 두 장의 사진을 많이중첩시켜 놓고 봐야 하는 단점이 있다. 거울형은 프리즘과 거울이 달려 있어서 두 장의 사진을 각각 반사하여 눈으로 보내주기 때문에, 시야가 넓고 사진을 중첩할 필요가 없다(그림 13.16). 사진을 확대하여 보기 위해서는 위에다 돋보기를 올려놓으면 된다.

3 원격탐사

❶ 원격탐사의 개념과 원리

1. 개 념

원격탐사(遠隔探査, remote sensing)란 말 그대로 "원거리에서 대상에 관한 정보를 얻는 것, 즉 조사하고자 하는 대상이나 장소, 현상과 직접 접촉하지 않는 장비를 통하여 얻어진 자료를 분석함으로써 그 대상이나 장소, 현상들에 관한 정보를 획득하는 기술"(Lillesand and Kiefer, 1994)로 정의된다. 좀 더 구체적으로는, 지표면의 대상물로부터 방출되는 전자기파를 각종 센서를 이용하여 감지함으로써 자료를 수집하고, 그것에 관한 정보를 분석하는 일련의 과정을 말한다. 우리가 눈으로 사물을 인식하는 것에서부터 정찰기로 적지의 지형을 촬영하는 것, 그리고 인공위성에서 지표면을 촬영하는 것 등이 모두 원격탐사에 해당한다. 여기서는 주로 인공위성을 이용하여 지표에 대한 자료를 수집하는 것에 국한하였다.

그림 13.17은 전자기파를 이용한 원격탐사가 이루어지는 과정을 나타내고 있다. 태양으로부터 복사된 에너지(a)가 대기를 통과하여(b) 대상물과 상호작용을 하고(c), 다시 대기를 통과하여(d) 센서에 감지된다(e). 센서에 감지된 에너지는 영상(image)이나 수치의 형태로 자료가 생성되고(f), 자료를 해석하고 분석하는 과정(g)을 거쳐서 정보로서 생산된다(h). 이렇게 생산된 정보는 그 자체로서 직접 활용될 수도 있고, 지리정보시스템(GIS) 같은 다른 정보시스템의 자료로서 이용될 수도 있다. 마지막으로, 생산된 정보는 사용자에게 제공되어(i) 의사결정과정에 활용된다.

원격탐사를 잘 이해하기 위해서는 우선 전자기파 자체의 특성을 아는 것이중요하며, 아울러 전자기파와 대기의 상호작용, 전자기파와 대상 물체의 상호작용에 대한 이해가 필요하다.

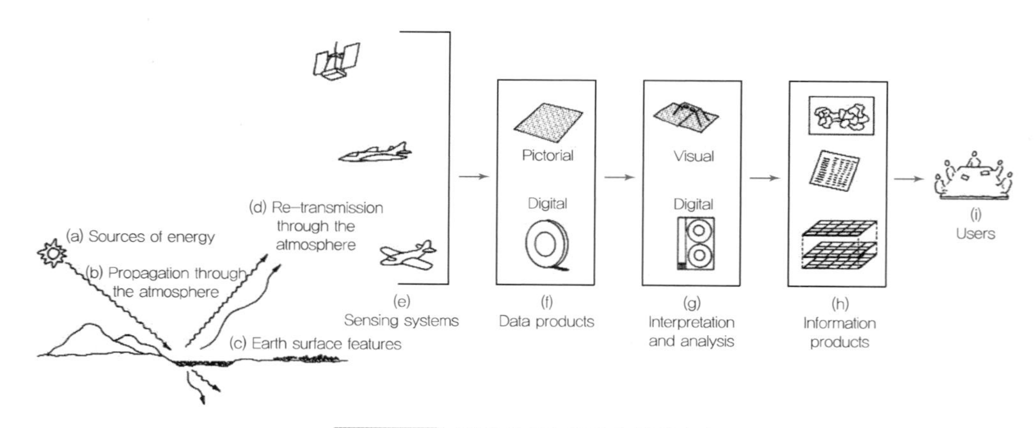

그림 13.17 전자기파를 이용한 원격탐사

2. 전자기 스펙트럼

전자기 스펙트럼은 감마선(gamma ray), 엑스선(X-ray), 자외선(ultraviolet), 가시광선(visible ray), 적외선(infrared), 마이크로파(microwave), 라디오파(radio) 등으로 나눌 수 있다(그림 13.18). 이들 중 어떤 스펙트럼도 정확한 경계를 갖고 있지 않으며, 서로 중복되면서 점이적인 변화를 보인다. 이중에서 원격탐사에서 주로 사용되는 3가지 파의 특성은 다음과 같다.

그림 13.18 전자기 스펙트럼의 파장역

(1) 마이크로파

일반적으로 원격탐사에서 이용되는 가장 긴 파장은 약 1 mm~1 m 사이이다. 이 범위에서 가장 짧은 파장은 원적외선의 열에너지와 특성이 비슷하고, 긴 파장(30 cm 이상)은 라디오파에 포함되어 방송용으로 쓰인다.

원격탐사의 측면에서 마이크로파는 두 가지 큰 특징을 가지고 있다. 하나는 거의 모든 조건에서도 대기를 잘 통과하기 때문에 비와 눈, 구름, 연기 등의 영향을 적게 받는다는 것이고, 다른 하나는 대상물에 대해서 얻어지는 영상의 모습이 가시광선이나 열을 감지해서 얻어지는 영상과는 완전히 다르게 보인다는 것이다.

(2) 적외선

1800년에 영국의 허셜(F.W. Herschel)에 의해 발견된 적외선은 광원 내에 있는 분자의 회전과 진동에 의해 발생하는데, 지구표면에 도달하는 태양광선의 반 정도가 적외선에 속한다. 적외선은 파장범위가 마이크로파와 적색광의 파장 사이에 위치하여, 대략 0.72~15μm에 걸친다. 적외선은 그 파장범위가 넓기 때문에 파장에 따라 다양한 특성들을 보여주는데, 크게 두 개의 범주로 구분해 볼 수 있다.

첫째는 가시광선에 가까운 근적외선(near infrared, 0.7~1.3μm)과 중적외선(mid infrared, 1.3~3μm)으로 구성되어 있다. 근적외선은 가시광선과 유사한 복사 패턴을 보여 주기 때문에 가시광선을 이용하기 위해서 설계된 것들과 비슷한 필름, 필터, 카메라를 이용할 수 있다.

두 번째는 원적외선(far infrared) 또는 열적외선(thermal infrared, 3μm 이상)으로, 근적외선 복사가 본질적으로 지표면에서 반사된 태양복사인 반면 원적외선 복사는 지구가 내보내는 것이다.

비록 적외선은 육안으로 직접 관측되지는 않으나 이 선에 예민한 사진 필름이 있어서 현대

과학에 많이 이용되고 있다. 예를 들어, 어두운 방에서 사람의 눈에는 모두 검게 나타나는 방안의 전기다리미나 난로로부터 나오는 적외선을 감지해 다리미나 난로의 사진을 얻을 수 있다. 적외선에 민감한 필름은 멀리 떨어진 물체의 영상을 얻는 데 더 효과적이다. 일반적으로 파장이 길수록 먼지나 안개입자들에 의해 산란되는 정도가 약하므로 적외선은 가시광선보다 대기권을 더 잘 통과한다.

(3) 가시광선

가시광선의 성질과 그 이용은 잘 알려진 내용이므로 여기서는 색이 만들어지는 원리와 그 효과에 대해서 알아본다. 광파는 기본적으로 원자와 분자 내에서 전자가 에너지 레벨을 바꿀 때 나타나는 전자기교란으로부터 생겨난다. 백색광을 프리즘에 통과시켜 여러 색으로 분리시키거나, 물체에 백색광을 비출 때 그 물체와 다른 색의 빛은 흡수되고 같은 색의 빛은 반사되는 두 경우에서 백색광에 의한 색이 만들어진다. 대략 파란빛은 0.4~0.5 μm, 녹색은 0.5~0.6 μm, 붉은빛은 0.6~0.7 μm의 파장대에 각각 해당한다.

3. 전자기파와 대기의 상호작용

원격탐사의 센서에 감지된 전자기파에너지는 모두 일정 정도의 거리의 대기를 통과해 왔기 때문에 대기의 영향을 받는다. 영향의 정도는 대기의 상태, 전자기파에너지의 세기, 파장 등에 따라 다르다. 전자기파와 대기가 상호작용을 하는 방법은 크게 산란(scattering), 굴절(refraction), 흡수(absorption)로 구분할 수 있으며, 이러한 작용에 의한 영향은 나중에 영상을 해석하기 전에 보정해 주어야 한다.

(1) 산 란

전자기파의 산란은 주로 대기 중의 부유물질이나 큰 기체분자들에 의해서 일어난다. 레일리 산란(Rayleigh scattering)은 전자기파의 파장(λ)보다 상대적으로 직경(d)이 작은 입자들에 의해서 발생하는데($d < \lambda$), 아주 미세한 먼지나 산소, 질소분자들이 주된 역할을 한다. 레일리 산란의 효과는 파장의 4제곱에 반비례하며, 하늘이 파란 것은 레일리 산란의 효과이다. 레일리 산란은 원격탐사 영상에서 영상을 흐릿하게 하는 주된 원인 중의 하나인데, 단파장을 차단하는 필터를 사용함으로써 어느 정도 예방할 수 있다.

(2) 굴 절

굴절은 물이 담긴 잔에 있는 빨대가 구부러지는 것처럼 빛이 서로 다른 매질을 통과할 때 휘어지는 현상이다. 무더운 여름날에 멀리 있는 아스팔트 도로 위에서 아지랑이가 보이는 것처럼 온도, 습도, 투명도 등이 다른 대기층을 빛이 통과할 때에 굴절이 발생한다. 정상적인 조건에서 대기로 들어오거나 나가는 빛의 최대굴절은 약 5°인데, 지표면에서 해가 뜨거나 지는 현상을 관찰할 때와 같다.

(3) 흡 수

대기는 복사에너지를 흡수하여 대기권 통과를 막거나 크게 약화시키고, 결과적으로는 에너지를 열로 전환하여 장파장으로 다시 복사한다. 태양복사를 흡수하는 주요한 기체는 오존(O_3)과 이산화탄소(CO_2), 그리고 수증기(H_2O)이다. 오존은 자외선을 흡수하여 지구의 복사평형을 이루는 데에 중요한 역할을 한다. 이산화탄소는 중·원 적외선을 잘 흡수하는데, 특히 13~17.5 μm 범위의 적외선을 가장 잘 흡수한다. 수증기는 5.5~7 μm, 그리고 27 μm 이상의 파장을 가진 전자기파를 잘 흡수하는데, 시간과 장소에 따라 분포량의 차이가 크다(Campbell, 1996).

대기를 잘 통과하는 전자기파의 파장범위를 대기의 창(atmospheric window)이라고 한다. 그림 13.19는 에너지원과 대기권의 흡수-통과효과, 그리고 파장에 따라 일반적으로 이용되는 원격탐사 센서들을 나타내고 있다. 그림을 보면 적외선과 가시광선이 대기권을 잘 통과하여 대기의 창 역할을 하고 있고, 원격탐사 센서들도 대부분 이 범위의 파장들을 이용한다. 대기의 통과율이 낮은 파장범위는 흡수대라고 한다.

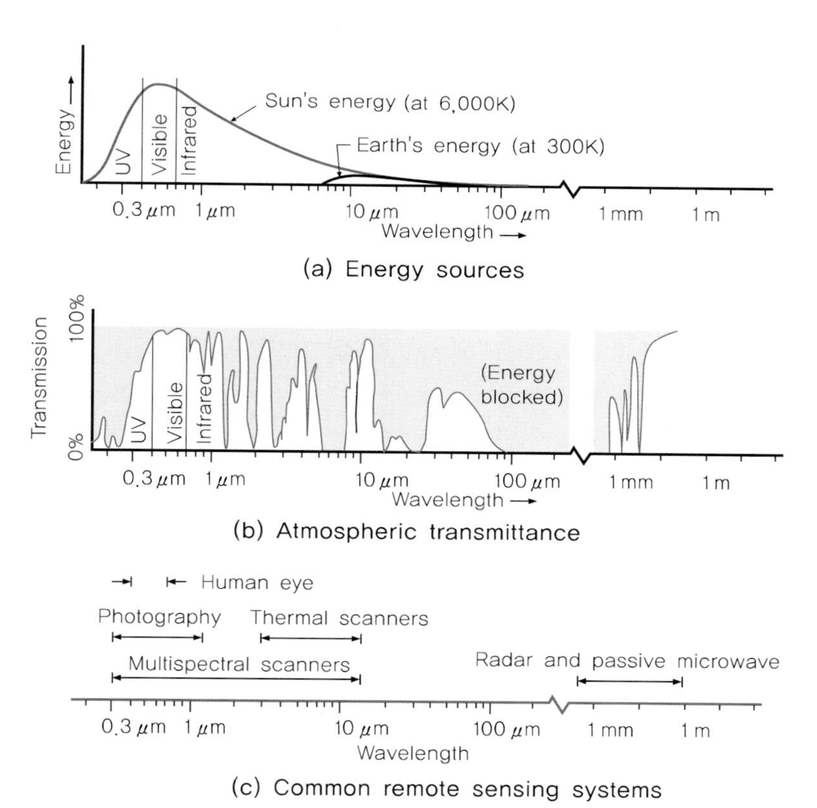

그림 13.19 태양에너지의 흐름과 전자기파의 대기층 투과(Lillesand & Kiefer, 1994)

Chapter 13

4. 전자기파와 대상물의 상호작용

전자기에너지가 지표면의 대상물과 만나면 일부는 반사되고 나머지는 물체 속으로 굴절되어 들어간다. 만약 이 물체가 입사에너지에 대해 불투명하다면 물체에 들어가는 에너지는 흡수된다. 그러나 투명하다면 굴절된 파는 투과하여 반대편으로 나오게 된다. 이때 입사되는 에너지($E_I(\lambda)$)와 반사되는 에너지($E_R(\lambda)$), 흡수되는 에너지($E_A(\lambda)$), 투과되는 에너지($E_T(\lambda)$) 사이에는 다음과 같은 관계가 성립한다.

$$E_I(\lambda) = E_R(\lambda) + E_A(\lambda) + E_T(\lambda) \tag{13.7}$$

이 관계에서 주목해야 할 점은 첫째, 에너지의 반사·흡수·투과 정도는 대상물의 물질적 특성과 조건에 따라서 매우 다르게 나타난다는 것, 둘째, 같은 대상물에서라도 파장이 다르면 반사·흡수·투과되는 정도가 다르다는 것이다. 원격탐사는 주로 대상물에서 반사되는 에너지를 감지하기 때문에 반사도가 중요한 변수가 되며, 파장에 대한 물체의 구체적인 반응 특성을 잘 알고 있어야 한다. 그림 13.20은 파장의 변화에 따라서 건조하고 노출된 토양, 식생, 물에 대하여 반사도가 달라지는 모습을 보여주고 있다.

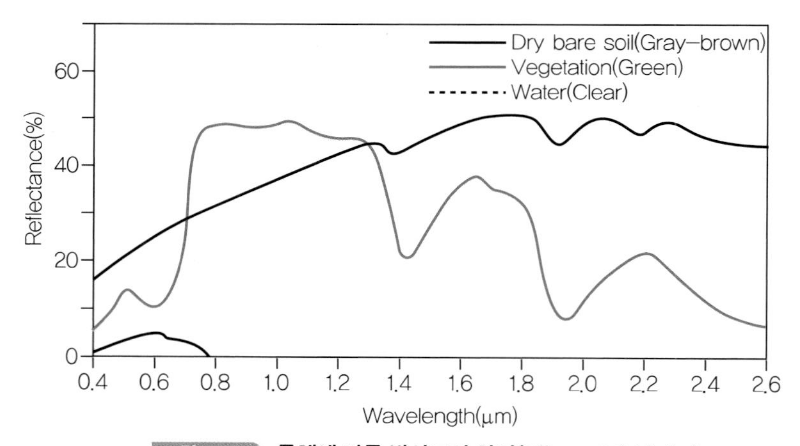

그림 13.20 물체에 따른 반사도의 차이(Lillesand & Kiefer)

실제로 같은 토양이라도 수분의 함량에 따라 달라질 수 있고, 물도 온도의 차이나 오염물질의 분포 등에 따라서 다르게 나타날 수 있기 때문에, 원격탐사 영상을 해석하기 위해서는 탐사 대상과 전자기파의 관계에 대한 많은 지식이 필요하다.

5. 센 서

대상물들이 방출하는 전자기파를 감지하는 센서는 제한된 파장범위를 갖고 있다. 예를 들면 레이더 수신기는 가시광선을 탐지할 수 없으며, 마이크로파는 적외선 감지기에 잡히지 않는다.

또한 센서는 영상의 선명도가 제한되어 있다. 카메라는 우리가 육안으로 보는 것처럼 선명한 영상을 제공하지만 대부분 다른 센서들은 그보다 훨씬 덜 선명한 영상을 만들어낸다.

센서는 전자기파를 감지하고 기록하는 방식에 따라서 아날로그 방식과 디지털 방식으로, 그리고 자체적으로 전자기파를 방출할 수 있느냐에 따라서 능동적인 것과 수동적인 것으로 나눌 수 있다.

(1) 아날로그 방식과 디지털 방식

카메라는 경관을 있는 그대로 필름에 담고 필름과 전자기파의 화학적 반응을 이용하여 영상을 만들어낸다. 이렇게 전자기파를 연속적으로 필름에 기록하는 방식을 아날로그(analogue) 방식이라고 하며, 아날로그 방식으로 전자기파를 기록한 필름을 처리(현상 및 인화)하여 얻어진 영상을 사진(photograph)이라고 한다. 사진은 작업이 간단하고 경제적이며 영상이 매우 선명하기 때문에 여전히 원격탐사에서 중요한 위치를 차지하고 있다.

디지털(digital) 방식이란 연속적으로 들어오는 전자기파를 불연속적인 값들로 받아들여서 영상을 구성하는 각각의 화소(畵素, pixel)들에 할당함으로써 영상을 보여주는 방식이다. 각각의 화소는 IFOV(instantaneous field of view)에 해당하는데, IFOV란 센서가 한 단위로 촬영할 수 있는 지표면의 면적을 말한다(그림 13.21).

따라서 IFOV는 센서가 감지할 수 있는 가장 작은 면적이 되고, IFOV 내의 평균반사량이 수치로 기록된다. 각각의 화소들이 갖는 수치를 DN(digital number)이라고 하는데, 8비트일 경우 DN은 0에서 255까지 256(28)개의 정수로 표현된다. 일반적으로 디지털 방식은 아날로그 방

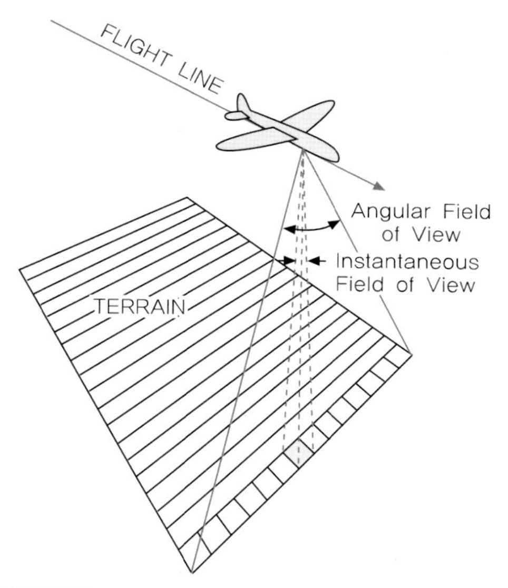

그림 13.21 IFOV(Rabenhorst & McDermott, 1989)

식보다 훨씬 넓은 범위의 파장을 감지할 수 있고, DN을 이용하여 수학적인 분석을 할 수 있다는 장점이 있으나 영상의 선명도는 아날로그 방식의 사진보다 못하다.

(2) 능동적 센서와 수동적 센서

능동적 센서(active sensor)란 자체의 에너지원을 가지고 있어서 태양복사나 지구복사와 관계없이 자체적으로 전자기파를 방출하고, 그것이 대상물에 반사되어 오는 것을 감지하는 센서이다. 대표적인 예가 레이더(RADAR)인데, 레이더는 일반적으로 항공기나 인공위성에 탑재되어 마이크로파 신호를 내보내고 감지한다. 레이더는 시간적인 제약을 받지 않으며, 긴 파장을 이용하기 때문에 구름, 안개, 연무 등에 의하여 신호가 손실되는 양이 적다는 장점이 있다. 레이더 영상의 선명도는 전자기파의 맥동반복속도, 편광, 에너지, 파장 그리고 수신장치 등과 관계가 있다. 보통의 선명도를 요구하는 기상 레이더는 장파장을 사용하나 사진처럼 선명도를 요구하는 정찰 레이더 또는 지도제작용 레이더는 상대적으로 훨씬 짧은 파장을 사용한다.

수동적 센서는 자체의 에너지원을 가지지 못하고 지표면에서 반사되거나 방출되는 전자기파를 감지하는 센서를 말하며, 주로 가시광선과 적외선을 감지한다. 가시광선을 감지하는 장비, 예를 들어 카메라는 시간과 날씨의 제약을 많이 받지만 경제적이고 매우 선명하면서 우리 눈에 익숙한 영상을 얻을 수 있는 장점이 있다. 적외선 장비는 대상물의 열적 특징에 관한 정보를 제공해 주기 때문에 수분, 식생, 지표면 물질, 인공 구조물 등의 패턴 등을 파악하기에 좋다. 또한 가시광선을 기록하는 장비보다 시간과 날씨의 제약을 덜 받고, 특히 군사적 목적으로는 야간에 적의 동태를 감시하거나 위장된 수풀 등을 구별하는 데에 좋다.

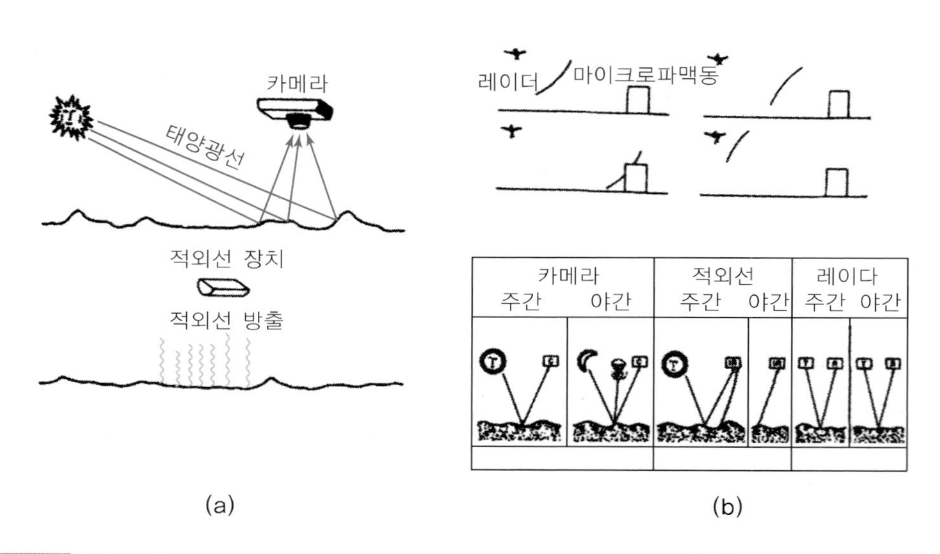

그림 13.22 능동적·수동적 센서의 원리(a)와 시간 및 기상조건에 따른 특성(b) (Holz, 1973; 권영식 외, 1995)

표 13.2 원격탐사 센서들의 비교(권영식 외, 1995)

대상항목	카메라	적외선 장비	레이더
낮/밤	5	10	10
연무투과	3	7	10
구름투과	1	2	9
온도식별	2	10	1
형태탐지	4	6	3
입체감지	10	6	6
기하학적 유사도	9	7	8
원거리감지도	7	4	9
지면(地面)감지	9	7	5
영상해석 용이도	9	6	6
장비효용	10	6	6

※ 10 : 아주 좋음, 0 : 나쁨

6. 영상의 해석

원격탐사에서 얻어진 자료를 해석하는 데에는 크게 두 가지 접근방법이 있다. 하나는 자료를 영상으로 관찰하면서 정보를 얻어내는 시각적 해석(visual interpretation/photo interpretation)이다. 다른 하나는 자료가 수치화되어 있을 경우 컴퓨터를 이용하여 DN들을 분석하는 계량적 분석(quantitative analysis)이다. 양자는 서로 보완적인 관계에 있는데, 여기서는 주로 시각적 해석에 대해서 알아본다.

원격탐사 영상의 시각적 해석은 기본적으로 그 시스템이 가지고 있는 해상력(resolution)에 의존한다. 원격탐사의 해상력에는 공간해상력(spatial resolution), 분광해상력(spectral resolution), 시간해상력(temporal resolution), 전자기해상력(radiometric resolution) 등이 있다.

센서가 지표면의 대상물들 사이에서 구분할 수 있는 최소각도나 선의 모양이 공간 해상력이다. 디지털자료의 경우 IFOV가 작을수록, 즉 화소 하나가 포괄하는 지표면의 면적이 작을수록 해상력이 높으며, 지표면의 현상을 정확하게 관찰할 수 있다. Landsat 위성에 탑재된 Thematic Mapper(TM) 센서의 화소 하나는 보통 지표면에서 30 m × 30 m이다. 카메라의 줌 렌즈는 광각렌즈보다 더 높은 해상력을 제공하지만 IFOV가 작다.

분광해상력이란 센서가 잘 감지할 수 있는 전자기 스펙트럼의 파장 영역들의 수와 크기를 말한다. 흑백의 항공사진은 0.4～0.7 μm라는, 하나의 넓은 영역에서 전자기파를 감지하기 때문에 분광 해상력이 낮다고 말할 수 있다. 반면에 Landsat TM 센서는 7개의 영역(band)을 감지할 수 있고, 각각의 밴드들, 예를 들어 3번 밴드의 경우 0.63～0.69 μm의 훨씬 세부적인 영역만을

감지할 수 있기 때문에 분광해상력이 더 높다고 말할 수 있다. 그리고 하나의 센서가 여러 파장대의 전자기파를 동시에 감지하는 것을 다분광감지(multispectal scanning)라고 한다.

시간해상력은 센서가 지표면의 특정 지역을 얼마나 자주 관측할 수 있느냐를 말한다. 예를 들면 궤도 운동을 하는 인공위성이 주기적으로 지표면을 관측함으로써 계절에 따른 경관의 변화, 도시화나 사막화 등 환경 변화의 추세 등을 파악하고 자료를 축적할 수 있다.

마지막으로 전자기해상력은 대상물에서 반사 또는 복사되는 전자기파를 세밀하게 측정하여 기록할 수 있는 센서의 능력을 말한다. 센서가 전자기파를 기록하는 비트 수가 클수록 해상력이 높다. 예를 들어 Landsat(TM) 센서는 8비트, 즉 DN이 0에서 255까지의 범위를 갖는 반면, 그 전 단계인 Landsat Multispectral Scanner(MSS) 센서는 7비트(0~127)로 전자기파를 기록했다.

원격탐사 영상의 해석은 주어진 영상의 해상력들을 알고 있는 가운데 대상물과 전자기파의 반응특성, 영상에서 나타나는 대상물들의 모양과 위치, 패턴 등을 종합적으로 이해하는 가운데 실시되어야 한다.

② 위성영상의 처리와 보정

원격탐사에서 얻은 영상을 어떠한 목적에 유용한 자료로 활용하기 위해서는 몇 단계의 처리과정을 거쳐야 한다. 센서가 획득한 영상은 각종 오류(error)나 잡음(noise), 기하학적인 왜곡(geometric distortion) 등으로 바로 이용하기에는 문제가 많으며, 좌표가 등록되어 있지 않기 때문에 정확한 위치를 찾을 수도 없기 때문이다. 또한 디지털 방식으로 얻어진 자료는 수많은 DN들의 행렬로서, 지리적인 의미를 가진 자료로 이용되기 위해서는 적절하게 분류할 필요가 있다. 여기서는 인공위성 영상을 대상으로 한 디지털 영상처리(digital image processing) 과정에 대하여 간략하게 알아본다.

일반적으로 디지털 영상처리과정은 전처리(前處理, preprocessing), 영상의 향상(image enhancement), 영상분류(image classification)의 단계를 거친다.

1. 전처리

전처리란 수집된 원격탐사 데이터는 여러 가지 원인의 오차가 포함된 불완전한 데이터이기 때문에 본격적인 영상처리작업에 앞서서 영상이 가지고 있는 기하학적 왜곡이나 오류, 잡음 등을 보정해 주는 작업을 말한다. 일반적으로 전자기적 보정과 기하학적 보정과정을 거친다.

(1) 전자기적 보정

전자기적 보정(radiometric correction)은 센서가 전자기파를 감지하는 과정에서 센서 자체의 문제, 대기에 의한 영향 등으로 발생하는 왜곡을 보정하는 것이다. 원격탐사에서 사용되는 센서는 탐지된 복사량을 전압이나 수치로 변환하는 감지기(detector)를 사용한다. 그런데 다중감지기를 사용하는 센서의 경우 각각의 감지기가 가진 응답특성에 따라 같은 복사량이 다르게 출력될 수 있다. 또한 변환장치에서 입력된 아날로그 신호를 계수화할 때 변환기의 특성에 따라 오차가 발생하게 된다. 이러한 오차는 감지기나 변환기의 응답특성을 고려하여 보정표를 만들거나 간단한 함수식을 만들어 보정할 수 있다.

센서 자체의 문제로 생기는 오류의 예는 영상에 줄이 가거나 줄이 빠져 있는 것 등이다. 이런 경우 주변 화소의 DN을 토대로 오류가 발생한 화소의 값을 고쳐줄 수 있다. 전자기적 보정에서 가장 유의할 점은 대기의 교란에 의한 왜곡인데, 특히 대기에 의해 가시광선 파장대는 산란되고 적외선 파장대는 흡수되기 때문에 이를 바로잡기 위해 산란되고 흡수된 양들을 보정해 주어야 한다.

대기보정의 방법에는 대기효과 모델링과 벌크보정(bulk correction)이 있다. 대기효과 모델링은 영상의 대기효과를 최대한 제거하기 위해서는 대기의 산란과 흡수에 관한 모델링을 하는 것으로 화솟값과 실제 지표반사율과의 관계를 모델링하여 대기 효과를 제거할 수 있다. 벌크 보정은 대기의 산란과 흡수에 대한 정밀한 보정이 필요하지 않거나 부수적인 정보를 얻을 수 없는 경우에 이용하는 근사적인 보정기법이다. 대기에 의해 가시광선 파장대는 산란되고 적외선 파장대는 흡수되어 파장이 짧은 파랑과 녹색 파장대에서 특히 큰 화솟값을 갖게 되므로 전 영상에 걸쳐 하얗고 푸른 헤이즈(haze)가 낀 듯이 보이는데 벌크 보정은 이러한 왜곡을 보정할 수 있으므로 헤이즈 제거기법이라고도 한다.

(2) 기하학적 보정

기하학적 보정(geometric correction)은 센서의 위치, 기타 시스템 자체의 문제, 지구의 자전 등으로 발생하는 영상의 기하학적 오차를 보정해 주는 작업이다. 기하학적 오차의 원인으로는 첫째, 지구자전 효과이다. 지구관측위성의 대다수가 적도에 수직으로 지구를 공전하며 지표의 일정 지역을 촬영하고 있는데 지구 역시 자전하고 있기 때문에 인공위성의 센서에 의해 촬영되는 지역은 영상에 나타나는 것과 같은 직사각형 형태를 이루지 못하고 실제로는 동서방향으로 찌그러진 사각형 형태를 나타낸다.

둘째, 파노라마 왜곡(panoramic distortion)이다. 항공기 및 위성 탑재 센서의 IFOV각은 일정하므로 한 화소가 나타내는 지표면적이 수직방향에서보다 라인(line) 끝에서 더 커진다.

셋째, 스캔 시간 뒤틀림(scan time skew)이다. 영상획득과정에서 Landsat MSS나 TM과 같이 라인단위로 영상을 취득하는 경우 일정한 폭을 스캔하는 데 특정 시간이 소요되고 이 시간 동안 위성은 앞으로 움직이며 트랙(track) 방향을 따라 왜곡을 발생시킨다.

넷째, 지구곡률 효과이다. 항공사진의 경우 취득고도가 낮고 관측폭이 좁기 때문에 지구곡률

에 의한 영향을 무시할 수 있지만 관측폭이 넓은 위성영상일수록 이에 의한 왜곡이 심하게 발생한다.

기하학적 보정의 방법에는 기하 왜곡 원인의 크기와 특성에 대한 모델을 세우고 이 모델로 보정방정식을 세우는 수학적 모델링과 지상기준점(Ground Control Point, GCP)을 이용하여 영상에서의 화소의 위치와 지상좌표 사이의 수학적 관계식을 구하는 방법이 사용된다.

시스템 자체의 문제나 지구의 자전으로 인한 효과 등은 규칙적이고 예측이 가능하기 때문에 일정한 수학적 방법으로 해결할 수 있다. 센서의 위치와 관련된 왜곡은 위치를 쉽게 확인할 수 있는 지형지물을 GCP로 잡아서 영상의 GCP들의 좌표와 지도의 GCP들의 좌표를 대조하면서 보정해야 한다. 즉 두 개의 좌표를 함수관계로 연결하여 좌표를 변환한 뒤, 나머지 화소들을 변환된 좌표로 다시 배열하는 것이다(구자용, 1991). 이렇게 하여 영상이 지리좌표를 가지게 된다.

2. 영상의 향상

전처리를 한 다음에는 영상을 눈으로 식별하기 좋도록 외양을 향상시켜 주는 영상의 향상작업을 한다. 영상 향상작업은 영상의 DN(digital number)들을 통계적으로 조작하는 다양한 방법을 포함한다. 예를 들면, DN들이 좁은 범위에만 몰려 있어서 식별이 잘 안 되면 넓은 범위를 갖도록 값들을 증가시켜 주든지, 반대로 단순하게 보기 위하여 일정한 기준으로 인접한 셀들의 값들을 하나로 통합할 수도 있다. 또는 거칠어 보이는 영상을 부드럽게 보이도록 할 수도 있고, 명암이나 색조, 채도 등을 조절할 수도 있다.

3. 영상분류

영상분류(image classification)는 연구목적에 따라 정보를 추출하기 위해서 시행하는 것으로, 반사량값만을 가진 화소들을 토지이용 분류와 같은 일정한 범주들로 분류하는 작업을 말한다. 그렇게 함으로써 인공위성자료는 특정한 주제를 가진 자료가 되고, GIS 등의 자료로서 활용될 수 있다.

분류기법은 접근하는 방식과 처리하는 과정에 따라 구분하는데, 접근하는 방식에 따라서는 분광적 분류(spectral pattern recognition), 공간적 분류(spatial pattern recognition), 시간적 분류(temporal pattern recognition)로 대별할 수 있다. 분광적 분류는 화소의 분광반사율을 기초로 분광패턴을 인식하여 분류하는 것이고, 공간적 분류는 주위 화소들과의 공간적 연관성(texture, 접근성, 크기, 형태, 방향성, 반복성 등)을 기초로 분류하는 것이며, 시간적 분류는 물체의 확인을 위해 시간적 요소를 고려하는 것이다. 이와 같은 세 가지 접근방식은 분석하고자 하는 자료의 성격과 분석장비 그리고 분류결과의 이용목적에 따라 독립적이기보다는 혼합적으로 시도된다.

처리하는 과정에 따라서 감독분류법(supervised classification)과 무감독분류법(unsupervised classification)이 사용된다. 감독분류는 training 지역을 선정하는 단계와 분류 단계로 구분하며, training 지역 선정 시 분류자와 영상 간의 긴밀한 상호작용과 참고자료 및 분류대상지역에 대한 해박한 지식이 필요한 반면, 무감독분류는 training 지역의 반사특성을 입력하지 않고, 단지 분류하고자 하는 유형의 종류만 지정하여 군집분석 알고리즘에 입각하여 영상을 분류하는 방법이다. 또한 각각에 대해 입력 매개변수와 결정법칙에 따라 여러 가지 기법이 있으며, 앞으로도 새로운 기법들이 연구 및 개발될 것이다.

❸ 영상의 종류와 정보

1. 인공위성 영상

디지털 방식의 원격탐사에서는 인공위성을 운반체로 하여 지표면이나 대기를 다분광 감지하는 것이 일반적이다. 원격탐사에 이용되는 인공위성은 궤도에 따라서 정지위성과 극궤도 위성으로 구분할 수 있고, 탐사 대상에 따라서는 지표면을 탐사하기 위한 위성과 기상이나 해수면의 정보를 획득하기 위한 위성으로 나누어 볼 수 있다. 여기서는 지표면 탐사위성에 대해서만 알아보고자 한다.

(1) Landsat 영상

Landsat은 원래 미국 NASA와 내무부가 공동으로 기획한 지구자원 기술위성(Earth Resources Technology Satellite, ERTS)으로서, 1972년 7월 23일에 ERTS-1호가 발사되었다. 그리고 ERTS-2호가 발사되기 직전에 Landsat으로 명칭이 바뀌었고, ERTS-1호도 Landsat 1호가 되었다. 현재 Landsat 1, 2, 3, 4호는 모두 가동이중단되었으며 1984년 3월 1일에 발사된 5호와 1999년 4월 15일 캘리포니아 반덴버그 공군기지에서 발사된 7호가 가동되고 있다.

Landsat 5호는 고도가 705 km이고, 적도를 98.2°로 가로지르며 지나간다. 적도를 지나는 시각은 오전 09시 45분이다. 1회 회전 시간은 99분, 1일 회전 수는 14.5회전이며, 매 회전궤도 사이의 거리는 적도에서 2,752 km이다(그림 13.23의 INCLINATION). Landsat 7호는 705 km의 고도에서 26,000 km/h의 속도로 99분마다 지구를 한 바퀴씩 돌고 있다. Landsat 7호가 촬영한 한 scene 사진은 각각 가로 185 km, 세로 170 km의 지역을 나타낸다. 위성은 적도기점에서 약간 우측각으로 북극점과 남극점을 통과하는 자전동기궤도(Sun Synchronous Orbit)를 따라 움직이고 있다. Landsat은 하루에 15회씩 지구를 회전하며, 동일 지점을 통과하는 데 16일의 시간이 소요된다. 관측된 Data는 185 km × 170 km의 scene으로 공급된다.

Landsat 위성은 크게 MSS(Multi-Spectral Scanner)와 TM(Thematic Mapper)의 두 가지로 대표되는 지구 관측 센서를 탑재하고 있다. MSS 센서는 초기에 발사된 Landsat 1, 2, 3호에 탑재되어 사용되었으며, 4개 밴드의 영상자료를 생성하였다. 반면에 Landsat 4, 5호에 추가로 탑재되

Chapter 13

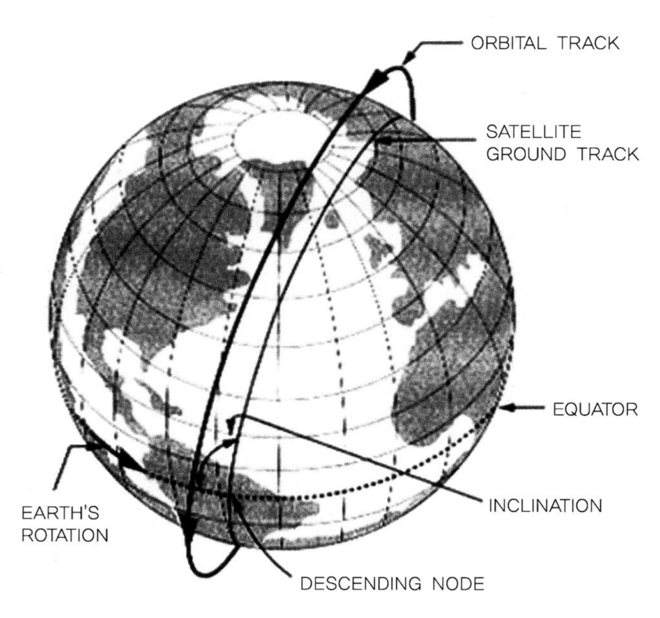

그림 13.23 위성의 궤도특성(Campbell, 1996)

표 13.3 Landsat MSS 센서의 특징

밴 드	파장(μm)	공간해상력(m)	전자기해상력(비트)
4	0.5~0.6(녹색)	79	7
5	0.6~0.7(빨간색)	79	7
6	0.7~0.8(근적외선)	79	7
7	0.8~1.1(근적외선)	79	6

기 시작한 TM 센서는 7개 밴드로 구성되어 있으며, Landsat 7호의 ETM+(Enhanced Thermal Mapper Plus) 센서는 Landsat 4, 5호의 TM과 Landsat 6호에 장착되었던 ETM(Enhanced Thermal Mapper)을 보다 발전시킨 센서이다. MSS 센서의 주요 특징은 표 13.3과 같다.

Landsat 위성의 영상이 기존의 항공사진과 다른 특징 중의 하나는 축척이 매우 작다는 것이다. 규격이 230 mm × 230 mm인 일반적인 저고도 사진의 경우 축척은 약 1 : 20,000인 데 반해, 185 mm × 185 mm 크기의 Landsat 영상의 축척은 1 : 1,000,000이나 된다. 따라서 영상 한 장이 포괄하는 면적이 항공사진은 21 km^2인 데 반해 Landsat 영상은 34,000 km^2나 된다. 거대한 단층이나 습곡처럼 수십~수백 km^2에 달하는 지질구조들의 경우 Landsat 영상에서는 쉽게 파악될 수 있지만, 항공사진에서는 모르고 지나칠 가능성이 높다. 반면 Landsat 영상은 해상력이 훨씬 낮으므로 항공사진에서 확인할 수 있는 자동차, 주택 같은 사상들을 확인할 수가 없다.

Landsat 4호 및 5호에 탑재된 TM(thematic mapper) 센서는 분광, 정밀도 그리고 기하학적인 설계에서 MSS에 비하여 발전된 것이다. MSS에 비하여 밴드 수가 늘어났을 뿐만 아니라 공간

표 13.4 Landsat TM 센서의 분광 밴드

밴 드	파장(μm)	공간해상력(m)	활용분야
1	0.45~0.52 (Blue)	30	• 물을 투과할 수 있도록 설계되었고, 연안해수의 지도화에 유용 • 토양과 식생의 판별, 엽록소 흡수, 숲의 유형지도화, 인문경관 파악에 유용
2	0.52~0.60 (Green)	30	• 식생의 최대 녹색반사량을 측정하여 식생을 식별하고 활력 측정 • 인문 경관파악에 유용
3	0.63~0.69 (Red)	30	• 엽록소의 흡수대에 민감하게 반응하여 식생과 비식생의 식별 및 식생 간의 종류 구별에 유용 • 인문 경관파악에도 유용
4	0.76~0.90 (Near Infrared)	30	• 식물의 세포구조 지시, 식생의 유형 및 활력, 생물량 파악 • 물에 완전히 흡수되어 수체 윤곽파악, 토양의 수분구별에 용이
5	1.55~1.75 (Mid-infrared)	30	• 식생 및 토양의 수분함량측정 • 구름으로부터 눈(雪)을 식별, 얇은 구름 통과
6	10.4~12.5 (Thermal infrared)	120	• 식생이 받는 압력분석, 토양의 수분구별 • 열과 관련된 현상의 지도화
7	2.08~2.35 (Mid-infrared)	30	• 광물 및 암석의 유형식별에 유용, 수산화이온 흡수 • 식생의 수분함유량에 민감

해상력도 향상되었다. TM 센서는 28(256)개의 DN으로 에너지의 방출량을 측정할 수 있고, 정밀도의 향상으로 미세한 방출량의 변화도 측정가능하다. 기하학적으로 TM 영상의 화소 크기는 30 m × 30 m(6번 밴드 제외)로서 MSS의 79 m × 79 m보다 7배 정도 해상력이 향상되었다.

TM의 밴드는 농업에 활용하기 위하여 식생의 식별능력을 극대화할 수 있도록 설계되었으며, 인공위성자료를 좀 더 광범위한 분야에서 활용할 수 있도록 설계되었다(표 13.4).

예를 들면 1번 밴드의 자료는 수심측량에 사용할 수 있으며, 적외선 밴드(5와 7)는 암석의 성질을 구별하는 데 매우 유용하다. 밴드 5는 지표가 눈으로 덮여 있는지 아니면 구름으로 가려져 있는지를 식별하는 데 매우 효과적이다.

호수나 연못, 하천 등은 1번이나 2번 밴드에서는 중간 정도의 반사량을 보이지만 4번, 5번, 7번에서는 거의 반사량이 없다. 도로의 반사량은 4번에서 가장 적고, 농업지역의 전체적인 반사량은 4번에서 가장 높다(Lillesand & Kiefer, 1994). 6번 밴드는 공간 해상력이 120 m이기 때문에 다른 밴드들의 영상보다 매우 흐릿하게 나오는데, 열섬(heat island)현상을 보이는 시가지는 밝게, 수체는 어둡게 나온다.

그림 13.24는 Landsat TM의 4번 밴드 영상으로, 남한강과 북한강이 만나는 양수리 일대를 촬영한 것이다. RGB 합성 영상을 만들 경우 하천의 퇴적물 패턴을 지도화하는 데에는 정상 색깔인 1·2·3번 밴드가 주로 활용된다. 대부분의 다른 경우에, 특히 도시지역이나 식생유형을 지도화할 때에는 2·3·4번이나 3·4·7번, 3·4·5번 등을 각각 파란색, 녹색, 빨간색에 대응시킨다. 가시광선(1~3번), 근적외선(4번), 중적외선(5번이나 7번)을 하나씩 조합하는 것도 매우 효과적이다.

그림 13.24 Landsat TM의 4번 밴드 영상

표 13.5 Landsat ETM+ 센서의 분광 밴드

밴 드	파장(μm)	공간해상력(m)
Panchromatic	0.52~0.90(Green to Near Infrared)	15
1	0.45~0.52(Blue)	30
2	0.52~0.60(Green)	30
3	0.63~0.69(Red)	30
4	0.76~0.9 (Near Infrared)	30
5	1.55~1.75(Mid-infrared)	30
6	10.4~12.5(Thermal infrared)	60
7	2.08~2.35(Mid-infrared)	30

Landsat 7호의 ETM+(Enhanced Thermal Mapper Plus) 센서는 Landsat 4, 5호의 TM과 Landsat 6호에 장착되었던 ETM(Enhanced Thermal Mapper)을 보다 발전시킨 센서이다. TM과 비교할 때 thermal band의 해상도가 120 m에서 60 m로 나아진 것 외에 해상도의 변화는 없으나 15 m 해상도의 panchromatic band(전파장 영역)가 교정되어 더 선명한 영상을 제공할 수 있다. 이는 이전의 TM 센서보다 지구의 환경변화를 연구하고 지표면을 관찰하는 데 더 효과적인 센서이다. Landsat 영상은 밴드가 많기 때문에 공간 해상력이 낮음에도 불구하고 많이 사용된다.

(2) SPOT 영상

1978년 프랑스 주도 하에 계획을 결정한 이래 벨기에, 스웨덴 등이 참여하여 만든 SPOT (Systeme Pour l'Observation de la Terre) 프로그램은 30개 이상의 나라에 지상 수신소와 자료 배급소를 갖춘 대규모 국제적 프로그램이 되었다. SPOT 1호는 1986년 2월 21일에 발사되었으며, 2호는 1990년, 3호는 1993년, 4호는 1998년, 5호는 2002년 5월 4일 발사되어 현재 2, 4, 5호가 운용 중에 있다. SPOT 위성들의 명목상 고도는 832 km이며, 적도와는 98.7° 기울어져 있다. 적도를 오전 10시 30분에 지나며, 26일의 반복주기를 가지고 있다.

SPOT 1, 2, 3호에는 HRV(High Resolution Visible)센서가 2대씩 탑재되어 10 m의 해상도로 지구관측을 하기 때문에 주로 지도제작을 주목적으로 하고 있다. 그리고 20 m의 multi-spectral 센서도 탑재하여 3 Band의 다중분광 모드로 지구관측을 할 수 있다. SPOT 4호에는 다중분광 모드에 중적외선 band를 추가한 HRVIR(High Resolution Visible and InfraRed) 센서 2대가 탑재되어 있으며, 농작물 및 환경변화를 매일 관측하기 위한 목적으로 vegetation센서가 추가되었다. SPOT 5호에는 공간해상력을 향상시킨 HRG(High Resolution Geometry) 센서 2대를 탑재하여 5 m의 공간해상도와 resampling을 할 경우 2.5 m의 해상도를 가지며, multi-spectral에서는 가시광선 및 근적외선의 3band에서 10 m, 중적외선 band는 20 m의 공간해상도의 영상을 공급하고 있다. 각각은 60 km의 촬영폭을 가지고 있고, 3 km가 중복되어 한번에 117 km의 범위를 촬영할 수 있다.

HRVIR는 SPOT 4호에 장착된 센서로서 그 전의 HRV보다 더 진보된 형태라고 할 수 있다. 토목계획에 주로 응용되며 환경을 감시하는 역할을 한다(표 13.6). HRG는 SPOT 5호에 장착된 센서로 SPOT 4의 HRVIR보다 좀 더 진보된 형태이다(표 13.7).

SPOT 위성의 자료는 Landsat 자료보다 공간해상력이 뛰어나고, 다분광자료와 전색성자료를 모두 이용할 수 있으며, 기하학적 신뢰도가 높다. 또한 같은 지역을 다른 각도에서 촬영하기 때문에 입체영상을 얻을 수 있는 장점이 있다. 특히 10 m 해상력의 전색성자료와 20 m 해상력의 다분광자료를 합쳐서 10 m 해상력의 다분광 자료를 만들어낼 수 있다(Lillesand & Kiefer, 1994). 그리고 같은 지역을 다른 각도에서 촬영하기 때문에 입체 영상을 만들 수도 있다.

표 13.6 SPOT HRVIR 센서의 주요특징

구 분	다분광방식(Multispectral mode)	전색성방식(Panchromatic mode)
밴 드	0.50～0.59μm	0.61～0.68μm
	0.61～0.68μm	
	0.79～0.89μm	
	1.58～1.75μm	
IFOV	20 m × 20 m	10 m × 10 m

표 13.7 SPOT HRG 센서의 주요특징

구 분	다분광방식(Multispectral mode)	IFOV	전색성방식(Panchromatic mode)	IFOV
밴드	0.50～0.59μm	10 m × 10 m	0.48～0.71μm	2.5 m × 2.5 m 또는 5 m × 5 m
	0.61～0.68μm	10 m × 10 m		
	0.79～0.89μm	10 m × 10 m		
	1.58～1.75μm	20 m × 20 m		

밴드의 특성을 보면, 빨간색에 해당하는 0.61~0.68 μm 밴드는 엽록소의 에너지를 흡수하고, 근적외선인 0.79~0.89 μm 밴드는 대기를 잘 통과한다. 4호에서는 중적외선이고 해상력이 20 m인 1.58~1.75 μm 밴드가 추가되었다. 이것은 식생을 확인하고 광물을 구별하는 능력을 향상시키기 위한 것이다.

(3) KOMPSAT 영상

1999년 12월 항공우주연구소가 과학기술부의 지원으로 지구관측위성인 아리랑 1호를 발사함으로써 본격적으로 우리나라 위성을 활용한 지구관측이 가능하게 되었다. 이러한 지구관측위성은 국가적으로 추진하고 있는 다목적 실용위성(KOrea Multi-Purpose SATellite: KOMPSAT) 개발사업의 첫 번째 성과이며 아리랑 2호는 2005년 말 러시아에서 발사될 예정이다.

아리랑위성 1호의 운용은 한반도 지도제작을 위한 자료수집, 해양관측 자료수집과 우주 환경에 대한 연구, 아리랑위성 1호의 상태 데이터의 수집을 위한 임무계획에 따라 수행된다. 아리랑 1호는 지도제작, 국토관리, 재난관리를 위해 고해상도의 전자광학 카메라 EOC(Electro Optical Camera)를 탑재하였고, 해양관측, 대기, 기상 등의 관측을 위해 OSMI(Ocean Scanning Multispectral Imager)를 탑재하였으며, 우주환경에 대한 연구를 위한 SPS(Space Physics Sensor)의 3가지가 탑재되었다.

전자광학카메라인 EOC는 아리랑위성 1호의 주임무인 1 : 25,000 한반도 지도제작과 한반도의 입체영상 획득을 위한 고해상도 카메라이며, 한 궤도당 약 2분까지 운용할 수 있다. EOC는 파장 510 nm~710 nm의 단일 band로 공간해상력 6.6 m의 panchromatic 영상을 제공하며, 관측 폭은 약 17 km이다.

해양관측카메라인 OSMI는 해수색을 관찰하여 생물학적 해양지도 작성(biological oceanography)의 임무를 가지고 전 세계 해양생태 관찰, 해양자원 관리, 해양대기 환경분석 등에 활용된다. 해양관측 임무를 수행하기 위해 궤도주기의 20% 시간 동안 관측을 수행하며, 그 특징은 다음과 같다(표 13.8).

표 13.8 OSMI의 주요특징

밴 드	파장(nm)	밴드두께(nm)	활 용
1	443	20	클로로필의 농도
2	490	20	색소의 농도
3	510	20	클로로필의 탁도
4	555	20	탁도
5	670	20	대기의 영향 보정
6	865	40	대기의 영향 보정

과학실험 탑재체인 SPS는 2개의 관측센서, 즉 저궤도위성 주위에서 고에너지 입자환경을 측정하는 고에너지 입자검출기(HEPD; High Energy Particle Detector)와 열전자 환경을 측정하는 이온층 관측기(IMS; Ion Measurement Sensor)로 구성된다. HEPD는 저고도 우주공간의 방사선입자 측정을 수행하고 이를 통해 우주방사선이 전자회로에 미치는 영향을 연구할 수 있으며, IMS는 지구 이온층의 전자밀도와 전자온도 측정을 통해 아리랑 1호 위성 궤도상의 전 지구적 특성조사를 하게 된다.

2005년 말에 발사예정인 아리랑 2호에는 성능이 향상된 고해상도 광학카메라(Multi-Spectral Camera; MSC)가 탑재될 예정이며, 관측폭 12 km, 공간해상도 1 m의 Panchromatic (0.5~0.7μm) 영상과 공간해상도 4 m의 다중분광(0.4~0.9μm) 영상을 제공할 예정이다. MSC의 가장 중요한 임무는 한반도의 영상지도를 만들기 위한 사진촬영이며, 촬영 후 위성으로부터 받은 고해상도의 영상을 통해 지형과 물체를 식별할 수 있는 영상지도를 만들게 된다. 지형을 관측하기 위해서 MSC는 한 번에 가로 15 km, 세로 1,000 km 영상을 획득할 수 있으며 1 m의 해상도를 지녔다. 주택 하나까지도 인식해 지도에 표시할 수 있는 수준으로 정밀한 지도를 만들 수 있다.

2. 레이더 영상

레이더(RADAR)는 RAdio Detection And Ranging의 약자로서 수 m에서 수 mm 파장의 라디오 및 마이크로파 밴드를 이용한다. 레이더 영상법은 지형지물에 전자에너지를 발사하여 반사되는 에너지를 영상화시키는 방법으로서 일종의 능동적인 형태의 원격탐사체제이다. 따라서 자연적인 빛의 조건이나 기상조건에 구애됨이 없이 원하는 방향에서 최적 상태의 영상을 얻을 수 있다.

레이더 영상은 주로 SLAR(Side Looking Airborne RADAR) 시스템을 이용하여 얻어진다. 전형적인 SLAR 시스템의 영상획득원리와 과정이 그림 13.25에 도시되어 있다. SLAR에서는 안테나가 전자기파 펄스를 내보내고 받는 역할을 모두 수행한다.

목표물까지의 거리(slant distance)는 빛의 속도에 도달시간을 곱하면 쉽게 구할 수 있다. 서로 떨어진 두 물체가 있을 때 이들과 안테나의 거리차가 펄스길이의 1/2이 안 되면 물체가 식별이 안 된다. 산의 후사면은 음영대이므로 어두운 영상이 나타나고 식생지역은 식물의 종류가 다양하고 촬영각도에 대한 방향이 일정치 않아 얼룩 반점들의 중간 정도 밝기를 나타내며, 금속물체(특히 인공구축물 따위), 암석 등은 강한 반사에너지를 방출하므로 밝게 나타난다. 편평한 콘크리트나 정지수면은 입사에너지가 전량 반대방향으로 반사되므로 어둡게 나타난다. 또한 각종 강우현상은 전자파를 전량 대기 중으로 반사시켜 지상물체로의 도달을 방해하므로 단파장에너지를 SLAR에 이용하면 폭우를 수반하는 구름과 비폭우성 구름을 판별하는 데 탁월한 효과를 볼 수 있다. 이와 같은 성질을 이용하는 것이 기상레이더이다.

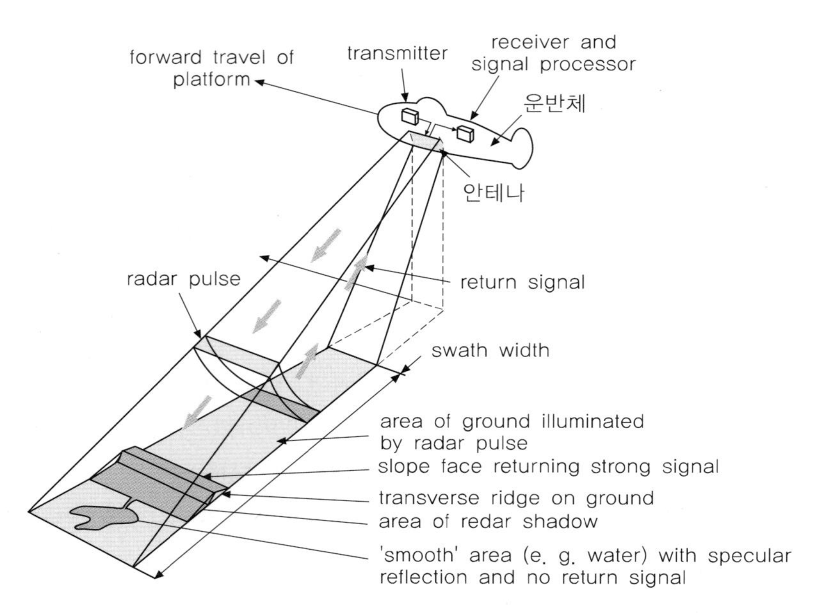

(a) SLAR의 원리

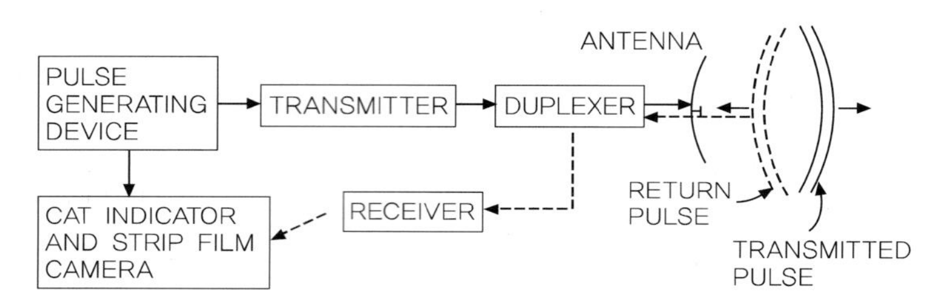

(b) 영상획득과정

그림 13.25 SLAR 시스템의 원리와 영상획득과정(Lillesand & Kiefer, 1994)

표 13.9 마이크로파의 밴드 특성

밴 드	파장(cm)	주요 활용분야
Ka, K, Ku	0.8～2.4	현재는 거의 이용되지 않음
X	2.4～3.75	군의 정찰과 지형관측을 위한 항공시스템에 폭넓게 이용됨
C	3.75～7.5	많은 항공(CCRS Convair－580, NASA AirSAR) 및 위성시스템(ERS－1·2, RADARSAT)
S	7.5～15	러시아의 ALMAZ 위성
L	15～30	미국의 SEASAT과 일본의 JERS－1 위성, NASA의 항공시스템
P	77～107	NASA의 실험적인 항공시스템에 이용됨

마이크로파는 파장에 따라 표 13.9와 같이 구분된다. 레이더는 식생피복이나 토양표면처럼 고체 속을 투과하는 능력이 있는데, 파장이 길고 수분이 적을수록 깊이 투과할 수 있다. 따라서 건조지역에서 긴 파장의 레이더시스템을 이용하면 지표 아래를 관측하는 데에 상당한 효과를

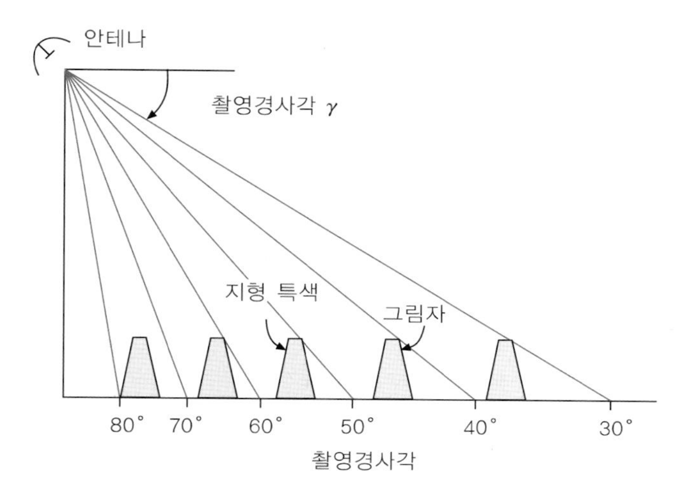

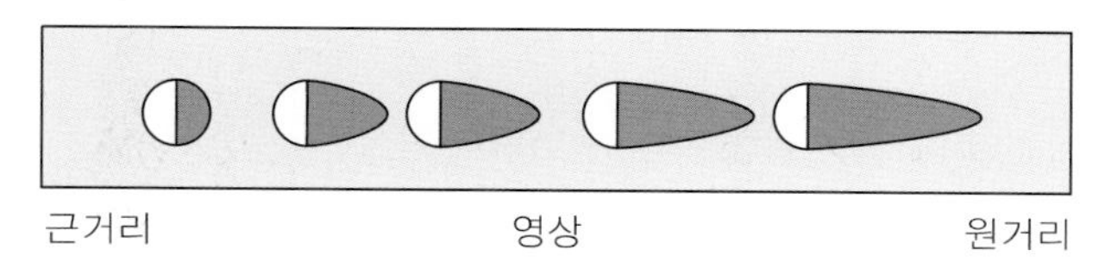

그림 13.26 레이더로 비춰지는 범위와 그림자(권영식 외, 1995)

볼 수 있다. 파장이 3 cm 이상이면 비의 영향을 거의 받지 않는다. 영상의 기하학적 특성을 보면, 측면에서 촬영하기 때문에 기체에서 멀어질수록 경사가 점점 커지고 그림자는 비례해서 점점 길어진다(그림 13.26).

그리고 전자기파의 폭(beam width)이 좁을수록 영상이 선명해진다. SLAR에서 전자기파의 폭(β)은 펄스의 파장(λ)에 비례하고 안테나의 길이(AL)에 반비례한다(식 13.8). 안테나가 짧으면 반사되어 오는 에너지를 비행기가 이동할 때 놓칠 수 있기 때문이다.

$$\beta = \frac{\lambda}{AL} \tag{13.8}$$

따라서 파장이 정해져 있을 때 해상력이 높으려면 안테나의 길이가 길어야 한다. 그러나 안테나의 물리적인 길이를 늘리는 데에는 한계가 있기 때문에 상대적으로 좁은 범위나 낮은 고도에서 운용되고, 파장을 줄이기도 한다. 안테나의 길이가 정해져 있다면 파장이 짧을수록 영상이 선명하고, 반대로 파장이 길수록 강한 비나 눈, 우박 등을 더 잘 투과하지만 영상의 선명도가 낮아진다.

안테나 크기로 영상의 해상력이 제한되는 기존 레이더시스템의 단점을 보완하고자 SAR(Synthetic Aperture Radar) 시스템이 개발되었다. SAR는 먼 거리의 해상력을 높이기 위해 고안된 것으로서, 물리적으로는 짧은 안테나를 채택하지만 자료의 기록과 처리기술을 변형하여 매우 긴 안테나를 채택한 것과 같은 효과를 만들어낸다. 다시 말해 운반체의 움직임을 최대한 활용

함으로써 운반체의 위치에서 긴 안테나를 합성(synthesize)하는 것이다.

SAR 영상이 만들어지는 과정은 대단히 복잡한데, 간단히 정리하면 우선 에너지가 반사되어 돌아오는 시간과 주기의 변화가 신호필름(signal film)에 기록된다. 주기의 변화는 비행기의 이동으로 인한 도플러 효과의 결과로 생기며, 신호필름에는 주기의 변화가 기록되어 직접 영상을 해석할 수가 없다. 레이저의 빛을 이 필름에 통과시키면 음극선관을 거쳐서 영상 필름(image film)에 시각적으로 해독할 수 있는 형태로 영상이 재구성된다. 그 결과 아주 긴 안테나를 채택하지 않거나 짧은 파장에서 운용하지 않더라도 매우 먼 거리에서도 전자기파의 폭을 좁게 유지할 수 있다.

유럽우주국(European Space Agency)이 1991년에 발사한 ERS－1 위성은 785 km 고도에서 지구를 촬영하면서 C 밴드를 이용해 해상력 30 m의 SAR 영상을 만들어낸다. 또 일본의 JERS－1 위성은 L밴드를 이용하여 18 m 해상력의 영상을 만들 수 있다.

④ 원격탐사기술과 그 활용

1. 최근의 원격탐사기술

최근의 국내외 원격탐사 연구동향을 보면, 선진국뿐 아니라 여러 개발도상국에서도 원격탐사기술의 유용성 및 효율성이 입증되어 독자적인 지구관측시스템 개발을 추진하고 있으며, 보다 폭넓은 응용기법의 개발을 서두르고 있다. 인공위성을 이용한 원격탐사에서 최근 가장 두드러진 발전은 공간해상력이 매우 높아졌다는 사실이다. 우리나라의 아리랑 1호는 6.6 m의 해상력으로 촬영할 수 있고, 1999년 9월에 발사된 미국의 IKONOS 위성은 전색성방식의 경우 1 m, 다분광감지를 할 경우에는 4 m의 해상력을 가지고 있다. 그와 아울러 원격탐사용 소프트웨어의 개발도 상당히 발전되어 있는 추세인데 digital image processing 기법을 근간으로 한 새로운 원격탐사 알고리즘의 개발과 이를 탑재한 고성능의 소프트웨어들이 상당히 많이 개발되고 있다.

21세기에는 정보통신의 발달과 함께 우주경쟁이 더욱 치열해질 것으로 예측되고 있다. 현재 우주상공에는 Landsat과 같은 지구자원 탐사위성을 비롯하여 기상관측위성, GPS 위성, 통신위성 및 첩보위성 등 많은 종류의 위성들이 우리나라와 미국, 일본, 프랑스, 인도 및 캐나다 등에 의해서 발사되어 이 순간에도 지구에 대한 많은 유용한 정보를 제공해 주고 있다. 특히, 과거에는 군사적인 목적으로 활용되던 원격탐사기술이 1990년대 이후부터는 지구자원탐사, 환경 모니터링 및 기상정보 제공 등 인류의 번영을 위한 목적으로 활용되기 시작하였다.

우리나라도 1999년 4월 항공우주산업개발 정책심의회에서 항공우주산업개발 기본계획을 의결하여 원격탐사기술을 비롯한 항공우주산업에 대한 국가적 중장기 비전을 마련하여 현재 추진하고 있다. 1999년도 12월 우리나라 최초의 다목적 실용위성(KOMPSAT)인 아리랑 1호가 성공적으로 발사되어 한반도 및 주변지역에 대한 자료를 획득하여 공급하고 있으며, 1 m의 공간해상도를 가지는 KOMPSAT-2호를 2005년도에 발사할 계획으로 개발 중에 있다.

또한, 우주시대에 대비하여 로켓 발사와 우주관측을 수행할 수 있는 우주센터를 전라남도 고흥군 봉래면 외나로도(동경 127.3°, 북위 34.26°)에 2005년 건설되었다. 따라서, 원격탐사 관련 연구사업들이 기상, 수자원, 환경, 농업, 해양, 정보통신 및 국방 등 다양한 분야에서 활발히 진행될 것이며, 정부도 원격탐사 분야에 대한 적극적인 투자를 지원하고 있다.

또한 선진국들은 독자의 지구관측위성 발사계획을 추진하고 있는데, 미국의 LANDSAT series, 프랑스의 SPOT, 일본의 MOS, 유럽국가가 참여한 캐나다의 RADAR sat 등이 대표적인 예이다. 이 외에도 해상력 1 m의 IKONOS 위성과 50개의 multi-spectral band를 가지고 있는 MODIS 등으로 인해 원격탐사의 발전은 앞으로도 계속될 것이다.

2. 원격탐사의 활용

지구궤도를 운행하는 운반체인 인공위성이나 지상을 촬영하는 항공기에 의하여 수집된 영상자료는 그 응용 범위가 다양하고 적절한 신빙성이 있는 자료이다. 원격탐사의 활용범위를 크게 나누어 보면 인간생활에 유용한 각종 자원의 탐사와 조사, 지구환경을 이해하여 개선하기 위한 지구환경의 조사와 연구이다.

(1) 지질조사 분야

지구표면을 구성하고 있는 물질을 잘 감지하는 파장을 사용해야 한다. 대체로 0.51~0.68μm에 속하는 가시광선 파장영역의 전자파로 얻어진 자료를 많이 사용하는데, 이는 0.51μm보다 짧은 파장의 자외선 영역에서 산란(scattering)이 많이 일어나는 경향이 있으며, 0.68μm보다 긴 파장에서는 사진 필름에 잘 감광되지 않으므로 제한을 받기 때문이다. 또한 적외선 사진과 천연색 영상을 사용할 수도 있으나 고가품이므로 특수한 연구목적에만 활용되는 실정이다.

암석의 종류를 구별하는 데에는 위성영상의 MSS band 가운데 0.6~0.7μm 파장역이 많이 사용되며 수계, 배수로망 및 열극(fracture) 판독을 위해서는 0.8~1.1μm의 적외선 영역을 이용하는 것이 편리하다.

열수(熱水) 변질대를 식별하는 데에는 Landsat TM의 2.08~10.35μm 파장대가 많이 사용된다. 지열적으로 이상대(anomaly)를 발견하는 데는 10.4~12.50μm 파장영역인 열적외선이 이용된다. 그러나 수체(water body), 토양 및 식생을 판독하는 데는 0.63~1.75μm 영역이 높은 감도를 나타낸다.

단층, 열극(fracture), 토양습윤, 지하수탐사에는 마이크로파의 레이더 영상이 많이 사용되며, 일반적인 지형도와 지질도 작성을 위해서는 프랑스 SPOT 위성의 영상을 활용하는 경우가 많으나 비싼 것이 흠이다.

또한 단층선, 연약대, 암맥(dike) 및 지질경계와 같은 지질구조선(lineaments)은 야외조사에서 쉽게 발견되는 것도 아니며 지질도를 작성할 때 그 규모와 위치를 알아내는 데 상당한 고심을 하게 된다. 더구나 지질조사를 위한 야외경험이 풍부하지 못한 경우는 더욱이 그러하다. 따라서 광역적으로 지형, 지질구조선의 모양을 지도화하는 데 원격탐사 영상을 사용하면 편리성과 더불어 정확성이 보장된다.

지표면을 이루고 있는 암석의 종류에 따라 형성될 수 있는 지형은 상이하다. 이는 동일한 지형 형성과정을 통해서 생긴 지형에서도 아주 쉽게 비교될 수 있다. 특히 사람들의 접근이 어려운 고산지역, 사막지역, 정글지역, 극지역에 대한 암석학적 지질조사는 원격탐사 영상자료가 필수적이다. 암석의 종류에 따라 물리적, 화학적 특성이 상이하고, 따라서 풍화작용과 지표면 침식에 견디는 정도가 달라서 지표면의 영상이 다르게 표출된다.

한 장의 위성영상이나 흑백 항공사진으로부터 지표의 지질적인 정보를 획득하려면 단지 사진상에 나타난 색조(tone)의 변화정도로 판독할 수밖에 없다. 그러기 위해서는 판독자 자신의 풍부한 경험이 무엇보다도 중요하다. 만일 실체시가 가능한 두 장의 사진이 가용할 경우에는 색조 이외에 기복현상을 식별할 수가 있기 때문에 더욱 상세하고 정확한 지질학적 평가를 할 수 있게

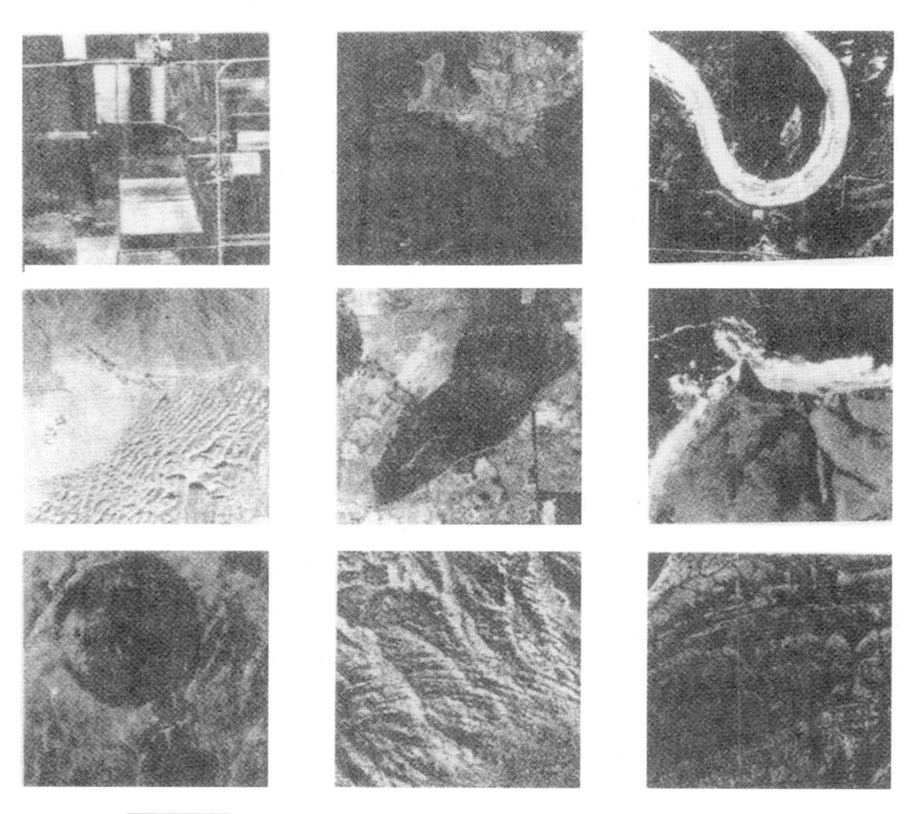

그림 13.27 항공사진에 나타난 여러 형태의 지표현상(권영식 외, 1986)

된다. 실체시의 기복현상은 기본적으로 암석의 침식저항을 나타내며, 절대적인 침식저항력을 뜻하는 것은 아니다. 이는 인접 암석과의 상대적인 저항의 정도, 즉 차별침식의 결과로 나타난 것이다.

색조는 암석의 본질, 촬영 시의 빛의 조절, 필름의 성능, 필터의 영향, 현상 및 인화처리과정 여하에 따라 달리 나타날 수 있다. 일반적으로 화성암 중 관입암의 경우에 염기성일수록 어두운 색조를 나타내며, 퇴적암에서는 백악, 석회암, 사암, 석영질 편암, 규암 등이 밝은 색조이고, 각석암 종류는 어두운 반면 이암, 혈암, 점판암 등은 중간 정도의 색조를 나타낸다.

또한 기후, 식물의 피복상태, 토양의 피복정도, 침식의 진행률, 주위 암석과의 상대적인 침식률, 색상과 반사율, 구성성분, 물리적인 성질, 풍화의 정도, 구조, 조직, 사진별 고유특성과 촬영 시의 환경조건 등에 의해 암석의 사상은 좌우된다.

그림 13.27에 항공사진에서 식별될 수 있는 여러 가지 사상 중에서 몇 가지 대표적인 예를 제시한바, 이들의 특징과 색조의 차이 등을 정리해 두면 여러 면에서 도움이 될 것이다.

(2) 군사적 응용분야

군사작전에서 항공사진의 가치는 미래의 전쟁양상이 넓은 지역에 걸쳐 속전속결의 추세로 진행된다고 예상되므로 더욱 증대될 것이다. 왜냐하면, 전쟁지역에 관한 지형 및 지질정보나 자료는 그 지역의 지질도와 지형도를 이용하면서 실지조사를 수행해야만 정확한 수집이 가능한 것이나 대부분의 경우 지질도가 발간되지 않았거나 입수가 불가능하여 필요한 정보를 얻어낼 수가 없다. 그뿐만 아니라 적지에서의 실지조사는 전혀 불가능하며, 현지답사가 가능하다고 하더라도 시간적인 제한과 여러 어려움이 예상될 수 있다.

군사적인 측면에서의 필요한 지질정보는 다음과 같다.

- 참호, 지하시설, 각종 터널공사와 관련된 기반암의 종류와 특성을 포함하여 그 위에 덮여 있는 풍화층 내지는 퇴적층의 두께와 성질
- 지하수면의 변동 및 지하수의 깊이
- 요새구축과 중화기거치 등에 관련된 기초로서 토양자료
- 병력수송 및 군수물자의 보급로 건설을 비롯하여 필요한 부수시설 공사에 이르기까지 소요되는 각종 건설자재(주로 모래, 자갈, 암석 등의 골재)의 현지조달 가능성과 입지
- 용수자원으로서의 지표수 및 지하수분포
- 병력과 장비의 이동 및 비행장건설 등에 영향을 미칠 수 있는 기후별, 계절별 지하수면의 안정성
- 하상 및 제방의 자연적 특성과 유량변동
- 피·아 구분 없이 점령지 내에서 일어날 수 있는 각종 자연재해의 가능성, 특히 홍수 시의 범람원, 해안지역의 불안전한 사구지대, 산사태 및 눈사태 등

- 적 지역 내의 댐 및 저수지, 배전시설 및 전선, 각종 군용시설물 등의 입지에 필요한 지질적인 상세정보
- 적 점령 하의 주요광산 및 자원부존지역의 공격에 대한 취약성과 군사적인 중요성과 공격 가능성

(3) 광물탐사 분야

원격탐사자료를 이용한 광물의 탐사는 첫째, 일반지질, 지질구조선 및 암석학적 연구로부터 광물을 포함할 수 있는 광화대를 지질학적인 조건들의 존재여부로 관찰하는 일이고, 둘째는 광물이 배태되어 있는 열수작용에 의한 변질대 혹은 광화대를 직접적으로 식별해내는 일이다. 원격탐사 영상이 열수작용의 변질 산물인 점토에 대하여 감도가 높은 것으로 실험실연구에서 알려졌으나, 실제 자연적인 여러 가지 잡음 때문에 영상으로부터 바로 판독은 어렵다. 영상처리기법을 발전시켜 잡음을 적절히 제거한 후에 식별함이 효과적이다.

천연가스와 석유자원의 부존여부는 부존가능한 저유암을 포함한 트랩(trap)의 형성을 위한 광역적인 지질구조를 알아보는 것이 우선이다. 그러므로 석유나 천연가스의 유출에 따른 지표면의 변질 상태, 식생의 변화, 그리고 지표토양의 변화상을 분석해야 한다. 여러 가지 지질환경적인 조건, 영상처리의 기술적인 제한 등으로 인하여 원격탐사기술 하나만으로 문제를 해결하는 데 어려움이 많으며, 지구화학적인 분석자료와 특히 지구물리학자들이 연구한 자료가 영상을 판독하는 데 절대적인 도움을 준다.

즉 LANDSAT 영상은 광상을 지배하는 지역적, 국부적 단층분포도를 작성하는 데 좋은 자료를 제공하며, 광상과 연관이 있는 자료의 변질여부탐지에 뛰어나고, 지질도 작성에 필요한 기초자료를 충분히 제공할 수 있다.

그리하여 영상에 나타난 단층분포 지역을 면밀히 검토하여 가장 심한 지역을 탐사목표로 선정할 수 있으며, 열수용액이 기존 암석의 미세한 틈을 따라 침투하여 교대작용을 일으키거나 확산작용이 일어나 여러 종류의 광상을 형성하기 때문에 열수에 의한 변성지역을 탐지하면 각종 유용광상을 발견할 수가 있다.

4 GPS와 GIS

1 GPS

1. GPS의 개요

GPS(Global Positioning System)는 1970년대 초반부터 미국정부에 의해 개발되어 60억 달러의 예산을 투자하여 만든 항법체계이다. 인공위성을 이용한 범세계적 위치결정체계로, 정확한 위치를 알고 있는 위성에서 발사한 전파를 수신하여 관측점까지의 소요시간을 관측함으로써 관측점의 위치를 구한다.

1950년대 후반과 1960년대 초기에 걸쳐 미 해군은 위성에 기초한 두 종류의 측량 및 항해체계를 마련하였다. 1973년에 미 해군에서 계획했던 티메이션(Timation)과 시스템 621B가 통합되어 DNSS(Defense Navigation Satellite System)로 명명되었으며, 이것이 후에 NAVSTAR (NAVigation System with Timing And Ranging) GPS로 발전되었다.

위성항해 개념의 검증을 위한 1단계가 1970년대에 착수되었는데 최초로 위성이 제작되고 여러 실험이 행해졌다. 1977년 6월에 최초로 기능을 수행할 수 있는 NAVSTAR 위성이 발사되어 NTS-2(Navigation Technology Satellite 2)라고 불려졌고, 이후 1978년 2월 최초의 Block I 위성이 발사되었다. 1979년에 2단계로 전체 규모의 설계와 검증이 행해졌는데, 9개의 Block I 위성이 이후 6년 동안 추가로 발사되었다. 3단계는 1985년 말에 2세대의 Block II 위성이 제작되면서 시작하였다.

GPS 신호의 민간 수신은 1983년 소련에 의한 한국항공기 KAL-007기의 격추사건을 계기로 1984년 레이건 대통령이 공식선언하였다.

그러나 군사적 목적으로 GPS를 개발한 미국은 안보차원에서 적대국의 GPS 오용을 막기 위해 민간용 코드에 인위적으로 오차를 첨가하는 방식으로 1990년 3월 25일부터 일명 SA(Selective Availability)라 불리는 낮은 정밀도의 GPS 신호를 채택하였다.

이로 인해 GPS의 표준위치결정 정밀도가 100 m로 저하되어 GPS의 민간 및 상업용 이용에 많은 제약이 뒤따랐으며, 그 동안 민간 사용자들은 SA를 극복하기 위해 DGPS(Differential GPS)라는 기술을 사용하여 왔다. 90년대 중반부터 GPS의 민간수요가 폭발적으로 증가하였고, SA의 해제에 대한 필요성이 꾸준히 제기됨에 따라 2000년 5월 1일을 기해 SA의 해제조치가 내려졌으며 표준위치결정기법으로도 5 m의 정밀도를 얻을 수 있게 되었다.

2. GPS의 구성요소

(1) 우주부문

GPS 우주부문(Space Segment)은 모두 24개의 위성으로 구성되는데 이중 21개가 항법에 사용되며 3개의 위성은 예비용으로 배치된다. 모든 위성은 고도 20,200 km 상공에서 12시간을 주기로 지구 주위를 돌고 있으며, 궤도면은 지구의 적도면과 55°의 각도를 이루고 있다. 모두 6개의 궤도는 60°씩 떨어져 있고 한 궤도면에는 4개의 위성이 위치한다. 이와 같이 GPS 위성을 지구 궤도상에 배치하는 것은 지구 상 어느 지점에서나 동시에 4개 이상의 위성을 볼 수 있게 하기 위함이다.

(2) 관제부문

GPS의 관제부문(Control Segment)은 하나의 주 관제국(MCS; Master Control Station)과 무인으로 운영되는 5개의 부 관제국(monitor station)으로 구성된다. 주 관제국은 미국 콜로라도 주의 콜로라도 스프링스(Colorado Springs)의 팰콘 공군기지에 위치해 있고 부 관제국들은 전세계에 나누어져 배치되어 있다. 한편 이들 관제국 이외에 적도면을 따라 일정한 간격으로 위치하고 있는 3개의 지상 안테나를 운영하고 있으며 유사시 주 관제국을 대신할 수 있는 두 개의 예비 주 관제국을 두고 있다.

(3) 사용자부문

GPS의 사용자부문(user segment)은 GPS 수신기와 사용자 단체로 이루어진다. GPS 수신기는 위성으로 부터 수신받은 신호를 처리하여 수신기의 위치와 속도, 시간을 계산하는데 4개 이상 위성의 동시관측을 필요로 한다. 이것은 3차원 좌표와 시간이 합쳐져 4개의 미지수를 결정해야 하기 때문이다. GPS 수신기는 현재 항해, 위치측량, 시간보정 등 다양한 분야에 이용되고 있다.

3. GPS의 원리

GPS가 어떠한 원리로 작동되는가를 이해하는 것은 개념적으로 매우 단순하다. 근본적으로 GPS는 삼각측량의 원리를 사용하는데, 전형적인 삼각측량에서는 알려지지 않은 지점의 위치가 그 점을 제외한 두 각의 크기와 그 사이 변의 길이를 측정함으로써 결정되는 데 반해, GPS에서는 알고 싶은 점을 사이에 두고 있는 두 변의 길이를 측정함으로써 미지의 점의 위치를 결정한다는 것이 고전적인 삼각측량과의 차이점이라 할 수 있겠다. 지구중심으로부터 위성까지의 거리 벡터 r은 위성에서 송신하는 위성 메시지를 통하여 알 수 있고 관측점 A에서부터 위성까지의 거리 벡터 P는 수신기에서 위성의 신호를 수신하여 측정하므로 관측점의 위치벡터 R을 알 수 있다.

3차원 위치를 결정하기 위해서는 3개의 위성으로부터 오는 신호를 수신하면 결정되나 실제로는 4개의 위성이 필요하다. 정밀위치를 결정하기 위해서는 수신기와 위성들 간의 시간을 정확히

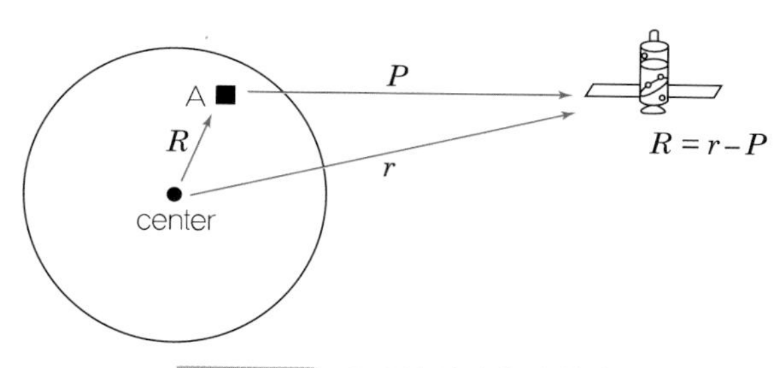

그림 13.28 GPS의 거리 측정 원리

일치시켜야 하기 때문에 1개의 위성이 더 필요하다.

$$\left.\begin{array}{l} C(t_0 - t_1) = l_1 \\ C(t_0 - t_2) = l_2 \\ C(t_0 - t_3) = l_3 \\ C(t_0 - t_4) = l_4 \end{array}\right. \quad \rightarrow \quad X,\ Y,\ Z,\ t_0$$

여기서, C는 광속도, t_0는 신호수신시각, $t_1 \sim t_4$는 신호발신시각, $l_1 \sim l_4$는 위성까지의 거리, 그리고(X, Y, Z)는 관측점의 위치좌표이다.

4. 신호체계 및 오차

(1) 신호체계

GPS 위성에서 신호를 보낼 때는 L1, L2 두 microwave 반송파에 신호를 실어보내게 되는데, 어느 반송파에 실리느냐에 따라 표준위치서비스(Standard Positioning Service, SPS), 정밀위치서비스(Precise Positioning Service, PPS)의 특성이 결정되게 된다. L1(1575.42 MHz) 반송파는 위성의 항법 데이터, 민간부호라고 불리는 C/A code 신호와 정밀부호인 P code 신호를 싣고, L2(1227.60 MHz) 반송파는 전리층에서 생기는 delay를 보정하는 데 사용되며 P code 신호를 반송하게 된다. L1, L2 반송파에 모두 반송되는 P code는 C/A code보다 주파수가 높아 보다 정밀한 측정이 가능하나 암호화되어 있어서 허가된 사용자만이 PPS를 통해 사용가능하다.

(2) 오차

GPS 위치측정의 정확성을 떨어뜨리는 요소들은 주로 구조적 요인으로 생기는 오차로서 인공위성 시간오차, 인공위성 위치오차, 전리층과 대류층의 굴절, 잡음(noise), 다중경로(multipath) 등이 있다. 다음은 각 오차들의 크기를 나타낸 것이다.

인공위성 시간오차	0~1.5 m	인공위성 위치오차	1~5 m
전리층의 굴절	0~30 m	대류층의 굴절	0~30 m
수신기 잡음	0~10 m	다중경로(multipath)	0~1 m

5. GPS를 이용한 측지

GPS 위치측정에서 위치오차를 줄이는 기법으로 DGPS(Differential GPS) 기법이 있다. DGPS는 GPS 수신기를 2개 이상 사용하여 상대적 측위를 하는 방법인데, 좌표를 알고 있는 기지점(基地點)에 베이스 스테이션용 GPS 수신기를 설치하고, 위성들을 모니터링하여 개별위성의 거리오차 보정치를 정밀하게 계산한 후 이를 작업현장의 로버(rover)용 수신기의 오차보정에 이용하는 방식이다.

측지분야와 같이 DGPS보다 더 높은 정밀도가 요구되는 경우 간섭계(interferometry)의 원리를 GPS에 적용하여 mm까지의 정밀도를 얻을 수 있다. DGPS에서처럼 두 개 이상의 수신기를 사용하는 데 장시간의 측정시간이 요구된다. 측량방법으로는 후처리 상대측위기법과 실시각 이동측위기법을 들 수 있다.

후처리 상대측위기법은 단독측위와는 달리 정밀한 위치를 알고 있는 지점과 위치측정이 요구되는 지점에서 동시에 GPS 관측을 수행하고, 두 수신기에 수신된 고주파 확산 스펙트럼 형식인 반송파의 위상 차이를 이용한 자료처리로 정밀도를 현저하게 증가시키는 방법이다. 실시각 이동측위(RTK; Real Time Kinematic)기법은 정밀한 위치를 확보한 기준점의 반송파 오차보정치를 이용하여 사용자가 실시각으로 수 cm의 정밀도를 유지하는 관측치를 얻을 수 있게 하는 것이다(그림 13.29).

RTK의 기본개념은 오차보정을 위해 기준국에서 전송되는 데이터가 반송파 수신자료라는 것을 제외하고는 DGPS의 개념과 거의 유사하다. 다만 RTK가 각 위성에 대한 반송파측정치를 지속적으로 제공해야 하고, 정보의 전송장애로 발생할 수 있는 오차의 한계가 DGPS보다 상대적으로 크기 때문에 보다 안정적이고도 신속한 정보전달 통신시스템이 요구된다. 현재 GPS를 응용하는 여러 분야에서 DGPS와 RTK가 주로 사용되고 있으며, GIS나 측량, 항법 등 모든 응용분야가 RTK 기법의 사용에 초점을 맞추어 실용화되고 있다.

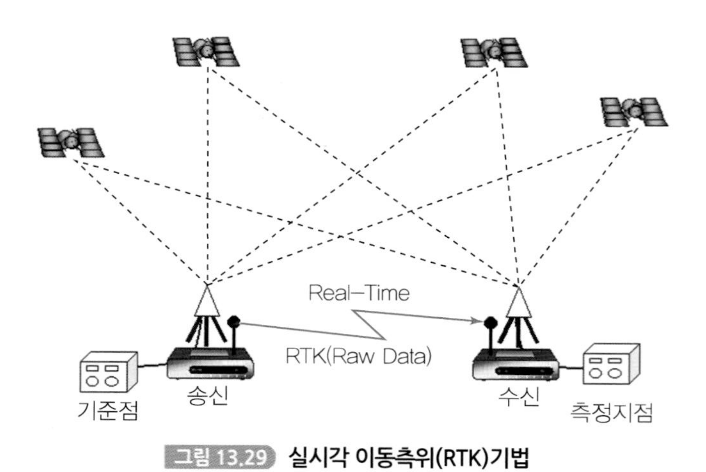

그림 13.29 실시각 이동측위(RTK)기법

이러한 정밀한 GPS 위치측정은 측량, 항법 등 다양한 분야에 사용되고 있는데, 최근에는 판구조운동이나 지각의 변형을 측정하여 지진예측이나 지각연구에 이용하고 있다. 판의 이동속도가 빠른 곳은 연간 수 cm에 달하지만 판 내부의 지각변형이나 좁은 영역에서의 지진예측을 위해서는 수 mm/yr 단위의 이동을 모니터링해야 한다. 이를 위해 많은 국가에서 광범위한 GPS 관측망를 구축하고 장시간에 걸친 GPS 위치측정을 통해 지각운동에 대한 정밀한 연구를 진행하고 있다.

② 지리정보체계(GIS)

1. 개 요

공간적 조직체인 우리의 사회를 운영·유지하고 발전시키기 위해서는 지리자료를 분석하고 정보를 생산할 필요가 있다. 이러한 지리자료와 정보를 표현하고 저장하는 수단은 전통적으로 아날로그 형태의 종이지도와 언어로 된 기술(記述)형태의 지리서였다.

그러나 이러한 전통적인 수단으로는 증가하는 지리자료와 지리정보에 대한 요구에 효과적으로 대처할 수 없음에 따라 정보를 분석할 수 있는 새로운 형태의 기법과 수단을 요구하게 되었고, 그 결과 지리정보체계(GIS; Geographic Information System)가 발전하였다. GIS는 지리학의 개념과 컴퓨터기술의 접목이다. 컴퓨터가 등장함으로써 종이에 손으로 그리던 지도를 디지털 형태로 기록하고 저장 및 출력할 수 있는 그래픽 기술이 발달하였고, 책으로 집필되던 수많은 기술적(記述的) 정보들을 데이터베이스화하였는데, 양자의 결합을 통해 GIS로 발전하게 되었다.

GIS는 ESRI(1993)에 의하면, "지리정보를 효과적으로 획득·저장·갱신·조작·분석·표현하는 일련의 컴퓨터 하드웨어·소프트웨어·지리자료·인력이 모인 집합적 조직체"라고 광범위하게 정의할 수 있다.

GIS란 문자 그대로 시스템으로서, 이러한 시스템의 부분적인 기능을 갖춘 시스템, 예를 들면 컴퓨터/디지털화된 지도제작시스템, CAD(Computer-Aided Design)/CAM(Computer-Aided Manufacturing), AM(Automated Mapping)/FM(Facilities Management), 통계분석 소프트웨어 등은 진정한 의미의 GIS라고 보기 어렵다.

GIS가 수행할 수 있는 기능으로서 다음과 같은 다섯 가지를 들 수 있다(ESRI, 1993).

(1) 위치(location)

이것은 특정위치를 주고 그곳에 무엇이 있는가를 찾아내는 질문이다. 여기서 입지는 장소(place), 주고, 행정구역, 작전구역 등 이 될 수 있다. 예를 들면, "서울에는 무엇이 있는가?", "○○사단 지역에는 무엇이 있는가?"와 같은 것이다.

(2) 조건(condition)

이것은 위의 질문과는 반대로서, 원하는 조건에 맞는 대상이 입지하는 위치를 찾고자 하는 것이다. 예를 들면, "인삼재배에 적합한 토양은 어디에 있는가?" 또는 도하작전을 위한 지형조건을 기술한 후 "도하작전에 적합한 위치는 어디인가?"와 같은 것이다.

(3) 경향(trend)

경향이란 어느 한 지역에서 시간의 결과에 따른 변화의 양상을 찾고자 하는 질문이다.

(4) 패턴(patterns)

분석대상의 공간분포가 어떠한 양상을 이루고 있는가를 분석하는 것이다. 예들 들면, 적의 포병진지의 공간분포를 조사한다면 이것이 방어를 위한 분포 패턴인가 아니면 공격을 위한 분포 패턴인가를 알 수 있다.

(5) 모델링(modeling)

모델링의 기능은 어떤 사건이 일어났을 경우 그로 인하여 어떤 현상이 나타날 것인가 또는 그 영향이 어떻게 나타날 것인가를 예측하는 것이다. 예를 들면, 군수보급기지를 한 도시에서 다른 도시로 이전한다면 각 부대의 보급품수령의 편리성이 어떻게 달라질 것인가 하는 문제이다.

2. GIS의 구성요소

GIS의 정의는 매우 다양하고 GIS의 구성요소도 학자에 따라 약간씩 달라지지만 대부분의 GIS는 대체적으로 다음과 같은 5개의 구성요소를 가지고 있다(Marble et al., 1984; Marble, 1984; Davis, 1996).

(1) 자료의 수집 및 입력체계

기존의 지도나 원격탐사체계 등으로부터 공간자료를 수집하는 체계이다. 자료의 수집방법은 크게 세 가지로 나눌 수 있다. 첫째는 직접관측 또는 측정이다. 여기에는 전장에서의 육안관측, 토목기사의 측량 및 측지 등이 포함된다. 이 방법은 비교적 정확하나 자료의 수집에 오랜 시간이 걸리고 수집지역이 비교적 제한된다는 단점이 있다. 둘째는 문서 또는 기존의 자료에 의한 방법이다. 여행자나 탐험가의 기록, 기 발행된 지도, 인구센서스와 같은 각종 조사보고서, 포로의 심문 등이 여기에 포함될 수 있다. 이 방법은 비용이 저렴하고 수집이 용이하나 기 조사된 것 이외의 자료는 획득하기가 어렵다는 단점이 있다.

셋째는 원격탐사에 의한 방법이다. 여기에는 항공사진이나 인공위성을 이용한 자료의 수집이 포함된다. 이 방법은 기술의 발달에 따라 점차 그 이용영역을 넓혀가고 있으며, 군사적으로 유용한 결과를 얻을 수 있다. 이 방법은 한 번의 수집에 비교적 넓은 지역을 포함할 수 있으며, 획득에 소요되는 시간이 비교적 짧고 지상이나 항공기로는 접근 불가능한 적 지역을 관측할 수 있다는 이점이 있다. 그러나 위의 두 방법에 비해서 비용이 많이 들고 기상의 제약을 받는 단점도 있다.

자료를 수집하면 GIS 시스템에 맞는 형태로 입력해 주어야 한다. 이 작업은 많은 시간과 노력이 들어가며, 정확성을 기하기 위해 많은 주의가 요구된다. 자료를 입력하기 위해서는 작업에 들어가기에 앞서 최종결과물을 미리 예상하여 전체적인 계획을 짜는 것이중요하다. 자료를 입력하기 위해서는 키보드로 직접 입력하거나 지도자료 같은 경우에는 디지타이징이나 스캐닝을 한다. 입력과정에서 정확성을 항상 확인해야 하며, 입력 후에는 좌표를 등록해 주어야 지리정보로서 가치를 가진다(Davis, 1996).

(2) 자료의 관리체계

이 체계는 공간자료를 저장하고 신속하고 정확하게 갱신 및 수정하며, 이후의 사용자가 손쉽게 검색하여 활용할 수 있도록 공간 데이터베이스(spatial database)를 구축하고 관리하는 체계이다. 데이터베이스란 정해진 주제에 대하여 조직된 정보들의 집합을 말한다. 데이터베이스는 GIS 프로그램 자체에 구축할 수도 있고, 마이크로소프트의 Access나 로터스의 Approach 같은 전문 데이터베이스 프로그램에 구축한 뒤 GIS 프로그램에서 불러올 수도 있다. 데이터베이스를 구축하고 관리할 때에는 자료가 서로 불필요하게 중복되거나 불일치하는 경우가 없고, 보안에 유의해야 한다.

(3) 자료의 조작 및 분석체계

사용자가 원하는 형태로 자료의 형태를 변형시키거나, 시공간 최적화(space－time optimization)나 모의실험 모델(simulation model)의 지수(parameter)나 제약조건(constraint)을 추정(estimate)하는 작업을 수행하는 체계이다. 일반적으로 GIS를 생각하는 경우에는 바로 이 분야를 GIS의 전부라고 생각하기 쉽다.

수집된 자료는 지도학적 방법이나 통계적 방법에 의해 처리·분석된다. GIS의 핵심은 공간자료에 있으므로 자료처리/분석 소프트웨어는 처리와 분석이 각각 독자적이기보다는 자료획득체계와 결합되어서 획득된 자료를 쉽게 이용할 수 있게 하며, 처리와 분석을 하나의 소프트웨어 내에서 할 수 있게 한다.

원격탐사에 의한 자료는 전적으로 원격탐사 소프트웨어에 의해 처리될 수 있다. 그러나 공간자료는 그 표현방식에서 래스터 방식과 벡터 방식이 있으며, 어떤 형상의 표현에는 벡터 방식이 더 유리한 경우가 있기 때문에 래스터 방식으로 자료를 획득하는 원격탐사에서는 자료를 벡터 방식으로 변환할 필요성도 있다. 대부분의 대규모 원격탐사용 소프트웨어는 래스터 및 벡터 방식의 자료 모두를 처리할 수 있도록 설계되어 있다. 공간자료의 래스터 방식과 벡터 방식 등의 자료구조에 대한 설명은 뒷부분에서 한다.

현재 비교적 대형이고 많이 사용되는 GIS 소프트웨어로는 미국의 ESRI에서 개발한 ArcGIS가 있다. ArcGIS는 공간분석 및 소수의 통계분석능력 모두를 갖고 있으며, 벡터 및 래스터형의 자료처리가 가능하다. 주로 워크스테이션용으로 개발되었으나 소형의 자료를 처리하거나 교육을 위해서는 PC에서도 가능하다. 버퍼링, 3차원 분석, 가시도(可視圖) 분석뿐만 아니라 그리드(grid) 모듈에서도 다양한 형태의 분석이 가능하다.

(4) 자료출력체계

원래의 자료구조, 처리된 자료, GIS 모델로부터 생성된 결과물을 표나 지도의 형태로 나타낼 수 있는 체계를 말한다. 레이저프린터, 플로터(plotter), 정전플로터(electrostatic plotter) 등이 있다. 이러한 형태의 지도로 나타내는 것은 수치지도학(digital cartography) 또는 컴퓨터지도학(computer cartography)이라고 불리는 분야이다.

(5) 조직 및 운용인력

GIS의 위의 4개의 구성요소를 운영하고 처리할 인력과 이들을 효율적으로 배치해 놓은 조직(organization)을 말한다. 소규모의 연구집단을 제외한 대부분의 전문연구 및 상업적 기관에서는 인력 및 조직체계가 가장 중요한 요소가 된다.

3. GIS 자료

GIS에서 취급되는 대상은 지리적 사상(地理的 事象)이다. 지리적 사상이란 지표나 그 근처에 존재하는 물체를 말한다. 이러한 지리적 사상은 자연물(예: 하천, 식생 등), 인공물(예: 건물, 도로 등), 단순한 지표의 일부분(예: 행정구역, 토지구획, 군사작전구역 등)으로 나눌 수 있다. GIS에서는 이러한 지리적 사상들에 대한 자료를 수치화하여 저장하고 있다.

GIS 자료는 공간자료(spatial data)와 속성자료(attributes)의 두 가지로 구분할 수 있다. 또한 GIS의 자료구조는 벡터 구조(vector structure)와 래스터 구조(raster structure)로 구분된다.

(1) 공간자료와 속성자료

Davis(1996)에 따르면 공간자료는 지도화할 수 있도록 공간을 점유하고 있고, 지리적인 좌표체계나 주소에 의해 특정한 위치를 가지고 있는 자료를 말한다. 공간자료는 단지 좌표나 주소만이 아니라 면적이나 크기, 주변사상들과의 관계 등도 포함한다. 공간자료는 그 유형에 따라 다음의 3가지로 구분할 수 있다.

- 점(point) 자료: 점이란 공간상에서 선이나 면의 형태를 갖지 못하고 단순히 독립된 하나의 위치만으로 표현되는 사상을 말한다. 이러한 점은 한 쌍의 (x, y) 좌표로서 표시되며, 물체의 위치를 나타내는 공간형상의 종류에서 가장 단순한 형태이다. 점 자료는 산의 정상, 전신주, 소방수 도전과 같이 물리적 실체를 가지고 있는 것들이 있고, 주소나 교통사고 발생지처

럼 사상들의 위치만을 지시하기도 한다. 점 자료는 시각적인 편의를 위하여 특수한 기호나 부호를 이용해 표시되는 경우가 많은데, 그것의 크기와 둘레, 모양 등은 실질적인 의미가 없다.

- 선(line) 자료: 선 자료는 폭은 없고 길이만을 가지는 1차원 사상으로서, 시작점과 끝점을 연결하는 점들의 집합으로 구성된다. 선 자료의 예로는 등고선(contour line)을 비롯한 각종 등치선(isoline)과 경계선, 도로, 철도, 소폭의 하천, 송전선 등이 있다. 경우에 따라서 선의 굵기가 지역 간 교통량처럼 어떤 값을 나타내기도 한다. 여러 개의 선형사상들이 연결되면 네트워크(network)가 형성된다.
- 면(polygon) 자료: 면 자료는 시작점과 끝점이 일치함으로써 면적과 둘레의 길이를 가지는 2차원의 폐쇄된 영역이다. 면 자료의 예로는 국가, 도, 군과 같은 행정단위, 호수, 구획된 토지 등을 들 수 있다. 일반적으로 하나의 면 사상은 등질적 지역(homogeneous region)을 나타낸다. 예를 들면, 국가의 표시에서 하나의 면으로 형성된 지역은 모두 동일한 국가에 속하는 지역임을 나타낸다.

속성자료(attributes)란 지리적 사상이 가지고 있는 질적(quality) 또는 양적(quantity) 특성에 관한 자료이다. 예를 들면, 산의 위치나 도로의 길이와 방향 등은 공간자료이지만 산의 높이나 도로의 건설 연도, 건설비, 관리주체 등은 속성자료이다. 따라서 속성자료의 종류는 무수히 많다고 할 수 있으므로, 이를 모두 수집할 필요 없이 GIS의 구축목적에 따라 수집하면 된다. 대부분의 GIS에서는 속성자료가 별도의 데이터베이스로서 구축되고, 공간자료와 직접 연결되어 있다. 예를 들어 ArcGIS에 구축한 도로 지도에서 특정한 도로 구간을 클릭하면 해당 도로의 속성자료를 가지고 있는 표가 나타나며, 양자 중에서 어느 하나를 수정하면 바로 다른 하나에 수정된 내용이 반영된다.

GIS의 성공여부는 속성자료를 얼마나 정확하고 풍부하게 수집하느냐에 달려 있다. 공간자료의 정확도가 GIS의 그래픽 처리의 수준을 결정한다면, 속성자료의 가용성은 GIS의 유용성을 결정한다고 할 수 있다.

(2) 자료구조

자료구조란 컴퓨터에 GIS 자료가 생성·저장 및 표현되는 형태로서, GIS 프로그램이 이해하고 이용하는 자료의 구축형태를 말한다. 일반적으로 GIS 자료를 생성하는 단계에서부터 벡터 구조와 래스터 구조가 구분되며(그림 13.30), 양자는 서로 변환될 수 있다.

래스터 구조는 동일한 크기의 격자(grid) 또는 화소(pixel)로 이루어지고, 자료의 사상들은 하나, 혹은 여러 개의 연결된 화소로 표시된다. 따라서 행과 열의 조합으로 위치를 표시하며, 각각의 화소는 지표면의 특정 지역에 대응된다. 래스터 구조를 가진 대표적인 GIS 자료로는 인공위성 영상을 들 수 있다. Landsat TM 영상을 예로 들면, 지표면의 30 m × 30 m에 해당하는 하나

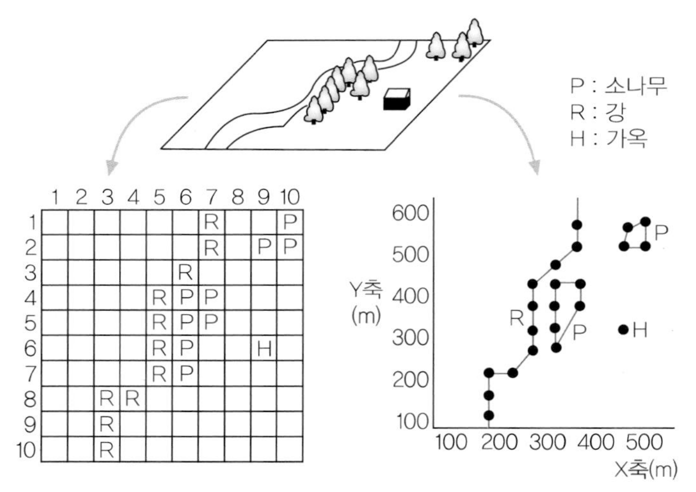

그림 13.30 GIS의 자료구조(김계현, 1998)

하나의 화소들이 (X, Y) 또는 행과 열이라는 형태의 공간자료와 반사량이라는 속성자료를 가지는 것이다. 선과 면 사상은 같은 값을 가지는 여러 개의 화소들의 집합으로 표현된다.

벡터 구조는 표현하고자 하는 모든 지리적 사상을 각각 하나의 점이나 선 또는 면으로서 표현한다. 하나의 점은 하나의 XY 좌표에 의해서 표현되며, 하나의 선은 두 개 이상의 XY 좌표들, 면은 3개 이상의 XY 좌표들의 모임으로서 닫힌 형태의 구조를 갖는다. 벡터 구조에서 선이나 면의 시작점이나 끝점, 선끼리 만나는 점을 결절(結節, node)이라 하고, 선이 꺾어지는 점을 꼭짓점(vertex)이라고 한다. 점과 점 사이에 있는 선의 부분들은 체인(chain)이라고 한다. 벡터 구조는 일반적으로 각각의 사상들 간의 형상, 인접성, 계층성 등에 관한 정보를 가지는 위상모형으로 저장된다.

래스터 구조와 벡터 구조는 각각의 장단점을 가지고 있다. 래스터는 단순한 격자구조여서 중첩분석(overlay analysis)과 같이 격자의 수치들을 이용한 분석이 용이하다. 그리고 식생의 분포와 같은 공간상의 변화가 심한 지역을 묘사하는 데 효율적이다. 그러나 상대적으로 선명한 영상을 보기 위해서는 자료의 분량이 증가하게 되고 자료의 분량을 줄이면 선명도가 떨어진다. 또한 영상에서 아무 내용이 없는 부분도 일정한 값(예를 들면 0)을 가져야 하므로 불필요하게 용량이 커진다. 그리고 공간상에 존재하는 사상들의 상호관계를 표현하는 데에도 어려움이 있다.

한편 벡터 구조는 자료의 크기가 작아도 뛰어난 해상도와 정확도를 가질 수 있다. 그리고 위상구조를 통해 자료의 공간적 상호관계를 효과적으로 나타낼 수 있는 이점이 있는 반면에 래스터 구조보다 계산상으로 더 복잡하고, 시스템의 요구사항이 높다는 단점이 있다.

4. 자료의 분석

GIS가 수행할 수 있는 분석기능은 그 종류와 범위가 매우 넓지만, 크게 공간분석(spatial analysis), 3차원분석(3D analysis), 네트워크 분석(network analysis) 등으로 나누어 볼 수 있다.

공간분석은 일반적으로 주제도들 간의 중첩, 공간추정(spatial data estimation), 버퍼링(buffering)처럼 공간 데이터베이스를 이용하여 평면적으로 나타나는 여러 현상들을 분석하는 것을 가리킨다. 예를 들어 그림 13.31에서처럼 토지이용도, 마을의 위치도, 도로망도 등을 이용하여 특정마을의 반경 5 km 이내 지역의 옥수수 생산량, 도로 총 길이 등을 파악할 수 있다.

3차원분석에서는 고도를 표현하는 자료모델을 이용하여 가시권(可視圈) 분석, 사면의 경사와 방향계산, 조감도생성 등을 할 수 있다. 고도를 표현하는 자료모델로는 DEM(Digital Elevation Model)과 TIN(Triangular Irregular Network) 등이 많이 이용된다. 그림 13.32는 ArcView GIS 3.1에서 철원지역을 TIN으로 나타낸 모습이다.

서로 연결된 선형의 객체가 형성하는 일정한 패턴이나 프레임을 네트워크라고 하며, 네트워크 분석은 주로 네트워크에서 이동하는 자원의 경로나 특정 지점에 대한 접근성 등을 대상으로 한다.

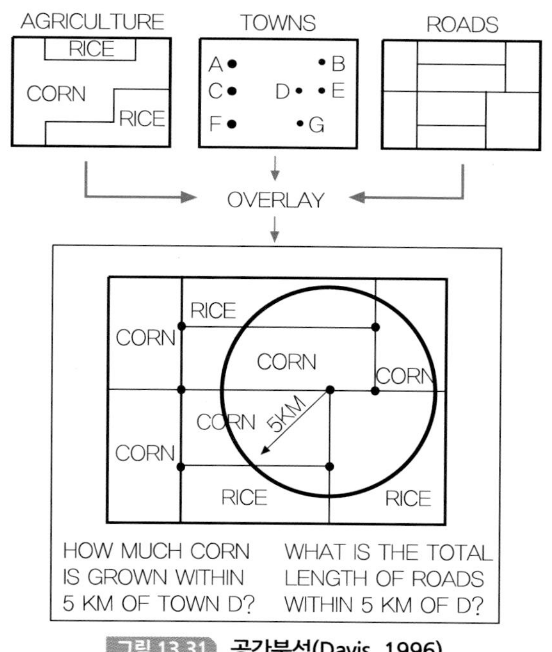

그림 13.31 공간분석(Davis, 1996)

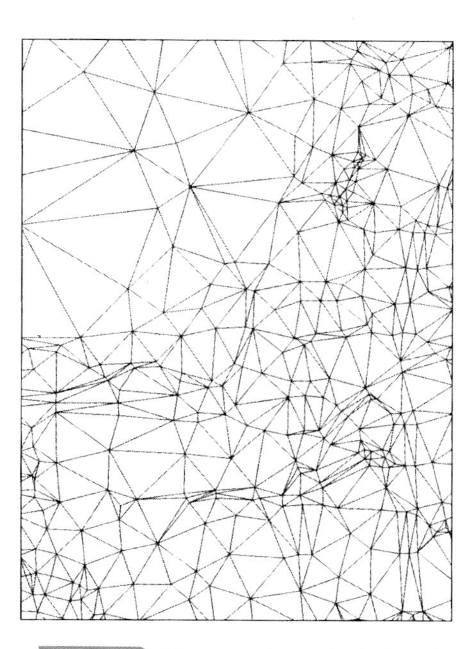

그림 13.32 Triangular Irregular Network

5. GIS의 활용

GIS는 지리적 자료의 분석이 필요한 어느 분야에서나 이용될 수 있다. 이를 정리하면 대체로

다음과 같은 분야로 나눌 수 있다. 이러한 분야를 크게 나누면 지도의 제작 및 수정, 공간분석(spatial analysis), 지역 및 도시계획(regional and urban planning), 환경관리(environmental management) 및 천연자원 관리(natural resources management), 토지이용 정보(land use information), 교통문제(transportation problem), 시설물관리(facility management), 군사적 활용 등으로 구분할 수 있다.

대부분의 군사문제는 그 본질상 공간문제이기 때문에 GIS를 활용하여 효과적으로 목적을 달성할 수 있다. 지형의 3차원 표현으로 입체감과 가시감을 높여서 지형훈련을 하고 인공위성 영상의 해석으로 중요한 정보를 얻기도 한다. C4I나 각종 훈련에 지도와 GIS가 기본적으로 사용되는 것은 바로 이러한 이유에서이다.

Reference

참고문헌

강석오, 1978, 신한국지리, 새글사.

강승삼, 1983, "한국지형학의 연구성과에 대한 제 의문", 지리학연구 8, 한국지리교육학회, pp. 37~52.

곽종흠·소칠섭, 1996, 일반기상학, 교문사.

구자용, 1991, 지리정보시스템에서 LANDSAT 데이타의 이용에 관한 연구, 서울대학교 대학원 석사학위 논문.

군사과학대학원, 1996, WGS84 신좌표체계 전환 연구, 국방정보본부.

권순식, 1978, '부산 범어사 주변의 block field에 관하여', 지리학 논총 5호, 서울대 지리학과, pp. 49~54.

권영식·이형호·한욱·김원형·김동진·김두일, 1990, 편치볼지역의 군사적 이용을 위한 지형분석, 육군사관학교 화랑대연구소.

권영식 외, 1995, 지형분석, 교학사.

권영식 외, 1995, 지형분석, 교학연구사.

권혁재, 1973, '낙동강 삼각주의 지형연구', 지리학 8호, 대학지리학회, pp. 8~23.

권혁재, 1974, "황해안의 간석지 발달과 그 퇴적물의 기원", 지리학, 대한지리학회, 제10호, pp. 1~12.

권혁재, 1975, "한국의 해안지형과 해안분류의 제문제", 고대교육대학원 교육논총, 제3호, pp. 73~88.

권혁재, 1977, "주문진~강릉간의 해안지형과 해빈퇴적물질", 고대교육대학원 교육논총, 제7호, pp. 45~58.

권혁재, 1980, 지형학, 법문사.

권혁재, 1984, '한강하류의 충적지형', 사대논집 9, 고려대 사범대학, pp. 79~114.

건설부, 1987, 국토건설이십오년사.

기상연구소, 1989, 소백산의 기상 특성 조사(II), 기상연구소, MR 89-4.

김계현, 1998, GIS 개론, 대영사.

김규한·김옥준·민경덕·이윤수, 1984, 추가령 지구대의 지질구조, 고지자기 및 암석학적 연구, 광산지질 제17권 제3호, pp. 215~230.

김도정, 1970, '한라산의 구조로 고찰', 낙산지리 1회, 서울대 지리학과, pp. 3~10.

김동실, 2000, 인공위성(NOAA/AVHRR) 영상자료에 의한 한반도 식생분포에 관한 연구, 대한지리학회지, 제35권 제1호.

김두일, 1989, 손자병법에 나타난 지형분석에 관한 소고, 육사신보 제 305호, 1989.

김두일·이형호·한욱, 1993, GIS 기법을 이용한 최적입지 선정 연구－서울－동두천간의 최적방어지역 선정, 지리학, 제28권 제2호, 137~147쪽, 대한지리학회.

김상호, 1966, '한강하류의 저위 침식면 지형 연구', 서울대 학술총서 2, pp. 45~46.

김서운, 1971, "서남해안 지역의 지형발달에 미친 지질조건", 광산지질, 제4권, pp. 11~18.

김수진, 1985, 광물학원론, 우성문화사.

김영일, 1982, 손자병법의 요해, 군사평론, 116.

김옥준, 1968, "충주 문경간의 옥천계의 층서와 구조", 광산지질 창간호, pp. 35~46.

김옥준, 1970, "남한 중부지역의 지질과 지구조", 광산지질, 제2권 제4호, pp. 73~90.

김옥준, 1975, "구조적 견지에서 본 옥천조산대의 변천", 광복30주년기념 종합학술회의논문집, pp. 329~344.

김원영 외, 1999, 지형특성에 따른 산사태의 유형 및 취약성-연천-철원지역을 대상으로-, 대한지질공학회지, 8(2), pp 115~130.

김종혁, 1991, 북한강 수운연구, 석사 학위 논문, 고려대학교 지리학과.

민경덕 외, 1991, 응용지구물리학, 우성문화사.

박동원, 1980, '평야지형', 한국지지총론, pp. 172~177.

박동원·류근배, 1979, "우리나라 서해안의 사구지형", 지리학논총, 제6호, pp. 1~10.

박동원·오남삼, 1981, "제주도 파식대에 대한 지형학적 연구", 지리학논총, 제8호, pp. 1~10.

박병권·김원형, 1981, "동해안 석호퇴적환경에 관한 연구", 지질학회지, 제17권, pp. 241~249.

박용안, 1969, "방사성탄소 C14에 의한 한국 서해안 침수 및 침강현상 규명과 서해안에 발달한 반담수-염수습지 퇴적층에 관한 층서학적 연구", 대한지질학회지, 제5권1호, pp. 57~66.

반용부, 1982, "삼목도와 방아머리의 해안지형", 지리학논총, 제10호, pp. 38~48.

반용부, 1986, "낙동강 삼각주의 지형과 표층퇴적물 분석", 경희대 박사학위 논문.

북한연구소, 1983, 북한총람.

소칠섭, 1980, "지질구조", 한국지지(총론), 건설부 국립지리원, pp. 146~147.

손영관, 1992, 제주도 현무암질 응회환 및 응회구의 퇴적기구, 박사학위 논문, 서울대학교 대학원 해양학과.

손일, 1983, '하도변천에 의해 형성된 퇴적지에 관한 연구', 지리학논총 10호, 서울대 지리학과, pp. 347~356.

손치무, 1970, "옥천층군의 지질시대에 관하여", 광산지질, 제3권 제1호, pp. 9~15.

송호열, 2000, 산간곡지의 동계기온 분포 특성, 한울아카데미.

양보경, 1991, "고산자 지지의 현대적 평가," 지리학, 26권, 164~170.

오건환, 1978, "한반도 해안선의 평면적 형태의 특성과 그 성인에 관한 약간의 고찰", 지리학, 제18호, pp. 22~32.

오건환, 1980, "한반도 동서해안 중부에 분포하는 해성단구면의 대비", 부산여자대학논문집, 제8호, pp. 157~172.

원익환 외, 1980, 지학, 교학사.

원종관 외, 1993, 지질학원론, 우성문화사.

유신재·손승현, 1998, 해양연구, 제20권 1호, 한국해양연구소.

유홍선, 1982, 해양물리학개론, 집문당.

유홍용, 1986, Landsat 위성 영상자료의 기하학적 보정 시스템 개발, 해양연구소 보고서.

윤석환, 1996, 서울·경기 북부 및 강원 영서 지방 집중호우, 한국수자원학회지, 29(4), pp 45~49.

윤웅구·박병권·한상준, 1977, "한반도 후빙기 해면변화의 지형학적 증거", 대한지질학회지, 제13권 1호, pp. 15~22.

이동근 외, 1998, 환경화학, 시그마프레스.

이대성·이하영, 1972, "옥천계에 협재된 석회질지층에 관한 암석학적 및 미고생물학적 연구", 손치무교수송수기념논문집, pp. 89~111.

이장성, 1991, 극한지에서 인간활동의 의학적 연구, 제6회 화랑대국제학술심포지엄 논문집, 571~584.
이형호, 1984, "서해중부이남 해안에 발달한 해식애에 관한 지형학적 연구", 지리학연구, 제9호, pp. 469~480.
이형호, 1985, "한국의 서해안에 발달한 해식애에 관한 지형학적 연구", 경희대 박사학위 논문.
이형호·김원형, 1980, "낙동강 하구지역의 퇴적물 운반 및 퇴적에 대한 고찰", 지질학회지, 제16권 제3호, pp. 180~188.
장기홍, 1971, "옥천지향사의 역사", 지질학회지, 제7권 제4호, pp. 291~294.
장기홍, 1975, "한반도 동남부의 백악기 층서", 지질학회지, 제11권 제1호, pp. 1~23.
정장호, 1981, 신편한국지리, 우성문화사.
정창희, 1981, 신지질학개론, 박영사.
정창희, 1986, 지질학, 박영사.
제15보병사단, 1999, '96. 7월 중부전선지역 집중호우시 재해관련 상황분석.
제15보병사단, 1999, 하계 재해·재난 관리.
조원희, 한 욱, 1999, 지구조석 중력계에 의한 지구의 자유진동에 관한 연구, 자원환경지질학회 제 32권, pp. 653~660.
조화룡 외, 1981, '삼랑진 주변 평야의 지형발달', 지리학 23호, 대한지리학회, pp. 1~14.
청오지앤지(주) 부설연구소 지리, G&G Millenium—Newsletter for Remote Sensing and GIS, 2000년 3월호.
최성길, 1982a, "우리나라 서해안의 shore platform 연구(서산·보령해안간을 중심으로)", 지리학과 지리교육, 제12호, pp. 23~42.
최성길, 1982b, "우리나라 서해안의 shore platform 연구(아산만의 한진리 해안을 중심으로)", 공주사대논문집, 제20호, pp. 409~420.
최성길, 1983, "우리나라 서해안의 shore platform 연구(변산반도의 객포리 일대를 중심으로)", 공주사대논문집, 제21호, pp. 431~444.
최성길, 1985, "진도 내만지역 shore platform의 형태와 발달과정에 관한 연구", 지리학, 제31호, pp. 16~31.
최성길·김일종, 1987, "상맹방리 일대의 해안 평야지형 연구", 지리학, 제36호, pp. 1~12.
최영박 외, 1983, 수문학, 보성문화사.
최영선, 1995, 자연사 기행, 한겨레신문사.
최영준, 1987, "남한강 수운연구", 지리학 35호, 대한지리학회.
통일원, 1992, 북한개요, 서라벌인쇄사.
통일원, 1994, 북한의 자연지리와 사적, 웃고문화사.
한국기상학번역회, 1983, 일반기상학, 광림사.
한국기상학회, 2003, 대기과학개론, 시그마프레스
한국전력공사, 1989, 한국전기백년사.
한국지구과학회 편, 1998, 지구과학개론, 교학연구사.
한국지구과학회 편, 2000, 지구환경과학Ⅰ, 대한교과서주식회사
한국지구과학회 편, 2000, 지구환경과학Ⅱ, 대한교과서주식회사.
한균형, 1996, 지도학원론, 민음사.

한욱, 1991, 시베리아 지형에서 군사장비의 기동성과 인정성 제로를 위한 지구물리학적 연구, 제 6회 화랑대 국제학술심포지움 논문집, 육군사관학교, pp. 585~619.

한욱 외, 2002, 한국 야전 및 훈련환경에 적합한 체감온도 개발연구, 화랑대연구소.

해양연구소, 1981, "연안환경도 작성연구(경기도: 해양지질 분야)", pp. 1~226.

해양연구소, 1983, "한국해역 종합 해양환경도 작성연구", 한국과학기술원 해양연구소 보고서 BSPG 00019~70~7.

황만익, 1998, 중등학교 지리 과목에서 AVHRR 인공위성 자료의 활용 방안, 1998년도 추계학술논문발표대회 요약집, 대한지리학회.

공공원격탐사센타, http://krsc.kari.re.kr.

기상청, 2005, http://www.kma.go.kr.

기상청, 2001, http://www.kma.go.kr.

위성영상정보 통합관리센타, http://simc.etri.re.kr.

http://ioc.unesco.org

Ahrens, C. D., 1994, Meteorology Today, West.

Barner, C. W., 1980, Earth, Time and Life, John Wiley and Sons, New York.

Barry, R. G., 1981, Mountain weather and climate, Methuen & Co., New York.

Bates and Jackson, 1980, glossary of geology, AGI, Fall Church, U.S.A.

Best, M. C., 1982, Igneous and Metamorphic Petrology, W. H. Freeman and Company, San Francisco.

Blatt, M., Middleton, G. and Murray, R., 1980, Origin of Sedimentary Rocks, Prentice Hall, New Jersey.

Bolt, B. A., 1978, Earthquakes: A Primer, W. H. Freeman and Company, New York.

Brooks, C. P. E., 1949, Climate through the Ages, McGraw-Hill, New York.

Burke, K. C. and Wilson, J. T., 1976, Hot Spots on the Earth's Surface, Scientific Ameraica.

Buskirk, E. R., 1969, 'Decrease in physical work capacity at high altitude', in A.H. Hegnauer (ed.) Medical Climatology, pp. 204~222, Baltimore, Waverly Press.

Byers, H. R., 1959, General Meteorology, McGraw-Hill, New York.

Campbell, J., 1984, Introductory Cartography, Prentice-Hall.

Craig, R. A., 1966, The Upper Atmosphere; Meteorology and Physics, Academic Press, New York.

Davis, F. W. and Simonett, D. S., 1991, GIS and remote sensing, in Maguire, D.J., Goodchild, M.F. and Rhind, D., 1991, Geographical information systems: Principles and applications, Longman Scientific and Technical, New York, 191-213.

Davis, G. H., 1984, Structural Geology of Rocks and Regions, John Wiley and Sons, New York.

Davis, B. E., 1996, GIS: A Visual Approach, OnWord Press.

Decker, R. W. and Decker, B., 1981, Volcanoes, W. H. Freeman and Company, New York.

ESRI, 1993, Understanding GIS, Environmental Systems Research Institute, Redlands, CA.

ESRI, 1994, Network Analysis, Environmental Systems Research Institute, Redlands, CA.

Fleagle, R. G. and Businger, J. A., 1963, An Introduction to Atmospheric Physics, Academic Press, New York.

Frankel, H., 1988, From continental drift to plate tectonics, Nature, vol 335, pp. 127 - 130.

Fowler, C. M. R., 1990, The Solid Earth—an Introduction to Global Geophysics, Cambridge University Press.

Gilluly, J., Waters, A. C. and Woodford, A. O., 1975, Principles of Geology, W. H. Freeman and Company, San Francisco.

Hallett, J., 1984, How Snow Crystal Grow, American Scientists, 72, 582 - 589.

Haltiner, W. G. J. and Martin, F. L., Dynamic and Physical Meteorology, McGraw - Hill, New York.

Hewitt, P. G., 1997, 공창식 외 역, 1998, 『알기 쉬운 물리학 강의』, 청범출판사.

Holz, R. K., 1973, The surveillant science / remote sensing of the environment, Houghton Mifflin Co.

Houghton, R. A. and Woodwell, G. M., 1989, Global Climate Change, Scientific America, 260, 36 - 44.

Jensen, J. R., 1996, Introductory Digital Image Processing: A Remote Sensing Perspective, Prentice Hall.

Kendrew, W. G., 1965, The Climate of Continents, Oxford University Press.

Kreith, F. and Richard, T. M., 1983, Large - scale Use of Solar Energy with Central Receivers, American Scientist, 71, 598 - 605.

Larson, J. L. and Pelletiere, G. A., 1989, Earth data and new weapons, National Defense University, Washington D.C., USA.

Lee, D. S., 1987, Geology of Korea, Kyohak - Sa.

Leopold, L.B., 1953, Downstream change of velocity in rivers, American Journal of Science, vol. 251, pp. 606 - 624.

Lillesand, T. M. and Kiefer, R. W., 1994, Remote sensing and image interpretation, John Wiley & Sons, Inc., New York.

Loughnan, F. C., 1969, Chemical Weathering of Silicates Minerals, Elsevier, New York.

Ludlam, F. H., 1980, Clouds and Storms, Pennsylvania State University Press.

Lutgens, F. K. and Tarbuck, E. J., 1998, The Atmosphere, Illinois Central College, Prentice Hall.

Marble, D. F., 1984, Geographic information systems: An overview, Proceedings, Pecora 9 Conference, Sioux Falls, S. D., 18 - 24.

Marble, D. F., Calkins, H.W. and Peuquet, D. J., 1984, Basic Readings in Geographic Information Systems, SPAD Systems, Williamsville, NY.

Mason, B. and Berry, L. G., 1968, Elements of Mineralogy, W. H. Freeman and Company, San Francisco.

Mather, J. R., 1974, Climatology: Fundamemtals and Applications, McGraw - Hill, New York.

Miller, D. H., 1977, Water at the Surface of the Earth, Academic Press, New York.

Mitchell, C. W., 1973, Terrain evaluation, Longman, London.

M. J. Crozier, 1986, Landslides: causes, consequences & environment, Croom Helm.

O'Sullivan, P., 1991, Terrain and tactics, Greenwood Press, New York.

Panofsky, F., 1956, Introduction to Dynamic Meteorology, The Macmillan Company, New York.

Petterssen, S., 1969, Introduction to Meteorology, McGraw - Hill, New York.

Press, F and Siever, R., 1986, Earth, W. H. Freeman and Company, San Francisco.
Rabenhorst, T. D. & McDermott, P. D., 1989, Applied Cartography - Introduction to Remote Sensing, Merrill.
Ramsay, J. G. and Huber, M. I., 1987, The Techniques of Modern Structural Geology, Academic Press, London.
Richards, J. A., 1993, Remote Sensing Digital Image Analysis: An Introduction, 2nd edit., Springer-Verlag.
Robin Mci., 1992, Fundamentals of Weather and Climate, Chapman & Hall.
Robinson, A. H., 1969, Elements of cartography, John Wiley & Sons, Inc., New York.
Robinson, A. H., 1984, Elements of cartography, John Wiley & Sons, Inc., New York.
Robinson, A. H., et al., 1995, Elements of Cartography, John Wiley & Sons.
Sabins, F. F., 1978, Remote Sensing, W. H. Freeman and Co.
Seller, W. D., 1965, Physical Climatology, University of Chicago Press.
Seyfert, C. K. and Sirkin, L. A., 1979, Earth History and Plate Tectonics, Harper and Row Publishers.
Small, J. and Withherick, M., 1986, A modern Dictionary of geography, Edward Arnold, London, UK.
Star, J. and Estes, J., 1990, Geographic Information Systems: An introcution, Prentice-Hall, Englewood Cliffs, NJ., USA.
Strahler, A., 1992, Physical geography, John Wiley & Sons, Inc., U.S.A.
Strahler, A. H. and Strahler, A. N., 1992, Modern Physical Geography, John Wiley & Sons.
Sutton, O. G., 1953, Micrometeorology, McGraw-Hill, New-York.
Synder, J. P., 1987, Map projections, U.S.G.S.,
Trewartha, G. T., 1961, The Earth Problem Climates, University of Wisconsin Press.
Trewartha, G. T., 1968, Introduction to Climates, McGraw-Hill, New York.
Turner, F. J., 1980, Metamorphic Petrology, McGraw-Hill, New York.
U.S. Army, 1989, Operations, FM 100-5.
USMA, 1985, Terrain analysis.
Veder, C., 1981, Landslides and their stabilization, Springer-Verlag.
Verbyla, D. L. & Chang, K., 1997, Processing Digital Image in GIS, Onword Press.
Wegener, A., 1966, The Origin of Continents and Oceans, Dover Publication Inc., New York.
Williams, J., 1995, Geographic Information from Space, John Wiley & Sons in association with Praxis Publishing Ltd..
Wilson, J. T., 1976, Continental Adrift and Continental Aground, W. H. Freeman and Company, San Francisco.

Index

찾아보기

ㄱ

가시광선 352
가시선분석도 21
가용부대 15
가용시간 15
각섬석 167
간조 280
갈릴레오 316
감람석 167
감입곡류 241
강교점 279
강남산맥 295
강수과정 56
강수량 149
강원도 290
개성직할시 290
개해현상 283, 284
갯골 277
건조단열감률 40, 42
경기평야 250
경도 168
경도 저체온증 159
경도풍 91
경동지괴 192, 209
경사도분석도 20
경위도좌표체계 339
경향 380
계곡대기 140
계량적 분석 357
고기압 79
고도 저체온증 159
고도분석도 20
고용체 170
고위평탄면 211
고적운 66, 130
고조 280
고철질광물 172
고층운 130
곡류현상 241
곡률효과 54
곡풍 94
공극률 199
과냉각물방울 56
관 193
관계 346, 348
관북지방 291
관서지방 291
관심지역 17
관입의 법칙 165
관축면 193
관측설비 116
관측절차 117
광물 166
광역변성암 176
광역변성작용 175, 176
광택 168, 170
교량 255
구드 도법 335
구름 54
구조선 191
구혈 237
국제시보국 325
국지측지 좌표체계 330
굴식 236
굴절 352
권운 65, 67, 130
권적운 66, 130
권층운 66, 130
규산염광물 167
규장질광물 172
그림자 346
극광 30
극동풍 97, 105
근지점 278
근해 262
금강산 301
기단 72
기단의 발원지 41
기류 86
기상 18
기상도 337
기상분석 18
기상분석과정 19
기상조절 60
기생화산 226
기압 119
기압경도 86
기압경도력 86
기압배치 133
기온 147

기온감률 41, 141, 149
기온상승 158
기온역전 152
기온의 수직구조 149
기온하강 158
기조력 284
기차보정 120
기하측지학 312
기하학적 보정 359
기후 113
기후변화 114
김포평야 250
김해평야 251

ㄴ

나선직할시 290
나주평야 251
낙동강 삼각주 247
낙하 219
낚시구름 66
난류 42, 63
난층운 130
남동무역풍 108
남방진동 112
남포직할시 289
남회귀점 279
낭림산맥 294
노점온도 124
농밀운 65, 66
높새바람 94
눈사태 221
능동적 센서 356

ㄷ

다모운 65
다분광감지 358
다중회귀 방정식 331
단구 168, 169
단애 192
단열 40
단열과정 37
단열도 43
단열변화 36
단층 191
단층선 191
단층선절벽 191
단층애 191
단층작용 209
단파복사 34
대규모 순환 63
대기의 대순환 96
대기의 조성 24
대기의 창 353
대류 42, 63
대류권 28
대류권계면 29
대류권계면 단절 29
대류설 98
대류운 63
대륙성 열대기단 73
대륙성 한대고기압 80
대륙성 한대기단 72
대륙표이설 177
대안 252
대전차장애물 256
대조 282
대조차 282
댐 255
도로망분석도 21
도법 335
도하작전 259
독도 228
돔형 212
동일과정의 법칙 164
두만강분지 292
두부침식 238
등퍼텐셜면 323
떨림 159

ㄹ

라니냐 108, 110
람베르트 정적도법 335, 336

레이더 영상 367
리히터 등급 185

ㅁ

마그마 171
마식 236, 237, 266
마식작용 276
마안산기 298
마이크로파 351
마찰력 86
마찰효과 145
마천령산맥 295
마천령지향사 292
만구사주 272
만입삼각주 245, 246
만조 280
망상 패턴 247
망상하천 248
매스 무브먼트 244, 276
맨틀의 열대류 178
메르카토르 도법 336
메르칼리 등급 185
멸악산맥 295
모델링 380
모자구름 64
모재 196
목도리구름 64
몰바이데 도법 335
묘향산 303
무모운 65
무역풍 104

민간요소 15

ㅂ

바람 148
반사율 33
반일주조 280
발산경계 181
발생초기의 저기압 78
방상절리 195
방위 335
방위각 312, 336
방위도법 336
방위정거도법 336
배후습지 244
백도 278
백두산 296
백중사리 282
범람원 244
벽개 168, 169
변성암 171, 175
변성작용 175
변환단층 184
병합설 59
보일의 법칙 37
보존경계 182
복사무 69
부게보정 318
부유하중 239
부정합의 법칙 165
북동무역풍 108
북적도해류 108
북태평양고기압 135
북한계선 141
북회귀점 279
분광해상력 357
분기사취 272
불쾌지수 155
비안개 70
비중 168, 169
빙정설 57
빙정운 65

ㅅ

사계분석도 21
사면대기 140
사면이동 217
사면활승풍 144
사취 269, 272
사태 217
삭망월 280
삭평형작용 241
산간곡지 150
산란 352
산사태 217
산악기상 140, 146
산악기상요소 141
산악대기 140
산지지형 217
산풍 94
산화광물 168
삼각주 245
상대습도 37
상반 191
상승해안지형 274
상층대기 29
색 168, 170
색조 346, 347
생물군 천이의 법칙 165
샤를의 법칙 37
서릿발 작용 266
석영 167
석호 272
석회암 207
선상지 248
선형풍 91
섭씨눈금 121
성곽 212
성층권 24, 29
소 253
소조차 282
쇄설성 퇴적암 174
쇄파 262, 263
쇄파대 262
쇠모루구름 65
수동적 센서 356
수렴경계 181
수면층 풍화 266
수면폭 252
수심 253
수은기압계 120
수적운 64
수직퇴적 244
수치예보 136, 137
순상화산체 298
슈테판-볼츠만의 법칙 32
스웰 263
스카른 광물 176
스테레오스코프 348, 349
슬라이드 219
슬럼프 219, 220
습곡 192
습구온도 154
습도 123
습윤단열감률 40, 42
습윤단열과정 42
승강운동 274
승교점 279
시각적 해석 357
시간해상력 358
시뉴소이드 도법 335
식생분석도 21
심사도법 336

ㅇ

아네로이드기압계 120
아열대고기압 72, 79
아열대고기압대 100
안개 68
안개권층운 66
알베르 정적도법 335
암주 212
압축효과 145
양강도 291
엄폐도분석도 21
에라토스테네스 312
에크만 운동 108
엘니뇨 108, 109
엘리뇨현상 110
역단층 192
연안류 265
연안사주 269
열 아이소스타시 321
열경련 158
열권 30
열대수렴대 104
열대저기압 79
열사병 158
열전도도 50
열피로 158
열확산도 50
엽리구조 175
영상분류 360
오버스러스트 192
오존 24
오존생성량 24
오존층 24
온난기단 66
온난전선 76, 132
온대저기압 79
온도계 122
온도보정 120
온도지수 155
용식 236, 237
용해하중 240
우곡 236
운모 167
운반작용 238
울릉도 227
웅대운 64
원격탐사 350
원격탐사기술 370
원빈 바 262
원빈 262
원소광물 168
원심력 86
원지점 278
위경사 194
위장탐지 필름 343
위치 346, 348, 379
윙 193
유기적 퇴적암 174
유동 219
유라시아판 186
유속 253
유역 232
유질동상 170
유체정역학 방정식 39
유출 235
육계사주 269, 272
육괴 312
육풍 93
융기운동 209
은폐 21
응결고도 63
응결과정 54
응결핵 54
응회암 229
이동성고기압형 134
이류 221
이류무 68, 69
이안류 265
익곡 247
인공강우 60
인공제방 255
인도계절풍 103
일기도 132
일사병 158
1일 2회조 280
일조부등 280
일주조 280
임무 15

ㅈ

자강도 291
자기온도계 123
자동기상관측장비 116
자동운고측정기 130
자연제방 244
자유곡류 241
작전지역 17
장마전선 135
장석 167
장애물분석도 21
장진호전투 160
장파복사 34
저기압 78
저기압발생 78
저조 280
적 15
적도면 279
적도반류 108
적도편서풍 103
적란운 65, 131
적설량 129
적외선 351
적운 67, 131
전선 75

전선면 75
전선무 70
전이대 66
전자기 스펙트럼 351
전자기적 보정 358
전자기해상력 358
전자파복사 30
전장정보분석 17
전처리 358
전향력 86, 87
전향점 82
절대불안정 48
절대습도 37, 123
절대연령 측정법 164
절대중력 317
절리 194
접근로분석도 21
접촉변성암 176
접촉변성작용 175, 176
정거 335
정단층 192
정방위선 336
정부 193
정사도법 336
정역학적평형 319
정온 86
정적 335
정적도법 335
정체전선 77, 132
정형 335
정형도법 335
제트기류 105, 106
제트류 98
조간대형 파식대 276
조건 380
조건부안정 48
조류 263, 278
조립물질 244
조면안산암 229
조면암 229
조산운동 207
조석 263, 278
조석주기 280
조암광물 167
조족상삼각주 245
조차 282
조흔색 168, 170
종상화산체 298
좌표변환법 330
좌표체계 338
주상절리 195
주향이동단층 192
중간권 29
중간권계면 30
중간운 64
중력 86, 315
중력단층 192
중력보정 120, 317
중력이상 319
중력장 315
중력퍼텐셜 322
중앙경선 337
중위도편서풍 103
중증도 저체온증 159
증발량 129
지각운동 274
지각평형 319
지각평형설 319
지괴 183
지구복사 33
지구온난화 114
지균풍 89
지도 334
지리정보시스템 350
지리정보체계 379
지면보류 235
지면저류 235
지사학의 법칙 164
지오이드 323
지진 183
지질구조 191
지질분석도 21
지질시대 164
지질연대 측정법 164
지층누중의 법칙 165
지형과 기상 15
지형보정 318
지형분석 19
지형분석과정 19
지형자료분석 20
지형자료수집 20
지형정보평가 21
직유운 66
직접복사 33
직접포획 58
질감 346, 347

ㅊ

차단 235
차룡포단층 186
차별침식 212
차안 252
천공복사 33
첨상삼각주 245, 246
체감온도 156
최고온도계 123
최저온도계 122
추가령곡 214
충적추 248
취거작용 266, 276
측면 193
측방침식 238
측방퇴적 244
측방평탄평야 249

측지기준 314
측화산 226
층운 67, 131
층적운 66, 131
치누크 94
침식기준면 238
침식작용 235, 236
침식평야 211, 249
침식평탄면 211

ㅋ

크기 346
키르히호프의 법칙 31

ㅌ

타포니 212
탁상 212
탄산염광물 167
탑 212
태양복사 30
태양상수 32
태음일 279
태풍 81
토네이도 84
토르 212
토리첼리 120
토석류 221
토양 196
토양공극 199
토양단면 198
토양산도 200
토양조직 198
퇴적암 171, 174
퇴적평야 249
투영법 335
티메이션 375

ㅍ

파랑 263
파랑의 굴절 264
파식대 268, 276
판 180, 183
판구조론 177, 180
판상절리 195
패턴 346, 347, 380
퍼텐셜 온도 40
편동풍 105
편서풍 103
편평운 64
평면직교형 좌표체계 340
평북육괴 292
평사도법 336
평안남도 290
평안북도 290
평안분지 292
평택평야 250
폐색전선 77
포행 217, 221
포획결합과정 58
폭호 237
푄 94
표준대기 119
표준중력 316
풍속 127
풍속계 128
풍향 126
풍향계 128
프리에어보정 318
플랑크 법칙 32

ㅎ

하도 232
하반 191
하방침식 238
하식 236
하중도 245
하천 232, 252
하폭 252
한국표준시 117
한라산 226
한랭기단 66
한랭전선 75, 132
함경남도 290
함경북도 290
함경산맥 294
함북육괴 292
항성월 279
해구 180
해령 180
해류도 337
해륙풍 93
해빈 262, 269, 270
해빈표류 265
해성삭박평야 249
해성침식 276
해식애 267
해안 262
해안단구 268
해안사구 271
해안선 262
해안침식지형 266
해안퇴적지형 269
해양성 열대기단 72, 73
해저지형 263
해저확장설 179
해풍 93
향사 193
현무암질 각력암 229
현무암질 마그마 171
형상 346
호남평야 251
호상삼각주 245, 246
호상열도 178

혼합조 280
화강암 212
화강암력 212
화강암지형 212
화강암질 마그마 172
화산 188
화산활동 188, 189
화성암 171, 172
화학적 퇴적암 174
황도면 279
황산염광물 168
황해남도 290
황해북도 290
황화광물 168
회전타원체 313
횡축 메르카토르 도법 337
후류포획 58, 59
휘석 167
흑구온도 154
흑체 31
흡수 353

기타

Airy의 가설 319
AM 379
ATT 21
bar 253
Beaufort 풍력계급표 127
Bergeron-Findeisen 과정 56
Bowen의 반응계열 172
CAD 379
CAM 379
CCL 46
CTS 325
DGPS 375
DNSS 375
ENSO 112
FM 379
foreshore 262
GIS 기법 22
GPS 314, 375
GRS80 325
IAG 325
interplate 지진 183
Interplate 지진대 184
intraplate 지진 183
Intraplate 지진대 184
ITRF 325
IUGG 325
JAG/TI 모델 157
KOMPSAT 영상 366
Landsat 영상 361
NAVSTAR 375
Pratt의 가설 320
SPOT 영상 364
UTM 도법 338
UTM 좌표체계 338, 340
WGS 314
WGS84 중력모델 327
WGS84 측지체계 324

지구환경과학

2015년 1월 10일 1판 1쇄 펴냄 | 2019년 8월 10일 1판 3쇄 펴냄
지은이 한 욱 · 김두일 · 정상조 · 조원희 · 최형진 · 전창헌
펴낸이 류원식 | 펴낸곳 (주)교문사(청문각)

편집부장 김경수 | 본문편집 이투이디자인 | 표지디자인 트인글터
제작 김선형 | 홍보 김은주 | 영업 함승형 · 박현수 · 이훈섭
주소 (10881) 경기도 파주시 문발로 116(문발동 536-2)
전화 1644-0965(대표) | 팩스 070-8650-0965
등록 1968. 10. 28. 제406-2006-000035호
홈페이지 www.cheongmoon.com | E-mail genie@cheongmoon.com
ISBN 978-89-6364-213-0 (93450) | 값 25,000원

* 잘못된 책은 바꿔 드립니다. * 저자와의 협의 하에 인지를 생략합니다.

청문각은 ㈜교문사의 출판 브랜드입니다.